高 等 学 校 教 材

钢铁冶金——炼钢学

第2版

○ 主 编 朱 荣 王新华

中国教育出版传媒集团

高等教育出版社·北京

内容简介

　　本书继续保持了第一版的内容特色,突出炼钢基本反应、现象、规律等内容,同时根据世界钢铁冶金学科发展的特点,增加了如炼钢节能减排、炼钢工序功能解析、智能制造、特种熔炼等相关内容。并且在炼钢理论上进行了比较系统的整理、描述和展望,向读者进一步展示出了炼钢学科今后广阔的发展前景。

　　本书主要用作高等学校冶金工程专业本科生钢铁冶金课程的教材,也可以作为钢铁冶金专业研究生教材和相关专业工程技术人员的参考书。

图书在版编目(ＣＩＰ)数据

　　钢铁冶金.炼钢学/朱荣,王新华主编.--2 版
.--北京:高等教育出版社,2023.11
　　ISBN 978-7-04-059783-7

　　Ⅰ.①钢…　Ⅱ.①朱…②王…　Ⅲ.①钢铁冶金-高
等学校-教材②炼钢-高等学校-教材　Ⅳ.①TF4

　　中国国家版本馆 CIP 数据核字(2023)第 011038 号

Gangtie Yejin——Liangangxue

策划编辑　杜惠萍	责任编辑　杜惠萍	封面设计　张申申	版式设计　张　杰
责任绘图　黄云燕	责任校对　高　歌	责任印制　高　峰	

出版发行	高等教育出版社	网　　址	http://www.hep.edu.cn
社　　址	北京市西城区德外大街 4 号		http://www.hep.com.cn
邮政编码	100120	网上订购	http://www.hepmall.com.cn
印　　刷	北京汇林印务有限公司		http://www.hepmall.com
开　　本	787mm×1092mm　1/16		http://www.hepmall.cn
印　　张	37.5	版　　次	2007 年 6 月第 1 版
字　　数	930 千字		2023 年 11 月第 2 版
购书热线	010-58581118	印　　次	2023 年 11 月第 1 次印刷
咨询电话	400-810-0598	定　　价	73.00 元

第 2 版前言

"钢铁冶金——炼钢学"是高等学校冶金工程专业的一门重要课程。2007年第1版出版后，本书一直作为炼钢学的主要参考教材沿用至今，随着世界钢铁工业生产技术的发展，特别是近年中国钢铁生产技术水平的迅速提升，需对国内外炼钢及相关技术进行总结梳理，对本书进行修订再版。

本书强调炼钢的基本反应、基本现象和基本规律，除保持了上一版的主要框架外，增加了与炼钢有关的节能减排、炼钢工序功能解析、智能制造、特种熔炼等相关内容，为满足本科生的教学要求，提供了部分思考题。在炼钢工艺及理论上进行了充实，整理、描述和展望，向读者进一步展示炼钢学科今后广阔的发展前景。但对于炼钢过程中的一些过于具体的生产操作和设备等方面内容，本书没有给予更多的介绍，学生可通过技术培训或工作中的自学获得这些专门知识。

本书由北京科技大学冶金与生态工程学院组织编写。全书共13章，包括绪论、炼钢的基本任务和基本反应、铁水预处理、转炉炼钢、现代电弧炉炼钢、特种熔炼、钢的炉外精炼、钢中非金属夹杂物及其控制、凝固理论、连续铸钢、炼钢环保及固废处理、炼钢生产过程的工序功能解析、炼钢厂智能化。

本书修订工作的分工如下：第1章，王新华、朱荣；第2章，李宏、杨文；第3章，杨世山；第4章，朱荣、姜敏；第5章，李京社、魏光升；第6章，杨树峰、郭靖；第7章，唐海燕、李京社；第8章，于会香、王新华；第9章，包燕平、王敏；第10章(10.1~10.5)，张炯明、尹延斌；第10章(10.6)，兰鹏、张家泉；第11章，董凯，刘威，刘晓明；第12章，徐安军、贺东风；第13章，刘青。本书由朱荣、王新华担任主编。全书校核整理工作由朱荣、于会香、魏光升完成。

李宏、王新华等专家悉心审阅本书，并对书稿内容提出了很多宝贵意见，编者在此表示衷心的感谢。

本书主要用作高等学校冶金工程专业本科生钢铁冶金课程的教材，也可以作为冶金工程专业研究生和相关专业工程技术人员的参考书。

由于时间紧迫加之经验不足，本书难免有错误和不足之处，请读者批评指正。

编者

2022年10月于北京

目　　录

第 1 章　绪　　论

钢铁材料是人类社会最主要的结构材料,也是产量最大、应用最广泛的功能材料,在经济发展中发挥着举足轻重的作用。尽管钢铁材料面临着陶瓷材料、高分子材料、有色金属材料(如铝)等的竞争,但由于其在矿石储量、生产成本、回收再利用率、综合性能等方面所具有的明显优势,在可以预见的将来,钢铁在各类材料中所占据的重要地位仍不会改变。

炼钢学是研究将高炉铁水(生铁)、直接还原铁(DRI、HBI)或废钢(铁)加热、熔化,通过化学反应去除铁水中的有害杂质元素,配加合金并浇注成半成品——铸坯的工程科学。炼钢包括以下主要过程:① 去除钢中的碳、磷、硫、氧、氮、氢等杂质组分以及由废钢带入的铜、锡、铅、铋等混杂元素;② 为了保证冶炼和浇注的顺利进行,将钢液加热,升温至 1 600~1 700 ℃;③ 普通碳素钢通常需含锰、硅元素,低合金钢和合金钢则需含铬、镍、钼、钨、钒、钛、铌、铝等元素,为此在炼钢过程中需向钢液中配加相应的合金元素,使之合金化;④ 去除钢液中内生和外来的各类非金属夹杂物;⑤ 将合格钢液浇注成方坯、圆坯、板坯等;⑥ 节能和减少排放,包括回收转炉炼钢煤气,利用炼钢烟气的余热,减少烟尘和炉渣排放以及回收再利用炼钢烟尘污泥、炉渣、耐火材料等。

现代炼钢法起始于 1856 年英国人 H. Bessemer 发明的酸性底吹转炉炼钢法(又称 Bessemer 炼钢法),该方法首次解决了大规模生产液态钢的问题,奠定了近代炼钢工艺方法的基础。由于 Bessemer 炼钢法中空气与铁水直接作用,因此该方法具有很快的冶炼速率,并且成为当时主要的炼钢方法。但是,Bessemer 炼钢法采用的是酸性炉衬,不能造碱性炉渣,因而不能进行脱磷和脱硫。1879 年,英国人 S. G. Thomas 发明了碱性空气底吹转炉炼钢法(又称 Thomas 炼钢法),成功地解决了冶炼高磷生铁的问题。由于西欧许多铁矿为高磷铁矿,直到 20 世纪 70 年代末,Thomas 炼钢法仍被法国、卢森堡、比利时等国的一些钢铁厂所采用。

几乎在 Bessemer 炼钢法开发成功的同时,1856 年平炉炼钢法(称为 Siemens-Martin 法)也被成功发明。最早的平炉采用酸性炉衬,但随后碱性平炉炼钢方法被成功开发。在当时,平炉炼钢的操作和控制比空气转炉炼钢平稳,适用于各种原料条件,铁水(生铁)和废钢的比例可以在很宽的范围内变化。除平炉炼钢法外,电弧炉炼钢法在 1899 年也被成功发明。在 20 世纪 50 年代氧气顶吹转炉炼钢法发明前,平炉炼钢法是世界上最主要的炼钢法。

20 世纪 50 年代,世界钢铁工业进入了快速发展时期,在这一时期,随着氧气可以大规模生产,成功开发的氧气顶吹转炉炼钢技术和开始推广采用的连铸工艺对随后钢铁工业的发展起到了非常重要的推动作用。

1952 年,氧气顶吹转炉炼钢法在奥地利被成功发明,由于其具有反应速率快、热效率高以及产出的钢质量好、品种多等优点,该方法迅速被日本和西欧各国采用。在 20 世纪 70 年代,氧气顶吹转炉炼钢法已取代平炉炼钢法成为主要的炼钢方法。在氧气顶吹转炉炼钢法迅速发展的同时,德、美、法等国成功发明了氧气底吹转炉炼钢法,该方法通过喷甲烷、重油、柴油等对喷口进行冷却,使纯氧能从炉底吹入熔池而不致损坏炉底。

在 20 世纪 80 年代中、后期,西欧各国、日本、美国等相继成功开发顶底复吹氧气转炉炼钢法,此方法中,氧气由氧枪从顶部供入,同时从炉底喷口吹入氩气、氮气等气体对熔池进行搅拌(也可吹入少部分氧气)。顶底复吹氧气转炉炼钢法既具有氧气顶吹转炉炼钢法的化渣好、废钢用量多等长处,又兼有氧气底吹转炉炼钢法的熔池搅拌好、铁和锰氧化损失少、金属喷溅少等优点,因而目前世界上较大容量的转炉均采用了顶底复吹氧气转炉炼钢工艺。

液态金属连续浇注专利在 1886 年就已经成功申请,1937 年德国人 S. Junghans 发明了连铸结晶器,因此大大减少了拉坯漏钢事故,连铸开始应用于有色金属工业中。1954 年,I. M. D. Halliday 开发了连铸结晶器"负滑脱"振动技术,这使得拉漏率大幅度减小,连铸开始在钢液浇注中被采用。与模铸相比,连铸在节约成本,节能以及提高钢的收得率、产量和质量等方面具有明显的优势。20 世纪 70 年代后,西欧多国和日本的钢铁工业开始大规模采用连铸,至 20 世纪 80 年代,全世界连铸使用率超过模铸,日、德、法、意、韩等钢铁发达国家的连铸技术迅速发展,连铸在产量、质量、节能、降耗等方面具有明显的优势,至 20 世纪 80 年代末,连铸在日、韩和欧洲一些钢铁发达国家的使用率均超过了 90%。我国在 20 世纪 90 年代,钢铁工业的连铸使用率也已超过 94%。

连铸技术的采用不仅完全改变了旧的铸钢工序,还带动了整个钢铁厂的结构优化,因此被许多冶金学家称之为钢铁工业的一次"技术革命"。由于连铸生产节奏快,为了适应连铸,必须缩短冶炼时间。传统炼钢工序的功能被进一步分解,铁水预处理、电弧炉短流程、钢液炉外精炼等重要新技术因而快速发展。

铁水预处理最初主要用于冶炼少数高级钢或用于高硫铁水辅助脱硫,脱硫剂最初主要使用镁焦、CaC_2 等,随后开发了向铁水内喷吹 $CaO-CaC_2$、Mg 等方法进行铁水脱硫。20 世纪 80 年代,日本的钢铁厂开始采用铁水"三脱"预处理(脱硅、脱磷、脱硫),往高炉出铁沟喷吹氧化铁和氧化钙进行脱硅,在铁水罐或混铁车内喷粉进行脱硫和脱磷处理。90 年代中期以后,日本钢铁厂又开始利用转炉对铁水进行脱磷处理,使转炉炼钢功能被简化为"钢液的脱碳和升温容器",转炉吹炼时间进一步缩短。

旧式电弧炉炼钢时间长达 4~6 h,采用连铸后,必须缩短电弧炉炼钢时间来与连铸节奏相匹配。现代化的电弧炉炼钢采用了超高功率电弧炉,利用烟气余热预热废钢、氧燃助熔等技术,电弧炉冶炼功能也由传统的熔化、脱碳、脱磷、脱硫、脱氧等简化为熔化、氧化及升温,炼钢时间缩短至 30~60 min。与氧气转炉炼钢法相比,电弧炉炼钢法具有建设投资少、流程短、劳动生产率高、能源消耗低、CO_2 排放量少等优点。近年来,随着废钢资源回收量加大,对钢铁生产碳排放控制的要求更高,电弧炉炼钢工艺发展很快,在美国、意大利等发达国家,电弧炉炼钢产量已超过氧气转炉炼钢产量。

20 世纪 50 年代中、后期,DH、RH 等钢液炉外精炼方法被成功开发,最初主要被用于高级钢的脱气(除氮、氢等)精炼处理。20 世纪 70 年代后,尤其是钢铁工业大规模采用连铸技术后,钢液炉外精炼技术得到了迅速发展,精炼方式包括了吹氩搅拌、喂线、氩氧精炼、电弧加热、真空处理等多种方式,功能则由最初的钢液脱气发展为加热升温、渣-钢精炼脱硫和脱氧、超低碳钢脱碳、成分微调、去除夹杂物等多种功能。目前,现代化钢厂钢液炉外精炼的采用比例已接近 100%,原来由转炉和电弧炉炼钢承担的深度脱碳、脱氧、脱硫、合金化、夹杂物控制等冶金功能转为主要由钢液炉外精炼工序承担。

炼钢学科的起步和发展要晚于炼钢生产。在 19 世纪中期近代钢铁冶金方法发明后的相当长一段时间里,钢铁冶金仍是一项技艺而不是科学。钢铁冶金从技艺发展成为科学,是从20世纪30年代德国人H. Schenck、美国人J. Chipman等把化学热力学引入冶金领域,用热力学方法研究冶金反应开始的。20世纪40年代末至50年代,Schenck、Chipman等发表了大量有关炼钢反应的平衡常数、标准自由能变化等基础数据。从20世纪60年代到80年代,E. T. Turkdogan、J. F. Elit、松下幸雄、不破祐、佐野信雄、水渡英昭等继续对炼钢化学反应的平衡常数、标准自由能变化、活度、炉渣磷酸盐容量和硫酸盐容量等进行了大量的研究和测定工作。至20世纪80年代后,与炼钢化学反应有关的标准自由能变化、钢液中组元活度相互作用系数、炉渣主要组元的活度、炉渣硫酸盐和硫酸盐容量等大都有了较为可靠的热力学数据。

与热力学相比,有关炼钢反应动力学的研究开始得较晚。在20世纪五六十年代,动力学方面的研究主要集中在微观动力学方面,如化学反应级数、反应速率常数、反应活化能、多相反应限制环节等方面的研究。20世纪70年代后,单纯微观动力学理论已远远不能适应炼钢工艺技术发展的要求,对炼钢反应宏观动力学(炼钢反应器内流动、混合、扩散、传热等)的研究开始活跃起来。G. H. Geiger、Szekely等将化工学科的“三传”(热量传递、质量传递、动量传递)用于分析研究冶金过程的速率问题,鞭岩、濑川清等提出了“冶金反应工程学”的名称,并引入化学反应工程学中有关反应器设计、单元操作、最优化等方法来分析研究冶金反应问题。20世纪90年代后,冶金反应宏观动力学和反应工程学取得了重要进展,有关钢铁冶炼和连铸过程流体流动、传热、反应等均可以用数学模型加以描述并计算求解,反应动力学研究已不仅仅用于科学试验,在实际生产过程的自动控制中也得到了广泛应用。

除冶金热力学、动力学外,炼钢学科的进展还表现在冶金知识与材料、计算机、电磁、环境等学科知识的交叉、融合和应用上。如在氧气喷头和喷粉冶金中应用空气动力学的可压缩流体和气相输送等知识,在炼钢过程的控制中广泛采用了声学、图像识别、专家系统、神经元网络等方面的知识,在连铸过程中采用电磁、金属压力加工等知识。预计在今后相当一段时间内,炼钢热力学不再有显著的发展,但在宏观动力学和反应工程学方面还会有一定的发展,而炼钢学科最重要的发展将会在液态钢的凝固加工、减少排放、排放物和废弃物再回收利用以及与信息、材料、环境等学科知识的交叉、融合和应用方面。

历经150多年的发展历程,钢铁工业已成为高度成熟的产业。但是,钢铁工业在科技进步方面仍面临着很大的压力,主要表现:① 要求有更高的生产效率。钢铁冶金生产过程中会大量消耗原材料和能源,从生态环境和可持续发展方面考虑,必须对现有生产工艺流程进行改进以提高生产率,降低消耗。② 要求产品具有更高性能。钢铁材料目前面临其他材料的激烈竞争,以汽车为例,目前已先后制造出“全铝”汽车和“全塑”汽车。进一步提高钢材性能的重点是要提高钢材的强韧性以及抗疲劳破坏和抗腐蚀性能。③ 要求对环境更加友好。钢铁企业是CO_2排放大户,如何减少碳排放是全世界关注的重点。这就要求尽量减少废弃炉渣、烟尘、NO_x、SO_x、CO_2的排放,并利用冶金工艺过程处理废弃钢铁、塑料、城市垃圾等。钢铁工业面临的科技进步压力是钢铁冶金学科继续向前发展的动力,而钢铁冶金学科的发展反过来又会极大地促进钢铁冶金技术的进步。

近20年来,中国钢铁工业取得了令人瞩目的发展,2020年中国钢产量超过10亿吨,约为世界钢产量的50%。除钢产量外,中国钢铁工业在装备、工艺技术水平和钢材品种质量等方面也取得了显著的进步,已达到或接近国际领先水平。中国钢铁工业对国民经济的快速发展起到了重要的支持作用,但目前在高级产品性能、碳减排、环境保护等方面还需加快研发力度,提高重要技术研发能力,赶超国际领先水平。

随着中国钢铁工业的发展,炼钢学科在以下方面也取得了很大的进步:高端关键钢材品种完全自主生产,满足中国制造业高端化升级发展对钢材的需求,并引领国产钢材质量全面提升。优化炼钢、精炼、连铸工艺,降低终点钢液的氧含量、温度,攻克精炼吹氧脱碳、喷粉脱硫等关键技术,有效控制连铸二次氧化等。开展了全废钢电弧炉高效冶炼工艺技术、转炉高废钢比冶炼工艺(KOBM、二次燃烧、喷吹煤粉等)等方面的研究及工程化。炼钢、精炼、连铸生产中引入大数据、人工智能等技术,并据此对现有控制模型进行改善,逐步实现转炉全自动无人出钢、机器人提取钢液炉渣试样等,固体废弃物返回钢铁流程被用来生产相关产品,实现"零排放"。

今后,中国钢铁工业还将会有更大的发展,而随着钢铁工业的不断发展,中国也将会成为世界钢铁科学研究和教育的中心之一。

第2章　炼钢的基本任务和基本反应

钢和铁因碳等元素含量的不同而组织结构及性能有较大的差异,与钢相比,铁的碳含量高,硬而脆,冷热加工性能差。一般把[C]①<2.11%的铁碳合金称为钢,但绝大多数实用钢种的[C]都小于1.2%。钢铁中都含有Si、Mn、P、S等元素,其中P和S对大多数钢种来说是有害元素。

为了得到具有高强度、高韧性或一些特殊性能的钢,要通过冶炼降低铁水中的碳含量,去除P和S,脱除冶炼过程中的供氧残余及混入的N和H,再根据钢种要求加入适量的合金元素,然后脱除钢液中生成或卷入的各种夹杂物。

由于冶炼过程中非铁元素的含量减少,铁熔体的凝固温度随之提高,所以为保证能够铸造成为理想形状的铸坯或钢锭,炼钢终点要把钢液温度提高到合适的程度。

因此,炼钢过程的基本任务可以概括为以下9项:① 脱碳;② 脱磷;③ 脱硫;④ 脱氧;⑤ 脱氮,脱氢;⑥ 去除非金属夹杂物;⑦ 合金化;⑧ 升温;⑨ 凝固成形。完成这些基本任务的方法在本书中将逐一叙述,本章中只讨论钢液在冶炼过程中发生的基本反应。

由于炼钢过程中会进行供氧或进行脱氧,所以铁熔体中始终呈现为氧非平衡状态,各元素的氧化还原反应和化合物的分解与化合都在同时进行。而为了理解、比较炉内发生的反应及其限度,本章讨论仍将从平衡的角度展开,并简要讨论反应的动力学。

2.1 铁与杂质元素的氧化

2.1.1 铁的氧化与还原

铁水是炼钢过程处理的对象,铁元素也参与了炉内反应。氧气与铁水接触时氧分子首先要分解并吸附在铁水面上,然后溶解于铁水中,其溶解反应如下:

$$\frac{1}{2}\{O_2\} \Longrightarrow [O], \quad \Delta G^{\theta} = -117\,150 - 2.89T \tag{2.1}$$

$$\lg K = \lg\left(\frac{[O]}{p_{O_2}^{1/2}}\right) = \frac{6\,118}{T} + 0.15 \tag{2.2}$$

其中,K为平衡常数,p_{O_2}为氧气的分压。

氧溶于铁水中能与铁元素和其他杂质元素反应生成氧化物,铁-氧反应可生成三种化合物:FeO、Fe_3O_4、Fe_2O_3。在一定的炼钢温度和氧气的分压下,FeO和Fe_3O_4都是稳定的,FeO的稳定性更强。Fe_3O_4可以看作$FeO \cdot Fe_2O_3$,在熔融的碱性炼钢渣中,铁的氧化物以FeO为主,随着气

---

① 本书中,对于一定的化学元素或组成R,[R]表示其处于钢中或此时R的含量,(R)表示其处于渣中或此时R的含量,[%R]=100[R],(%R)=100(R)。

相氧分压、渣的化学成分等因素的变化，也有一定数量的 Fe_2O_3 存在。在实际生产中常以 TFe[①]表示炉渣中二价铁和三价铁的含量总和。

因同铁水平衡的氧气分压非常低（$<10^{-3}$ Pa），所以铁水在和氧气接触时其表面迅速形成 FeO 膜，FeO 再向铁水传递氧，其反应如下式所示：

$$(FeO) =\!=\!= [O]+Fe, \quad \Delta G^\theta = 121\ 000-52.35T \tag{2.3}$$

$$\lg \frac{[O]}{a_{(FeO)}} = -\frac{6\ 320}{T}+2.734 \tag{2.4}$$

式（2.4）中，$a_{(FeO)}=1$（表示熔渣是纯 FeO）时，[O] 可以得到最大值，这种条件下铁水中溶解氧的最大值只随温度变化。

比较式（2.1）和式（2.3）可见，前者为放热反应而后者为吸热反应。故随温度升高，气相氧在铁水中的溶解会减少，而氧化性熔渣向铁水中传递的氧会增加。

铁元素的氧化和不同铁氧化物的还原还有如下几种形式：

$$2[Fe]+\{O_2\} =\!=\!= 2(FeO) \tag{2.5}$$

$$3(FeO)+\frac{1}{2}\{O_2\} =\!=\!= (Fe_3O_4) \tag{2.6}$$

$$(Fe_3O_4)+[Fe] =\!=\!= 4(FeO) \tag{2.7}$$

$$(FeO) =\!=\!= [O]+[Fe] \tag{2.8}$$

2.1.2 氧在渣和铁间的传递

在炼钢炉内，气相氧可通过渣传入金属熔池，其过程如图 2.1 所示。由于气-渣-金属乳化相的存在，可以极大地增加渣-金属相界面积，加速冶金反应，Fe^{2+} 在渣相和金属相间进行快速传递。炉渣中 Fe^{2+} 的数量取决于熔池内产生的 Fe^{2+} 的量，Fe^{2+} 的消耗速率以及是否加入铁皮、铁矿石等因素。在氧气转炉炼钢的实际操作中，通常采用改变喷枪位置（或吹氧压力）来调节（Fe^{2+}）。

氧气顶吹转炉炼钢时，由于熔池受到氧气喷枪喷出流股的冲击和产生气泡的作用，熔渣起泡形成乳化状体积膨胀，一部分铁水在熔渣中被气流切割成大大小小的球状和块状，被上浮的气泡和黏性渣托举着弥散分布在熔渣中，形成了气体、熔渣、金属相互混合的状态，如图 2.2 所示，从而加快了氧在渣和铁之间的传

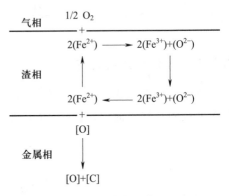

图 2.1 炉渣中铁离子传氧示意图

递。当采用顶底复合吹炼技术，从炉底喷吹氮气等气体加强铁水搅拌时，可以加快氧元素和杂质元素在铁水中的质量传递和碰撞，加快杂质元素的氧化反应而减少 FeO 的产生，还能够控制熔渣的起泡，减小熔渣体积膨胀的程度。

---

① TR 是指元素 R 的含量总和。

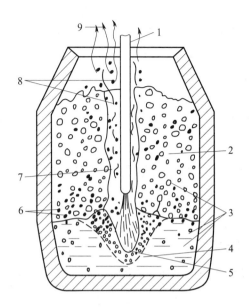

1—氧枪;2—气-渣-金属乳化相;3—CO 气泡;4—金属熔池;5—火点;6—金属液滴;
7—由作用区释放出的 CO 气流;8—溅出的金属液滴;9—离开转炉的烟尘

图 2.2　氧气顶吹转炉炼钢熔池和乳化相

2.1.3　杂质元素的氧化模式

氧流直接和铁水作用时,关于其中各元素和氧发生反应的顺序,有两种不同的观点:直接氧化是指氧气同金属中的元素按亲和力大小顺序进行反应;间接氧化是指氧气优先同铁发生反应,生成的 FeO 再同其他杂质按亲和力大小顺序进行反应。一般认为在氧气转炉中是以间接氧化为主。首先,氧流是集中于作用区附近而不是高度分散在熔池中;其次,作用区附近温度高,使 Si 和 Mn 对氧的亲和力减弱;最后,从反应动力学角度看,C 等向氧气气泡表面传质的速率比氧化反应速率慢,在与氧气接触的熔池表面上存在大量的铁原子,所以氧气首先应当同 Fe 结合成 FeO。

以碳的氧化为例,上述氧的三个去向可概括如下:

$$\{O_2\} \longrightarrow 2O_{吸附} \longrightarrow (直接氧化) + [C] \longrightarrow \{CO\}$$

$$(间接氧化)$$

$$+Fe \longrightarrow FeO \longrightarrow [O] + [C] \longrightarrow \{CO\}$$

$$\longrightarrow [O]_{溶解}$$

$$\longrightarrow (FeO)$$

往熔池吹氧时杂质元素氧化过程有下列五个步骤:

1) 在氧流和氧气气泡同铁水的接触面上,主要反应有 $\{O_2\} \Longrightarrow 2O_{吸附}$; $3[Fe] + 4O_{吸附} \Longrightarrow (Fe_3O_4)$; $(Fe_3O_4) + [Fe] \Longrightarrow 4(FeO)$。

2) 在表面层,少部分氧还同杂质元素进行直接氧化反应。

$O_{吸附}+[C]$（$1/2[Si]$，$[Mn]$，…）$\Longrightarrow\{CO\}$，（$1/2SiO_2$，MnO，…）

3）FeO 膜在一次反应区附近分解溶于铁水，未分解部分进入渣中。

$(FeO)_{表面}\Longrightarrow[O]+[Fe]$；$(FeO)_{表面}\rightarrow(FeO)_{渣}$

4）溶解的氧从一次反应区扩散到铁水内，和碳在粗糙的炉衬表面以及上浮的 CO 气泡表面等处发生反应生成 CO 而逸出。

5）在乳化的渣-金属相界面，$[O]$、(FeO)和$[Si]$、$[Mn]$、$[P]$等发生激烈的氧化反应，产生的氧化物进入炉渣。

2.1.4　杂质元素在铁水中的溶解与氧化反应的自由能变化

杂质元素在铁水中的溶解与氧化反应都产生自由能变化，世界各国很多学者在这方面做了大量的研究测定工作，日本学术振兴会制钢第 19 委员会和 Chipman、Turkdogan 给出的数据被广泛引用，表 2.1 列出了部分数据供参考。

表 2.1　杂质元素在铁水中的溶解与氧化反应及其标准自由能变化（J/mol）

反应式	日本学术振兴会制钢第 19 委员会[1]	Chipman、Turkdogan[2]
$Fe+[O]\Longrightarrow FeO_{(1)}$	$\Delta G^{\theta}=-121\ 000+52.35T$	$\Delta G^{\theta}=-109\ 750+45.97T$
$Si\Longrightarrow[Si]$	$\Delta G^{\theta}=-131\ 500+15.23T$	$\Delta G^{\theta}=-131\ 500+17.24T$
$[Si]+2[O]\Longrightarrow SiO_{2(s)}$	$\Delta G^{\theta}=-576\ 440+21.82T$	$\Delta G^{\theta}=-785\ 150+184.35T$
$[Mn]+[O]\Longrightarrow MnO_{(1)}$	$\Delta G^{\theta}=-244\ 300+107.6T$	
$[Mn]+[O]\Longrightarrow MnO_{(s)}$	$\Delta G^{\theta}=-288\ 200+129.3T$	$\Delta G^{\theta}=-394\ 205+126.835T$
$C(石墨)\Longrightarrow[C]$	$\Delta G^{\theta}=17\ 200-14.36T$	$\Delta G^{\theta}=22\ 590-42.26T$
$[C]+[O]\Longrightarrow CO_{(g)}$	$\Delta G^{\theta}=-22\ 200-38.34T$	$\Delta G^{\theta}=-128\ 830-39.2T$
$1/2P_{2(g)}\Longrightarrow[P]$	$\Delta G^{\theta}=-157\ 700+5.4T$	$\Delta G^{\theta}=-122\ 170-19.25T$
$1/2S_{2(g)}\Longrightarrow[S]$	$\Delta G^{\theta}=-125\ 100+18.45T$	$\Delta G^{\theta}=-135\ 060+23.43T$

铁水中各杂质元素的反应还受到其他元素的影响，表 2.2 给出了铁水中各元素的活度相互作用系数，在热力学计算时可以加入。

表 2.2　铁水中各种元素的活度相互作用系数[3]

溶质 j	$e_H^{(j)}$	$[\%j]<$	$e_N^{(j)}$	$[\%j]<$	$e_O^{(j)}$	$[\%j]<$	$e_C^{(j)}$	$[\%j]<$	$e_S^{(j)}$	$[\%j]<$	$e_P^{(j)}$	$[\%j]<$
Al	0.13	4	0.01	3.8	−1.17	1	0.043	2	0.041	7	0.037	
B	0.58	2.5	0.094	7.1	−0.31	3	0.244	—	0.134	0.5	0.015	3.7
C	0.6	1	0.13	2.0	−0.421	1	0.243	1	0.111	0.5	0.126	
Co	0.001 8	14	0.012	6.0	0.008	40	0.007 5	10	0.002 6	10	0.004	

溶质j	$e_H^{(j)}$	[%j]<	$e_N^{(j)}$	[%j]<	$e_O^{(j)}$	[%j]<	$e_C^{(j)}$	[%j]<	$e_S^{(j)}$	[%j]<	$e_P^{(j)}$	[%j]<
Cr	-0.002 4	15	-0.046	60	-0.055	10	-0.023	25	-0.010 5	5	-0.018	
Cu	0.001 3	10	0.009	9	-0.013	5.0	0.016	10	-0.008 4	8	-0.035	10
H	0	—	0	—	—	—	0.67	—	—	—	0.33	6
Mn	-0.002	10	-0.02	4	-0.021	—	-0.008 4	10	-0.026	3	-0.032	19
N	0	—	0	—	—	—	0.11	—	0.01		—	—
Nb	-0.003 3	15	-0.068	10	-0.12	—	-0.059	2.0	-0.013	5	-0.012	
Ni	-0.001 9	—	0.007	6	0.006	40	0.01	5	0	—	0.003	
O	0	—	0	—	-0.17	—	-0.32	1	-0.27	—	0.13	67
P	0.015	6	0.059	1.1	0.07	0.7	0.051	—	0.035	9	0.054	
S	0.017	1	0.007	4	-0.133	1	0.044	2	-0.046	1	0.037	
Si	0.027	10	0.048		-0.066	3	0.08		0.075	7	0.099	
Ti	-0.019	2	-0.6	0.5	-1.12	1	—	—	-0.18	6	-0.04	
V	-0.074	20	-0.123	5	-0.14	12	-0.03	20	-0.019	11	-0.024	
W	0.004 8	20	-0.002	15	0.008 5	20	-0.005 6	20	0.011	15	-0.023	21
Zr	-0.008 8	2	-0.63	0.6	-4	0.15	—	—	-0.21	3		

注:$e_i^{(j)} = \partial \lg f_i / \partial [\%j]$，其中下脚 i 是指 H、N、O、C、S、P 元素；Fe-H-j，Fe-N-j，Fe-O-j，Fe-C-j，Fe-S-j 三元系，1 823~1 873 K，[%j]表示适用范围。

2.2 硅、锰的氧化与还原反应

炼钢过程中,铁水中硅、锰的氧化是最先完成的。硅、锰是铁水中天然存在的元素,炼钢时加入的废钢中一般也含有硅和锰。

2.2.1 硅的氧化与还原

硅的熔点是 1 685 K,与铁无限互溶,可形成金属间化合物。硅溶解于铁水时放热,Si 和 Fe 之间有较强的作用力,根据拉乌尔定律为负偏差。但是在低硅浓度范围内,可以认为 Fe-Si 系大体上服从亨利定律。1 873 K 时铁水中硅溶解的标准自由能变化为

$$\text{Si} = [\text{Si}] \tag{2.9}$$

$$\Delta G^{\theta} = -131\ 500 + 15.23T \tag{2.10}$$

炼钢时硅氧反应进行得非常完全,吹炼中期前铁水中的硅含量就已很小。其反应式如下:

$$[\text{Si}] + 2[\text{O}] = \text{SiO}_{2(s)} \tag{2.11}$$

$$\Delta G^{\theta} = -576\ 440 + 21.82T \tag{2.12}$$

$$K = a_{SiO_2(s)} / (a_{[Si]} a_{[O]}^2) \tag{2.13}$$

$$\lg K = 30\ 110/T - 11.40$$

$$\left. \begin{array}{l} e_{Si}^{Si} = 0.103 \\ e_{Si}^{O} = -0.119 \\ e_{O}^{Si} = -0.066 \end{array} \right\} [Si] < 3\% \tag{2.14}$$

上式中[Si]和[O]用质量分数表示,以亨利定律作为活度基准,SiO_2 的活度取纯固体 SiO_2 为基准。

另外,在硅氧反应的生成物中还有气态的 SiO 存在,像其他元素的多个氧化生成物中价态有逐步升高的规律一样,或许硅氧反应的模式是先生成 SiO,在氧流作用区的高温下有这种可能,而后再生成 SiO_2。这个问题还值得研究。

有关 Si 的渣-铁水间氧化反应可由下式给出:

$$[Si] + 2FeO_{(1)} \Longrightarrow SiO_{2(s)} + 2Fe_{(1)} \tag{2.15}$$

$$K = a_{(SiO_2)} / (a_{[Si]} a_{(FeO)}^2) $$

$$\lg K = 17\ 810/T - 6.192 \tag{2.16}$$

式(2.16)的平衡常数很大,$K_{(1\ 873\ K)} = 2.1 \times 10^3$,$K_{(1\ 573\ K)} = 1.3 \times 10^5$,炼钢过程的初期温度低,在炼钢吹氧初期硅很容易氧化。

SiO_2 在渣中会与过量的 FeO、MnO 结合成 $(Fe、Mn)_2SiO_4$。而随着渣中 CaO 的增加,$(Fe、Mn)_2SiO_4$ 又逐渐转变为 Ca_2SiO_4,反应式为

$$((Fe、Mn)_2SiO_4) + 2(CaO) \Longrightarrow (Ca_2SiO_4) + 2(FeO、MnO) \tag{2.17}$$

$$2(CaO) + (SiO_2) \Longrightarrow (Ca_2SiO_4) \tag{2.18}$$

因此,Si 与 CaO 含量较多的碱性渣之间的氧化反应可以写为

$$[Si] + 2FeO_{(1)} + 2CaO_{(s)} \Longrightarrow Ca_2SiO_{4(s)} + 2Fe_{(1)} \tag{2.19}$$

$$K_{Si} = \frac{a_{Ca_2SiO_4}}{a_{Si} a_{FeO}^2 a_{CaO}^2} \tag{2.20}$$

由式(2.20)不难得出:

$$[\%Si] = \frac{a_{Ca_2SiO_4}}{K_{Si} f_{Si} a_{FeO}^2 a_{CaO}^2} \tag{2.21}$$

在熔炼一炉钢的初期,熔池中[C]大,硅的活度系数(1%亨利标准态)f_{Si} 大,在碱性渣中 a_{FeO}、a_{CaO} 大,CaO、FeO 与 SiO_2 有强的结合能力,使 SiO_4^{4-} 的活度系数(纯物质标准态)γ_{SiO_4} 大为降低,所以硅迅速氧化至微量,不会再发生还原反应。

式(2.18)和式(2.19)还可以用以下两式表达为离子反应式:

$$2(O^{2-}) + (SiO_2) \Longrightarrow (SiO_4^{4-}) \tag{2.22}$$

$$[Si] + 2[O] + 2(O^{2-}) \Longrightarrow (SiO_4^{4-}) \tag{2.23}$$

在熔炼结束出钢过程中,加入的脱氧元素 Al 和 Ca 会使渣中的 (SiO_2) 还原,反应如下:

$$[Al] + 3/4(SiO_2) \Longrightarrow 1/2(Al_2O_3) + 3/4[Si] \tag{2.24}$$

$$[Ca] + 1/2(SiO_2) \Longrightarrow (CaO) + 1/2[Si] \tag{2.25}$$

2.2.2 锰的氧化与还原

锰的熔点为 1 517 K,也与铁无限互溶,但锰溶解于铁水时无化学作用,形成近似理想溶液。在炼钢温度下锰的蒸气压较高,所以有可能在氧流作用区的高温下蒸发。锰与氧、硫可生成 MnO、MnS 等化合物,温度升高后锰可被还原。

铁水中锰与氧的反应可以由下式表示:

$$[Mn]+[O]\xlongequal{\quad} MnO_{(1)} \tag{2.26}$$

$$\Delta G^{\theta}_{(MnO,1)}\xlongequal{\quad} -244\ 300+107.6T \tag{2.27}$$

$$\lg K_{(MnO,1)}=12\ 760/T-5.62 \tag{2.28}$$

$$[Mn]+[O]\xlongequal{\quad} MnO_{(s)} \tag{2.29}$$

$$\Delta G^{\theta}_{(MnO,s)}=-288\ 200+129.3T \tag{2.30}$$

$$\lg K_{(MnO,s)}=15\ 050/T-6.75 \tag{2.31}$$

$$\left.\begin{array}{l} e^{Mn}_{Mn}=0.00 \\ e^{O}_{Mn}=-0.083 \\ e^{Mn}_{O}=-0.021 \end{array}\right\} \tag{2.32}$$

Mn 在渣-铁水间的反应可由下式表示:

$$[Mn]+FeO_{(1)}\xlongequal{\quad} Fe_{(1)}+MnO_{(1)} \tag{2.33}$$

$$K=a_{(MnO)}/(a_{[Mn]}a_{(FeO)}) \tag{2.34}$$

$$\lg K=6\ 440/T-2.93 \tag{2.35}$$

这里 $a_{[Mn]}\approx[\%Mn]$,$MnO_{(1)}$、$FeO_{(1)}$ 的活度分别取熔融纯 MnO 及 FeO 为基准,$K_{(1\ 873\ K)}\approx3.22$。已知 MnO-FeO 系大致接近于理想溶液,但若其中混入了酸性氧化物,则 γ_{MnO} 变小,促进锰的氧化反应;混入碱性成分,则 γ_{MnO} 变大,一部分锰返回铁水中。锰分配比和渣中 FeO 含量的关系如图 2.3 所示。

式(2.34)展开后可以得到

$$[\%Mn]=\frac{a_{(MnO)}}{K_{Mn}f_{Mn}a_{(FeO)}}=\frac{(\%MnO)\gamma_{MnO}}{K_{Mn}f_{Mn}(\%FeO)\gamma_{FeO}} \tag{2.36}$$

从而得出

$$L_{Mn}=\frac{(\%Mn)}{[\%Mn]}=\frac{55}{71}K_{Mn}(\%FeO)\frac{f_{Mn}\gamma_{FeO}}{\gamma_{MnO}} \tag{2.37}$$

可见 L_{Mn} 随炼钢的条件而变化。熔炼初期由于温度较低,渣中 FeO 含量高,碱度低,故 Mn 迅速氧化进入渣中;熔炼中、后期由于熔池的温度升高,渣中 FeO 含量降低,碱度升高,锰从渣中还原到铁水中;熔炼末期由于渣的氧化性提高而使

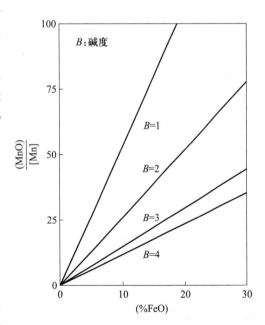

图 2.3 锰分配比和渣中 FeO 含量的关系

锰又被氧化。吹炼中[%Mn]的变化情况如图2.4所示。从图中可以看到熔池中锰的含量"回升"现象。炉渣碱度越高,熔池的温度越高,锰含量回升的程度也越高。

锰在碱性渣下的氧化反应还可以写为如下的离子反应式:

$$[Mn]+(Fe^{2+}) = = = (Mn^{2+})+Fe \tag{2.38}$$

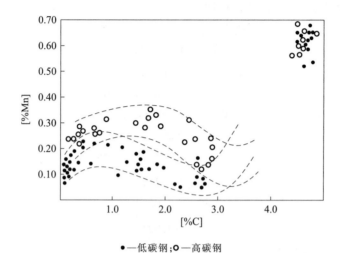

●—低碳钢;○—高碳钢

图 2.4 炼钢过程中[%Mn]的变化

2.2.3 锰的氧化反应动力学

由式(2.33)来讨论[Mn]的氧化反应动力学。

这个反应包括五个环节,即反应物[Mn]和$FeO_{(1)}$分别传输到渣-金属相界面,在相界面上进行化学反应,生成物$MnO_{(1)}$和$Fe_{(1)}$离开相界面传输到各相内部。由于$Fe_{(1)}$的浓度高,为了简化可只考虑[Mn]的传输。这样的反应可以应用双膜理论来表述,但在炼钢中使用的一般是质量分数,因此要进行浓度的换算。

按照液-液反应的双膜理论,[Mn]在渣、铁水中的物质流为

$$J_{[Mn]}=k_{[Mn]}(C_{[Mn]}-C^*_{[Mn]}) \tag{2.39}$$

$$J_{(Mn)}=k_{(Mn)}(C^*_{(Mn)}-C_{(Mn)}) \tag{2.40}$$

式中:C^*表示相界面处的浓度,k表示传质系数,J代表物质流。

为了便于应用,要把浓度$C(\mathrm{mol\cdot cm^{-3}})$换算为质量分数。

$$C_{[Mn]}=\frac{\rho_m}{55}[Mn] \tag{2.41}$$

$$C_{(Mn)}=\frac{\rho_s}{55}(Mn)=\frac{\rho_s}{71}(MnO) \tag{2.42}$$

式中,ρ_m和ρ_s代表钢和渣的密度,55和71分别是Mn和MnO的分子量。

当过程稳态进行时,

$$J_{[Mn]}=-\frac{1}{A}\frac{\mathrm{d}n_{[Mn]}}{\mathrm{d}t}=-\frac{V_m}{A}\frac{\rho_m}{55}\frac{\mathrm{d}[Mn]}{\mathrm{d}t}=J_{(Mn)} \tag{2.43}$$

$$-\frac{d[Mn]}{dt} = \frac{AD_{[Mn]}}{V_m \delta_m}(C_{[Mn]} - C^*_{[Mn]}) \tag{2.44}$$

$$-\frac{d[Mn]}{dt} = \frac{A}{V_m}\frac{55}{71}\frac{\rho_s}{\rho_m}\frac{D_{(Mn)}}{\delta_s}(C^*_{(MnO)} - C_{(MnO)}) \tag{2.45}$$

$$= \frac{A}{V_s}\frac{55}{71}\frac{W_s}{W_m}\frac{D_{(Mn)}}{\delta_s}(C^*_{(MnO)} - C_{(MnO)})$$

式中,$n_{[Mn]}$ 为 Mn 的摩尔数,V_m 为铁水体积,A 为界面积,$D_{[Mn]}$ 为锰在钢中的扩散系数,$D_{(Mn)}$ 为锰在渣中的扩散系数,W_s 和 W_m 分别为渣和铁水的质量。

$C^*_{(MnO)}$ 是界面上的浓度,无法直接测定。为了能够用熔体的浓度表示界面浓度,常假设除过程的控制环节外的各个环节均达到平衡。因此,就有

$$(\%MnO) = K_{Mn}(\%FeO)[\%Mn]\frac{f_{Mn}\gamma_{FeO}}{\gamma_{MnO}} \tag{2.46}$$

$$\lg K_{Mn} = \lg\frac{a_{MnO}}{a_{Mn}a_{FeO}} = 6\,400/T - 2.93 \tag{2.47}$$

式中,$(\%FeO)$、$[\%Mn]$ 分别用渣和铁水内部的含量来表示,这样就可以计算出锰的氧化速率。但是过程的控制环节不是固定不变的,随着条件的改变,控制环节也有变化。例如,刚开始进行反应时,渣中(MnO)很低,其传质速率会很大,控制的限制性环节可能是铁水中$[Mn]$的传质。

假设反应开始时铁水中 Mn 的浓度为 $C_{[Mn]_0}$,反应进行时间 t 时 Mn 的浓度为 $C_{[Mn]_t}$,对式(2.44)积分得:

$$2.303\lg\frac{C_{[Mn]_0} - C^*_{[Mn]}}{C_{[Mn]_t} - C^*_{[Mn]}} = \frac{AD_{[Mn]}}{V_m\delta_m}t \tag{2.48}$$

设一 30 t 电弧炉,熔池面积为 $1.8 \times 10^5\ cm^2$,铁水密度 $\rho_m = 7\ g/cm^3$,扩散系数 $D_m = 10^{-4}\ cm^2/s$,有效边界层的厚度 $\delta_m = 0.003\ cm$。若根据式(2.48)计算去除90%的$[Mn]$所需要的时间,则得

$$2.303\lg\frac{100}{10} = \frac{AD_{[Mn]}}{V_m\delta_m}t$$

$$t = 1\,645\ s \approx 27\ min$$

以上计算只考虑了$[Mn]$的传质速率,即取 $D_{[Mn]} = D_m$,实际上还应该考虑 MnO、FeO 的传质速率等,计算要复杂得多。

按反应式 $FeO_{(1)} + [Mn] \Longrightarrow MnO_{(1)} + Fe_{(1)}$ 考虑铁的液滴在氧化渣中反应时的传质过程,如图 2.5 所示。因为铁是过量的,可以忽略铁的传质阻力,主要考察铁水中 Mn 和渣中 MnO 的传质过程。假设渣中 MnO 的活度和铁水中 Mn 的活度服从亨利定律,则锰氧化反应的平衡常数为

$$K_{Mn} = \frac{(MnO)a_{Fe}}{a_{(FeO)}[Mn]} \tag{2.49}$$

可以认为铁水中铁的活度 $a_{Fe} \approx 1$,这样从式(2.49)可得

$$\frac{(MnO)}{[Mn]} = K_{Mn}a_{(FeO)} \tag{2.50}$$

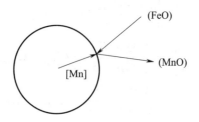

图 2.5 按反应式 FeO$_{(1)}$ +[Mn]$\Longrightarrow$MnO$_{(1)}$ +Fe$_{(1)}$ 考虑铁的液滴在氧化渣中反应时的传质过程示意图

在 1 873 K 时，K_{Mn}值为 5.12，该平衡常数值适用于富钙的 CaO-MnO-FeO-SiO$_2$ 系熔渣，另外熔渣中(FeO)比(MnO)大，而两种物质的传质系数几乎相同，可以近似地规定 $a_{(FeO)} \approx (\%FeO)$，在氧化熔炼时，$a_{(FeO)}$值为 0.3~0.7，由此得出平衡分配系数：

$$\frac{(MnO)}{[Mn]} = K \approx 1.54 \sim 2.6 \tag{2.51}$$

实际冶金过程中式(2.39)和式(2.40)的值应该相等，并将式(2.50)代入式(2.39)，经过一系列换算后得到锰的物质流密度：

$$j_{[Mn]} = k_{tot}\left([Mn] - \frac{(MnO)}{K_{Mn}a_{(FeO)}}\right) \tag{2.52}$$

式中，k_{tot}为总的传质系数，可由下式计算：

$$k_{tot} = \frac{1}{\dfrac{1}{k_{[Mn]}} + \dfrac{1}{k_{(MnO)}K_{Mn}a_{(FeO)}}} \tag{2.53}$$

由此得出 $k_{[Mn]}$ 和 $k_{(MnO)}K_{Mn}a_{(FeO)}$，以及由此推断界面两侧的传质阻力大约相等，在这种情况下两方面的阻力都必须考虑。进行上述类型的过程计算时，对每种具体反应均要进行界面传质的动力学分析。

2.3 脱碳

炼钢铁水是 Fe 和 C 以及其他一些杂质元素的合金溶液，一般炼钢生铁中碳含量为 4% 多一点，高磷生铁中碳含量则为 3.6% 左右，脱碳反应是炼钢过程的中心课题。脱碳通过氧化生成 CO 或 CO$_2$ 气体的方法去除。

2.3.1 碳在铁水中的溶解及其活度

高炉铁水碳含量一般都达到饱和溶解度，在 Fe-C 二元系中碳的饱和溶解度可由下式计算：

$$[\%C]_B = 1.34 + 2.54 \times 10^{-3}(T-273) \tag{2.54}$$

其中，T 是绝对温度。

合金元素对碳在铁水中的溶解度有影响，或增加或减低。使碳的溶解度增加的元素通常都

与碳的亲和力较大。在 Fe-C-j 三元系中碳的饱和溶解度计算式为

$$[\%C]_T = [\%C]_B + m_i[\%j]_i \tag{2.55}$$

式中,m 为元素 j 的影响因子,下脚 i 表示第 i 个元素。j 及其含量、m 值如表 2.3 所示。

表 2.3　碳饱和的 Fe-C-j 三元系铁水中 j 及其含量、m 值[5]

j	Al	Si	P	S	V	Cr	Mn	Ni	Cu	Mo	Sn	Sb
j 含量/%	<2	<5.5	<3	<0.4	<3.4	<9	<25	<8	<3.8	<2	—	<15
m	-0.22	-0.31	-0.33	-0.40	0.135	0.063	0.03	-0.053	-0.074	0.015	-0.10	-0.117

四元系以上的铁水中碳的饱和溶解度可以近似地由下式推算:

$$[\%C]_M = [\%C]_B + \sum_i m_i[\%j]_i \tag{2.56}$$

碳溶于铁水的反应可以由下式表示:

$$C_{(石墨)} \Longrightarrow [C] \tag{2.57}$$

$$\Delta G^\theta = 17\,200 - 14.36T \text{ (J/mol)} \tag{2.58}$$

碳溶解于铁水是弱的吸热过程,铁-碳溶液不是理想溶液。假设碳饱和的铁水以纯的石墨作为标准状态,则碳的活度系数 γ_C 与碳的摩尔分数 χ_C 之间有下列关系:

$$\lg\gamma_C = -0.21 + 4.3\chi_C \tag{2.59}$$

由此可知,当 $\chi_C < 0.049$([C]<1.05%)时,根据拉乌尔定律为负偏离,即 $\gamma_C < 1$;在 [C]>1.05%时为正偏离,即 $\gamma_C > 1$。

这个事实可以用熔融 Fe-C 中质点间的相互作用来说明。当碳含量低时,Fe 与 C 之间的相互作用占优势,这时可能是碳原子给出部分的价电子,填充铁原子不满的 d 层,而使碳具有离子形式(即 C^{4+}),它们之间相互作用造成负偏离。但在碳含量增加时,碳离子附近的电子云密度增加,再排列其他的碳离子会有困难,从而产生正偏离。

在全浓度范围内考虑熔融 Fe-C 中碳的活度时,把碳含量用摩尔分数 χ_C 来表示,以碳饱和铁水中碳的活度为 1 作为基准是方便的。设这时的活度和活度系数分别为 a_C^{gr}、γ_C',根据碳的活度正比于 (p_{CO}^2/p_{CO_2}) 的关系,可由下式求出 a_C^{gr} 和 γ_C' 的关系:

$$a_C^{gr} = \chi_C \gamma_C' = \begin{cases} p_{CO}^2/p_{CO_2} \text{(气相)} \\ p_{CO}^2/p_{CO_2} \text{(Boudouard 平衡)} \end{cases} \tag{2.60}$$

对上式取对数、变形,把 Boudouard 平衡式[2]

$$CO_{2(g)} + C_{(gr)} \Longrightarrow 2CO_{(g)} \tag{2.61}$$

$$\lg(p_{CO}^2/p_{CO_2}) = -8\,969/T + 9.14 \tag{2.62}$$

结合式(2.60)和式(2.62),得到下式:

$$\lg\gamma_C' = \lg[p_{CO}^2/(p_{CO_2}\chi_C)] + 8\,969/T - 9.14 \tag{2.63}$$

上式中,$\lg[p_{CO}^2/(p_{CO_2}\chi_C)]$ 可以实测。由此求得的熔融 Fe-C 系中全浓度范围内的 a_C^{gr} 和 a_{Fe} 如图 2.6 所示。

2.3.2 脱碳反应

现代大规模的炼钢生产中,吹氧精炼是必不可少的。吹氧条件下,铁水中的碳可被氧气直接氧化,反应的形式可以写为

$$[C]+1/2O_2 \Longrightarrow CO_{(g)} \qquad (2.64)$$

而铁水中溶解的碳和氧则按下式发生间接氧化反应:

$$[C]+[O] \Longrightarrow CO_{(g)} \qquad (2.65)$$

$$\Delta G^\theta = -22\ 200-38.34T \ (J/mol) \quad (2.66)$$

$$\lg[p_{CO}/(a_{[C]}a_{[O]})] = 1\ 160/T+2.003 \qquad (2.67)$$

[C]-[O]反应的平衡关系还与下面 2 个反应有关:

$$[O]+CO_{(g)} \Longrightarrow CO_{2(g)} \qquad (2.68)$$

$$\Delta G^\theta = -166\ 900+91.13T \ (J/mol) \quad (2.69)$$

$$\lg[p_{CO_2}/(p_{CO}a_{[O]})] = 8\ 718/T-4.762 \quad (2.70)$$

$$[C]+CO_{2(g)} \Longrightarrow 2CO_{(g)} \qquad (2.71)$$

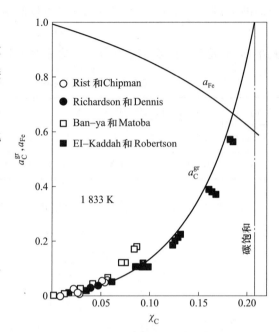

图 2.6 Fe-C 系中碳和铁的活度(1 833 K)
(活度基准:碳是固体碳,铁是熔融纯铁)

$$\Delta G^\theta = 144\ 700-129.5T \ (J/mol) \qquad (2.72)$$

$$\lg[p_{CO}^2/(p_{CO_2}a_{[C]})] = -7\ 558/T+6.765 \qquad (2.73)$$

[C]、[O]的活度系数 $f_{[C]}$ 和 $f_{[O]}$ 可由下式得到:

$$\lg f_{[C]} = \lg f_{[C]}^C+\lg f_{[C]}^O \approx \lg f_{[C]}^C = 0.243[\%C] \qquad (2.74)$$

$$\lg f_{[O]} = \lg f_{[O]}^O+\lg f_{[O]}^C \approx \lg f_{[O]}^C = -0.421[\%O] \qquad (2.75)$$

其中,铁水中氧和碳的浓度用质量分数表示,活度基准根据亨利定律确定。上述各式在 1 823~1 973 K、$[\%C]=0.1 \sim 1.0$ 时成立。根据相律,组分是 5([C]、[O]、CO、CO_2、O_2),反应平衡由式(2.65)、式(2.68)和式(2.71)决定,其中 1 个可由其他 2 个导出,所以独立式数是 2,则独立组分是 3(=5-2),相数是 2(气体、铁水),自由度 $f=(3+2)-2=3$,是 3 个变量的体系。因此,当温度和气压一定时,铁水中氧和碳的含量首先取决于 p_{CO}/p_{CO_2}。式(2.65)是脱碳反应中的主要反应,即熔池中碳的氧化产物绝大多数是 CO,而不是 CO_2。

研究认为,在纯氧顶吹转炉中铁水碳含量高的条件下,$[C]+1/2O_2 \Longrightarrow CO_{(g)}$ 反应发生的机会很少,而 $[C]+CO_{2(g)} \Longrightarrow 2CO_{(g)}$ 反应是气态介质进行氧化脱碳反应的主要形式。顶吹的氧在转炉内的脱碳过程可以示意性地描述:

假设铁水表面脱碳反应处于平衡状态。只要铁不被氧化,与此平衡相对应的氧分压就小于 10^{-8} bar。这意味着,氧几乎不存在于气-液相界面上。随着离开表面的距离增加,气体中 p_{CO_2}/p_{CO} 变大。当气体中还含有 CO 时,氧分压一直保持很小。因此,氧不能到达铁水表面,不发生 $[C]+1/2O_2 \Longrightarrow CO$ 反应。更确切地说,外面引入的氧,在铁水表面上方的燃烧层中使逆向排出

的 CO 氧化成 CO_2。一部分 CO_2 从这里扩散到铁水表面与溶解的碳生成 CO,另一部分 CO_2 转入到外面的气氛中。这相当于有两个子反应:$O_2 + 2CO \Longrightarrow 2CO_2$ 和 $CO_2 + [C] \Longrightarrow 2CO$,合起来成为总反应 $O_2 + [C] \Longrightarrow CO_2$。当碳含量低于某一临界值后,氧溶解于铁水成为 $[O]$,$[C] + [O] \Longrightarrow CO$ 反应的比例渐渐增大。

2.3.3 铁水中的碳氧关系

式(2.67)的平衡常数可以写成如下形式:

$$K_C = \frac{p_{CO}}{a_{[C]} a_{[O]}} = \frac{p_{CO}}{f_C [\%C] f_O [\%O]} \tag{2.76}$$

取 p_{CO} 为 1 atm(101 325 Pa),$p_{CO} / p_{CO(Boudouard平衡)} = 1$,并且考虑 $[\%C]$ 较小时 f_C 和 f_O 均接近于 1,由此得出:

$$K_C = \frac{1}{[\%C][\%O]} \tag{2.77}$$

可知当 $p_{CO} \approx 1$ 时,铁水中碳氧浓度积 $[\%C][\%O]$ 只随温度变化,计算得出:

$$\lg[\%C][\%O] = -1\,160/T - 2.003 \tag{2.78}$$

令 $[\%C][\%O] = m$,在 1 873 K 时,$m = 0.002\,4$。即在一定温度和压力下 $[\%C][\%O]$ 应是一个常数,而与反应物和生成物的浓度无关。这也是由于在炼钢过程的温度范围内,$[C] + [O] \Longrightarrow CO$ 反应的平衡常数随温度变化不大的缘故。此结果示于图 2.7,$[\%C]$ 和 $[\%O]$ 呈等边双曲线的关系。这是 1931 年由 H. C. Vacher 和 E. H. Hamilton 首次求得的,所以称作 Vacher-Hamilton 曲线。

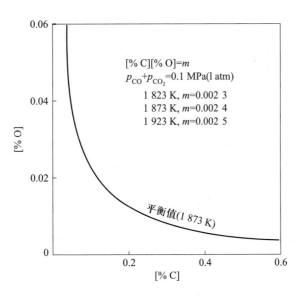

图 2.7 铁水中碳含量和氧含量的关系

进一步研究证明,随着 $[\%C]$ 的变化,m 并不完全是一个常数。在不同的 $[\%C]$ 和温度时,m 值的变化情况如表 2.4 所示。

表 2.4　不同温度和碳含量条件下的碳氧浓度积

[%C]	$[\%C][\%O]\times10^3$					备注
	1 773 K	1 873 K	1 973 K	2 073 K	2 173 K	
0.02~0.20	1.86	2.00	2.18	2.32	2.45	有生成 CO_2 的反应,$f_C=f_O\approx1$
0.50	1.77	1.90	2.08	2.20	2.35	基本没有生成 CO_2 的反应,$f_C>1,f_O>1$
1.00	1.68	1.81	1.96	2.08	2.25	
2.00	1.55	1.70	1.84	1.95	2.10	

在高碳浓度下,铁水中[%C]和[%O]的关系如下式:

$$\lg\frac{[\%C][\%O]}{p_{CO}}=\lg\frac{a_{[C]}a_{[O]}}{p_{CO}}+0.178[\%C] \tag{2.79}$$

即如图 2.8 所示,在高碳浓度范围内,碳氧浓度积 m 随碳含量的增加而增加。

m 值不守常的原因是,[C]小时反应中生成了 CO_2,而[C]增大时 f_C 和 f_O 都不等于 1。另外,[C]大时活度系数的影响不能忽视,j 元素含量对铁水中碳的活度的影响示于图 2.9 和表 2.3。

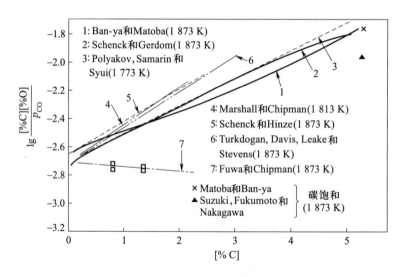

图 2.8　高碳铁水中碳氧浓度积随碳含量的变化

炼钢熔池中实际[O]大于相应的平衡含量。图 2.10 表示了氧气转炉炼钢熔池中[%C]和[%O]的关系。底吹搅拌强烈时,促使碳氧反应接近平衡。

实际熔池中[%O]和与[%C]平衡的[%O]之差 $\Delta[\%O]$ 的大小与脱碳反应动力学状态有关。脱碳速率大,则反应接近平衡,这个差值较小;反之,就大些。另外,随碳含量的不同而变化,碳含量越小,[%O]越靠近平衡线。顶吹转炉中[%O]在[C]$\approx$0.03%时接近 $p_{CO}=1$ atm 的平衡曲线;底吹转炉的实际[%O]与按 $p_{CO}=0.4$ atm 计算的平衡曲线接近;电弧炉钢液实际氧含量可达平衡[%O]的 2~4 倍,且炉渣中 a_{FeO} 越高,实际[%O]也越高。

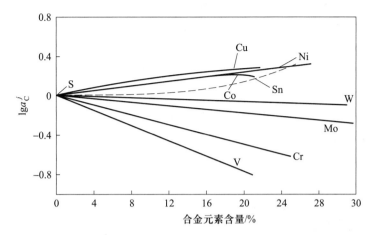

图 2.9 合金元素对铁水中碳的活度的影响(1 833 K,以纯铁为基准)

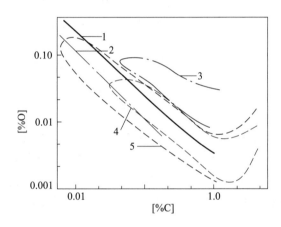

1—p_{CO} = 1 atm;2—p_{CO} = 0.4 atm;3—80 t LD;4—230 t Q-BOP;5—5 t Q-BOP

图 2.10 氧气转炉炼钢熔池中碳、氧含量关系

2.3.4 脱碳反应动力学

在脱碳反应动力学过程中,有两类反应发生的模式要加以区分:

模式一 铁水中溶解的碳与气态氧化介质在金属液-气相界面上直接氧化。

模式二 溶解的碳和氧由铁水传递到金属液-气相界面,并在相界面上生成 CO,相界面(简称界面)可能是自由表面或是气泡的内表面。

模式一包括由传质控制的脱碳反应和由界面反应控制的脱碳反应,分别叙述如下。

1. 由传质控制的脱碳反应

从动力学观点看氧化反应由以下环节组成:气态氧化介质向反应界面传输,铁水中 C 向反应界面传输;界面反应;CO 从界面逸出。

无论气态氧化介质是 O_2 还是 CO_2,氧化反应每消耗 1 mol 碳都要生成 2 mol CO,因此增大了气体量,并且出现从铁水表面向气体空间的逆向气流,这就降低了气态氧化介质到达表面的物质流密度。以下以 CO_2 为例讨论脱碳反应中的传质控制环节。

CO_2 物质流密度由扩散和对流两部分组成,用下式表示:

$$j_{CO_2} = \frac{p_0}{RT} D_{CO_2} \frac{dC_{CO_2}}{dy} + (j_{CO_2} + j_{CO}) C_{CO_2} \tag{2.80}$$

式中:p_0 为总压强;R 为理想气体常数;C_{CO_2} 为气体中 CO_2 的浓度,用体积分数表示;y 是距铁水表面的距离。因为 $j_{CO} = -2j_{CO_2}$,在 $y=0$ 时,$C_{CO_2} = C_{CO_2}^*$,在 $y=\delta_N$ 时,$C_{CO_2} = C_{CO_2}^\infty$,对上式以 $y=0$ 和 $y=\delta_N$ 分别作为上、下限积分,得出

$$j_{CO_2} = \frac{p_0}{RT} \frac{D_{CO_2}}{\delta_N} + \ln \frac{1 + C_{CO_2}^\infty}{1 + C_{CO_2}^*} \tag{2.81}$$

令式中 $D_{CO_2}/\delta_N = k_{CO_2}$,称为气体中 CO_2 的传质系数。

铁水中碳的物质流密度可以写成:

$$j_C = k_C (C_C - C_C^*) \tag{2.82}$$

其中:k_C 为碳的传质系数;C_C 为铁水内部的碳浓度;C_C^* 为铁水相界面上的碳浓度。

根据连续性条件,$j_{CO_2} = j_C$。设反应处于平衡状态,在铁水温度为 1 873 K,总压为 1 bar,铁水中 $[C] > 0.05\%$ 时,气体中 $C_{CO_2}^*$ 小于 0.03。这样式(2.81)中 $C_{CO_2}^*$ 可近似地视为常数,物质流密度 j_{CO_2} 则只由气氛中的 $C_{CO_2}^\infty$ 决定。界面上 C_C^* 可由 $j_{CO_2} = j_C$ 求出,并得到下式:

$$C_C^* = C_C - \frac{p_0}{RT} \frac{k_{CO_2}}{k_C} \ln \frac{1 + C_{CO_2}^\infty}{1 + C_{CO_2}^*} \tag{2.83}$$

顶吹 CO_2 对含碳铁水的脱碳动力学研究和用电化学氧探头测定的气相侧边界层中 CO_2 浓度变化过程证实了式(2.81)。气相侧物质流密度 j_{CO_2} 必然与铁水侧物质流密度 j_C 相等,因此在知道 k_C 后,用式(2.82)可计算具有驱动作用的碳浓度差($C_C - C_C^*$)。铁水中有一个不可忽略的碳浓度差,反应的总阻力部分在气体侧,部分在铁水侧。在碳浓度很大时,阻力主要在气相侧。气相侧阻力来自 CO 的逆向流。

如果金属在熔池中的运动变弱,碳的传质系数 k_C 减小,铁水内部和表面间的碳浓度差相应增大。这样,铁水表面富集了氧,直至生成 FeO。因此,渗入铁水的氧可以在表面下某一个临界距离与碳形成 CO,以气泡的形式排出。这种现象可以从悬浮于氧化气氛中的含碳液滴氧化时观察到,反应控速环节主要是氧化气体在附着的气相边界层中的传质。当液滴中的碳含量小于 1% 后,铁水侧碳的传质成为主要阻力,于是脱碳速率下降,同时形成 CO 气泡的趋势增强,这说明在当前碳含量时,氧从表面渗入液滴,形成的气泡可以长大到使液滴破裂。上述的液滴的脱碳反应在氧气顶吹炼钢法中起重要作用,因为吹炼中有大量液滴不断地溅射到转炉炉气中发生脱碳反应。

2. 由界面反应控制的脱碳反应

界面反应可以分为如下环节(ad 表示为界面吸附):

① $CO_2 = CO_{2ad}$;② $CO_{2ad} = O_{ad} + CO_{ad}$;③ $[C] = C_{ad}$;④ $C_{ad} + O_{ad} = CO_{ad}$;⑤ $2CO_{ad} = 2CO$。

在上述各环节中,只有假设环节③~⑤处于平衡,脱碳速率才不随铁水碳含量而变。因此,只剩下环节①和②可能成为速率的控制环节。可以这样推断:CO_{2ad}(即环节①)未达到平衡并决定着反应速率。

由于碳氧化时的界面反应速率常数很大,在一般工程条件下,界面反应不是控制速率的环节。

模式二是溶解于铁水中的碳和氧按照式(2.65)转化成 CO。所以,事先必须有足够的氧带入铁水。这一般可通过铁氧化成 FeO 的方式实现。

乳化的氧化物中的氧在铁水中溶解后,溶解的氧与溶解的碳反应生成 CO。反应包括下列环节:碳和氧向金属液-气相界面传质;在界面上生成 CO;CO 在气相中传质。

如果气相是一个纯 CO 气泡的空间,在这气相中不存在传质阻力。但是,如果用惰性气体搅拌金属液,界面上生成的 CO 必须通过气体侧边界层扩散到气泡的内部,此时必须考虑气体侧边界层扩散的传质阻力。

CO 从铁水中排到气体空间的动力学研究表明,在气体侧的传质阻力可以忽略时,铁水中的传质决定着反应速率,没有发现界面反应有阻碍作用。在这些情况下,熔池的运动决定着传质系数,因此必须对每种情况测定其绕流速率和绕流长度,亦即熔池流动特征。在 CO 气泡上浮时,绕流速率是气泡和铁水之间的相对速率,绕流长度是气泡直径或气泡周长的一半。

对于此种类型的碳和氧之间的脱碳反应,考虑到铁水和气体中的传质,其物质流密度 j_{CO} 以下式表示:

$$j_{CO} = k_C(C_C^\infty - C_C^*) = k_O(C_O^\infty - C_O^*) = \frac{k_{CO}}{RT}(p_{CO}^* - p_{CO}) \tag{2.84}$$

式中:浓度 C 的单位为 mol/m^3;物质流密度 j 的单位为 $mol/(m^2 \cdot s)$;C^∞ 是指远离界面的元素浓度值,C^* 表示在界面上的元素浓度值;k_C 和 k_O 是铁水中碳和氧的传质系数,k_{CO} 是气体中 CO 的传质系数;p_{CO} 和 p_{CO}^* 分别是 CO 的分压和界面上 CO 的分压。

在 $p_{CO} = 0$ 时,反驱动力等于 0,这样式(2.84)变成:

$$j_{CO} = k_O C_O^\infty \quad \text{或} \quad j_{CO} = k_C C_C^\infty \tag{2.85}$$

上述两种表达式是等值的。

如果铁中碳含量很大,则[C]≫[O],且式(2.85)中 $C_C^* = C_C^\infty$;如果只讨论纯 CO 气氛,$p_{CO}^* = p_{CO}$,则可得

$$[O]^* = \frac{p_{CO}}{k_{CO}[C]} \tag{2.86}$$

将此表达式代入式(2.84)的中间的式子可得物质流密度:

$$j_{CO} = k_O\left([O] - \frac{p_{CO}}{k_{CO}[C]}\right) \tag{2.87}$$

铁水脱碳过程分为两个主要阶段:

(1)碳的浓度高于一个临界值时,脱碳速率与碳含量无关,仅由氧的供给和消耗所决定。这一阶段脱碳反应为零级反应,包括吹氧初期和脱碳速率几乎为定值的吹氧中期,铁水的这一临界碳含量在 0.1%~0.6% 范围内波动,高供氧速率操作条件下临界碳含量较高。反应的控制环节在于氧的传质,包括气相中氧化介质的传质和溶解于铁水中的氧的传质。

(2)碳的浓度降低到这一临界值以下时,脱碳反应成为一级反应,脱碳速率与碳含量成正比。在此阶段,反应速率由铁水中碳的传质所控制。

下面讨论铁水中氧和碳的传质问题。[C]和[O]的传质哪一个是控制环节,普遍的看法是[C]高、[O]低时,[O]的传质为控制环节;[C]低、[O]高时,[C]的传质成为控制环节。当铁水中实际的碳含量$[\%C]_{实}$高于某一个临界值时,脱碳速率$v_C = k[\%O] \approx k'p_{O_2}$,[O]的传质速率决定着整个过程的脱碳速率。因此,随着供氧速率的增加,v_C亦相应增大;反之,当铁水中$[\%C]_{实}$低于这个临界值时,脱碳速率v_C随$[\%C]_{实}$的降低而显著降低,$v_C = k[\%C]_{实}$,这时[C]的传质速率将决定整个过程的脱碳速率。

炼钢条件下的脱碳,大部分反应在铁水内的CO气泡上进行,生成的CO分子能立即转为气相,CO气泡表面为高速脱碳提供了所必需的交换面积。C和O是表面活性元素,向气泡表面扩散并吸附于气泡表面上进行化学反应。由于反应进行得很迅速,所以在气泡和钢液的相界面上二者接近于平衡。然而在远离界面处的[C]和[O]比气泡表面上的大得多,于是形成一个浓度梯度,使C和O不断向反应区传质。为了充分迅速地提供所必要的氧,FeO液滴必须乳化于铁水中,由FeO液滴向CO气泡表面供氧。

氧气转炉吹氧时脱碳速率的变化情况如图2.11所示。由图可见,炼钢脱碳过程分为三个阶段。

吹炼初期(第Ⅰ期) 因钢液中的硅含量很高,而钢液温度较低,还存在硅的氧化,脱碳反应相对较慢。硅的氧化速率由快变慢,而脱碳速率由慢到快,最后达到最大值。

吹炼中期(第Ⅱ期) 钢液温度上升,脱碳反应势升高,钢液中的碳快速转移到火点区,供给的氧气几乎100%消耗于脱碳,因此脱碳速率始终保持最高水平,几乎为定值,此时钢液中溶解的氧降低到最低水平。此阶段脱碳速率几乎只取决于供氧强度。

吹炼后期(第Ⅲ期) 脱碳反应继续进行,但钢液中碳含量已很小,脱碳速率随着钢中碳含量的减小不断下降。

为便于计算可以将曲线模型化,如图2.12所示。

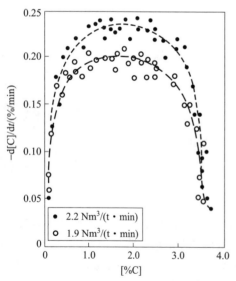

图2.11 不同供氧强度下160 t氧气转炉脱碳速率随[%C]的变化

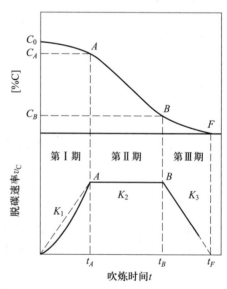

图2.12 碳含量及脱碳速率与吹炼时间的关系

第 Ⅰ 期脱碳速率为

$$-\frac{\mathrm{d}[\%\mathrm{C}]}{\mathrm{d}t}=K_1 t \qquad (2.88)$$

式中:t——吹炼时间;

K_1——由钢中总硅量、熔池温度和供氧强度等因素所确定的非常数。

第 Ⅰ 期中,脱碳反应受铁水中硅、锰优先氧化的影响很大,当 $[\mathrm{Si}]+0.25[\mathrm{Mn}]>1.5\%$ 时,初始脱碳速率趋近于零。

第 Ⅱ 期是碳激烈氧化的阶段,脱碳速率为

$$-\frac{\mathrm{d}[\%\mathrm{C}]}{\mathrm{d}t}=K_2 \qquad (2.89)$$

式中,K_2——碳激烈氧化阶段中由氧气流量所确定的常数,氧流量 F_{O_2} 变化时,K_2 与氧流量线性相关。

由全铁水吹炼操作的试验得出:

$$K_2=(1.89 I_{\mathrm{O}_2}-0.048H-28.5)\times10^{-3} \qquad (2.90)$$

式中:I_{O_2}——每吨铁水的供氧强度(标态),$\mathrm{m^3/(h\cdot t)}$;

H——枪高,cm。

因此,第 Ⅱ 期脱碳速率主要取决于供氧强度,随着供氧强度的增大,第 Ⅱ 期脱碳速率显著增大,但脱碳速率曲线仍保持台阶形特征。

第 Ⅲ 期脱碳速率为

$$-\frac{\mathrm{d}[\%\mathrm{C}]}{\mathrm{d}t}=K_3[\%\mathrm{C}] \qquad (2.91)$$

式中:K_3——由供氧强度和枪位所决定的常数。

第 Ⅲ 期为脱碳后期,当碳含量降低到一定程度时,碳的传质成为反应的控制环节,脱碳速率受 $[\mathrm{C}]$ 的传质控制并且随 $[\mathrm{C}]$ 的减小而降低。

关于第 Ⅱ 期向第 Ⅲ 期过渡时的临界碳含量 $[\mathrm{C}]_{临}$ 的问题,各种研究观点差别很大。通常在实验室条件下,$[\mathrm{C}]_{临}$ 为 0.1%~0.2% 或 0.07%~0.1%;而在实际生产中则为 0.1%~0.2% 或 0.2%~0.3%,甚至高达 1.0%~1.2%。$[\mathrm{C}]_{临}$ 依据供氧强度和供氧方式、熔池搅拌强弱和传质系数的大小而定。有研究指出,随着供氧强度的加大和熔池搅拌的减弱,$[\mathrm{C}]_{临}$ 有所增高。

2.4 脱磷

铁水中的磷含量因铁矿原料条件而异,低磷铁水的磷含量在 0.12% 以下,高磷铁水的磷含量高达 2.0% 以上。磷的存在使钢产生冷脆现象,因此在绝大多数钢种中,磷都属于有害元素。一般要求钢液的磷含量 <0.03% 或更低,易切削钢中磷含量也不得超过 0.08%~0.12%。炼钢过程中磷既可以被氧化,又可能被还原,出钢时或多或少都会发生回磷现象。

2.4.1 磷在铁液中的溶解和氧化脱磷

磷在炼钢温度下是气体,溶于铁水时放热量很大,说明磷原子与铁原子之间有较强的作

用力：

$$1/2P_{2(g)} \rightleftharpoons [P] \tag{2.92}$$

$$\Delta G^{\theta} = -157\ 700 + 5.4T \tag{2.93}$$

$$\lg(a_{[P]}/\sqrt{p_{P_2}}) = 8\ 240/T - 0.28 \tag{2.94}$$

$$\lg f_P^P = e_P^P[\%P] \tag{2.95}$$

$$e_P^P = 0.054 \tag{2.96}$$

上式中，铁水中磷含量用质量分数表示，磷的活度取亨利定律作基准，Fe-P 二元系中磷对于亨利定律呈正偏差。在 Fe-P-j 三元系中合金元素对磷的活度系数 f_P^j 如图 2.13 所示。

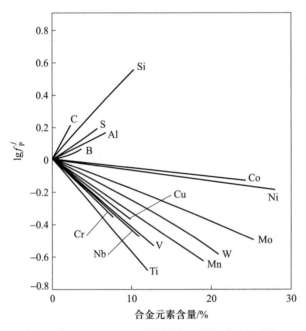

图 2.13　合金元素含量对磷的活度系数的影响（1 673 K）

炼钢过程的脱磷一般采用碱性氧化法，CaO 是强的脱磷剂。脱磷反应可以用分子形式和离子形式表达。

（1）分子形式的表示法

$$2[P] + 5(FeO) + 3(CaO) \rightleftharpoons (3CaO \cdot P_2O_5) + 5Fe_{(l)} \tag{2.97}$$

还可以更简单地表达为

$$2[P] + 5[O] \rightleftharpoons (P_2O_5) \tag{2.98}$$

不过，液态渣中的 P_2O_5 并不是以磷酸钙那样的大分子存在，而是以 PO_4^{3-} 离子的形式存在。

（2）离子形式的表示法

$$2[P] + 5[O] + 3(O^{2-}) \rightleftharpoons 2(PO_4^{3-}) \tag{2.99}$$

由于 $a_{(O^{2-})}$ 和 $a_{(PO_4^{3-})}$ 的数值不清楚，因此式（2.99）的平衡常数无法计算。Turkdogan 和 Pearson 按照下式确定平衡常数：

$$K_P = a_{(P_2O_5)}/(a_{[P]}^2 a_{[O]}^5) \tag{2.100}$$

从气-渣反应和渣-金属反应出发,可将渣的磷酸盐容量(简称磷容量)分别定义为

$$C_P = \frac{(\%PO_4^{3-})}{p_{P_2}^{1/2} p_{O_2}^{5/4}} = K_{s-g} \frac{a_{(O^{2-})}^{3/2}}{\gamma_{PO_4^{3-}}} \tag{2.101}$$

$$C_P = \frac{(\%P)}{[\%P]} \frac{1}{f_{[P]} a_{[O]}^{5/2}} = K_{s-m} \frac{a_{(O^{2-})}^{3/2}}{\gamma_{PO_4^{3-}}} \tag{2.102}$$

磷容量可以由气-渣反应平衡和渣-金属反应平衡测出,对于一定组成的渣,在恒温下其磷容量为一定值。磷容量的大小表示该渣脱磷能力的强弱,磷容量和光学碱度 Λ 的关系为

$$\lg C_P = 21.55\Lambda + \frac{32\,912}{T} - 27.90 \tag{2.103}$$

应该注意,渣中 P_2O_5 和 SiO_2 的含量较高时,有的 PO_4^{3-} 可结合成阴离子团 $P_2O_7^{4-}$,但对于高碱度的低磷渣,就全部按 PO_4^{3-} 计算。

由于炼钢过程中[P]及[O]都很小,所以依亨利定律可以认为 $a_{[P]} = [\%P]$, $a_{[O]} = [\%O]$。如果 $a_{(P_2O_5)}$ 的基准取为过冷的纯熔融 P_2O_5,则由热力学数据可以得到下式:

$$\lg K_P = a_{(P_2O_5)}/([\%P]^2 [\%O]^5) = 36\,850/T - 29.07 \tag{2.104}$$

$$a_{(P_2O_5)} = \gamma_{(P_2O_5)} \chi_{(P_2O_5)} \tag{2.105}$$

$\gamma_{(P_2O_5)}$ 的试验结果总结为下述经验公式(图2.14):

$$\lg \gamma_{(P_2O_5)} = -1.12 \sum A_i \chi_i - 42\,000/T + 23.58 \tag{2.106}$$

其中,

$$\sum A_i \chi_i = 22\chi_{CaO} + 15\chi_{MgO} + 13\chi_{MnO} + 12\chi_{FeO} - 2\chi_{SiO_2} \tag{2.107}$$

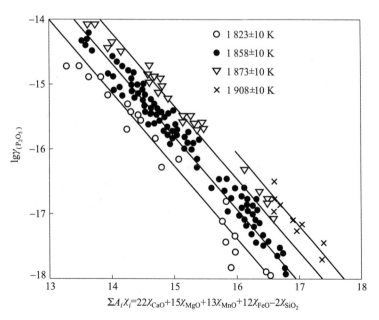

图 2.14 渣组成和温度对 P_2O_5 活度系数的影响

Al_2O_3、BaO、SrO 等对 $\gamma_{P_2O_5}$ 的影响可以由以下公式表示:

$$\lg\gamma_{(P_2O_5)} = 1.02\sum A_i X_i - 22\,990/T + 9.490 \tag{2.108}$$

其中，

$$\sum A_i X_i = 23X_{CaO} + 18X_{CaF_2} + 17X_{MgO} + 13X_{MnO} + 8X_{FeO} + 35X_{SrO} + 45X_{BaO} - 26X_{P_2O_5} - 11X_{Al_2O_3} \tag{2.109}$$

分析脱磷反应的热力学条件，以分配比 $L_P = (\%P_2O_5)/[\%P]^2$（或 $(\%P_2O_5)/[\%P]$，或 $(\%P)/[\%P]$）表示炉渣的脱磷能力，可得出

$$L_P = \frac{(\%P_2O_5)}{[\%P]^2} = K_P(\%FeO)^5(\%CaO)^4 f_P^2 \frac{\gamma_{FeO}^5 \gamma_{CaO}^4}{\gamma_{Ca_4P_2O_9}} \tag{2.110}$$

可见，欲提高炉渣的脱磷能力必须增大 K_P、a_{FeO}、a_{CaO}、f_P 和降低 $\gamma_{P_2O_5}$。因此，影响这些因素的有关工艺参数就是脱磷反应实际的热力学条件。

（1）温度的影响　脱磷反应是强放热反应，降低反应温度将使 K_P 增大，所以熔池温度低有利于脱磷。

（2）熔渣碱度的影响　因 CaO 含量的增加是降低 $\gamma_{P_2O_5}$ 的主要因素，增加 CaO 达到饱和含量可以增大 a_{CaO}，所以从 $CaO-FeO-SiO_2-P_2O_5$ 系渣同含磷铁液的平衡试验及生产研究中均可见到，增加渣中 CaO 含量或石灰用量，会使 (P_2O_5) 增加或使钢中 $[P]$ 降低，如图 2.15 所示。但 CaO 含量过高将使炉渣变黏而不利于脱磷。熔渣碱度的影响还可以由图 2.16 得到证明，碱度（即 CaO 与 SiO_2 的含量比）越高，磷分配比越高。

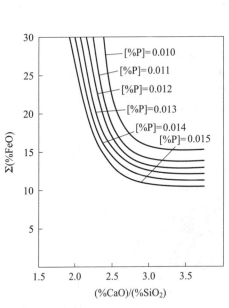

图 2.15　碱度和 $\sum(\%FeO)$ 对平衡 $[\%P]$ 的影响

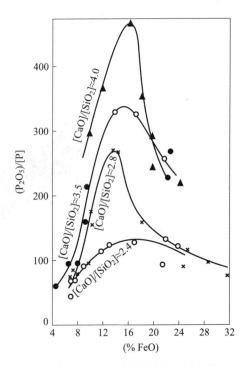

图 2.16　$(\%FeO)$ 对磷分配比的影响

（3）FeO 的影响　FeO 对脱磷反应的影响比较复杂，因为它与其他因素有密切的联系。在其他条件一定时，在一定限度内增加 FeO 会使 L_P 增大，图 2.16 给出了 Balajiva 等对 $FeO-CaO-SiO_2-P_2O_5$ 系测定的结果，在 $(\%FeO)=12\sim16$ 附近磷分配比有最大值，其原因可能是 CaO 被

FeO 置换。FeO 不仅是铁水中磷的氧化剂,而且能直接同 P_2O_5 结合成化合物 $3FeO \cdot P_2O_5$。

$$3(FeO)+(P_2O_5)=\!=\!=(3FeO \cdot P_2O_5) \tag{2.111}$$

$3FeO \cdot P_2O_5$ 在高温时不稳定,所以仅靠 $3FeO \cdot P_2O_5$ 起不到良好的脱磷效果。

FeO 有促进石灰熔化的作用,但如 FeO 含量过高,会稀释 CaO。因此,FeO 含量与炉渣碱度对脱磷的综合影响如下:碱度在 2.5 以下,增加碱度对脱磷的影响大;碱度在 2.5~4.0 范围内,增加 FeO 含量对脱磷有利,过高的 FeO 含量则使脱磷能力下降。渣-铁水间磷的分配比 $L_P=(\%P)/[\%P]=0.44(\%P_2O_5)/[\%P]$,是碱度和渣中 FeO 含量的函数。图 2.17 给出了 $Fe_tO-P_2O_5-M_xO_y$ ($M_xO_y=CaO_{sat}$, MgO_{sat}, SiO_{2sat}) 系渣和铁水间磷的分配比,可知在 $Fe_tO-P_2O_5-CaO_{sat}$ 系中,分配比 L_P 高达 1 000,渣中氧化物对 L_P 作用的大小顺序是 CaO$\gg$MgO$>$ $Fe_tO\gg SiO_2$。

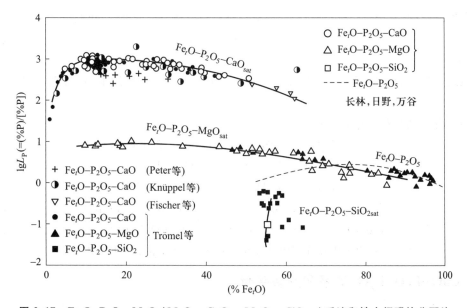

图 2.17 $Fe_tO-P_2O_5-M_xO_y$($M_xO_y=CaO_{sat}$, MgO_{sat}, SiO_{2sat})系渣和铁水间磷的分配比

(4)铁水成分的影响 铁水中存在的杂质元素对 f_P 有一定的影响,通常在含磷的铁水中,增加 C、O、N、Si、S 等的含量可使 f_P 增加,增加 Cr 的含量使 f_P 减小,Mn 和 Ni 对 f_P 的影响不大。铁水成分的影响主要在冶炼一炉钢的初期有一定的作用,更主要的作用是它们的氧化产物影响炉渣的性质。如铁水中硅含量过高,影响炉渣碱度而不利于脱磷;锰含量大使渣中 MnO 含量增大,有利于化渣而促进脱磷。

(5)渣量的影响 增加渣量可以在 L_P 一定时降低 $[\%P]$,因增加渣量意味着稀释 P_2O_5 的浓度,从而使 $Ca_3P_2O_8$ 含量也相应地减小,所以多次换渣操作是脱磷的有效措施,然而渣量大使铁水和热量的损失增大,因此应该避免采用增大渣量的操作。

综上所述,脱磷反应必要的热力学条件是:炉渣的碱度较高(3~4)、FeO 含量较高(15%~20%);熔池温度较低;适当的渣量。

炼钢过程中,脱磷和脱碳是同时进行的。脱碳沸腾能促进渣-钢间的传质过程,但碳和磷又同时争夺氧。由碳-磷-氧间的平衡关系,可以确定碳和磷同时氧化的热力学条件。由磷和碳的

氧化反应式

$$4/5[P]+O_2 \rightleftharpoons 2/5P_2O_{5(1)} \tag{2.112}$$

$$K_P = a_{P_2O_5}^{2/5}/([\%P]^{4/5}p_{O_2}) \tag{2.113}$$

$$2[C]+O_2 \rightleftharpoons 2CO \tag{2.114}$$

$$K_C = p_{CO}^2/([\%C]^2 p_{O_2}) \tag{2.115}$$

联立求解得

$$[\%P]^{4/5} = (a_{P_2O_5}^{2/5}[\%C]^2 K_C)/(p_{CO}^2 K_P) \tag{2.116}$$

取对数得

$$\lg[\%P] = 2.5\lg[\%C] + \lg\left(\frac{a_{P_2O_5}^{1/2} K_C^{5/4}}{p_{CO}^{5/2} K_P^{5/4}}\right) \tag{2.117}$$

当温度一定时,K_C 和 K_P 为常数,对于一定的熔渣 $a_{P_2O_5}$ 和 p_{CO} 也不变,可得

$$\lg[\%P] = 2.5\lg[\%C] + \lg B \tag{2.118}$$

式中,B 为常数。

出钢或在加入合金时常发生回磷现象,发生回磷的原因:(FeO)过低;钢液温度过高;渣溶解酸性钢包衬导致碱度降低。

与回磷有关的各种反应如下:

$$(P_2O_5)+5[Mn] \rightleftharpoons 5(MnO)+2[P] \tag{2.119}$$

$$2(P_2O_5)+5[Si] \rightleftharpoons 5(SiO_2)+4[P] \tag{2.120}$$

$$3(P_2O_5)+10[Al] \rightleftharpoons 5(Al_2O_3)+6[P] \tag{2.121}$$

$$(3CaO \cdot P_2O_5)+5[Mn] \rightleftharpoons 2[P]+5(MnO)+3(CaO) \tag{2.122}$$

$$2(3CaO \cdot P_2O_5)+5[Si] \rightleftharpoons 4[P]+5(SiO_2)+6(CaO) \tag{2.123}$$

$$3(3CaO \cdot P_2O_5)+10[Al] \rightleftharpoons 6[P]+5(Al_2O_3)+9(CaO) \tag{2.124}$$

2.4.2　CaO-FeO-P$_2$O$_5$ 渣系和脱磷平衡

氧化脱磷必须在渣-金属液相界面处进行,生成物进入炉渣。这就要求炉渣一方面要有足够高的氧位,使磷能氧化;另一方面能生成磷酸盐离子并被渣吸收,即炉渣有足够高的碱性。

目前炼钢生产绝大多数都用低磷铁水做原料,因此氧化过程中所形成的渣主要由 CaO、SiO$_2$ 和 FeO 组成,P$_2$O$_5$ 含量为 1%~2%,故这种渣的磷酸盐浓度主要由 CaO-FeO-SiO$_2$ 渣性质决定。图 2.18 表示 1 600 ℃(1 873 K)温度下 MnO 含量为 6% 和 MgO 含量为 2% 的 CaO-(SiO$_2$+P$_2$O$_5$)-(FeO+MnO)系渣中磷的等分配系数线。它们的走向几乎都平行于氧化钙饱和线。添加 Na$_2$O 或 CaF$_2$ 可扩大液相区,改善磷的分配。

在熔炼高磷生铁时,渣主要由 CaO、P$_2$O$_5$ 和 FeO 组成,除了其他氧化物外,还含有次要成分 SiO$_2$。这种渣的磷酸盐浓度主要由 CaO-P$_2$O$_5$-FeO 系的性质决定。一般高磷生铁磷含量为 1.6%~2.2%,硅含量约为 0.3%。为了造渣必须向渣中添加足量氧化钙,使渣中氧化钙或磷酸钙饱和并且仍有少量氧化钙过剩。

图 2.19 是 CaO-SiO$_2$-FeO、CaO-Al$_2$O$_3$-FeO 和 CaO-CaF$_2$-FeO 系渣中氧化钙饱和渣的磷分配平衡的测定结果,以磷酸盐浓度对渣中 FeO 含量作图。其中,CaO-SiO$_2$-FeO 和 CaO-Al$_2$O$_3$-

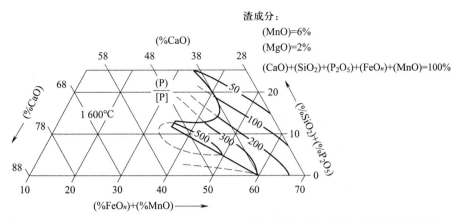

图 2.18 （CaO）-（SiO₂+P₂O₅）-（FeO+MnO）系渣中的磷分配比（P）/[P]等值线

FeO 系渣的磷酸盐浓度值落在一条线上。而氧化钙饱和的 CaO-CaF₂-FeO 系渣,磷酸盐浓度则明显高得多,即铁中磷含量可达更低值。故此系统的渣适用于二次脱磷。例如含 CaF₂ 的渣中只要 FeO 的含量为 20%,磷酸盐浓度就达到 1。因此,若渣中 P₂O₅ 含量为 1%,则铁中 P 含量可降到 5.6×10^{-4}%。CaF₂ 的作用为降低 P₂O₅ 的活度和提高 FeO 的活度。与铁平衡时 CaO-CaF₂-FeO 系渣中氧化钙饱和渣的成分示于图 2.20。渣中 FeO 含量高于 5% 后,氧化钙的溶解度几乎为常数 45%。FeO 含量低于 5% 直到 0,氧化钙的溶解度降到 15%,CaF₂ 显著地提高 FeO 的活度的作用表现在 CaF₂-FeO 系有一逐渐扩大的双液相共存区,加入 CaO 后,此双相区就向三元系延伸。点 C 是分溶线上的临界点。

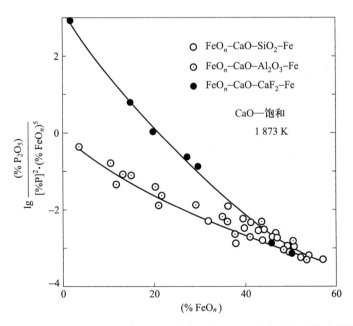

图 2.19 1 873 K 下各系渣与铁平衡时磷的平衡浓度比与渣中氧化铁含量的关系

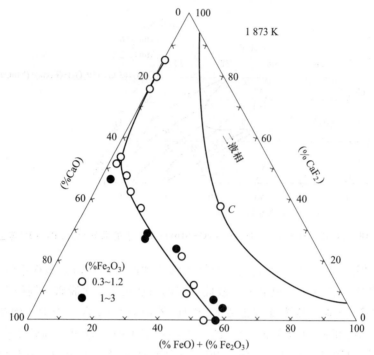

图 2.20　1 873 K 下 CaO-CaF₂-FeO 系渣与铁平衡时的成分

2.4.3　脱磷反应动力学

脱磷反应是典型的渣-金属液相界面反应。首先渣的形成速率对脱磷有关键性影响。熔渣形成后,在渣-金属液相界面上的反应速率很快,反应的控制环节是界面两侧的传质。研究证明,多数情况下氧的传质不是限制环节,脱磷速率由界面两侧磷的传质所控制。

在炼钢生产中影响脱磷速率的因素极多,也可以用统计方法进行分析。例如某炉熔炼初期,因炉渣碱度升高快,$\sum(\mathrm{FeO})$ 高,所以脱磷比较迅速。此时,脱磷速率可表示为反应速率方程:

$$-\frac{\mathrm{d}[\%\mathrm{P}]}{\mathrm{d}t}=k'_{[\mathrm{P}]}[\%\mathrm{P}] \tag{2.125}$$

也可以写成:

$$-\frac{\mathrm{d}[\%\mathrm{P}]}{\mathrm{d}t}=\frac{F}{W_{\mathrm{m}}}\frac{L_{\mathrm{P}}[\%\mathrm{P}]-(\%\mathrm{P})}{L_{\mathrm{P}}/\rho_{\mathrm{m}}k_{[\mathrm{P}]}+1/\rho_{s}k_{(\mathrm{P})}} \tag{2.126}$$

脱磷反应的推动力是 $L_{\mathrm{P}}[\%\mathrm{P}]-(\%\mathrm{P})$,阻力是 $L_{\mathrm{P}}/\rho_{\mathrm{m}}k_{[\mathrm{P}]}+1/\rho_{s}k_{(\mathrm{P})}$。式中 $k_{[\mathrm{P}]}$ 和 $k_{(\mathrm{P})}$ 是铁水和渣中的传质系数,不同研究结果有很大的差别。

单个液滴上反应速率的描述一般可以按下式考虑:

铁水侧磷的物质流密度为

$$j_{[\mathrm{P}]}=k_{[\mathrm{P}]}(C_{\mathrm{P1}}-C_{\mathrm{P1}}^{*}) \tag{2.127}$$

渣侧的物质流密度为

$$j_{(\mathrm{P})}=k_{(\mathrm{P})}(C_{\mathrm{P2}}^{*}-C_{\mathrm{P2}}) \tag{2.128}$$

式中 C_{P1}^* 和 C_{P2}^* 分别是[P]和(P)的界面平衡浓度。令式(2.127)和式(2.128)相等,由于

$$C_{P1}^*/C_{P2}^*=K \tag{2.129}$$

经过一些换算后得

$$j_P=k_{tot}(C_{P1}-C_{P2}/K) \tag{2.130}$$

式中,

$$k_{tot}=\cfrac{1}{\cfrac{1}{k_{[P]}}+\cfrac{1}{k_{(P)}K}} \tag{2.131}$$

2.5 脱硫

硫是活泼的非金属元素之一,性质与氧类似,通常以元素态溶解于铁水中。对于大多数钢种,硫都会降低其加工与使用性能。一般钢种要求[S]<0.03%,优质钢种[S]要小一个数量级,而极低硫钢则要求[S]≤0.000 5%。只有易切削钢的[S]可高达0.3%。炼钢过程的氧化性不利于脱硫,而且炼钢辅助原料中也不同程度地含有硫,因而增加了炼钢脱硫的困难程度。现代钢铁生产中脱硫主要在铁水预处理和钢液二次精炼阶段进行。

2.5.1 铁水中硫的溶解和脱硫

硫在铁水中的溶解反应可用下式表示:

$$1/2S_{2(g)}\Longrightarrow[S] \tag{2.132}$$
$$\Delta G^\theta=-125\ 100+18.45T \tag{2.133}$$
$$\lg K[=\lg(a_{[S]}/p_{S_2}^{1/2})]=6\ 535/T-0.964 \tag{2.134}$$
$$\lg f_S^S=e_S^S[\%S] \tag{2.135}$$
$$e_S^S=-120/T+0.018 \quad [S]<1\% \tag{2.135}$$

上式中硫的活度以亨利定律为基准,由此可知铁水中硫对于亨利定律为负偏差。Fe−S−j三元系中合金元素对硫的活度系数的影响示于表2.2及图2.21。

用H_2/H_2S混合气体和铁水平衡的方法求得在1 873 K时硫的活度系数与硫含量的关系式为

$$\lg f_S=-0.028[\%S] \tag{2.136}$$

在炼钢温度下硫能够同很多元素结合生成化合物,因此铁水脱硫也可以采用这些元素进行。脱硫最一般的离子反应形式如下:

$$[S]+2e\Longrightarrow S^{2-} \tag{2.137}$$

生成S^{2-}离子所需的电子通常由O^{2-}提供。于是脱硫反应可以写成

$$[S]+O^{2-}\Longrightarrow[O]+S^{2-} \tag{2.138}$$

由式(2.138)可知,脱硫受液相中的硫位和氧位左右。由图2.22可以看出,硫在气相与渣之间的分配比随气相的氧位而变化,在$p_{O_2}\approx10^{-4}$ atm时有一最小值(拐点)。在拐点的左侧,随着气相氧位的增高,渣中硫含量是降低的;在拐点的右侧,随着气相氧位的增高,渣中硫含量也增加。根据气相中氧位的高低,脱硫反应可以由下面两个式子表达。

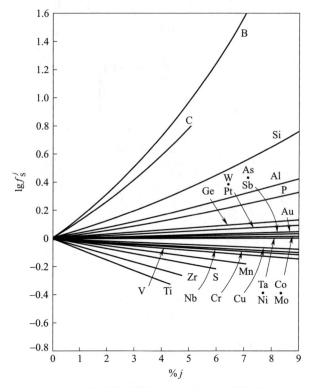

图 2.21 合金元素 j 的含量对铁水中硫的活度系数的影响(1 823 K)

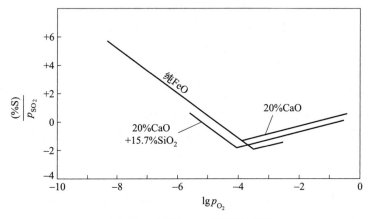

图 2.22 含硫气相和熔渣的平衡

$p_{O_2} \leqslant 10^{-6}$ atm(0. 1 Pa)时,

$$1/2S_{2(g)} + (O^{2-}) \Longrightarrow 1/2O_{2(g)} + (S^{2-}) \tag{2.139}$$

$$K = \left(\frac{(\%S)f_{(S)}}{a_{(O^{2-})}} \right) (p_{O_2}^{1/2}/p_{S_2}^{1/2}) \tag{2.140}$$

$p_{O_2} \geqslant 10^{-4}$ atm(10 Pa)时,

$$1/2S_{2(g)} + 3/2O_{2(g)} + (O^{2-}) \Longrightarrow (SO_4^{2-}) \tag{2.141}$$

$$K = \left(\frac{(\%SO_4^{2-}) f_{(SO_4^{2-})}}{a_{(O^{2-})}} \right) \frac{1}{p_{S_2}^{1/2} p_{O_2}^{3/2}} \qquad (2.142)$$

当 10^{-6} atm $\leqslant p_{O_2} \leqslant 10^{-4}$ atm 时,硫酸离子(硫酸盐)和硫离子(硫化物)共存。合并上述两反应得

$$(S^{2-}) + 2O_2 \Longleftrightarrow (SO_4^{2-}) \qquad (2.143)$$

在高温下 SO_4^{2-} 并不稳定,容易分解成 S^{2-} 和 O_2,只有在和 CaO 反应生成硫酸盐时,才比较稳定。因此,当流动的氧化性气流作用于熔渣时,SO_4^{2-} 很可能是中间生成物。在固态渣中发现的硫酸盐,可能是熔渣在冷凝过程中 S^{2-} 被氧化生成了 SO_4^{2-}。

在脱硫渣中硫的溶解度很低,可知硫的溶解适用于亨利定律,$a_{(O^{2-})}$、$f_{(S)}$、$f_{(SO_4^{2-})}$ 只是渣组成和温度的函数。但是熔渣中的 $a_{(O^{2-})}$、$a_{(S^{2-})}$、$a_{(SO_4^{2-})}$ 不明,且理论上也难以实测,因此只用测定的已知项,由下式来定义熔渣中的硫吸收能力:

硫化物浓度(sulphide capacity) $\quad C_{S^{2-}} = (\%S)(p_{O_2}^{1/2}/p_{S_2}^{1/2}) \qquad (2.144)$

硫酸盐浓度(sulphate capacity) $\quad C_{SO_4^{2-}} = (\%S)/(p_{S_2}^{1/2} p_{O_2}^{3/2}) \qquad (2.145)$

除特别情况外,炼钢反应 p_{O_2} 都小于 10^{-9},所以硫化物浓度 $C_{S^{2-}}$ 具有重要的意义,一般用 $C_{S^{2-}}$ 作为硫浓度 C_S。图 2.23 给出了几种二元系熔渣的 C_S,C_S 可以写成如下的形式:

$$C_S = K_S a_{(O^{2-})}/f_{(S)} \qquad (2.146)$$

即 C_S 与 $a_{(O^{2-})}$ 成正比例,与 $f_{(S)}$ 成反比例,随渣碱度和氧化物的种类而变化。一般情况下,碱性氧化物多的渣的 C_S 较大,酸性氧化物多的渣的 C_S 较小。

在这里应该强调的是,除了硫化物的稳定性外,所用还原剂的还原能力对脱硫效果也起决定作用。即脱硫剂同时还应具有还原能力,否则必须向系统单独添加还原剂。

2.5.2 硫化物在铁水中的溶解度

硫在铁水中的溶解度很高,在 1 873 K 时的极限溶解度为 38%,硫与铁有较强的亲和力,故 Fe-S 系不是理想溶液。硫在铁水及铁碳合金中是表面活性元素,当其含量小于 0.5% 时符合亨利定律。

硫化物的稳定性,可用它在铁水中的溶解度积来衡量。部分硫化物在铁水中的溶解度积可参考图 2.24。图中所列硫化物中溶解度积最大的是 MnS,最稳定的硫化物是 CaS 和 CeS。虽然碱土金属元素和稀土元素生成的硫化物比较稳定,

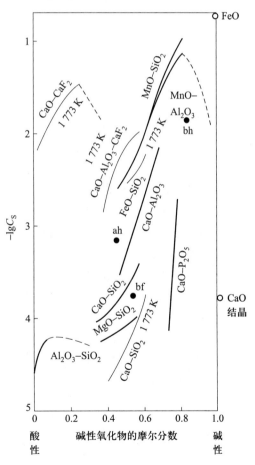

粗线—1 923 K;细线—1 773 K;bf—高炉渣;
bh—碱性平炉渣;ah—酸性平炉渣

图 2.23 二元系渣的硫浓度

但是这些元素的氧化物远比硫化物稳定。因此,只有当铁水中溶解氧经脱氧剂充分预脱氧后硫化物才能生成,而且还应避免脱氧后铁水的二次氧化,否则硫化物会按下述反应式分解:

$$MeS+1/2O_2 \Longrightarrow MeO+[S] \tag{2.147}$$

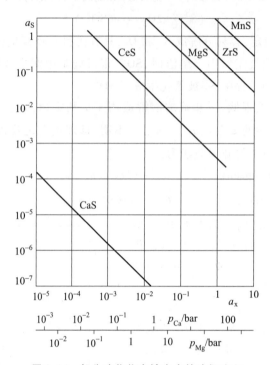

图 2.24 部分硫化物在铁水中的溶解度积

对 Fe-Mn-MnS-FeS 系已做过很多研究,1 873 K 时 $a_{[Mn]}a_{[S]}=2.7$,若以含量代替活度即 $a_{[Mn]}=[\%Mn]$,则在 $a_{[S]}=1.35$ 和 $[\%Mn]=2$ 时才与溶解度积相等。通常的铁水中不会有这样高的硫和锰含量。但是在钢液凝固过程中,硫在凝固前沿显著富集,因此可以出现 MnS 析出。

CaS 的溶解度积最小,因而钙是有效脱硫剂,通常以硅钙合金形式加入铁水。CaS 的溶解度积和 CaO 的溶解度积均对铁水用氧化钙脱硫有指导意义。CaO 脱硫按下式进行:

$$[S]+CaO \Longrightarrow CaS+[O] \tag{2.148}$$

平衡常数为

$$K_{CaO/CaS}=\frac{a_{[O]}a_{CaS}}{a_{[S]}a_{CaO}} \tag{2.149}$$

在 1 873 K 时的 K_{CaO}、K_{CaS} 为

$$K_{CaO}=\frac{a_{[Ca]}a_{[O]}}{a_{CaO}}=9\times10^{-7} \tag{2.150}$$

$$K_{CaS}=\frac{a_{[Ca]}a_{[S]}}{a_{CaS}}=1.7\times10^{-5} \tag{2.151}$$

则有 $K_{CaO/CaS}=5.3\times10^{-2}$。当 $a_{CaO}=a_{CaS}=1$ 时,$a_{[O]}/a_{[S]}=5.3\times10^{-2}$。数值表明,必须用强脱氧剂把氧活度降下来,才能使脱硫反应向着生成硫化物方向进行。另一些研究中得出,1 873 K 时

$K_{\mathrm{CaO/CaS}} = 3.7 \times 10^{-2}$ 或 $K_{\mathrm{CaO/CaS}} = 3.3 \times 10^{-2}$。对脱硫反应 [S]+CaO+[C]====CaS+CO 的研究得出，在 $a_{\mathrm{CaO}} = a_{\mathrm{CaS}} = 1$ 和 1 873 K 条件下，平衡值 $p_{\mathrm{CO}}/(a_{[\mathrm{C}]}a_{[\mathrm{S}]}) = 8.33$。对 [C] = 1% 同样也得出 $K_{\mathrm{CaO/CaS}} = 3.3 \times 10^{-2}$。

图 2.25 是一些氧化物-硫化物平衡时的氧硫比。锶和钡的氧化物-硫化物平衡时的氧硫比最大，表明最有利于脱硫，而镁的氧化物-硫化物平衡时的氧硫比比钙条件下差近 2 个数量级，因而氧化镁不宜作为脱硫剂。

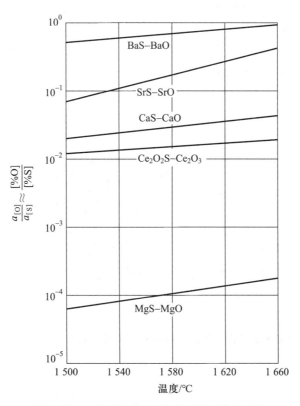

图 2.25 一些氧化物-硫化物平衡时的氧硫比

2.5.3 渣-钢液间的脱硫反应

实际炼钢炉内的脱硫反应，都在渣-钢液间进行。反应式为

$$[S] + (O^{2-}) ==== (S^{2-}) + [O] \qquad (2.152)$$

平衡常数为

$$K_S = \frac{a_{(S^{2-})} a_{[O]}}{a_{(S)} a_{(O^{2-})}} \qquad (2.153)$$

这种离子形式的表达，因其难以求得 $a_{O^{2-}}$、$a_{S^{2-}}$ 的值，平衡常数不能确定，所以针对许多场合提出了各种模型化的试验式。把式(2.153)变换为

$$K_S = (X_{(S^{2-})} \gamma_{(S^{2-})} a_{[O]})/(a_{(O^{2-})} a_{[S]}) \qquad (2.154)$$

其中，$a_{(O^{2-})}$、$\gamma_{(S^{2-})}$ 的值虽然不明，但在温度一定时它只是渣组成的函数。由此可得出

$$K'_S = (\chi_{(S^{2-})} a_{[O]})/a_{[S]} \qquad (2.155)$$

K'_S 和前面所述的硫含量具有相近的含义,由试验得出:

$$\lg K'_S = -3\,380/T + 0.11 + A \qquad (2.156)$$

$$A = -12.68/\lambda + 0.4 \qquad (2.157)$$

$$\lambda = 1/(\chi_{SiO_2} + 1.5\chi_{P_2O_5} + 1.5\chi_{Al_2O_3}) \qquad (2.158)$$

脱硫反应进行的程度可用渣-钢液间的分配比(%S)/[%S]表示,由式(2.152)及式(2.153)可知,渣-钢液间的分配比(S)/[S] $\propto a_{(O^{2-})}/a_{[O]}$。即与碱度成正比,与氧位成反比。Chipman 等归纳了炼铁炼钢中硫的分配比和碱度、渣中 FeO 的摩尔分数的关系,示于图 2.26,可知在强还原性的炼铁过程中分配比高,显示出炼铁过程中充分进行脱硫是有效的。另外,FeO-SiO$_2$-CaO-MgO 系渣中硫的分配比示于图 2.27。

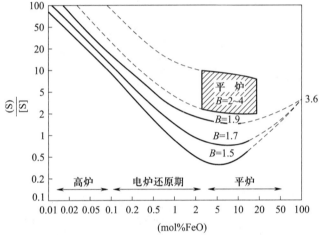

图 2.26 S 的分配比和渣中氧化铁的摩尔分数(mol% FeO)及碱度 B 的关系 $\left(B = \dfrac{(CaO) + (MgO)}{(SiO_2) + (Al_2O_3)} \right)$

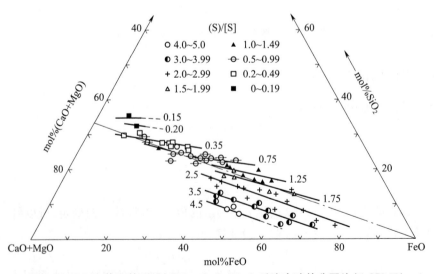

图 2.27 MgO 饱和的 FeO-SiO$_2$-CaO-MgO 系渣中硫的分配比(1 873 K)

碱性氧化渣的特点是有自由的 CaO 和较多的 FeO,碱性氧化渣-钢液间的脱硫反应是硫在渣-金属液相界面上伴有电子转移的置换反应[式(2.152)]。而酸性渣条件下由于渣中没有自由的 O^{2-},所以不能按照[式(2.152)]进行脱硫反应,硫在酸性渣中难以简单的 S^{2-} 形式存在,只可取代复杂的阴离子中的一部分 O^{2-}。酸性渣的脱硫作用很小,酸性渣与钢液间硫的分配系数 $L_S = 0.5 \sim 1.5$;碱性渣有较大的脱硫能力,硫的分配系数 L_S 可达 $8 \sim 10$。

还原渣只有在电炉还原期或钢液炉外精炼时才能得到。它的主要特点是(%FeO)很低,在还原渣下可大大降低[%O],促进脱硫反应进行。根据电弧炉炼钢还原期脱硫的结果,可知钢液中的硫含量和氧含量是同时降低的,如图 2.28 所示。

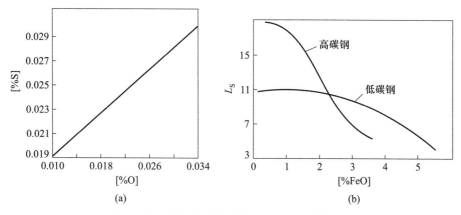

图 2.28 电弧炉炼钢还原期[S]和[O]、L_S 和[FeO]的关系

还原渣条件下钢液的脱硫与渣的碱度也有密切关系。在电弧炉出钢前炉渣的氧化铁与碱度共同作用下还原期脱硫的情况如图 2.29 所示。此时硫在渣-钢之间的分配系数可高达 $50 \sim 80$。

钢液脱硫时往往同时使用 Si、Mn、Al 等合金元素进行钢液脱氧,这些元素的存在均对 a_S 有影响,也影响脱硫反应。这时总的脱硫反应可写成下列各式:

$$[S] + (CaO) + [C] \Longrightarrow (CaS) + (CO) \quad (2.159)$$
$$[S] + 2(CaO) + 1/2[Si] \Longrightarrow (CaS) + 1/2(Ca_2SiO_4) \quad (2.160)$$

研究脱硫反应,可以看出在热力学上影响脱硫反应的因素有 K_S、$a_{(O^{2-})}$、$a_{[O]}$、$\gamma_{(S^{2-})}$ 和钢液中硫的活度系数 $f_{[S]}$。下面进一步分析这些因素的影响。

(1)平衡常数 K_S 在平衡的情况下,K_S 与温度成正比,温度升高对脱硫是有利的,如图 2.30 所示。但从热力学观点看来,因为[S]→(S)的热效应不大,所以温度对脱硫的影响不大。

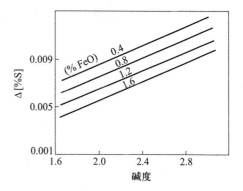

图 2.29 出钢前渣中氧化铁、碱度与还原期脱硫的关系

(2)$a_{(O^{2-})}$ 渣中氧离子的摩尔分数与提高炉渣的碱度是相互对应的,实际上应当用 $a_{O^{2-}}$ 来反应,而 $a_{O^{2-}} = \gamma_{O^{2-}} \chi_{O^{2-}}$。因为 $\gamma_{S^{2-}}/\gamma_{O^{2-}} \approx 1$ 或因渣中 O^{2-} 的行为符合亨利定律,所以可以认为 $a_{O^{2-}}$

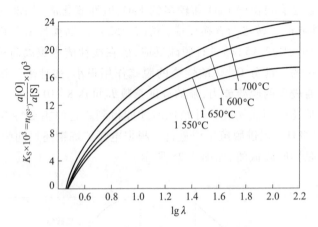

图 2.30 温度和渣碱度对 K_S 的影响

近似等于 $\chi_{O^{2-}}$。可按下式由渣的化学成分计算 $\chi_{O^{2-}}$：

$$\chi_{O^{2-}} = (\chi_{CaO} + \chi_{MnO} + \chi_{FeO} + \chi_{MgO}) - (2\chi_{SiO_2} + 3\chi_{P_2O_5}) \quad (2.161)$$

由脱硫反应平衡常数 K_S 可以看出，增加渣中自由氧离子数 $n_{(O^{2-})}$ 是有利于脱硫的，这与图 2.29 所示的试验结果是一致的。但是，从图 2.29 上看不出不同碱性氧化物对脱硫影响的大小。为比较碱性氧化物的脱硫能力，将 $K_S = \dfrac{a_{(S^{2-})} a_{[O]}}{a_{[S]} a_{(O^{2-})}}$ 写成近似式 $k' = \dfrac{\chi_{(S^{2-})} a_{[O]}}{a_{[S]} n_{(O^{2-})}}$，对含有 Fe^{2+}、Ca^{2+}、Mg^{2+}、Mn^{2+} 的多元系渣按弗路德离子模型处理，结果如下：

$$\lg k' = \chi_{Ca}^F \lg k'_{Ca} + \chi_{Fe}^F \lg k'_{Fe} + \chi_{Mn}^F \lg k'_{Mn} + \chi_{Mg}^F \lg k'_{Mg} \quad (2.162)$$

由有关的热力学数据估算出各元素的 $\lg k'_i$，代入式（2.162）后得到的结果如表 2.5 所示，可见，CaO 的脱硫作用较大。

表 2.5 碱性氧化物相对脱硫能力

阳离子	Ca^{2+}	Fe^{2+}	Mn^{2+}	Mg^{2+}
k'_i	0.040	0.013	0.01	0.000 3

（3）$a_{[O]}$ 由脱硫反应平衡常数式可以看出，降低 $a_{[O]}$ 有利于脱硫。因为 O 的分配系数 $L_O = a_{(FeO)}/a_{[O]}$，所以降低 $a_{[O]}$ 与降低 $a_{(FeO)}$ 有对应的关系。如 $a_{(FeO)} \approx (\%FeO)$，$a_{[O]} \approx [\%O]$，增加 $(\%FeO)$ 既可以增加 $[\%O]$，又可以增加 $n_{(O^{2-})}$。

由图 2.26 可知，纯氧化铁渣有一定的脱硫能力，S 的分配系数 L_S 可达 3.6。总体来看，FeO 不利于脱硫，但是，当 $(\%FeO) < 1$ 时，L_S 与 $(\%FeO)$ 之间呈线性关系。对 FeO 的这种矛盾性作用有多种解释，举例说明。由式（2.154）可以写出：

$$\frac{a_{(S^{2-})}}{a_{[S]}} = K_S \frac{a_{(O^{2-})}}{a_{[O]}} \quad (2.163)$$

如各组元在铁水中的行为均符合亨利定律，则可简化为

$$\frac{(\%S)}{[\%S]} = k' \frac{n_{(O^{2-})}}{[\%O]} \quad (2.164)$$

式中,$n_{(O^{2-})}$ 为渣中碱性氧化物提供的自由的氧离子数。假定 $n_{(O^{2-})}$ 为一常数,$[\%O]$ 与 $(mol\%FeO)$①有正比例关系,则

$$\frac{(\%S)}{[\%S]} = 常数 / (mol\%FeO) \qquad (2.165)$$

对两边取对数,得到

$$\lg \frac{(\%S)}{[\%S]} = \lg 常数 - \lg(mol\%FeO) \qquad (2.166)$$

当 $(mol\%FeO) < 1$ 时,$\lg \dfrac{(\%S)}{[\%S]}$ 与 $\lg(mol\%FeO)$ 呈线性关系,正如在高炉和电弧炉还原渣所见到的一样。但是,当 $(\%FeO)$ 高时,因为增加 FeO 既增加 $n_{(O^{2-})}$ 又增加 $[\%O]$,已不能再保持 $n_{(O^{2-})}$ 为常数,$n_{(O^{2-})}$ 和 $[\%O]$ 的影响互相抵消,结果使 L_S 与 $(\%FeO)$ 之间没有明显的联系。可以说,FeO 在不同的条件下对脱硫反应起着不同的作用。

在碱性氧化渣范围内,进一步按不同的 $(CaO)+(MgO)+(MnO)$ 与 $(SiO_2)+(P_2O_5)+(Al_2O_3)$ 的比值整理 (FeO) 与 L_S 的关系,得到的结果如图 2.31 所示。

由图可见,在同样的炉渣碱度之下$(S)/[S]$是(FeO)的函数,只是当碱度低时,显示不出明确的关系而已。

从上述分析还可看出,如能单纯降低$[O]$将对脱硫有很大的促进作用。从电弧炉还原期脱硫,到 LF 精炼时在钢包内同时脱氧脱硫,均足以说明降低$[O]$对脱硫的作用。

（4）$f_{[S]}$ 和 $\gamma_{(S^{2-})}$ 增大 $f_{[S]}$ 和降低渣中的 $\gamma_{(S^{2-})}$ 均有利于脱硫。降低 $\gamma_{(S^{2-})}$ 与提高渣的碱度是对应的。由图 2.21 已知,钢液成分对 $f_{[S]}$ 有很大影响。增加 C 含量和 Si 含量均可使 $f_{[S]}$ 增加,增加 Mn 含量则使 $f_{[S]}$ 降低,因此对 C 含量和 Si 含量高的铁水进行脱硫是有利的。

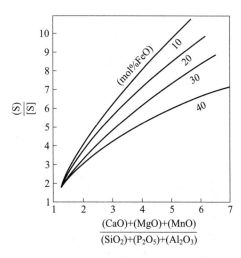

图 2.31　渣碱度和氧化铁对硫分配比的影响

2.5.4　脱硫反应动力学

脱硫反应和其他杂质元素不同,主要是硫在渣和钢液之间的交换。钢液中的硫传输到熔渣中,渣中硫的增加速率为

$$\frac{W_S}{100F} \frac{d(\%S)}{dt} = k_m[\%S] - k_S(\%S) \qquad (2.167)$$

在反应刚开始进行时,渣中 $(\%S)$ 可忽略不计,则

$$\frac{W_S}{100F} \frac{d(\%S)}{dt} = k_m[\%S] = \frac{W_m}{100F}\left(-\frac{d[\%S]}{dt}\right) \qquad (2.168)$$

---

① $(mol\%FeO)$ 是指渣中 FeO 的摩尔分数。

由图 2.32 可知, k_m 随 $[CaO]/[SiO_2]$ 增大, 也就是随碱度增大而增大。由于脱硫速率受熔渣组成的影响, 可推测渣侧硫的传质是控制环节。

$$-\frac{d[\%S]}{dt} = \frac{W_s}{W_m}\frac{d(\%S)}{dt} = \frac{\rho_s}{\rho_m}\frac{FD_S^S}{V_m\delta_s}(\%S)^* \qquad (2.169)$$

在渣-金属液相界面上反应达到平衡时,

$$(\%S)^* = L_S[\%S] \qquad (2.170)$$

$$-\frac{d[\%S]}{dt} = \frac{\rho_s}{\rho_m}\frac{FD_S^S}{V_m\delta_s}L_S[\%S] \qquad (2.171)$$

式(2.169)与式(2.171)形式相同, 都说明脱硫速率和$[\%S]$呈线性关系。试验证明, 脱硫速率随熔渣碱度增大而增大, 这可以用式(2.171)中 L_S 随碱度的增加而增加来解释。不同研究者对渣和钢液中硫的传质系数进行的测定如图 2.32 所示。随着碱度增加, k_m 显著增大, 而 k_S 由于高碱度渣变黏, 反而略有下降。因此, 可以说脱硫速率随熔渣组成的不同而发生变化。据试验测定, 温度对硫的传质系数有影响, 其程度比 k_m、k_S 大。

用放射性同位素 S^{35} 研究硫在渣-钢间的传质过程, 在急冷下来的渣-金属液相界面区域进行自射线照相(图 2.33), 放射强度的分布就代表 S 的分布, 渣侧有相当厚的一个硫传质层存在, 直接证明熔渣边界层的传质是过程的控制环节。还有碱性渣脱硫反应的活化能仅为 125.49 ~ 209.15 kJ·mol^{-1}, 也说明由渣层传质所控制。

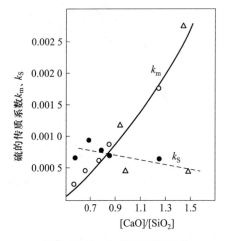

图 2.32 k_m、k_S 与碱度的关系

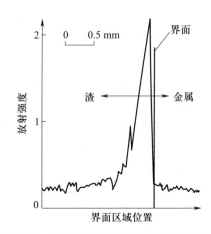

图 2.33 渣-金属液相界面上硫的浓度分布

分析式(2.171)可以得出以下强化脱硫的方法:

1) 增大 L_S, 增强有利于脱硫的热力学因素。

2) 提高 D_S^S, 即硫在渣中的扩散系数, 为此需提高温度。虽然提高温度使 δ_s 增大, 但 D_S^S 随温度的增加要比 δ_s 的增加快得多。

3) 搅拌熔池可使 δ_S 减小, D_S^S 增大, F 增大。

4) 采用换渣(或加大渣量)来减小$(\%S)$。

5) 由$(\%S) \propto N_{(S^{2-})}$和脱硫反应的平衡可知, 为了增加熔渣吸收硫的质量, 应当增加熔渣的碱度($N_{(S^{2-})}$、$\gamma_{(S^{2-})}$)和减小钢液的$[\%O]$、$f_{[O]}$。

2.6 脱氢和脱氮

2.6.1 氢、氮在铁中的溶解

氢、氮在纯铁水中的溶解度是指在一定的温度和 100 kPa 气压条件下氢、氮在纯铁水中溶解的数量。它服从西韦特定律,即在一定温度下,气体的溶解度与该气体在气相中分压的平方根成正比。氢、氮在铁水中的溶解是吸热反应,故温度升高时溶解度增加,钢液中气体以单原子形式存在,溶解反应式如下:

$$\frac{1}{2}H_{2(g)} == [H] \qquad [\%H] = K_H\sqrt{p_{H_2}/p^\theta} \qquad (2.172)$$

$$\frac{1}{2}N_{2(g)} == [N] \qquad [\%N] = K_N\sqrt{p_{N_2}/p^\theta} \qquad (2.173)$$

式中:$[\%H]$、$[\%N]$——溶解在铁水中的氢、氮含量;

p_{H_2}、p_{N_2}——铁水外面的氢气、氮气分压,Pa;

p^θ——标准大气压,$p^\theta = 101\ 325$ Pa;

K_H、K_N——氢、氮在铁水中溶解反应的平衡常数。

氢、氮在铁水中的溶解度与温度、分压的关系为

$$\lg[\%H] = \frac{1}{2}\lg(p_{H_2}/p^\theta) + \lg K_H - \lg f_H \qquad (2.174)$$

$$\lg[\%N] = \frac{1}{2}\lg(p_{N_2}/p^\theta) + \lg K_N - \lg f_N \qquad (2.175)$$

氢、氮在铁水中溶解反应的热力学数据见表 2.6。

表 2.6 氢、氮在不同状态铁中溶解反应的热力学数据

铁的状态	$\frac{1}{2}H_{2(g)} == [H]$		$\frac{1}{2}N_{2(g)} == [N]$	
	$\lg\dfrac{[\%H]}{\sqrt{p_{H_2}/p^\theta}}$	$\Delta G/(\text{J}\cdot\text{mol}^{-1})$	$\lg\dfrac{[\%N]}{\sqrt{p_{N_2}/p^\theta}}$	$\Delta G/(\text{J}\cdot\text{mol}^{-1})$
α-Fe、δ-Fe	$-\dfrac{1\ 575}{T}-2.156$	$30\ 167+41.290T$	$-\dfrac{1\ 575}{T}-1.01$	$30\ 168+19.35T$
γ-Fe	$-\dfrac{1\ 580}{T}-2.073$	$30\ 257+39.01T$	$\dfrac{450}{T}-1.955$	$-8\ 619+37.44T$
液态铁	$-\dfrac{1\ 670}{T}-1.68$	$31\ 980+32.17T$	$-\dfrac{564}{T}-1.095$	$10\ 800+20.97T$

随着温度的降低,纯铁中氢和氮的溶解度将下降。从图 2.34 可以看出,固态纯铁中气体的溶解度低于液态;在 1 183 K(910 ℃)时,发生 α-Fe 向 γ-Fe 转变;稍高于 1 673 K(1 400 ℃)时,γ-Fe 向 δ-Fe 转变,溶解度都发生突变。

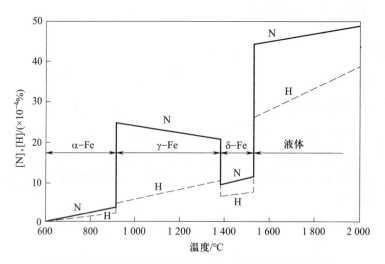

图 2.34 氢和氮分压为 100 kPa 时二者在纯铁中的溶解度

2.6.2 钢液的脱气反应和工艺参数的关系

一般来说,可认为脱气过程有三个环节:① 由液相向气-液相界面的传质;② 在气-液相界面的化学反应;③ 由气-液相界面向气相的传质。但由于脱气过程是在高温下进行的,所以环节②进行得十分迅速。此外,因为气相的分压很低,可以推测环节③的传质驱动力很大。因此,环节①是脱气过程的限制性环节。要提高脱气效果就必须加强搅拌、提高传质系数,并且要有效地增大反应的界面积。

普通的炼钢方法常采用脱碳反应作为脱气的手段。在电弧炉炼钢氧化期脱碳,有一定的脱气效果。在还原期,没有脱碳,没有 CO 气泡生成,就不能脱气;还原期由于脱氧,钢液吸氢、吸氮,氢、氮含量增加。转炉脱碳量很大,生成大量 CO 气泡,有较好的脱气效果,因为在 CO 气泡中氢、氮的分压接近于零,相当于真空,在气-液相界面处发生反应 $[H] \Longrightarrow \frac{1}{2}H_2$ 和 $[N] \Longrightarrow \frac{1}{2}N_2$。CO 气泡在钢液中的数量越多,停留时间越长,去气效果就越好;同理,向钢液中吹入 Ar 也可去除 $[H]$、$[N]$。应指出,脱气速率和气体的含量有关,气体含量小时,脱气的效果不明显,所以用普通方法脱气只能达到一定的限度。要求气体含量很低的钢种可以采用真空方法处理,使 $[H]$ 和 $[N]$ 在反应界面增多、平衡分压小,在激烈搅拌的条件下有效地去除。

熔池吹氧时脱碳反应很易进行,分散在钢液中的小气泡成为 CO 气泡的核心,气泡中的氧化性气氛增强了气泡和钢液表面处的脱气反应,使反应 $2[H] + \frac{1}{2}O_2 \Longrightarrow H_2O$ 很易进行。

钢液的脱气速率取决于脱碳速率、脱碳量和原始钢液的气体含量。一般来说,随脱碳速率的加快、脱碳量的增加及原始钢液气体含量的增高,脱气速率提高。

降低钢中气体含量的措施包括以下几个方面:

(1)提高炼钢原材料质量,如使用气体含量低的废钢和铁合金、对含水分的原材料进行烘烤干燥、采用高纯度的氧气等。

（2）不影响其他操作时，尽量降低出钢温度，减小气体在钢中的溶解度。

（3）冶炼中应充分利用脱碳反应产生的熔池沸腾来降低钢液中的气体含量。

（4）采用炉外精炼技术降低钢中的气体含量，如采用钢包吹氩搅拌、真空脱气、微气泡脱气等方法进行脱气处理。

（5）采用保护浇注技术，防止钢液吸收气体，如采用保护渣、长水口、浸入式水口、合理氩封等技术。

2.7　脱氧

在炼钢过程中，均采用向金属熔池供氧的方法以氧化去除钢液中的碳、硅、磷等杂质元素。为了获得高的反应效率，吹炼必须向熔池供入过量的氧，在冶炼临近结束时，钢液实际上处于"过氧化"状态，即钢液中氧含量高于与钢中碳、锰等元素平衡的氧含量。在钢液的凝固和随后的冷却过程中，由于溶解度急剧降低，一部分溶解氧会以氧气的形式析出，造成钢液的"沸腾"，另一部分溶解氧在 γ 或 α 相中析出，以铁氧化物、氧硫化物等微细夹杂物的形式在 γ 或 α 晶界处富集存在，造成晶界脆化。钢中氧含量增加会降低钢材的延性、冲击韧性和抗疲劳破坏性能，提高钢材的韧-脆转换温度，降低钢材的耐蚀性等。因此，必须对钢液进行脱氧，脱氧主要在出钢和钢液二次精炼阶段进行。

2.7.1　钢液中氧的溶解和脱氧

（1）钢液中的溶解氧含量

钢液与氧的反应可表示为

$$Fe_{(1)} + [O] \Longrightarrow (FeO) \tag{2.176}$$

$$\Delta G^{\theta} = -117\,700 + 49.83T \tag{2.177}$$

$$\lg K = \lg \frac{a_{FeO}}{a_{[O]}} = \frac{6\,150}{T} - 2.604 \tag{2.178}$$

当 FeO 为纯物质或其含量达到饱和时，与 FeO 平衡的钢液溶解氧含量达到最大，即有

$$a_{FeO} = 1 \tag{2.179}$$

$$a_{[O]} = f_{[O]}[O]_{max} \tag{2.180}$$

式中，$[O]_{max}$ 为钢液中碳的最大含量。

假定钢液中[O]的活度系数符合亨利定律，

$$f_{[O]} = 1 \tag{2.181}$$

将式（2.179）~式（2.181）代入式（2.178），可以得到

$$\lg[O]_{max} = -\frac{6\,150}{T} + 2.604 \tag{2.182}$$

式（2.182）为钢液中最大溶解氧含量 $[O]_{max}$ 与温度的关系式。$[O]_{max}$ 随温度提高而增加，根据计算可以得出，1 873 K 时钢液中最大溶解氧含量 $[O]_{max}$ 为 0.209%。

Taylor 和 Chipman[2] 根据其实验室研究结果得到的钢液中最大溶解氧含量 $[O]_{max}$ 与温度的关系见式（2.183），利用此式计算得到的 1 873 K 时 $[O]_{max}$ 值为 0.23%。

$$\lg[O]_{max} = -\frac{6\,320}{T} + 2.734 \tag{2.183}$$

实际炼钢炉渣的 a_{FeO} 小于 1，钢液中的溶解氧含量低于由式(2.182)、式(2.183)计算得到的 $[O]_{max}$。钢液中的溶解氧含量与温度、炉渣氧化性、钢液成分、炼钢供氧工艺参数等许多因素有关。图 2.35 给出了氧气顶吹转炉(LD)、氧气底吹转炉(Q-BOP)和氧气顶底复吹转炉(K-BOP)炼钢终点钢液中 [%C] 与 [%O] 的关系，可以看到，钢液中 [O] 存在波动范围。以氧气顶底复吹转炉为例，当冶炼终点 [C] 为 0.02%~0.03% 时，钢液中的 [O] 为 0.03%~0.07%。

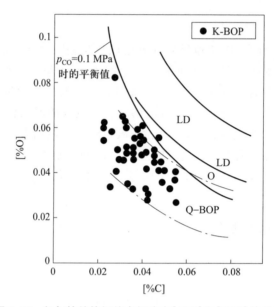

图 2.35　氧气转炉炼钢终点钢液中 [%C] 和 [%O] 的关系

（2）固体钢中氧的溶解度变化

如式(2.182)所示，钢液中氧的溶解度随温度的降低而减小，在铁的凝固温度 1 810 K 时氧的溶解度大约为 0.16%。

图 2.36 为 Fe-O 相图靠近 Fe 的部分，可以看到，铁凝固后氧在固体铁中的溶解度显著降低。在 δ-Fe 中氧的溶解度最大约为 0.008%(1 800 K 时)，在 γ-Fe 中氧的溶解度最大约为 0.002 5% (1 643 K)，而 α-Fe 中氧的溶解度最大仅为 0.000 3%~0.000 4%(1 184 K)。这意味着在凝固以及随后的冷却过程，钢液中的溶解氧几乎全部析出。

（3）钢液的脱氧

鉴于氧对钢材性能的不利影响，在炼钢氧化冶炼完成后，必须对钢液进行脱氧，目前主要有三种方法：① 直接脱氧法；② 传质脱氧法；③ 真空脱氧法。

直接脱氧也称沉淀脱氧，是用与氧的亲和力较铁与氧的亲和力强的元素做脱氧剂，与钢液中的氧直接作用，发生如式(2.184)所示的脱氧反应，反应产物由钢液上浮排出，从而达到脱氧目的。

$$x[M] + y[O] \Longrightarrow M_xO_y \tag{2.184}$$

式中，M 为脱氧元素，M_xO_y 为脱氧反应产物。

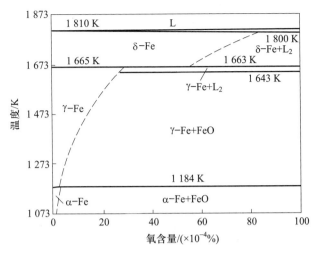

图 2.36　Fe-O 相图(部分)

直接脱氧是目前普遍采用的脱氧方法。炼钢脱氧时将各种脱氧剂以铁合金(锰铁、硅铁、铝铁、硅锰合金等)形式直接加入钢液,某些比重较轻或较易汽化的脱氧剂(例如铝、钙等)则多采用向钢液喂丝或喂包芯线的方法加入钢液。直接脱氧速率快,操作简便,成本较低,但部分微细脱氧产物会滞留在钢中成为非金属夹杂物。

传质脱氧是向炉渣中加入碳粉、硅铁粉、铝粉等脱氧剂,降低炉渣的 Fe_tO 含量。当渣中 Fe_tO 含量不断降低时,钢液中的氧即会向炉渣中传质,以维持氧在渣-钢液间的分配平衡,从而达到钢液脱氧的目的。下式给出了氧在渣-钢液之间的分配平衡关系:

$$L_O = \frac{(FeO)}{[O]} \qquad (2.185)$$

传质脱氧法现在主要应用于钢液炉外精炼。对一些要求超低氧含量的合金钢(轴承钢、齿轮钢等),在直接脱氧的同时,还必须辅助以传质脱氧。传质脱氧的优点是脱氧产物不污染钢液,缺点是钢液脱氧速率较慢。

真空脱氧是将钢液置于真空条件下,通过降低 CO 气体分压,促使钢液内[C]-[O]反应深度进行,以形成深脱氧的方法。真空脱氧的最大特点是脱氧产物 CO 可全部由钢液排出,不污染钢液。

式(2.65)为钢液内碳氧反应式,图 2.37 为根据式(2.67)计算得到的温度为 1 873 K 时不同 CO 分压条件下钢液[C]-[O]的关系。实际生产过程中真空下碳的脱氧能力较理论计算的平衡值有较大差距,目前炼钢真空精炼系统压力可降低至 70 Pa 以下,利用真空进行碳脱氧,低碳钢液中[O]可降低至 0.015%

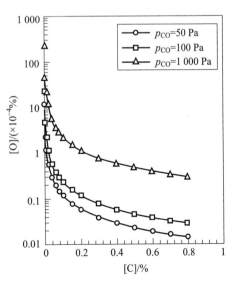

图 2.37　不同 CO 分压下钢液
[C]-[O]关系

以下,高碳钢液中[O]则可降低至 0.002% 以下。

2.7.2　单一元素的脱氧

溶解于钢液中的脱氧元素与[O]的反应平衡常数可由下式表示:

$$K = \frac{a_{M_xO_y}}{a_{[M]}^x a_{[O]}^y} \tag{2.186}$$

当脱氧产物 M_xO_y 为纯氧化物或呈饱和态时,$a_{M_xO_y}=1$,式(2.186)可写为

$$K = \frac{1}{a_{[M]}^x a_{[O]}^y} \tag{2.187}$$

取脱氧反应平衡常数 K 的倒数,

$$K' = a_{[M]}^x a_{[O]}^y \tag{2.188}$$

K' 被称为脱氧常数或称为溶解度积,可用于判断元素的脱氧能力。

元素的脱氧能力是指一定温度下与一定浓度的脱氧元素相平衡的钢液氧含量的高低。由式(2.188)可以看出,脱氧常数 K' 值愈大,与一定浓度脱氧元素[M]相平衡的钢液[O]愈高,元素的脱氧能力愈弱。反之,脱氧常数 K' 值愈低,元素的脱氧能力愈强。可用于钢液脱氧的主要脱氧元素的脱氧常数见表 2.7。

表 2.7　脱氧常数

脱氧反应式	$\lg K'$	1 873 K 时的 K'
$2[Al]+3[O] \Longrightarrow Al_2O_{3(s)}$	$-64\ 000/T+20.57$	2.51×10^{-14}
$2[B]+3[O] \Longrightarrow B_2O_{3(1)}$		10^{-8}
$[Ba]+[O] \Longrightarrow BaO_{(s)}$	$-10\ 000/T-1.8$	7.26×10^{-8}
$[C]+[O] \Longrightarrow CO$	$-1\ 160/T-2.003$	2.39×10^{-3}
$[Ca]+[O] \Longrightarrow CaO_{(s)}$		8.32×10^{-10}
$2[Ce]+3[O] \Longrightarrow Ce_2O_3$		7.94×10^{-18}
$2[Cr]+3[O] \Longrightarrow Cr_2O_3$	$-44\ 040/T+19.42$	8.07×10^{-5}
$[Mn]+[O] \Longrightarrow MnO_{(1)}$	$-12\ 950/T+5.53$	4.13×10^{-2}
$[Nb]+2[O] \Longrightarrow NbO_{2(s)}$	$-32\ 780/T+13.92$	2.62×10^{-4}
$[Si]+2[O] \Longrightarrow SiO_{2(s)}$	$-30\ 110/T+11.40$	2.11×10^{-5}
$2[Ta]+5[O] \Longrightarrow Ta_2O_{5(s)}$	$-63\ 100/T+21.90$	1.62×10^{-12}
$3[Ti]+5[O] \Longrightarrow Ti_3O_{5(s)}$		7.94×10^{-17}
$2[V]+3[O] \Longrightarrow V_2O_{3(s)}$	$-43\ 490/T+17.60$	2.40×10^{-6}
$ZrO_{2(s)} \Longrightarrow [Zr]+2[O]$	$-57\ 000/T+21.8$	2.33×10^{-9}

式(2.188)可以进一步表示为

$$K' = (f_{[M]}[M])^x (f_{[O]}[O])^y \qquad (2.189)$$

对[M]和[O]的活度,为简便起见,以亨利定律为基准,忽略相互作用系数高次项的影响,但需要说明的是当脱氧元素含量较高时,计算时必须考虑相互作用系数高次项的影响。由式(2.189)可以得到:

$$\begin{aligned}\lg K' &= x\lg(f_{[M]}[M]) + y\lg(f_{[O]}[O])\\ &= x(e_{[M]}^{[M]}[M] + e_{[M]}^{[O]}[O] + \lg[M]) + y(e_{[O]}^{[M]}[M] + e_{[O]}^{[O]}[O] + \lg[O])\end{aligned} \qquad (2.190)$$

根据式(2.189)和式(2.190)计算得出的 1 873 K 温度下钢液脱氧元素[%M]与[%O]的平衡关系见图 2.38,计算时采用了表 2.2 给出的钢液有关组元相互作用系数 $e_{[M]}^{[M]}$、$e_{[M]}^{[O]}$、$e_{[O]}^{[M]}$。根据计算结果可以得出,常压下钢液中元素脱氧能力顺序为 Zr>Al>Ti>B>Ta>Si>C>V>Nb>Cr>Mn。

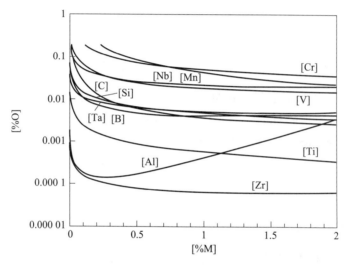

图 2.38   1 873 K 下钢液中[%M]-[%O]平衡关系

由图 2.38 可以看到,对绝大多数脱氧元素,当含量超过 0.2% ~ 0.3%后,钢液中[O]随脱氧元素含量增加而降低的幅度减小。而某些脱氧能力非常强的元素(如[Ba]、[Al]),当含量超过一定值后,[O]随脱氧元素含量增加反而增加。这主要是由于脱氧元素与[O]之间的相互作用系数 $e_{[O]}^{[M]}$ 均为负值,钢液氧活度 $f_{[O]}$ 因而会随脱氧元素含量的增加而减小,由于 $f_{[O]}$ 减小,使[O]随[M]增加而降低幅度减小,不过当[M]超过一定值后,会发生[O]随[M]增加而增加的情况。

由表 2.7 给出的脱氧常数与温度的关系式可以看出,脱氧反应均为放热反应,脱氧常数 K' 随温度降低而减小,即温度降低时元素的脱氧能力增强。为了区分不同阶段的脱氧产物,有学者[3]提出,向钢液中加入脱氧元素后,当时生成的脱氧反应产物为一次脱氧产物;在随后钢液温度下降的过程中由于脱氧反应平衡的移动,导致脱氧反应重新进行,由此生成的脱氧产物为二次脱氧产物;当钢液凝固时,在液-固两相区可以继续进行脱氧反应,由此生成的脱氧产物为三次脱氧产物。较低温度时生成的脱氧产物尺寸较小,但不易由钢液上浮排出。

2.7.3 复合脱氧

用含有两种或两种以上的脱氧元素对钢液进行的脱氧称为复合脱氧。复合脱氧的实质是用两种或两种以上的脱氧元素同时与钢液中溶解的氧发生反应,并使它们的脱氧产物彼此结合成互溶体或化合物以降低脱氧产物的活度。由于脱氧产物的活度降低,使钢液中的[O]降低。与单独元素脱氧相比,多数情况下,复合脱氧能够提高脱氧元素的脱氧能力。

以常用的脱氧元素 Si、Mn 为例,Si、Mn 单独脱氧的化学反应及平衡常数表达式分别为式(2.11)、式(2.13)和式(2.26)、式(2.28)。

单独使用 Si 或 Mn 对钢液脱氧时,脱氧产物为纯 SiO_2 或 MnO,活度为 1。为简便起见,认为钢液中[Si]、[Mn]和[O]的行为遵从稀溶液亨利定律,活度系数 $f_{[Si]}$、$f_{[Mn]}$、$f_{[O]}$ 均取为 1,可计算出 1 873 K 下 Si、Mn 单独脱氧时钢液中与脱氧元素平衡的[%O]变化(图 2.39)。

当采用 Si-Mn 复合脱氧时,[Si]、[Mn]之间还产生如下反应:

$$[Si]+2MnO_{(1)}\Longrightarrow 2[Mn]+SiO_{2(s)} \tag{2.191}$$

$$\lg K_{Si-Mn}=\lg\left(\frac{a_{[Mn]}^2}{a_{[Si]}}\frac{a_{SiO_2}}{a_{MnO}^2}\right)=\frac{4\ 590}{T}-0.16 \tag{2.192}$$

另外,Si-Mn 复合脱氧时,脱氧产物 MnO 与 SiO_2 作用可以形成化合物,MnO 和 SiO_2 的活度因此降低。由图 2.40 给出的 $MnO-SiO_2-Al_2O_3$ 系组元活度数据可以看到,对 $MnO-SiO_2$ 二元系,在(mol%SiO_2)<0.6 和(mol%MnO)<0.8 的成分区域,SiO_2 和 MnO 的活度小于 1。

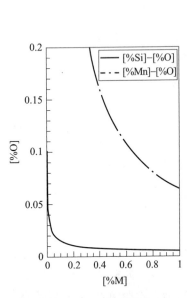

图 2.39 Si、Mn 单独脱氧时与钢液[%O]的平衡关系

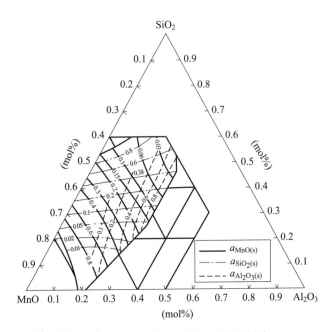

图 2.40 $MnO-SiO_2-Al_2O_3$ 系组元活度

假定 Si-Mn 复合脱氧产物中 MnO 和 SiO_2 的摩尔分数分别为 55 mol% 和 45 mol%,由图 2.40

可以查到，脱氧产物中 MnO 的活度 $a_{MnO} \approx 0.27$，SiO_2 的活度 $a_{SiO_2} \approx 0.55$。将这一条件下的 a_{MnO} 和 a_{SiO_2} 的数值代入式（2.192），可以得到以下关系：

$$[Mn]^2 / [Si] = 25.88 \tag{2.193}$$

将复合脱氧产物中 SiO_2 的活度和式（2.193）代入式（2.13），可以计算出 1 873 K 下 Si-Mn 复合脱氧时与 [%Si] 平衡钢液中 [%O] 的变化（图 2.41）。由图可见，与 Si 单独脱氧相比，采用 Si-Mn 复合脱氧，钢液平衡的 [O] 降低。[Si] 为 0.3% 时，与 Si 单独脱氧相平衡的 [O] 为 0.008 4%，而采用 Si-Mn 复合脱氧，与其平衡 [O] 则可以降低到 0.006 2%。

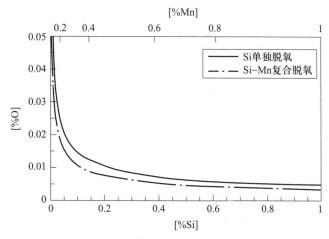

图 2.41 Si-Mn 复合脱氧时与 Si 单独脱氧时平衡钢液中 [%O] 的变化

图 2.42 为计算得到的 1 873 K 下 Si-Mn 复合脱氧钢液中平衡 [%O] 的变化情况。可以看到，Mn 能提高 Si 的脱氧能力，但随着 [Si] 的增高，其作用减弱。例如，在 [Si] 为 0.05% 的条件下，当 [Mn] 从零增加到 0.8% 时，钢液中的 [O] 从 0.023% 降低到 0.016%。而在 [Si] 为 0.2% 的条件下，增加同样的 [Mn]，[O] 仅从 0.010 4% 降低至 0.009 4%。

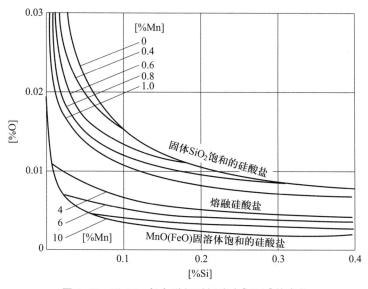

图 2.42 Si-Mn 复合脱氧时钢液中 [%O] 的变化

在一定的温度下,当 $[Si]/[Mn]^2$ 超过某一临界值时,锰不参加脱氧反应,脱氧产物为固态 SiO_2。图 2.43 为不同温度下脱氧产物与钢液 $[\%Si]$、$[\%Mn]$ 之间关系。当金属中硅、锰成分位于曲线下方区域时,脱氧产物为熔融的硅酸锰,在曲线上方则是固体 SiO_2。

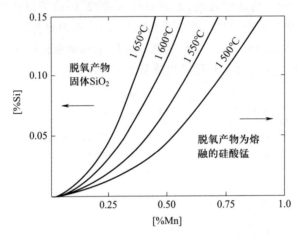

图 2.43 脱氧产物与钢液 $[\%Si]$、$[\%Mn]$ 之间关系

锰同样能提高铝的脱氧能力,锰、硅同时存在时可进一步提高铝的脱氧能力,当铝、锰、硅三者成分配合适当时,可以得到低熔点的液态脱氧产物。除常用的脱氧剂 Mn、Si、Al 之外,对某些钢种出于提高脱氧效果或控制脱氧产物的需要,还可采用添加 Ca、Ba、稀土元素等的复合脱氧工艺。

思 考 题

1. 设有 100 t 顶吹氧气转炉,吹氧流量(标态) $F_{O_2} = 12\,000\ \mathrm{m^3/h}$,铁水中碳含量为 4.3%,硅含量为 0.6%,锰含量为 0.7%。装料中废钢比为 20%,废钢中 C、Si、Mn 的含量忽略不计。钢液中 $[\%Mn] = 0.1$,$[\%Si]$ 为痕量。请用台阶形模型估算脱碳反应速率曲线。

2. 简述脱碳各阶段的限制环节以及提升钢液脱碳效率的方法。

3. 在企业实际生产中的转炉脱碳过程存在碳氧浓度积低于 0.002 5 的现象,请思考其原因并讨论。

4. 简述利于脱硫、脱磷的工艺条件,并说明原因。

5. 请分别计算纯铁水和 X80 管线钢成分条件下的 Al—O 平衡曲线,管线钢成分和活度相互作用系数请自行查阅文献。

6. 请通过热力学计算,分析不锈钢冶炼过程中的"脱碳保铬"原理。

参 考 文 献

[1] HINO M, ITO K. Thermodynamic data for steelmaking [M]. Sendai: Tohoku University Press, 2010.

[2] TAYLOR C R, CHIPMAN J.Equilibria of liquid iron and simple basic slags in a roatating induction furnace[J].Trans.AIME, 1943(154): 228-247.

[3] 曲英.炼钢学原理 [M].2 版.北京:冶金工业出版社,1994.

[4] IGUCHI Y.Proceedings of the elliot symposium on chemical process metallurgy, June 10-13, 1990, Cambridge[C].Warrendale: ISS, 1991.

[5] FUJISAWA T, SAKAO H.Equilibrium relations between the liquid iron alloys and the deoxidation products resulting from Mn-Si-Al complex deoxidation[J].Tetsu-to-Hagane, 1977, 63(9): 1494-1503.

[6] SASAI T, SAKAGAMI R, OTOTANI T.Influence of crucible material on the deoxidation of liquid iron with Si[J].Tetsu-to-Hagane, 1971, 57(13): 1963-1968.

[7] TORSSELL K, OLETTE M.Influence de la déformation d'amas sur l'élimination des inclusions d'alumine provenant de la désoxydation du fer liquide par l'aluminium[J].Revue de Métallurgie, 1969, 66(12): 813-822.

[8] 向井楠宏, 坂尾弘, 佐野幸吉.脱酸反応帯について[J].日本金属学会誌, 1968, 32(11): 1143-1149.

[9] TURPIN M L, ELLIOTT J F.Nucleation of oxide inclusions in iron melts[J].Journal of the Iron and Steel Institute, 1966, 204(3): 217-225.

[10] TURKDOGAN E T.Nucleation, growth, and flotation of oxide inclusions in liquid steel[J].Journal of the Iron and Steel Institute, 1966, 204(9): 914-919.

[11] MIYASHITA Y.Change of the dissolved oxygen content in the process of silicon deoxidation[J].Tetsu-to-Hagane, 1966, 52(7): 1049-1060.

[12] SANO N, SHIOMI S, MATSUSHITA Y.Precipitating deoxidation by silicon and manganese kinetic study on the deoxidation of steel-I[J].Tetsu-to-Hagane, 1965, 51(1): 19-38.

[13] KAWAWA T, OKUBO M.Kinetic studies on deoxidation of steel[J].Tetsu-to-Hagane, 1967, 53(14): 1569-1585.

[14] SAKAGAMI R, KAWASAKI C, SUZUKI I, et al.On the deoxidation of liquid iron with silicon [J].Tetsu-to-Hagane, 1969, 55(7): 550-575.

[15] SUZUKI K, BAN-YA S, FUWA T.Deoxidation with silicon in liquid iron alloys[J].Tetsu-to-Hagane, 1970, 56(1): 20-27.

[16] NAKANISHI K, OOI H.Kinetic study for deoxidation of molten iron with aluminum in the combined alumina-silica crucibles[J].Tetsu-to-Hagane, 1969, 55(6): 460-470.

[17] YOKOYAMA E, OOI H.Influence of crucible materials on the attained oxygen content after deoxidation of aluminium or silicon in stirred liquid iron[J].Tetsu-to-Hagane, 1969, 55(6): 454-459.

[18] TIEKINK W K, PIETERS A, HEKKEMA J.Al$_2$O$_3$ in steel: morphology dependent on treatment [J].Iron & Steelmaker, 1994, 21(7): 39-41.

第3章 铁水预处理

在现代钢铁冶金生产工艺中,很重要的一门技术就是铁水预处理,又称为铁水炉外处理。它对于优化钢铁冶金工艺、提高钢的质量、发展优质钢种、提高钢铁冶金企业的综合效益起着重要作用,并已发展成为钢铁冶炼中不可缺少的工序。

3.1 铁水预处理概述

铁水预处理是指高炉铁水在进入炼钢炉之前预先脱除某些杂质元素的预备处理过程,包括预脱硫、预脱硅和预脱磷,简称铁水"三脱"。铁水预脱硫是指铁水在进入炼钢炉前的脱硫处理过程,又称为炉外脱硫,它是铁水预处理中最先发展成熟的工艺。在我国,铁水预脱硫是目前钢铁企业工艺技术结构调整、增铁节焦、改善钢材质量、扩大纯净钢冶炼品种、提高钢铁产品竞争力和附加值的最有效途径。

3.1.1 铁水预处理的化学冶金学意义

近代钢铁冶金生产的实践表明,传统钢铁冶金工艺——"高炉炼铁—转炉炼钢"有其不合理的地方,主要表现在以下两个方面:① 能耗高。如硅在高炉内先被还原而后在炼钢炉内再被氧化,这一过程浪费了能耗。研究表明,在高炉中,铁水的硅含量每增加 0.1%,每吨铁就多耗热 209 200 kJ(50 000 kcal)[①];而在转炉中,扣除熔渣热损失后 1 kg 硅的有效发热量仅约为 6 276 kJ(1 500 kcal),能量利用率只有 3%,这些热量仅能熔化废钢约 4 kg。② 不能满足现代工业对钢材质量的需求。传统的转炉炼钢工艺在同一熔池中进行脱硅、脱磷、脱硫、脱碳等许多热力学条件相互矛盾的反应,极不合理,这使一些化学反应难以充分进行,限制了钢质量的进一步提高。因而,人们迫切需要对这种传统的钢铁冶金工艺进行改革以使其合理化、最优化。

20 世纪 80 年代,近海石油的开采、汽车工业和大型建筑工程对钢材质量,特别是钢中磷、硫含量的苛刻要求,使日本钢铁企业开发了一系列以铁水预处理为基础的"高炉炼铁—铁水预处理—转炉炼钢—炉外精炼—连铸"的钢铁冶金优化工艺,从而率先开创了纯净钢冶炼的先河。改革传统钢铁冶金工艺的出路之一就是采用铁水预处理,即走"高炉炼铁—铁水预处理(脱硅、脱磷、脱硫)—转炉少渣炼钢(脱碳、升温)—钢液炉外精炼(去气体、去夹杂物、合金化等)—连铸连轧或热装热送"的钢铁冶金优化工艺道路。这一新工艺尽管从工艺步骤上看增加了工序,但从钢铁生产的连续性来看并不影响生产率,其化学冶金学意义在于各分工序创造了最佳的冶金反应环境。这样,高炉的主要任务是分离脉石、还原铁矿石,铁水预处理则主要完成脱硅、脱磷、脱硫,转炉进行脱碳、升温,而钢液炉外精炼主要完成去气体、去夹杂物、合金化等。

---

① 1 cal = 4.184 J。

3.1.2 铁水预处理的优越性

1）可满足用户对低磷、低硫或超低磷、超低硫钢的需求。例如，轴承钢要求硫含量[S] ≈ 0.002%，船板钢、油井管钢要求[S]、[P]<0.005%，管线钢、Z向钢、深冲钢要求[S]<0.002%等。冶炼这些钢种，铁水的深度脱磷、脱硫预处理是必不可少的。

钢的很多性能都受硫含量及钢中硫化物夹杂物的物理和化学性质的影响。硫化铁、硫化锰夹杂物在热轧温度下很容易变形而成为延伸型夹杂物，引起钢的力学性能的各向异性。除了易切钢的特殊情况外，一般认为硫是有害元素，尤其是在结构钢中。研究表明，当硫含量<0.02%时，板材和带材的横向冲击值迅速增加，当硫含量<0.01%时，断后伸长率也急剧增加。另一个例子是高硅电工钢中硫含量的增大使磁性恶化。除了对力学性能的影响外，硫含量的增大还对铸件和轧制件表面质量极为有害，对连铸钢坯来说尤其是这样。它使表面缺陷增加，影响收得率，并增加精整工作量。德国蒂森钢铁公司发现，钢中硫含量>0.02%时的板坯，其表面缺陷为硫含量<0.019%时的2倍。为了避免内部裂纹和保证表面质量，必须把硫含量限制在0.02%以内。又如在寒冷地区使用的管道钢，它必须符合低温切口韧性的要求。为此，钢需要有较高的横向延伸性和横向冲击性，硫含量<0.01%就能满足这些要求。因此，要提高钢的质量，就要降低硫含量。很多优质钢种（如硅钢）规定钢中硫含量<0.005%。对于这些优质钢都要在脱硫站将铁水脱硫后炼钢才有可能经济地达到要求。

另据美国钢铁工业考察资料也可知，降低钢中硫含量可提高成材率，直接影响连铸坯的表面质量和内部质量。因此，世界各钢铁厂冶炼进行连铸的炼钢用铁水均经过铁水脱硫预处理（简称预脱硫），处理后的铁水硫含量均低于0.01%。它对于改善材料的力学及加工性能，如可焊性、成形性、延展性、韧性和断裂韧性等也有明显的效果。随着生产的进一步发展，优质钢材的需要量日益增加，这是铁水预脱硫得到发展的重要原因。

众所周知，磷使钢变得"冷脆"。对结构钢而言，除炮弹钢外，磷也被认为是有害元素。在寒冷地区使用的船板钢、油井管钢都要求[P]<0.005%，这样可以更好地抵抗海水和严寒对钢材的低温侵蚀和破坏作用。这促进了铁水脱磷预处理（简称预脱磷）的发展。

2）冶炼普通钢种，铁水预脱硫可减轻高炉脱硫负担，放宽对硫的限制，提高产量，降低焦比。

当前炼铁高炉的单炉容积日益扩大，其产量很高，降低焦比能获得很大的经济价值。世界冶金焦的价格在20世纪80年代就增加了两倍多，我国近几年煤价调整，冶金焦价格也上涨了很多，这也要求降低焦比。有的地区原料入高炉的强碱（Na_2O、K_2O）负荷大，降低炉渣碱度将有利于从渣中排除强碱，使高炉顺行。20世纪80年代，宣化钢铁集团有限公司（简称宣钢）的实践已经证实了这一点，与此同时收获了降低焦比、提高高炉产量的效益。但此时生产的铁水硫含量高，这就要求必须进行炉外脱硫处理。当时宣钢高炉渣碱度<1.0，铁水硫含量>0.07%，采用铁水预脱硫，每吨铁喷吹10 kg石灰系脱硫剂，平均脱硫率为60%，处理后铁水硫含量<0.03%，高炉焦比下降8~13 kg/t，日产量提高2%~4%。还有的地区由于冶金用煤硫含量高，使铁水硫含量也变高，因而需要进行炉外脱硫。从炼钢工艺看，氧气转炉已代替了平炉，生产率也得到大幅度提高。同时，冶炼优质钢、真空脱气、连铸等都要求硫含量更低的铁水。

H. P. 哈斯特总结了德国蒂森钢铁公司各厂高炉渣碱度对铁水硫含量、焦比和产量的影响。在原料中每吨铁中硫负荷为6 kg、铁水硅含量为0.6%、每吨铁渣量为300 kg，渣中含8%MgO和

$12\% Al_2O_3$ 的条件下,若碱度降低 0.2,铁水硫含量将升高 0.025%,产量提高 6%,焦比降低 20 kg/t,然后全部铁水都需经预脱硫。在氧气转炉炼钢生产中,使用低硫铁水不仅减少了输入硫量,还可降低渣碱度(少加石灰、减少渣量),提高钢液收得率并改善热平衡。在用硅含量为 0.6% 的铁水炼硫含量为 0.018% 的钢时,若铁水硫含量由 0.025% 降至 0.017%,可使炼钢炉渣碱度由 4.0 降至 3.0,每吨钢渣量减少 20 kg,钢液收得率提高 0.6%。

由以上分析可以看出,发展至今的炼铁和炼钢工艺及设备,令其承担过分的脱硫任务是不合理的。这是铁水预脱硫得到发展的另一个重要原因。

3) 炼钢采用预处理后的低磷、低硫铁水冶炼可获得巨大的经济效益,因为这能提高转炉生产率、降低炼钢成本、节约能耗,表现为转炉脱磷、脱硫任务减轻,渣量大大降低,造渣料急剧减少,渣中铁含量总和降低,铁损减少,锰回收率急剧增加,锰铁消耗降低,转炉吹炼时间缩短,炉龄延长。

在钢铁冶炼的历史上,磷一直是被安排在炼钢炉中去除的。但在现代氧气转炉炼钢生产中,单炉的供氧强度和速率都已普遍提高,生产率大大增加。由于氧化脱磷是一个放热反应,磷在低温下容易被脱除,所以在转炉吹炼后期炉温升高后难免会发生"回磷"现象,这一直是困扰转炉冶炼低磷钢的一个技术问题。为此,有些转炉炼钢厂不得不采用双渣和留渣操作,这又大大增加了消耗,降低了生产率。因而采用铁水预脱磷,把脱磷任务转移到转炉外的低温过程来处理,这对转炉炼钢来讲无疑是大为有利的。这样,冶炼低磷或超低磷钢的技术问题也就迎刃而解了。

4) 炉外铁水脱磷、脱硫预处理可保持与炉内一样良好的热力学条件,还可通过采用搅拌措施来大大改善动力学条件,从而以较少的费用获得很高的脱磷、脱硫效率。

5) 高炉在某些特殊炉况下要造酸性渣,如排碱,此时铁水硫含量偏高,炉外要进行脱硫。

6) 铁水深度预处理是目前冶炼纯净钢最经济、最可靠的技术保障,同时已成为生产优质低磷、低硫钢必不可少的经济工序。它的基本目标是必须将转炉铁水的磷、硫含量脱至成品钢种要求的磷、硫含量以下,使得转炉冶炼后获得低磷、低硫钢液,进而在炉外精炼后获得超纯净度的钢种。

总之,铁水预处理的优点体现在其"一箭三雕"的功效上:使得高炉减轻了脱硫负担,高炉能够稳产、顺行、降低焦比;提高了转炉的生产率,使之能冶炼优质钢和合金钢;企业可提高铁、钢、材系统的综合经济效益,生产高附加值钢种。

3.1.3 铁水预处理的发展历史

铁水脱硫预处理目前已经有上百年的发展历史。在 1948—1955 年间脱硫技术曾得到一定程度的发展,虽然当时未能在工业上被推广应用,但人们在这期间仍积累了相当多的脱硫经验,也发展了一些脱硫方法,如整体投入法、摇包法、回转炉法、机械搅拌法等。到 1975 年前后,世界各大钢铁厂逐步发展了铁水预脱硫,并用十年左右的时间普遍建立了铁水脱硫站。一般钢种的铁水经过预脱硫后其硫含量<0.02%;尤其是连铸用铁水,一定要全部经过预脱硫,使其硫含量<0.01%;若生产低硫优质钢种,预脱硫后的铁水硫含量则要<0.005%;生产超低硫钢种,预脱硫后的铁水硫含量则要<0.002% ~ 0.003%。脱硫方法从最早的搅拌法、镁焦法发展到目前的喷吹法、机械搅拌法,脱硫剂也从电石(CaC_2)、镁焦、苏打(Na_2CO_3)、石灰(CaO)等发展到以电石、石灰或镁(Mg)为主的复合脱硫剂。

在国外,铁水三脱处理主要在日本得到了蓬勃发展,在北美、西欧和苏联则是以铁水预脱硫为主。目前预脱硫技术已趋成熟,在实际工业生产中主要以机械搅拌法、喷吹法和镁系脱硫法为主。预脱硫剂主要有苏打、电石、石灰、Mg 以及以它们为基础的复合脱硫剂。

我国的武汉钢铁集团有限公司(简称武钢)从日本引进了 KR 搅拌脱硫装置于 1979 年投产,迄今一直在使用。20 世纪 80 年代末,武钢开发了无碳石灰脱硫剂代替了电石粉脱硫剂。20 世纪 80 年代初,攀枝花钢铁集团有限公司(简称攀钢)最早进行了工业试验,同期攀钢、天津钢铁集团有限公司(简称天钢)、宣钢、酒泉钢铁集团有限公司(简称酒钢)、鞍山钢铁集团有限公司(简称鞍钢)等厂先后建成了我国自行设计的脱硫站。1985 年,宝山钢铁集团有限公司(简称宝钢)TDS 法脱硫站与一期工程一起投入了正常生产。1988 年,太原钢铁集团有限公司(简称太钢)从日本住友引进了第一套三脱预处理站并试运转成功。1998 年和 2003 年,宝钢、太钢又分别从日本川崎引进两套铁水三脱预处理设备并运转良好。迄今为止,在产品质量竞争日益激烈的形势下,国内大多数大中型钢铁企业均建立了铁水喷吹预脱硫站,采用的铁水脱硫剂则主要以石灰系、电石系为主,20 世纪末期则开始广泛使用喷吹镁系脱硫剂。进入 21 世纪,石灰系脱硫剂的 KR 机械搅拌法又重新开始获得应用,显示出新的生命力。

由于炉外铁水容器中的脱磷预处理尚存在若干技术问题,基于经济、高效地冶炼低磷低硫(含量≤0.005%)钢种、甚至超低磷低硫(含量≤0.002%)钢种的需求,20 世纪 90 年代日本开发了转炉炉内脱磷法,称为专用转炉或脱磷转炉,属于“分期处理”的铁水深度预处理工艺。在炉外深度脱硫的基础上,预脱磷转炉与脱碳转炉匹配形成了两级转炉炼钢,国内称为“双联转炉炼钢法”,目标是少渣炼钢、环保炼钢、经济炼钢、高效炼钢,21 世纪初各大钢铁企业普遍采用如川崎的 Q-BOP、神户的“H”炉、住友的 SRP 和 SRP-Z、新日铁的 LD-ORP、NKK 的 ZSP、JFE 的 LD-NRP 等工艺。进入 21 世纪以来,我国几大钢铁公司相继建成双联转炉炼钢工艺,建立了高效低成本冶炼低磷甚至超低磷品种钢的生产实践平台。

3.1.4 铁水预处理的发展趋势

1)从铁水预脱硫,发展到预脱硅、预脱磷或同时脱磷脱硫,新趋势是分期脱硫脱磷。

2)未来将以铁水罐或鱼雷罐喷吹法为主。在我国,机械搅拌法在预脱硫中已显示出新的生命力。

3)预处理剂受原料经济和钢材产品要求而波动,其发展方向是高效、廉价、易得的复合预处理剂。目前脱硫剂是石灰系、电石系、金属镁系“并驾齐驱”,而脱磷剂只有石灰系。

4)铁水预处理愈来愈普遍,各种级别钢种都可进行这种处理。普通钢种采用的是常规脱硫(即浅脱硫或称轻脱硫),优质钢或特殊钢种采用的是深度脱硫或深度脱磷同时脱硫,或深度分期脱硫脱磷。

5)从同时脱磷脱硫向分期脱硫脱磷发展,脱磷过程从炉外向炉内(脱磷转炉)发展。

3.2 铁水脱硫预处理

铁水预脱硫工艺之所以在经济上和技术上是合理和可行的,主要有以下的原因:① 铁水中含有大量的硅、碳和锰等还原性好的元素,使用强脱硫剂(如钙、镁、稀土等金属及其合金)后不会发生大量烧损以致影响脱硫反应。铁水中的碳和硅等还能大大提高硫在铁水中的活度系数。

而铁水中氧含量较低,这使得硫的分配系数相应有所提高。② 脱硫剂直接加入铁水,比高炉和转炉冶炼中更易提高脱硫剂的反应物浓度。脱硫剂选择范围宽,可适应不同的、更高的脱硫要求。③ 炉外处理温度比炉内要低,可利用现有铁水罐、鱼雷罐,这对延长处理装置寿命和减少投资有利。

3.2.1 脱硫剂种类及其脱硫原理和工艺特点

工业中可采用的铁水脱硫剂种类很多,有钠系、钙系和镁系等。目前,复合型脱硫剂使用较多,单纯使用金属质的镁、盐包镁、镁焦等的日趋减少。20 世纪 90 年代以来,由于金属镁钝化技术的发展,人们开始使用钝化颗粒镁或覆膜镁粒或覆膜混合镁作铁水的深度脱硫剂。

任何脱硫剂的脱硫能力首先是由它的热力学性质决定的,其次就是反应的动力学条件。在恒温恒压下,可用化学反应的自由能变化来判断各种脱硫剂的脱硫能力。图 3.1 所示为各种脱硫剂的脱硫能力与温度的关系。从图中可以看出,在 1 180~1 280 ℃时,各种脱硫剂的脱硫能力是按 CaO、Mg 蒸气、Na_2O 和 CaC_2 的顺序递增的;而在 1 280~1 560 ℃时,其脱硫能力按 CaO、Mg 蒸气、CaC_2 和 Na_2O 的顺序递增。MgO 在现有的生产条件下还不具有脱硫能力,而当铁水中锰含量为 2%或 3%、温度<1 280 ℃时,它的脱硫能力才表现出来。应当指出的是,这种比较只是在该脱硫剂发生单一反应的情况下,实际炉外脱硫工艺中的脱硫反应更复杂。不过工业上使用的苏打灰、电石粉、石灰粉及镁系等都属于可以将铁水硫含量脱至 0.010%~0.005%的脱硫剂。

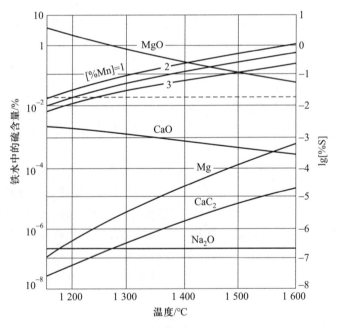

图 3.1 各种脱硫剂的脱硫能力与温度的关系

1. 碳酸钠(Na_2CO_3)

碳酸钠,又名苏打,很早就被人们作为炉外脱硫剂来使用,它是一种很强的单一脱硫剂。将

碳酸钠加入铁水时,碳酸钠首先分解,然后参与脱硫反应:

$$Na_2CO_{3(1)} \rule[0.5ex]{2em}{0.4pt} Na_2O_{(1)} + CO_2$$

$$Na_2O_{(1)} + [S] + [C] \rule[0.5ex]{2em}{0.4pt} (Na_2S) + CO$$

或

$$Na_2O_{(1)} + [S] + C \rule[0.5ex]{2em}{0.4pt} (Na_2S) + CO$$

【例 3.1】 以某钢铁厂高炉铁水成分([C]=4.89%、[Si]=0.52%、[Mn]=0.12%、[P]=0.102%、[S]=0.030%)为例,试计算非标准状态 1 350 ℃、0.1 MPa 下,用 Na_2CO_3 预脱硫时的平衡硫含量。

【解】 已知:

$$Na_2CO_{3(1)} \rule[0.5ex]{2em}{0.4pt} Na_2O_{(1)} + CO_2 \qquad \Delta G^\theta = 316\ 352 - 130.834T\ \text{J/mol}$$

$$Na_2O_{(1)} + [S] + C \rule[0.5ex]{2em}{0.4pt} Na_2S_{(1)} + CO \qquad \Delta G^\theta = -76\ 149 - 45.271T\ \text{J/mol}$$

$$Na_2O_{(1)} + [S] + [C]_{1\%} \rule[0.5ex]{2em}{0.4pt} Na_2S_{(1)} + CO \qquad \Delta G^\theta = -98\ 742 - 3.012T\ \text{J/mol}$$

由反应

$$Na_2O_{(1)} + [S] + [C] \rule[0.5ex]{2em}{0.4pt} (Na_2S) + CO$$

$$\Delta G = \Delta G^\theta + RT \lg \frac{a_{(Na_2S)} p_{CO}}{a_{Na_2O} a_{[S]} a_{[C]}} = 0$$

由 $\Delta G^\theta = -76\ 149 - 45.271T$(单位为 J/mol),设 $a_{Na_2O}/a_{(Na_2S)} = 1$,$p_{CO} = 0.1$,由 $a_{[S]} = f_{[S]}[\%S]^*$,$a_{[C]} = a_C = 1$,得到

$$76\ 149 + 45.271T + RT \lg(10 f_{[S]}[\%S]^*) = 0$$

$$76\ 149 + 45.271T + 19.147T(\lg f_{[S]} + \lg[\%S]^* + 1) = 0$$

由

$$\lg f_{[S]} = e_S^C[\%C] + e_S^{Si}[\%Si] + e_S^{Mn}[\%Mn] + e_S^P[\%P] + e_S^S[\%S]$$

$$= \frac{1\ 873}{T}(0.111[\%C] + 0.075[\%Si] - 0.026[\%Mn] + 0.035[\%P] - 0.046[\%S])$$

$$= \frac{1\ 873}{T}(0.111 \times 4.89 + 0.075 \times 0.52 - 0.026 \times 0.12 + 0.035 \times 0.102 - 0.046 \times 0.030)$$

$$= 1\ 087.95/T$$

得,

$$76\ 149 + (45.271 + 19.147)T + 19.147 \times 1\ 087.95 + 19.147T \lg[\%S]^* = 0$$

即,

$$96\ 979.98 + (64.418 + 19.147 \lg[\%S]^*)T = 0$$

将 $T = 1\ 623$ K(1 350 ℃)代入,得 $\lg f_{[S]} = 0.670\ 3$,$f_{[S]} = 4.680\ 6$;$\lg[\%S]^* = -6.485\ 2$,$[\%S]^* = 3.3 \times 10^{-7}$。说明 1 350 ℃ 下,反应的平衡硫含量 $[\%S]^*$ 很低,表明苏打具有很强的脱硫能力。

苏打作为脱硫剂,因其价格贵、大量的氧化钠挥发损失严重、效率低、污染环境、对人体有害、渣中 Na_2O 侵蚀铁水罐衬以及扒渣困难(因渣的流动性好)等缺点,目前已基本停止使用,只有少数铁厂将其加入铁水沟用来处理硫超标的不合格铁水。

2. 石灰(CaO)系脱硫剂

石灰是应用时间较长、价格便宜的一种脱硫剂,一般不单独使用,通常配以一种或几种添加剂。工业应用上使用的添加剂有石灰石($CaCO_3$)、萤石(CaF_2)、碳粉(C)、电石(CaC_2)、金属 Al 或金属 Mg 等。石灰系脱硫剂的脱硫反应与在高炉内的类似:

$$CaO_{(s)} + [S] + [C] \rule[0.5ex]{2em}{0.4pt} (CaS) + CO$$

当[Si]>0.05%时,反应为

$$CaO_{(s)} + [S] + 1/2[Si] \Longrightarrow (CaS) + 1/2(SiO_2)$$

或
$$2CaO_{(s)} + [S] + 1/2[Si] \Longrightarrow (CaS) + 1/2(Ca_2SiO_4)$$

【例 3.2】 以某钢铁厂高炉铁水成分（$[C] = 4.89\%$、$[Si] = 0.52\%$、$[Mn] = 0.12\%$、$[P] = 0.102\%$、$[S] = 0.030\%$）为例，试估算非标准状态 1 350 ℃、0.1 MPa 下，用 CaO 预脱硫时的平衡硫含量。

【解】 已知：$\quad CaO_{(s)} + [S] + C \Longrightarrow (CaS) + CO \qquad \Delta G^\theta = 112\ 717 - 113.93T$ J/mol

$$CaO_{(s)} + [S] + [C]_{1\%} \Longrightarrow (CaS) + CO \qquad \Delta G^\theta = 90\ 123 - 71.672T \text{ J/mol}$$

$$CaO_{(s)} + [S] + 1/2[Si] \Longrightarrow (CaS) + 1/2(SiO_2) \qquad \Delta G^\theta = -185\ 330 + 83.22T \text{ J/mol}$$

$$2CaO_{(s)} + [S] + 1/2[Si] \Longrightarrow (CaS) + 1/2(Ca_2SiO_4) \qquad \Delta G^\theta = -244\ 743 + 77.571T \text{ J/mol}$$

由反应 $\qquad CaO_{(s)} + [S] + [C] \Longrightarrow (CaS) + CO$

$$\Delta G = \Delta G^\theta + RT\lg \frac{a_{(CaS)} p_{CO}}{a_{CaO} a_{[S]} a_{[C]}} = 0$$

由 $\Delta G^\theta = 112\ 717 - 113.93T$ J/mol，设 $a_{CaO}/a_{(CaS)} = 1$，$p_{CO} = 0.1$ MPa，由 $a_{[S]} = f_{[S]}[\%S]^*$，$a_{[C]} = a_C = 1$，得到，

$$112\ 717 - 113.93T - 19.147T(\lg f_{[S]} + \lg[\%S]^* + 1) = 0$$

将 $\lg f_{[S]} = 1\ 087.95/T$，$T = 1\ 623$ K（1 350 ℃）代入，得

$$112\ 717 - (113.93 + 19.147) \times 1\ 623 - 19.147 \times 1\ 087.95 - 19.147 \times 1\ 623\lg[\%S]^* = 0$$

即，
$$124\ 097.95 + 19.147 \times 1\ 623\lg[\%S]^* = 0$$

解之，得平衡硫含量 $[\%S]^* = 0.000\ 1$。

同理，由反应 $\qquad CaO_{(s)} + [S] + 1/2[Si] \Longrightarrow (CaS) + 1/2(SiO_2)$

$$\Delta G = \Delta G^\theta + RT\lg \frac{a_{(CaS)} a_{(SiO_2)}^{0.5}}{a_{CaO} a_{[S]} a_{[Si]}^{0.5}} = 0$$

由 $\Delta G^\theta = -185\ 330 + 83.22T$ J/mol，设 $a_{CaO}/a_{(CaS)} = 1$，$a_{(SiO_2)} = 0.1$，由 $a_{[S]} = f_{[S]}[\%S]^*$，$a_{[Si]} = f_{[Si]}[\%Si]$，得到

$$-185\ 330 + 83.22T + RT\lg(f_{[S]}[\%S]^*) + 0.5RT\lg(10f_{[Si]}[\%Si]) = 0$$

由
$$\lg f_{[Si]} = e_{Si}^C[\%C] + e_{Si}^{Si}[\%Si] + e_{Si}^{Mn}[\%Mn] + e_{Si}^P[\%P] + e_{Si}^S[\%S]$$

$$= \frac{1\ 873}{T}(0.18 \times 4.89 + 0.11 \times 0.52 + 0.002 \times 0.12 + 0.11 \times 0.102 + 0.056 \times 0.030)$$

$$= 1\ 780.36/T$$

将 $\lg f_{[S]} = 1\ 087.95/T$，$T = 1\ 623$ K，$[\%Si] = 0.52$ 一并代入，得

$$185\ 330 + 19.147 \times (1\ 087.95 + 890.18) + 1\ 623 \times (9.574 \times \lg 5.2 - 83.22 + 19.147\lg[\%S]^*) = 0$$

即
$$99\ 264.89 + 19.147 \times 1\ 623\lg[\%S]^* = 0$$

解之，得平衡硫含量 $[\%S]^* = 0.000\ 6$。

从两种脱硫反应式的计算结果均可以看出，石灰也具有较强的脱硫能力，热力学上平衡硫含量低于 0.001%。事实上，由反应的 ΔG 看出，$[\%S]^*$ 与 $a_{(CaS)} p_{CO}/a_{CaO}$、$a_{(CaS)} a_{(SiO_2)}^{0.5}/a_{CaO}$ 成正比，由于实际中 $a_{CaO}/a_{(CaS)} \gg 1$，$p_{CO} < 0.1$，$a_{(SiO_2)} < 0.1$，所以实际平衡硫含量 $[\%S]^*$ 应该远低于上述估

算值。比如,以(Ca_2SiO_4)为产物的脱硫反应,设 $a_{(Ca_2SiO_4)} = 1$,计算的平衡硫含量$[\%S]^* = 1.3 \times 10^{-5}$。

　　石灰的脱硫原理是,固体 CaO 极快地吸收铁水中的硫,铁水中的硅和碳是很好的还原剂,吸收了反应生成的氧,脱硫反应的产物为 CaS 和 SiO_2(或 CO)。石灰脱硫是吸热反应,在高温,高碱度,还原性气氛(低氧位)以及铁水中[C]、[Si]、[P]大的条件下硫的活度系数 $f_{[S]}$ 大,这对脱硫有利。从脱硫机理来说,CaO 粒子和铁水中[S]接触生成 CaS 的渣壳,渣壳阻碍了[S]和[O]的扩散而使脱硫过程减慢。用石灰作脱硫剂时需要把石灰磨细,磨细的石灰粉易吸水,生成的炉渣会夹带走大量铁粒,所以脱硫铁水必须严格地除去高炉渣,否则脱硫效果会变差。铁水温度高、石灰细磨以及活性高的石灰对于脱硫有较好的效果,但石灰系脱硫剂喷吹法不能用来进行深度脱硫。

　　石灰系脱硫剂的发展主要是要提高石灰的反应动力学特性,使之能得到终点硫含量≤0.005%的处理能力。加强搅拌、强化传质就是最有效的改进措施。

　　宝钢曾采用单一的石灰窑除尘粉来处理 2 万吨铁水,平均脱硫率为 48.18%,CaO 的利用率只有 8%。研究表明,石灰颗粒与铁水的接触和颗粒表面的反应产物层是主要的限制性环节。Irons 曾将五种颗粒接触情况的模型结果与试验结果进行了比较,发现试验中仅 30% 的颗粒进入铁水中。对于单颗粒 CaO,在铁水中与[S]、[Si]接触,能形成硅酸钙层($2CaO \cdot SiO_2$),此层阻碍 S 的通过和向内部的扩散。对于前一限制环节,主要可通过石灰颗粒特性(粒径、表面状况等)、气力输送技术等来研究解决。对于产物层障碍,通过加 5%~10% CaF_2 可取得成效。研究发现,在温度为 1 350 ℃ 左右时,CaO 与 CaF_2 能在石灰颗粒的晶界处生成液相,这改善了硫在石灰颗粒中沿晶界的传输过程,使脱硫速率增加了 2~3 倍。当使用 100%CaO 时,在边部出现了不连续的集中渣相区,往中心相邻处有 CaS 分散在 CaO 晶界处,CaS 分布层较薄。当加入 10%CaF_2 后,边部无集中渣相区,边部和中心均发现有白色不规则网状 CaS 分布。采用加了 CaF_2 的配方,其工业生产数据列于表 3.1 中。

表 3.1　石灰系脱硫剂配方喷吹脱硫结果（工业规模）

厂名	配方/%				铁水脱硫/%			铁量/t	单耗/(kg/t)	喷吹时间/min	送粉速率/(kg/min)	温降/℃
	CaO	CaF_2	$CaCO_3$	其他	$[S]_0$	$[S]_f$	η_S					
太钢二钢	95	5	—	—	0.034	0.007	78.75	52.2	8.65	11	41.0	34
酒钢	90	5	—	C:5	0.048	0.024	50.0	91.2	7.2	5~12	60~100	—
宣钢	97	3	—	—	0.058	0.023	60.0	55.0	10.0	9~11	50~60	20~25
芬兰 Koverhar	75	10	15		0.053	0.017	67.9	50.3	6.76	12	28.3	36.8
					0.050	0.014	72.0	50.8	7.56	12	32.0	39.6
					0.054	0.011	79.6	50.8	9.15	12	38.7	39.8
美国 Aliquippa	100	—			0.60	0.015	75.0	155	8.2	30	42.4	27.8
	100	Al: 0.68 kg/t			0.60	0.015	75.0	155	5.4	20	41.9	18.9
	100	Mg: 0.63 kg/t			0.60	0.015	75.0	155	6.3	22	44.4	16.1

厂名	配方/%				铁水脱硫/%			铁量/t	单耗/（kg/t）	喷吹时间/min	送粉速率/（kg/min）	温降/℃
	CaO	CaF_2	CaCO_3	其他	$[S]_0$	$[S]_f$	η_S					
					<0.01%时 /%	<0.006%时 /%						
意大利 Taranto	75	5	20	—	80.4	36.4		240	4.7			
	65	5	30	—	87.0	48.8		240	4.9			
	65	5	27	Na_2CO_3:3	87.5	62.5		240	5.3			

注：$[S]_0$ 为原始硫含量；$[S]_f$ 为处理后的硫含量；$\eta_S = ([S]_0-[S]_f)/[S]_0$，为脱硫率。

从表 3.1 可以看出，除配 CaF_2 外，还可配入 15%～30%$CaCO_3$，其作用在于石灰石分解生成新的 CaO，表面活性高，放出的 CO_2 又有强烈的搅拌作用，这种作用发生在石灰石颗粒处，大大改善了传质条件并有利于脱硫。日本千叶制铁所使用的配方为 22%CaO+70%$CaCO_3$+5%C+3%CaF_2，其中 $CaCO_3$ 含量达 70%，结果表明，此条件下不仅反应速率快，对温降没有明显影响，而且能做深脱硫处理，该配方能使处理后的硫含量稳定地低于 0.002%。应当指出，该过程释放出的大量气体会产生喷溅，这需相应地解决输送技术与防溅方面的问题。还有一种措施是加少量 Al、Mg，目的是降低氧位、降低脱硫剂单耗、缩短喷吹时间。有试验测定，每吨铁中加铝 1.7 kg 后，在 2.5 t 级铁水中 $a_{[O]}$ 从 2.5×10^{-6} 降至 2.3×10^{-6}，在 250 t 鱼雷罐中 $a_{[O]}$ 从 3.4×10^{-6} 降至 2.2×10^{-6}。

此外，21 世纪又获得新生的机械搅拌法（以 KR 法为代表），就是通过强烈的物理搅拌，破坏反应过程中在石灰粒子表面形成的硅酸钙层（$2CaO \cdot SiO_2$）和 CaS 渣壳，促进[S]向石灰粒子内部扩散，在短时间内可使脱硫反应达到平衡，获得很高的脱硫率，可达到超深度脱硫的目的（终点[S]≤0.001%）。

3. 碳化钙（CaC_2）系脱硫剂

碳化钙，又名电石，它可与石灰（CaO）、石灰石（$CaCO_3$）、萤石（CaF_2）等配成复合脱硫剂。其脱硫反应为

$$CaC_{2(s)} + [S] \Longrightarrow (CaS) + 2[C]$$

或

$$CaC_{2(s)} + [S] \Longrightarrow (CaS) + 2C$$

用 CaC_2 脱硫，热力学计算平衡硫含量$[\%S]^*$可达 10^{-7}～10^{-6}，因而 CaC_2 也具有很强的脱硫能力。

实际脱硫用的碳化钙是 CaC_2 含量约为 80%的工业碳化钙，另外还含有 16%的 CaO，其余是碳。CaC_2 和 CaO 一样，吸收铁水中的硫后生成 CaS 的渣壳，脱硫过程被阻滞。所以，碳化钙必须被破碎到极细程度（0.12 mm），但太细的碳化钙在铁水温度下又容易烧结成块。

为了解决上述问题，在碳化钙中混入一定量的石灰石粉（$CaCO_3$），其商业名称叫 CaD。加入 $CaCO_3$ 的目的是让其分解产生 CO_2，以防止碳化钙烧结现象的出现。

提高碳化钙脱硫效率有以下六种方法：① 碳化钙要磨细（0.12 mm）；② 喷射速率要与[S]相适应，如果喷入过快，铁水液面上会出现未反应的 CaC_2 颗粒；③ 防止铁水带渣，因 CaC_2 易与

炉渣中的 MnO 和 FeO 作用而降低脱硫效率;④ 要有较深的插枪深度;⑤ 考虑 CaD 分解时吸热以及温度低、渣黏度高等因素对脱硫不利,需要保持高的铁水温度;⑥ 铁水中[S]高时脱硫效果好,此时未反应进入炉渣的 CaC₂ 也要相对少些。

用碳化钙脱硫的优点:碳化钙价格便宜,所用喷吹设备简单,在高温(>1 400 ℃)下的脱硫效率相对较高。

用碳化钙脱硫的问题:储运碳化钙粉必须用特殊的方法,要在惰性气体保护下运输;碳化钙用量大,需用大的能防爆的高压容器作为储藏容器;渣量大、铁损大;对低温铁水(<1 300 ℃),脱硫效率较低;脱硫过程会受铁水罐内衬和带入的高炉渣的影响。此外,含有 CaC₂ 的脱硫渣遇水能生成 C₂H₂,这使得弃渣成了问题。

4. 镁系脱硫剂

铁水镁系脱硫技术是 20 世纪 60 年代乌克兰 Dnepropetrovsk 钢铁研究院研究开发成功的,其后西方国家也进行了镁系脱硫的研究和实践。在 20 世纪 70 年代,全世界大约有 1 000 万吨(其中一半在苏联)铁水采用镁系脱硫技术,20 世纪 90 年代采用镁系脱硫方法生产的铁水已达 8 000 万吨。20 世纪末期,北美和西欧用于铁水脱硫的金属镁由 1.3 万吨增加到 4 万吨,约占整个金属镁耗量的 14%。北美用于铁水脱硫的金属镁主要来自俄罗斯和中国等国家。由于我国目前可以低成本生产镁,美国和西欧每年从我国进口上万吨的镁用于铁水脱硫,生产出高质量的钢材。我国钢铁工业若能使用国产便宜的镁来生产至今还需大量进口的优质钢材将具有重大意义,这也是历史的机遇。

将镁浸入焦炭内形成镁焦并用作脱硫剂,这种方法在 20 世纪 70 年代被美国和欧洲国家使用了相当长的时间,后来发展为石灰-镁、电石-镁、包盐镁粒等的喷吹法。这些方法的变化主要在于抑制镁的激烈反应,即加入钝化剂来降低镁的消耗量,保证处理后的铁水硫含量达到极低(≤0.005% 或 ≤0.003%)。由于其耗量低、渣量少、温降小、效果稳定,这些方法在北美和西欧的脱硫处理曾得到广泛应用。

获得工业应用的镁系脱硫剂主要有 4 种:① 镁焦(mag coke);② 镁合金(Mg-Fe-Si);③ 覆膜镁粒,俗称钝化镁,其惰性保护膜占质量的 3%~10%;④ 覆膜混合镁粒,俗称混合镁,Mg 含量为 30%~80%,其余为惰性物质。前两类不仅价格高,而且喷吹困难。后两类可用,其中应用最广泛的是第④类,即在镁粒中混入多于 10% 的惰性物质,如钝化 Mg+石灰。使用方法是用喷吹系统把外裹保护膜的钝化镁粒(coated Mg granules)或混合镁粒喷入铁水液面以下 2~3 m 处。

(1)镁的脱硫机理

镁的脱硫反应分两步进行:

第一步,金属镁溶于铁水,$Mg_{(s)} \rightarrow Mg_{(1)} \rightarrow Mg_{(g)} \rightarrow [Mg]$(溶于铁水)。

第二步,在高温下,镁和[S]有很强亲和力,铁水中溶解的[Mg]和气态的 Mg 都能与铁水中的[S]迅速反应生成固态的硫化镁(MgS),即

$$[Mg]+[S] = MgS_{(s)}$$

$$Mg_{(g)}+[S] = MgS_{(s)}$$

反应生成的硫化镁在铁水温度时是固态,并进入渣中。钝化镁或混合镁粒中的惰性物质在喷吹过程中能避免喷枪堵塞,同时降低镁在熔池中的反应速率,它本身并不参加脱硫反应,最终

也进入渣中。

镁系以外的各种脱硫剂都不溶于铁水。镁则不同,它会先溶入铁水,再和铁水中的硫发生反应,其脱硫反应的热力学条件和动力学条件较好。

(2) 镁脱硫的热力学

镁在铁水中的溶解度 $[Mg]_{sat}$ 取决于铁水温度和镁的蒸气压,可写为

$$\lg[Mg]_{sat} = 7\ 000/T + \lg p_{Mg} - 5.1$$

式中,T 是绝对温度,p_{Mg} 是该温度下镁的蒸气压。镁的溶解度会随压力的增加而增大,随铁水温度的上升而大幅度下降。在 0.1 MPa 下,1 200 ℃、1 300 ℃ 和 1 400 ℃ 时,镁的溶解度分别为 0.45%、0.22% 和 0.12%。在 0.2 MPa(相当于铁水液面下 2 m 处的压力)下,镁的溶解度会增大一倍,分别变为 0.9%、0.44% 和 0.24%。对于钢铁工业铁水脱硫的要求来说,每吨铁水溶入 0.05% ~ 0.06%(相当于 0.5 ~ 0.6 kg)的镁就足够用了。可见,铁水溶解镁的能力比脱硫处理所需要的镁的溶解量要大得多。

【例 3.3】 以某钢铁厂高炉铁水成分([C] = 4.89%、[Si] = 0.52%、[Mn] = 0.12%、[P] = 0.102%、[S] = 0.030%)为例,试计算非标准状态 1 350 ℃、0.1 MPa 下,120 t 铁水罐用金属 Mg 预脱硫时的平衡硫含量。

【解】 已知:$[Mg] + [S] =\!\!=\!\!= MgS_{(s)}$ $\quad \Delta G^{\theta} = -522\ 080 + 201.02T$ J/mol

$\qquad\qquad Mg_{(g)} + [S] =\!\!=\!\!= MgS_{(s)}$ $\quad \Delta G^{\theta} = -404\ 676 + 169.619T$ J/mol

由反应 $\qquad\qquad\qquad [Mg] + [S] =\!\!=\!\!= MgS_{(s)}$

$$\Delta G = \Delta G^{\theta} + RT\lg\frac{a_{(MgS)}}{a_{[Mg]}a_{[S]}} = 0$$

由 $\Delta G^{\theta} = -522\ 080 + 201.02T$ J/mol,设 $a_{(MgS)} = 1$,由 $a_{[Mg]} = f_{[Mg]}[\%Mg]$,$a_{[S]} = f_{[S]}[\%S]$,得到

$$522\ 080 - 201.02T + RT\lg(f_{[Mg]}[\%Mg]f_{[S]}[\%S]^{*}) = 0$$

对于 120 t 铁水罐,喷枪插入深度为 2.4 m,$p_{Mg} = 1 + 9.81 \times 7\ 100 \times 2.4/101\ 325 \approx 2.65$ (0.1 MPa),$\lg[Mg]_{sat} = 7\ 000/T + \lg p_{Mg} - 5.1 \approx 7\ 000/1\ 623 + \lg 2.68 - 5.1 = -0.359$,$[Mg]_{sat} = 0.438\%$。实际镁脱硫过程中,铁水中溶解的 $[Mg]$ 略低于 0.1%。

将 $\lg f_{[S]} = 1\ 087.95/T$,$T = 1\ 623$ K(1 350 ℃),设 $f_{[Mg]} = 1$(按稀溶液),取 $[\%Mg] = 0.05$,一并代入,得

$$522\ 080 - 201.02 \times 1\ 623 + 19.147 \times 1\ 087.95 + 19.147 \times 1\ 623 \times (\lg[\%S]^{*} + \lg 0.05) = 0$$

解之,得平衡硫含量 $[\%S]^{*} = 2.1 \times 10^{-6}$。采用 $Mg_{(g)}$ 脱硫的反应,也可计算得到 $[\%S]^{*} = 5.6 \times 10^{-6}$。可见,金属 Mg 也具有很强的脱硫能力。

表 3.2 列出了工业条件下测定的镁脱硫反应的浓度积 $K(=[\%Mg][\%S])$。可以看出,镁和硫的浓度积在 1 250 ~ 1 400 ℃ 范围内差别在 1 个数量级,表明镁在较低的温度时有更好的脱硫能力,而石灰和电石只有在高温时才有较好的脱硫能力。

表 3.2 工业条件下测定的镁脱硫反应的浓度积 K

温度/℃	1 250	1 300	1 330	1 400
K	1.9×10^{-5}	6.0×10^{-5}	8.0×10^{-5}	$(1.0 \sim 1.3) \times 10^{-4}$

（3）镁脱硫的动力学

从动力学的观点看,镁的脱硫反应可分为下述步骤:

① 镁粒在铁水中熔化、汽化,生成镁蒸气泡上浮;

② 镁蒸气泡中的镁蒸气溶于铁水;

③ 在金属-镁蒸气泡界面,镁蒸气与铁水中的硫反应生成固态硫化镁;

④ 溶解于铁水中的镁与硫反应生成固态硫化镁;

⑤ 固态硫化镁上浮进入脱硫渣。

动力学的研究结果表明,步骤③只能除去铁水中 3% ~ 8% 的硫,步骤④是主要的脱硫反应。因为镁的汽化和硫化镁在铁水中的浮出过程进行得很快,所以脱硫反应的速率取决于铁水中镁的消耗速率或镁蒸气在铁水中的溶解速率。为了获得高的脱硫效率,必须保证镁蒸气泡在铁水中完全溶解,避免未溶解完的镁蒸气逸入大气造成损失。促进或保证镁蒸气完全溶于铁水中的措施:① 降低铁水温度;② 用加入惰性物质的方法减缓镁的汽化速率并控制镁蒸气泡的大小;③ 喷枪插入铁水液面以下 2 ~ 3 m 处,使镁蒸气压升高,镁蒸气泡与铁水接触时间延长。

（4）镁的脱硫效率和消耗量

按化学计量关系计算,如果镁利用率为 100%,1 kg 镁能除去铁水中 1.32 kg 的硫。实际上,由于铁水中还有残余下来的镁、少量的镁蒸气逸出等原因,镁利用率达不到 100%。在用大型铁水罐处理时,铁水温度为 1 360 ℃、插枪深度为 2.3 m、铁水的硫含量由初始的 0.06% 脱到 0.01%,镁脱硫剂的利用率是 63%。如果铁水的硫含量由初始的 0.02% 脱到 0.01%,镁脱硫剂的利用率是 31%,这个数值是用碳化钙脱硫剂时利用率的 6 倍。影响镁系脱硫剂利用率的最重要因素是插枪深度,在用小型铁水罐处理时,若枪插入的深度小,镁的利用率会大大下降。例如枪插入深度由 2.3 m 降至 1.3 m,镁的利用率会下降 10% ~ 15%。

目前,采用镁系脱硫剂已经可以把铁水中的硫降低到极低的水平。当铁水硫含量降至 0.005% 时,每吨铁水金属镁的用量为 300 ~ 500 g。

（5）镁系脱硫剂的优、缺点

镁系脱硫剂的优点:镁和硫的亲和力极高,脱硫反应主要是在铁水中进行的均相反应,对低温铁水来说,镁是最强的脱硫剂之一;用量少,对铁水带有高炉渣不敏感,因渣和脱硫反应无关,生成的渣量少,所以铁损小,而且脱硫渣不会污染环境;镁用量少,脱硫处理用的设备投资低、脱硫过程对铁水其他化学成分基本无影响。

镁系脱硫剂的缺点:价格高;由于铁水中有残留镁,会造成部分镁损失;在高温下由于镁的蒸气压太高,难以控制,有时使镁的利用率降低;用镁进行脱硫处理时,须用深的铁水罐,以利于保证插枪深度;另外要避免镁遇水发生危险。

采用镁系脱硫剂脱硫的技术关键是要保证插枪深度,精心控制,提高镁的利用率。

3.2.2 脱硫预处理的方法

铁水预脱硫的方法很多,这些方法经工业实际应用,其中有的因处理能力、耐火材料寿命、处理效果及可控性、环境污染等问题逐渐被淘汰。下面介绍国内外较普遍采用的 KR 搅拌法和喷吹法。

（1）KR 搅拌法

KR（kambara reactor）搅拌法是新日铁广畑制铁所于 1965 年用于工业生产的炉外脱硫技术。这种脱硫方法是以一种外衬耐火材料的搅拌器浸入铁水罐内旋转搅动铁水使之产生漩涡，同时加入脱硫剂使其卷入铁水内部进行充分反应，从而达到铁水脱硫的目的。与喷吹法相比，它具有脱硫效率高、脱硫剂消耗少、脱硫本身金属损耗低等特点。

以 KR 为代表的机械搅拌法，21 世纪初在日本又重新获得了大规模应用。我国武钢从日本引进的 KR 搅拌脱硫装置于 1979 年投产，迄今一直在使用，并成功以石灰粉代替电石粉作脱硫剂。近年来我国不少大、中、小型钢铁厂分别建设投产了不同规模的 KR 搅拌脱硫装置，也取得了令人满意的结果。

KR 搅拌脱硫装置如图 3.2 所示。搅拌法处理铁水的最大允许数量受铁水液面至罐口高度的限制，最小处理量受搅拌器的最低插入深度限制。对于 100 t 铁水罐来说，液面至罐口距离应不小于 620 mm（因插入搅拌器会引起液面升高约 50 mm，搅拌器旋转会使液面升高 300 mm，铁水液面波动 100 mm，预留 170 mm 富余量）。搅拌器插入深度的确定，应注意使搅拌头与罐底距离大致等于叶片外缘与罐壁的距离。

在处理之前，铁水内的渣子必须被充分扒除，否则会严重影响脱硫效果。处理完毕后，还需仔细地扒除脱硫渣。在处理过程中，搅拌器的转速一般为 90~120 r/min。对于 100 t 罐，搅动力矩为 ≤8 200 N·m，搅动功率为 1.0~1.5 kW/t。在搅动 1~1.5 min 后，开始加入脱硫剂，搅动时间约为 13 min。搅拌头为高铝质耐火材料，寿命为 90~110 次，每使用 3~4 次后需要用塑性耐火材料进行局部修补。脱硫率取决于原始铁水的硫含量，一般均可达到 90% 左右。

（2）喷吹法

喷吹法主要有德国 Thyssen 的斜插喷枪（ATH）法和日本新日铁（NSC）的顶喷（TDS）法，另外还有镁系喷吹脱硫法。

喷吹法是用载气将脱硫剂经喷枪吹入铁水深部，使粉剂与铁水充分接触，在上浮过程中去除硫。为了完成这一过程，要求从喷粉罐送出的气粉流均匀稳定，喷枪出口不发生堵塞，在铁水罐内的反应过程中不发生喷溅。利用喷吹法最终能取得高的脱硫率，使处理后的铁水硫含量能满足低硫钢生产的需要。这里主要介绍两种不同特点的喷吹装置——宝钢顶喷（TDS）法铁水脱硫喷吹装置和太钢二炼钢铁水脱硫喷吹装置的情况。

20 世纪 90 年代，宝钢一炼钢在 320 t 鱼雷罐中采用 TDS 法顶部插入喷枪喷吹 CaC_2+CaO 脱硫剂进行脱硫，脱硫车间位于高炉和转炉车间之间，共有两条脱硫线，可同时脱硫，互不干扰［其中一条线已改造为三脱处理，后又技改为美国 ESM 公司的喷吹钝化镁（即纯镁）深脱硫工艺］。两套 TDS 喷吹装置的日处理能力为 $1.2×10^4$ t。鱼雷罐装铁水量为 290 t 左右。其处理工艺示意图如图 3.3 所示。氮气流量为 430~480 m^3/h，其中配入 CaC_2 比例越大，流量越小。加压压力 $(2.8~3.2)×10^5$ Pa、喷吹压力 $(2.0~2.3)×10^5$ Pa。CaC_2 和 CaO 的比例在线可调，正常喷吹 CaO 的速率为 50~60 kg/min、喷吹 CaC_2 的速度为 40~45 kg/min，喷枪插入深度为 1.2~1.4 m。喷吹时间因处理后的硫含量要求不同和喷粉量的不同而不同，时间在 5~30 min 内变化，平均为 21.63 min。脱硫剂单耗 ≤5 kg/t（其中 CaC_2 单耗控制在 2.0 kg/t 以下），平均脱硫率为 73.1%，处理后的硫含量最低可降至 0.001%~0.002%。喷吹温降为 20 ℃ 左右。后面该系统逐渐改成喷吹 Mg+CaC_2，20 世纪 90 年代则完全改为喷吹 Mg+CaO 的镁系喷吹脱硫法。

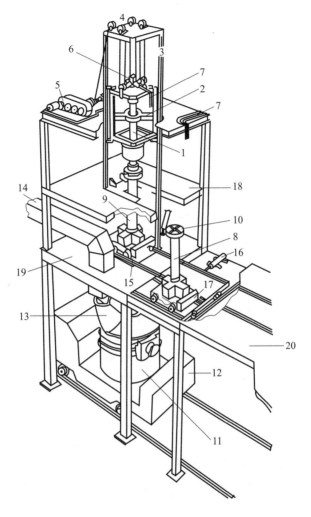

1—搅拌器主轴;2—搅拌器小车;3—搅拌器导轨;4—搅拌器提升滑轮;5—搅拌器提升装置;6—液压马达;
7—液压挠性管;8—新搅拌器;9—旧搅拌器;10—溜槽伸缩装置;11—铁水罐;12—铁水罐车;
13—废气烟罩;14—废气烟道;15—搅拌器更换小车;16—移动装置;17—新搅拌器更换小车;
18—更换搅拌器活动平台;19—平台;20—搅拌器修理间

图 3.2　KR 搅拌脱硫装置

此喷吹系统的特点:喷粉罐下部采用旋转给料器,驱动采用啮合式变速电动机,叶轮用聚氨酯橡胶类弹性材料制成,供料器的供粉速率可在 10∶1 范围内调节。因此,CaO 和 CaC_2 的配料可根据各自供料器的不同转速进行在线配料,也可调节供粉速率。

为了使喷吹配管内气粉流均匀,采用了大的氮气流量(420~480 m^3/h),因而属于粉气比小的稀相输送。送石灰粉时粉气比为 9.17~10.94 kg/kg(相应送粉速率为 55~70 kg/min),送电石粉时粉气比为 6.40~7.21 kg/kg。送粉管径为 $\phi65$,喷枪出口直径为 $\phi32$。

概括说来,该工艺采用的是可变速给料的稀相输送喷吹系统。由于其载气消耗量大,容易造成喷溅,近年来多发展为较浓相的喷吹系统(粉气比为 40~60 kg/kg)。

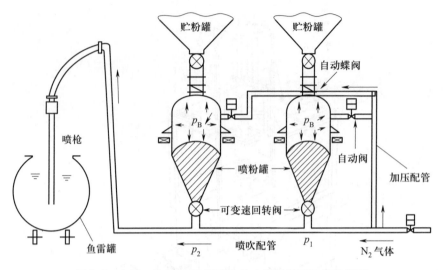

图 3.3　宝钢一炼钢 TDS 喷吹法铁水脱硫处理工艺示意图

太钢二炼钢的铁水预处理站设在铸锭跨的延长部分,延长部分有三层钢结构粉罐系统,图 3.4 所示为其喷粉系统示意图。在该工艺中铁水处理在 80 t(装铁水 55 t)专用罐内进行,由运罐车将专用罐在处理工位和扒渣工位往复运行。根据三脱(脱硅、脱磷、脱硫)的需要,顶部有三个贮粉罐,分别装脱硅剂、脱磷剂、脱硫剂三种粉剂,下部则共用一喷吹罐。脱硫处理工艺流程:高炉铁水罐→兑入 55 t 专用罐→扒渣、测温、取样→喷入脱硫剂→扒渣、测温、取样→兑入转炉。粉剂由粉罐车运来,由气力输送至相应的贮粉罐,再根据处理的需要加入喷吹罐。喷吹前需加压等待喷吹。喷吹完后,若粉剂已吹完,或不足一次喷吹用料或需吹不同粉料,这些都需放气降压再装料。该工艺脱硫能力为每月 2×10^4 t,其他工艺参数:氮气流量为 $1 \sim 1.2$ Nm^{3}①/min,预

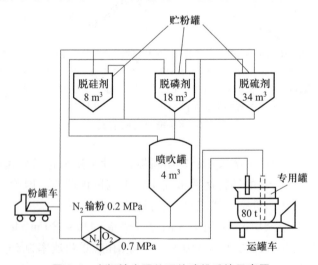

图 3.4　太钢铁水预处理站喷粉系统示意图

---

①　本书中,1 Nm^3 表示标准状态(298 K,1.013 25×10^5 Pa)下的 1 m^3。

加压力为 $2.9×10^5$ Pa,压差(指罐压与助吹管气路间压差)为 $(0.15~0.2)×10^5$ Pa,喷吹速率为 $60~65$ kg/min,喷枪插入深度为 1.34 m,脱硫剂配比为95%石灰+5%萤石,平均单耗为 8.65 kg/t,平均脱硫率为78.75%,处理后硫含量达到0.007%,喷吹温降 20 ℃ 左右。

此喷吹系统的特点:喷粉罐下部有加松动气的锥体部分,它有大量微孔,高速气流可以由此吹入,使该处气粉呈混匀态。为防微孔堵塞,松动气呈常通状态。通过调节喉口直径(新的技术是采用可变喉口)和压差可以调节和控制下粉速率,粉气比为 30~35 kg/kg。送粉管径为 $\phi50$,喷枪出口为 $2×\phi15$。

我国天钢、宣钢、酒钢、冷水江铁厂等厂家的脱硫装置与此类似,均为锥体小孔或微孔松动流化。为防止堵孔,有的厂采用加透气毡垫的措施。其中,宣钢的粉气比最高可达 150 kg/kg,但粉气比过高会使脱硫剂利用率下降,常用的送粉浓度被控制为 50~60 kg/kg。

3.2.3 原始硫含量与目标硫含量

原始硫含量以日本的为最低,为 0.020%~0.025%,欧洲的为 0.020%~0.040%,美国的范围较宽,为 0.025%~0.060%,这与各厂的原料条件和钢铁冶炼工艺有关。我国的铁水硫含量随各厂的原料条件和冶炼工艺也在较宽的范围内变化。条件较好的宝钢,$[S] \approx 0.02\%$,而焦炭硫高、焦比高的中小厂和需排碱的厂,其硫含量达到 0.06% 左右。一般硫含量都为 0.03%~0.04%。

从铁水脱硫角度看,硫含量高时脱硫速率大,脱硫量(指脱硫前、后的硫含量之差)大。随着铁水硫含量的下降,脱硫速率变小,脱硫量也下降。根据试验研究和理论分析,用石灰系脱硫剂出现脱硫速率变小、效率下降的原因在于:当铁水硫含量>0.08%时,石灰颗粒表面覆盖 CaS 层,CaS 层的固体传质成为限制性步骤,此时的脱硫速率与料流密度成正比,与石灰颗粒半径成反比;当铁水硫含量≤0.04%时,悬浮于铁水内的石灰颗粒上浮并与周围的铁水产生相对运动,从而在颗粒周围形成流动边界层,硫需经此边界层向石灰表面传质。因此,采用加石灰石释放出 CO_2、加强搅拌等都能加速边界层的传质过程。

对优质钢种需求的增加要求铁水预处理脱硫的目标硫含量不断降低。用来炼一般钢种的铁水,经过脱硫处理后其硫含量已可达<0.02%;连铸用钢液在炼钢之前一定要全部经过预脱硫,硫含量应<0.01%;某些纯净钢种(低硫钢或超低硫钢)需经过深度预脱硫,硫含量应<0.005% 或<0.002%~0.003%。加拿大 Stelco 公司 Lake Eric 厂的目标硫含量的变化如下:从 1985 年到 1989 年,目标硫含量为 0.015%已被取消,目标硫含量为 0.007%的处理量也已经减少,目标硫含量为 0.004%的处理量已从总产量的 20%增至 40%,目标硫含量为 0.002%已于 1989 年 5 月开始应用,6 月 RH-OB/PB 脱气装置投产并用于生产高质量板、大口径管和深冲优质板。

因此,由于脱硫反应热力学和动力学的限制,冶炼普通钢种,预脱硫的目标硫含量<0.02%,高炉铁水原始硫含量可放宽到较高水平(0.05%~0.07%);冶炼一般优质钢,目标硫含量为 0.01%~0.02%,原始硫含量控制在中级水平(0.03%~0.05%);冶炼更优质的高级钢,目标硫含量<0.01%,原始硫含量控制在较低级水平(0.03%~0.04%);当冶炼低硫钢或超低硫钢采取深度脱硫预处理时,目标硫含量<0.005% 或<0.002%~0.003%,原始硫含量也应控制在很低水平(<0.02%~0.03%)。

3.2.4 脱硫扒渣

扒渣是处理过程的重要环节,完成这一操作与三方面因素有关。一是扒渣机的性能。目前使用的扒渣机,其性能尚不能很好满足实际工作要求,需进一步改进以使扒渣机动作智能化。二是脱硫渣本身的性能和状态。石灰系脱硫渣在正常情况下是干渣,由于其呈松散状,机械型扒渣机能很好地将其扒除。使脱硫渣性能变差的主要原因是带高炉渣过多而未事先扒除、带有罐残渣、铁水温度过低等。三是操作人员的技术水平,主要是要具备熟练的技巧。例如,武钢的脱硫生产时间长,经验较多,其规程要求扒除完成的标志是80%以上的铁水面已露出,7分钟左右能完成。

近年来,脱硫扒渣过程开发了稀渣剂或稠渣剂辅助扒渣操作。当渣较黏时向脱硫渣中加入稀渣剂;反之,特别是扒渣中后期渣量少,呈松散状态时,加入稠渣剂,使渣再聚团以便尽可能扒除干净。

3.2.5 铁水预脱硫的经济分析

脱硫费用主要取决于要求达到的脱硫程度、脱硫剂种类和单耗,其他还有劳力、动力以及材料、维修和设备折旧等。一个月处理 1×10^5 t 的脱硫站,其脱硫剂的费用约占总费用的70%。处理规模越大,脱硫剂费用所占的比例也越大。各厂脱硫费用不宜简单地加以比较,它还与炼铁、炼钢过程的不同条件和要求有关。

由镁系、碳化钙系、石灰系三类脱硫剂发展出的各种复合脱硫剂,由于使用条件很不相同,目前仍缺乏可比较的完整资料。一般来说,单耗的大致范围如下:镁系脱硫剂的单耗小于0.5 kg/t、碳化钙系脱硫剂的单耗为 $3 \sim 6$ kg/t、石灰系脱硫剂的单耗为 $7 \sim 10$ kg/t。据比较,当硫含量从0.06%降低到0.02%时,石灰系脱硫剂的费用为镁系脱硫剂的 $1/4 \sim 1/5$。脱硫剂费用的比较结果是碳化钙系脱硫剂的费用为石灰系脱硫剂的 $2 \sim 3$ 倍。

近年来,高炉—转炉系统使用炉外脱硫工艺冶炼普通钢种的经济分析见表3.3。由于每0.855 t 铁水炼 1 t 钢,每吨铁水炼钢得到的效益是 3.41 美元/0.855 = 3.99 美元。可以看出,采用铁水炉外脱硫工艺后,炼铁和炼钢都取得了可观的经济效益,扣除脱硫所用费用后,每吨铁水所得到的经济效益为(4.44+3.99-3.65)美元 = 4.78 美元。如果再加上高炉、转炉采用炉外脱硫工艺后由于生产率的提高(高炉的生产率提高13%、转炉的生产率至少提高8%)而增加的经济效益,综合经济效益可能会远远超过上述数值。

表3.3 高炉—转炉系统使用炉外脱硫工艺冶炼普通钢种的经济分析

项目	常规作业	用炉外脱硫	效益
高炉炉渣碱度	1.17	1.0	—
铁水硫含量/%	0.03	0.07	—
每吨铁水成本/美元	135.36	130.92	−4.44
每吨铁水脱硫成本/美元 ([S]从0.07%减小至0.015%)	—	3.65	+3.65

项目	常规作业	用炉外脱硫	效益
每吨铁水的炼钢成本/美元 （硫含量为 0.03% 变为 0.015%）	180.22	176.81	−3.41

3.3 铁水脱硅预处理

铁水脱硅预处理(简称预脱硅)是指在铁水进入炼钢炉之前,将铁水中的硅氧化脱除到所需硅含量的一种冶金工艺,它是随着铁水脱磷预处理(简称预脱磷)工艺的发展而发展起来的。

3.3.1 铁水脱硅预处理的发展背景

铁水脱硅技术早在 19 世纪末期就被人们试验研究和采用了。在 20 世纪 30 年代,为了改善平炉炼钢的冶炼指标,许多厂进行了铁水预脱硅。我国鞍钢在 20 世纪 50 年代也实行过预备精炼炉脱硅和高炉铁水沟脱硅。

20 世纪 60 年代以后,随着科学技术的发展和氧气顶吹转炉炼钢工艺的兴起,铁水炉外脱硫技术得到了迅猛发展。近几十年来,随着对低硫、低磷钢需求的日益增加和对降低炼钢成本的迫切要求,特别是 1973 年的国际石油危机以来,铁水预脱磷技术日益受到关注,该技术在日本最先受到重视。基于预脱磷和转炉少渣炼钢的需要,铁水预脱硅工艺相继被开发出来。

目前铁水预脱硅可分为普通铁水单一预脱硅、铁水预脱磷中的预脱硅和特殊铁水预脱硅三种类型。

（1）普通铁水单一预脱硅

此即所谓的转炉少渣炼钢法,应用该法的目的是减少转炉炼钢时的石灰消耗量、渣量和铁损,提高转炉生产率,降低炼钢成本。其流程是:高炉炼铁—铁水预脱硅—转炉炼钢。预脱硅的特点是根据钢种成分、铁水温度等,将铁水硅含量降到一定的程度。

（2）铁水预脱磷中的预脱硅

众所周知,铁水中硅的氧位比磷的氧位低得多,也就是说,硅比磷更容易被氧化。因此,脱磷或同时脱磷、脱硫时,硅将先于磷被氧化。但是,为了减少脱磷剂用量,提高脱磷、脱硫的效率,必须先将硅脱除到一定程度(采用石灰系脱磷剂预脱硅使硅含量降至 0.10% ~ 0.15%;采用苏打系脱磷剂预脱硅使硅含量降至 ≤ 0.10%),然后再进行预脱磷或同时脱磷、脱硫。其流程是:高炉炼铁—铁水预脱硅—铁水预脱磷或同时脱磷脱硫—转炉炼钢。这就是我们通常所说的铁水脱硅预处理。

（3）特殊铁水预脱硅

按照资源综合利用的要求,从特殊铁水中提取含有的合金元素时,必须预先脱硅以提高合金元素或氧化物的浓度。如从含钒铁水中提钒可以提高提钒转炉渣中 V_2O_5 含量(攀钢等),从含铌铁水中提铌可以提高提铌转炉渣中 Nb_2O_5 含量(包头钢铁集团公司)。其流程:特殊铁水—预脱硅—提取有用合金元素(以氧化物形式入渣)—半钢炼钢。

3.3.2　铁水预脱硅与钢铁生产中的最佳硅含量

基于铁水预脱磷和转炉少渣炼钢的要求,提出了铁水中最佳硅含量的概念。基于能量利用观点,人们还提出了钢铁生产中(即高炉—转炉之间)的最佳硅含量的概念。下面分别予以介绍。

(1)基于少渣炼钢的要求

野见山宽研究了高炉—转炉间铁水硅含量对钢的成本的影响,得出了以下的结论:

① 当铁水中磷含量=0.110%时,如果不进行铁水预脱磷,转炉入炉铁水最佳硅含量随钢液出钢温度而定:在高出钢温度(1 700 ℃)时,铁水最佳硅含量≈0.40%;在低出钢温度(1 610 ℃)时,铁水最佳硅含量≈0.20%。

② 当用苏打预处理脱磷时,脱磷前铁水最佳硅含量应≤0.10%,这就要求进行铁水预脱硅。

(2)基于铁水预脱磷的要求

采用石灰(CaO)系脱磷剂的铁水最佳硅含量为 0.10%~0.15%,采用苏打(Na_2CO_3)系脱磷剂的铁水最佳硅含量应≤0.10%。

(3)基于能量利用(降低成本)的要求

铁水中的硅含量应尽量适合铁水脱磷和转炉炼钢对铁水中硅含量的要求,尽可能使硅含量达到最佳硅含量,为此采取的工艺方法有两种:① 采用高炉冶炼低硅铁水,要尽量供应硅含量低的铁水;② 采用铁水预脱硅工艺:预脱硅—转炉少渣吹炼,预脱硅—预脱磷脱硫—转炉少渣吹炼。

3.3.3　铁水预脱硅原理

铁水预脱硅是用氧化剂将铁水中的硅氧化脱除的过程。氧化剂包括固体氧化剂(铁矿石或精矿粉、烧结矿、轧钢铁皮)和气体氧化剂(空气、氧气)两类,其脱硅过程类似于炼钢过程中的脱硅。

(1)脱硅反应

当向铁水中加入固体氧化剂时,脱硅反应可表示为

$$[Si]+2/3Fe_2O_{3(s)} =\!=\!= (SiO_2)+4/3Fe$$

$$[Si]+2(FeO) =\!=\!= (SiO_2)+2Fe$$

当向铁水中吹入气体 O_2 时,脱硅反应可表示为

第一步:　　　　　　　　$$2Fe+O_2 =\!=\!= 2(FeO)$$

第二步:　　　　　　　　$$[Si]+2(FeO) =\!=\!= (SiO_2)+2Fe$$

总反应式:　　　　　　　$$[Si]+O_2 =\!=\!= (SiO_2)$$

热力学计算,用(FeO)脱硅平衡硅含量$[\%Si]^*$可达 $10^{-4}\sim10^{-6}$。可见,(FeO)脱硅时能将铁水中硅含量脱至非常低的水平,实际操作中能达到痕迹程度(0.03%~0.05%)。

虽然硅的氧化反应均为放热反应,但在实际生产过程中,由于冷料的加入会吸热,只有用气体 O_2 脱硅才会真正放出热量,熔池温度会相应升高;用固体氧化剂脱硅是吸热的,相应地使熔池温度有所下降。这可从热平衡中计算得到。

（2）影响脱硅反应进行的因素

直接氧化和间接氧化均可用下式来表示：

$$[Si]+2[O]=\!=\!=\!=(SiO_2)$$

$$\Delta G^{\theta}=-RT\lg K_{Si}$$

平衡常数：

$$K_{Si}=\frac{a_{(SiO_2)}}{a_{[Si]}a_{[O]}^2}=\frac{\gamma_{SiO_2}x_{(SiO_2)}}{f_{Si}[\%Si]a_{[O]}^2}$$

硅分配系数（硅分配比）：

$$L_{Si}=\frac{(\%Si)}{[\%Si]}=K'_{Si}\frac{f_{Si}a_{[O]}^2}{\gamma_{SiO_2}}$$

影响脱硅反应的因素有温度、碱度、$a_{[O]}$、f_{Si}、$(\%SiO_2)$等。

① 温度：脱硅是放热反应，温度上升，K_{Si}下降，$[\%Si]$升高，这对脱硅不利，但实际生产中是按所到达的铁水温度处理的。

② 碱度：若 CaO、SiO_2 含量比（即碱度）提高，则 γ_{SiO_2} 降低，$[\%Si]$下降，这对脱硅有利。

③ $a_{[O]}$：铁水中氧化剂含量越高，即氧位越高，则$[Si]$越容易被脱除。

④ f_{Si}：铁水中$[C]$、$[Si]$、$[Mn]$、$[P]$、$[S]$高，f_{Si}大，脱硅容易，一般 $f_{Si}=7\sim8$。

⑤ $(\%SiO_2)$：若渣量大，$(\%SiO_2)$降低，$[\%Si]$下降，有利于脱硅。

（3）脱硅过程中其他元素的氧化及反应机理

试验和生产实践表明，在脱硅过程中，除硅的氧化外，亦伴随着少量 C、Mn 的氧化，其反应机理为

$$[Si]+2(FeO)=\!=\!=\!=(SiO_2)+2Fe$$

$$[Mn]+(FeO)=\!=\!=\!=(MnO)+Fe$$

$$[C]+(FeO)=\!=\!=\!=CO+Fe$$

上式的反应步骤：① 铁水中$[Si]$向渣-金属液相界面传质；② 渣中(FeO)向渣-金属液相界面传质；③ 渣-金属液相界面发生化学反应；④ (SiO_2)从渣-金属液相界面向渣中进行传质。

控制性环节：① 当渣中$(FeO)>40\%$时，铁水中$[Si]$的传质是脱硅过程的控制性环节，此时，C、Mn 的氧化不影响 Si 的氧化；② 当渣中$(FeO)=10\%\sim40\%$时，铁水中$[Si]$的传质和渣中(FeO)的传质共同构成脱硅过程的控制性环节；③ 当渣中$(FeO)<10\%$时，渣中(FeO)的传质成为脱硅过程的控制性环节。

3.3.4 铁水预脱硅工艺

1. 脱硅剂种类

铁水预脱硅的基本要求是在尽可能避免$[C]$和$[Mn]$被氧化的情况下，使铁水中的$[Si]$优先被氧化脱除到所需程度。脱硅剂组成为氧化剂+熔剂。氧化剂提供脱硅用的氧源，有固体和气体两种。其中，固体氧化剂的主要成分为含铁氧化物，获得工业应用的主要有铁矿粉、烧结（返）矿粉、轧钢铁皮、锰矿石。气体氧化剂主要有工业氧气。熔剂的作用在于改善脱硅渣性能，控制脱硅过程，例如改善脱硅渣的流动性，降低渣的黏度，提高脱硅渣的表面张力，抑制脱硅渣起泡。

目前铁水预脱硅所使用的熔剂有石灰（CaO）、萤石（CaF_2）、石灰石粉（$CaCO_3$）、苏打灰（Na_2CO_3）、转炉渣等中的一种或两种。另据新日铁室兰厂经验，当脱硅渣中含3%~4%的 B_2O_3

时,效果最好。

2. 预脱硅的处理方法和处理设备

预脱硅的处理方法主要有高炉前铁水沟连续脱硅法和鱼雷罐或铁水罐喷吹脱硅法。

高炉前铁水沟连续脱硅法是利用铁水沟中铁水的自然落差能来搅拌渣铁脱硅的,如图 3.5 所示。这种方法的优点是不另占用处理时间,处理能力强,温降较大;缺点是脱硫剂利用效率低,炉前工作条件差。

鱼雷罐或铁水罐喷吹脱硅法是利用 N_2 或 O_2 作为载气,将脱硅剂喷入铁水深部搅拌脱硅的,如图 3.6 所示。这种方法的优点是脱硅剂利用率高,处理能力强,工作条件较好;缺点是预脱硅需占用一定时间,铁水温降较大,设备投资费用高。一般为减小温降,还要另外顶吹一部分氧气进行脱硅。

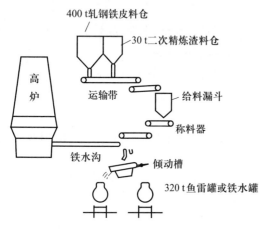

图 3.5　高炉前铁水沟连续脱硅法

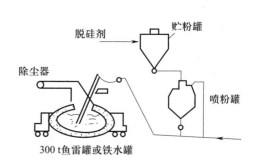

图 3.6　鱼雷罐或铁水罐喷吹脱硅法

处理设备一般包括料仓、运输带、给料漏斗、鱼雷罐或铁水罐、贮粉罐、喷粉罐、N_2 气源、除尘设备和除渣设备。除尘设备包括抽风排气机、除尘风机、布袋除尘器、管道等。除渣设备则有机械扒渣机(气动、电动、液压三种)和真空吸渣器(扒除液体渣)。

3. 预脱硅处理过程的工艺因素分析

脱硅剂有效氧含量 O_{eff} 是指脱硅剂中与铁结合的氧占脱硅剂总量的质量分数(%)。例如表 3.4 中为太钢烧结返矿、轧钢铁皮的成分及其质量分数。

表 3.4　太钢烧结返矿、轧钢铁皮的成分及其质量分数

		TFe	成分					O_{eff}
			FeO	(Fe_2O_3)	CaO	SiO_2	Al_2O_3	
质量分数/%	烧结返矿	52.3	12.9	(60.44)	12.0	7.60	1.88	21.00
	轧钢铁皮	69.2	58.3	(34.15)	0.03	1.75	0.18	23.20

由表中数据可计算出 O_{eff} 值。例如,

对于烧结返矿,$O_{eff} = (60.44 \times 16 \times 3/160 + 12.9 \times 16/72)\% = 21.00\%$

对于轧钢铁皮，$O_{eff}=(34.15\times16\times3/160+58.3\times16/72)\%=23.20\%$

脱硅有效氧利用率 η_{Si-o} 是指氧化硅耗氧量与总供氧量之比的百分率。例如，每吨铁 27 kg 烧结返矿脱去 0.3%[Si]，则 $\eta_{Si-o}=3\times32/28/(27\times0.210\ 4)\times100\%=60.4\%$

$$脱硅量\ \Delta[\%Si]=[\%Si]_i-[\%Si]_f$$

其中，$[\%Si]_i$ 为初始硅含量，$[\%Si]_f$ 为最终硅含量。

$$脱硅率\ \eta_{Si}=(\Delta[\%Si]/[\%Si]_i)\times100\%$$

（1）脱硅剂用量与脱硅能力

研究表明，脱硅剂用量越多，脱硅量会越大，但 η_{Si-o} 也会相应降低；脱硅剂有效氧含量越多，脱硅能力会越强。

一般情况下，轧钢铁皮的脱硅能力稍大于烧结返矿，每吨铁 7~8 kg 的轧钢铁皮就能脱硅 0.1%，而每吨铁 9~11 kg 的烧结返矿才能脱硅 0.1%（图 3.7）。在实验室所做的太钢烧结返矿模拟炉前脱硅的研究结果表明，脱硅量与烧结返矿用量（单位为 kg/t）的关系为

$$\Delta[\%Si]=0.009\ 5\times(烧结返矿用量)+0.037\quad（相关系数\ r=0.009\ 5）$$

基本上，每吨铁 10 kg 烧结返矿可脱硅 0.1% 左右。

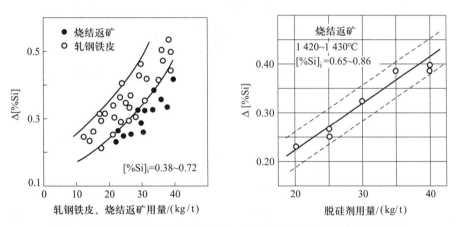

图 3.7　脱硅量 $\Delta[\%Si]$ 与轧钢铁皮、烧结返矿用量、脱硅剂用量的关系

对于一定的初始硅含量，有一个适宜的烧结返矿用量，此时脱硅有效氧利用率 η_{Si-o} 最高。脱硅剂继续增加时，脱硅量增加较小，但 η_{Si-o} 下降。生产实践表明，对于[Si]为 0.3%~0.4% 的铁水，当脱硅剂轧钢铁皮用量为 20~25 kg/t 时，即可将铁水中的[Si]脱至 0.1%~0.2% 的水平，再增多脱硅剂只会造成浪费。

（2）各种脱硅方法的脱硅效果

从脱硅率上看，铁水罐吹氮气搅拌脱硅法的 $\eta_{Si}=50\%$，铁水沟连续脱硅法的 $\eta_{Si}=50\%$，鱼雷罐喷吹脱硅法的 $\eta_{Si}=75\%$，铁水罐喷吹脱硅法的 $\eta_{Si}=90\%$。这说明喷吹脱硅法优于铁水沟连续脱硅法。

从成本指数比较来看，铁水罐吹氮气搅拌脱硅法>鱼雷罐喷吹脱硅法>铁水沟连续脱硅法>铁水罐喷吹脱硅法。这说明铁水罐喷吹脱硅法与铁水沟连续脱硅法的经济效益都较好。

（3）铁水初始硅含量与脱硅方法的选取

当用固体氧化剂脱硅时，铁水沟连续脱硅法与鱼雷罐喷吹脱硅法的脱硅率随铁水初始硅含

量的不同而有差异。当铁水初始硅含量$[\%Si]_i<0.45$时,铁水沟连续脱硅法的脱硅率急剧下降。但是铁水沟连续脱硅法不占用时间,处理能力不受限制且温降小,当铁水初始硅含量$[\%Si]_i>0.45$时,其经济效益比鱼雷罐喷吹脱硅法好。因此,当铁水初始硅含量$[\%Si]_i>0.45$时用铁水沟连续脱硅法较好,初始硅含量$[\%Si]_i<0.45$时以铁水罐喷吹脱硅法为宜。这就是20世纪80年代太钢铁水三脱预处理之所以要分两次预脱硅的原因。

（4）脱硅过程的降温问题

河内雄二的对比试验表明,固体氧化剂脱硅能使铁水温度下降,而吹氧气脱硅则使温度上升。每脱硅0.1%,用固体氧化剂脱硅时约降温12.5℃,用氧气脱硅时约升温30℃。因此,在实际生产中,我们可根据铁水温度调节氧气与固体氧化剂的比例,这样可控制处理后的铁水温度（以铁水刚好不降温为宜）。从脱硅效果来看,浸入吹氧气脱硅>固体氧化剂喷吹脱硅>顶吹氧气脱硅。

（5）脱硅过程中$[C]$、$[Mn]$的氧化损失问题

在脱硅过程中,由于熔池氧位的升高,$[C]$和$[Mn]$会不同程度地被氧化损失掉,但脱碳和脱锰的程度较小,不影响后续炼钢工序的要求。

脱碳量随脱硅量的增大而增大,鱼雷罐喷吹固体氧化剂脱硅法的脱碳量比铁水沟连续脱硅法的脱碳量要稍低些。一般地,当$\Delta[\%Si]<0.4$时,脱碳量$<0.2\%$。注意,全喷吹固体氧化剂脱硅时,铁水温降随$\Delta[\%Si]$的增大而增大,但喷吹氧气脱硅则使脱碳量增大,温降减小。因此,必须维持脱硅剂中适当比例的氧气作氧化剂,这样既能使铁水温降小,又能控制脱碳量不致过大。

脱锰量则随脱硅量和铁水原始锰含量的不同而有所不同。随着脱硅量的增加,$\Delta[\%Mn]$也迅速增大,但是当铁水锰含量低时,脱锰量减小。固体氧化剂脱硅法的脱锰量比浸入吹氧气脱硅法的大,这是因为浸入吹氧气脱硅时,上升的(FeO)和(MnO)又被铁水中$[Si]$还原了:

$$2(FeO)+[Si]=\!=\!=2Fe+(SiO_2)$$

$$2(MnO)+[Si]=\!=\!=2[Mn]+(SiO_2)$$

4. 预脱硅过程中脱硅渣的起泡问题

预脱硅过程中伴随有明显的脱硅渣起泡现象,一般加入脱硅剂后,当渣熔化脱硅开始时即开始起泡。目前,尽管人们已经认识到起泡的原因,但控制起泡的手段并不是很多。日本采取的主要措施是铁水罐上留有一定的空间（高度约为1 m）,这样脱硅渣的起泡就影响了铁水罐装铁容量。用固体氧化剂脱硅时,在实验室中起泡高度为70%~110%铁水深度,为50~90 mm,在工业上为300~1 200 mm。

现一致认为,脱硅渣起泡的原因是脱硅过程中伴随有脱碳反应,产生的CO气体穿过渣层上逸时使渣上涨而形成泡沫,形成类似于转炉中的泡沫渣。因此,渣起泡有两个原因:① 有起泡源即CO气体。经计算,脱硅0.15%,生成的CO气体将是铁水体积的120倍。② 气体穿过渣层逸出有一定的难度。渣层越黏,CO气体逸出越难,起泡高度越大。

因此,减少脱硅过程的渣起泡必须从三个方面着手:① 减少脱碳量。这就要求有适宜的供氧速率和强度,使之能与脱硅反应相一致。若供氧速率过大,脱碳量会增加,渣起泡增高。② 改善脱硅渣性能,如要有好的流动性、低的黏度、适宜的渣碱度$[(CaO)/(SiO_2)$以0.5~0.9为宜$]$。还可增大渣的表面张力,使渣不易起泡,如加一定量的MnO、Al_2O_3、CaO、MgO等。③ 加强搅拌,强化破泡压渣措施。如当渣上涨到一定高度时,加入泡泥等压渣剂。

3.4 铁水脱磷预处理

20世纪70年代,日本的冶金工作者在用苏打(Na_2CO_3)脱硫的同时,发现苏打配以适量的氧化剂(固体氧和氧气),不仅具有很强的脱硫能力,而且具有很强的脱磷能力,从而掀起了铁水预脱磷和同时脱磷脱硫研究的高潮,以致有人预言"苏打冶金"(或"钠冶金")将会盛行。但是,由于苏打灰成本高、汽化损失严重以及对耐火材料的侵蚀和环境污染等方面的问题,在20世纪七八十年代,以寻求高效、廉价熔剂为目的,人们广泛地进行了石灰系熔剂的预脱磷或同时脱磷脱硫研究(80年代中后期苏打已基本停用),在日本相继开发了一系列基于铁水预处理的钢铁冶金新工艺,如住友的SARP、专用复吹转炉SRP,新日铁的ORP,神户的OLIPS、"H炉(顶吹)",以及川崎的底吹转炉Q-BOP,等等,这极大地推动了钢铁冶金工业的发展,获得了显著的经济效益。

基于预脱磷的需要,人们相继开发了铁水预脱硅工艺,提出了铁水预脱磷时最佳铁水初始硅含量的概念。20世纪80年代,在日本,苏打系熔剂和石灰系熔剂的同时脱磷脱硫都已用于生产,大多数钢铁企业都采用了三脱工艺,铁水处理量在20%~100%范围内变化。例如,平均约80%的铁水要经过炉外脱硫处理,50%左右经过脱硅处理,大于40%的铁水要经过脱磷处理。进入20世纪90年代,铁水预脱硅虽被高炉冶炼低硅铁水所取代,但预脱磷前还需预脱硅(将铁水[Si]脱至0.10%~0.15%),因此预脱硅成为预脱磷工艺的一部分。

我国太钢二炼钢厂于20世纪80年代引进住友主体设备建成铁水罐喷吹三脱工艺(1988年6月投产,20世纪90年代末期已改造,该设备后简称为住友三脱设备),宝钢二炼钢厂20世纪90年代引进川崎水岛厂主体设备建成鱼雷罐喷吹三脱工艺(1998年3月投产),2003年太钢又从川崎引进两套铁水三脱预处理设备将住友三脱设备改造,均采用石灰系脱磷剂,脱磷前需经预脱硅,既可同时脱磷脱硫,也可分期或顺序脱磷、脱硫或单一脱硫。试生产表明,该三种铁水三脱预处理装置都能正常生产并获得了满意的处理效果,为我国铁水三脱预处理技术的发展开辟了广阔的前景。

铁水预脱磷被安排在预脱硅并排除脱硅渣以后,以避免铁水中硅及渣中SiO_2对脱磷的干扰。

已试用过的熔剂种类很多,目前获得工业应用的主要有苏打($NaCO_3$)系和石灰(CaO)系两大类。处理方法主要有鱼雷罐、铁水罐喷吹熔剂脱磷法和专用转炉脱磷法。

3.4.1 铁水脱磷预处理或同时脱磷脱硫原理

1. 脱磷脱硫反应

铁水脱磷预处理有两类熔剂,即石灰系和苏打系熔剂。

(1)石灰(CaO)系

石灰系的脱磷反应为

$$2[P]+3(CaO)+5(FeO)=\!=\!=(3CaO \cdot P_2O_5)+5Fe$$

可以写为：

$$2[P]+3(CaO)+5[O]=\!=\!=(3CaO \cdot P_2O_5)$$

石灰系的脱硫反应与单脱硫类似：

$$(CaO)+[S]+[C]=\!=\!=(CaS)+CO$$

（2）苏打（Na_2CO_3）系

当不另加氧化剂时，一部分苏打可直接参与脱磷反应，Na_2CO_3 本身具有氧化能力：

$$5Na_2CO_3 + 4[P] = 5(Na_2O) + 2(P_2O_5) + 5[C]$$

当与氧化剂一起加入铁水中时，Na_2CO_3 首先发生分解：

$$Na_2CO_3 = Na_2O_{(1)} + CO_2$$

生成的 $Na_2O_{(1)}$ 参与脱磷反应：

$$2[P] + 3(Na_2O) + 5(FeO) = (3Na_2O \cdot P_2O_5) + 5Fe$$

可以写为：

$$2[P] + 3(Na_2O) + 5[O] = (3Na_2O \cdot P_2O_5)$$

苏打的脱硫反应也与单脱硫类似：

$$(Na_2O) + [S] + [C] = (Na_2S) + CO$$

苏打脱磷的一个问题是，在高温下，大量苏打灰的挥发损失造成环境污染和利用率的降低：

$$Na_2CO_{3(s)} = Na_2CO_{3(g)}$$

$$Na_2CO_3 = Na_2O_{(1)} + CO_2$$

$$Na_2CO_3 + 3C = 2Na_{(g)} + 3CO_{(g)}$$

$$Na_2O_{(1)} + [C] = 2Na_{(g)} + CO_{(g)}$$

在空气中钠蒸气与 O_2 相遇发生反应：$4Na_{(g)} + O_2 = 2Na_2O_{(g)}$，所以会出现冒白烟的现象。

2. 影响脱磷反应进行的因素

以石灰系脱磷为例，其脱磷反应表示为

$$2[P] + 3(CaO) + 5[O] = (3CaO \cdot P_2O_5)$$

平衡常数：

$$K_P = \frac{a_{(3CaO \cdot P_2O_5)}}{a_{[P]}^2 a_{(CaO)}^3 a_{[O]}^5} = \frac{\gamma_{3CaO \cdot P_2O_5} \chi_{(3CaO \cdot P_2O_5)}}{f_P^2 [\%P]^2 a_{(CaO)}^3 a_{[O]}^5}$$

磷分配比：

$$L_P = \frac{(\%P_2O_5)}{[\%P]^2} = K_P' \frac{f_P^2 a_{(CaO)}^3 a_{[O]}^5}{\gamma_{3CaO \cdot P_2O_5}}$$

理论分析中亦可表示为

$$L_P = \frac{(\%P)}{[\%P]} = K_P'' \frac{f_P a_{(CaO)}^{3/2} a_{[O]}^{5/2}}{\gamma_{Ca_3(PO_4)_2}^{1/2}}$$

脱磷反应又可表示为

$$[P] + 3/2(CaO) + 5/2[O] = 1/2Ca_3(PO_4)_2$$

按离子反应式有

$$L_P = \frac{(\%P)}{[\%P]} = K_P' \frac{f_P a_{(O^{2-})}^{3/2} a_{[O]}^{5/2}}{\gamma_{PO_4^{3-}}}$$

试验和生产分析中也有用 $L_P = \frac{(\%P_2O_5)}{[\%P]}$ 表示的，比较切合实际。

磷酸盐容量 $C_{PO_4^{3-}}$ 可按如下反应来计算：$[P] + 3/2(O^{2-}) + 5/4O_2 = (PO_4^{3-})$

$$K_P' = \frac{\gamma_{PO_4^{3-}}(\%PO_4^{3-})}{f_P[\%P] a_{(O^{2-})}^{3/2} p_{O_2}^{5/4}}$$

$$C_{PO_4^{3-}} = \frac{K_P' a_{(O^{2-})}^{3/2}}{\gamma_{PO_4^{3-}}} = \frac{(\%PO_4^{3-})}{f_P[\%P] p_{O_2}^{5/4}}$$

影响脱磷反应的因素有铁水温度、渣碱度、氧位、铁水中磷的活度系数 f_P、渣中的 $a_{(3CaO \cdot P_2O_5)}$。

（1）铁水温度

脱磷为放热反应，温度升高，K_P 下降，对脱磷不利，但温度太低，动力学条件又会不好，生产实践表明，最适宜的脱磷温度是 1 350 ℃。（炼钢过程后期，温度升高，对脱磷不利，故就温度来讲，铁水预脱磷比炼钢过程脱磷优越。）

（2）渣碱度（CaO）/（SiO₂）

渣碱度（CaO）/（SiO₂）增大，$a_{(CaO)}$ 增加，L_P 增大，有利于脱磷，适宜的（CaO）/（SiO₂）= 3~4。（炼钢过程中渣碱度（CaO）/（SiO₂）= 2~3，故就渣碱度来讲，铁水预脱磷比炼钢过程脱磷优越。）

（3）氧位（即渣中（FeO）、铁水中［O］）

氧位升高，即渣中（FeO）上升，铁水中［O］增高，L_P 增大，有利于脱磷，因而处理中必须加入 FeO 或吹 O₂。（炼钢过程与铁水预脱磷对氧位的要求相同。）

（4）铁水中磷的活度系数 f_P

铁水中［C］、［Si］、［Mn］、［S］高，f_P 大，脱磷容易，一般 f_P = 4~5。（炼钢过程后期［C］、［Si］、［Mn］、［S］低，f_P 较小，故就 f_P 来讲，铁水预脱磷比炼钢过程脱磷优越。）

（5）渣中的 $a_{(3CaO \cdot P_2O_5)}$

L_P 一定时，渣量大，$a_{(3CaO \cdot P_2O_5)}$ 就小，即稀释渣使渣中 3CaO·P₂O₅ 含量降低，从而使［%P］也降低，对脱磷有利，但这要付出代价。（炼钢过程比铁水预脱磷渣量大，对脱磷更有利，但属消极措施。）

因而，从热力学上讲，铁水预脱磷的主攻方向是低温、高碱度、高氧位、高 f_P。

3. 脱磷过程中其他元素的反应

以 CaO 系熔剂为例，

① 吹 O₂ 时，存在 Fe 的氧化：$Fe + 1/2 O_2 \Longrightarrow (FeO)$；

② ［Si］的氧化：$[Si] + 2(FeO) \Longrightarrow (SiO_2) + 2Fe$；

③ ［Mn］的氧化：$[Mn] + (FeO) \Longrightarrow (MnO) + Fe$；

④ ［C］的氧化：$[C] + (FeO) \Longrightarrow CO + Fe$；

⑤ 同时还存在脱硫反应。

当铁水硅含量>0.05%时，脱硫可与硅的氧化同时进行：

$$2(CaO) + [S] + 1/2[Si] \Longrightarrow (CaS) + 1/2(2CaO \cdot SiO_2)$$

当铁水硅含量<0.05%时，有

$$(CaO) + [S] + [C] \Longrightarrow (CaS) + CO$$

或

$$(CaO) + [S] \Longrightarrow (CaS) + [O]$$

脱硫生成的［O］又可去参与脱磷反应，这就是同时脱磷脱硫处理的反应基础。

4. 脱磷同时脱硫的电化学原理

脱磷为氧化反应，脱硫为还原反应，从热力学上看脱磷反应的加速方向（氧位升高）与脱硫反应的加速方向（氧位降低）相反，所以采用氧化法预处理时同时实现脱磷和脱硫似乎是矛盾的。可是，按照电化学反应，脱硫为阴极反应：$[S] + 2e \Longrightarrow (S^{2-})$，而脱磷为阳极反应：$[P] + 4(O^{2-}) \Longrightarrow (PO_4^{3-}) + 5e$。根据电中性原理，在渣–金属液相界面上发生的电化学反应都是成对的,两相间的电化学反应是由阴极和阳极两个半电池反应组成,只要能消除两相间出现的"双电层",电化学反应就能进行,所以实现同时脱磷和脱硫又是可能的。

图 3.8 是日本川崎千叶厂竹内秀次在 100 t 铁水罐内用固体电解质测定的喷吹 CaO 系熔剂进行同时脱磷脱硫处理时铁水熔池的氧位分布。据此可以揭示喷吹法同时脱磷脱硫反应的实质:在喷枪附近,氧位比较高,$p_{O_2} = 10^{-12} \sim 10^{-11}$ atm(1 atm ≈ 0.1 MPa),进行着氧化脱磷反应;在铁水罐壁和顶渣与铁水界面处,氧位比较低,$p_{O_2} \leqslant 10^{-13}$ atm,进行着还原脱硫反应。因此,喷吹预处理工艺是在熔池的氧位再分布后,才能达到同时脱磷和脱硫的目的,即是"同时不同位"。

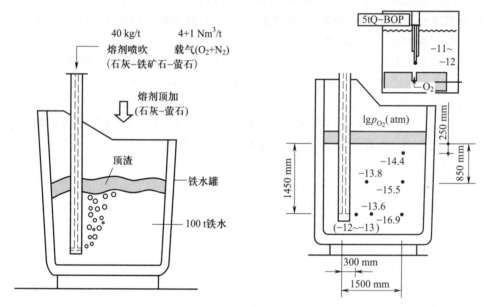

图 3.8　喷吹 CaO 系熔剂进行脱磷脱硫处理时铁水熔池的氧位分布

对机理的研究表明,用 $O_2 + N_2$ 作载气喷吹 CaO 系熔剂或用 N_2 作载气喷吹固体氧化剂与 CaO 系熔剂并顶吹氧气时,脱磷主要是在喷枪火点附近的高氧位区以及上浮的强氧化性渣滴与铁水之间发生的瞬时接触反应(transitory reaction);脱硫则主要是还原性顶渣与铁水之间发生的持久接触反应(permanent reaction),上浮的 CaO 颗粒也参与部分脱硫反应。

3.4.2　铁水预脱磷工艺

1. 脱磷前的预脱硅

铁水预脱硅是基于铁水预脱磷而发展起来的。由于铁水中硅的氧位比磷的氧位低得多,当在脱磷过程中加入氧化剂后,硅与氧的结合能力远远大于磷与氧的结合能力,所以硅要比磷优先被氧化,这样形成的 SiO_2 势必会大大降低渣碱度。因此,为了减少脱磷剂用量,提高脱磷效率,必须优先将铁水硅氧化到一定程度。图 3.9 为新日铁君津厂 K. Sasaki 在 300 t 鱼雷罐内喷吹石灰系熔剂预脱磷时得到的脱磷剂用量与脱磷前铁水硅含量 $[Si]_i$ 的关系。此研究表明,当铁水中 $[Si]_i > 0.15\%$ 时,脱磷剂用量急剧增大。因此,脱磷处理前需将铁水的硅含量脱至 $0.10\% \sim 0.15\%$,为此人们开发出了铁水预脱硅技术。

脱硅方法主要有高炉前铁水沟上置或顶喷固体氧化剂连续脱硅法和鱼雷罐或铁水罐内喷吹脱硅法（顶吹氧气）两种。在喷吹脱硅过程中，需顶吹部分氧气作为气体氧化剂以防止铁水降温。一般操作中应控制氧气与固体氧的比例，使喷吹脱硅过程中降温小或不降温。目前，高炉采用低硅铁水冶炼，预脱硅方法以采用炉前铁水沟顶喷固体氧化剂连续脱硅法为好，此法不额外占用处理时间、铁水温降小、脱硅成本低。

2. 两类脱磷剂及其脱磷脱硫能力

铁水预脱磷剂的组成为固定剂＋氧化剂＋助熔剂，固定剂又被称为主剂，获得工业应用的有苏打（Na_2CO_3）和石灰（CaO）两类；氧化剂有固体氧化剂和气体氧化剂（O_2）两种；而助熔剂是石灰系脱磷剂造渣所必需的。

（1）苏打（Na_2CO_3）系

苏打（Na_2CO_3）系脱磷剂的组成为苏打＋（氧化剂）。不加氧化剂时，苏打可作氧化剂和固定剂：

$$(Na_2CO_3) = (Na_2O) + CO_2$$
$$5(Na_2CO_3) + 4[P] = 5(Na_2O) + 2(P_2O_5) + 5[C]$$
$$3(Na_2O) + (P_2O_5) = (3Na_2O \cdot P_2O_5)$$

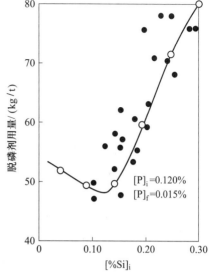

图 3.9　石灰系脱磷剂用量与脱磷前铁水中硅含量 $[Si]_i$ 的关系

（图注）○—根据磷分配比计算的预测值；● —生产数据

[$\%Si]_i$

$[P]_i = 0.120\%$
$[P]_f = 0.015\%$

用作氧化剂的组分有 Fe_2O_3、Na_2SO_4、O_2，其中，获得工业应用的是 O_2，它既可脱磷，又可减小铁水的温降。

喷吹脱硅法中苏打系脱磷剂的脱磷脱硫能力如下：当渣中 $(Na_2O)/(SiO_2) \geqslant 2.0(\approx 2.0 \sim 4.0)$ 时，$(P_2O_5)/[P] = 500 \sim 2\,000$，$(S)/[S] = 100 \sim 1\,000$。

（2）石灰（CaO）系

石灰（CaO）系脱磷剂的组成为石灰（CaO）＋氧化剂＋助熔剂，其中，获得工业应用的氧化剂有烧结返矿、轧钢铁皮、铁精矿粉、氧气，助熔剂有 CaF_2（萤石）、$CaCl_2$、Na_2CO_3 以及 $CaF_2 + CaCl_2$。

喷吹脱硅法中石灰系脱磷剂的脱磷脱硫能力如下：当渣中 $(CaO)/(SiO_2) \geqslant 3.0(\approx 3.0 \sim 4.0)$ 时，$(P_2O_5)/[P] = 500 \sim 1\,500$，$(S)/[S] = 20 \sim 60$。

【例 3.4】　以某钢铁厂脱硅后铁水成分（$[C] = 4.69\%$、$[Si] = 0.15\%$、$[Mn] = 0.08\%$、$[P] = 0.102\%$、$[S] = 0.030\%$）为例，试估算非标准状态 1 350 ℃、0.1 MPa 下，用 CaO 脱磷脱硫预处理时的平衡磷、硫含量。

【解】　已知：$2[P] + 3(CaO) + 5(FeO) = (3CaO \cdot P_2O_5) + 5Fe$　　$\Delta G^{\theta} = -789\,102 + 326.561T$ J/mol

$(CaO) + [S] + C = (CaS) + CO$　　$\Delta G^{\theta} = 112\,717 - 113.93T$ J/mol

$(CaO) + [S] + [C]_{1\%} = (CaS) + CO$　　$\Delta G^{\theta} = 90\,123 - 71.672T$ J/mol

由反应：　　　$2[P] + 3(CaO) + 5(FeO) = (3CaO \cdot P_2O_5) + 5Fe$

$$\Delta G = \Delta G^{\theta} + RT \lg \frac{a_{(3CaO \cdot P_2O_5)} a_{Fe}^5}{a_{(CaO)}^3 a_{(FeO)}^5 a_{[P]}^2} = 0$$

由 $\Delta G^\theta = -789\,102 + 326.561T$ J/mol，设 $a_{(CaO)} = 1$，$a_{(3CaO \cdot P_2O_5)} = 1$，$a_{Fe} = 1$，由 $a_{[P]} = f_{[P]}[\%P]^*$，得到，

$$789\,102 - 326.561T + RT\lg(a^5_{(FeO)}f^2_{[P]}[\%P]^{*2}) = 0$$

由

$$\lg f_{[P]} = e^C_P[\%C] + e^{Si}_P[\%Si] + e^{Mn}_P[\%Mn] + e^P_P[\%P] + e^S_P[\%S]$$

$$= \frac{1\,873}{T}(0.126[\%C] + 0.099[\%Si] - 0.037[\%Mn] + 0.054[\%P] + 0.037[\%S])$$

$$= \frac{1\,873}{T}(0.126 \times 4.69 + 0.099 \times 0.15 - 0.037 \times 0.08 + 0.054 \times 0.102 + 0.037 \times 0.03)$$

$$= 1\,141.50/T$$

得 $789\,102 - 326.561T + 38.294 \times 1\,141.50 + 95.735T\lg a_{(FeO)} + 38.294T\lg[\%P]^* = 0$

即 $832\,843.3 - (326.561 - 95.735\lg a_{(FeO)} - 38.294\lg[\%P]^*)T = 0$

将 $T = 1\,623$ K（$1\,350$ ℃）代入，得 $\lg f_{[P]} = 0.703$，$f_{[P]} = 5.058$。实际生产中脱磷渣 $a_{(FeO)}$ 为 $0.10 \sim 1.0$，由此可计算出 $\lg[\%P]^* = -2.372\,6 \sim -4.872\,6$，则平衡磷含量 $[\%P]^* = 0.004\,2 \sim 1.3 \times 10^{-5}$。同理，可求出平衡硫含量 $[\%S]^* = 0.000\,1$。说明 $1\,350$ ℃下，反应的平衡磷含量 $[\%P]^*$ 和硫含量 $[\%S]^*$ 是较低的，表明 CaO 具有较强的同时脱磷脱硫能力。事实上，由反应的 ΔG 计算式看出，$[\%P]^*$ 与 $(a_{(3CaO \cdot P_2O_5)}/a^3_{(CaO)})^{0.5}$ 成正比，$[\%S]^*$ 与 $a_{(CaS)}p_{CO}/a_{(CaO)}$ 成正比，由于实际中 $a^3_{(CaO)}/a_{(3CaO \cdot P_2O_5)} > 1$，$a_{(CaO)}/a_{(CaS)} > 1$，$p_{CO} < 0.1$，所以实际平衡磷含量 $[\%P]^*$、平衡硫含量 $[\%S]^*$ 应该低于上述估算值。

助熔剂的作用在于降低渣熔点，提高流动性，增加石灰的迅速溶解。特别是 CaF_2 和 $CaCl_2$ 的增加可提高渣中 FeO 活度系数，降低残留（TFe），降低 P_2O_5 活度系数。而且，CaF_2、$CaCl_2$ 本身也能参与脱磷反应，这有助于进一步提高脱磷能力。相关反应如下：

$3(3CaO \cdot P_2O_5) + CaF_2 = 3Ca_3(PO_4)_2 \cdot CaF_2$ $2Ca_5(PO_4)_3F$，氟磷灰石，熔点 $1\,650$ ℃

$3(3CaO \cdot P_2O_5) + CaCl_2 = 3Ca_3(PO_4)_2 \cdot CaCl_2$ $2Ca_5(PO_4)_3Cl$，氯磷灰石，熔点 $1\,530$ ℃

因而在实际生产中，CaF_2、$CaCl_2$ 获得了广泛的应用。

3. 预脱磷的方法和处理设备

进行过工业试验的预脱磷的方法有喷吹法（顶吹氧气或不吹氧气）、KR 搅拌法（上加熔剂、顶吹氧气）、吹氮气搅拌法（上加熔剂、顶吹氧气）。由试验得出了各种预脱磷方法的脱磷效果，对比结果是喷吹法 > KR 搅拌法 > 吹氮气搅拌法。喷吹法脱磷率高出搅拌法约 10%，其脱硫率也高出约 20%，且喷吹法渣中（TFe）大大低于搅拌法。喷吹法的脱磷、脱硫能力（$(P_2O_5)/[P]$、$(S)/[S]$）也均高于吹氮气搅拌法。因而，国内外工业生产用于炉外铁水预脱磷的方法全部为喷吹法。

预脱磷处理设备一般包括铁水罐、鱼雷罐、专用转炉、喷吹系统、扒渣设备、除尘设备等。

4. 石灰系脱磷剂预脱磷过程的工艺因素分析

（1）熔剂用量与脱磷能力

图 3.10 是竹内秀次在 100 t 铁水罐内喷吹处理[每吨铁水 40 kg 脱磷剂、$(4+1)Nm^3(O_2+N_2)$ 联合喷吹，顶渣中每吨铁水石灰 + 萤石为 $0 \sim 10$ kg]的结果。此研究表明，随熔剂用量增加，铁水中磷含量直线下降，每吨铁水喷吹 40 kg 脱磷剂可脱磷至 < 0.01%。但喷吹处理前铁水硅含量应小

于 0.15%,这里包含两个因素:其一,要求脱磷前铁水初始硅含量应为 0.10%~0.15%;其二,脱磷渣碱度 $(CaO)/(SiO_2)$ 应保持在 3~4 为宜。

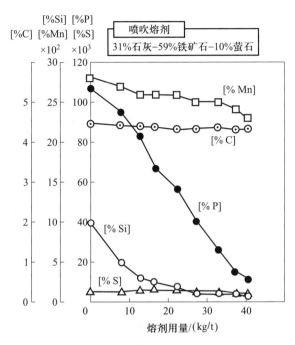

图 3.10　铁水成分与每吨铁水熔剂用量的关系

（2）温度

图 3.11 是神户制铁所 15 t 专用转炉、氮气喷粉、顶吹氧气、底吹氮气搅拌预处理时温度对磷分配比和硫分配比的影响结果。此研究表明,温度下降,脱磷脱硫能力会增加,但考虑动力学(即反应速率)的影响,脱磷处理温度以 1 350 ℃ 为宜。

（3）助熔剂种类

中村泰对 $CaO-Fe_2O_3-SiO_2$ 渣系的脱硫脱磷应用了不同的助熔剂并进行了对比试验,结果表明, CaF_2、$CaCl_2$、Na_2CO_3 是很好的单一助熔剂,而 CaF_2+CaCl_2 几乎具有 90% 以上的脱磷率和 40%~60% 的脱硫率。这两种助熔剂均已在工业生产中被广泛应用。

（4）渣中全铁含量

脱磷渣中全铁含量(TFe)对脱磷、脱硫率均有影响。研究表明,渣中(TFe)下降时,脱磷率、脱硫率均增加。脱磷剂中每吨铁(CaF_2+CaCl_2)消耗量 >5 kg(≈10%)时,渣中(TFe)可保持在 <10%。

（5）处理方法

所有工业生产和试验均表明,喷吹法脱磷、脱硫效果最好,而且处理能力强,处理费用低于机械搅拌法,值得推广。喷吹法处理效率高的原因在于上浮粉剂的瞬时接触反应脱磷和顶渣的持续接触反应脱硫的作用。川崎千叶制铁所 T. Nozaki 在 230 t Q-BOP 底吹转炉中用底吹石灰粉(20 kg/t)+萤石粉(3 kg/t)、上置铁矿石(28 kg/t)的方法研究了预处理脱磷的反应机理,结果表明,50%~70% 的脱磷是通过粉剂上浮时的瞬时接触反应进行的,只有 25%~40% 的脱磷是通

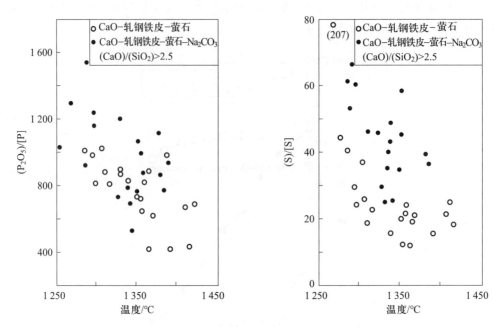

图 3.11　温度对磷分配比和硫分配比的影响

过熔渣-金属持续接触反应进行的。上浮的粉粒先形成铁酸钙，在上浮过程中再脱磷，即

$$2[P]+(5/3Fe_2O_3 \cdot mCaO)\mathrel{=\!=\!=}(mCaO \cdot P_2O_5)+10/3Fe$$

（6）顶吹氧气

研究表明，顶吹一部分氧气可补偿铁水温度的损失，但氧气用量增大，利用率降低，脱碳、脱锰增加。斋藤健志的研究表明，顶吹的氧气有 40%～60% 脱碳、10%～20% 脱磷、2%～7% 脱锰，由此得出的脱磷量与固氧量（上置或喷吹）、底吹氧气量和顶吹氧气量之间的关系为

$\Delta[\%P] \times 10^3 = 46.44 + 8.64 \times$ 固体氧化剂有效氧量（Nm^3/t）$+3.92 \times$ 底吹氧气（Nm^3/t）$+0.58 \times$ 顶吹氧气（Nm^3/t）

结果表明，除脱硅耗氧量外，每吨铁供氧 4～6Nm^3 就可脱磷 0.10%。可见，底吹氧气或浸入吹氧气将提高氧气的利用率，但喷枪或底部喷嘴的材质和寿命还有待解决。

3.4.3　双联转炉脱磷预处理

20 世纪 70 年代以来，日本各钢铁企业的铁水三脱设备形式紧随市场供求关系发生变化。当钢产过剩而有富余转炉时，企业倾向于采用专用转炉脱磷，如住友的复吹专用炉 SRP、神户的顶吹"H 炉"、川崎的底吹转炉 Q-BOP。1986 年住友用鹿岛厂 250 t 和歌山厂 160 t STB 复吹转炉（脱磷炉）进行预处理，并与公称容量相等的 STB 复吹转炉（脱碳炉）构成两级逆流反应器（SRP 工艺）（图 3.12）。利用脱碳炉块状转炉渣返回脱磷炉配成脱磷剂［转炉渣+铁矿（+石灰）+萤石］，顶吹氧气 0.3～1.3 $Nm^3/(min \cdot t)$，底吹氩气或二氧化碳气体 0.05～0.20 $Nm^3/(min \cdot t)$。经过 8～10 min 处理，[P] 由 0.103% 脱至 0.011%，铁水中 [C] 约为 4.0%，温度 >1 300 ℃。脱磷渣 P_2O_5 含量达 7%～9%，(TFe) 仅为 3%。当 (CaO)/(SiO₂)≥2.5 时，脱硫率≥50%。用该 SRP 工艺生产普通钢时，与传统炼钢工艺相比，总石灰消耗量（从 40 kg/t 下降到 10～20 kg/t）和渣量(25~40 kg/t)均降低 50% 以上。同时,该工艺还具有如下特点:① 处理时间短,复吹搅拌强,热损失小,在脱磷炉中可加 7% 废钢;② 可生产[P]<0.010% 的低磷钢或超低磷钢;③ 脱磷炉和脱碳炉中均可加锰矿熔融还原以减少转炉锰铁消耗甚至不用锰铁。在 250 t STB 脱碳转炉开吹时可加 17~20 kg/t 锰矿,不加焦炭,控制渣碱度为 3~4。当[C]含量降到 0.6% 时,底吹二氧化碳气体从 0.1 Nm³/(min·t)增至 0.2 Nm³/(min·t)以加快熔池中[C]的传质,同时顶吹氧气从 2.7 Nm³/(min·t)降至 1.1 Nm³/(min·t),终点[Mn]可增加到 0.7%~0.8%,锰回收率为 65%~75%。生产[Mn]为 1.5% 的钢种时,可在脱磷炉中加焦炭 5~10 kg/t 和锰矿 10~15 kg/t(先加焦炭与脱磷剂,后加锰矿),使脱磷铁水中[Mn]增至 0.8%,再在脱碳炉中加锰矿 30 kg/t 熔融还原,使[Mn]增至 1.5%。

由于采用专用转炉进行预处理,脱磷效率高(可喷粉、顶吹、复吹或底吹搅拌),铁水温降小,可顶加粒状或块状脱磷剂,能控制脱磷渣起泡,可适当放宽对预脱硅的要求(高炉冶炼低硅铁水+预脱硅使[%Si]ᵢ<0.3%),并可返回利用转炉渣作脱磷剂和加锰矿熔融还原,因此该方法在我国中、高磷铁水的处理中具有良好的应用前景。

将专用转炉与炼钢转炉联合,形成两级逆流反应器,21 世纪初国内称之为"双联转炉炼钢法",前者为铁水脱磷转炉,后者为炼钢脱碳转炉,如住友的 SRP 和 SRP-Z、新日铁的 LD-ORP、JFE 的 LD-NRP 以及宝钢、首钢、鞍钢和福建三钢(集团)有限责任公司(简称三钢)的双联转炉炼钢工艺。新建钢厂两个转炉不在同一跨间,通常布置于相邻跨,以利于调度。

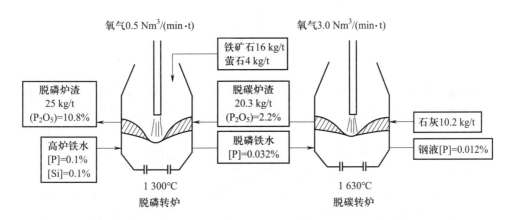

图 3.12 住友 SRP 两级"双联"转炉(脱磷炉、脱碳炉)炼钢工艺

3.5 铁水深度预处理与纯净钢冶炼

自 20 世纪 90 年代起,随着薄坯(或称为近终形坯)连铸技术的发展和对钢材(如油井管钢、低温船板钢、深冲薄板钢、高质量管线钢等)的超纯度、高强度、长寿命、良好的低温韧性、冷成形性和焊接性能的更高要求,钢材的纯度、均匀度和晶粒细化度得到了进一步的提高。目前,国内外已建立起大规模的纯净钢生产系统,铁水预处理已向深度脱硫、深度脱磷方向发展,钢液的纯净已达([S]+[P]+[N]+[H]+[TO]+[C])≤100×10⁻⁴%。在 21 世纪,钢液的纯净度继续提高,在日本可望达到(40~50)×10⁻⁴% 以下。

3.5.1 铁水深度预处理对纯净钢生产的意义

20 世纪 70 年代发生的能源危机,使得钢铁工业企业为改善炼铁、炼钢之间的反应操作效率而开发了铁水预处理尤其是铁水三脱工艺。从化学冶金学上讲,铁水的炉外脱磷、脱硫要比炉内优越,这大大改善高炉炼铁、转炉炼钢的技术经济指标,节省了能耗、降低了成本。到 20 世纪 90 年代,铁水三脱预处理已成为生产优质低磷、低硫钢必不可少的经济工序,其基本目标是必须将进入转炉的铁水中[P]、[S]脱至成品钢种水平,以使转炉冶炼后获得低磷、低硫钢液,进而再经过炉外精炼后获得超纯净度的钢种,即目前我国所说的超附加值钢种。也就是说,铁水预脱磷、预脱硫的深度必须与冶炼的钢种挂钩,只有这样才能发挥铁水三脱的作用和效益。根据国内外经验,铁水深度预处理的主要意义在于以下几个方面:

(1)铁水磷、硫含量可以降到低值或超低值,这有利于转炉冶炼优质钢和合金钢,也有利于钢铁产品结构的升级换代及具有高附加值的优质钢材的生产。

(2)能保证炼钢吃精料,提高转炉生产率,降低炼钢成本,节约能耗。转炉脱磷、脱硫任务减轻,渣量会大大降低,造渣料急剧减少;渣中(TFe)降低,铁损减少;锰回收率急剧增加,锰铁消耗降低;转炉吹炼时间缩短,炉龄延长。

(3)能增加极低碳钢的纯净度,这对冷轧的深冲钢是很重要的,它减少了钢中夹杂物。这是因为,转炉吹炼渣量减少,吹炼终点渣中(TFe)降低,减少了进入钢包的渣量,渣碱度可增加至 7~8,MgO 含量大约为 10%,渣中(TFe)≤15%,终点[C]可达 0.03%。由于渣碱度高,进入钢包中渣量可降至 3 kg/t,进入钢包后渣中(TFe)可降至 5%,钢中[O]可由 0.005 1%降至 0.002 3%,钢包中气泡减少 80%。此外,由于吹炼时间缩短以及造渣料急剧减少,钢中[N]、[H]也会相应降低。

(4)有利于实现复吹转炉冶炼高碳钢时的"提碳出钢技术",而未经预处理的铁水冶炼是很难实现这一技术的。采用三脱预处理后,由于铁水中的[P]、[S]已降至成品钢水平,脱磷已不是转炉冶炼的主要任务,仅需脱碳控温即可。由于渣量减少,脱磷负荷轻而无须控制渣中高的(TFe),这有利于高拉碳出钢,而且无须后期增碳。吹炼终点温度与目标碳含量呈线性关系,到预定碳含量时,终点温度和渣中铁损被大大降低了。

(5)可有效提高铁、钢、材系统的综合经济效益。硫含量是决定连铸坯质量的关键因素,铁水预脱硫是目前实现全连铸、近终形连铸连轧和热装热送新工艺的最经济、最可靠的技术保障。

3.5.2 基于铁水深度预处理的纯净钢冶炼工艺

20 世纪 80 年代初期,为满足特殊钢种的高纯度需要,日本发展了基于铁水预处理和钢液处理的复合精炼工艺。除了降耗和节约外,该工艺主要强调不同条件下的合理工艺匹配,通过铁水预脱硅而使铁水成分最佳化,通过引入底吹和复吹工艺而使转炉吹炼合理化。对于纯净钢种的冶炼,采用铁水深度预脱磷(同时脱硫)或分期脱磷、脱硫+钢液炉外喷粉和其他精炼工艺,如 RH、DH、AOD 等。

目前,基于铁水深度预处理的转炉生产纯净钢工艺主要有两种流程:一种是基于铁水深度预脱硫,转炉强化脱磷,钢液炉外喷粉脱磷、脱硫、升温、真空精炼;另一种是基于铁水深度三脱预处理,复吹转炉少渣吹炼,钢液炉外喷粉脱硫以及真空精炼。后者具有生产效率高、石灰等原辅消耗少、过程温降小、生产周期短、成本低等优点,其经济效益显著高于前者,适宜于我国转炉钢厂采用。其中,铁水深度三脱预处理可采用高炉前预脱硅(高炉冶炼低硅铁水),铁水罐或鱼雷罐喷吹同时脱磷脱硫或顺序或分期脱硫、脱磷工艺,也可采用炉外铁水深度预脱硫+专用复吹转炉脱磷的分期三脱工艺。

1. 基于铁水深度预脱硫的纯净钢冶炼工艺

欧洲、北美的钢厂中由于铁水[P]普遍较低(0.04%~0.08%),经过深度脱硫的铁水,采用复吹转炉吹炼、钢液炉外精炼可以生产出低磷、低硫钢。欧美炼钢的主要工艺流程如下:

(1)高炉铁水→常规(轻)脱硫([S]<0.02%)→复吹转炉(脱磷、脱碳、升温)→钢液精炼(脱氧、去气体、去夹杂物)→普通钢液,此即常规流程,用于生产普通钢种。

(2)高炉铁水→深度脱硫([S]≤0.005%)→复吹转炉(脱磷、脱碳、升温)→钢液精炼(脱硫、去气体、去夹杂物)→低硫钢液([S]≤0.005%),此即纯净钢的生产流程。在这一流程中,若生产超低硫钢([S]≤0.002%),铁水则要深脱硫至[S]≤0.002%~0.003%。需要强调的是,由于炼钢过程存在不同程度的增硫量,对于低硫钢或超低硫钢的生产而言,钢液的炉外脱硫处理(喷粉或真空喷粉)是必不可少的。

欧洲非常重视转炉用铁水的质量并研究了铁水和钢液之间的最经济脱硫方案以最大程度地降低成本。通过不断改进预脱硫工艺,可以按照产品硫含量决定铁水预脱硫深度。北美则非常重视降低铁水的硫含量,早在20世纪70年代初就已普遍采用铁水预脱硫,冶炼普通钢种将[S]脱至<0.010%,而冶炼低硫钢更深脱至<0.005%。我国宝钢一炼钢厂曾采用铁水深度脱硫+复吹转炉双渣脱磷+RH真空喷粉的工艺生产纯净钢种。该厂有两套铁水预脱硫全处理装置,一套用于320 t鱼雷罐TDS法在线配料喷吹CaC_2系或CaO系脱硫剂(后改为喷吹Mg+石灰),另一套用于320 t铁水罐顶喷法在线配料喷吹Mg+CaC_2(后也改为喷吹Mg+石灰),二者均能将铁水中[S]从0.018%~0.025%深脱至0.001%~0.003%。钢液经RH真空脱碳和脱硫、Ca处理和保护浇注等步骤后可生产出[S]≤0.002%、[N]≤0.002 5%、[H]≤0.000 2%、[TO]≤0.003%、[C]≤0.003%的纯净钢种(超低碳IF钢和管线钢等)。武钢三炼钢厂也建成了全脱硫处理站,采用320 t鱼雷罐喷吹CaC_2系或CaO系脱硫剂(后改为喷吹Mg+石灰),能将铁水中[S]从0.020%深脱至0.003%~0.005%。该厂80%的铁水经常规脱硫(脱后[S]≤0.020%)冶炼普通钢和一般优质钢(脱后[S]≤0.010%),20%的铁水经深度脱硫(脱后[S]≤0.005%)后冶炼高质量品种钢。转炉钢液经强脱氧挡渣出钢、钢包渣改质、吹Ar及Ca处理、RH真空脱碳、全流程深脱硫、保护浇注等步骤后可生产出[S]≤0.002%、[N]=0.001 2%~0.003 5%、[TO]=0.001 6%~0.003 5%、[C]=0.001 5%~0.003 5%的纯净钢种(IF钢、管线钢等),该厂因此取得了一定的操作经验和经济效益。

2. 基于铁水三脱预处理的纯净钢冶炼工艺

20世纪80年代,铁水三脱预处理技术在日本得到了巨大发展,日本钢铁企业普遍采用"铁水三脱预处理→复吹转炉→真空除渣→钢液炉外精炼→连铸"的流程来冶炼纯净钢或超纯净钢。表3.5所示为20世纪80年代日本钢铁企业基于铁水三脱预处理生产低磷和超低磷钢的工艺流程。其主要特点:依据成品钢的不同,[P]含量决定铁水脱硫、脱磷深度;复吹转炉采用少渣吹炼、加锰矿熔融还原并尽可能低温出钢来促进炉内脱磷;炉外钢液升温、调合金成分、喷粉脱硫、RH真空脱气。采用三脱铁水炼钢,由于吹炼时间缩短、造渣剂和渣量急剧减少、加锰矿熔融还原又使得锰合金用量大大降低,这些导致钢中[N]、[H]也相应减少。图 3.13 为日本超纯净钢生产工艺系统,其铁水预处理和转炉匹配主要有以下三种方式:鱼雷罐三脱+顶吹或复吹转炉炼钢;铁水罐三脱+顶吹或复吹转炉炼钢;专用转炉三脱+复吹或底吹转炉炼钢,钢液精炼则采用埋弧加热升温、喷粉、真空脱气的方式。采用这些工艺系统已成功地冶炼出[S]≤0.000 5%、[P]≤0.002%、[N]≤0.001%、[H]≤0.000 15%、[TO]≤0.001%、[C]≤0.001 5%的超纯净钢种。除日本外,我国太钢、宝钢已上马炉外铁水三脱处理项目,进入 21 世纪后,首钢、鞍钢、三钢已建成转炉脱磷预处理设备并投入正常生产。

表 3.5　20 世纪 80 年代日本钢铁企业基于铁水三脱预处理生产低磷或超低磷钢的工艺流程

钢包[P]	炼钢工艺
[P]≤0.015%	预脱硫铁水 → 复吹转炉 → VSC → 钢液精炼 → RH → 连铸 100%　　● 低温出钢　● 不脱氧出钢　　● 升温　● 调成分　● 脱硫　● 脱氢
[P]≤0.01%	预脱硫铁水 50%　预脱磷铁水 50% → 复吹转炉 → VSC → 钢液精炼 → RH → 连铸 ● 低温出钢　● 不脱氧出钢　　● 升温　● 调成分　● 脱硫　● 脱氢
[P]≤0.005%	预脱磷铁水 → 复吹转炉 → VSC → 钢液精炼 → RH → 连铸 100%　　● 低温出钢　● 不脱氧出钢　　● 升温　● 调成分　● 脱硫　● 脱氢

注:预脱磷铁水平均成分如下:[C]=3.67%,[Si]痕迹,[Mn]=0.10%,[P]=0.010%,[S]=0.002%;转炉内加锰矿熔融还原后,钢液中[Mn]=1.20%～1.50%。

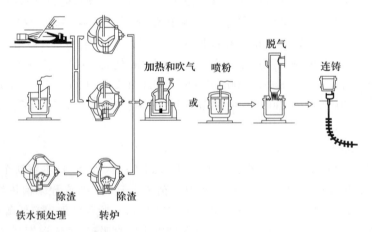

图 3.13　日本超纯净钢生产工艺系统

我国太钢在“七五”期间引进住友主体设备建成 65 t(后改为 90 t)专用铁水罐喷吹三脱预处

理工艺装置(21世纪初技术改造,重新引进川崎三脱设备),然后在复吹转炉中冶炼铬不锈钢和部分优质合金钢(加相关炉外精炼),以此代替原有的电弧炉和AOD工艺,大幅度降低不锈钢生产成本。试生产表明:转炉使用单脱硫铁水吹炼热轧硅钢,与常规吹炼相比,成品钢硫含量平均降低0.003 6%,磁感应强度提高0.001 T,电磁性能明显改善,高牌号率提高3.03%,吨铁经济效益提高6.95元;使用单脱硫铁水吹炼特种舰板钢,与常规冶炼相比,硫的一次拉成率提高45.5%,每炉吹氧时间缩短27 s,吨铁经济效益为270.03元;使用脱硅脱磷铁水转炉少渣吹炼,与常规相比,渣量减少50%,造渣料消耗明显降低,金属收得率提高,每炉吹氧时间缩短2 min,其中转炉成功代替电弧炉冶炼轴承钢,吨铁经济效益高达280.18元。太钢已建成K-OBM复吹转炉,使用三脱铁水代替电弧炉冶炼铬不锈钢,经济效益更为可观。

3.5.3 铁水深度预处理技术

国内外生产实践已经表明,铁水深度预处理是转炉冶炼纯净钢种最有效、最经济的技术保障,是必不可少的前提工序。深度预处理的基本目标是将铁水中的[P]、[S]在入转炉前即脱至成品钢的水平。由于转炉具有较强的脱磷能力而无脱硫能力(对低[S]铁水反而可能增硫),因此对于[P]、[S]<0.005%的纯净钢,铁水中[P]、[S]应深脱至<0.005%,而对于[P]、[S]均<0.002%的超纯净钢,铁水中[P]、[S]应超深脱至<0.002%~0.003%。由于冶炼低硫铁水在炼钢过程中会有不同程度的增硫量,因此钢液炉外喷粉脱硫对于纯净钢冶炼是必不可少的,而对于超纯净钢,有时钢液可能还需要炉外脱磷处理。对于钢中[O]、[H]、[N]、[C]等的降低或达到超低含量,除了转炉使用预处理铁水冶炼减少它们的带入量或增大脱除量以外,最主要的还是要通过不同方法的钢液精炼过程来完成。限于篇幅,本节主要探讨铁水预处理深度脱硫和脱磷的技术问题。

1. 深度预脱硫技术

目前,国内外主要采用的铁水深度预脱硫技术是铁水罐和鱼雷罐喷吹高效脱硫剂和铁水罐用石灰系脱硫剂KR搅拌法的处理工艺。深度脱硫剂主要有镁系和电石系。应指出的是,对脱硫剂要求的不同而工艺有所不同,各有利弊。

铁水深度预脱硫可采用镁系或电石系脱硫剂喷吹工艺。镁系脱硫剂喷吹脱硫技术的关键:要有较大的铁水罐,必须保证插枪深度,保证深喷;要在相对低的铁水温度下进行;要精心控制,以提高镁的收得率。电石系脱硫剂喷吹脱硫则要求较高的铁水温度,电石要细磨、深喷。必须强化铁水输送容器的调配管理,减小自然温降。

对于国内中小钢铁厂小于100 t的铁水罐,可考虑采用石灰系或电石系脱硫剂KR搅拌法脱硫工艺,以达到深度脱硫的目的。近期的工业生产表明,大型或超大型铁水罐采用石灰系脱硫剂KR搅拌法脱硫工艺也能达到深度脱硫的目的。

2. 深度脱磷同时脱硫或分期脱硫脱磷技术

研究和生产实践表明,要达到深度脱磷和同时脱硫或深度脱硫的效果,需要注意以下问题:

1)脱磷剂处理能力要强,既要有强的脱磷能力,又要有较强的脱硫能力。可考虑在石灰系脱磷剂中配入一定量的苏打。

2)要保持高的脱磷率和脱硫率,必须要有适宜的供氧制度(顶吹部分气体O_2)和合适的喷吹参数。这是因为,供氧过大、喷吹速率过快将导致脱碳多、喷溅大、反应效率低,不利于脱硫;供氧太少,则会使铁水温降大,且达不到深度脱磷的效果。

3) 若要求在脱磷的同时保持高的脱硫率,终渣中 FeO 的含量要尽可能低,则一方面要求有适宜的供氧强度,另一方面可通过后期停吹氧气、补吹氮气搅拌或进行分期处理来实现。主要工艺如下:

① 后吹氮气搅拌工艺。即在脱磷处理终点,提升顶吹氧枪但不提升喷粉枪,后利用喷粉枪空吹氮气搅拌约 5 min,以期继续降低渣中 FeO 的含量、提高同时脱硫率。这个过程将多耗时约 5 min。

② 紧缩顶吹氧气工艺。即在脱磷处理前期采取大顶吹氧量,后期(约 5 min)采用低顶吹氧量或停吹氧,但维持总的吹氧量不变。在处理终点要同时提喷粉枪和吹氧枪。这样,总耗时间不变。后期采用低顶吹氧量或停吹氧气的目的主要是降低渣中(TFe)、提高脱磷剂利用率、增加同时脱硫率。加古川制铁所的生产经验表明,当脱磷后半期停止顶吹氧气时,脱磷渣中(TFe)可维持为 3%~7%,而全程吹氧气时,只能维持略低于 15%。

③ 同一容器的分期处理或顺序处理工艺。即在脱磷处理终点,同时提吹氧枪和喷粉枪,之后不扒渣,再继续喷吹 5 min 的脱硫剂(镁系或电石系或苏打灰)。这样,总耗时虽延长 5~10 min,但此工艺可将磷、硫脱至低含量水平甚至超低含量水平。

④ 不同容器的分期处理工艺。主要是指炉外铁水罐或鱼雷罐深度脱硫+专用转炉脱磷(双联法)的铁水深度预处理工艺。深脱硫后的铁水,倒入脱磷转炉脱磷,脱磷后的铁水再倒入脱碳转炉炼钢。最近十几年日本和我国的生产实践已证明,这是到目前为止经济高效的生产低磷、低硫钢甚至超低磷、超低硫钢的先进工艺之一。

思 考 题

1. 何谓铁水预处理? 任务是什么? 铁水预处理的优越性有哪些? 发展趋势如何?

2. 目前铁水预脱硫剂有哪几类? 处理方法有哪几种? 各有何优、缺点?

3. 简述有利于石灰系脱硫剂预脱硫的热力学和动力学条件。

4. 简述影响铁水预处理脱硫的工艺因素。在我国,现阶段实施 Mg 喷吹脱硫和石灰 KR 搅拌脱硫的关键措施有哪些?

5. 金属镁预脱硫常采用何种工艺? 解释其脱硫机理。为什么镁脱硫不能采用搅拌法?

6. 以 CaO 系脱硫剂为例,用热力学和动力学原理分析比较:采用铁水预处理脱硫(铁水罐,喷吹法、KR 搅拌法)比传统冶炼炉(高炉、转炉)脱硫优势之所在。

7. 铁水预脱磷前为何要预脱硅? 写出预脱硅反应式,预脱硅处理方法有哪些? 选择处理方法的工艺条件是什么?

8. 石灰系预处理脱磷剂组成如何? 解释喷吹法脱磷机理。为什么脱磷不能采用搅拌法?

9. 论述影响石灰系脱磷剂铁水预处理脱磷或同时脱磷脱硫的工艺因素,讨论实现的最佳工艺参数包括哪些内容。

10. 比较铁水预脱磷和传统转炉脱磷的工艺特点。以 CaO 系脱磷剂为例,用热力学和动力学原理分析比较:采用铁水预处理脱磷(铁水罐与鱼雷罐、脱磷转炉)比传统炼钢转炉脱磷优势之所在。

11. 与炉外预处理脱磷相比,采用转炉铁水预处理脱磷的优势或好处有哪些?

12. 简述目前基于铁水深度预处理的纯净钢冶炼工艺流程。

13. 以某钢铁厂高炉铁水成分([C]=5.10%、[Si]=0.35%、[Mn]=0.10%、[P]=0.100%、[S]=0.025%)为例,试分别计算非标准状态1 350 ℃、0.1 MPa下,用Na_2CO_3、CaO和CaC_2预脱硫时的平衡硫含量。

已知: $CaC_{2(s)}+[S]\!=\!=\!=\!(CaS)+2C$ $\Delta G^\theta=-352\ 795+106.692T$ J/mol

$CaC_{2(s)}+[S]\!=\!=\!=\!(CaS)+2[C]_{1\%}$ $\Delta G^\theta=-307\ 608+22.175T$ J/mol

14. 以某钢铁厂高炉铁水成分([C]=5.10%、[Si]=0.35%、[Mn]=0.10%、[P]=0.100%、[S]=0.025%)为例,试计算非标准状态1 350 ℃、0.1 MPa下,300 t铁水罐(喷枪插入深度为3.2 m)用金属Mg预脱硫时的平衡硫含量。

15. 以某钢铁厂高炉铁水成分([C]=5.10%、[Si]=0.35%、[Mn]=0.10%、[P]=0.100%、[S]=0.025%)为例,试估算非标准状态1 420 ℃、0.1 MPa下,用(FeO)脱硅时铁水的最低硅含量。

已知: $[Si]+2(FeO)\!=\!=\!=\!(SiO_2)+2Fe$ $\Delta G^\theta=-312\ 754+115.395T$ J/mol

16. 以某钢铁厂脱硅后铁水成分([C]=4.90%、[Si]=0.15%、[Mn]=0.10%、[P]=0.100%、[S]=0.025%)为例,试分别估算非标准状态1 350 ℃、0.1 MPa下,用Na_2CO_3和CaO预处理脱磷脱硫时的平衡磷、硫含量。

参 考 文 献

[1] 吴光亚,于定孚.铁水预处理和无渣或少渣炼钢[J].上海金属,1983,5(1):1-15.

[2] 赵沛.炉外精炼及铁水预处理实用技术手册[M].北京:冶金工业出版社,2004:141-222.

[3] TURKDOGAN E T.Physical chemistry of high temperature technology[M].New York:Academic Press, 1980:5-26, 78, 81.

[4] 黄希祜.钢铁冶金原理[M].3版.北京:冶金工业出版社,2002:46-47, 111, 436-440.

[5] 杨天钧,高征铠,刘述临,等.铁水炉外脱硫的新进展[J].钢铁,1999,34(1):65-69.

[6] 野见山宽,市川浩,丸川雄净,等.溶銑予備処理からみた製銑-製鋼間における適正シリコン濃度の検討[J].鉄と鋼,1983,69(15):1738-1745.

[7] 成田貴一,牧野武久,松本洋,等.溶銑中シリコンの酸化反応機構[J].鉄と鋼,1983,69(15):1722-1729.

[8] 沈甦,杨世山,董一诚.铁水预脱硅的模拟试验及脱硅渣性能分析[J].钢铁,1988,23(12):7-12.

[9] 河内雄二,前出弘文,神坂荣治,等.酸素吹き込みによる溶銑脱珪法の冶金的特徴[J].鉄と鋼,1983,69(15):1730-1737.

[10] 竹内秀次,小沢三千晴,野崎努,等.石灰系フラックス吹き込みによる溶銑の同時脱りん脱硫処理に及ぼす酸素ポテンシャルの影響[J].鉄と鋼,1983,69(15):1771-1778.

[11] SASAKI K, NAKASHIMA H, NOSE M, et al. A newly developed hot metal treatment has changed the ideal of mass production of pure steel:Steelmaking Conference Proceeding, April

17-20,1983[C].Atlanta:ISS-AIME:285-291.

[12] 成田貴一,牧野武久,松本洋,等.石灰系フラックスインジェクション・酸素上吹き法による溶銑の脱りん及び脱硫[J].鉄と鋼,1983,69(15):1825-1831.

[13] NOZAKI T, TAKEUCHI S, HAIDA O, et al.Mechanism of hot metal dephosphorization by injection lime base fluxes with oxygen into bottom blown converter[J].Transactions of the Iron and Steel Institute of Japan, 1983, 23(6): 513-521.

[14] 斎藤健志,中西恭二,三崎規生,等.石灰系フラックスを用いた取鍋インジェクションによる溶銑脱りん[J].鉄と鋼,1983,69(15):1802-1809.

[15] MATSUO T, YAMAZAKI I, MASUDA S, et al.Development of new hot metal dephosphorization process in top and bottom blowing converter[C]//Steelmaking Conference Proceedings,March 25-28,1990.Detroit:ISS-AIME,1990:115-121.

[16] 王雨墨,陶林,郭皓宇,等.转炉铁水预处理脱磷的影响因素[J].钢铁,2020,55(9):29-37.

[17] 杨世山,尹卫平,许伟迅,等.铁水预处理与纯净钢冶炼(一)[J].中国冶金,2003(8):12-17,29.

[18] 杨世山,尹卫平,许伟迅,等.铁水预处理与纯净钢冶炼(二)[J].中国冶金,2003(9):16-21.

第4章 转炉炼钢

转炉炼钢是目前世界上最主要的炼钢方法。本章结合现代转炉炼钢工艺特点,对转炉炼钢使用的原材料、转炉设备、转炉冶炼工艺、转炉冶炼自动控制及环境保护等进行叙述,同时简要介绍转炉炼钢技术的发展情况。

4.1 转炉炼钢技术的发展历程

转炉炼钢是以铁水作为主要原料,用氧气作为氧化剂,依靠铁水中元素的氧化热提高钢液温度,在 30 min 左右完成一个冶炼周期的快速炼钢方法。

转炉炼钢从出现至今已有 100 多年的历史,早在 1856 年英国人 Henry Bessemer 就发明了 Bessemer 法,即酸性底吹转炉炼钢法。作为现代炼钢方法的开端,意义深远。但因为是酸性炉衬法炼钢,所以不能脱硫脱磷,只在生产高品质矿石的地方实施,现在已不再采用了。1878 年英国人 Thomas 发明了碱性底吹转炉炼钢法,简称 Thomas 法。以碱性耐火材料砌筑炉衬,吹炼过程可以加入石灰造渣,能够脱除铁水中的 P、S,解决了高磷铁水的冶炼技术问题[1]。

早在发明转炉炼钢时,Henry Bessemer 就已提出采用纯氧炼钢的设想,但由于当时工业制氧技术的水平较低,不能大规模制氧,氧气炼钢未能实现。第二次世界大战后,从空气中分离氧气技术获得成功,提供了大量廉价的工业纯氧,使氧气炼钢的设想得到实现。从转炉顶部吹入高速氧气、高效率地进行氧化和搅拌的碱性纯氧转炉法相继发明出来。以下为典型的碱性纯氧转炉法:LD 法,1952 年奥地利 Linz-Donawitz 工厂;Kaldo 法,1956 年瑞典 Dommarfvet 工厂;Rotor 法,1953 年德国 Oberhusen 工厂。另外,1970 年前后美国和奥地利分别开发了碱性底吹纯氧转炉 Q-BOP 法,随后欧美国家又成功开发了碱性顶底复吹纯氧转炉。用这些方法可以高效地生产低硫、磷及氮等高品质钢,LD 法、Q-BOP 法、顶底复吹纯氧转炉已成为全世界主要的转炉炼钢方法。转炉炼钢的产量已占炼钢总产量的 70% 左右。随着技术的进步,转炉已逐步大型化,大型化转炉一般采用顶底复合吹炼工艺。图 4.1 是这三种主要转炉吹炼方法的示意图。表 4.1 是转炉炼钢法的主要种类。

表 4.1 转炉炼钢法的主要种类

底吹	空气	酸性渣	Bessemer 法
底吹	空气	碱性渣	Thomas 法
底吹	O_2+燃料	碱性渣	Q-BOP 法
顶吹	O_2	碱性渣	LD 法,或者 BOF 法
顶吹	O_2	碱性渣	Kaldo 法
顶吹	O_2	碱性渣	Rotor 法

侧吹	空气	酸性渣	Tropenas 型转炉
侧吹	空气	酸性渣	Robert 型转炉
顶底复吹	O_2+惰性气体或者 O_2+燃料	碱性渣	BOF，K-BOP

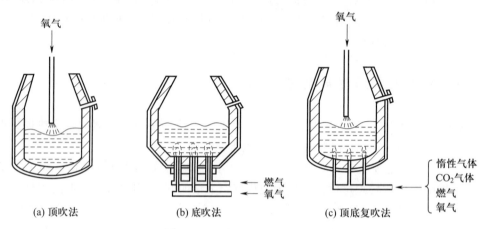

图 4.1　三种主要转炉吹炼方法示意图

　　氧气转炉是通过高速氧气射流与钢中元素的氧化反应,完成造渣、脱碳、脱磷、部分脱硫、去气、去除非金属夹杂物及升温等基本任务。

4.2　氧气转炉炼钢的冶金特征

4.2.1　氧气顶吹转炉炼钢

　　氧气顶吹转炉在国外一般称为 LD(Linz-Donawitz 工厂的缩写)转炉,或称 BOF(basic oxygen furnace 的缩写)转炉。此炼钢方法继承了过去的空气吹炼转炉的优点,又克服其缺点。与电弧炉炼钢相比,具有以下优点:① 生产率高;② 可生产低硫、低磷、低氮及低杂质钢等;③ 可生产几乎所有主要钢种。正因为有这些长处,所以氧气顶吹转炉炼钢法在 1950 年后迅速发展为世界上的主要炼钢方法[1]。由于使用的铁水成分和所炼钢种的不同,吹炼工艺也有所区别。现以某转炉厂顶吹转炉对未经铁水脱硫、脱磷及脱硅处理,采用单渣操作工艺为例,说明一炉钢的吹炼过程。图 4.2 是未采用溅渣护炉工艺时,一炉钢在吹炼过程中金属成分、熔渣成分及熔池温度的变化情况。

　　从图 4.2 可以看出[4-5]:

　　(1)吹炼初期,Fe、Si、Mn 元素即被大量氧化,而且 Si、Mn 的含量降低到很低,几乎为痕量。继续吹炼,它们不再氧化;吹炼接近终点时,锰出现回升。

　　(2)Si、Mn 被氧化的同时,碳也被少量氧化,当 Si、Mn 氧化基本结束后,炉温达到了 1 450 ℃以上时,碳的氧化速率迅速提高。吹炼后期,脱碳速率又有所降低。

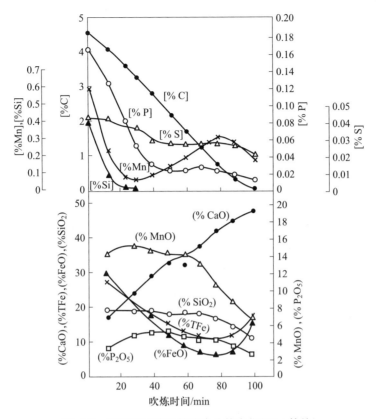

图 4.2　吹炼中钢液及熔渣成分的变化(85 t 转炉)

（3）吹炼一开始，由于硅的迅速氧化使渣中 SiO_2 含量高达 20%，又因为石灰的逐渐熔解，渣中 CaO 含量不断地提高。当硅的氧化基本结束后，渣中 SiO_2 含量又有所下降。炉渣碱度随石灰的熔解而迅速提高。

（4）渣中 FeO 含量在开吹后不久，就可以达到 20%～30%，随着脱碳速率的提高，渣中 FeO 含量逐渐降低，吹炼后期又有所升高。

（5）由于碱性氧化性炉渣的迅速形成，大约在吹炼的一半时间内，磷已降低到 0.02%。脱磷反应为放热反应。冶炼的中后期若温度过高或炉渣中 FeO 含量降低，也会发生回磷。

（6）渣中 MgO 含量的变化与是否采用白云石或菱镁矿造渣工艺有关，且与加入的数量有关。一般情况下，采用白云石或菱镁矿造渣，渣中 MgO 含量增加，有利于减轻熔渣对炉衬的侵蚀。

（7）吹炼初期，随着钢液中硅含量降低，氧含量升高。吹炼中期脱碳反应剧烈，钢液中氧含量降低。吹炼末期，由于钢中碳含量降低，钢中氧含量显著升高。一般根据终点碳含量的不同，氧含量为 0.04%～0.1%，图 4.3 表示吹炼末期钢液中[%C]和[%O]的关系，与搅拌相对较弱的电弧炉比，有激烈搅拌的 LD 转炉更接近于平衡值[6-9]。

（8）吹炼过程中金属熔池氮含量的变化规律与脱碳反应有密切的关系。脱碳速率越快，终点氮含量也越低。一般转炉终点氮含量可达到 0.002%以下。

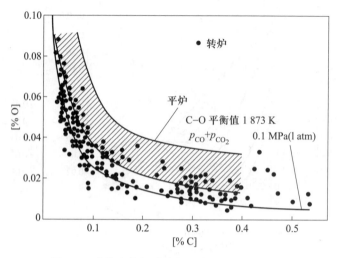

图 4.3 吹炼末期钢液中[%C]和[%O]的关系

转炉冶炼一炉钢的操作过程主要有装料、吹炼、测温、取样、出钢、除渣等环节,吹炼时间与炉容量没有直接联系,氧枪吹炼时间通常为 11~20 min,冶炼周期为 25~40 min。图 4.4 为转炉的操作过程举例(低碳钢)。

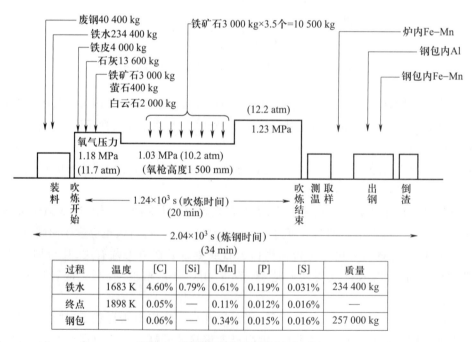

过程	温度	[C]	[Si]	[Mn]	[P]	[S]	质量
铁水	1683 K	4.60%	0.79%	0.61%	0.119%	0.031%	234 400 kg
终点	1898 K	0.05%	—	0.11%	0.012%	0.016%	—
钢包	—	0.06%	—	0.34%	0.015%	0.016%	257 000 kg

图 4.4 转炉的操作过程举例(低碳钢)

装料时,把炉体向前方倾斜,先装入废钢,接着装入铁水,然后使炉体直立,吹炼开始。一边吹氧一边投入氧化铁皮、矿石、石灰等辅助材料。当氧气喷枪降至设定位置,开始喷吹氧气。吹炼时高亮度的浓烟火焰从炉口排出,吹炼中期是脱碳反应最强烈的时期,氧的脱碳效率接近

100%。采用副枪动态控制的场合,在排气量逐渐减少、预定吹炼终点的几分钟之前,降下副枪,测定熔池中的碳含量和温度,预测达到目标碳含量和目标温度的时间,然后吹炼到终点出钢。在采用人工经验判断终点时,把炉体倾向装料侧,从炉口进行测温及取样,确认碳含量及温度是否合适,再将炉体倒向出钢侧出钢。出钢时向炉内及钢包中添加脱氧剂,出钢后再把炉体倒向装料侧排渣,一炉钢冶炼结束。

4.2.2 复合吹炼转炉炼钢

氧气顶吹转炉通过顶吹氧气射流产生的搅拌力对熔池进行搅拌,受炉型的局限,转炉的底部及靠近炉衬区域搅拌强度不够,造成熔池成分及温度不均匀。顶底复合吹炼转炉是20世纪70年代中期欧美开发成功的。顶吹转炉增加底部喷吹气体后,降低了熔池和金属间的不平衡程度[5]。它是集中了顶吹转炉及底吹转炉的特点的产物。所谓复合吹炼,就是利用底吹气流克服顶吹氧流对熔池搅拌力不足的弱点,同时又保留了顶吹转炉容易控制造渣过程的优点。该工艺随着底吹技术的不断成熟,目前已成为转炉冶炼的主要方式。

复合吹炼转炉已开发出各种形式的底吹喷头,主要有透气砖、单管喷头、套管喷头,如图4.5a、b所示。从表4.2中可见复合吹炼用比较少的底吹气体量就可以得到很好的效果。

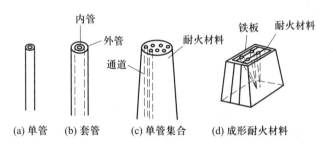

图 4.5 底吹喷头的形式

表 4.2 复合吹炼不同底吹方法与对应的底吹气体

底吹方法	底吹气体		
	主气体	冷却气体	每吨钢液气体量/(m³/min)
透气砖	N_2、Ar	—	0.07~0.15
单管喷嘴	N_2、Ar	—	0.01~0.05
套筒喷嘴	CO_2+O_2	CO_2	0.03~0.05
	O_2	C_mM_n	0.15~0.80
	O_2+CaO	C_mM_n	1.0~1.5

注:M 表示其他元素。

在底吹气体量少的弱搅拌的顶底复吹转炉上,大多使用透气砖和单管喷头,工艺上前期喷吹

N_2 和中后期喷吹 Ar,主要是节约 Ar,降低生产成本。

近年来,国内开始将 CO_2 用于转炉底吹,因为 CO_2 在炉内氧化生成两倍的 CO,有利于去除钢中氮和杂质,因此底吹 CO_2 工艺也得到了应用。

底吹转炉和顶底复吹转炉与顶吹转炉相比较,表现出良好的冶金特性,这是由于对溶池的搅拌促进了渣-金属间反应,使其更接近平衡,并促进了钢液温度和成分的均匀,减少了钢和渣的过氧化现象,降低了钢液中的磷含量,提高了钢液中的残余锰含量,减少了喷溅。

由此科研人员研究了多种评价钢液搅拌强度的方法,得出由顶吹及底吹带入转炉内钢液的搅拌能的供给速率 $\omega(W/t)$ 模型计算式如下[1]:

底吹: $$\omega_B = (28.5 Q_B T/1\ 000W) \lg(1+L/1.48) \tag{4.1}$$

顶吹: $$\omega_T = 0.045\ 3 Q_T d/(1\ 000WX) u^2(0,0) \cos\xi \tag{4.2}$$

式中:ω_B——底吹搅拌能的供给速率,W/t;

ω_T——顶吹搅拌能的供给速率,W/t;

Q_B——底吹气体量,Nm^3/min;

Q_T——顶吹气体量,Nm^3/min;

T——绝对温度,K;

W——钢液质量,t;

d——顶吹喷枪喷孔直径,m;

X——距顶吹喷枪前端的距离,m;

L——钢液深度,m;

ξ——顶吹喷枪喷头倾角,(°);

$u(0,0)$——顶吹喷枪喷头出口气体的线速度,m/s。

混匀时间是反映炉内熔池搅拌强度的试验指标,混匀时间 $\tau(s)$ 小,表明熔池的搅拌强度大。关于混匀时间 $\tau(s)$ 和 ω 的关系,中西的研究结果如下式所示:

$$\tau = 800\omega^{-0.4}$$

上式是一支喷头条件下的结果。多支喷头(N)时,根据水模型试验,τ 与 N 的 1/3 次方成正比,可以评价均匀混合时间 τ:

$$\tau = 800\omega^{-0.4}N^{1/3}$$

实际生产中衡量搅拌强弱的重要指标,在生产中常常使用底吹搅拌强度[$Nm^3/(min \cdot t)$]衡量。底吹搅拌强度可根据底吹方式不同,控制在 $0.01 \sim 0.15\ Nm^3/(min \cdot t)$。

在顶底复吹转炉上,搅拌强度随底吹气体量而变化,所以炉内反应进行的程度也随着变化。脱碳反应的限制性环节由供氧控制转变为碳传质控制的临界碳含量,在 LD 转炉上为 0.8% ~ 1%,在 Q-BOP 上为 0.35% ~ 0.55%,在强搅拌条件下极低碳钢的吹炼更容易了。图 4.6 表示吹炼终止时[%C]和[%O]的关系。LD 转炉的曲线位于 $p_{CO} = 0.1\ MPa$(1 atm)曲线的上方,而 Q-BOP 的曲线位于 $p_{CO} = 0.1\ MPa$(1 atm)曲线的下方,接近于 $p_{CO} = 0.075\ MPa$(0.75 atm)这一平衡值。K-BOP 法与 Q-BOP 同类,可底吹 CaO 粉。图 4.7 表示吹炼终止时(%TFe)和[%C]的关系,相对于同一[%C]的(%TFe)值,按照 LD 法>LD-KG>Q-BOP 的顺序变化,可知随着搅拌的强化,供给的氧被有效地用于脱碳。此外,随着搅拌强度的升高,复合吹炼工艺的锰收得率和磷分配比提高。

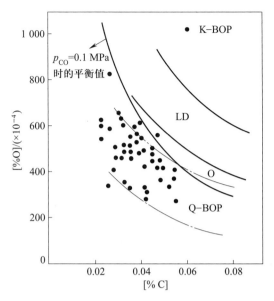

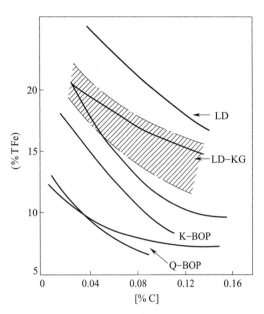

图 4.6　吹炼终止时[%C]和[%O]的关系　　　　图 4.7　吹炼终止时(%TFe)和[%C]的关系

4.3　转炉炼钢的氧气射流及供氧装置

4.3.1　转炉炼钢的氧气射流

　　转炉炼钢通过向熔池供氧来去除金属液中的杂质元素,同时向熔池吹气以强化搅拌,实现快速炼钢。供氧是通过氧枪喷头向熔池吹入超声速氧气射流来实现的。

　　1. 氧气射流的特点

　　气体从喷头向无限大的空间喷出后,空间内气体的物理性质与喷头喷出的气流的物理性质相同,这时喷出气体形成的气流称为自由流股或自由射流。

　　氧气从喷头喷出后,形成超声速流股,如图 4.8 所示[6],从喷头喷出的氧气流股,在一段长度内其流速不变,叫等速段。由于流股边缘与周围介质气体发生摩擦,卷入部分气体并与之混合而减速,随着流股向前运动,达到一定距离后,流股中心轴线上的某一点速度达到声速,即马赫数 $M=1$。在该点以前的区域,包括等速段,称为流股的超声速段,又称为首段。首段长度大约是喷嘴出口直径的 6 倍。此点以后的区域,气流的速度低于声速,称为亚声速段,又称为尾段。

　　由于转炉炉膛内部是一个复杂的高温多相体系,喷吹入炉内的氧气射流离开喷头后,随着炉内周围环境性质变化,射流的特性也会发生改变,虽然具有自由射流的某些特征,但是具体情况已经不能简单确定了。图 4.9 显示了四孔氧枪的氧气出口的射流状况。图 4.9a 为不同环境温度下的射流速率,以 1 873 K 下的射流速率为最大;图 4.9b 为不同环境温度下的射流温度,以 1 873 K 下的射流被融合的温度范围最大。

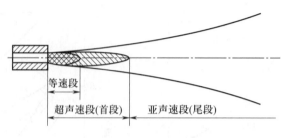

图 4.8　自由流股示意图

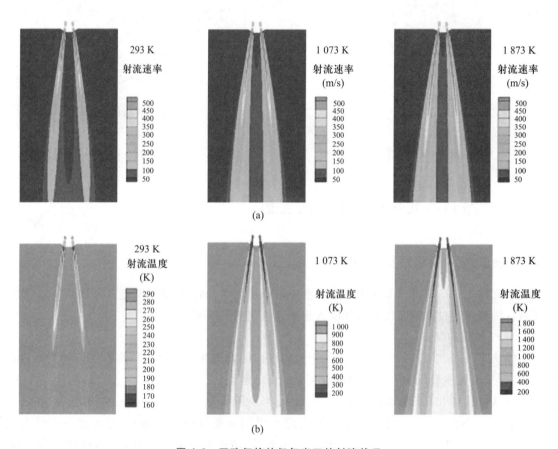

图 4.9　四孔氧枪的氧气出口的射流状况

转炉炉膛内氧气射流的分布特点如下：

（1）转炉炉膛是限制空间，当炉膛直径比射流直径大得多，即转炉炉壁距射流外部边界较远，对气流分布不产生明显的影响时，可以把它近似地看成自由射流。

（2）氧气射流在炉膛内向下运动时，炉内的介质是不均匀的，其中含有大量的烟尘、炉渣粒和金属球，它们会侵入射流并阻碍其运动，降低射流速率，同时使扩张角稍有减小。在吹炼中期氧气射流分布在炉渣-金属的乳浊体中，而射流速率降低得更多。

（3）熔池中进行碳氧反应产生大量的 CO 气体，以一定的速率上升形成反向气流，因此在氧气射流的运动过程中会与反向流混合和发生作用,使射流的射程和截面积减小,如果 CO 气体在炉膛内均匀分布,则它的平均上升速率只有几米/秒到十几米/秒,而氧气的射流速率达几百米/秒,这时反向流的影响是不大的。

但是,实际上,在喷枪周围和熔池的凹坑边界附近 CO 气体的运动速率最大,因此反向流对氧气射流的阻碍作用加强。在氧气射流和反向流的边界区域,当氧气射流在边界附近处的速率小于反向流上升速率时,射流被反向流带走,其截面积减小。上述过程的发展程度决定于氧气射流与反向流的特性,即决定于喷头直径、氧气流量、枪位、熔池的吸氧程度和操作特点等。

(4)转炉炉膛内的温度高达 1 300 ~ 1 700 ℃,因此氧气射流比炉气有更低的温度和较大的密度,氧气射流与炉气混合时,促使射流的射程增加。非等温过程中射流速率衰减方程[6]如下:

$$\frac{\omega_m}{\omega_{出}} \frac{x}{d_{出}} \left(\frac{T_{出}}{T_{介}}\right)^{0.6} = \beta \tag{4.3}$$

式中:$\omega_{出}$——氧气射流的出口速率,m/s;

$\quad \omega_m$——氧气射流在距出口 x 处截面上中心轴上的速率,m/s;

$\quad x$——氧气射流离出口的距离,m;

$\quad d_{出}$——喷嘴的出口直径,m;

$\quad T_{出}$——喷嘴出口处氧气射流的温度,K;

$\quad T_{介}$——周围介质的温度,K,通常为 1 573 ~ 1 873 K;

$\quad \beta$——常数,决定于射流的马赫数,当马赫数为 0.5 ~ 3.0,距出口 $15d_{出}$ 之后时,$\beta = 6 \sim 9$,马赫数小时取下限。

文献[8]研究过周围气体介质温度对超声速段长度的影响,当喷嘴出口处的马赫数 $M_{出} = 1.8, \Delta T_{出} = 17$ K(即喷嘴出口处介质温度与射流温度之差)时,超声速段长度为 $17.7d_{出}$;当 $\Delta T_{出} = 250$ K 时,超声速段长度增加到 $19.3d_{出}$。由此可见,转炉内的炉气温度比氧气射流温度高得多,射流的超声速段长度可能增加较多,如图 4.9 所示。在增加射流射程的同时射流的铺展性稍有减小。

(5)氧气射流在运动过程中,吸入一定量的高温活性的 CO 气体,同时燃烧得到 CO_2,形成高温的火焰。由于进行燃烧过程,使转炉内氧气射流的运动规律和状况比自由射流复杂得多,促使射流扩张而使多股射流更易汇合。

总之,转炉炉内的情况非常复杂,很难确定各个因素对射流的具体影响,目前只能根据自由射流的规律进行研究及应用。再根据实际生产效果来验证及修正这些规律的适用程度。

2. 氧气射流与熔池间的相互作用

氧气射流与熔池中金属和炉渣间的相互作用,决定了转炉炼钢冶炼工艺的反应特征。例如各个元素的氧化速率、金属和炉渣的氧化性、吹炼过程中的造渣和元素氧化放热,以及炉气成分变化等。同时吹炼制度亦直接影响金属和炉渣的喷溅程度,进而影响金属收得率。

氧气顶吹转炉吹炼过程中的大部分时间内,氧气射流与熔池间的相互作用可以用图 4.10 示意,图 a 在一定程度上反映了顶吹转炉内氧气射流与熔池相互作用的特点和炉内运动的状况[6],图 b 为不同搅拌条件下的转炉熔池中气-渣-金属三相流的模拟情况。

高压的氧气自喷嘴喷出后,以一定的动压力冲击金属熔池,使金属液产生循环运动。氧气射

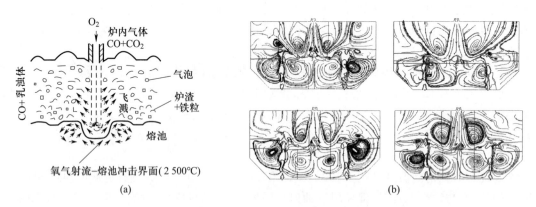

图 4.10　顶吹转炉内氧气射流与熔池相互作用的示意图

流到达熔池表面时的速率不同,将产生不同的冲击深度和冲击面积,金属液的循环运动特点也有所不同。

当氧气射流到达熔池表面的速率较小,即在枪位较高或氧压较低时,氧气射流对熔池表面的冲击压力较低,熔池只被冲击成一个浅坑,一部分液滴沿浅坑的切线方向喷出。这时熔池内液体的循环运动较弱,也较平稳,这种情况一般称为"软吹"。

当氧气射流到达熔池表面的速率较大,即枪位较低或氧压较高时,氧气射流对熔池表面有较高的冲击压力,熔池被冲击成一个深坑(图 4.10),一部分金属液被粉碎成液滴,从深坑中沿切线方向飞溅出来,分散在氧气流中,被迅速氧化并随氧气流一起向下运动,卷入熔池进行循环运动。氧气流在凹坑内向下运动时,一部分溶解在金属液中,一部分粉碎成小气泡,随它上升和带走液滴,凹坑发生脉动特征,不断地更新接触表面。由于氧气射流的冲击和 CO 气泡上浮的联合作用,使熔池产生强烈的搅拌。这时金属熔池循环运动的方向:中心部分向上运动,在表面部分顺着半径方向向外流动,然后沿着周围的炉壁向下流动。所以在氧气射流以较大的动能冲击熔池时,使熔池产生强烈的搅拌和复杂的循环运动,这种情况一般称为"硬吹"。

3. 氧气吹炼熔池时的氧化机理

在各吹炼时期,在不同的熔池区域,进行着不同元素的氧化过程,而反应区深度不同,则元素氧化过程的机理也不同。元素氧化过程的机理一般分为直接氧化和间接氧化。

(1) 直接氧化

所谓直接氧化,就是氧气射流直接和熔池中所接触到的各元素直接反应,生成氧化物。反应式如下:

$$\{O_2\} + 2[Fe] = 2(FeO)$$

$$\{CO_2\} + [Fe] = (FeO) + \{CO\}$$

$$2(FeO) + \frac{1}{2}\{O_2\} = (Fe_2O_3)$$

$$2(FeO) + \{CO_2\} = (Fe_2O_3) + \{CO\}$$

由于循环作用(FeO)散布在整个熔池表面,在渣-金属液相界面上进行下列反应:

$$2(FeO) + [Si] = (SiO_2) + 2[Fe]$$

$$(FeO) + [Mn] = (MnO) + [Fe]$$

$$5(FeO) + 2[P] = (P_2O_5) + 5[Fe]$$

生成的(FeO)可能溶解。再而向熔池传氧和进行氧化反应：

$$(FeO) = [Fe] + [O]$$

$$[O] + [C] = \{CO\}$$

（2）间接氧化

所谓间接氧化，就是氧气射流先与熔池中的 Fe 反应生成 FeO，再与除 Fe 元素以外的各元素反应，生成氧化物。

在这种情况下，氧气顶吹转炉内进行的氧化过程是非常复杂的，在氧气射流以较大的速率冲击熔池表面时，熔池被击成一个深坑，在凹坑表面及其附近发生激烈的氧化反应，放出大量的热量，形成高温的反应中心，称为第一反应区。第一反应区的温度可以高达 2 100～2 600 ℃，该温度使 Fe 大量地氧化，而有一部分 Fe 蒸发随炉气排走。在氧气射流的冲击下和反向流的作用下，一部分金属液和熔渣被粉碎成液滴，进入氧气流中被迅速氧化，而后随氧气流一起向下运动卷入熔池时进行传氧。同时在氧气流冲击熔池时被粉碎成小气泡而加速传氧。特别重要的是在凹坑附近由于碳的氧化形成大量 CO 气体的反射流和金属液的强烈的紊流运动，不断激烈地更新反应区的气体-金属和气体-熔渣的接触表面，使相间表面积大大增加（比粉碎的液滴和气泡表面积要大得多，在传氧过程中占主要地位），吹入的氧几乎百分之百地被金属液直接吸收，开始吸附在金属液表面上而后溶解在金属液中：

$$\{O_2\} = 2O_{吸} = 2[O]$$

氧在金属液中的溶解度随温度和各种元素含量不同而变化，超过溶解度部分的氧与铁作用生成氧化铁而转移到渣中，即

$$[O] + [Fe] = (FeO)$$

在第一反应区氧化金属液中大部分的碳（占被氧化碳量的 70%～80%），其中一部分被氧气直接氧化：

$$2[C] + \{O_2\} = 2\{CO\}$$

而大部分的碳与溶解在金属液中的氧发生作用，在气泡表面生成 CO：

$$[C] + [O] = \{CO\}$$

在第一反应区由于温度很高，减少了 Si、Mn 和 P 对氧的亲和力，因此这些元素通常很难在这里进行直接氧化。

由于熔池中进行着强烈的循环运动，把第一反应区中含氧高的金属和含氧化铁高的渣粒带到熔池的其余部分即循环区（或称为第二反应区），进行第二次氧化过程。在第一反应区的高温下，氧在金属液中的溶解度可以高达 1.0%，含氧高的金属来到循环区，随着温度的降低氧的溶解度迅速降低，从金属中析出氧化铁。这样从第一反应区带来了氧，在渣-金属液相界面上进行硅、锰和磷的氧化：

$$2(FeO) + [Si] = (SiO_2) + 2[Fe]$$

$$(FeO) + [Mn] = (MnO) + [Fe]$$

$$5(FeO) + 2[P] = (P_2O_5) + 5[Fe]$$

在循环区中的金属-气泡界面上也进行碳的氧化反应：

$$[C] + [O] = \{CO\}$$

在吹炼后期循环区的脱碳反应占有较大的比重(占当时脱碳量的 30%~40%)。

在氧气顶吹转炉内还存在着由金属液滴、熔渣和气泡组成的乳浊体,因此在乳浊体中也进行着杂质的氧化过程。在乳浊体中主要进行磷的氧化,部分的 (FeO) 可以氧化为 (Fe_2O_3),即

$$5(FeO)+2[P]\Longrightarrow(P_2O_5)+5[Fe]$$

$$2(FeO)+\frac{1}{2}\{O_2\}\Longrightarrow(Fe_2O_3)$$

（3）吹氧造成的炼钢烟尘产生

转炉炼钢粉尘产生的主要过程[5]:转炉冶炼过程中的高温熔池及火点区温度过高造成熔池内部元素蒸发氧化形成粉尘,同时熔池元素和炉渣中的氧化物部分被熔池内部产生的 CO 气泡及热气流带走。该过程示意图如图 4.11 所示。

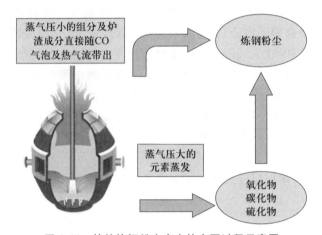

图 4.11 转炉炼钢粉尘产生的主要过程示意图

转炉炼钢粉尘产生的机理主要有两种[6],如图 4.12 所示。第一种为蒸发理论,即熔池中蒸气压大的金属在熔池及火点区的高温作用下蒸发,遇冷凝结进入集尘系统,为保持粉尘具有较低的表面能,绝大多数金属沉积以这种方式进行,因此粉尘中较小的颗粒逐步团聚为较大的相对规则的颗粒。第二种为气泡理论,即随着熔池脱碳反应的进行,大量上浮的 CO 气泡或热气流带走熔池中一部分微小物质,在这一过程中渣中的氧化物也会被带出,这些微小颗粒在上升过程中通过碰撞黏附形成小粉尘颗粒。以废钢为原料冶炼时,熔池碳含量低,此时粉尘的形成机理主要为蒸发理论。而以生铁为原料冶炼时,熔池碳含量高,脱碳反应激烈进行,炼钢粉尘的形成是蒸发理论与气泡理论共同作用的结果。

（4） CO_2 喷吹降低炼钢烟尘

将 CO_2 与氧气混合从顶氧枪喷入熔池,利用 CO_2 与 C、Fe 等元素反应的吸热,可以降低火点区的温度,从而控制铁的蒸发,为不使炼钢冶炼的温度严重下降,一般可以在 O_2 中混入 5%~10%的 CO_2,可以将点火区温度下降到 2 500 ℃以下,降低了铁的蒸发。

4.3.2 供氧系统

氧气转炉炼钢车间的供氧系统由制氧机、压氧机、中压贮气罐、输氧总管、控制闸阀、测量仪器、氧枪等主要设备组成。某厂的供氧系统工艺流程如图 4.13 所示。

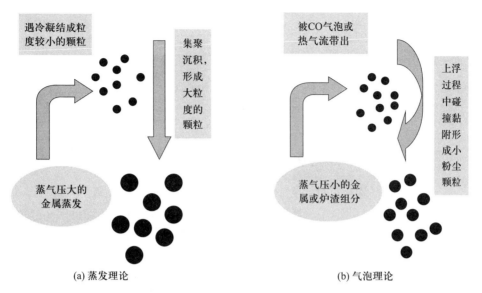

(a) 蒸发理论   (b) 气泡理论

图 4.12 转炉炼钢粉尘产生的机理

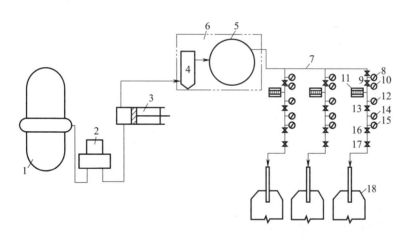

1—制氧机;2—低压贮气柜;3—压氧机;4—桶形罐;5—中压贮气罐;6—氧气站;7—输氧总管;
8—总管氧压测定点;9—减压阀;10—减压阀后氧压测定点;11—氧气流量测定点;
12—氧气温度测定点;13—氧气流量调节阀;14—工作氧压测定点;15—低压信号连锁;
16—快速切断阀;17—手动切断阀;18—转炉

图 4.13 供氧系统工艺流程

1. 车间需氧量计算

氧气转炉车间每小时平均耗氧量取决于车间转炉座数、吨位大小、吨钢耗氧和吹炼周期的长短。

氧气转炉吹炼的周期性很强,一般吹氧时间仅占冶炼周期一半左右,因此在吹氧时间内就会出现氧气的高峰负荷。故要根据计算出的转炉生产中的平均耗氧量和高峰耗氧量,选择制氧机的能力(单位为 Nm^3/h)和台数。

一座转炉吹炼时，

$$每小时平均耗氧量\ Q_a = \frac{炉产量×吨钢氧耗量定额}{平均吹炼周期}×60$$

式中： 炉产量——一炉钢的钢液量，/t；

吨钢耗氧量定额——根据铁水等条件，一般为 $55\sim65\ \text{Nm}^3/\text{t}$；

平均吹炼周期——指从本炉吹炼开始到终了的时间，min；

60——换算系数，min/h。

$$高峰耗氧量\ Q_{max} = \frac{炉产量×吨钢氧耗量定额}{平均每炉吹氧时间}×60$$

$$每小时平均耗氧量 = 经常吹炼转炉座数×每小时平均耗氧量\ Q_a$$

$$= \frac{经常吹炼转炉座数×炉产量×吨钢氧耗量定额}{平均吹炼周期}×60$$

车间高峰耗氧量，即几座转炉同时处在吹氧期所需供应的氧气量，一般可以考虑两座转炉同时吹氧时间内有一半重叠，因此车间高峰耗氧量就等于一座转炉高峰耗氧量的 1.5 倍。

【例 4.1】 转炉公称吨位为 100 t，金属收得率为 98%，平均吹炼周期为 30 min，平均吹氧时间为 15 min，吨钢氧耗量定额取 $55\ \text{Nm}^3/\text{t}$，请计算车间每小时平均耗氧量和车间高峰耗氧量。

车间每小时平均耗氧量：

$$Q_a = \frac{2×100×98\%×55}{30}×60\ \text{Nm}^3/\text{h} = 21\ 560\ \text{Nm}^3/\text{h}$$

车间高峰耗氧量：

$$Q_{max} = 1.5×\frac{100×98\%×55}{15}×60\ \text{Nm}^3/\text{h} = 32\ 340\ \text{Nm}^3/\text{h}$$

2. 氧枪

转炉车间的供氧系统最主要的设备是氧枪及氧枪的提升、换枪等装置。

（1）氧枪结构

其结构如图 4.14 所示，氧枪又称喷枪或吹氧管，由枪头、枪体和枪尾三部分组成。按枪身外形可分为直形氧枪与锥形氧枪。直形氧枪目前主要用于中小型转炉。大型转炉考虑刮去氧枪顶部上粘的渣钢，多采用锥形枪体。

氧枪的枪体由三层无缝钢管组成，即内层管、中层管和外层管。内层管输送氧气，又称为中心氧气管。中层管将外层管和内层管隔开。冷却水从中层管与内层管之间的缝隙进入，在枪头回转 180°，再从外层管与中层管之间的缝隙排出。为了防止中层管摆动，确保冷却水畅通，还要在中层管和内层管及中层管与外层管之间设置定位块。枪尾有氧气和冷却水的连接管头和把持喷枪的装置等。

（2）氧枪喷头

氧枪喷头的类型很多，按结构形状可分为拉瓦尔型、直筒型和螺旋型等，按喷孔数目又可分为单孔和多孔喷头。氧枪的喷头是由锻造或铸造的高纯度的紫铜坯料整体加工而成的，或用紫铜坯料加工成几个简单几何形体，而后装成一个整体。

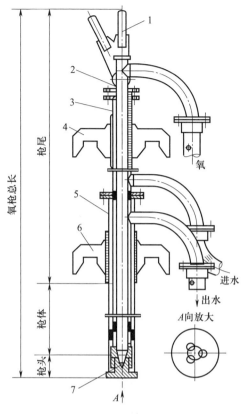

1—吊环;2—内层管;3—中层管;4—上卡板;5—外层管;6—下卡板;7—喷头

图 4.14 氧枪的结构

1)单孔拉瓦尔型喷头

这种喷头的动能较高,对金属熔池的冲击力过大,同时流股与熔池的相遇面积小,目前转炉炼钢已不采用。

2)多孔喷头

多孔喷头有 3 孔的、4 孔的、5 孔的、6 孔的等,图 4.15 所示为 5 孔氧枪喷头,图 4.16 所示为氧枪喷头照片。

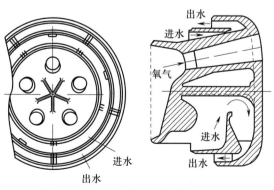

图 4.15 5 孔氧枪喷头

图 4.16 3 孔、4 孔、5 孔氧枪喷头照片

多孔拉瓦尔型喷头的孔为拉瓦尔管,中心线与喷头中心线成一夹角(9°~12°)。喷头由收缩段、喉口以及扩张段组成。

在多孔喷头中,实际中使用最多的是 3~6 孔喷头。一般 100 t 以下转炉采用 3 孔或 4 孔拉瓦尔型喷头,100 t 以上转炉可采用 4~6 孔喷头。

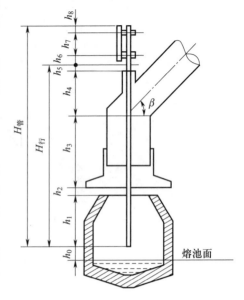

4.3.3 氧枪枪体设计

氧枪的全长是枪头、枪体和枪尾三部分长度之和。氧枪全长与转炉熔池面、炉口高度、活动烟罩的上升高度、固定烟罩的高度、氧枪孔的标高等之间的相对位置的关系如图 4.17 所示。

氧枪的最低位置与熔池面之间的距离 h_0 应保证在炉役后期炉膛扩大、熔池面下降时仍能点火,h_0 一般为 200~400 mm,大炉子取上限,小炉子取下限。

图 4.17 氧枪全长和行程

由图 4.17 可以看出氧枪全长 $H_{管}$ 为

$$H_{管}=h_1+h_2+h_3+h_4+h_5+h_6+h_7+h_8 \qquad (4.4)$$

式中:h_1——氧枪在最低位置时喷头端部至炉口的距离。

h_2——炉口至烟罩下沿的距离,当活动烟罩提升后便于观察终点火焰,一般取 350~500 mm,大炉子取上限,小炉子取下限。

h_3——烟罩下沿至烟道拐点的距离。这个距离主要与烟道下直线段长短有关,为了避免喷出的钢渣进入斜烟道内造成堵塞,一般为 3 000~4 000 mm。

h_4——烟道拐点至喷枪孔的距离,主要决定于斜烟道尺寸的大小。

h_5——为了清理喷头和更换喷头的需要,一般可取 500~800 mm。

h_6——根据把持器设备下段要求决定。

h_7——氧枪把持器中心线距离,根据把持器设备要求来确定。

h_8——根据把持器设备上段的要求决定,如冷却水进出管接头,氧气管接头和吊环等。

氧枪的行程 $H_{行}$ 为

$$H_{行}=h_1+h_2+h_3+h_4+h_5 \qquad (4.5)$$

因此,氧枪总长和行程与其他设备的布置和要求有关,必须全面考虑。

(1)内层管直径的确定

氧枪的枪体由内层管、中层管和外层管三层套管组成。内层管即中心氧气管,其截面积可用下式计算:

$$A_{氧}=\frac{V_{氧}}{\mu_{氧}} \qquad (4.6)$$

式中:$A_{氧}$——中心氧气管的截面积,m^2。

$V_{氧}$——管内氧气在实际工作条件下的体积流量,Nm^3/s。

$\mu_{氧}$——氧气在管内的实际流速,一般取 40~60 m/s。若 $\mu_{氧}$ 过大,则会造成不安全和增加阻力损失;$\mu_{氧}$过小,则增加管道直径,使设备重量增加,增加投资。

$$V_{氧} = \frac{Q \cdot 1.43}{60 \times 9.8 P_0} = \frac{0.002\ 43QRT_0}{p_0 \times 10^4} = \frac{0.002\ 43 \times 26.5}{10^4} \frac{QT_0}{p_0} = 0.644 \times 10^{-5} \frac{QT_0}{p_0} \tag{4.7}$$

式中:Q——供氧量,$\mathrm{Nm^3/min}$;

T_0——氧气的滞止温度,K;

p_0——喷头前的压力,MPa;

1.43——在标准状态下氧气的重度,$\mathrm{kg/(Nm^3)}$。

把式(4.7)代入式(4.6),则得

$$A_{氧} = 0.644 \times 10^{-5} \frac{QT_0}{p_0 \mu_{氧}} \tag{4.8}$$

按前面的例子:已知 $Q = 360\ \mathrm{Nm^3/min}$,$T_0 = 303\ \mathrm{K}$,$p_0 = 0.8\ \mathrm{MPa}$,取 $\mu_{氧} = 50\ \mathrm{m/s}$,则

$$A_{氧} = 0.644 \times 10^{-5} \times \frac{360 \times 303}{0.8 \times 50}\ \mathrm{m^2} = 0.017\ 56\ \mathrm{m^2}$$

中心氧气管外径

$$d_{氧} = \left(\frac{4 \times 0.017\ 56}{\pi}\right)^{\frac{1}{2}}\ \mathrm{m} = 150\ \mathrm{mm}$$

根据部颁标准,这里选用 $\phi 152 \times 5$ 的无缝钢管,其管壁厚度为 5 mm,中心氧气管的内径为

$$d'_{氧} = (152 - 2 \times 5)\ \mathrm{mm} = 142\ \mathrm{mm}$$

(2)中、外层管直径的确定

确定中、外层管直径的原则是必须能供入足够的冷却水量和保持一定的流速,即中、外层管间隙有效流通截面积 $F_{进}$ 为

$$F_{进} = \frac{冷却水秒流量(\mathrm{m^3/s})}{进水速率(\mathrm{m/s})},\ \mathrm{m^2} \tag{4.9a}$$

外层间隙有效流通截面积 $F_{出}$ 为

$$F_{出} = \frac{冷却水秒流量(\mathrm{m^3/s})}{出水速率(\mathrm{m/s})},\ \mathrm{m^2} \tag{4.9b}$$

冷却水的流速分为进水、出水及喷枪头部间隙等三部分流速。一般说,进水速率可以比出水速率适当低些,因其不受热,可以减少阻力损失,根据实际经验进水速率可取 5 m/s 左右,出水速率取 6 m/s 左右比较合适。喷头因工作条件较差,所以头部间隙中冷却水的流速应适当选高些,一般 8~10 m/s,最高时可取 12~15 m/s。冷却水压力一般取 0.9~1.4 MPa。

冷却水流量 $m(\mathrm{m^3/h})$ 可由下式求出:

$$m = \frac{Q_{冷}}{C\Delta t} = \frac{Q_{吸}}{C\Delta t},\ \mathrm{m^3/h} \tag{4.10}$$

式中:$Q_{冷}$,$Q_{吸}$——冷却水带走的热量,枪身吸收的热量,kJ/h;

C——水的比热,$1\ 000 \times 4.18\ \mathrm{kJ/(m^3 \cdot ℃)}$;

Δt——允许温升,一般取 15~20 ℃。

在转炉正常吹炼条件下,枪体单位工作表面在单位时间内的换热量 λ 为 0.961 4 $\times$

$10^6 \text{ kJ/}(\text{m}^2 \cdot \text{h})$ 左右 。如果知道枪体受热面积,就能计算得到 $Q_冷(Q_吸)$。

例如,100 t 转炉使用的喷枪,假定枪身的受热面积为 7 m^2(可以根据最后设计结果进行验算和调整),则 $Q_吸$ 为

$$Q_吸 = F_受 \lambda = 7 \times 0.961\ 4 \times 10^6 \text{ kJ/h} = 6.729\ 8 \times 10^6 \text{ kJ/h}$$

若取 $\Delta t = 17$ ℃,就可以算出冷却水量 $Q_水$ 为

$$Q_水 = \frac{6.729\ 8 \times 10^6}{1\ 000 \times 4.18 \times 17} \text{ m}^3/\text{h} = 94.7 \text{ m}^3/\text{h} = 0.026\ 3 \text{ m}^3/\text{s}$$

代入式(4.9a)得

$$F_进 = \frac{0.026\ 3}{5} \text{ m}^2 = 0.005\ 26 \text{ m}^2$$

因为 $F_进 = \frac{\pi}{4} d_中^2 - \frac{\pi}{4} d_氧^2$,所以 $d_中 = \left(\frac{4F_进}{\pi} + d_氧^2\right)^{0.5} = \left(\frac{4 \times 0.005\ 26}{\pi} + 0.152^2\right)^{0.5} \text{ m} = 0.173 \text{ m}$,中层管可选 $\phi 194 \times 6$ 无缝钢管,内径为 182 mm。

由式(4.9b)求外层管直径:

$$F_出 = \frac{0.026\ 3}{6} \text{ m}^2 = 0.004\ 4 \text{ m}^2$$

$$d_出 = \left(\frac{4 \times 0.004\ 4}{\pi} + 0.194^2\right)^{0.5} \text{ m} = 0.208 \text{ m}$$

外层套管选用 $\phi 219 \times 10$ 的无缝钢管,其内径为 199 mm。

4.3.4 喷头的设计与计算

喷头是氧气喷枪的最重要部分,喷头的结构直接决定了氧气射流的气体动力学特性。因此,必须根据炼钢工艺要求来设计喷头,从喷头喷出的氧气射流的气体动力学参数应符合工艺要求的规定,并要求在一定炉次内使用时氧气射流的特性保持不变。

单孔拉瓦尔型喷头的设计和计算是最基本的。它是多孔喷头设计和计算的基础。下面以单孔拉瓦尔型喷头为例介绍喷头的设计和计算。

(1)供氧量的计算

在设计喷头时必须首先知道供氧量。供氧量主要决定于装入量和每吨钢的耗氧量(简称吨钢耗氧量)。如果已知铁水成分、铁水比、终点成分和矿石加入量等,就可用物料平衡较精确地计算吨钢耗氧量。由于在实际生产中许多因素是变动的,所以精确的理论计算仍有一定的偏差。通常根据铁水成分和生产统计,由经验确定大致的吨钢耗氧量。表 4.3 是根据经验得到的参考数据。

表 4.3 不同的钢液成分情况下的吨钢耗氧量　　　　　　　　　　　Nm^3

钢液成分		设定参量数值
Si 含量/%	P 含量/%	
≤0.7	≤0.25	50~57
0.6~0.9	0.3~0.6	60~65
<1.0	<1.6	62~69

这样,供氧量就可用下面较简单的公式计算出来:

$$供氧量(Nm^3/min) = 吨钢耗氧量×平均出钢量/吹炼时间 \qquad (4.11)$$

其中,平均出钢量一般指转炉的公称容量。如 100 t 和 300 t 转炉的平均出钢量就是 100 t 和 300 t。吹炼时间可以根据铁水成分、炉子大小和工厂的生产条件来选定。如低磷铁水一般为 12~15 min,而高磷铁水为 15~25 min。

供氧量也可以用供氧强度乘以平均出钢量而得到,即

$$供氧量(Nm^3/min) = 供氧强度×平均出钢量 \qquad (4.12)$$

供氧强度可以根据生产经验确定。例如,100~150 t 转炉一般为 3.0~4.5 Nm³/(t·min), 150~300 t 转炉为 2.5~3.5 Nm³/(t·min)。

现以 100 t 转炉为例,假定铁水成分 Si 含量≤0.7%,P 含量≤0.25%;平均出钢量为 100 t, 吨钢耗氧量为 54 Nm³,吹炼时间为 15 min,供氧强度为 3.6 m³/(t·min)。用第一种计算方法得

$$供氧量 = \frac{54×100}{15} \ Nm^3/min = 360 \ Nm^3/min$$

用第二种计算方法得:

$$供氧量 = 3.60×100 \ Nm^3/min = 360 \ Nm^3/min$$

所得结果相同。

(2)氧压的确定

这里所说的氧压是指喷头前的压力 p_0、喷头出口压力 $p_出$ 和测定点的压力 $p_用$。

设计超声速喷头和确定吹炼制度时,喷头前的压力是很重要的参数,所以必须根据生产实际条件,确定合适的设计氧压 p_0。拉瓦尔型喷头的氧气喷出速率、出口马赫数 $M_出$ 与喷头前的压力 p_0 的关系示于图 4.18 中。在炼钢生产中,通常采用的氧气喷出速率为 450~520 m/s,相应的 $M_出$ 为 1.70~2.22,而 p_0 为 0.4~1.0 MPa(表压)。如采用 p_0 过低,则由于搅拌作用较弱,氧的利用率低,渣中($\sum FeO$)含量过高,会引起喷溅,若用低枪位操作,降低喷枪寿命;如采用过高的 p_0(>1.5 MPa),会使喷溅增多,炉子上部易损坏。

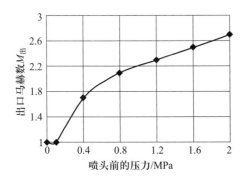
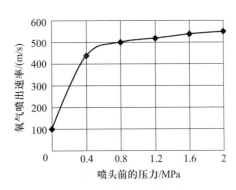

图 4.18 拉瓦尔型喷头的出口马赫数、氧气的喷出速率与喷头前压力的关系
氧气滞止温度为 300 K,喷头出口压力 $p_出$ = 0.1 MPa(绝对)

在实际生产中,喷头前的压力通常是未测量的,往往根据测定点的压力减去测定点到喷头前之间的压力损失而估算得出的,因此偏差较大,最好是进行实测。一般转炉实测的压力

损失为 0.05~0.16 MPa,但由于提高喷吹流量压力损失一般随着使用压力和喉口直径的增加而增大。

喷头的出口压力 $p_{出}$ 应等于或稍高于周围介质的压力 $p_{周}$。转炉炉膛中的压力与熔池水平面上升和淹没喷枪的高度有关。

从以上分析可以看出,正确地确定 p_0、$p_{出}$ 和测定点到喷头前的压力损失,对喷头设计和制定操作制度是非常重要的。

(3) 喉口直径的计算

当供氧量 Q 和喷头前的压力确定后,就可以按弗林内公式计算喉口直径,即

$$Q = \frac{174.8}{\sqrt{T_0}} A^* p_0 \quad (\mathrm{Nm^3/min}) \tag{4.13}$$

式中:T_0——氧气滞止温度,K;

　　A^*——喉口截面积,$\mathrm{cm^2}$;

　　p_0——喷头前的压力(吹损时允许正偏离 20%),MPa(绝对)。

从上式可见,在 T_0 和 p_0 一定时,供氧量主要决定于喉口直径。此外喷头加工的表面粗糙度对流量也有一定的影响,因粗糙表面必定增加附面层厚度。

现以 100 t 转炉为例,已标出供氧量 $Q = 360\ \mathrm{Nm^3/min}$,采用 4 孔喷头,假定 $p_0 = 0.8\ \mathrm{MPa}$(绝对),$T_0 = (273+30)\ \mathrm{K} = 303\ \mathrm{K}$,代入式(4.13)则可求出喉口直径 d^*:

$$360/4 = \frac{174.8}{\sqrt{303}} \times \frac{\pi}{4} d^{*2} \times 0.8$$

$$d^* = 3.8\ \mathrm{cm} = 38\ \mathrm{mm}$$

(4) 喷头出口直径的计算

在超声速流中,一定的氧压比($p_{出}/p_0$)下必有一定的截面积比($A_{出}/A^*$),其关系式为

$$\frac{A_{出}}{A^*} = \sqrt{\frac{K-1}{K+1} \frac{\left(\dfrac{2}{K+1}\right)^{\frac{2}{K-1}}}{\left(\dfrac{p_{出}}{p_0}\right)^{\frac{2}{K}} - \left(\dfrac{p_{出}}{p_0}\right)^{\frac{K+1}{K}}}}$$

上式也可以更简便地用出口马赫数 $M_{出}$ 表示:

$$\frac{A_{出}}{A^*} = \frac{1}{M_{出}} \left[\left(\frac{2}{K+1}\right) \left(1 + \frac{K-1}{2} M_{出}^2\right) \right]^{\frac{K+1}{2(K-1)}}$$

已知氧气的 K 值为 1.4,代入上式可简化为

$$\frac{A_{出}}{A^*} = \frac{1}{M_{出}} (0.833 + 0.167 M_{出}^2)^3$$

因此只要选定 $M_{出}$,就可计算 $A_{出}/A^*$,或更简便地直接从表 4.4 中查出。从上述例子:已知 $p_0 = 0.8\ \mathrm{MPa}$,设 $p_{出} = 0.104\ \mathrm{MPa}$,则 $p_{出}/p_0 = 0.13$,可从表 4.4 中查出,$M_{出} = 1.99$,$A_{出}/A^* = 1.677$,则

$$\frac{A_{出}}{A^*} = \left(\frac{d_{出}}{d^*}\right)^2 = 1.677,\quad \frac{d_{出}}{d^*} = 1.295,\quad d_{出} = 49\ \mathrm{mm}$$

关于出口处的其他参数,如氧流的出口温度 $T_{出}$、出口速率 $\omega_{出}$ 和出口马赫数 $M_{出}$,可根据公

式计算。表4.4是部分计算结果。

表4.4　氧气由喷头流出时的各种数值(计算值)[$p_{出}=0.13$ MPa(绝对),$T_0=300$ K]

p_0/MPa(绝对)	0.5	0.6	0.7	0.8	0.9	1.0	1.1	1.2
$p_{出}/p_0$	0.260	0.216 7	0.185 7	0.162 5	0.144 4	0.13	0.118 2	0.108 3
$M_{出}$	1.530	1.655	1.755	1.845	1.920	1.990	2.050	2.105
$A_{出}/A^*$	1.198	1.298	1.394	1.492	1.583	1.677	1.764	1.849
$d_{出}/d^*$	1.095	1.139	1.181	1.221	1.258	1.295	1.328	1.360
$\omega_{出}$/(m/s)	416	438	455	470	480	491	500	507
出口处的声速 $\alpha_{出}$/(m/s)	272	264	259	254	250	246	244	241
$T_{出}/T_0$	0.681	0.646	0.619	0.595	0.576	0.558	0.543	0.530
$T_{出}$/K	204	194	186	179	173	167	163	159

4.3.5　氧枪的控制系统

氧枪在吹炼过程中需要频繁升降,而且要求位置准确,因此氧枪的升降机构是转炉上的重要设备之一。氧枪的升降机构、更换装置、枪位控制装置、安全联锁、检测仪表等,应由炼钢专业单位提出要求和提供必要的数据,由有关专业单位来设计完成。

每座转炉必须有两根氧枪,一根使用,一根备用。氧枪固定在升降小车上,升降小车可以在用槽钢制成的导轨中上下移动,这样可以避免变形并减轻振动。为了保证工作可靠和安全,升降小车应采用两条钢丝绳,如果有一条钢丝绳损坏,另一条钢丝绳仍能承担全部负荷,使氧枪不至于坠落损坏,或在吹炼中坠入炉内造成事故。钢丝绳将升降小车和重锤连接起来,如图4.19所示。当卷扬机的卷筒旋转提升重锤时,氧枪和升降小车因自重而下降;当放下重锤时,重锤的重量使氧枪和升降小车提升。制动器应采用"停电打开"的方式,一旦车间发生断电事故,制动器自动打开,重锤因自重而下落,同时将氧枪迅速

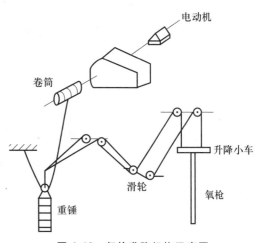

图4.19　氧枪升降机构示意图

提升,避免发生因停电断水使氧枪在炉内烧坏的严重事故。为了保证氧枪能迅速上升,重锤的重量要比氧枪、升降小车、冷却水、橡皮管等重量的总和大20%左右。为了避免因喷头烧坏而影响生产,应设置横移装置和换枪装置,在横移装置上并排安装有两套氧枪和升降小车,其中一套工作,一套备用。一旦发生喷头烧坏,迅速将氧枪提升到换枪位置,开动横移小车,使备用的一套氧枪和升降小车对准固定导轨,就可立刻继续生产,整个换枪时间为3~5 min。

4.4 炼钢原料及耐火材料

原辅材料(即原材料和辅助材料)是转炉炼钢的物质基础,原辅材料质量的好坏不仅对炼钢工艺和钢的质量有直接的影响,而且关系着对资源的合理利用及环境保护。实践证明,采用精料以及原辅材料标准化,是实现冶炼过程自动化的先决条件,也是改善各项技术经济指标和提高经济效益的基础。

一般认为炼钢原材料包括铁水、废钢、生铁块等,辅助材料包括石灰、萤石(CaF_2)、生白云石[$CaMg(CO_3)_2$]、菱镁矿($MgCO_3$),还有铁合金、冷却剂及增碳剂等。

按性质来分,转炉原辅材料分为金属料和非金属料两类。按用途来分,可以分为金属材料、造渣材料、耐火材料。

4.4.1 金属材料

金属材料包括铁水(生铁)、废钢、铁合金等。

(1)铁水(生铁)

铁水是转炉炼钢的主要金属料,占金属料装入量的70%~100%。铁水是转炉炼钢的基本热源,又直接关系着实际炼钢的生产流程。因此,对入炉的铁水温度和铁水成分必须有一定的要求。

铁水温度:铁水温度的高低是带入转炉物理热多少的标志,这部分热量是转炉热量的重要来源之一。因此,铁水温度不能过低,否则热量不足,影响熔池的升温速率和元素氧化过程,也影响化渣和去除杂质,还容易导致喷溅。要保证转炉铁水温度大于1 250 ℃。此外,铁水温度要保持稳定,这样利于操作的稳定和转炉的自动控制。

通常,高炉的出铁温度为1 350~1 450 ℃,由于铁水在运输和待装过程中会散失热量,所以要保证铁水温度合适,应选用混铁车或混铁炉的方式供应铁水,在运输过程应加覆盖剂保温,减少铁水散热、降温。

铁水成分:要保证转炉的正常冶炼和获得良好的技术经济指标,铁水成分应该合适并且保证稳定。表4.5是炼钢用生铁的主要化学成分及其占铁水的比例。

表 4.5 炼钢用生铁的主要化学成分及其占铁水的比例

成分	C	Si	Mn	S	P
占铁水的比例/%	4.0~4.5	0.2~1.0	0.1~0.6	0.001~0.05	0.01~0.30

硅是炼钢过程的重要发热元素之一,生成的SiO_2是渣中主要的酸性成分,是决定炉渣碱度和石灰消耗量的关键因素。铁水中Si含量为0.20%~0.80%为宜。通常大、中型转炉用铁水的硅含量可以偏下限,而对于热量不富余的小型转炉用铁水的硅含量可偏上限。

锰是钢中的有益元素,铁水的锰含量高,可以促进初期渣早化,改善熔渣的流动性,利于脱硫和提高炉衬寿命;减少氧枪粘钢;还利于提高金属收得率;同时终点钢中锰含量高,能够减少合金用量等。通常铁水的锰含量为0.5%左右。

磷是大多数钢种中的有害元素,因此铁水中磷含量越低越好。铁水中磷含量主要取决于矿石条件,转炉对其未作特别要求,但希望磷含量尽可能低和稳定。

除了含硫易切钢(要求硫含量为 0.08% ~ 0.30%)以外,绝大多数钢中硫是有害元素。在转炉内氧化性气氛中脱硫是有限的,脱硫率只有 20% ~ 40%。要生产低硫优质钢,必须进行铁水预处理脱硫。

（2）废钢

废钢是转炉主要金属料之一,是冷却效果稳定的冷却剂。适当增加废钢占比,可以降低转炉炼钢成本、能耗和炼钢辅助材料的消耗量。

废钢主要来源于本厂的返回废钢和社会外购废钢。如铸坯的切头切尾,轧钢厂的切头切尾、轧后废品等;机械加工的废品、切屑;钢管和钢板的切边等;废旧设备。

废钢的来源复杂,质量差异较大,其中本厂返回废钢,或某些专业工厂的返回料质量最好。外购废钢成分复杂,质量波动大,需要适当加工和严格管理。通常根据成分、重量可以把废钢按质量分级,把优质废钢和劣质废钢区分开来。在转炉配料时,应按成分或冶炼需要把优质废钢集中使用或搭配使用,以提高废钢的使用价值。

废钢质量对转炉冶炼技术经济指标有明显影响,从合理使用和冶炼工艺出发,对废钢的要求如下:

1）不同性质的废钢应分类存放,以免混杂,造成稀有元素的浪费和出废品钢。

2）废钢入炉前应仔细检查,严禁封闭中空器皿、爆炸物和毒品混入炉内。

3）入炉废钢必须干燥,清洁无油污,力求不混入泥沙、耐火材料和搪瓷等杂物,更不能混入 Zn、Pb、Sn 等有色金属。

4）废钢应具有合适的外形尺寸和单重。轻薄料应打包或压块使用,重废钢应加工、切割,以便顺利装料并保证在吹炼期全部熔化。

（3）铁合金

吹炼终点要脱除钢中多余的氧,并调整成分达到钢种规格,需加入铁合金以脱氧合金化。它们的形式不一样,有的是以铁合金的形式使用,如锰铁、硅铁、铬铁等;有的以合金形式使用,如硅锰、硅钙、硅铝钡等;有的以纯金属形式使用,如铝、锰、铬、镍等;还有以化合物形式使用的,如稀土化合物。

铁合金的品种较多,但是生产成本高,因此要选用适当牌号的铁合金,以降低钢的成本。转炉常用的铁合金有 Fe-Mn、Fe-Si、Mn-Si、Ca-Si、Fe-Al、Ca-Al-Ba 等。

4.4.2 造渣材料

造渣材料包括石灰、萤石、生白云石、菱镁矿、合成造渣剂。

（1）石灰

石灰是转炉炼钢的主要造渣材料,主要成分是 CaO,具有很强的脱磷、脱硫能力,不损害炉衬。

石灰的渣化速率是转炉炼钢成渣速率的关键,因此炼钢用石灰除了要求有效 CaO 含量高,SiO_2 和 S 含量低,适当的块度之外,对其活性度也要提出要求。石灰的活性度是石灰反应能力的标志,也是衡量石灰质量的重要参数。活性度大的石灰反应能力强,成渣速率快。

此外,石灰极易水化潮解,生成 Ca(OH)$_2$,要尽量使用新焙烧的石灰,同时对石灰的贮存时间应加以限制。表 4.6 是转炉炼钢常用石灰的标准。

表 4.6　转炉炼钢常用石灰的标准

项目	化学成分的含量/%			活性度/mL	块度/mm	烧减/%	生(过)烧率/%
	CaO	SiO$_2$	S				
指标	≥90	≤3	≤0.1	>300	5~40	<4	≤14

石灰的性质包括物理和化学性质,主要有以下几个方面:

1) 煅烧度

在实际生产中,石灰根据煅烧度可分为轻烧石灰、中烧石灰和硬烧石灰。轻烧石灰晶体小、比表面积大、总气孔体积大、体积密度小。所以,轻烧石灰的熔解速率快,反应能力强,又称活性石灰。中烧石灰晶体强烈聚集,晶体和气孔直径稍大。硬烧石灰大多由致密 CaO 聚集体组成,晶体和气孔直径最大。

2) 体积密度

由于水合作用,很难测定 CaO 的密度,其平均值可认为是 3.35 g/cm^3。石灰的体积密度随着煅烧度的加重而提高,如果石灰石分解时未出现收缩或膨胀,那么轻烧石灰的体积密度应为 1.57g/cm^3,气孔率为 52.5%;中烧石灰的体积密度为 1.8~2.2 g/cm^3;硬烧石灰的体积密度为 2.2~2.6 g/cm^3。

3) 气孔率和比表面积

气孔率分为总气孔率和开口气孔率。总气孔率可由相对密度和体积密度算出,包括开口和全封闭的气孔。

4) 烧减

烧减是指石灰在 1 000 ℃ 左右所失去的比重,它是由于石灰未烧透以及在大气中吸收了水分和 CO$_2$ 所致。

5) 水化性

水化性是指 CaO 在消化时与水或水蒸气的反应性能,即将一定量石灰放入一定量水中,然后用滴定法或测定放出的热量来评定其反应速率,用以表示石灰的活性。

石灰质量与石灰窑类型密切相关。石灰窑种类很多,包括普通竖窑、新型竖窑(套筒竖窑、多膛竖窑)、回转窑、旋转炉底窑、沸腾窑等。其中普通竖窑生产的石灰质量很差,回转窑可以严格控制温度,能够保证石灰性质均匀,加之采用以辐射为主的加热方式,石灰吸硫率低,即使用劣质燃料也能烧成优质石灰。目前,活性石灰主要由回转窑、新型竖窑等烧成。

(2) 萤石

萤石的主要成分是 CaF$_2$。纯 CaF$_2$ 的熔点在 1 418 ℃,萤石中还含有其他杂质,比纯 CaF$_2$ 熔点还要低些。萤石能使 CaO 和阻碍石灰熔解的 2CaO·SiO$_2$ 外壳的熔点显著降低,造渣加入萤石可以加速石灰的熔解,萤石的助熔作用是在很短的时间内能够改善炉渣的流动性,但过多的萤石用量,会产生严重的泡沫渣,导致喷溅,同时加剧炉衬的损坏。

转炉炼钢用的 CaF$_2$ 含量应大于 85%,SiO$_2$ 含量 ≤5.0%,S 含量 ≤0.10%,块度为 5~40 mm,

并要干燥清洁。

由于萤石含氟,对环境的污染非常大,目前炼钢业已逐步控制其使用量,并寻求新的替代品。

（3）生白云石

生白云石即天然白云石,主要成分是 CaMg(CO₃)₂。焙烧后为熟白云石,其主要成分是 CaO 与 MgO。自 20 世纪 60 年代初开始应用白云石代替部分石灰造渣技术,其目的是保持渣中有一定的 MgO 含量,以减轻初期酸性渣对炉衬的侵蚀,提高炉衬寿命,实践证明其效果好。生白云石也是溅渣护炉的调渣剂。

由于生白云石在炉内分解吸热,所以用轻烧白云石最为理想。目前有的厂家在焙烧石灰时配加一定数量的生白云石,石灰中就带有一定的 MgO 成分,用这种石灰造渣也取得了良好的冶金和保护效果。

（4）菱镁矿

菱镁矿也是天然矿物,主要成分是 MgCO₃,焙烧后用作耐火材料,也是目前溅渣护炉的调渣剂。

（5）合成造渣剂

合成造渣剂是将石灰和熔剂预先在炉外制成的低熔点造渣材料,然后用于炉内造渣。这是一种提高成渣速率、改善冶金效果的有效措施。

合成渣主要材料是石灰,加入适量的熔剂,如氧化铁皮、萤石、氧化锰或其他氧化物等,在低温下预制成形。这种预制料一般熔点较低、碱度高、颗粒小、成分均匀而且在高温下容易破裂,是效果较好的成渣料。高碱度球团矿也可以做成合成造渣剂使用,它的成分稳定,造渣效果良好。

此外,在焙烧石灰时加入适量的氧化铁皮,由于氧化铁渗透于石灰表面而制成含氧化铁的黑皮石灰。用这种石灰造渣碱度高,成渣快,脱磷、脱硫效果好。使用同样办法可以制作预渗氧化铁的白云石等。

合成造渣剂的应用减轻了转炉造渣的负担,简化了转炉工艺操作。

4.4.3 耐火材料

转炉是高温冶金设备,所以必须用耐火材料堆砌。特别是炉衬,不仅承受高温钢液与熔渣的化学侵蚀,还要承受钢液、熔渣、炉气的冲刷作用以及废钢的机械冲撞等。耐火材料不仅关系着炉衬的寿命,还影响着钢的质量。

凡是具有抵抗高温及在高温下能够抵抗所产生的物理化学作用的材料统称为耐火材料。一般来说,耐火材料可以分为以下三种:碱性耐火材料,是指以 MgO 或 MgO 和 CaO 为主要成分的耐火材料,能抵抗碱性熔渣,与酸性熔渣反应;酸性耐火材料,通常是指 SiO₂ 含量大于 93% 的氧化硅质耐火材料,能抵抗酸性熔渣,与碱性熔渣反应;中性耐火材料,指的是在高温下,与碱性或酸性熔渣都不易起明显反应的耐火材料,如碳质及铬质耐火材料。

衡量耐火材料好坏的主要性能指标有耐火度、荷重软化温度、耐压强度、抗热振性、热膨胀性、导热性、抗渣性、气孔率等。

（1）转炉用耐火材料

1）焦油白云石砖

焦油白云石砖在我国的应用时间最长,使用量最大。它的生产成本低,但炉衬的寿命也比较低,现在已很少使用。

2）白云石砖

用两步煅烧法生产的白云石砂或镁白云石砂,同竖窑煅烧的白云石砂相比,杂质含量低,烧结程度好,抗水化性能优,制砖后炉衬寿命也较高。

3）镁白云石碳砖

以优质白云石砂、镁白云石砂为基本原料,添加优质石墨,以焦油沥青或树脂为结合剂,机压成形生产炉衬砖。由于添加石墨,这种砖的耐蚀性大幅度提高。

4）镁碳砖

目前转炉均采用镁碳砖砌炉。以优质烧结镁砂、电熔镁砂为基本原料,添加优质石墨,以焦油沥青或树脂为结合剂混料,高吨位压砖机成形。镁碳砖兼备了镁质和碳质耐火材料的优点,克服了传统碱性耐火材料的缺点,它的抗渣性强,导热性能好,避免了镁砂颗粒产生热裂;同时由于有结合剂固化后形成的碳网络,将氧化镁颗粒紧密牢固地连接在一起。使用镁碳砖可以大幅度提高炉衬的寿命。

（2）转炉炉衬

炉衬寿命影响转炉的工作时间及生产成本,炉龄是钢厂一项重要的生产技术指标。研究耐火材料是为了延长转炉炉衬的寿命,提高炉龄。

转炉内衬的结构可以分为炉底、熔池、炉壁、炉帽、渣线、耳轴、炉口、出钢口、底吹供气砖等部分。

为了节约材料可以综合砌炉、均衡炉衬。在冶炼过程中由于各个部位的工作条件不同,因而工作层各部位的损坏情况也不一样,针对这一点,视其损坏程度砌筑不同的耐火砖,容易损坏的地方砌筑高档镁碳砖,损坏较轻的地方可以砌筑中档或低档镁碳砖,这样整个炉衬的蚀损情况较为均匀,即综合砌炉。

转炉的内衬是由安全（永久）层和工作层组成,如图 4.20 所示,部分转炉有绝热层。安全（永久）层是用焦油白云石砖或低档镁碳砖砌筑;在砌筑新的炉衬时,这一层是不需要拆除的。工作层都是用镁碳砖砌筑,不同位置采用不同材质的镁碳砖。绝热层一般用石棉板或耐火纤维砌筑。

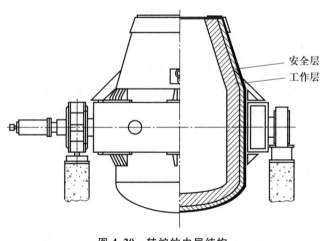

图 4.20　转炉的内层结构

炉衬损坏的原因:铁水、废钢及炉渣等的机械碰撞和冲刷;炉渣及钢液的化学侵蚀;炉衬自身矿物组成分解引起的层裂;急冷急热;等等。

为提高炉龄可采取的措施:提高耐火材料的质量;优化炼钢工艺;采用补炉及护炉操作。

4.5 转炉冶炼工艺

氧气转炉炼钢的工艺特点是该过程完全依靠铁水氧化带来的化学热及物理热来进行;冶炼周期通常为 30~40 min,生产率高;CO 反应的强烈搅拌,可将氮、氢含量降低到很低的水平;对原材料适应性强,高磷、低磷都可以冶炼。

氧气转炉冶炼一炉钢的操作过程:上炉钢出完后倒掉炉渣,并检查炉体,必要时进行补炉或溅渣操作。将转炉摇到装料位置,兑入铁水和装入废钢,然后把炉子摇到垂直位置,降下氧枪进行吹炼,开吹后将渣料依次加入炉内。开吹时,炉内噪声较大,从炉口冒出赤色烟尘,随后喷出亮度较暗的火焰;当铁水中的硅氧化完后,碳的火焰急剧上升,从炉口喷出的火焰变大,亮度也随之提高。同时炉内的渣料熔化,炉渣形成,炉内的噪声也随之减弱;炉渣起泡,有可能喷出炉口,此时应加入第二批渣料。随着熔池碳含量的降低,炉口燃烧的火焰减弱,便可停吹,倒炉测温、取样。根据测温、取样的结果,决定补吹时间或出钢。当钢液成分和温度均已合格时,即可倒炉出钢。在出钢过程中,将计算和准备好的铁合金加入钢包中脱氧和合金化。出完钢后,将炉渣倒入渣罐中。

4.5.1 转炉炉龄

炉龄是转炉炼钢一项综合性技术经济指标,提高炉龄不仅可以降低耐火材料消耗、提高作业率、降低生产成本,而且有利于均衡组织生产,促进生产的良性循环。

转炉炉衬工作在高温、高氧化性条件下,通常以每炉 0.2~0.8 mm 的速率被侵蚀。为了提高炉龄,主要从提高耐材质量、炉衬的砌筑、护炉及工艺操作等方面做工作。其中护炉工艺是最为实用经济的方法。

护炉主要包括炉衬喷补和溅渣护炉。

(1)炉衬喷补

炉衬喷补是通过专门设备将散状耐火材料喷射到红热炉衬表面,进而烧结成一体,使损坏严重的部位形成新的烧结层,炉衬得到部分修复,可以延长使用寿命。根据补炉料含水与否及水含量的多少,喷补方法分为湿法、干法、半干法及火法等。喷补料是由耐火材料、化学结合剂、增塑剂等组成。各国使用的喷补料不完全相同。我国是使用冶金镁砂,常用的结合剂有固体水玻璃[硅酸钠($Na_2O \cdot nSiO_2$)]、铬酸盐、磷酸盐(三聚磷酸钠)等。目前这种方法主要作为转炉炉内易侵蚀等部位的护炉方法。

(2)溅渣护炉

20 世纪 90 年代,美国 LTV 钢铁公司印第安纳港(Indiana Harbor)厂成功开发转炉溅渣护炉技术,我国引进该技术后,转炉炉龄的最高达到 30 000 次以上。溅渣护炉工艺的采用是 20 世纪 90 年代转炉护炉工艺的重大突破,其降低了生产成本,提高了冶炼节奏。

溅渣护炉的基本原理是,利用 MgO 含量达到饱和或过饱和的炼钢终点渣,通过高压氮气的吹溅,在炉衬表面形成一层高熔点的溅渣层,并与炉衬很好地烧结附着,如图4.21所示。这个溅渣层耐蚀性较好,从而保护了炉衬,减缓其损坏程度,炉衬寿命得到提高。

溅渣护炉在技术上有以下特点:

1)操作简便。根据炉渣黏稠程度调整成分后,利用氧枪和自动控制系统,改供氧气为供氮气,即可降枪进行溅渣操作。

2)成本低。充分利用了转炉高碱度终渣和制氧厂副产品氮气,加少量调渣剂(如菱镁球、轻烧白云石)就可以实现溅渣,还可以降低吨钢石灰消耗量。

3)时间短。一般只需3~4 min即可完成溅渣护炉操作,不影响正常生产。

4)溅渣均匀覆盖整个炉膛内壁上,基本不改变炉膛形状。

5)工人劳动强度低,无环境污染。

6)炉膛温度较稳定,炉衬砖无急冷急热的变化。

7)由于炉龄的提高,节省修砌炉的时间,有利于提高钢产量和平衡、协调生产组织。

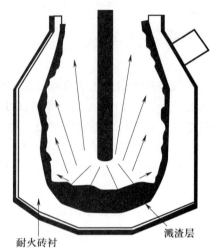

耐火砖衬　　　　　溅渣层

图4.21　溅渣护炉的基本原理

8)由于转炉作业率和单炉产量提高,为转炉实现"二吹二"或"一吹一"生产模式创造了条件。

溅渣护炉的主要操作步骤如下:

1)将钢出尽后留下全部或部分炉渣;

2)稀稠、温度的高低决定是否加入调渣剂,并观察炉衬侵蚀情况;

3)摇动炉子使炉渣涂挂到前、后侧大面上;

4)下枪到预定高度,开始吹氮、溅渣,使炉衬全面挂上渣后,将枪停留在某一位置上,对特殊需要溅渣的地方进行溅渣;

5)溅渣到所需时间后,停止吹氮,移开喷枪;

6)检查炉衬溅渣情况,是否需要局部喷补,如已达到要求,即可将渣倒入渣罐中,溅渣操作结束。

溅渣护炉和冶炼工艺的相互影响如下:

实践得知,由于溅渣炉底会有上涨的现象,因此枪位要比未溅渣炉高,以避免造成喷溅、炉渣返干和增加氧气消耗量。

对钢中氮含量和质量的影响。吹氮溅渣后,主要防止阀门漏气,造成吹炼终点氮含量过高。通过对未装溅渣炉衬设备和装溅渣护炉设备炉次的终点钢样分析,[N]分别为0.002 1%和0.002 15%,两者氮含量水平相当。

通过对采用溅渣工艺前、后轧后废品分析比较,结论表明,用氮气溅渣对钢质没有影响。对冶炼过程脱硫、脱磷没有明显影响。

冶炼对溅渣的影响。冶炼终点温度对溅渣覆盖层有一定影响,温度高对溅渣存在不利影响。据统计,采用溅渣护炉技术后出钢温度每降低1 ℃转炉炉龄可提高120炉。终渣氧化性对溅渣覆盖层有一定影响,把终渣 FeO 含量控制在低限,对保护炉衬是有利的。渣稀对炉衬侵蚀严重,渣偏稠不侵蚀而且容易挂上炉壁。为提高溅渣护炉效果,炉渣成分应在适当的范围内,在保证冶炼的条件下,应尽量提高 MgO 含量及终渣碱度。

4.5.2 装料

装料是转炉炼钢过程中的一项重要过程,在装料时必须按照一定的制度进行操作,否则会给生产带来影响,甚至对人员和设备造成伤害。确定转炉合理的装入量,合适的铁水废钢比就是装入制度。

1. 装入量

实践证明,每座转炉都必须有合适的装入量,装入量过大或过小都不能得到好的技术经济指标。若装入量过大,将导致吹炼过程的严重喷溅,造渣困难,延长冶炼时间,吹损增加,炉衬寿命降低。装入量过小时,不仅产量下降,由于装入量少,熔池变浅,控制不当,炉底容易受氧气射流的冲击作用而过早损坏,甚至使炉底烧穿,进而造成漏钢事故,对钢的质量也有不良影响。

在确定装入量时,必须考虑合适的炉容比,保证一定的熔池深度,与钢包容量、行车的起重能力、转炉的倾动力矩相适应。

2. 装入制度类型

氧气顶吹转炉的装入制度有定量装入制度、定深装入制度和分阶段定量装入制度。其中,定深装入制度即每炉熔池深度保持不变,由于生产组织困难,现已很少使用。定量装入制度和分阶段定量装入制度在国内外得到广泛应用。

(1)定量装入制度

定量装入制度就是在整个炉役期间,每炉的装入量保持不变。这种装入制度的优点:便于生产组织,操作稳定,有利于实现过程自动控制,但炉役前期熔池深,后期熔池变浅,主要适合大吨位转炉。目前国内外大型转炉主要采用定量装入制度。

(2)分阶段定量装入制度

在一个炉役期间,按炉膛扩大的程度划分阶段,每个阶段定量装入。这样既大体上保持了整个炉役中具有比较合适的熔池深度,又保持了各个阶段中装入量的相对稳定,既能增加装入量,又便于组织生产。主要适合中、小型转炉,但随着炉衬寿命的提高,炉膛的大小已基本不变,逐渐改为采用定量装入制度。

3. 装料操作

(1)铁水、废钢的装入顺序

先兑铁水后装废钢:这种装入顺序可以避免废钢直接撞击炉衬,但炉内留有液态残渣时,兑铁水容易喷溅,造成安全事故。

先装废钢后兑铁水:这种装入顺序废钢直接撞击炉衬,但目前国内各钢厂普遍采用溅渣护炉技术,运用此法可防止兑铁水喷溅,但补炉后的第一炉钢可采用前法。

(2)准确控制铁水废钢比

准确控制铁水和废钢的装入量、减少渣料和氧气消耗,各厂家应根据实际成本和铁水热量确定合理的铁水废钢比。

4.5.3 吹氧及造渣

转炉冶炼完全依靠氧气,吹氧制度是否合理,决定生产节奏及冶炼成本高低。

1. 吹氧

（1）氧气流量

氧气流量 Q 是指在单位时间内熔池的供氧量（常用标准状态下的体积）。

氧气流量是根据吹炼每吨金属料所需要的氧气量、金属装入量、供氧时间等因素来确定的,即

$$Q = \frac{V}{t}$$

式中: V 为供氧量, Nm^3 ; t 为供氧时间。

（2）供氧强度

供氧强度 I 是单位时间内每吨金属耗氧量 $[Nm^3/(min \cdot t)]$,可由下式确定: $I = \frac{Q}{T}$ （ T 是指一炉钢的金属装入量,t）,供氧强度也称喷吹强度[20]。供氧强度对于转炉的生产率十分重要。传统顶吹转炉的供氧强度为 $2.5 \sim 3.9\ Nm^3/(min \cdot t)$ 之间。增大转炉炉容比（约 $1\ Nm^3/t$ ）,采用铁水预处理（脱 Si、S、P）进行低渣量吹炼,提高供氧强度可达到 $4.5\ Nm^3/(min \cdot t)$ 。这样,在废钢比为 5% 左右时出钢,出钢时间缩短为仅 24 min 左右,吹氧时间仅 10 min [20]。

在欧洲和北美,废钢比高达 $20\% \sim 28\%$,铁水只进行脱 S ,只有采用复合吹氧时供氧强度才达到 $4 \sim 5\ Nm^3/(min \cdot t)$ 。埋入式底吹氧气喷嘴中需要喷入细石灰粉,目的是在吹炼开始时就在渣中产生硅酸二钙,并在各种铁水条件下获得稳定的吹炼行为。表 4.7 归纳了不同工艺的喷吹强度。

表 4.7　顶吹、复吹和底吹工艺的喷吹强度[20]

吹氧方式	工艺		
	LD	K-OBM/K-BOP/KMS	OBM/Q-BOP
顶吹	喷吹 O_2　2.5~3.9(4.3)②	喷吹 O_2　0.15~3.5	—
底吹	喷吹 N_2, Ar　（CO+CO$_2$）　0.005~0.150　（0.20）	喷吹 $O_2 + C_nH_m$①　O_2+惰性气体/C_nH_m+惰性气体、喷吹石灰时,0.5~4.0　无石灰喷吹时,0.15~1.00	喷吹石灰时,3.5~5.0
总计	2.5~3.9(4.3)②	3.5~5.0	3.5~5.0

① C_nH_m 碳氢化合物（如 C_3H_8、C_4H_{10}、天然气等）作为保护气从风口环缝吹入;

② 转炉炉容比大,铁水经过预处理。

（3）供氧时间

供氧时间是根据经验确定的,主要考虑转炉吨位大小、原料条件、造渣制度、吹炼钢种等情况

来综合确定。中、小型转炉单渣操作供氧时间一般为 12~15 min;大型转炉单渣操作供氧时间一般为 15~20 min。

（4）氧压和枪位

由喷头结构及氧气流量可以确定氧压。氧压应该合适,过高或过低都不利于吹炼,均会造成能量损失。

喷头的结构和尺寸确定后,在氧压和氧气流量一定的条件下,枪位也是吹炼工艺的一个重要参数。确定合适的枪位时,要考虑有一定的冲击面积和冲击深度,既要保证脱碳的需要,又要保证炉底不被损坏。

吹氧的具体操作目前有两种类型:一种是恒压变枪操作,即在一炉钢的吹炼过程中,其氧压保持不变,通过调节枪位来改变氧气流股与熔池的相互作用控制吹炼,但这种吹炼方式化渣时氧气利用率较低,氧耗相对较高。另一种是恒枪变压操作,在一炉钢的吹炼过程中,枪位基本上不变,通过调节氧压(或氧气流量)来控制吹炼过程,氧气的利用率高。由于短时间内频繁调整氧压对氧气调节设备要求较高,因此我国多数转炉是采用恒压变枪操作,但近年采用恒枪变压操作的转炉在不断增加。

2. 造渣

氧气转炉炼钢的供氧时间仅仅十几分钟,在此期间必须形成具有一定碱度、良好流动性、合适的(TFe)和(MgO)、正常泡沫化的熔渣,以保证炼出合格的优质钢液,并减少对炉衬的侵蚀。

转炉炼钢造渣的目的:去除磷、硫等杂质,减少喷溅,保护炉衬,降低终点氧含量。

造渣的主要材料是石灰。还有白云石、萤石、矿石、烧结矿、氧化铁皮及合成造渣剂等。

石灰加入量是根据铁水中 Si、P 含量及炉渣碱度 R 确定的。铁水磷含量小于 0.30% 时,

$$石灰加入量(kg/t) = 2.14[Si]R\ 1\ 000/A$$

其中,A 为石灰中的有效氧化钙,$A = (CaO) - R(SiO_2)$,$R(SiO_2)$ 是指石灰自身 SiO_2 占用的 CaO。当 Si、P 含量高时,需计算石灰补加量。

转炉冶炼时间短,快速成渣是非常重要的,石灰的熔解是决定冶炼速率的重要因素。开始吹氧时渣中主要有 SiO、MnO、FeO,是酸性渣,加石灰后,石灰熔解速率可用下式表示:

$$J = k[(CaO) + 1.35(MgO) - 1.09(SiO_2) + 2.75(FeO) + 1.9(MnO) - 39.1]$$

成渣时,容易形成难熔化合物 $2CaO \cdot SiO_2$。因为 FeO、MnO、MgO 可降低炉渣黏度,破坏 $2CaO \cdot SiO_2$ 的存在,所以可加速石灰熔化。采用软烧活性石灰、加矿石、萤石及吹氧加速成渣。

成渣途径包括钙质成渣和铁质成渣,如图 4.22 和图 4.23 所示。

钙质成渣是指低枪位操作,渣中 FeO 含量下降很快,碳接近终点时,渣中铁含量才回升。适用于低磷铁水、有利于提高炉衬寿命。

铁质成渣是指高枪位操作,渣中 FeO 含量保持较高水平,碳接近终点时,渣中铁含量才下降。适用于高磷铁水对炉衬侵蚀严重,(FeO)高,炉渣泡沫化严重,易产生喷溅。

白云石可以提高渣中 MgO 的含量,延长炉衬寿命;渣中饱和 MgO 含量是指一般根据冶炼情况,(MgO)控制为 6%~10%。采用白云石造渣应注意加入时间,防止涨炉底及黏氧枪。

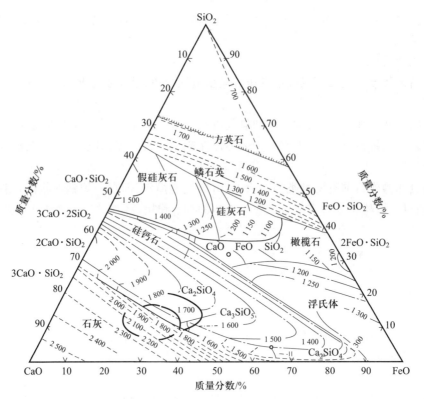

图 4.22　钙质成渣途径的成渣过程

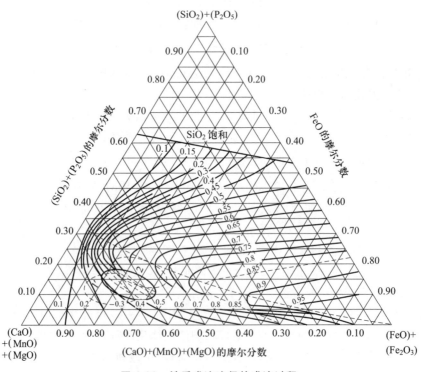

图 4.23　铁质成渣途径的成渣过程

在转炉造渣过程中,有时会发生喷溅事故。转炉喷溅分为爆发性喷溅、金属喷溅及泡沫渣喷溅三种。

喷溅的主要原因是低温吹氧,氧枪较高,碳氧反应不平衡,吹入的氧转换为FeO,脱碳反应较慢,当温度升高后碳氧反应激烈,或者是由于渣黏稠,金属喷溅。

操作中防止喷溅的措施:控制渣量;控制吹氧脱碳的温度;控制枪位,保证渣中(FeO)在一定范围(15%~20%)内,保持合适的炉容比。

4.5.4　底吹工艺操作

底吹工艺对转炉复吹工艺有重要影响。在4.2.2小节中对底吹流量及吹气量进行了计算。目前采用的底吹气体主要是氩气和氮气,流量控制在$0.01 \sim 0.15$ $Nm^3/(min \cdot t)$,为了克服喷吹阻力,供气压力需达到$1.0 \sim 1.5$ MPa。也有采用CO_2进行底吹的,其搅拌强度高于采用Ar和N_2的搅拌强度,但要注意CO_2的弱氧化性对底吹元件寿命的影响。

不同钢种冶炼终点不一致时,底吹工艺也略有变化,见表4.8。

表4.8　不同钢种的底吹工艺

钢液终点[C]/%	前期供氮气强度 /[$m^3/(min \cdot t)$]	后期供氮气强度 /[$m^3/(min \cdot t)$]	适用钢种
<0.06	0.02~0.04	0.07~0.10	低碳镇静钢
0.06~0.1	0.02~0.04	0.05~0.08	中碳镇静钢
>0.1	0.02~0.04	0.03~0.06	高、中碳钢

转炉停止炼钢及溅渣过程,不能关闭底吹气体,需将底吹总流量调到一定的流量范围,使单个吹气单元不会因渣等因素堵塞。

底吹工艺条件下需对顶枪吹炼工艺参数进行调整,由于底吹的影响,熔池物化反应强度发生改变,冶炼操作方式也应随之产生变化。有底吹条件下,顶枪枪位比仅有顶吹时高$100 \sim 200$ mm。氧气流量冶炼前期为仅有顶吹时的90%,后期可调整到100%。这样不仅避免了前期喷溅,也缓解了后期的返干。

4.5.5　终点成分及温度控制

终点成分和温度控制也就是终点控制,它是转炉吹炼末期的重要操作。所谓“终点”,是指所炼钢种成分和温度达到要求的时刻。它的具体标志:① 钢中碳含量达到所炼钢种的控制范围;② 钢中P、S含量低于规格下限以下的一定范围;③ 出钢温度能保证顺利进行精炼、浇注;④ 对于沸腾钢,钢液应有一定氧化性。

由于脱磷比脱碳操作复杂,因此总是尽可能提前脱磷到终点要求的范围。这样将终点控制简化为脱碳和钢液温度控制。

1. 终点成分控制

终点成分控制是指终点碳含量的控制。控制终点碳含量的方法:一次拉碳法、增碳法、高拉补吹法。一次拉碳法:按出钢要求的终点碳含量和温度进行吹炼,达到要求后提枪。它要求操作水平较高,也具有很多优点,如终点(FeO)低,钢中有害气体少,不加增碳剂,钢液洁净,氧耗较小,节约增碳剂。增碳法:所有钢种均将碳含量吹到 0.05% 左右,按钢种加增碳剂。为避免污染钢液,所用碳粉要求纯度高,硫和灰分要很低。它的优点是操作简单,生产率高,易实现自动控制,废钢比高。高拉补吹法:当冶炼中、高碳钢种时,终点按钢种规格略高一些进行拉碳,待测温、取样后按分析结果与规格的差值决定补吹时间。由于中、高碳钢种在碳含量范围内脱碳速率较快,终点不易判断,因此使用此种方法,对冶炼操作及控制有较高的要求。

2. 终点温度的控制

影响终点温度的因素很多,在实际的生产中必须综合考虑。主要因素有铁水成分、铁水温度、铁水装入量、炉龄、终点碳含量、炉与炉的间隔时间、枪位、喷溅、石灰用量、出钢温度等。

温度的控制实际上就是确定冷却剂加入的量和时间,首先根据终点温度的要求,确定冷却剂加入总量,然后在一定时间内分批加入。废钢在开吹前加入,其他冷却剂可与造渣材料一起加入。终点温度的调节没有硬性规定,如果炉温较高,炉渣化得好,钢液成分合格,可以只加废钢降温。如果钢液中磷或硫含量不合格,可以加入石灰和助熔剂等渣料,并适当补吹。如果炉温低,化渣也不好,可以加入助熔剂,然后低枪提温。一般来说,各个钢铁厂根据炉况控制温度的经验数据都有自己的控制方法。

钢液的凝固温度可由下式计算:

$$T = 1\ 538 - \sum \Delta T w_j \times 100$$

式中:ΔT——钢中某元素含量增加 1% 时使钢的熔点降低值。

w_j——钢中某元素含量。

考虑到钢包运行、镇静吹氩、连铸等要求,出钢温度要比计算温度要适当高一些。

当终点温度过高时,需加冷却剂降低钢液的温度,常用的冷却剂有废钢、铁矿石、氧化铁皮等。

废钢:用废钢作冷却剂渣量少,喷溅少,冷却效果稳定,但是废钢需要占用专门设备,不便于过程温度调整。

铁矿石:铁矿石不需占用专门设备,能增加渣中的(TFe),有利于化渣,调整方便,但是易喷溅,而且成分波动大,故不能加入太晚。

氧化铁皮:氧化铁皮的成分稳定,杂质少,冷却效果也比较稳定。但是氧化铁皮的密度小,在吹炼过程中容易被气流带走。

此外,还有加入烧结返矿及球团矿等方法降低钢液温度。

4.6 转炉炼钢的物料平衡及热平衡

炼钢过程的物料平衡和热平衡计算是建立在物质与能量守恒的基础上的。其主要目的是比较整个冶炼过程中物料、能量的收入项和支出项,为改进操作工艺制度、确定合理的设计参数和提高炼钢技术经济指标提供某些定量依据。应当指出,由于炼钢是复杂的高温物理化学过程,加上测试手段有限,目前尚难以做到精确取值和计算。尽管如此,它对指导炼钢生产和设计仍有重要的意义。

转炉炼钢的过程是一个很复杂的物理化学变化过程,对其作完全定量的分析是不可能的,但是一些基本的规律和原理在该过程中仍然适用。比如说,转炉炼钢过程遵循质量守恒和能量守恒定律,在这个基础上建立了转炉炼钢过程中的物料平衡和热平衡计算。用来研究转炉收入、支出的物质和能量在数量上的平衡关系,并用平衡方程式、平衡表或者物流及热流图表示出来。

通过物料平衡和热平衡的计算可以全面掌握转炉的物料和能量的利用情况,了解转炉的工作能力和热效率,从而为改进工艺实现转炉最佳操作探索途径,并为降低原材料消耗及合理利用能源和节能提供方向。

总的来说,物料平衡和热平衡的计算一方面可以指导车间或设备的设计,比如说转炉及其供氧设备,或者炼钢车间的设计;另一方面可以改善和校核已投产的转炉冶炼工艺参数、设备适应性能,比如说,确定冷却剂加入的量和时间,采用新技术等而由实测数据进行的计算,设计一些自动控制模型的计算等。

4.6.1 物料平衡

物料平衡是计算炼钢过程中加入炉内和参与炼钢过程的全部物料(铁水、废钢、氧气、冷却剂、渣料和耐材等)及炼钢过程中产物(钢液、炉渣、炉气及烟尘等)之间的平衡关系。以下通过举例进行计算分析。

铁水、废钢成分见表 4.9,渣料和炉衬材料成分见表 4.10,各项目的热容见表 4.11,各元素的反应热效应见表 4.12。

表 4.9　铁水、废钢成分　　　　　　　　　%

原料	C	Si	Mn	P	S	温度/℃
铁水	4.280	0.850	0.580	0.150	0.037	1 250
废钢	0.18	0.20	0.52	0.022	0.025	25

表 4.10　渣料和炉衬材料成分　　　　　　　　　%

名称	CaO	SiO_2	MgO	Al_2O_3	S	P	CaF_2	FeO	Fe_2O_3	烧减	H_2O	C
石灰	91.0	2.0	2.0	1.5	0.05					3.45		
矿石	1.0	5.61	0.52	1.10	0.07			29.4	61.8		0.50	
萤石		6.0	0.58	1.78	0.09	0.55	89.0				2.00	
生白云石	55.0	3.0	33.0	3.0					1.0		5.0	
炉衬	54.0	2.0	38.0	1.0								5.0

表 4.11　各项目的热容

项目	固态平均比热容/[kJ/(kg·K)]	熔化潜热/(kJ/kg)	液(气)态平均比热容/[kJ/(kg·K)]
生铁	0.745	217.568	0.836 8
钢	0.699	271.96	0.836 8
炉渣		209.20	1.247

项目	固态平均比热容/[kJ/(kg·K)]	熔化潜热/(kJ/kg)	液(气)态平均比热容/[kJ/(kg·K)]
炉气			1.136
烟尘	1.000	209.20	
矿石	1.046	209.20	

表 4.12 反应热效应(25 ℃)

元素	反应	反应热/(kJ/kg)
C	$[C]+1/2O_2 \Longrightarrow CO$	10 950
C	$[C]+O_2 \Longrightarrow CO_2$	34 520
Si	$[Si]+O_2 \Longrightarrow SiO_2$	28 314
P	$2[P]+5/2O_2 \Longrightarrow P_2O_5$	18 923
Mn	$[Mn]+1/2O_2 \Longrightarrow MnO$	7 020
Fe	$[Fe]+1/2O_2 \Longrightarrow FeO$	5 020
Fe	$2[Fe]+3/2O_2 \Longrightarrow Fe_2O_3$	6 670
SiO_2	$SiO_2+2CaO \Longrightarrow 2CaO·SiO_2$	2 070
P_2O_5	$P_2O_5+4CaO \Longrightarrow 4CaO·P_2O_5$	5 020

其他假设条件(根据各类转炉生产实际过程假设):

(1)炉渣中铁珠量为渣量的8%;

(2)喷溅损失为铁水量的1%;

(3)熔池中碳经氧化生成90%CO,10%CO_2;

(4)烟尘量为铁水量的1.6%,烟尘中FeO含量为77%,Fe_2O_3含量为20%;

(5)炉衬侵蚀量为铁水量的0.5%;

(6)炉气温度取1 450 ℃,炉气中自由氧含量为总炉气量的0.5%;

(7)氧气成分:98.5%O_2,1.5%N_2。

以冶炼 Q235 钢为例,其规格成分如下:

C 含量为 0.14%～0.22%,Si 含量为 0.12%～0.30%,Mn 含量为 0.40%～0.65%,P 含量≤0.045%,S 含量≤0.050%。

4.6.2 物料平衡计算

以 100 kg 铁水为单位进行计算,根据铁水、渣料质量以及冶炼钢种要求,采用单渣操作。

1. 渣量及成分计算

(1)铁水中元素氧化量见表 4.13。

说明:取脱磷率为90%,脱硫率为35%;钢液中残余锰占铁水[Mn]的30%～40%,取30%;因合金加入后还要增碳,钢液中[C]取较低的0.18%。

（2）铁水中各元素耗氧量及氧化产物量见表 4.14。

（3）渣料加入量。

1）矿石加入量及其成分（表 4.15）：为了化渣，本节中加入的矿石为铁水的 1%，而不另加氧化铁皮。（若不加矿石，改用氧化铁皮，则成分不同）。

其中：

$$[S]+(CaO)=(CaS)+[O]$$

$$(CaS)生成量 = 0.001 \text{ kg} \times 72/32 \approx 0.002 \text{ kg}$$

$$消耗 CaO 量 = 0.001 \text{ kg} \times 56/32 \approx 0.002 \text{ kg}$$

表 4.13 铁水中元素氧化量

项目	元素含量/%				
	C	Si	Mn	P	S
铁水	4.28	0.85	0.58	0.150	0.037
钢液	0.18	0	0.17	0.015	0.025
氧化量	4.10	0.85	0.41	0.135	0.012

表 4.14 铁水中各元素氧化耗氧量、氧化产物量

元素	反应	元素氧化量/kg	耗氧量/kg	氧化产物量/kg
C	$[C]+1/2O_2=CO$	$4.10 \times 90\% = 3.69$	$3.69 \times 16/12 = 4.92$	$3.69 \times 28/12 = 8.61$
C	$[C]+O_2=CO_2$	$4.10 \times 10\% = 0.41$	$0.41 \times 32/12 = 1.093$	$0.41 \times 44/12 = 1.503$
Si	$[Si]+O_2=SiO_2$	0.85	$0.85 \times 32/28 = 0.971$	$0.85 \times 60/28 = 1.82$
Mn	$[Mn]+1/2O_2=MnO$	0.41	$0.41 \times 16/55 = 0.119$	$0.41 \times 71/55 = 0.529$
P	$2[P]+5/2O_2=(P_2O_5)$	0.135	$0.135 \times 80/62 = 0.174$	$0.135 \times 142/62 = 0.309$
S	$[S]+O_2=SO_2$	$0.012 \times 1/3 = 0.004$	$0.004 \times 32/32 = 0.004$	$0.004 \times 64/32 = 0.008^*$
S	$[S]+(CaO)=(CaS)+[O]$	$0.012 \times 2/3 = 0.008$	$0.008 \times (-16)/32 = -0.004$	$0.008 \times 72/32 = 0.018$
Fe	$[Fe]+1/2O_2=(FeO)$	0.849	$0.849 \times 16/56 = 0.243$	1.091^*
Fe	$2[Fe]+3/2O_2=(Fe_2O_3)$	0.032	$0.032 \times 48/112 = 0.014$	0.045^*
总计		6.388	7.534	

* 假定炉内汽化脱硫 1/3；铁的氧化产物量由表 4.20 得出。

表 4.15 矿石加入量及其成分

成分	质量/kg	成分	质量/kg
Fe_2O_3	$100 \times 1\% \times 61.80\% = 0.618$	FeO	$100 \times 1\% \times 29.40\% = 0.294$
SiO_2	$100 \times 1\% \times 5.61\% = 0.056\ 1\ (\approx 0.056)$	Al_2O_3	$100 \times 1\% \times 1.10\% = 0.011$
CaO	$100 \times 1\% \times 1.0\% = 0.010$	MgO	$100 \times 1\% \times 0.52\% = 0.005\ 2\ (\approx 0.005)$
S	$100 \times 1\% \times 0.07\% = 0.000\ 7\ (\approx 0.001)$	H_2O	$100 \times 1\% \times 0.50\% = 0.005$

注：为了数值精度统一，计算时取括号中的数。

2）萤石加入量及其成分见表 4.16。根据转炉常规操作的萤石加入方法，通常萤石加入量
≤4 kg/t，本例取 3 kg/t。

表 4.16　萤石加入量及其成分

成分	质量/kg	成分	质量/kg
CaF_2	$3 \times \dfrac{100}{1\,000} \times 89.0\% = 0.267$	P	$3 \times \dfrac{100}{1\,000} \times 0.55\% = 0.002$
SiO_2	$3 \times \dfrac{100}{1\,000} \times 6\% = 0.018$	S	$3 \times \dfrac{100}{1\,000} \times 0.09\% = $ 忽略
Al_2O_3	$3 \times \dfrac{100}{1\,000} \times 1.78\% = 0.005$	H_2O	$3 \times \dfrac{100}{1\,000} \times 2\% = 0.006$
MgO	$3 \times \dfrac{100}{1\,000} \times 0.58\% = 0.002$		

其中：
$$2[P] + 2/5\{O_2\} =\!=\!=\!= (P_2O_5)$$
(P_2O_5) 生成量 $= 0.002\ kg \times 140/60 = 0.005\ kg$

3）轻烧白云石加入量及其成分见表 4.17。为了提高炉衬寿命，采用白云石造渣，控制渣
中（MgO）为 6%~8%。根据已投产转炉的经验，白云石加入量为 30~50 kg/t，轻烧白云石加入量
为 20~40 kg/t，本节取轻烧白云石 30 kg/t。

表 4.17　轻烧白云石加入量及其成分

成分	质量/kg	成分	质量/kg
CaO	$30 \times \dfrac{100}{1\,000} \times 55\% = 1.65$	MgO	$30 \times \dfrac{100}{1\,000} \times 33\% = 0.99$
SiO_2	$30 \times \dfrac{100}{1\,000} \times 3\% = 0.09$	Fe_2O_3	$30 \times \dfrac{100}{1\,000} \times 1\% = 0.03$
Al_2O_3	$30 \times \dfrac{100}{1\,000} \times 3\% = 0.09$	烧减	$30 \times \dfrac{100}{1\,000} \times 5\% = 0.15$

注：烧减是指白云石中（Ca · Mg）CO_3 分解产生的 CO_2 气体。

4）炉衬侵蚀量及其成分见表 4.18。转炉炉衬在炉渣的作用下，将被侵蚀和冲刷进入渣中，
本例炉衬侵蚀量取铁水量的 0.5%。

表 4.18　炉衬侵蚀量及其成分

成分	质量/kg	成分	质量/kg
CaO	$100 \times 0.5\% \times 54\% = 0.27$	SiO_2	$100 \times 0.5\% \times 2\% = 0.01$
MgO	$100 \times 0.5\% \times 38\% = 0.19$	C	$100 \times 0.5\% \times 5\% = 0.025$
Al_2O_3	$100 \times 0.5\% \times 1\% = 0.005$		

其中:炉衬中碳的氧化与金属中碳的氧化生成的 CO 和 CO_2 比例相同。

$$C \to CO \text{ 数量 } 0.025 \text{ kg} \times 90\% \times 28/12 = 0.053 \text{ kg}$$

$$C \to CO_2 \text{ 数量 } 0.025 \text{ kg} \times 10\% \times 44/12 = 0.009 \text{ kg}$$

共消耗氧量　　0.053 kg×16/28+0.009 kg×32/44 = 0.037 kg

5）石灰加入量及其成分见表 4.19。根据铁水成分，取终渣碱度 $B = 3.5$。

$$\text{石灰加入量} = \frac{2.14[\%Si]B - \text{白云石带入 CaO 量}}{100 w_{\text{CaO有效}}} \times 100$$

$$= \frac{2.14 \times 0.85 \times 3.5 - 1.65}{(91 - 3.5 \times 2) \times 100} \times 100 \text{ kg} = 5.61 \text{ kg}/100 \text{ kg 铁水}$$

说明:若要详细计算石灰加入量，则可用下式:

$$\text{石灰加入量} = \frac{\sum(SiO_2)B - \sum(CaO)}{100 w_{\text{CaO有效}}}$$

$\sum(SiO_2)$ = 铁水[Si]生成的(SiO_2)量+炉衬、矿石、白云石、萤石带入(SiO_2)量

$\sum(CaO)$ = 白云石、矿石、炉衬带入的(CaO)量-铁水、矿石中 S 消耗 CaO 量

表 4.19　石灰加入量及其成分

成分	质量/kg	成分	质量/kg
CaO	5.61×91% = 5.11	SiO_2	5.61×2% = 0.11
MgO	5.61×2% = 0.11	S	5.61×0.05% = 0.003
Al_2O_3	5.61×1.5% = 0.08	烧减	5.61×3.45% = 0.19

其中:

$$S \to CaS$$

$$0.003 \text{ kg} \times 72/32 = 0.007 \text{ kg}$$

6）渣中铁的氧化物的含量。对于冶炼 Q235 钢，根据已投产转炉渣中 $\sum(FeO)$ 含量，取 $(FeO) = 10\%$，$(Fe_2O_3) = 5\%$。

7）终渣总量及其成分:根据表 4.13～表 4.19，终渣质量及成分见表 4.20。不计 (FeO)、(Fe_2O_3) 在内的炉渣成分总质量为

$$m_{CaO} + m_{MgO} + m_{SiO_2} + m_{P_2O_5} + m_{MnO} + m_{Al_2O_3} + m_{CaF_2} + m_{CaS} = 11.769 \text{ kg}$$

表 4.20　终渣质量及成分

成分	氧化产物/kg	石灰/kg	矿石/kg	白云石/kg	炉衬/kg	萤石/kg	总计/kg	约占比/%
CaO		5.11	0.010	1.65	0.27		7.040	50.84
MgO		0.11	0.005	0.99	0.19	0.002	1.297	9.37
SiO_2	1.82	0.11	0.056	0.09	0.01	0.018	2.104	15.20
P_2O_5	0.309					0.005	0.314	2.27

成分	氧化产物/kg	石灰/kg	矿石/kg	白云石/kg	炉衬/kg	萤石/kg	总计/kg	约占比/%
MnO	0.529						0.529	3.82
Al_2O_3		0.08	0.011	0.09	0.005	0.005	0.191	1.38
CaF_2						0.267	0.267	1.93
CaS	0.018	0.007	0.002				0.027	0.19
FeO	1.091		0.294				1.385	10.00
Fe_2O_3	0.045		0.618	0.03			0.693	5.00
合计							13.847	100

已知(FeO) = 10%、(Fe_2O_3) = 5%,则其余渣应占渣量总数的85%。故总渣量为$\frac{11.769}{85\%}$ = 13.85 kg。由此可知:(FeO) = 13.85 kg×10% = 1.385 kg、(Fe_2O_3) = 13.85 kg×5% = 0.693 kg。

由于矿石和白云石中带入部分(FeO)和(Fe_2O_3),实际铁氧化物:(FeO) = (1.385-0.294) kg = 1.091 kg,(Fe_2O_3) = (0.693-0.618-0.03) kg = 0.045 kg,所以

$$[Fe]_{氧化物} = (1.091×56/72+0.045×112/160) kg = 0.880 kg$$

2. 冶炼中的吹损计算

根据假设条件,渣中铁珠量为渣量的8%,喷溅损失为铁水量的1%,烟尘损失为铁水量的1.6%。故可得到:

渣中铁珠量 = 13.847 kg×8% = 1.108 kg

喷溅铁损量 = 100 kg×1% = 1 kg

烟尘铁损量 = 100 kg×1.6%×(77%×56/72+20%×112/160) = 1.182 kg

元素氧化量 = 6.388 kg(表4.14)

吹损总量 = (1.108+1+1.182+6.388) kg = 9.678 kg

钢液量 = (100-9.678) kg = 90.322 kg

3. 耗氧量的计算

每100 kg铁水氧气消耗量主要包括元素氧化耗氧量7.534 kg(表4.14)、烟尘铁耗氧量100×1.6%×(77%×16/72+20%×48/160) kg = 0.370 kg,还包括炉衬中碳氧化的耗氧量0.037 kg,故100 kg铁水总耗氧量为7.941 kg,换算为标准体积为7.941×22.4/32 m³/(100 kg) = 5.56 m³/(100 kg) = 55.6 m³/t。若考虑到氧气利用率为75%~90%,生产实际中供氧为60~70 m³/t。

由于氧气不纯,含有1.5%N_2,故供氧时每100 kg铁水中带入N_2量为7.941 kg×1.5% = 0.119 kg,其体积量为0.119×22.4/28 m³ = 0.095 m³。

4. 炉气量及成分

炉内产生的炉气由CO、CO_2、SO_2、H_2O、N_2和自由O_2组成,炉气量及成分见表4.21。把以上

计算的炉气成分除自由 O_2 以外占炉气体积总量的 99.5%，由表 4.21 可得 CO、CO_2、SO_2、H_2O、N_2 的体积和为 7.984 m^3，故炉气总量为 7.984 m^3/99.5% = 8.024 m^3。自由 O_2 量为 8.024 m^3 × 0.5% = 0.04 m^3，其质量为 0.04 kg×32/22.4 = 0.057 kg。

5. 物料平衡表

把以上各种物质的总收入和总支出汇总起来，便可得到物料平衡表（表 4.22）。

$$计算误差 = \frac{收入项 - 支出项}{收入项} \times 100\% = -0.266\%$$

表 4.21 炉气量及成分

成分	质量/kg	体积/m^3	体积占比/%
CO	8.61+0.053 = 8.663	8.663×22.4/28 = 6.93	86.37
CO_2	1.503+0.19+0.009+0.15 = 1.852	1.852×22.4/44 = 0.943	11.75
SO_2	0.008	0.008×22.4/64 = 0.003	0.04
H_2O	0.005+0.006 = 0.011	0.011×22.4/18 = 0.014	0.17
N_2	0.118	0.094	1.17
O_2	0.057	0.04	0.50
总计	10.709	8.024	100

表 4.22 物料平衡表

收入			支出		
项目	质量/kg	占比/%	项目	质量/kg	占比/%
铁水	100	84.41	钢液	90.322	76.17
石灰	5.61	4.74	炉渣	13.847	11.68
白云石	3	2.53	炉气	10.709	9.03
矿石	1	0.85	烟尘	1.6	1.35
萤石	0.3	0.25	喷溅	1	0.84
炉衬	0.5	0.42	铁珠	1.108	0.93
氧气	7.941	6.70			
氮气	0.118	0.10			
总计	118.469	100	总计	118.586	100

4.6.3　加废钢后的吨钢物料平衡

废钢加入后,忽略废钢中硅、锰元素的氧化损失,使钢液量达到 101.872 kg(90.322 kg+11.55 kg),是使用 100 kg 铁水、11.55 kg 废钢可以生产出 101.872 kg 钢液。根据比例关系,可以得到吨钢物料平衡表(表 4.23)。

表 4.23　吨钢物料平衡表

收入			支出		
项目	质量/kg	占比/%	项目	质量/kg	占比/%
铁水	981.6	76.97	钢液	1 000	78.25
废钢	113.3	8.88	炉渣	136.36	10.67
石灰	54.4	4.27	炉气	105.10	8.23
白云石	29.4	2.31	烟尘	15.70	1.23
矿石	9.8	0.77	喷溅	9.81	0.77
萤石	3.9	0.31	铁珠	10.91	0.85
氧气	76.8	6.02			
氮气	1.2	0.09			
炉衬	4.9	0.38			
总计	1 275.3	100	总计	1 277.88	100

4.6.4　热平衡

热平衡是计算炼钢过程的热量收入(铁水的物理及化学热)及热量支出(钢液、炉渣、炉气、冷却剂、热量损失)之间的平衡关系。

为了简化计算,取加入炉内的炉料温度均为 25 ℃。

1. 热收入

热收入主要包括铁水的物理热和元素氧化的化学热。

(1)铁水物理热。根据传热原理,可得

铁水熔点 T_1 = 1 539 ℃ −(100×4.28+8×0.85+5×0.58+30×0.15+25×0.037)℃ −4 ℃ = 1 092 ℃

铁水物理热 = 100×[0.745×(1 092−25)+217.568+0.836 8×(1 250−1 092)] kJ = 114 469.7 kJ

(2)铁水中元素氧化放热和成渣热。根据表 4.10、表 4.12、表 4.14 和表 4.20 数据可以计算如下:

C→CO	3.69×10 950 kJ = 40 405.5 kJ
C→CO₂	0.41×34 520 kJ = 14 153.2 kJ
Si→SiO₂	0.85×28 314 kJ = 24 066.9 kJ
Mn→MnO	0.41×7 020 kJ = 2 878.2 kJ

$P \rightarrow P_2O_5$	$0.135 \times 18\ 923\ kJ = 2\ 554.6\ kJ$
$Fe \rightarrow FeO$	$0.849 \times 5\ 020\ kJ = 4\ 262.0\ kJ$
$Fe \rightarrow Fe_2O_3$	$0.032 \times 6\ 670\ kJ = 213.4\ kJ$
$SiO_2 \rightarrow CaO \cdot SiO_2$	$2.104 \times 2\ 070\ kJ = 4\ 355.3\ kJ$
$P_2O_5 \rightarrow CaO \cdot P_2O_5$	$0.314 \times 5\ 020\ kJ = 1\ 576.3\ kJ$
总计	$94\ 465.4\ kJ$

（3）烟尘氧化放热

$$1.6 \times (77\% \times 56/72 \times 5\ 020 + 20\% \times 112/160 \times 6\ 670)\ kJ = 6\ 304.4\ kJ$$

（4）炉衬中碳氧化放热

$$0.5 \times 5\% \times (90\% \times 10\ 950 + 10\% \times 34\ 520)\ kJ = 332.7\ kJ$$

因此，炉衬热量总收入为

$$(114\ 469.7 + 94\ 465.4 + 6\ 304.4 + 332.7)\ kJ = 215\ 572.2\ kJ$$

2. 热支出

（1）钢液物理热

钢液熔点 $T_1 = 1\ 539\ ℃ - (65 \times 0.18 + 5 \times 0.17 + 30 \times 0.015 + 25 \times 0.025)\ ℃ - 4\ ℃ = 1\ 521\ ℃$

出钢温度 $T = 1\ 521\ ℃ + 70\ ℃（钢液过热度）+ 21\ ℃（生产运输降温）+ 50\ ℃（浇注降温）= 1\ 662\ ℃$

钢液物理热 $= 90.322 \times [0.699 \times (1\ 521 - 25) + 271.96 + 0.836\ 8 \times (1\ 658 - 1\ 521)]\ kJ = 129\ 368.7\ kJ$

（2）炉渣物理热　计算取炉渣终点温度与钢液温度相同。

$$炉渣物理热 = 13.847 \times [1.247 \times (1\ 662 - 25) + 209.20]\ kJ = 31\ 163.2\ kJ$$

（3）矿石分解吸热

$$1 \times (29.4\% \times 56/72 \times 5\ 020 + 61.8\% \times 112/160 \times 6\ 670 + 209.20)\ kJ = 4\ 242.5\ kJ$$

（4）烟尘物理热

$$1.6 \times [1.0 \times (1\ 450 - 25) + 209.20]\ kJ = 2\ 614.7\ kJ$$

（5）炉气物理热

$$10.709 \times 1.136 \times (1\ 450 - 25)\ kJ = 17\ 335.7\ kJ$$

（6）渣中铁珠物理热

$$1.108 \times [0.745 \times (1\ 521 - 25) + 217.568 + 0.836\ 8 \times (1\ 662 - 1\ 521)]\ kJ = 1\ 606.7\ kJ$$

（7）喷溅金属物理热

$$1 \times [0.745 \times (1\ 521 - 25) + 217.568 + 0.836\ 8 \times (1\ 662 - 1\ 521)]\ kJ = 1\ 450.1\ kJ$$

（8）吹炼过程热损失　吹炼过程热损失包括炉体和炉口的热辐射、对流和传导传热、冷却水带走热等，它根据炉容大小而异，一般为热量总收入的 3% ~ 8%，本例取热损失为 5%。所以，吹炼过程热损失为

$$215\ 572.2\ kJ \times 5\% = 10\ 778.6\ kJ$$

（9）废钢耗热　总的热收入减去以上热支出，得到的富余热量用加入废钢来调节。

富余热量 $= 215\ 572.2\ kJ - (129\ 368.7 + 31\ 163.2 + 4\ 242.5 + 2\ 614.7 + 17\ 335.7 + 1\ 606.7 + 1\ 450.1 + 10\ 778.6)\ kJ = 17\ 012\ kJ$

$$1\ \text{kg 废钢熔化耗热} = 1 \times [0.699 \times (1\ 517 - 25) + 271.96 + 0.836\ 8 \times (1\ 658 - 1\ 517)] = 1\ 432.9\ \text{kJ}$$

$$\text{废钢加入量} = 17\ 012/1\ 432.9 = 11.87\ \text{kg}$$

3. 热平衡表

把全部热收入和热支出汇总,得到热平衡表(表 4.24)。

表 4.24 热 平 衡 表

热收入			热支出		
项目	热量/kJ	占比/%	项目	热量/kJ	占比/%
铁水物理热	114 469.7	53.10	钢液物理热	129 368.7	60.01
元素氧化放热和成渣热 · C	54 558.7	25.31	炉渣物理热	31 163.2	14.46
· Si	24 066.9	11.16	矿石物理热	4 242.5	1.97
· Mn	2 878.2	1.34	烟尘物理热	2 614.7	1.21
· P	2 554.6	1.19	炉气物理热	17 335.7	8.04
· Fe	4 475.4	2.08	渣中铁珠物理热	1 606.7	0.75
· SiO_2	4 355.3	2.02	喷溅金属物理热	1 450.1	0.67
· P_2O_5	1 576.3	0.73	吹炼过程热损失	10 778.6	5.00
烟尘氧化放热	6 304.4	2.92	废钢耗热	17 012	7.89
炉衬中碳氧化放热	332.7	0.15			
共计	215 572.2	100	共计	215 572.2	100

$$\text{热效率} = \frac{\text{钢液物理热} + \text{矿石物理热} + \text{废钢耗热}}{\text{热收入}} \times 100\% = 69.87\%$$

4.7 转炉炼钢主要设备

随着现代科学技术的发展,使得炼钢工艺不断更新,与此相应的设备也不断完善。本节结合工艺介绍转炉炼钢工艺设备。

从图 4.24 可知,转炉炼钢工艺主要由以下几个系统构成:① 原料供应系统,即铁水、废钢、铁合金及各种原辅材料的贮备和运输系统,铁水的预处理所需原料的供应系统;② 氧气转炉的吹炼与钢液的精炼、浇注系统;③ 供氧系统及底吹系统;④ 烟气净化与煤气回收系统。

4.7.1 转炉炉体及转炉倾动系统

图 4.25 所示为顶吹转炉总图,它是由转炉炉体、转炉支撑系统和转炉倾动机械组成。

1. 转炉炉体结构

转炉炉体包括炉壳和炉衬。炉壳为钢板焊接而成,炉衬由工作层、永久层和填充层三层构成。

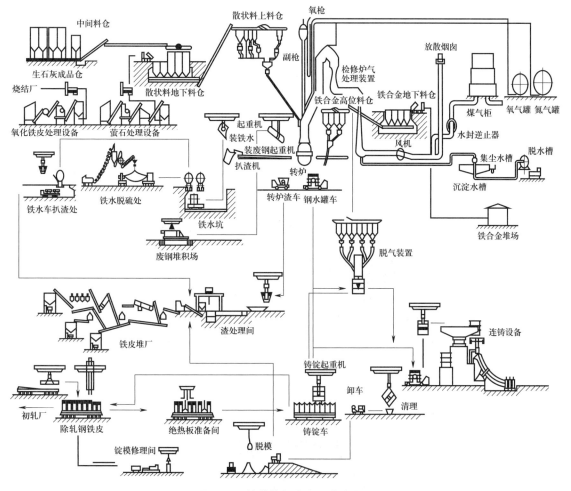

图 4.24 转炉炼钢生产工艺流程图

转炉炉壳要承受耐火材料、钢液、炉渣的全部重量,并保持转炉的固定形状,倾动时承受扭转力矩的作用。变形和裂纹是炉壳损坏的两种主要形式。为了适应高温频繁作业的特点,炉壳必须有足够的强度和刚度。

大、中型转炉的炉身与炉帽是被焊接成整体的。在连接的转折处必须以圆滑曲线来连接,以减少应力集中。图 4.26 所示为转炉炉壳示意图,可以看出炉壳是由炉帽、炉身及炉底等组成的。

转炉炉帽有锥形炉帽(图 4.26)和半球形炉帽两种。炉口受高温炉气、喷溅物的直接热作用,容易损坏,采用水冷炉口。水冷炉口有水箱式和埋管式两种结构。

炉身一般为圆柱形。它是整个炉壳受力最大的部位,并且承受倾动力矩,因此所用的钢板要比炉帽和炉底适当厚些。

炉底有截锥形和球缺形两种。截锥形炉底制造和砌砖比较简便,但是强度不如球形好,适用于小型转炉。上修炉方式炉底采用固定式炉底,适用于大型转炉,下修炉方式采用可拆卸活动炉底。

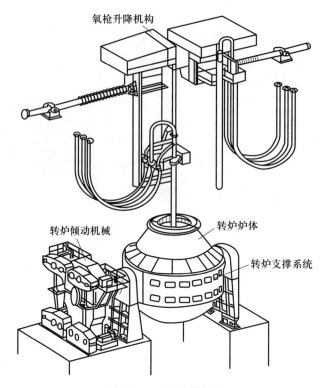

图 4.25 顶吹转炉总图

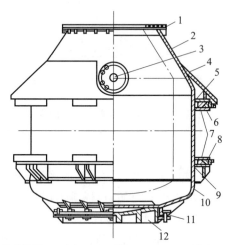

1—水冷炉口;2—锥形炉帽;3—出钢口;4—护板; 5、9—上、下卡板;6、8—上、下卡板槽;

7—斜块;10—圆柱形炉身;11—销钉和斜楔;12—可拆卸活动炉底

图 4.26 转炉炉壳示意图

2. 转炉倾动机械

转炉倾动机械的作用是倾动炉体,是转炉的关键设备之一。它的特点:减速比大(由于转炉采用 0.1~1.5 r/min 的倾动速率,通常减速比高达 700~1 000),倾动力矩大,启、制动频繁,承受

较大的动载荷,工作条件恶劣。因此,对转炉倾动机械的要求如下:

(1)能使炉体正反转动360°,并且要与氧枪、副枪、炉下钢包车、烟罩等设备有连锁装置。

(2)安全可靠地转动,即使某一部分发生事故,也要求倾动机械能继续工作,维持到一炉钢冶炼结束。

一般小于30 t转炉可以不调速,倾动转速为0.7 r/min;50~100 t转炉可采用两级转速,低速为0.2 r/min,高速为0.8 r/min;大于150 t转炉可采用无级调速,转速在0.15~1.5 r/min。

(3)适应高温、动载、扭振的工作条件,具有较长的寿命。

转炉倾动机械目前主要采用半悬挂式倾动机构或全悬挂式倾动机构。图4.27所示为30 t转炉半悬挂式倾动机构。该系统采用两台电动机,每台电动机带一个一次减速机,都安装在基础上。两个减速机的输出轴和二次减速机的输入轴用万向联轴器连接,二次减速机悬挂在转炉耳轴上。

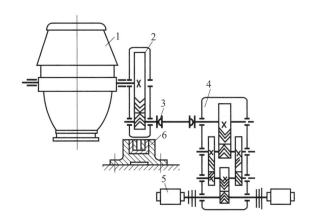

1—转炉;2—二次减速机;3—万向联轴器;4——一次减速机;5—电动机;6—制动装置

图4.27　30 t转炉半悬挂式倾动机构

在悬挂的二次减速机的底部,设有制动装置。二次减速机的两个齿轮运转时,大齿轮作用在小齿轮上的切向力,可以通过这套装置达到平衡。这种系统结构简单紧凑,使用方便,适用于中型转炉。

全悬挂式倾动机构如图4.28所示,全悬挂式倾动机构是所有的构件全部悬挂在转炉耳轴上。所用电动机和减速机的数目依转炉容量不同可采用4个、6个或8个。这种多驱动的优点在于:一个驱动系统发生事故时,其他系统仍能继续工作,具有较强的备用能力;能充分发挥大齿轮的作用,单个齿传力减小,设备重量和尺寸也相应减小。

全悬挂式倾动机构结构紧凑、设备重量轻、传动机构不受耳轴偏斜的影响,是目前大型转炉的首选。

4.7.2　原材料供应系统

转炉原材料供应包括铁水、废钢、散状料及铁合金等材料的供应。

1. 铁水的供应

向转炉提供铁水主要有以下方式:

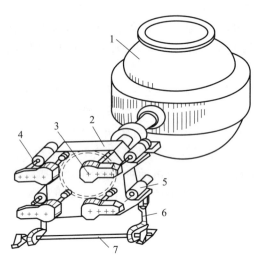

图 4.28　全悬挂式倾动机构

高炉→铁水罐车→混铁炉→铁水包→称量→转炉；

高炉→混铁车→铁水包→称量→转炉；

高炉→铁水包→称量→转炉。

（1）混铁炉供应铁水

混铁炉的作用是协调高炉与转炉生产，储存铁水、混合与均匀铁水成分和温度以稳定转炉生产，还可以去除铁水中的部分硫，为此设有混铁炉专用设备，如图4.29所示，并占用一定的作业面积，所以投资费用较高。炼钢车间日生产所需混铁炉吨位 Q 按下列公式计算：

$$Q = \frac{1.01AKt}{365 \times 24n}$$

式中：1.01——铁水损失的修正系数；

　　　　A——车间年钢产量，t；

　　　　K——每吨钢所需用铁水量，t；

　　　　t——铁水在混铁炉中的平均储存时间，一般为 7~8 h；

　　　　n——混铁炉装满系数，取 0.8。

由于这种供应铁水的方式需要消耗能源，目前绝大多数转炉车间已不再采用。

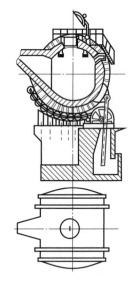

图 4.29　混铁炉构造图

（2）混铁车供应铁水

混铁车（图4.30）又称鱼雷罐车，它既用于从高炉向转炉车间运送铁水，同时又用于储存铁水。如果利用混铁车顶喷粉剂进行铁水预处理（脱硫或脱磷、脱硅），则先将混铁车牵引到铁水预处理间进行铁水预处理作业。

混铁车供应铁水的主要优点是设备、厂房和建设投资以及生产费用比采用混铁炉少，而且节省能源和有较好的生产环境。我国推荐使用混铁车的系列容量为 80 t、180 t、260 t、320 t 和

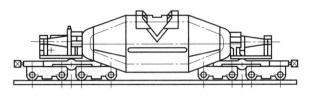

图 4.30　混铁车

420 t。

（3）铁水包供应铁水

铁水包供应铁水是目前钢铁生产流程最节省能源的方式,不需要中间环节,目前转炉车间为了减小铁水的温降,开始采用铁水包加盖保温技术,节能效果较好,铁水入炉温度可以提高 10～20 ℃。

2. 废钢的供应

废钢作为转炉炼钢中的冷却剂,其装入方式有以下两种:

（1）用桥式吊车运废钢倒入转炉。此种方式设备简单,吊车可以共用,平台结构比较简单。但装入速率较慢,有时与兑铁水吊车有干扰。

（2）废钢料槽车装入废钢。装入速率较快,可以避免与兑铁水吊车之间的干扰,还可以使废钢料槽伸入炉口内,以减轻废钢对炉衬的冲击。但由于设备复杂,目前采用得较少。

3. 散状料的供应

散状料是指炼钢过程中使用的造渣材料和冷却剂等。一般采用火车或汽车运入并储存在主厂房外的散状料原料间的地下料仓内,然后经带式运输机送至转炉跨的高位料仓,经电磁振动给料机、称量斗、汇总斗及密封溜槽加入转炉内。转炉跨的高位料仓和称量加入装置一般有双面对称布置和单面一侧布置两种形式。

4. 铁合金的供应

铁合金供应系统一般由炼钢厂铁合金料间、铁合金料仓及称量和输送、向钢包加料的设备等部分组成。铁合金料间或仓库内储存和加工成合格块度后,将铁合金按其品种和牌号分类存放,储存面积主要取决于铁合金的日消耗量、堆积密度及储存天数。

4.8　转炉自动控制

转炉炼钢过程是一个复杂的多元多相高温反应过程,转炉冶炼的不确定性因素很多。转炉炼钢的优点是速率快,吹炼时间短,热效率高,升温速率快,但容易发生炉渣或金属喷溅,中期炉渣容易返干,后期脱碳反应偏离平衡,熔池容易过氧化。对于传统的采用人工经验控制炼钢吹炼终点,保证终点碳含量,钢液温度和硫、磷等杂质含量一次就达到要求是非常困难的。特别是随着钢材用户对钢材质量及成本的要求不断提高,传统方式已无法满足洁净钢或高品质钢生产的质量要求,也无法满足低成本生产的需要。因此,提高炼钢过程的自动控制水平,特别是终点的控制精度和命中率已成为炼钢生产中的主要技术问题。

1959 年,美国琼斯和劳夫林钢铁公司首先利用电子计算机控制氧气转炉的炼钢过程[21-22],

随后很多国家开始研究并使用。现在对转炉自动控制已经有了一定的共同认识。通常认为转炉自动控制系统由计算机系统、称量系统、检测调节系统、逻辑控制系统、仪表显示系统等部分组成。它控制的工艺范围主要包括废钢、原料、铁合金和转炉冶炼过程等。

1）废钢。从废钢称量开始，直到装入转炉为止。

2）原料和铁合金。从称量开始，到投入转炉为止。

3）转炉冶炼过程。包括对氧枪系统、副枪系统、转炉倾动系统、烟气除尘系统和回收系统、烟气余热利用系统等的控制。

提高炼钢控制水平的技术关键：优化吹炼工艺，促进钢渣平衡，稳定终点操作。采用终点动态控制技术，根据炉内反馈信息，精确控制终点。随着智能化技术的发展，转炉自动控制系统将会结合计算机神经网络、现场总线技术、全数字直流传动装置、变频装置等先进设备，控制精度会更高，转炉自动控制将会达到更高水平。

转炉控制技术经历了三个阶段：静态控制、动态控制和全自动冶炼控制[23]，转炉的计算机控制系统通常应具有以下功能：工艺参数的自动收集、处理记录；根据模型计算各种主辅原材料的用量，根据初始冶炼条件确定吹炼方案。转炉吹炼控制模型应具有容错性，能校正初始条件波动产生的误差，对炉况做出正确的判断，及时提出预报和校正方案。

4.8.1　静态控制

静态控制是根据吹炼前的初始条件（如铁水、废钢、造渣材料成分和铁水温度）以及吹炼终点所要求的钢液量、钢液成分和温度，进行对操作条件如吹炼所需的装入量、氧气量和造渣材料的用量等的计算，在吹炼过程中不取样测温，不对操作条件做必要的修正。它的依据是物料平衡和热平衡原理，以及参考统计分析和操作经验所确定的基本公式。静态控制属预测控制类型，据此而建立的数学模型有理论模型、统计分析模型和增量模型三种。

1. 理论模型

理论模型是根据炼钢反应理论，以物料平衡和热平衡为基础建立的。虽然具有一定的通用性，但实用效果不好，原因在于理论模型还不十分完善，在实际过程中产生中的一些情况在模型中没有完全反映。建立模型的大致步骤如下：

1）确定建立物料平衡和热平衡时的假定条件和经验值、试验值。

2）确定物料平衡和热平衡方程式。

3）把平衡方程式转换为控制方程。

4）从控制方程角度对物料平衡和热平衡中的各项进行分类，分为待测量、应求量、未知量和目标值，应用假定和经验式解出未知量。

5）联立方程式，解出供氧量和冷却剂消耗量。

2. 统计分析模型

统计分析模型是应用数理统计方法，对大量生产数据进行统计分析，确定各种原材料加入量与各种影响因素之间的数量关系而建立的数学模型。

3. 增量模型

增量模型是把整个炉役期间工艺因素变化的影响看作是一个连续过程，因而可忽略相邻炉次间的炉容变化及原辅材料理化性质变化等对吹炼的影响。仅以上炉次实际冶炼情况作为参考,对本炉次与上炉次相比发生改变的工艺因素相对变化所造成的影响进行计算,以此作为本炉次操作的数学模型。

下面以增量模型为例进行静态控制模型计算。

静态控制模型假定整个炉役的冶炼参数与目标值的关系是一个连续函数,即在同一原料条件下,采用同样的吹炼工艺,应获得相同的冶炼效果。基本公式如下:

$$y = y_0 + (x - x_0) \tag{4.14}$$

式中:y——本炉次计算的终点目标值;

y_0——参考炉次的实际目标值;

x——本炉次确定目标值的因素;

x_0——参考炉次确定目标值的因素。

在 $x = x_0$ 时,$y = y_0$,即在原料、工艺条件相同时,冶炼结果重现。如 $x \neq x_0$,可根据本炉次的各原料、工艺等条件的差异,推算出本炉次的目标值。静态工作概况如图4.31所示。

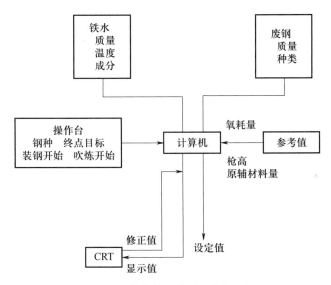

图4.31 静态控制模型工作概况图

(1)金属料装入

1)装入制度

转炉装入制度有三种可供选择,即定量装入、定深装入和分阶段定量装入。

2)铁水装入量

作为主原料的铁水,其装入量随着铁水温度、成分、炉子容量及冶炼钢种等操作条件不同而异。我国大多数转炉钢厂的铁水比为 $75\% \sim 90\%$。

3)废钢装入量

在已知入炉料的成分和温度以及钢的目标成分和温度,可通过物料平衡及热平衡来计算废钢及铁水的加入量。物料平衡方程式为

$$\sum (W_i S_i) = 1 \tag{4.15}$$

热平衡方程为

$$Q_L + \sum (W_i Q_i) = 0 \tag{4.16}$$

式中:W_i——炼 1 t 钢所需物料 i 的吨数,可为变量,也可为已知量;

$\quad$ S_i——每吨物料 i 的产钢量,是已知量;

$\quad$ Q_i——1 t 物料 i 在吹炼过程中产生或吸收的热量,是已知量;

$\quad$ Q_L——每生产 1 t 钢的热损失,是已知量。

将式(4.15)和式(4.16)联立,可以解出两个变量的 W_i 值,但其他 W_i 值必须固定。分以下三种情况进行说明:

① 铁水和废钢的用量没有限制,则矿石和燃料等于零,联立式(4.15)和式(4.16)可求出铁水和废钢的用量。

② 废钢供应短缺的情况下求解。这时应固定废钢和废铸铁的量,不用燃料而求解铁水与矿石的量。

③ 当铁水供应短缺,而废钢供应充分时,为维持生产,需补充燃料。铁水量是已知的,只剩下废钢和燃料的用量作为变量,通过解式(4.15)和式(4.16)的联立方程,可以求出废钢与燃料的用量。

输入计算机的数据有铁水质量(t)、铁水温度(℃)、铁水成分(C、Mn、Si、P、S)、废钢质量(t)、废钢种类。

(2)操作台输入的数据

1)目标值:终点温度(℃),终点成分(C、S、P)。

2)开始时间:装入开始,吹炼开始。

3)修正数据。

(3)参考炉次的参考值

计算机存储以前各炉次的冶炼过程数据,这些数据称为参考值。根据本炉次的冶炼钢种,金属料装入数据及炉龄等情况找出与本炉次相近的参考炉次,用参考炉次的参考数据(如耗氧量、氧枪高度和原辅材料加入量等数据)修订本炉次的计算数据。

4.8.2 动态控制

静态控制只考虑到始态与终态之间的变量关系,而不考虑变量随时间的变化,因而静态控制的一次命中率是有限的。但它无法适应吹炼中炉子不断变化的特点要求,即便是事先编制的静态模型比较完善,也很难达到较高的控制精度。为了进一步提高控制精度,必须在冶炼过程中进行修正,即要解决动态控制的问题。

动态控制是在静态控制的基础上,根据吹炼过程中检测到的铁水成分,炉渣状况和温度,碳含量,废气中 CO、CO_2、O_2 等成分以及渣面高度等进行控制。实现计算机控制的关键在于迅速、准确地取得吹炼过程的信息,如果检测信息的精度没有保证或者是测试不及时,那么再好的数学模型也是徒劳的。因此,各种检测方法纷纷涌现,比如以碳平衡法为基础的炉气定碳法、氧枪冷却水热量法、声学化渣法、氧枪膨胀法、微光光谱定碳法等。归结起来主要有气体分析法和副枪法两种类型。对渣面高度的测定,一般采用声呐、氧枪振动加速测定[36]。

副枪动态控制技术是指在吹炼接近终点(中后期)时(供氧量为 85% 左右),插入副枪测定熔池[C]和温度,校正静态控制模型的计算误差并计算达到终点所需的供氧量或冷却剂加入量。

气体分析控制技术是指通过连续检测炉口逸出的炉气成分（CO、CO_2、O_2等），计算熔池瞬时脱碳速率和Si、Mn、P氧化速率，进行动态连续校正，提高控制精度和命中率。

目前，转炉炼钢动态控制主要采用吹炼条件控制和终点控制两种方法。

1. 吹炼条件控制

吹炼条件控制的基本原理是根据炼钢过程反应机理所确定的物质平衡和动力学方程来调整吹炼条件，使吹炼全过程按目标状态进行。如根据氧平衡调整供氧强度、氧枪高度；根据成渣状况调整渣料、低吹供气、助熔剂用量；根据脱碳速率与熔池温升关系调整冷却剂用量。吹炼条件控制方法具有代表性的有CRM模型和克虏伯模型。

2. 终点控制

终点控制主要是控制炼钢过程的终点碳含量和出钢温度。终点控制多为副枪点测和静态、动态相结合的控制方法，其过程示意图如图4.32所示。由图可见，静态控制主要用于吹炼前半期，此时熔池中C、Si含量较高，吹入的氧气几乎全部用于氧化这些元素。但到吹炼后期，有一定量的氧用于Fe的氧化，氧的分配掌握不好，会使碳和温度偏离模型预测轨道，因此需要采取动态控制。终点控制分为轨道跟踪法和动态停吹法。

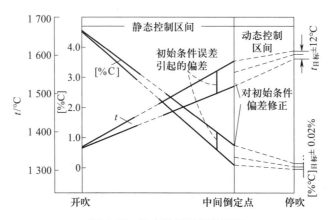

图4.32 终点控制过程示意图

（1）轨道跟踪法

生产实践表明，转炉后期的脱碳速率和升温速率是有规律的，由此建立脱碳速率和升温速率与耗氧量的模型。

参照转炉冶炼过程中的典型脱碳、升温曲线，利用数学模型将检测到的碳含量和温度信息输入计算机进行计算，得出预测曲线。若预测曲线与实际曲线相差较大，则计算机发出指令进行动态控制，调整吹炼工艺。再用检测设备测取信息，输入计算机重新计算出新的预测曲线与实际曲线相比较。这样反复多次，越接近吹炼终点，预测的曲线越接近实际曲线，轨道跟踪法示例如图4.33所示。

（2）动态停吹法

转炉吹炼后期，根据对生产转炉的冶炼过程进行回归分析，建立脱碳速率、升温速率与氧气消耗、碳含量相关的数学模型。通过检测到的钢液碳含量和温度信息输入计算机，判断最佳停吹点，停吹后按需要作相应的修正动作。作为最佳停吹点应满足下面两个条件之一，即钢液碳含量和温度同时命中,或两者中必有一项命中,另一项不需补吹,只经某些修正动作即可达到目标要求。

图 4.34 是动态停吹法示意图,轨迹 1 是停吹时碳含量和温度同时命中;轨迹 2 或 3 是停吹时碳含量和温度不能同时命中,但有一项命中,故不必补吹,只需对轨迹 6 或 7 进行修正(即降温或增碳)就可以达到目标值,而不必在冶炼中对轨迹 4 或 5 进行修正。新钢 210 t 转炉二级系统动态模型画面如图 4.35 所示。

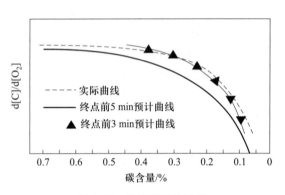

图 4.33　轨道跟踪法示例

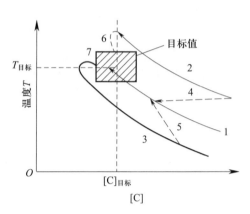

图 4.34　动态停吹法示意图

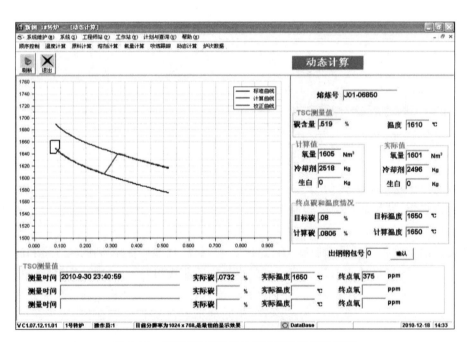

图 4.35　新钢 210 t 转炉二级系统动态模型画面

动态控制虽然比静态控制优越,但是它仍有不能解决的问题,因此又出现了全自动冶炼控制。

4.8.3 全自动冶炼控制

尽管动态控制校正了静态模型的计算误差,但多数转炉主要采用静态模型控制结合动态模型控制的控制形式,并采用参考炉次更新和模型系数学习等方法,增强控制模型的适应能力,能提高终点碳温的控制精度和命中率。但是动态控制中存在的一些问题,导致模型的适应性不高,存在以下不足:不能对造渣过程进行有效监测和控制,不能降低转炉喷溅率;不能对终点硫和磷进行准确控制,不能实现计算机对整个冶炼过程进行闭环在线控制。因此,出现了全自动冶炼控制。

静态实现转炉自动化控制目标,计算机网络环路控制转炉炼钢工艺过程,关键是消除在炼钢生产中产生的各种误差对炼钢终点和过程控制的影响,转炉炼钢过程中产生的各种误差大体有3类:系统误差,由各种检测仪表带来的各种误差和引起的波动;随机误差,由生产中各种不确定影响因素(如炉龄、枪龄和空炉时间等)的波动和变化对操作结果引起的误差;操作误差,由操作者引起的误差。

为了消除以上3种误差,确保控制精度和系统稳定性,可以采用全自动冶炼控制技术。全自动冶炼控制技术很好地校正上述误差。

从理论上讲,全自动冶炼控制技术可分为如下部分:

1)理论计算模型。根据炼钢过程涉及的传热、传质与化学反应的基本原理,研究炼钢过程的基本数量关系与内在规律,是计算机过程控制的基础。

2)增量模型。通过本炉与参考转炉冶炼的系统比较,计算由于各种工艺条件变化所引起的误差并给以校正。它适用于校正和减小转炉生产的系统误差。

3)人工神经网络模型。依据大量的生产数据,对炼钢生产过程中产生的大量随机误差和操作误差进行校正,提高控制模型的自适应性能和自学习能力。

4)动态校正模型。依据炼钢生产过程中实施在线检测的各种信息,对模型计算结果进行动态校正,修正计算结果,减小计算误差,达到提高控制精度和命中率的目的。

从过程上讲,它又可以分为以下几部分:

1)静态模型。首先利用静态模型确定吹炼方案,保证基本命中终点。

2)吹炼控制模型。在吹炼过程中利用炉气成分信息,校正吹炼误差,全程预报熔池成分(C、Si、Mn、P、S)和炉渣成分变化。

3)造渣控制模型。吹炼时利用炉渣检测信息,动态调整顶枪枪位和造渣工艺,避免吹炼过程"喷溅"和"返干"。

4)终点控制模型。通过终点副枪校正或炉气分析校正,精确控制终点,保证命中率。

5)采用人工智能技术,提高模型的自学习和自适应能力。

智能冶炼控制技术具有良好的冶金效果:① 终点控制精度,对低碳钢($[C]<0.06\%$),控制精度为 $\pm 0.015\%$;对中碳钢($[C]=0.06\%\sim0.20\%$),控制精度为 $\pm 0.02\%$;高碳钢($[C]>0.20\%$),控制精度为 $\pm 0.05\%$;温度 $\pm 10 \ ℃$,命中率 $\geqslant 95\%$。② 对终点 S、P、Mn 含量的准确预报,精度分别为 S,$\pm 0.000 \ 9\%$;P,$\pm 0.001 \ 4\%$;Mn,$\pm 0.009\%$。③ 高碳钢冶炼,后吹率从 60% 下降到 32%。④ 误判率从 29% 下降到 5.4%。⑤ 出钢时间从 $8.5 \ min$ 缩短到 $2.5 \ min$。⑥ 铁的收得率提高了 0.49%,石灰消耗减少 $3 \ kg/t$,炉龄提高 30%。

日本新日铁公司采用人工智能专家系统,对转炉吹炼进行全自动控制[25],其主要特点:
① 根据吹炼初始条件和终点目标,用增量模型确定副枪取样时间、各种辅助材料加入量和加入程序。② 吹炼过程中利用炉气分析系统的测定结果计算过剩氧量等炉内信息,用模糊推理方法预报终点磷含量。③ 接近终点时,用副枪测温定碳,并进行动态校正,确定达到终点目标所要求的供氧量和冷却剂加入量。④ 用安装在氧枪内的光电传感器连续测定熔池中的铁锰频率线的发光强度,直接推算钢液中锰的含量,同时测定出火点温度,估计钢液温度。冶炼程序框图如图 4.36 所示。

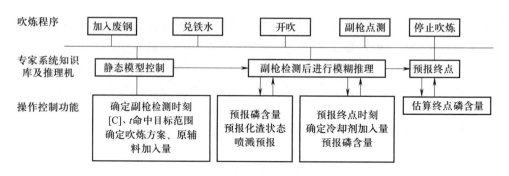

图 4.36 冶炼程序框图

综合静态、动态及全自动冶炼控制模型的特点,对静态、动态及全自动冶炼控制模型的控制精度及命中率进行了对比,见表 4.25。

表 4.25 静态、动态及全自动冶炼控制模型对比[37]

控制方式	检测内容	控制目标	控制精度	命中率
静态控制	铁水温度、成分和重量,各种原辅材料成分和重量,氧气流量和枪位	根据终点[C]、T 要求确定吹炼方案,供氧时间和原辅材料加入量	[C],±0.03% T,±15 ℃	≤50%
动态控制	静态检测内容全部保留,并增加副枪测温、定碳、取钢液样	静态模型预报副枪检测点,根据[C]、T 检测值修正计算结果,预报达到终点的供氧量和冷却剂加入量	[C],±0.02% T,±12 ℃	80%~90%
全自动冶炼控制	动态检测内容全部保留,并增加以下环节和设备: (1)炉渣状况检测 (2)炉气分析设备 (3)Mn 光谱强度连续检测	在线计算机闭环控制: (1)顶吹供氧工艺 (2)底吹搅拌工艺 (3)造渣工艺 (4)终点预报 T、[C]、[S]、[P],全程预报碳含量和温度	[C],±0.03% T,±15 ℃ 对吹炼控制精度超过 5 年以上的熟练操作工人	≥90%

4.9 转炉节能及炉气利用

面对我国能源、资源、环境等压力日益突出的新形势,作为重工业之首的钢铁产业已将绿色低碳发展理念深入各个钢铁企业,重视资源、能源的高效利用是实现绿色可持续循环发展的必然选择。本节将介绍转炉节能手段和转炉炉气的回收循环利用。

4.9.1 转炉节能手段

作为世界上最大的钢铁生产国,我国粗钢产量在全球总产量中的占比超过 50%,钢铁工业能耗占全国能源消耗总量的 10% 以上,是仅次于电力行业的煤炭消费大户,也是我国 CO_2 减排的“主战场”。下面首先介绍几个能耗指标:

(1)工序能耗

工序能耗是指工序中生产 1 t 合格产品所直接消耗的能源量,它是衡量工序能耗水平的指标,即

$$工序能耗 = \frac{工艺过程及辅助生产耗能量 - 回收并外供的能量}{统计期内合格产品的产量}$$

企业之间工序能耗差异的主要影响因素为装备水平、工艺技术和管理水平等。

(2)吨钢综合能耗

吨钢综合能耗是企业在统计期内生产每吨合格粗钢所消耗的各种能源总量折合成标准煤量。可通过下式进行计算:

$$吨钢综合能耗 = \frac{统计期内的能源消耗总量}{统计期内合格产品的产量 + 连铸坯总量}$$

吨钢综合能耗指标过于简单,不够完善,未包括部分复杂因素。钢铁联合企业的生产构成、工艺技术、装备水平、企业规模等方面存在较大差异,计算出的吨钢综合能耗数值差异较大[39],因此吨钢综合能耗不能被作为企业之间能耗比较的考核指标。对于一个企业,只有近几年产品构成无显著变化,才能进行相互比较。

(3)吨钢可比能耗

为了避免能耗受企业结构变化的影响,使之能在企业间及国际上具有可比性,在规定了必需的工序范围后,制定了吨钢可比能耗指标,即每生产 1 t 钢所必备生产工序的能耗之和。按照规定,计算时只考虑焦化、烧结、炼铁、炼钢、开坯、轧材等配套生产所必需的能耗,还有内部运输和煤气、燃料油等加工输送的能耗及分摊的企业能源亏损,其他的如耐火材料、铁合金、石灰等生产工序不考虑在内。

在生产计算中使用“标准煤”作为能耗指标的单位,每 1 kg 标准煤的发热量为 29.31 MJ。从占比大的能耗方面考虑,节能可从以下三方面入手:

1)降低原材料和动力的单耗和载能量。这是转炉节能降耗的前提,具体方法:降低供电能耗,保证铁水条件和减少铁水损失,提高转炉废钢比,连铸比,连铸、连轧收得率,引入新设备和节能型设备,辅助设备应注意节电,合理化工艺操作及流程,注意延长转炉寿命,降低耐火材料及部件的消耗等。

2) 降低燃料单耗及载能量。这是转炉节能降耗的重要方向,主要是指减少布局不合理或者热效率低带来的浪费。具体方法:解决铁、钢材不配套的问题,合理布局,降低运输燃耗,改善原材料质量,提高转炉钢和连铸钢比例,合理维修,提高作业率、成品率、合格率、收得率,均衡各种产品比例等。

3) 回收生产过程中散失的载能体和各种能量。这是转炉节能降耗必不可少的部分,回收这部分能量不仅能节能,还能起到保护环境的作用。具体方法:回收转炉炉气和蒸汽,回收废弃物(渣、砖、边角料)并加以综合利用,减少气、水、油等的跑、冒、滴、漏现象的发生等。

对包括连铸或铸锭在内的转炉系统来说,主要的节能技术主要包括以下内容:

① 提高转炉的原材料质量;

② 提高转炉废钢比;

③ 提高转炉钢液连铸比;

④ 采用转炉全工序负能炼钢技术;

⑤ 采用转炉煤气的高效率回收技术;

⑥ 提高铸坯的一火成材率,提高连铸坯的热送温度;

⑦ 采用炼钢系统损失热量和物质的回收利用技术;

⑧ 开发炼钢系统的新型节能技术;

⑨ 采用转炉废渣(物)的回收和综合利用技术等。

4.9.2 转炉炉气的回收循环利用

转炉炉气(简称炉气)是指铁水中碳与工业氧作用的产物,通过"燃烧法"或"未燃烧法"处理后转变成的气体,炉气的温度很高,含有大量 CO、少量 CO_2 及微量的其他成分气体,还夹杂着大量氧化铁、金属铁粒和其他细小颗粒的固体尘埃。转炉炉气的特点是温度高、气量大、含尘量大,气体具有毒性和爆炸性,直接排放会有很大的危害性,因此在回收炉气前需要对炉气进行净化、除尘操作。

1. 炉气的收集与净化

炉气收集的主要设施是烟罩,燃烧法通常只用固定烟罩,而未燃烧法采用活动烟罩,如图 4.37 所示。由于炉气温度较高,采用未燃烧法时可达到 1 650~1 800 ℃,甚至以上,因此炉气的冷却部分是净化回收系统的重要组成部分。炉气冷却方法主要分为烟罩和烟道间接冷却、水直接冷却两种。

(1) 烟罩和烟道间接冷却。采用水冷或汽化冷却形式冷却烟罩和烟道,可以吸入炉气中的部分物理热,使炉气温度稳定降到 900~1 000 ℃。

(2) 水直接冷却。采用洗涤塔水冲洗法、溢流文氏管法、蒸发冷却器法等使炉气进一步降温至 70 ℃ 或 200 ℃ 左右。

转炉炉气的净化主要目的是从炉气中去除悬浮的固体烟尘和含有尘粒的水滴。炉气净化系统按净化程度可分为粗净化和精净化两部分。粗净化属于粗除尘,根据炉气净化回收工艺的不同,粗除尘的设备也不同。在湿法除尘工艺中有溢流饱和(一级)文氏管、喷淋塔等,并配有旋风除尘器、弯头脱水器;在干法和半干法除尘工艺中主要应用蒸发冷却器。在湿法和半干法除尘工艺中,精除尘的主要设备是可调喉口文氏管(二级),在干法除尘工艺中精除尘的主要设备是电

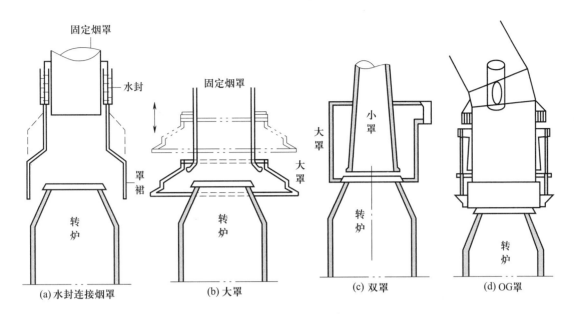

图 4.37　活动烟罩示意图

除尘器。

2. 转炉炉气的回收

炉气回收是转炉炼钢中节约能源、防止公害的重大措施。转炉炉气回收技术主要分为两大类型,分别为日本的湿法回收系统(OG 法)和德国的干法回收系统(LT 法)。

OG 法转炉炉气净化回收是对未燃状态下的炉气进行净化回收,通过活动烟罩和炉口差压控制装置完成,使得在回收过程中炉气不燃烧或少燃烧。装置主要由烟罩、冷却装置、净化装置、炉气回收系统及其他附属设备组成,炉气通过烟罩收集,在裙罩,上、下烟罩,汽化冷却烟道及第一级文氏管(简称"一文")中进行冷却,在一文、第二级文氏管(简称"二文")、脱水塔与分水包等环节进行净化,其系统工艺流程图如图 4.38 所示[41]。

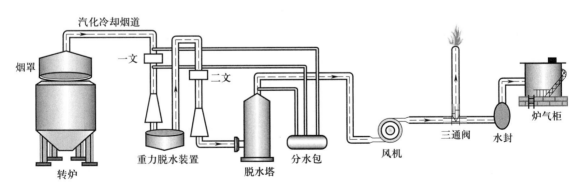

图 4.38　OG 法转炉炉气净化回收流程图

转炉炉气干法净化回收代表性技术为 LT 法净化回收技术,它是继传统 OG 法之后更为先进的炉气净化回收技术。LT法转炉炉气净化回收系统主要由炉气净化和炉气回收系统两部分组成,炉气经过蒸发冷却器冷却降温和粗除尘后进入静电除尘器进行精除尘,静电除尘器处理后不合格的炉气点火放散,合格的炉气降温后送往炉气柜进行储存[5],其工艺流程如图4.39所示。与湿法除尘系统相比,干法除尘系统具有如下优点:炉气含尘量低,风机寿命长,节电,节水,炉气回收量大,粉尘利用率高,占地面积少。它是国际公认的发展趋势,能够部分或全部补偿转炉炼钢过程中的能耗,有望实现转炉低能炼钢或负能炼钢的目标[26]。

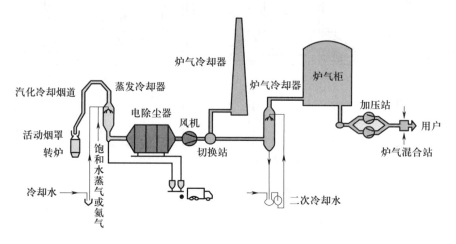

图4.39 LT法转炉炉气净化回收系统的工艺流程

半干法转炉炉气净化工艺采用干法净化装置和湿法净化装置联合作业的方式,通过蒸发冷却器进行粗除尘,在环缝可调喉口文氏管进行二级精除尘,经脱水除雾器后炉气进入炉气回收系统,其工艺流程如图4.40所示。

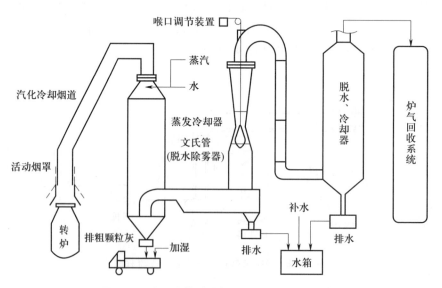

图4.40 半干法转炉炉气净化系统的工艺流程

3. 转炉炉气的利用

转炉炉气携带大量的显热,且热值为 2 000~2 200 kcal/kg,是中等热值的燃料,因此可直接将其作为燃料。此外,转炉炉气含 60%~80% 的 CO,15%~20% 的 CO_2,以及氮、氢和微量氧,故可以此为原料,与化工产业联合生产,既节约成本,又大幅降低能源消耗,且将钢厂尾气"变废为宝",符合绿色节能的发展方向。转炉炉气亦可以间接用于化工生产,由转炉炉气可以提纯 CO 和 CO_2,作为化工原料进行使用。

(1)炉气发电。炉气发电技术主要通过燃气锅炉燃烧厂区富余炉气产生蒸汽,通过对蒸汽参数进行优化将其供入蒸汽轮机发电。高温超高压炉气发电是一种效率高、技术成熟的钢厂余能利用方式,它将炉气(高炉炉气、转炉炉气)和空气分别经由炉气干管和送风机输送入锅炉燃烧,将锅炉给水加热成为过热蒸汽,经蒸汽管道送进汽轮机做功并带动发电机发电。做功后的蒸汽由循环冷却水冷却成为凝结水,经除氧后由给水泵送进锅炉,如此往复[6]。超高压炉气发电工艺流程如图 4.41 所示。

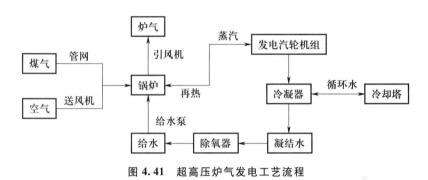

图 4.41 超高压炉气发电工艺流程

(2)生物法制乙醇。乙醇是一种重要的有机燃料,具有含氧、无水、高辛烷值等特点,既可直接作为液体燃料,又可作为添加剂与汽油混合使用[42]。利用微生物发酵转炉炉气生产燃料乙醇的反应可表示为 $6CO+3H_2O \Longrightarrow C_2H_5OH+4CO_2+$热量(一氧化碳+水经生物发酵生成燃料乙醇和二氧化碳),1 t 一氧化碳经菌体的生物发酵转化,可生产 0.274 t 乙醇。

(3)提纯制备 CO。转炉炉气提纯的 CO 可用于开发高附加值的产品,具有较高的经济价值和环保价值。常见的分离提纯方法有气体深冷分离法、Cosorb 气体分离法及气体吸附分离法[43],其中气体吸附分离法应用最为广泛。气体吸附分离法包括变压吸附法(PSA)和变温吸附法(TSA)[44]。PSA 技术广泛应用于从含有 CO_2、H_2 以及 CH_4 等混合气体中高效分离 CO 气体,预处理过程相对简单,系统装置可在室温下操作,无腐蚀,无污染,整体工艺设置简便,智能化成本低。

提纯后的 CO 是一种重要的基础化工原料,以 CO 为原料可制取 H_2,合成甲酸钠[45]、甲酸[46]等有机物,同时 CO 还可提纯制备 CO_2,制备的 CO_2 也是重要的化工原料,其应用范围十分广泛,不仅可应用于农业蔬菜的种植、食品的保鲜等[46-47],还可应用于化工行业和钢铁生产流程[47],具有十分显著的效果,对国民经济的发展和节能减排、实现碳中和都具有重要的意义。

4. 转炉炉气余热的利用

转炉炉气余热回收采用烟道式余热锅炉的形式,冷却烟道的冷却方式一般包括水冷却和汽化冷却两种方式,大部分钢铁企业的转炉烟道采用汽化冷却的方式[48]。

汽化冷却装置采用软化水以汽化的形式冷却钢铁冶金设备并吸收大量的热量而产生蒸汽。高温炉气通过汽化器,因炉气与壁面温差大,发生热量传递,将热量传递给受热面的同时自身温度降低;受热面另一侧管道中的水吸收炉气热量后部分蒸发,并在蒸发管内形成汽水混合物,在压力作用下,蒸汽在蒸发管内上升,通过上升管最终进入汽包,经汽水分离后,蒸汽从汽包引出进入蓄热器储存,最终送入蒸汽管网供生产生活使用。同时水下降到蒸发管底部重新进入汽化器的下联箱内,补充的水供给蒸发管内继续蒸发使用。如此反复循环,不断冷却高温炉气,产生蒸汽[49]。氧气转炉余热锅炉工作原理如图 4.42 所示。

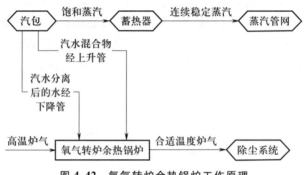

图 4.42 氧气转炉余热锅炉工作原理

转炉蒸汽余热可应用在发电、真空精炼供汽等方面,其中转炉蒸汽发电技术利用转炉炼钢释放的高温炉气余热作为热源通过余热锅炉产生蒸汽,带动汽轮机系统发电,工艺流程如图 4.43 所示。此项技术不但利用了转炉余热,避免能源浪费,为企业创造了较好的经济效益,且不产生额外的废气、废渣、粉尘和其他有害气体,是节能环保新技术。

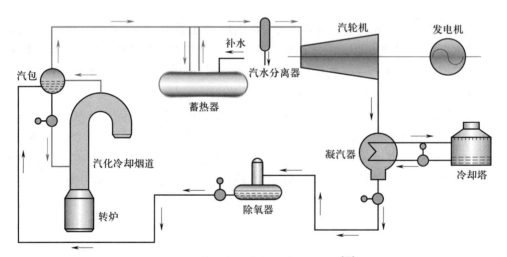

图 4.43 转炉余热发电系统工艺流程[50]

转炉炉气也可用于处理焦化废水,利用其高温和含氧的特性,快速热解氧化焦化废水中的有机成分、高效灭菌、喷雾干燥晒盐、分离重金属,实现焦化废水的低成本无害化深度处理,且废水中的耗氧成分能消耗转炉炉气中的自由氧,有利于增加转炉炉气回收量和防泄爆,节省转炉除尘的新水消耗,其主要相关反应原理如下:

① 酚：$\qquad$ $C_6H_6O+7O_2 =\!=\!=\!= 6CO_2+3H_2O+\Delta Q$

② 苯：$\qquad$ $C_6H_6+15/2O_2 =\!=\!=\!= 6CO_2+3H_2O+\Delta Q$

③ 氨：$\qquad$ $2NH_3+7/2O_2 =\!=\!=\!= 2NO_2+3H_2O+\Delta Q$

④ 硫化氢：$\qquad$ $2H_2S+3O_2 =\!=\!=\!= 2SO_2+2H_2O+\Delta Q$

⑤ 氰化氢：$\qquad$ $2HCN+9/2O_2 =\!=\!=\!= 2CO_2+2NO_2+H_2O+\Delta Q$

对于反应①和②，反应产物为 CO_2 和 H_2O，能够彻底实现焦化废水的无害化；对于反应③④⑤，反应产物虽产生了酸性气体，但两种气体都易溶于水，由于半干法仍有湿法洗涤的步骤，产生的气体被喷水洗涤吸收后会与炼钢烟尘中的 CaO 等碱性成分反应变成盐而实现脱硫、脱硝[51]。

思 考 题

1. 炼钢过程直接氧化和间接氧化指的是什么？

2. 硅含量的高低对转炉冶炼会产生什么影响？

3. 试述转炉吹炼烟尘产生的原因。

4. 什么是转炉高拉碳吹炼？

5. 铁水预脱硫后，转炉冶炼回硫的因素主要有哪些？

6. 试述脱碳反应的作用。

7. 试述脱氧过程回磷的原因。

8. 简述双渣法脱磷与双联法脱磷的区别。

9. 试述转炉炼钢过程易回硫的原因。

10. 转炉冶炼前期如何控制 $2CaO \cdot SiO_2(C_2S)$ 难熔渣的产生？

11. 什么是转炉副枪控制技术？

参 考 文 献

[1] 万谷志郎.钢铁冶炼[M].北京:冶金工业出版社,2001.

[2] Design and maintenance of basic oxygen furnaces:AISE technical report No. 32[R].Pittsburgh:Association of Iron and Steel Engineers,1996.

[3] CHEN E S,LAUTENSLEGER R W,BREZNY B.Thermomechanical analysis of a 225 ton BOF vessel[J].Iron and Steel Engineer,1993,70(11):43-51.

[4] 戴云阁,李文秀,龙腾春.现代转炉炼钢[M].沈阳:东北大学出版社,1998.

[5] 陈家祥.钢铁冶金学[M].北京:冶金工业出版社,1992.

[6] 佩尔克 R D,等.氧气顶吹转炉炼钢[M].邵象华,等译.北京:冶金工业出版社,1994.

[7] 张岩,张红文.氧气顶吹转炉炼钢工艺与设备[M].北京:冶金工业出版社,2010.

[8] 谭牧田.氧气转炉炼钢设备[M].北京:机械工业出版社,1983.

[9] 郑沛然.炼钢学[M].北京:冶金工业出版社,1994.

[10] 张承武,炼钢学[M].北京:冶金工业出版社,1991.

[11] 李慧.钢铁冶金概论[M].北京:冶金工业出版社,1993.

［12］李传薪.钢铁厂设计原理［M］.北京:冶金工业出版社,1995.

［13］潘毓淳.炼钢设备［M］.北京:冶金工业出版社,1992.

［14］杉田清.钢铁用耐火材料［M］.张绍林,马俊,译.北京:冶金工业出版社,2004.

［15］BARKER J K,BLUMENSCHEIN D C.The making, shaping and treating of steel［M］.11th ed. Pittsburgh:The AISE Steel Foundation,2003.

［16］CHATTERJEE,MANRIQUE C,NILLES P.Fundamentals of steelmaking metallurgy［J］.Ironmaking and Steelmaking,1984,11(3): 117-131.

［17］Ferrous scrap materials manual［Z］.Iron Casting Research Institute, 1995.

［18］MEYER H W,PORTER W F,SMITH G C,et al.Slag-metal emulsions and their importance in BOF steelmaking［J］.Journal of Metals,1968,20(7):35-42.

［19］LANGE W.The 5th International Iron and Steel Conference:Proceedings of the 69th Steelmaking conference,April 6th,1986［C］.Warrendale:Iron and Steel Society Inc. ,1986:231-248.

［20］PAPINCHAK J,HUTNIK A W.Basic oxygen steelmaking:a new technology emerges:Proceedings of a Conference Organised by the Metals Society［C］.London:Metals Society,1978.

［21］KAMANA M.Pure oxygen bottom blown converter steelmaking process［J］.Tekko Kai,1978(1).

［22］FRUEHAN R J.Advanced physical chemistry for process metallurgy［M］.London: Academic Press, 1997.

［23］MASUI A,YAMADA K,TAKAHASHI K.Slagmaking, slag/metal reactions and their sites in BOF.Refining Processes:The Role of Slag in Basic Oxygen Steelmaking Processes,McMaster Symposium on Iron and Steelmaking No. 4［C］.Canada,1976:3. 1-3. 28.

［24］FRUEHAN R J.Ladle metallurgy principles and practices［M］.Warrendale:Iron and Steel Society, 1985.

［25］HUBBARD H N,LANKFORD W T.The development and operation of the OBM(Q-BOP) process in the United States Steel Corporation:Proceedings of the 57th National Open Hearth and Basic Oxygen Steel Conference, April 28-May 1,1974［C］.Atlantic City:AIME, 1974(57):258-274.

［26］SAHAI Y,XU C,GUTHRIE R I L.The formation and growth of thermal accretions in bottom blown/combined blown steelmaking operations:Proceedings of the International Symposium on the Physical Chemistry of Iron and Steelmaking, August 29-September 2, 1982［C］.Toronto: CIM, 1982: I38-I45.

［27］PAPINCHAK M J,HUTNIK A W.OBM (Q-BOP) practice and comparisons:Proceedings of Basic Oxygen Steelmaking—a New Technology Emerges, May 4 - 5, 1978［C］. London: The Metals Society, 1979:46-52.

［28］MULLEN R B,GOETZ F J.Experience with lance bubbling equilibrium and post-combustion at DOFASCO, Inc. :Proceedings of 68th Steelmaking Conference, April 1985［C］.Detroit:AIME, 1985,68:293-297.

［29］OHJI M,OKUMURA H,SHIMOJI H,et al.Operation technology for long and steady refractory life of LD converter with top and bottom blowing type:Proceedings of International Oxygen Steelmaking Congress, AIME May,1987［C］.Linz:AIME,1987:399-412.

[30] ISO H，IYONO Y，ARIMA K，et al. Development of bottom-blowing nozzle for combined blowing converter[J].Transaction of the Iron and Steel Institute of Japan，1988，28(1)：49-58.

[31] EMOTO K，IMAI T，SUDO F，et al. Combined blowing processes of Kawasaki Steel：Proceedings of 70th Steelmaking Conference[C].Pittsburgh：AIME，1987(70)：347-353.

[32] BIENIOSEK T H.LD-KGC bottom stirring at LTV cleveland #2 BOF：Proceedings of 71st Steelmaking Conference[C].Toronto：AIME，1988，(71)：281-287.

[33] FRITZ E，GEBERT W.氧气炼钢领域的里程碑和挑战[J].钢铁，2005(5)：79-82.

[34] SLATOSKY W J.End-point temperature control in LD steelmaking[J].Journal of Metals，1960，12(3)：226.

[35] SLATOSKY W J.End-point temperature control of the basic oxygen furnace[J].Trans，1961，221(2)，118.

[36] YANKE D G，NEUHOF H G，SCHULTZ T.Control of the oxygen-converter process[J].Steel in Translation，1999，29(12)：24-33.

[37] 刘浏.转炉全自动吹炼技术[J].冶金自动化，1999，23(4)：1-6.

[38] HIROSHI Y.Development of expert system and Mn online for BOP process：Proceedings of 74th Steelmaking Conference，April 14-17，1991[C].Washington：Iron and Steel Society Inc.，1991：453-458.

[39] 魏新民，李庭寿，李锐.转炉煤气干法净化回收技术在莱钢的应用[C]//中国金属学会.2005中国钢铁年会论文集：第2卷.北京：冶金工业出版社，2005：695-701.

[40] 张凤兰，胡新文，唐平，等.我国钢铁行业能耗状况分析[J].节能技术与应用，2019(10)：106-108.

[41] 马春生.转炉烟气净化与回收工艺[M].北京：冶金工业出版社，2014.

[42] BALAT M，BALAT H C.Progress in bioethanol processing[J].Progress in Energy & Combustion Science，2008，34(5)：551-573.

[43] 刘建勋，张朋海.用焦炉煤气和转炉煤气生产甲醇[J].燃料与化工，2013，44(1)：51-52.

[44] 陈健，古共伟.变压吸附分离一氧化碳技术的应用[J].低温与特气，1996(2)：70-74.

[45] 彭才斗.以热碱洗涤合成氨原料气中的一氧化碳付产甲酸钠的探讨[J].湖南化工，1979(4)：97-100.

[46] 李亚军.大棚增施 CO_2 有利于提高经济效益[J].甘肃农业，2006(6)：160.

[47] 翁凯江.二氧化碳在食品工业上的应用[J].福建轻纺，2005(7)：1-4.

[48] HAN B，WEI G，ZHU R，et al.Utilization of carbon dioxide injection in BOF-RH steelmaking process[J].Journal of CO_2 Utilization，2019(34)：53-62.

[49] 姬立胜.转炉烟气余热的充分回收与合理利用[D].沈阳：东北大学，2012.

[50] 王永忠，施锦德.转炉煤气节能减排的几种技术措施[J].世界钢铁，2009(9)：39-44.

[51] 苏国留，刘文东，魏久鸿，等.转炉半干法除尘消纳利用焦化废水的原理及应用[C]//中国科学技术协会，青岛市人民政府.2014青岛国际脱盐大会论文集.北京：中国学术期刊电子出版社，2014：325-328.

[52] 朱荣.二氧化碳炼钢理论与实践[M].北京：科学出版社，2019.

第5章 现代电弧炉炼钢

5.1 电弧炉炼钢概述

电弧炉(electric arc furnace,EAF)炼钢是以电能作为热源的炼钢方法,它是靠电极和炉料间放电产生的电弧,使电能在弧光中转变为热能,并借助电弧辐射和电弧的直接作用加热并熔化金属炉料和炉渣,冶炼出各种成分合格的钢和合金的一种炼钢方法。图5.1是电弧炉炼钢示意图。

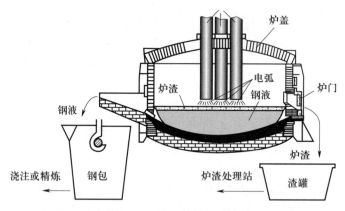

图5.1　电弧炉炼钢示意图

电弧炉炼钢的特点如下[1-3]:

1）电能为热源,避免燃烧燃料污染钢液,热效率高,可达65%以上;

2）冶炼熔池温度高且容易控制,满足冶炼不同钢种的要求;

3）电热转换,输入熔池的功率容易调节,因而容易实现熔池加热制度自动化;

4）炼钢过程的炉气污染和噪声污染容易控制;

5）设备简单,炼钢流程短,占地少,投资省,建厂快,生产灵活;

6）电弧炉炼钢可以消纳废钢,是一种铁资源回收再利用的过程,也是一种处理污染物的环保技术,相当于是钢铁工业和社会废钢的回收工具。

由于钢铁良好的可再生性及环境、资源和能源等方面日益苛刻的要求,尽可能多地利用废钢成为国际趋势。如果废钢得不到有效的回收和利用,将成为巨大的潜在环境污染源,有些甚至可能对水质、土壤等构成严重威胁。大量锈蚀的钢铁废料,不但造成资源的浪费,还将造成严重的粉尘污染。

当今钢铁生产可分为"从矿石到钢材"和"从废钢到钢材"两大流程。相对于钢铁联合企业中以高炉—转炉炼钢为代表的常规流程而言,以废钢为主要原料的电弧炉炼钢生产线具有工序少、投资低和建设周期短的特点,因而被称为短流程。近年来,短流程更特指那些电弧炉炼钢与连铸—连轧相结合的紧凑式生产流程。由最近的统计将两种流程作一比较(表 5.1),可见在投资、效率和环保等方面,以电弧炉炼钢为代表的短流程炼钢具有明显的优越性。

表 5.1   高炉—转炉炼钢和电弧炉炼钢两大流程的比较[1-6]

类别	高炉—转炉流程	电弧炉流程
每吨钢投资/美元	1 000 ~ 1 500	500 ~ 800
每吨钢从原料到钢液的能耗/kgce	700 ~ 750	200 ~ 250
每吨钢从原料到成品材的运输力需求/t	15.8	9.48
每吨钢二氧化碳排放/t	1.8 ~ 2.2	0.5 ~ 0.7

5.2   电弧炉炼钢发展概况

世界上第一台实验电弧炉诞生于 1879 年;1890 年,电弧炉首次实现工业化应用;1909 年,美国建成第一座 15 t 三相电弧炉,是世界上第一座圆形炉壳的电弧炉;1936 年,德国成功制造出第一座炉盖旋转式电弧炉[7]。20 世纪 60 年代起,超高功率电弧炉开始兴起,并逐渐成为电弧炉炼钢主流,同时逐渐采用炉壁吹氧辅助熔炼,电弧炉炼钢技术步入了快速发展时期[8]。20 世纪 80 年代中后期,大型超高功率直流电弧炉开始出现,进一步促进了电弧炉短流程炼钢的发展[9,10]。

21 世纪以来,世界上主要产钢国的粗钢产量稳步增长,电弧炉钢的产量也同步增长,部分国家的电弧炉钢所占比例随之增加。表 5.2 为世界电弧炉钢产量及其所占比例[11-14]。2020 年,全球电弧炉钢产量约占粗钢总产量的 26.30%,如果中国不计算在内,世界电弧炉钢产量所占比例达 48.74%以上,其中美国电弧炉钢所占比例高达 70%,欧盟电弧炉钢所占比例达到 42%以上,日本、韩国电弧炉钢所占比例达 25%~30%,以废钢为原料的电弧炉炼钢是国际钢铁行业的发展趋势[14]。

我国的电弧炉炼钢经历了几个阶段的发展,现已逐步建立起了现代化的电弧炉炼钢业和电弧炉设备制造业。表 5.3 为我国电弧炉钢产量及其所占比例[11-14],2003 年我国电弧炉钢产量达 3 906 万吨,2007 年我国的电弧炉钢产量达到了 5 843 万吨,超过美国成为世界第一电弧炉钢生产大国,其总量超过印度、德国、韩国三国的粗钢总产量之和。

表 5.2   世界电弧炉钢产量及其所占比例

年份	粗钢总产量/万吨	电弧炉钢产量/万吨	电弧炉钢所占比例
2000	84 131	28 352	33.70%
2001	84 296	29 588	35.10%
2002	89 791	30 439	33.90%
2003	96 124	32 682	34.00%

年份	粗钢总产量/万吨	电弧炉钢产量/万吨	电弧炉钢所占比例
2004	104 858	34 813	33.20%
2005	112 634	35 818	31.80%
2006	124 054	38 742	31.23%
2007	134 300	40 900	30.45%
2008	133 970	40 994	30.60%
2009	123 480	34 450	27.90%
2010	143 280	42 080	29.37%
2011	153 720	45 280	29.46%
2012	155 950	44 660	28.64%
2013	164 930	45 240	27.43%
2014	166 150	48 700	29.31%
2015	162 100	40 680	25.10%
2016	162 830	41 190	25.30%
2017	168 820	47 270	28.00%
2018	180 710	52 044	28.80%
2019	186 750	51 730	27.70%
2020	187 630	49 347	26.30%

表 5.3 我国电弧炉钢产量及其所占比例

年份	粗钢总产量/万吨	电弧炉钢产量/万吨	电弧炉钢所占比例
2000	12 849	2 020	15.72%
2001	15 163	2 401	15.83%
2002	18 225	3 040	16.68%
2003	22 234	3 906	17.57%
2004	27 471	4 167	15.17%
2005	35 579	4 179	11.75%
2006	42 102	4 420	10.50%
2007	48 997	5 843	11.93%
2008	51 200	6 333	12.37%

年份	粗钢总产量/万吨	电弧炉钢产量/万吨	电弧炉钢所占比例
2009	56 800	5 576	9.82%
2010	63 870	6 630	10.38%
2011	69 400	6 800	9.80%
2012	71 654	6 480	9.04%
2013	77 904	7 200	9.24%
2014	82 270	7 100	8.63%
2015	80 383	4 903	6.10%
2016	80 840	4 204	5.20%
2017	83 170	7 485	9.00%
2018	92 830	10 768	11.60%
2019	99 630	10 361	10.40%
2020	106 480	9 796	9.20%

据中钢协统计,1949—2010 年间我国累计钢材实际消费量约为 49.6 亿吨,扣除炼钢、铸造等行业废钢消耗,钢铁积蓄量约 45.68 亿吨,"十三五"期间我国钢铁积蓄量达 110 亿吨。随着钢铁积蓄量的高速增长,我国废钢将大幅释放,我国的废钢资源产生量 2008 年约 6 790 万吨、2010 年约 8 040 万吨,2013 年突破 1.3 亿吨,位居世界之首。图 5.2 为我国钢铁积蓄量与废钢产生量统计预测情况[15],预计 2025 年我国自产废钢将突破 2.5 亿吨。随着适应我国钢铁行业需求的废钢循环利用体系及废钢加工回收配送产业链的完善以及未来国内废钢资源的逐步释放,将给以废钢为主原料的电弧炉短流程炼钢带来重大发展机遇和广阔市场前景。

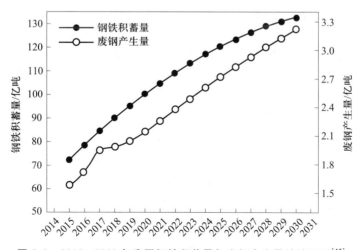

图 5.2　2015—2030 年我国钢铁积蓄量与废钢产生量统计预测[15]

5.2.1 现代炼钢流程冶炼工序的功能演变

随着炼钢技术的进步,传统转炉和电弧炉的功能在发生转变:现代转炉的功能逐步演变为快速高效脱碳器、快速升温器、能量转换器和优化脱磷器。现代电弧炉的功能演变有以下几方面[16]:

(1) 快速废钢熔化

现代电弧炉冶炼的一个重要特征是冶炼周期大大缩短,已达到 35~45 min,与同容量转炉冶炼周期相当,可满足高效连铸多炉连浇的节奏要求,成为了一个废钢快速熔化装置。

(2) 熔池快速升温

电弧炉原料中的废钢和生铁熔化后,为满足出钢温度要求,熔池快速升温,现代电弧炉已成为一个快速升温装置。

(3) 能量转换

现代电弧炉的能源结构包括电能、化学能和物理热。为缩短冶炼周期,必须充分利用变压器功率,增加电能输入;增加化学能和物理热,在一定的冶炼周期条件下,三种能量可以互相转换。在电力紧缺、价格高的地区,可以增加化学热和物理热的比例。采用废气预热炉料技术,可以增加物理热,减少电能的输入。原料中高配碳,生铁成为主要原料之一,加铁水是最好的生铁预热方式,可以增加化学热和物理热。现代电弧炉成为了一个很好的能量转换装置。

(4) 高效脱碳脱磷

为了缩短冶炼周期,以满足高效连铸节奏的要求,强化供氧,脱碳速率大,在废钢熔化和升温的过程中,电弧炉冶炼具有良好的脱磷条件,现代电弧炉成为了一个高效脱碳脱磷装置。

(5) 废弃塑料、轮胎等回收

现代转炉流程的焦炉、高炉工序可以回收部分废弃塑料;现代电弧炉流程也可能具有回收废弃塑料、轮胎等功能且成本较低。

如上所述,转炉和电弧炉的功能已演变为基本相近,只是由于炉型不同,原料成分(主要是C、P)不同,在脱碳量、脱碳速率和脱磷要求方面有所不同,从而工艺有所差别。

5.2.2 电弧炉炼钢工艺的进步

电弧炉炼钢的发展过程中,经历了普通功率电弧炉→高功率电弧炉→超高功率电弧炉。其冶金功能也发生了革命性的变化,其功能由传统的"三期操作"发展为只提供初炼钢液的"二期操作"。

传统的电弧炉炼钢操作集炉料熔化、钢液精炼和合金化于同一熔池内,包括熔化期、氧化期和还原期。在电弧炉内既要完成熔化、脱磷、脱碳、升温,又要进行脱氧、脱硫、去气、去除夹杂物、合金化以及温度、成分的调整,因而冶炼周期长。这既难以保证对钢材越来越严格的质量要求,又限制了电弧炉炼钢生产率的提高。现代电弧炉炼钢工艺只保留了熔化、升温和必要的精炼操作,如脱磷、脱碳,而把其余的精炼过程均移到二次精炼工序中进行。电弧炉炼钢工艺上的改变,提高了电弧炉的设备能力,使其能够以尽可能大的功率进行熔化、升温操作,而把只需要较低功率的操作转移到钢包精炼炉内进行。越来越完善的二次精炼技术,完全能满足钢液清洁度和严格的成分、温度控制的要求。

5.3 现代电弧炉炼钢工艺过程

5.3.1 原料

电弧炉炼钢使用的造渣材料、氧化剂等和转炉炼钢基本一样,但原料二者明显不同。转炉炼钢以铁水作为主要原料,电弧炉炼钢是以废钢作为主要原料。

废钢来源一般有三个方面,即钢铁企业在生产过程中的自产废钢,工矿企业在生产过程中的加工废钢,社会生产、生活、国防等废弃钢铁材料的拆旧废钢,如报废汽车、舰船、钢结构桥梁与建筑钢等。由于连铸技术的发展,连铸比不断提高,铸坯切头、切尾越来越少,每吨钢自产废钢大幅减少,钢厂内部回收废钢相应减少。

仅就电弧炉炼钢工序而言,废钢是基本原料,和其他冶炼工序一样,精料是首要的基础工作,废钢原料的鉴别、分类等管理工作和打包、剪切等预处理工作都是非常重要的。废钢是电弧炉的主要原料,电弧炉炼钢相当于钢铁工业的回收工具,它既回收从电弧炉流程返回的废钢,也回收从氧气转炉流程返回的废钢。因此,使得大型联合企业与小型钢厂形成一个闭环。为此,各个国家均把废钢视为宝贵资源。

电弧炉炼钢使用废钢原料的最大问题是金属残留元素,主要是残留的 Ni、Cr、Mo 等合金元素和 Cu、Sn、Bi、Sd、Pb 等有害元素。目前在电弧炉炼钢过程中,这些有害元素尚无有效方法去除,残留在钢材中造成种种危害,并在废钢循环再利用过程中不断积累。

目前采用的措施主要有以下三种:① 加强废钢管理;② 在废钢预加工过程中挑选或分离;③ 冶炼过程配加其他铁源,稀释残留元素的浓度。

5.3.2 补炉和装料

1. 补炉

炉衬寿命的长短是多炼钢、炼好钢、节约原材料、降低成本的关键问题。炉衬分炉壁、炉底和炉盖炉衬等部分。寿命最短的是炉壁炉衬,它的工作条件最差,距电弧近,温度高,又受炉渣的严重侵蚀。

炉衬严重损坏或补炉镁砂未烧结而进入渣中时,渣中 MgO 颗粒大量增加,渣的流动性变坏,延缓渣钢间的化学反应,钢中夹杂物增加,钢质严重降低。

炉衬一般由碱性材料组成,渣中的碱性氧化物(如 CaO、MgO、MnO)对炉衬侵蚀作用小,渣中的酸性氧化物(如 SiO_2、TiO_2、ZrO_2、P_2O_5 等)对炉衬侵蚀作用大。炉衬寿命主要与渣中 SiO_2 含量有直接关系,一般为 10%～20%。

根据补炉材料来分,补炉分为干补和湿补。干补时用镁砂(MgO 含量<78%)或白云石(焙烧过的)和焦油(碳氢化合物)作黏结剂;湿补用的黏结剂为卤水($MgCl_2 \cdot xH_2O$)或水玻璃($Na_2SiO_4 \cdot yH_2O$),常用于损坏严重或坡度大不易补的地方。沥青和镁砂的配比约为 1:10,卤水、水玻璃或镁砂的用量以捏成团、不松散为宜。

补炉时间因侵蚀的情况和炉子容量而定,一般为 3～5 min。

2. 装料

装料质量对电弧炉炼钢熔化时间、合金元素烧损和炉衬寿命都有很大影响。装料应做到快和密实,以缩短冶炼时间和减少热损失。

为了保证炉料熔化的顺利进行,必须装得密实。炉料分为大料、中料、小料、轻薄料,装料时按一定比例以便一次加入。

5.3.3 炉料的熔化和钢液的氧化精炼

电弧炉炼钢首先需要快速熔化炉料,以便在氧化期和精炼期控制钢液的成分,去除有害的杂质磷、氢、氧和氮,并且去除钢中的非金属夹杂物。同时尽可能减少钢液吸收的气体。

炉料熔化在整个电弧炉炼钢生产工艺过程中是很重要的一个阶段。熔化时间占总冶炼时间的50%左右,电能消耗占总耗电的2/3左右,所以加速炉料熔化是缩短熔化时间、提高产量、降低电耗和成本的关键。

炉料熔化操作:熔化操作主要是合理供电,适时吹氧和尽快造渣,以达到快速熔化炉料的目的。

合理供电:开始时供电电流小些,防止电弧向炉膛辐射大量的热,使炉顶局部损坏,当供电5~10 min以后,电弧已埋入炉料,这时用最大功率供电。

适时吹氧:吹氧是利用氧化反应的热加速熔化炉料,但吹氧过早,氧气和冷炉料起作用小,浪费了氧气。一般吹固体炉料时温度在950 ℃以上时为宜,这时氧和钢铁料的作用快,容易熔化。一般对于全固体炉料,在熔化50%左右时吹氧为宜。

尽快造渣:覆盖在钢液面上的炉渣能稳定电弧的燃烧,减少钢液散失的热量,减缓氢和氮的吸收,去除钢液中的磷和硫,吸收上浮到钢液面上的夹杂物,减少铁及元素的蒸发等。

1. 炉料熔化

快速熔化和升温是当今电弧炉炼钢最重要的功能。电能是电弧炉熔化和升温的基本能源。熔化炉料时间的长短决定于熔化原材料需要的电能同每小时供给的电能之比,可用下式表示:

$$熔化时间(小时) = \frac{熔化原材料需要的电能}{每小时供给的电能} = \frac{W_1 Q_1 + W_2 Q_2}{PC\eta - P_1}$$

式中:W_1——钢铁料质量,t。

W_2——渣料质量,t。

Q_1——熔化1吨钢铁料的电能消耗,约为340 kW·h,折合成热量为1.256×10⁶ kJ[3×10⁵kcal]。

Q_2——熔化1吨渣料所需热量,约为540 kW·h。

P——变压器功率,即炉料熔化时向炉内输入的平均功率,一般不大于变压器的额定功率。

$C\eta$——功率因数C($C=\cos\psi$)和电效率η之积,称为实际输出系数,为0.77~0.81。电效率是电能转化为真正用于熔化炉料的热量的分数。

P_1——单位时间的热损失,即熔化期内的平均电能损失。

从上式可以看出:炉料熔化时间决定于变压器每小时供给炉内电能。为缩短熔化期,应设法采用尽可能大的功率供电,减少热损失。

2. 钢液的氧化精炼

（1）钢液氧化精炼的目的

① 去除钢液中的磷使其含量达到规定的范围：在氧化精炼结束扒除氧化渣时，钢液中的磷含量低于钢种成分规定的含量。为了防止钢液在后续的还原精炼过程中发生回磷而导致磷出格，要求氧化精炼的钢液磷含量控制得低些。

② 去除钢液中的气体（氢气和氮气）：在氧化结束时把溶解在钢液中的氢含量降为 0.000 1% ~ 0.000 2%，氮含量降低为 0.004% ~ 0.006%。

③ 去除钢液中氧化物夹杂物：利用氧化精炼过程中的钢液沸腾，去除大部分夹杂物，在钢液的氧化精炼期可以去除 75% ~ 90% 的夹杂物。

④ 升高钢液温度：冶炼过程需要较高的温度。在氧化精炼过程中，熔池的沸腾搅拌有利于钢液加热升温，可使钢液温度升高到高于出钢温度 10 ~ 20 ℃。

⑤ 调整钢液的碳含量：氧化脱碳使钢液沸腾，在氧化精炼结束出钢前，钢液碳含量需要考虑在还原精炼过程中加入铁合金，可以增加钢液的碳含量。相反，在钢液碳含量低时可用喷粉增碳。

在氧化精炼时，钢液中的硅、锰、铬、钒等元素都进行氧化，含量都在降低，当钢液中残余硅、钒等含量高时使碳的氧化速率降低。

（2）脱碳和各项任务的关系

脱磷和脱碳的关系：脱磷和脱碳都是氧化反应，它们之间有共性，都需要氧。加铁矿石氧化钢液时，氧通过炉渣向钢液溶解。在钢-渣界面产生脱磷反应，C-O 反应在熔池中进行，产生的 CO 气泡使钢液沸腾并增大钢-渣界面积，加快了脱磷反应。在其他条件相同时增大熔池脱碳速率，能显著地提高脱磷反应速率。熔池脱碳速率和脱磷速率的关系如图 5.3 所示。

去气和脱碳的关系：脱碳时在熔池产生的 CO 气泡和钢液接触，此时溶解在钢液的氢和氮向 CO 气泡内扩散，并生成分子的 H_2 和 N_2 随气泡上浮进入炉气中，脱碳过程的去气反应为

$$2[H] \rightarrow H_2$$
$$2[N] \rightarrow N_2$$

由于 CO 气泡中不含 H_2 和 N_2，所以上述两个反应右边的气体分压力等于零，反应向右自动进行。去气速率和去气量直接与脱碳速率、脱碳量有关。

当钢液的去气速率大于炉气通过炉渣向钢液溶解气体的速率时，钢液去气，否则钢液吸气。熔池脱碳量和钢液氢含量的关系如图 5.4 所示。脱碳量增大时去氢量增加，钢液中的氢、氮含量降低。

去除钢中氧化物夹杂物和熔池脱碳的关系：悬浮在钢液中的固体夹杂物，在氧化性的钢液中易形成 $2FeO \cdot SiO_2$、$2FeO \cdot TiO_2$ 和 $2FeO \cdot Al_2O_3$ 等低熔点含氧化铁的大颗粒夹杂物，在沸腾的钢液中容易使夹杂物互相碰撞、聚积长大成大颗粒的夹杂物，上浮到炉渣中被炉渣吸收。

钢液升温和脱碳的关系：氧化期钢液升温比较容易，这是因为有强烈的熔池沸腾，能迅速将电弧下的高温钢液搅拌到熔池底部，使温度均匀。氧化精炼中钢液上部和炉底的温差约 5 ℃。熔池沸腾时炉渣呈泡沫状，电弧被其周围的泡沫状炉渣包围，炉渣吸收电弧热能的能力比静止渣面要大，有利于快速加热钢液。所以，脱碳沸腾为加热钢液创造良好的条件。近年来，在钢液氧化精炼过程中，向渣中喷入碳粉产生 CO 气泡或吹入其他气体，造泡沫渣，强化供电加热，取得了良好的升温效果。

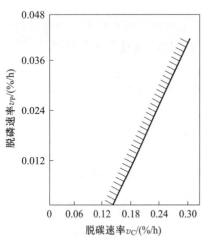
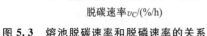

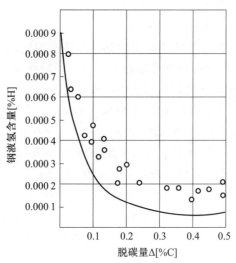

图 5.3　熔池脱碳速率和脱磷速率的关系　　　图 5.4　熔池脱碳量和钢液氢含量的关系

3. 炉料熔化、钢液氧化精炼的主要物理化学反应

炉料装入电弧炉后,随着电弧加热和吹氧助熔的进行,炉料逐渐升高温度、开始熔化。伴随着炉料的升温和熔化,炉内会发生一些物理化学反应。

(1) 钢液脱碳反应

熔池吹氧脱碳时的化学反应一般认为是放热反应。

氧溶解在钢液内:$\frac{1}{2}O_2 = [O]$　　　$\Delta H = -117\ 230\ J(放热)$

氧气氧化铁液时:$\frac{1}{2}O_2 + [Fe] = [FeO]_{(l)}$　　　$\Delta H = -228\ 239\ J(放热)$

氧气氧化碳时:$\frac{1}{2}O_2 + [C] = CO_{(g)}$　　　$\Delta H = -139\ 629\ J(放热)$

式中,ΔH 为化学反应焓变,J/mol。

熔池脱碳反应速率的大小很大程度上取决于吹氧速率。当吹氧速率一定,熔池碳含量小于0.2%时,脱碳速率明显降低,脱碳的耗氧量显著增加。这是因为钢液中的氧含量和渣中(FeO)相应增加,单位脱碳量的总耗氧量也显著增加。

当钢液碳含量[C]>0.2%,熔池温度为 1 600 ℃时,每吨钢液去除 0.01%的碳需要 0.14 m³的氧气。碳含量和氧气消耗的关系如图 5.5 所示。当[C]<0.2%时熔池脱碳的实际氧消耗量显著增加,例如[C]=0.1%时,每吨钢液去除 0.01%的碳需氧 0.84 m³。在生产条件下钢液温度为1 550 ℃时,吹氧前的碳含量[C]和脱碳量 Δ[C]与氧的实际消耗量的关系如图 5.6 所示。

(2) 钢液脱磷反应

生产实践表明,在熔化后期往炉内加入适当的矿石和石灰,有良好的去磷效果。在氧化期造较高碱度的强氧化性炉渣,流动性良好,并能控制较低的冶炼温度,氧化前期采用自动流渣和扒渣反应是钢-渣界面反应,其反应式为

$2[P] + 5(FeO) + 4(CaO) = 5[Fe] + (4CaO \cdot P_2O_5)$　　　$\Delta H = -45\ 217\ J/mol(磷)$

$$2[P]+5[O]+4(CaO) \rightleftharpoons (4CaO \cdot P_2O_5) \qquad \Delta H = -724\ 525\ \text{J/mol(磷)}$$

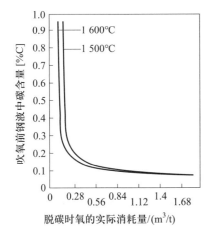

图 5.5　吹氧脱碳时钢液碳含量和
氧的实际消耗量之间的关系

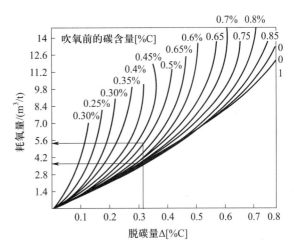

图 5.6　吹氧脱碳时钢液的氧耗量和
脱碳量及碳含量的关系

脱磷反应是放热反应,熔池低温下有利于钢、渣间的脱磷反应。冶炼过程中要注意扒渣或自动流渣操作,将含 P_2O_5 的炉渣流到炉外,防止钢液的回磷。

炼钢温度与钢液中的碳含量有关,高碳钢的冶炼温度低(熔点低),低碳钢液的熔点高,当熔池温度高于熔点 50 ℃时,钢液就有较好的流动性,脱碳速率较高,对快速脱磷有利。

脱磷反应中,炉渣中 FeO 和 CaO 的含量是脱磷的重要条件,增加渣中 FeO、CaO 的含量能加速脱磷。在钢液氧化精炼过程中,可以向熔池加入石灰和铁矿石,以弥补脱碳反应的氧消耗,保证钢液和炉渣有足够的氧化能力,所以渣中 FeO 含量要始终保持较高的水平。冶炼中碳钢时,一般炉渣成分的控制范围见表 5.4。炉渣碱度 R 一般控制为 2.5~3.5。

表 5.4　电弧炉炼钢氧化渣成分

成分	CaO	FeO	SiO_2	MgO	MnO	Al_2O_3
含量/%	40~45	10~20	10~15	8~10	5~7	1~2

渣量对去除钢液中的磷有很大的作用,在脱磷条件下,渣量越大去磷越多(但要考虑操作条件、原材料消耗、电耗和冶炼时间,渣量不能过大)。在冶炼过程中炉渣碱度 R 控制为 2~4,原始磷 $[P]>0.030\%$,平衡时磷的分配系数 $L_P \left(L_P = \dfrac{(P)}{[P]} \right)$ 为 50~60。

总之,归纳起来,影响脱磷反应的因素有 4 个,即温度、炉渣碱度、氧化性和炉渣渣量。

5.3.4　电弧炉炼钢炉料熔化、钢液氧化过程的主要操作

1. 吹氧

电弧炉炼钢过程中,吹氧对降低电耗、缩短冶炼时间有显著的效果。图 5.7 显示了不同吹氧量条件下氧气消耗与电能消耗的关系。

现代电弧炉采用留钢留渣操作,从冶炼一开始即可吹氧,不像普通功率电弧炉的传统操作那样,必须在通电一段时间(约 45 min)后,等中心炉料变红,底部形成熔池才能吹氧。这种吹氧操作的作用:在熔化开始时起助熔、化渣的作用,在氧化精炼期起脱碳、搅动熔池和升温的作用。虽然现代电弧炉炼钢氧化升温时间已缩短到 10 min 左右,吹氧脱碳放热对升温的意义已不那么重要,但无论如何,C-O 反应造成的熔池搅动以及形成的泡沫渣对升温的作用是明显的。因此,现代电弧炉炼钢中,吹氧操作几乎是从始至终一直进行,只在出钢和加料时才停止,吹氧部位可根据不同目的来确定,如果是助熔,要求对准红热废钢,或切割或造成不熔废钢周围钢液搅动,以促进熔化;如果是脱碳,要求将氧枪插入熔池较深部位,提高氧气利用率和增加熔池搅动;如果是造泡沫渣,要求氧枪在熔池较浅的部位(如渣-金属液界面处)吹氧,这有利于泡沫渣的形成。

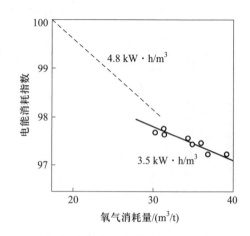

图 5.7　氧气消耗量和电能消耗的关系

2. 底吹气体搅拌

电弧炉炼钢是通过分布在极心圆上的三支电极对废钢和熔池表面加热,并通过炉渣和金属对整个熔池加热。由于加热的不均匀性,使炉内存在冷区,熔池温度、成分不均匀和炉渣过氧化等问题。

底吹气体搅拌为电弧炉炼钢克服上述问题提供了廉价而有效的解决办法。底吹气体搅拌,只有电弧电动力作用时每吨钢的搅拌能由 1~3 W 提高到 375~400 W,因而可使电弧炉炼钢获得如下好处:

1)改善钢-渣反应;

2)提高熔池成分和温度的均匀性;

3)加速电弧向熔池的传热;

4)促进脱磷和 C-O 反应,可冶炼碳含量<0.04% 的钢种;

5)能更有效地排渣,进行无渣出钢操作,有利于清洁钢的生产。

一般认为底吹搅拌可使每吨钢的耗电量减少 10 kW·h,冶炼时间缩短 5 min,金属收得率提高 0.2%~0.5%。

3. 泡沫渣操作

(1)泡沫渣的作用

电弧炉炼钢过程中泡沫渣操作源于连续加料的直接还原铁炼钢。连续不断的激烈 C-O 反应和较大的渣量生成厚泡沫渣,有效地屏蔽和吸收了电弧辐射能,并传递给熔池,提高了加热效率,缩短了冶炼时间,减少了辐射到炉壁、炉盖的热损失。图 5.8 示出了泡沫渣对输入炉内电能转化率的影响。

研究表明,输入炉内的电功率约有 86% 转化为电弧辐射能,14% 在电极端部和熔池燃烧点(各约占 7%)转变成热能,当电极和熔池短路时,电能主要转化为石墨电极电阻热(图 5.8b),在图 5.8c

中电弧自由燃烧的情况下,电能转化率为36%。当电弧的1/2或全部埋于渣中时,辐射能的1/2或全部将通过渣传递给熔池,电能转化率分别达65%(图5.8d)和93%(图5.8e),图5.8f和g分别是指电弧、电阻混合加热和纯电阻加热。由于减少了燃烧点热损失,其电能转化率可达100%,由此可以看出,泡沫渣对提高电弧炉加热效率是十分重要的。

图5.9示出了炉渣状况对能量损失的影响。在泡沫渣下能量损失最低,即使在长弧(高功率因数)下运行,能量损失也无明显增加,而且长弧运行电流降低,电极消耗量也相应减少。因此,尽快造泡沫渣并保持是确保炉子在整个周期内以高电压、最大功率运行和提高功率利用率的关键,而这种运行模式意味着低消耗和高生产率。

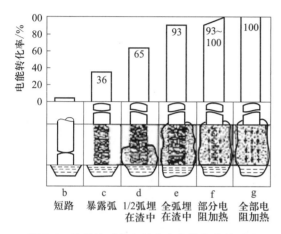

图 5.8　泡沫渣对输入炉内电能转化率的影响

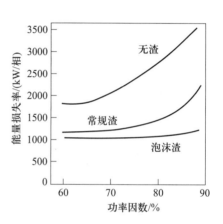

图 5.9　炉渣状况对能量损失的影响

(2)影响泡沫渣的因素

1)吹氧量:泡沫渣主要是依靠C-O反应生成大量的CO所致,因此提高供氧强度既增加了氧气含量,又提高了搅拌强度,促进C-O反应激烈进行,使单位时间内的CO气泡发生量增加,在通过渣层排出时,使渣面上涨,渣层加厚。图5.10示出了氧流量对不同FeO含量炉渣泡沫高度的影响。

2)熔池碳含量:碳是产生CO气泡的必要条件,如果碳不足将使C-O反应乏力,影响泡沫渣生成,这时应及时补碳,或喷吹或从炉盖加料孔加入焦炭或煤,以促进CO气泡的生成。

3)炉渣的物理性质:增加炉渣的黏度、降低表面张力和增加炉渣中悬浮质点数量,将提高渣的发泡沫性能和泡沫渣的稳定性。

4)炉渣的化学成分:在碱性炼钢炉渣中,(FeO)含量和碱度(CaO)/(SiO$_2$)对泡沫高度的影响很大。一般来说,随(FeO)含量升高,炉渣发泡性能变差。炉渣碱度对泡沫高度的影响见图5.11,碱度在指数2附近有一峰值,此时泡沫高度达最大。

5)温度:在炼钢温度范围内,随温度升高,炉渣黏度下降,熔池温度越高,生成泡沫渣的条件越差。

(3)泡沫渣的控制

良好的泡沫渣是通过控制CO气体产生量、渣中FeO含量和炉渣碱度来实现的。足够的CO是形成一定高度泡沫渣的首要条件。熔池中产生CO气泡主要来自溶解碳和氧的C-O反应,其前提是熔池中有足够的碳含量。渣中CO气泡主要是碳和气体氧、氧化铁等一系列反应产生的。实践证明,产生泡沫渣的气体80%来自渣中,20%来自熔池。熔池中产生的细小分散的气泡既有利于熔池流动,促进冶金反应,又有利于泡沫渣的形成。

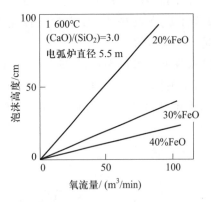 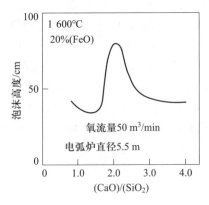

图 5.10　氧流量对不同 FeO 含量炉渣泡沫高度影响　　图 5.11　炉渣碱度对泡沫高度的影响

总之,在电弧炉炼钢过程中,当渣中(FeO)(20%左右)和碱度[(CaO+MgO+MnO)/(SiO$_2$+AlO$_2$+P$_2$O$_5$)≈2]适宜、炉渣具有一定表观黏度(含有一定量悬浮 2CaO·SiO$_2$ 和 FeO·MgO 颗粒)、渣量和气体发生量足够时,良好的泡沫渣就可以形成。含碳材料以颗粒形式加入或以细粉形式喷入均可,氧则可以用氧枪吹入。

5.3.5　出钢

当钢液满足下述生产条件时即可出钢:① 符合该钢种的出钢温度;② 钢液中[C]、[P]成分控制合格。

出钢温度通常用下式描述:

$$T_{出钢} = T_1 + \Delta T_{过程} - \Delta T_{加热} + \Delta T_{浇注}$$

式中:T_1——液相线温度;$\Delta T_{过程}$——过程温降(包括出钢温降、运输温降、由钢包到中间包的温降);$\Delta T_{加热}$——钢包加热补偿温度;$\Delta T_{浇注}$——浇注过程温降[一般为(30±10)℃]。

出钢温度应根据不同钢种,充分考虑以上各因素来确定。出钢温度过低,钢液流动性差,不利于出钢过程中的钢-渣反应和化渣,同时增加了后续精炼的钢液升温任务;出钢温度过高,使钢的清洁度变差,钢中氧含量增高,造成合金消耗量增大。总之,出钢温度应在能顺利完成后续精炼任务的前提下尽量控制低些。

钢液出钢到开始精炼的时间很短,发生激烈的化学反应,钢液和炉渣成分变化,钢液中的夹杂物、气体、温度也产生了变化。除钢-渣界面化学反应脱除溶解的氧外,渣粒还吸收了钢液中的氧化物夹杂,使钢液的总氧含量降低。

5.3.6　电弧炉炼钢冶炼方法及合金比

1) 不氧化法冶炼:当钢铁原材料质量较好时,如废钢锈较少,清洁,磷含量低,配碳量较准时,可采用不氧化法冶炼。不氧化法冶炼的特点是没有氧化操作,不必沸腾脱碳去气,也不需脱磷,故要求在熔化终了时[C]和[P]应达到氧化末期的水平,[C]小于规格下限的 0.1%左右,[P]小于规格含量 0.02%~0.015%。此时钢液温度不高,需要 15 min 左右的加热升温时间。此种冶炼方法时间短,电耗低,渣料等消耗少,是一种经济的冶炼方法。

2) 返回法冶炼:使用的炉料可配入返回钢(含 Cr、W、Mo 等元素),在熔化过程中(不加矿石、不吹氧)返回钢合金元素的收得率见表 5.5。

表 5.5 返回钢合金元素的收得率

元素	W	Cr	Mn	V	Si	Ti	Al
收得率/%	95~98	90~85	85~75	85~75	40~60	10~20	0

炉料熔化中的吹氧助熔使元素的收得率降低,为了提高收得率,可在升温阶段,向渣面加入一些还原材料,还原渣中 Cr、W、Mn、V 等的氧化物。这种方法节约了贵重的合金元素和电能消耗,降低了成本,常采用这种方法冶炼高速钢等钢种。

3) 返回吹氧法冶炼:这是冶炼低碳高铬不锈钢的一种特有方法。使用清洁、整齐并由本钢种的返回钢和其他合金返回钢所组成的原材料。从本质看这种方法属于高温条件下铬不氧化法返回冶炼,保留返回钢中的大部分铬。

是否采用不氧化法与原料质量有直接关系。因为返回钢原料中硫含量较低,所以对硫化物夹杂物要求严格的钢种,用不氧化法较为有利。含有较多贵重元素的返回钢及难熔元素的钢种,如高速钢及高铬钨工具钢等,多用不氧化法冶炼。不锈钢常采用返回吹氧法冶炼。

4) 电弧炉炼钢合金比:电弧炉炼钢的总产钢量与其合金钢产量之比称为电弧炉炼钢的合金比。将钢中合金元素总量>10%的合金钢称为高合金钢,2.5%~10%的称为中合金钢,<2.5%的称为低合金钢。

5.4 电弧炉炼钢节能降耗技术

5.4.1 电弧炉炼钢合理供电技术

电弧炉容量逐渐增大是近几十年来的基本趋势[3],其原因在于:① 在其他条件相同的前提下,电弧炉炼钢的生产率与电弧炉容量成正比,大型化是合理单炉生产规模的保证;② 大型化有利于提高热效率,并便于集中采用供电、用氧以及机械化、自动化各项先进技术,便于提高管理水平,容易取得较好的生产运行效果;③ 合理大型化是实现全连铸的基础;④ 合理大型化是实现与后续轧机等物流匹配的基础。随着电弧炉容量的增加,变压器容量也在增大。如何高效使用大容量的变压器,提高电弧炉炼钢的生产率,是大家关注的问题之一。

合理供电是电弧炉炼钢生产最基本的保障,它关系着冶炼工艺、原料、电气、设备等诸多方面的问题,直接影响电弧炉炼钢生产的各项技术经济指标。超高功率电弧炉的炼钢过程中,合理的供电制度是其最基本的工艺制度之一,合理的供电制度不仅对顺利操作是必要的,而且有助于降低电耗、电极损耗和耐材侵蚀,缩短冶炼周期,带来良好的经济效果。

1. 电弧炉电气设备

(1) 主电路

由高压电缆至电极的电路称为主电路,如图 5.12 所示。它由隔离开关 2、高压断路器 3、电抗器4、电弧炉变压器7及低压短网等部分组成[17]。

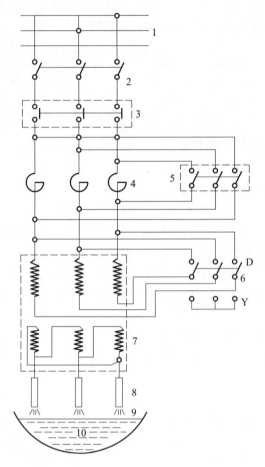

1—高压电缆;2—隔离开关;3—高压断路器;4—电抗器;5—电抗器短路开关;
6—电压转换开关;7—电弧炉变压器;8—电极;9—电弧;10—金属熔池

图 5.12　电弧炉主电路简图

电弧炉通过高压电缆供电,电压在 3 kV 以上,电弧炉变压器的一次侧(高压侧)有隔离开关和高压断路器。断路器的作用是保护电源。当电弧电流超过设定电流的某一数值时,断路器会自动跳闸,把电源切断。

在线路上串联电抗器是用来缓和电弧电流的剧烈波动和限制短路电流。

电弧炉变压器是一种降压变压器,一般具有过载 20% 的能力。在变压器的一次侧配有电压调节装置,调节电弧炉的输入电压。电压调节装置有无励磁调压装置和有载调压装置两种。有载调压装置在结构上比较复杂,是在不切断电源的情况下进行电弧炉电压调节。

为了监视电弧炉变压器的运行情况和掌握电力情况,供电线路上装有各种测量仪表。由于电弧炉一次侧电压高,二次侧电流大,必须配置电流互感器和电压互感器,以保证各种测量仪表正常工作及操作人员的安全。

为避免发生事故,还必须设置信号装置和保护装置。信号装置是在发生故障前就发出信号,使操作人员注意或通过自动调节来改正。保护装置则在发生故障时,能使变压器与供电线路分开,以便解除故障,防止设备损坏。

电极升降自动调节系统的任务是根据冶炼工艺的要求,通过调整电极和炉料之间的电弧长度,调节电弧电流和电压的大小。

电弧炉除电极升降自动调节装置外,还有一些电气控制装置来控制电弧炉的其他机械设备,如按钮、电阻器及限位开关等。

电弧炉的电气设备是将主电路转化为实现主电路功能的具体电气设备,如图5.13所示。它是由高压进线电缆接入高压柜1,高压柜出线后分两路:一路直接和电抗器相连;另一路经电抗器断接开关2和变压器相接,以实现电抗器的接通和断开的切换。变压器在与高压柜出线相连接时,在变压器室内应设置变压器隔离开关5,变压器检修时应断开此开关。短网(常被称为大电流线路)6如图中虚线框部分,该部分是从与变压器出线相连接的补偿器开始,经导电铜管一直到与导电横臂7相连接的水冷电缆为止。

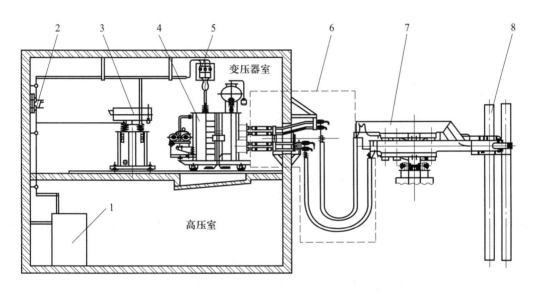

1—高压柜;2—电抗器断接开关;3—电抗器;4—变压器;5—变压器隔离开关;
6—短网(虚线框内部);7—导电横臂;8—电极

图 5.13 电弧炉电气设备组成简图

（2）电弧炉变压器

电弧炉变压器(简称炉变)是电弧炉炼钢的关键大型配套设备,电弧炉变压器的容量大小决定了与其配套的所有高压系统参数以及前置电力变压器的相应容量,同时它又决定了电弧炉的功率水平及其熔化速率,也是电弧炉极为重要的参数。

电弧炉变压器的特点是调压范围大,其电压调整方式比电力变压器复杂,比较常见的有直接式电压调整方式、调变加固定变比炉变的电压调整方式和利用串变间接电压调整方式三种。第三种又称间调式,具有调压范围广、一次电压可自由选择、过电压极小、充分利用材料、经济等优势。

电弧炉变压器的低压大电流出线是其极为重要的一部分。出线要防止本身和邻近结构的过分发热。出线处要防止漏油并要承受短路时的机械力量。此外,要求变压器三相出线间的阻抗尽可能相同。

当前电弧炉变压器的主要发展方向:① 更大的单台功率;② 更高的一次受电电压;③ 向成套性发展,将过电压抑制装置、电容补偿装置、电极电流测量系统、中性点绝缘电网的人造中性点及在线监测包含进来;④ 制造技术不断进步;⑤ 新的绝缘系统和低噪声运行技术。

(3) 短网

短网是指从电弧炉变压器二次侧(低压侧)出线到石墨电极末端为止的二次导体,它主要包括石墨电极、横臂上的导电铜管(或导电横臂)、挠性电缆及硬母线。由于这段导线流过的电流特别大,又称大电流导体(或称大电流线路),而长度与输电电网相比又特别短,仅 10~25 m,故常称为短网或短线路[17]。

短网阻抗的大小影响电效率、功率因数及炉子热效率,因此影响输入功率的大小及电耗的高低;三相短网的布线方式影响三相电弧功率的平衡、炉衬寿命及冶炼周期,即影响电弧炉的生产率及炼钢成本。电弧炉短网的设计与改造又直接受电弧炉供电的影响。随着电弧炉向着超高功率的方向发展以及泡沫渣和水冷炉壁的出现,使得电弧炉的供电操作发展为高电压、低电流的长电弧操作,短网也要随之进行相应的改进。目前,电弧炉短网改造的重点是,应设法降低短网电阻以及平衡三相电抗,以减小短网上的电能损耗以及三相不平衡现象。

(4) 电极

电极的名称来源于它是炼钢电弧炉主电路的极端。炼钢电弧炉中,电极的工作条件是恶劣的,电极直接接触大功率电弧,在其纵向和横向产生很高的温度梯度和热应力。在炉料熔化过程中塌料时,有可能遭到料块的机械撞击。生产中,炼钢电弧炉只能采用碳素材料作为电极,通常采用人造石墨化电极。石墨具有下列性能[3]:

1) 石墨加热后,直接由固态升华为气态,升华温度高达 3 800 ℃。

2) 它与大部分材料不同,在温度上升时,其机械强度上升。

3) 相对于其他材料,石墨的导热性能好而膨胀系数较低,因此其抗热振性能较好,降低了电极中的热应力。

4) 在石墨表面温度大于 400 ℃时会和氧气相结合。氧化量与气体中的氧含量、气体流速和暴露时间有关。在温度大于 550~600 ℃后,氧化过程将变得很激烈。

5) 石墨易于机械加工,可使电极两端的螺纹接头座和螺纹接头有较高的加工精度,电极接头处接触良好,机械应力分布较好。

6) 与某些高熔点金属(如钨、钼、钽等)相比,石墨便宜多了。

电极消耗一般有下列三种情况:

1) 电极端面消耗:① 在电弧高温下不断升华;② 由于电弧温度极高,在炉料熔化过程中较冷的废钢会使电极冷却,在电极中产生的热应力使电极剥落;③ 在大电流下电弧剧烈向外偏移。在渣层较厚时,电极端和渣液相接触而被部分熔解。

2) 电极侧面消耗是指电极圆柱体表面被氧化消耗。在温度超过 400 ℃时,氧气即能渗入石墨表面,使石墨发生氧化。在温度超过 550~600 ℃ 时电极表面氧化加剧。电极附近的氧浓度和气流速率对电极氧化损失有较大影响。一般氧气燃料烧嘴、吹氧操作和除尘排气等都会影响电极消耗。

3）电极折断损失是指在炉料熔化过程中由于炉料塌落造成的电极折断损失。

石墨电极制造过程复杂、生产周期长,因此炼钢电弧炉的石墨电极价格较高,特别是直径大的超高功率电弧炉所使用的电极价格更高。电极消耗的指标直接影响电弧炉炼钢生产成本。电弧炉炼钢中,要尽可能降低电极消耗,这样才能有低的成本,提高企业的市场竞争力。

2. 电弧炉电气运行特性

（1）短网等值电路

从电路的角度来看,电弧炉主电路中的电抗器、变压器与短网等都可用一定的电阻和电抗来表示,而把每相电弧看成一个可变电阻,炉中的三相电弧对电弧炉变压器来说是构成 Y 形接法的三相负载,其中点是钢液。假设:电弧炉变压器空载电流可略去不计;三相电路的阻抗值相等,电压和电流值相等;电压和电流均视作正弦波形;电弧可用一可变电阻表示。依此假设,便可作出电弧炉三相等值电路图,如图 5.14a 所示[3]。设三相情况相同,考察其中一相,能得到图 5.14b 的等值电路,以表示整个电弧炉在电路上的特性。

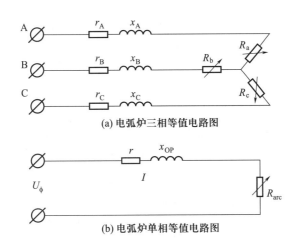

(a) 电弧炉三相等值电路图

(b) 电弧炉单相等值电路图

U—单相等值电路的相电压,$U = U_2/\sqrt{3}$;I—电弧电流;R_{arc}—电弧电阻;

r—单相等值电路电阻,$r = r_抗 + r_变 + r_网$;x—单相等值电路电抗,$x = x_抗 + x_变 + x_网$

图 5.14　短网等值电路图

（2）电弧炉炼钢的电气运行特性

1）电气特性曲线[18,19]

由图 5.14b 所示的电弧炉单相等值电路图看出,它是一个由电阻、电抗和电弧电阻三者串联的电路。按此电路,根据交流电路定律,可以作阻抗、电压和功率三角形,如图 5.15 所示。

上述等值电路由图 5.15 可以写出表示电路各有关电气量值表达式,见表 5.6。

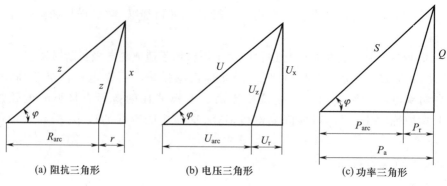

(a) 阻抗三角形　　　　(b) 电压三角形　　　　(c) 功率三角形

图 5.15　阻抗、电压和功率三角形

表 5.6　电路各有关电气量值表达式

序号	参数名称	量纲	计算公式	备注
1	相电压	V	$U = U_2/\sqrt{3}$	
2	二次电压	V	U_2	
3	总阻抗	mΩ	$Z = \sqrt{(r+R_{arc})^2 + x^2}$	
4	电弧电流	kA	$I = U/Z$	
5	表观功率	kV·A	$S = \sqrt{3}\,UI = 3I^2 Z$	三相
6	无功功率	kW	$Q = 3I^2 x$	三相
7	有功功率	kW	$P = \sqrt{S^2 - Q^2} = 3I\sqrt{U_\phi^2 - (Ix)^2}$	三相
8	线路损失功率	kW	$P_r = 3I^2 r = P_a - P_{arc}$	三相
9	电弧功率	kW	$P_{arc} = 3I^2 R_{arc} = 3IU_{arc}$ $= 3I[\sqrt{U^2 - (Ix)^2} - Ir]$	三相
10	电弧电压	V	$U_{arc} = P_{arc}/(3I) = IR_{arc}$	
11	电效率	%	$\eta = P_{arc}/P$	
12	功率因数	%	$\cos\varphi = P/S$	
13	耐材磨损指数	MW·V/m²	$R_E = U_{arc}^2 I/d^2$	

　　由表 5.6 中序号 5~13 式可以看出，上述各电气量值在某一电压下（x、r 一定）均为电流 I 的函数，$E = f(I)$。将它们表示在同一个坐标系中，如图 5.16 所示，这便得到理论电气特性曲线。

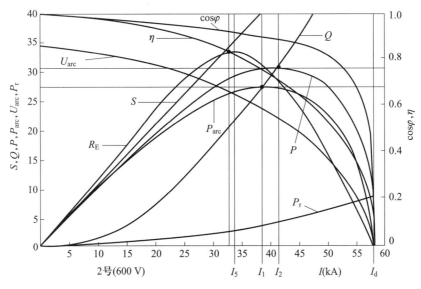

图 5.16 电弧炉的电气特性曲线

2）特殊工作点

① 空载点（用下标"0"表示）

相当于电极抬起成"开路"状态，没有电弧产生，此时 $R_{arc} \to \infty$，$I_0 = 0$，$P_0 = 0$。

虽然 $U_{arc} = U$，$\cos\varphi = \eta = 1$，但因无任何热量放出，故研究此点无任何意义。

② 电弧功率最大点（用下标"1"表示）

电弧功率是进入炉内的热源，研究此点很有意义。由电弧功率与电弧电流有以下函数关系：

$$P_{arc} = f(I) = f[\psi(R_{arc})]$$

对该复合函数求导，并令导数等于零，解得当 $R_{arc} = \sqrt{r^2 + x^2} = z$ 时，电弧功率有最大值。

$$I_1 = \frac{U}{\sqrt{(r + \sqrt{r^2 + x^2})^2 + x^2}} = \frac{U}{\sqrt{2z(r+z)}}$$

对应的最大电弧功率为

$$P_{arc} = 3I_1^2 R_{arc} = \frac{3}{2} \frac{U^2}{r+z}$$

分析：

（i）I_1 对应的电弧功率最大，此点对应的 $\cos\varphi$、η 比较理想；

（ii）当工作电流 $I_{工作} > I_1$，P_{arc} 减少，同时 $\cos\varphi$、η 值降低；

（iii）一般选择 $I_{工作} \leqslant I_1$；

（iv）为了提高 P_{arc}，可提高 I_1，通过提高变压器的二次电压 U 或降低回路的电抗 x 与电阻 r，可以使所选工作电流大些。

③ 有功功率最大点（用下标"2"表示）

同上述类似方法可求出，当 $R_{arc} = x - r$ 时，有功功率有最大值，此时电流为

$$I_2 = \frac{\sqrt{2}}{2} \frac{U}{x}$$

相应最大有功功率为

$$P_a = 3I_2^2(R_{arc} + r) - 3I_2^2 x = Q$$

分析：

（ⅰ）只有满足 $R_{arc} = x - r > 0$，即 $x > r$ 时，才能出现有功功率的最大值；

（ⅱ）U 与 I 相位差为 $\varphi = 45°$，$\cos\varphi = 0.707$，为一常数；

（ⅲ）比较 $I_2/I_1 = f(x/r) > 1$，即 $I_2 > I_1$，I_2 总是在 I_1 的右边，而选择 $I_{工作}$ 时，主要考虑 I_1。

④ 短路点（用下标"d"表示）

相当于石墨电极与金属炉料接触或插入钢液中，即发生短路，此时 $R_{arc} = 0$，短路电流为

$$I_d = \frac{U}{\sqrt{r^2 + x^2}} = \frac{U}{z}$$

分析：

（ⅰ）因为 $R_{arc} = 0$，$P_{arc} = 0$，所以 $P_a = P_r = 3I^2 r$，即有功功率全部消耗在装置电阻上，炉内无热量输入；

（ⅱ）$P_{arc} = 0$，$\eta = 0$，但 $\cos\varphi \neq 0$；

（ⅲ）$R_{arc} = 0$，使短路电流很大，$I_d/I_n \geqslant 2 \sim 3$，极易损坏电气设备，故要求短路电流要小，短路时间要短。

短路分为人为短路与操作短路。人为短路，如送电点弧，短路的目的是要起弧，这要求时间短，即作瞬间短路；短路试验要求电极插入钢液中，为避免损坏电器，试验中采用最低挡电压，使短路电流尽量小些，且短路时间尽量短。对操作短路应加以限制，通过提高电路的电抗可以限制短路电流，同时使电弧燃烧连续稳定。

⑤ 最大耐火材料磨损指数（用 R_{Emax} 表示）

耐火材料磨损（侵蚀）指数（R_E，MW·V/m²），表征炉衬耐火材料的热负荷及电弧辐射对炉壁的损坏程度。其表达式为

$$R_E = \frac{P'_{arc} U_{arc}}{d^2} = \frac{I U_{arc}^2}{d^2}$$

式中：P'_{arc}——单相电弧功率；I——电弧电流；U_{arc}——单相电弧电压；d——电极侧面至炉壁衬最短距离。

用以上类似方法可求出，当 $R_{arc} = (r + \sqrt{9r^2 + 8x^2})/2$ 时，耐火材料磨损指数有最大值，此时电流为

$$I_{re} = \frac{U}{\sqrt{(1.5r + 0.5\sqrt{9r^2 + 8x^2})^2 + x^2}}$$

对应最大耐火材料磨损指数为

$$R_{Emax} = \frac{I_{re}^3 R_{arc}^2}{d^2}$$

式中：d——电极侧面至炉壁衬最短距离，m。

通过上述对几个特殊工作点的分析,将各特殊工作点工作状态列于表 5.7 中。

表 5.7　几个特殊的工作点各有关电气参数值表达式

特殊工作点	空载	短路	最大有功功率	最大电弧功率
R_{arc}/Ω	∞	0	$R_{arc}+r=x$	$R_{arc}=z$
I/A	0	$U/\sqrt{3}z$	$0.707U/x$	$U/\sqrt{2z(r+z)}$
P/W	0	ΔP	$1.5U^2/x$	—
P_{arc}/W	0	0	—	$3U^2/[2(r+z)]$
U_{arc}/V	$U/\sqrt{3}$	0	—	—
$\cos\varphi$	$\to 1$	$\neq 0$	0.707	>0.707
η	$\to 1$	0	—	—

3) 运行工作点的选择与设计

电弧炉运行时主要是确定一个合理的工作点,而确定一个合理的工作点主要在于确定一个合理的电极工作电流。

目前,较为常用的方法是根据已知的二次工作电压 $U(V)$、操作电抗 $X_{op}(\Omega)$ 和线路电阻 $r(\Omega)$,设定合理的 $\cos\varphi(=0.70\sim0.84)$ 值,然后求出各项参数和指标。所用计算公式见表 5.8。

表 5.8　电弧炉运行工作点的工程分析计算公式

序号	参数和指标	单位	计算公式
1	操作电阻(每相)	Ω	$R_{op}=\sqrt{\dfrac{\cos^2\varphi\cdot X_{op}}{1-\cos^2\varphi}}=\dfrac{X_{op}}{\tan\varphi}$
2	操作阻抗(每相)	Ω	$Z_{op}=\sqrt{R_{op}^2+X_{op}^2}$
3	工作电流(每相)	A	$I=U/(\sqrt{3}Z_{op})$
4	有功功率(初级)	W	$P=3R_{op}I^2$
5	无功功率(初级)	Var	$Q=3X_{op}I^2$
6	表观功率(初级)	V·A	$S=\sqrt{P^2+Q^2}$
7	电弧功率	W	$P_{arc}=P-3rI^2$
8	电弧电阻(每相)	Ω	$R_{arc}=R_{op}-r$
9	电弧电压(每相)	V	$U_{arc}=IR_{arc}$
10	电弧弧长	mm	$L_{arc}=U_{arc}-(35\sim40)\ mm$

4）供电曲线

制定交流电弧炉供电曲线的总目标是快节奏、低成本地冶炼出合格钢液。制定的供电曲线要能够安全、稳定运行,同时兼顾生产节奏,即保证电弧炉变压器承受的视在功率不过载,电弧稳定高效燃烧（$0.75 \leqslant \cos\varphi \leqslant 0.86$）,电压有载切换次数尽可能少。

制定供电曲线时要考虑冶炼特点和实际条件,根据不同的原料结构和生产要求制定不同的供电曲线[3]。一般来说,制定供电曲线主要从两方面来考虑:

① 能量需求。保证电弧炉冶炼过程中炉内金属在不同阶段熔化、升温所必需的能量。

② 能量的有效利用。针对冶炼的不同阶段的特点把握有利的加热条件,选定合理的电流、电压和功率。

图 5.17 是 100 t/60 MVA 电弧炉某种炉料条件下的供电曲线。

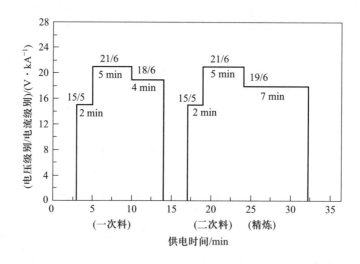

图 5.17　100 t/60 MVA 电弧炉某种炉料条件下的供电曲线

5.4.2　电弧炉炼钢强化供能技术

在电弧炉炼钢过程中,向电弧炉熔池内高效输入化学能（氧气、燃料等）直接影响电弧炉炼钢钢液质量、能量消耗和生产作业率,是电弧炉炼钢的关键。因此,多种形式及功能的电弧炉炼钢强化供能技术得以开发并应用。

1. 供氧喷吹技术

提高吨钢用氧量、增加化学能输入是强化电弧炉冶炼、提高生产节奏的有效手段之一。在熔池碳源充分时,每喷吹 1 m³氧气相当于向炉内供应 3~4 kW·h 的电能。特别是大量采用生铁及热装铁水后,化学能的比例达到总能量的 40 % 以上,相当于电弧炉增加了近 1 倍的能量输入,大量输入氧气已成为现代电弧炉炼钢工艺的一个重要特点。因此,电弧炉炼钢高效供氧冶炼对加快冶炼节奏、大幅度降低生产成本非常重要。电弧炉的炉型决定了其供氧形式的多样性,主要包括炉门氧枪、炉壁氧枪等,同一电弧炉上可以同时使用多种供氧装置,如图 5.18 所示[3]。

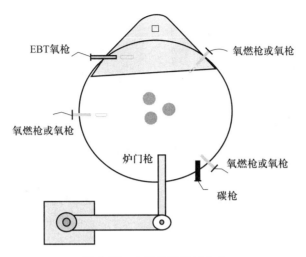

图 5.18　电弧炉的供氧方式

电弧炉炼钢供氧技术是强化电弧炉冶炼的重要手段,主要具有以下功能:① 氧气射流穿入熔池搅动钢液;② 切割废钢,提高废钢的熔化速率,使熔池温度均匀;③ 改善渣-钢动力学条件,快速脱磷;④ 改善泡沫渣操作,屏蔽弧光对炉衬的辐射,有利于提高电热效率和升温速率,缩短冶炼时间。因此,如何根据生产工艺向电弧炉内高效喷吹氧气直接影响钢的质量、能耗和生产作业率,是电弧炉炼钢的关键。

(1) 炉门供氧技术

为加速炉内废钢熔化,传统电弧炉操作是采用炉门人工吹氧的方法,即操作工人手持吹氧管,从炉门切割废钢开始,或将吹氧管插入熔池加速废钢熔化和熔池脱碳。随着用氧量逐渐增加,人工吹氧的方法已不能满足生产的需要;同时,考虑到人工吹氧劳动条件差、不安全、效率不稳定等因素,在现代电弧炉炼钢中开发了电弧炉炉门氧枪机械装置,可在主控室内遥控喷吹氧气。由于造泡沫渣的需要,在向炉内吹氧的同时须向炉内喷入碳粉,因此开发了炉门碳氧枪。

电弧炉炉门吹氧设备按水冷方式分为两大类[19],一类是水冷式炉门碳氧枪,一类是消耗式炉门碳氧枪,如图 5.19、图 5.20 所示。水冷式炉门碳氧枪在炉内工作时,水平角度与竖直角度均可调整,以便灵活地实现助熔废钢与造泡沫渣的功能。但由于喷枪采用套管水冷方式,水冷式炉门碳氧枪伸入炉内时不可插入熔池,以免发生爆炸,也不能与炉内废钢接触,否则会影响喷枪的寿命。消耗式炉门碳氧枪是三根外层有涂料的钢管,用机械手驱动将其直接插入熔池,消耗式炉门碳氧枪也可用于切割废钢助熔,喷枪一边工作一边消耗,其在炉内活动范围较水冷式炉门碳氧枪大。

水冷式炉门碳氧枪具有氧气利用率高,泡沫渣效果好,脱碳、脱磷效果稳定以及自动化程度高等优点。它主要在钢铁料温度低时需要与氧燃烧嘴配合使用,不能连续吹氧,吹氧深度不易控制,操作中不能与钢液接触,有一定的局限性。消耗式炉门碳氧枪在炉内可更早地开始切割废钢,在炉内活动空间大,且不用担心水冷式炉门碳氧枪会发生的漏水事故,但操作过程中隔一段时间需要更换吹氧管。

图 5.19　水冷式炉门碳氧枪

图 5.20　消耗式炉门碳氧枪

（2）炉壁供氧技术

电弧炉炉壁供氧是为了消除炉内冷区，保证炉料均衡熔化，利用炉壁模块化控制喷射纯氧以提高电弧炉的比功率输入，提高生产效率[19-22]。图 5.21 所示为电弧炉炉壁供氧模块。

炉壁氧枪主要有脱碳、助熔、二次燃烧及造泡沫渣等功能[23]。炉壁氧枪的安装方式与传统氧枪的安装方式相比较，安装位置更接近熔池，射流到熔池的距离缩短了 40%～50%，可大大提高熔池脱碳速率和氧气利用效率；可将熔池内的燃烧与熔池上方的燃烧有机结合起来，提高了冶炼过程的热效率；可在炉内实现多点喷射，精确控制吹氧量和碳粉喷吹量，泡沫渣效果好。

（3）偏心炉底出钢（EBT）供氧技术

为实现无渣出钢，现代电弧炉均采用偏心炉底出钢（eccentric bottom tapping，EBT）技术，不仅减少了出钢

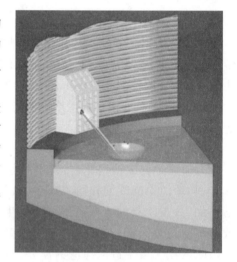

图 5.21　电弧炉炉壁供氧模块

过程的下渣量，而且缩短了出钢时间、减小了出钢温降[24]。但同时也使得 EBT 区成为电弧炉内冷区之一，造成该区的废钢熔化速率较慢、熔池成分与中心区域成分差别较大等问题。

在偏心炉侧上方安装 EBT 氧枪（图 5.22）进行吹氧助熔，可解决 EBT 冷区问题。EBT 氧枪能促进 EBT 区的废钢熔化，完全解决了 EBT 区的废钢在出钢时还未熔化及造成的出钢口打不开等问题，并在出现熔池后，提高 EBT 区的熔池温度，均匀熔池成分。出钢时 EBT 区的温度及成分与炉门口区域温度及成分的误差仅相差 0.5%～1.0%[25]。

（4）埋入式供氧技术

电弧炉炼钢供氧主要采用熔池上方喷吹方式。氧气射流需依次穿过炉内烟气流、泡沫渣层，最终与钢液接触进行反应，因此氧气射流速率快速衰减，氧气损耗不可避免。为进一步提高氧气利用率，改善电弧炉熔池冶金反应的动力学条件，开发了电弧炉炼钢埋入式供氧喷吹技术[26,27]，如图 5.23 所示。该技术将供氧方式从熔池上方移至钢液面以下，利用双流道喷枪将氧气直接输

入熔池,加快了冶金反应,使氧气利用率提高到98%。该技术显著提高了钢液流动及化学反应的速率,有效控制了钢液过氧化,改善了熔池脱磷效率。

图 5.22　电弧炉 EBT 氧枪

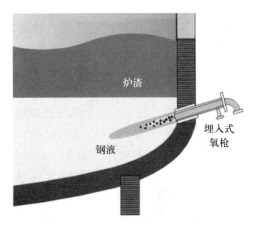

图 5.23　埋入式供氧工艺图

2. 氧燃烧嘴技术

目前,电弧炉炼钢已普遍采用氧燃烧嘴技术,保证炉料同步熔化,更有效地发挥电能的作用。同时氧燃烧嘴还可以强化一氧化碳的二次燃烧,有效地缩短了冶炼时间,提高电弧炉的生产效率。根据使用燃料的不同,氧燃烧嘴主要有油氧烧嘴、煤氧烧嘴、燃气烧嘴等几种形式,所用燃料有柴油、重油、煤粉和天然气等物质。各种类型烧嘴的特点和氧燃理想配比见表5.9[28,29]。

表 5.9　各种类型烧嘴的特点和氧燃理想配比

烧嘴类型	特点	氧燃理想配比
油氧烧嘴	需配置油处理及汽化装置,氧、油量通过节流阀调节,自动控制水平较高。从设备投资、使用和维护方面比较,轻柴油优势明显	一般氧油比为2∶1,为使烧嘴达到最佳供热量,应注意根据投入电量来改变均匀熔化时所需的最佳烧嘴油量
煤氧烧嘴	需配置煤粉制备设备,虽然煤资源丰富,价格低,但是装备复杂、投资大,其热效率达到60%~70%	氧煤比控制在2.5左右时,吨钢电耗最低
燃气烧嘴	天然气发热值高,易控制,是良好的气体燃料。设备投资少,操作控制简单,安全性最好	理想配比为2∶1时,火焰温度及操作效率最高;理想配比小于2∶1时,火焰温度降低,废气温度提高;理想配比大于2∶1时,碳及合金氧化显著,电极消耗量增加,化学成分可控性降低

氧燃烧嘴主要用于熔化期,因为其产生的热量主要通过辐射和强制对流传递给废钢,这两种传热方式主要依赖于废钢和火焰的温度差以及废钢的表面积。因此,烧嘴的效率在废钢熔化开

始阶段是最高的,此时火焰被相对较冷的废钢包围着。随着废钢温度的升高和废钢表面的缩减,烧嘴的效率不断降低。图 5.24 显示了氧燃烧嘴的效率与熔化阶段的关系。从图中可以看到,为了达到合理的效率,烧嘴应该在熔化完成大约 50% 后就停止使用,此后由于效率较低,即使继续使用氧燃烧嘴也无法达到助熔节电的效果,反而只会增加氧气和燃料的消耗。

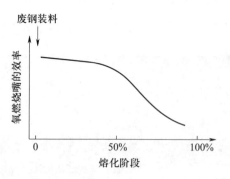

图 5.24　氧燃烧嘴的效率与熔化阶段的关系

3. 集束射流技术

传统超声速氧枪射流距离短且相对分散,氧气射流对熔池冲击力相对较小,容易造成喷溅,炉内氧气的有效利用率较低。集束射流(coherent jet)氧枪技术是一种新型氧气喷吹技术,避免了传统超声速氧枪存在的缺陷[30]。

集束射流氧枪基于气体动力学原理设计,在超声速喷管周围增加燃气和辅氧喷吹环节,利用高温燃气射流引导主氧射流,使其能够在较长的距离内保持出口时的直径和速率。如图 5.25 所示,集束射流在主氧射流周围设置环状保护气流(由燃气和氧气燃烧产生),使得主氧射流超声速核心段长度延长,形成类似激光束一样的射流[31]。

图 5.25　电弧炉炼钢集束射流技术

图 5.26 显示了普通超声速射流与集束射流的比较情况。集束射流的氧气射流比传统超声速方式增加 40%～80% 的射程,而且集束射流能够在很长的喷射距离上保持很高的集束状态,能够更好地将氧气喷吹到熔池深处,射入熔池的流股最终分散为气泡,明显增加了氧气与熔池的接触面积,改善了炼钢反应的动力学条件,提高了氧气利用率。电弧炉炼钢采用集束射流技术后,冶炼周期缩短 10 min 以上,吨钢电耗降低 50 kW·h 以上[32,33]。

4. 碳粉喷吹造泡沫渣技术

泡沫渣技术是在 20 世纪 70 年代末提出的。所谓泡沫渣,是指在不增大渣量的前提下使炉渣成为泡沫状,即熔渣中形成大量的微小气泡,且气泡的总体积大于液渣的体积,液渣成为渣中微小气泡的薄膜而将各个气泡隔开,气泡自由移动困难而滞留在熔渣中,这种渣-气系统称为泡沫渣。

为缩短冶炼时间、提高生产率,现代电弧炉炼钢采用较高的二次电压和功率因数进行长电弧冶炼操作,增加有功功率的输入,提高炉料熔化速率[62]。但电弧强大的热流向炉壁辐射,增加了

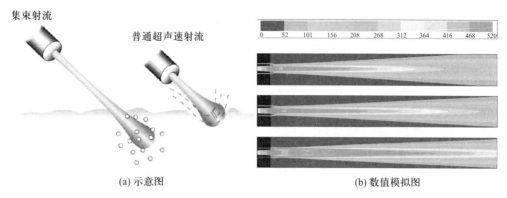

| | 0 | 52 | 101 | 156 | 208 | 268 | 312 | 364 | 416 | 468 | 520 |

(a) 示意图   (b) 数值模拟图

图 5.26　普通超声速射流与集束射流比较

炉壁的热负荷,使耐火材料的熔损和热量的损失增加。为了使电弧的热量尽可能多地进入钢液,现代电弧炉炼钢广泛采用碳粉喷吹造泡沫渣技术,通过增加炉料的碳含量和利用吹氧管向熔池吹氧等手段来诱发和控制炉渣的泡沫化[34,35]。

电弧炉炼钢过程中,在吹氧的同时向熔池内喷碳粉或碳化硅粉,形成强烈的 C-O 反应,在渣层内形成大量的 CO 气体泡沫。通常泡沫使渣的厚度达到电弧长度的 2.5~3.0 倍,能将电弧完全屏蔽在内,减少电弧向炉顶和炉壁的辐射,延长电弧炉炉体寿命,并提高电弧炉的热效率。

泡沫渣技术适用于大容量超高功率电弧炉,在电弧较长的直流电弧炉上使用效果更为突出。泡沫渣可使电弧对熔池的传热效率从 30% 提高到 60%,冶炼周期缩短 10%~14%,冶炼电耗降低约 22%,吨钢电极消耗量减少约 2 kg,并能提高电弧炉炉龄,减少炉衬材料消耗[19,36]。

要得到比较理想的泡沫渣,必须满足一定的条件。喷吹碳粉和氧气造泡沫渣是超高功率电弧炉生产的必要条件。钢液中 C 含量较高时,决定 C-O 反应速率的是氧气的供给速率。供氧速率提高,C-O 反应速率高,单位时间产生的 CO 数量多,有利于炉内产生和保持泡沫渣。适当提高炉渣黏度有利于 CO 气泡在渣内滞留和保护炉内的泡沫渣。一般来说,在 1 600 ℃ 时,渣中FeO 的质量分数为 20% 的情况下,碱度保持为 2.0~2.2,泡沫渣高度达到最高点。

对于大型电弧炉,要求泡沫渣厚度≥500 mm,使电弧埋在泡沫渣中才能得到高的热效率、高的熔池加热速率、低电极消耗量和较长的炉衬寿命。每吨钢喷吹碳粉 6~10 kg,燃烧这部分碳粉需 6~10 m³ 氧气。

5. 电弧炉炼钢二次燃烧技术

部分电弧炉采用 DRI、HBI、生铁块、铁水和碳化铁等高碳炉料代替部分废钢。另外,一些钢厂向炉内喷入碳粉以利用 C-O 反应的化学热降低电耗。这样,电弧炉内钢液碳含量较高,在冶炼过程中可产生 CO 含量较高的炉气。因此,为利用 CO 的化学潜热,电弧炉二次燃烧(简称PC)技术应运而生。

在电弧炉炼钢中,炉气能量的损失有两种形式:① 高温炉气带走的物理显热;② 炉气可燃成分带走的化学能。电弧炉炼钢过程中,产生大量含有较多 CO(含量达到 30%~40%,最高达60%)和一定量 H₂ 及 CH₄ 的炉气,其所携带的热量约为向电弧炉输入总能量的 10%,有的高达20%,造成大量的能量浪费。炉气中的物理显热很难被熔池吸收,一般作为废钢预热的热源或其他热源而利用。而可燃气体所携带的化学潜热若能使其在炉内通过化学反应释放出来就可以被熔池所吸收。实践表明,二次燃烧技术可显著提高生产率,缩短冶炼周期和节约电能。

二次燃烧技术就是通过控制氧枪向炉内喷吹氧气,使炉内 CO 气体进一步氧化生成 CO_2 气体并放出化学潜热,随后热量被废钢或熔池有效吸收。通常,此技术用于废钢熔化阶段,也可在泡沫渣中实现二次燃烧,泡沫渣会将吸收的热量传递给熔池。提高电弧炉内气体的二次燃烧率可促进燃烧产生的能量向炉料传递,获得降低电耗和缩短冶炼时间的效果。

电弧炉二次燃烧技术主要有两种:泡沫渣操作二次燃烧技术和自由空间二次燃烧技术。由于自由空间二次燃烧(炉气燃烧)技术是使氧与熔池上方的 CO 气体反应,二次燃烧产生的热量通过辐射和对流方式向渣层传递,然后由渣层向钢液传递,其传热效率为 30% ~ 50%;而采用泡沫渣二次燃烧技术,由于二次燃烧产生的热量直接由炉渣向钢液中传递,其传热效率为炉气二次燃烧技术的 2~3 倍。对自由空间和泡沫渣操作二次燃烧的辐射与对流传热进行比较,结果列于表 5.10[36]。

表 5.10   自由空间和泡沫渣操作二次燃烧的辐射与对流传热比较

类别	自由空间二次燃烧	泡沫渣操作二次燃烧
PC 氧气流量	32.2 Nm^3/min	22.34 Nm^3/min
PC 产生净热能	12.1 MW	8.4 MW
PC 传递到熔池热能	3.4 MW	5.9 MW
对流热传递所占比例/%	1	85
辐射热传递所占比例/%	99	15
PC 热传递效率估计值/%	28.1	70.2
PC 热传递效率实测值/%	13.8	72
节能估计值/[kW·h/(Nm^3O_2)]	1.75	4.4
节能实测值/[kW·h/(Nm^3O_2)]	0.84	4.5
水冷炉壁、炉盖和尾气的热损失	8.7 MW	2.5 MW
炉气温度升高值	195 ℃	55 ℃

根据表 5.10 的数据可知,要提高炉气的二次燃烧率并得到较高的热效率,二次燃烧在泡沫渣中进行效果更好。Nucor 公司 60 t 电弧炉应用美国 Praxair 公司的二次燃烧技术取得了良好的效果[37]:喷吹 2.834 m^3 氧气,吨钢可节约电能 1.35 kW·h,冶炼周期缩短 1~2 min。

二次燃烧技术的主要发展趋势为在不同的冶炼时间控制空气和氧气的喷吹,首先尽可能喷射空气,然后仅在大量产生 CO 时喷入纯氧,以提高燃烧效率,促进熔化过程的安全、稳定。

6. 底吹搅拌技术

电弧炉炼钢的底吹搅拌技术如图 5.27 所示,通过电弧炉底部供气元件(喷嘴或透气砖),向炉内熔池喷吹 Ar、N_2、CO_2 等介质,强化熔池搅拌和加快钢液流动速率,改善熔池内冶金反应动力学条件,加快传质、传热速率,提高熔池温度和成分的均匀性,缩短冶炼时间,加快生产节奏[38-42]。

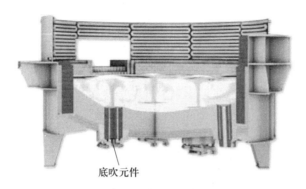

底吹元件

图 5.27　电弧炉炼钢底吹搅拌效果图

7. 复合吹炼技术

在底吹搅拌技术的基础上,结合电弧炉炼钢集束射流技术,开发了电弧炉炼钢复合吹炼技术——以集束供氧应用新技术和同步长寿底吹技术为核心,实现供电、供氧及底吹等单元的操作集成,满足多元炉料条件下的电弧炉炼钢的技术要求[36]。该技术已在多座电弧炉应用,实际生产效果显著,平均吨钢冶炼电耗降低 12.17 kW·h,钢铁料消耗降低 19.57 kg,氧气、天然气和石灰消耗分别降低 2.74 Nm³、1.36 Nm³ 和 1.83 kg [38,40]。

在炼钢过程的不同阶段应根据不同的工艺条件将各电弧炉炼钢用氧技术有效地结合,互相取长补短,实现电弧炉冶炼过程的优化供氧,以取得最佳的生产效果。

5.4.3　电弧炉炼钢原料多样化

电弧炉可以使用废钢、铁水、直接还原铁、生铁等作为原料。由于原料成本显著影响着电弧炉生产成本,在世界不同的地区,根据当地能源结构、经济发展水平选择电弧炉炼钢原料。电弧炉炼钢的主要原料有显著的差别:① 在欧美发达国家,由于废钢资源充足,电弧炉主要以废钢为原料;② 在中东等油气资源丰富的地区,多以直接还原铁作为原料;③ 在中国由于废钢资源短缺,电弧炉大量使用铁水作为原料。在环保要求越来越高的今天,电弧炉还有一项使命是消纳其他非金属的社会废弃物来达到资源再利用。为了节约资源、保护环境,在电弧炉的生产原料组成上要体现绿色化,是原料多元化的必然趋势。

1. 废钢和废钢处理

(1) 电弧炉炼钢用废钢

废钢,是指已报废的钢铁产品(含半成品)以及机器、设备、器械、结构件、构筑物及生活用品等钢铁部分。它是电弧炉炼钢的主要原料,用量占钢铁料的 70%~90%。废钢是一种载能和环保的资源,同采用矿石炼铁后再炼钢相比,用废钢直接炼钢可节约能源 60%,减少排放废物 80%;在通过清除和处理折旧废钢和垃圾废钢改善环境的同时,更节约了原材料。

废钢分为普通废钢和返回废钢两大类。普通废钢来源很广,成分和规格较复杂,主要包括各种废旧设备,如报废的车辆、船舶、机械结构件和建筑结构件等,还有部分城乡生活用品中的废钢,如罐头盒、食品盒等。返回废钢主要来自钢铁厂的冶炼和加工车间,包括废钢锭、注余、废钢坯、切头、切尾、废铸件和钢材废品等。这类废钢质量较好,形状较规则,大都能直接入炉冶炼。

由于废钢是电弧炉炼钢的主要原料,所以废钢的质量好坏直接影响电弧炉的各项技术经济指标、固体废弃物及烟尘的排放量[43]。为了使废钢高效而安全地被冶炼成合格产品,电弧炉炼钢对废钢有下列要求:

1)废钢表面清洁少锈。锈蚀严重的废钢会降低钢液和合金元素的收得率,对钢液质量和成分估计不准。废钢中应力求少粘油污、棉丝、橡胶塑料制品以及泥沙、炉渣、耐火材料和混凝土块等物,减少废渣及二噁英等的产生。油污、棉丝和橡胶塑料制品会增加钢中氢气,造成钢锭内产生白点、气孔等缺陷。泥沙、炉渣和耐火材料等物一般属酸性氧化物,会侵蚀炉衬,降低炉渣碱度,增大造渣材料的消耗量并延长冶炼时间。

2)废钢中不得混有铜、铅、锌、锡、锑等有色金属,特别是镀锡、镀锑等废钢。锌在熔化阶段挥发,在炉气中氧化成氧化锌,易损坏炉盖;锡、铜使钢产生热脆,而这些元素在冶炼过程中又难以去除;铅密度大,熔点低,不溶于钢液,易沉积炉底造成炉底熔穿事故。

3)废钢中不得混有爆炸物、易燃物、密封容器和毒品,以保证安全生产。

4)废钢要有明确的化学成分。废钢中有用的合金元素应尽可能在冶炼过程中回收利用。对有害元素的含量应限制在一定范围内,如磷、硫含量应小于 0.06%。

5)废钢要有合适的块度和外形尺寸。过小的炉料会增加装料次数,延长冶炼时间;过大、过重的炉料不能顺利装料,且因传热不好而延长冶炼时间。废钢堆密度与每炉熔化时间的关系如图 5.28 所示。

从图 5.28 中可以看出,废钢堆密度约为 0.74 t/m³ 时熔化速率最大,而过低或过高的废钢堆密度都会使熔化速率减小。为此,应对废钢进行必要的加工处理。一种是将过大的废钢料解体;另一种是将钢屑及轻薄料等打包压块,使压

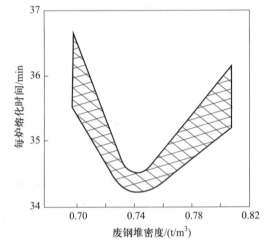

图 5.28　废钢堆密度与每炉熔化时间的关系

块密度提高至 2.5 t/m³ 以上,不同吨位电弧炉的废钢尺寸参考表见表 5.11。

表 5.11　不同吨位电弧炉的废钢尺寸参考表

电弧炉公称容量/t	废钢最大断面/(mm×mm)	废钢最大长度/mm	废钢质量/kg
30~50	≤400×400	≤1 000	≤1 000
60~100	≤500×500	≤1 100	≤1 500
120~150	≤600×600	≤1 200	≤2 000

经过废钢破碎生产线加工处理的废钢是洁净的优质废钢,其自然堆积密度为 1.2~1.7 t/m³,是理想的炼钢炉料,如图 5.29 所示。

图 5.29　废钢破碎料堆放

（2）废钢处理技术

废钢破碎分选研究始于 20 世纪 60 年代,在改善回收钢品质、提高经济效益方面具有显著效果[44,45]。图 5.30 所示为废钢破碎分选系统。

图 5.30　废钢破碎分选系统

废钢破碎生产线的主要设备包括链板式上料输送机、废钢破碎主机、液压单辊送料机、排料振动给料机、带式出料输送机、上吸式磁选机、出料输送机、排料输送机、除铁机、回转式输送机等。配套系统包括电气控制系统、喷淋降尘分选系统、液压系统、电视监控系统、系统之间所需的电线、液压和喷淋管路等。

废钢破碎生产线的工艺流程示意图如图 5.31 所示。经压扁或打包处理过的废钢原料,通过鳞板输送机运至进料斜面,进料斜面上装有可转动的一高一低的两个碾压滚筒,将原料压扁并送入破碎机内。在破碎机内,有一组固定在主轴上的圆盘和一组装在圆盘之间可以自由摆动的锤头,通过高速旋转产生的动能,对废钢进行砸、撕等破碎处理,将废钢处理成块状或团状,并穿过下部或顶部的栅格,落于振动输送机上。第一次未能处理成尺寸足够小的废钢,会在破碎机内被转动的圆盘和锤头再次处理,直到能穿过栅格为止。

意外进入破碎机内的不可破碎物,由操作人员及时打开位于顶部的排料门,将它们弹出。在

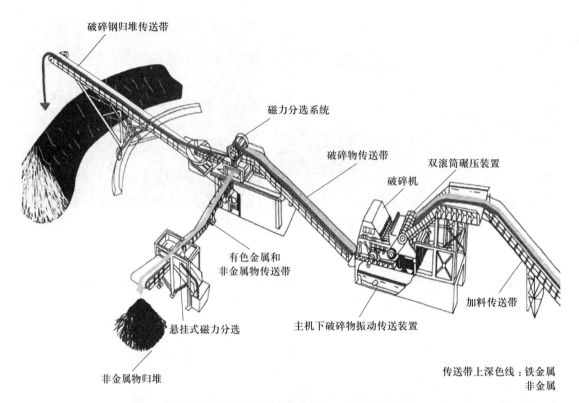

破碎钢归堆传送带

磁力分选系统

破碎物传送带

双滚筒碾压装置

破碎机

有色金属和
非金属物传送带

加料传送带

悬挂式磁力分选

主机下破碎物振动传送装置

非金属物归堆

传送带上深色线：铁金属
非金属

图 5.31　废钢破碎生产线的生产工艺流程示意图

破碎机进行破碎的同时,对破碎机内进行喷水,以便降温和避免扬尘。

从破碎机出来的破碎物,经过振动输送机、带式输送机、磁力分选系统、空气分选净化系统,把黑色金属物、有色金属物、非金属物分离开,并由各自输送机送出归堆。有色金属和非金属物在输送机上会再次受到磁选设备的筛选,把游离的黑色金属物拣出,从而提高黑色金属物的回收率,同时可自动进行有色金属的挑选回收,提高回收效益。

破碎机是废钢破碎的核心,其原理就是利用锤子击打撕碎废钢。在高速大扭矩电动机的驱动下,主机转子上的锤头轮流击打进入容腔内的待破碎物,通过衬板与锤头之间形成的空间,将待破碎物撕裂成符合规格的破碎物。废钢破碎机主要有碎屑机和破碎机两种。碎屑机用于破碎钢屑,破碎机用于破碎大型废钢;破碎机有锤击式、轧辊式和刀刃式等。经破碎处理后的废钢可容易地利用干式、湿式或半湿式分选系统将金属、非金属,有色金属、黑色金属分选回收处理,废钢表面的油漆和镀层均可清除或部分清除[46]。经破碎分选后的废钢可大大提高原料的洁净度,为电弧炉炼钢提供了清洁可靠的原料保障。

2. 其他含铁原料

(1) 生铁

生铁在电弧炉炼钢原料中主要作为碳的来源[1,3]。生铁可降低废钢熔点,加速熔化过程。由于生铁价格较高,应尽量使用废铁,如报废的铸铁制品、钢锭模等。焦炭、无烟煤是廉价的碳源,在现代电弧炉炼钢中也广泛使用。当然,在废钢短缺时,可考虑用生铁代替部分废钢。电弧炉炼钢用生铁主要有 P08、P10 和 S10、S15,配料时用前两种,后期增碳时用后两种。其成分列于表 5.12。

表 5.12　电弧炉炼钢使用生铁的化学成分　　　　　　　　　　　　　　%

牌号	Si 含量	Mn 含量	P 含量			S 含量		
			1 级	2 级	3 级	1 级	2 级	3 级
			≤			≤		
P08	≤0.85	不规定	0.15	0.2	0.4	0.03	0.05	0.07
P10	0.85~1.25	不规定	0.15	0.2	0.4	0.03	0.05	0.07
S10	0.75~1.25	0.50~1.00	0.07	0.07	0.07	0.04	0.05	0.06
S15	1.25~1.75	0.50~1.00	0.07	0.07	0.07	0.04	0.05	0.06

（2）直接还原铁

电弧炉炼钢采用直接还原铁代替废钢,不仅可以解决废钢供应不足的问题,还可以满足冶炼优质钢的要求[3]。由于直接还原铁生产的能耗及碳排放均明显低于铁水的生产,目前采用直接还原铁配入电弧炉的流程是今后的重要发展方向。

直接还原是铁氧化物不熔化、不造渣,在固态下还原为金属铁的工艺。直接还原铁(direct reduction iron,缩写为 DRI)的结构呈海绵状,也称为"海绵铁"。为了提高产品的抗氧化能力和体积密度,DRI 热态下挤压成形产品称为热压块(HBI),DRI 冷态下挤压成形产品称为 DRI 压块。

直接还原铁产品种类有以下几类[47-49]:

1）海绵铁　块矿在竖炉或回转窑内直接还原得到的海绵状金属铁。

2）金属化球团　使用铁精矿粉先造球,干燥后在竖炉或回转窑中直接还原得到的保持球团外形的直接还原铁。

3）热压块铁　把刚刚还原出来的海绵铁或金属化球团趁热压成形,使其成为具有一定尺寸的块状铁,一般尺寸多为 100 mm×50 mm×30 mm。经还原工艺生产的直接还原铁在高温状态下压缩成为高体积密度的型块,并且具有高的电导率和热导率,可以促进熔化和减少氧化所造成的铁损。热压块铁的表面积小于海绵铁与金属化球团,其密度为 4.0~6.5 t/m^3。

4）高碳直接还原铁　ENERGIRON 工艺是典型的气基零重整 DRI 生产工艺,采用该工艺最终得到的 DRI 产品中碳含量很高。DRI 球的金属化率高达 94% 以上,碳含量高达 4% 以上。

电弧炉所采用的直接还原铁主要对全铁含量和脉石含量,金属化率,硫、磷及有害元素的含量、粒度和密度等方面提出了质量要求。

1）全铁含量和脉石含量

全铁含量和脉石含量是 DRI 两个最重要的质量指标。

全铁含量直接关系到收得率的高低。全铁含量越高,说明海绵铁的品质越好,带入的渣量越少,有利于提高金属的收得率。

脉石含量及组成主要是通过渣量对电耗产生影响。脉石有酸性脉石和碱性脉石两种:酸性脉石主要成分为 $SiO_2+Al_2O_3$,酸性脉石含量过高将会造成电弧炉炼钢渣量增加,进而影响电弧炉电耗,因为按目前电弧炉冶炼造高碱度渣的操作制度,DRI 最大配入量取决于 DRI 中酸性脉石的含量。因此,对于含量过高的酸性脉石需要调整当前的电弧炉冶炼制度,适应高酸性渣冶炼。碱性脉石主要成分是 MgO+CaO,碱性脉石的含量允许适量增加,但脉石的总含量仍应保持在电弧炉冶炼的总渣量不过度增加的限度内。

2) 金属化率

DRI 中未被还原的铁氧化物(FeO)在炼钢过程中将进入炉渣,这直接会导致金属回收率降低。如果要提高金属回收率,则需要额外补充碳和热量,通过反应(FeO)+[C]→[Fe]+CO 来回收金属。因此,金属化率高低将对电弧炉电耗及碳耗产生关键影响。目前,国际上使用的 DRI 的金属化率一般要求为 90%~92%。在中国,许多电弧炉冶炼时经常大量使用生铁或铁水,电弧炉的脱碳任务十分繁重,因此应使用部分 DRI,将有利于电弧炉冶炼条件的改善,同时生产较低金属化率的 DRI 又可大幅度降低 DRI 生产的能耗,提高直接还原设备的生产率。

3) 硫、磷及有害元素含量

一般钢中的硫、磷含量应低于 0.03%,某些优质钢要求低于 0.015%,甚至更低。电弧炉冶炼优质低硫、磷钢的 DRI,其硫、磷含量对电弧炉冶炼的影响较小,这主要是由于海绵铁中含有较高的未还原的铁氧化物,在电弧炉的熔化阶段、氧化阶段会形成强氧化气氛的氧化渣(FeO 含量高达 30%),磷直接被氧化进入炉渣,而硫由于加入了石灰造高碱度渣,也会部分脱除。

DRI 的其他有害金属元素,如 Cu、Sn、Sb、Pb、Cr、Ni 等特殊元素,含量很低,而废钢在循环使用中由于不易去除,尤其在冶炼洁净优质钢时,经常因这些残余元素超标而出格,使用 DRI 可以控制和稀释钢中这些有害金属元素的含量。特别是某些高级钢种要求杂质元素含量较低,就只能使用 DRI 作为原料。

4) 粒度和密度

电弧炉冶炼要求 DRI 呈均匀规则形状,以便利用料管实施连续加料,或在筐装(或罐装)时填充废钢空隙,增大入炉料的堆密度,减少装料次数。同时为了保证 DRI 能迅速穿过渣层与钢液相接触,DRI 又必须有适宜的粒度,一般要求 DRI 粒度为 5~20 mm,平均粒度为 10~20 mm,对于粒度<3 mm 的粉状 DRI 必须经过压块后再用电弧炉炼钢,因为粒度过小会造成 DRI 被炉气或炉渣带走,损失增加。对电弧炉生产而言,DRI 密度高,有益于电弧炉作业和减少 DRI 再氧化。为直接满足电弧炉连续装料使用,目前生产的 DRI 适宜的堆密度为 1.8~2.2 t/m³。

(3) 铁水

电弧炉炼钢热装部分铁水冶炼工艺(简称"热装工艺")是近几年发展起来的电弧炉炼钢的一项节能新技术[50]。该工艺不但缓解了废钢紧缺的形势,而且可显著缩短冶炼周期,降低冶炼电耗,提高劳动生产率。加入电弧炉中的铁水,可以稀释废钢中的有害残余元素,提高钢的质量。

电弧炉采用热装工艺后,代替传统的等量生铁配碳,使电弧炉的物料平衡和能量平衡发生显著变化。铁水带入大量的碳,熔化阶段、氧化阶段充分利用吹氧脱碳化料升温。提前结束熔化阶段,很快进入氧化阶段,脱碳速率明显高于传统工艺,缩短冶炼时间。如果熔清后碳含量较高,可充分利用 C-O 反应热,停电吹氧脱碳,使钢液温度迅速上升,顺利进入精炼期。铁水带入大量的物理和化学热,使供电制度发生变化,最终影响整个电弧炉炼钢工艺。

除与使用冷生铁相同的优、缺点外,铁水带入大量的物理热使电弧炉冶炼效率大大提高。例如多配 10% 的热铁水,每吨钢带入的物理热约为 25 kW·h,化学热约 25 kW·h[氧耗量须增加 6~7 m³][51,52]。

5.4.4 电弧炉炼钢烟气余能利用技术

电弧炉冶炼过程中产生大量的高温含尘烟气,产生的烟气所带走的热量约为电弧炉输入总能量的 11%,有的甚至高达 20%。因此,电弧炉炼钢烟气余热的回收利用具有较大的经济效益。

1. 废钢预热技术

废钢预热主要是利用电弧炉排出的高温烟气与冷废钢进行热交换,提高废钢进入电弧炉的温度,从而减少冶炼过程其他能量的输入。传统的废钢预热采用料篮进行,即将盛有废钢料的料篮放入一密封装置内,然后向密封装置内通入电弧炉排放的烟气,采用热交换的方式进行废钢预热。但实际生产中这种方式预热废钢温度有限,不能长期延续生产运用。目前比较成熟的废钢预热方式主要有竖式废钢预热方式、双炉壳型废钢预热方式、水平连续加料废钢预热方式和多级废钢预热方式等[3,53-55]。

(1) 竖式废钢预热方式

烟道竖式电弧炉(简称竖炉)的炉体为椭圆形,在炉体第四孔(直流炉为第二孔)的位置配置一烟道竖井,并与熔化室连通。利用电弧炉冶炼时排放的烟气来预热废钢,并借废钢自身重量下落到电弧炉内完成进料。这种废钢预热方式的余热利用率高,且投资成本相应较低,是现在主要的废钢预热方式。在预热废钢时,同样可以向预热室内喷吹燃料以将废钢预热到更高的温度,但应防止废钢黏接以影响进料。实际操作中装料时,先将大约 60% 废钢直接加入炉中,余下的(约 40%)由竖井加入,并堆在炉内废钢上面。送电熔化后,炉中产生的高温废气(1 200~1 500 ℃)直接对竖井中废钢料进行预热。随着炉膛中的废钢熔化、塌料,竖井中的废钢下落,进入炉膛中废钢温度高达 600~800 ℃。图 5.32 为带指托的烟道竖式电弧炉操作示意图。

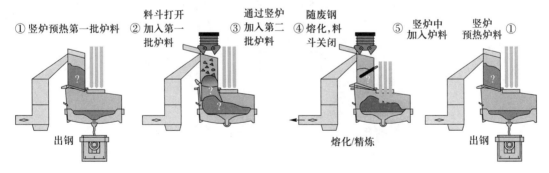

图 5.32　带指托的烟道竖式电弧式操作示意图

竖式废钢预热方式因其高效的废钢预热能力获得冶金工作者的重视,许多新式电弧炉的预热装置在设计上延续了竖式废钢预热方式的思路。

(2) 双炉壳型废钢预热方式

双炉壳型废钢预热方式是采用 1 套电源、2 个炉体,利用一台炉子作业中的排气对另一台炉壳内的炉料进行预热的炉料预热方式(图 5.33)。传统的炼钢电弧炉只能对初装料进行预热,而采用双炉壳型废钢预热方式可以实现炉料的完全预热,显著提高炉料预热效率。

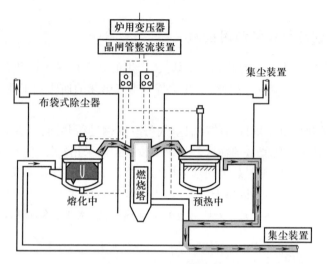

图 5.33 双炉壳型废钢预热系统

（3）水平连续加料废钢预热方式

现阶段得到广泛应用的康斯迪(Consteel)电弧炉采用水平连续加料系统进行废钢预热。水平连续加料系统由 3~4 段(2~3 段为加料段,最后 1 段为废钢预热段)传送机串联组成,废钢由电磁吊吊到传输机上。全封闭的废钢预热段长为 18~24 m,内衬采用耐火材料,并用水冷密封装置密封,以防封闭盖和预热段底漏气。预热段还可装置天然气烧嘴,废钢由废气和燃料加热到600 ℃。

通过水平连续加料系统进行废钢预热,使得电弧炉具有独特的连续熔化和冶炼工艺。将预热的废钢和炉料连续加入炉内的钢液中,并迅速熔化,可以保证恒定的平熔池操作。同时使废气较为均匀地排放,有利于除尘系统的配置和控制。图 5.34 为水平连续加料系统。

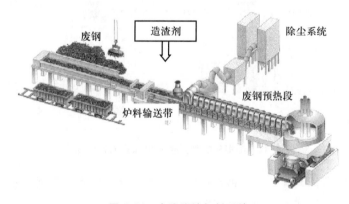

图 5.34 水平连续加料系统

（4）多级废钢预热(MSP)方式

多级废钢预热(multi stage preheating,MSP)技术代表着当代废钢预热技术的发展方向,具有较高的技术水平。多级废钢预热是将整个竖炉分上、下两层预热室。上、下两层预热室均可用手指状的炉簧独立开闭，在废钢进入电弧炉前，可单独分批预热废钢。竖炉位于电弧炉炉盖上方，设有三个工位，即预热位、加料位和维修位。预热位主要是接受废钢和预热废钢；加料位是把预热后的废钢从竖炉加入电弧炉。竖炉可在预热位、加料位和维修位往返运行。多级废钢预热竖式电弧炉示意图如图 5.35 所示。

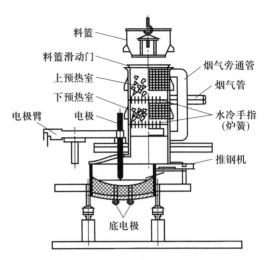

图 5.35　多级废钢预热竖式电弧炉示意图

2. 烟气余热回收生产蒸汽技术

蒸汽是利用高温烟气与水进行热交换来提供高温蒸汽，从而回收烟气中的物理热[56]。烟气余热转变为蒸汽的主要设备包括给水箱、汽包、蒸汽储罐、给水泵和循环水泵等，来自给水箱的水经增压后通过给水泵送到汽包，循环水泵使沸水循环与烟气管道的热表面进行热交换并部分蒸发，之后将水/蒸汽混合物返回汽包进行分离。产生的蒸汽被储存在蒸汽储罐中，以便输送到用汽单位，如真空脱气站、空气分离制氧站、蒸汽透平发电机等用汽系统，如图 5.36 所示。

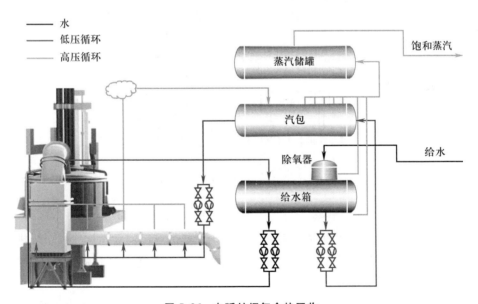

图 5.36　电弧炉烟气余热回收

产生的蒸汽可用于钢的精炼工艺(如真空脱气或 RH 精炼设备)、发电、空气分离、冷冻行业制冷等方面。国内某企业 100 t 电弧炉，利用余热锅炉回收电弧炉炼钢产生的高温烟气余热，每年可生产 33.4 万吨 2.0 MPa 的饱和蒸汽，相当于每年节约 2 365 t 标煤，结合企业实际电弧炉产量，平均吨钢回收能量为 24 kW·h。

在电弧炉的余能余热回收过程中，如果要进行蒸汽的回收，最主要的设备就是余热锅炉和蓄热器,前者是实现烟气显热-高温蒸汽热转换的关键设备,其产出的高温蒸汽再提供给发电机组或者厂内其他蒸汽用户,而后者是利用蒸汽蓄热技术将间断供汽变为连续、稳定的汽源,以利于用户使用[57]。

（1）烟气余热锅炉

烟气余热锅炉是利用烟气生产蒸汽的一种技术,将其应用于电弧炉后续工序真空精炼（VD）生产或者生活中,热效率可达到75%,回收热量约为预热废钢回收热量的2.5倍。余热回收系统工艺装置如图5.37所示,第4孔除尘的高温烟气经烟道和沉降室后进入余热锅炉,并在余热锅炉中和软水完成热交换。烟气流出后进入除尘器,温度为150~180 ℃。烟气进入除尘器净化后由风机排出到大气。而软水则通过余热锅炉加热至200 ℃左右,产生饱和蒸汽,蒸汽可供VD炉生产或者生活使用。

目前电弧炉余热锅炉技术主要有热管余热锅炉、汽化冷却余热锅炉两种技术。

热管利用热传导原理与工质在相变过程中吸收或释放潜热原理,将热量高效快速地传递出去,其导热能力超过任何已知的金属。汽化冷却是采用软化水以汽化的方式冷却高温烟气并吸收大量的热量从而产生蒸汽的装置。两种余热锅炉技术各有优劣,在实际生产中要根据使用条件和成本来综合选择。

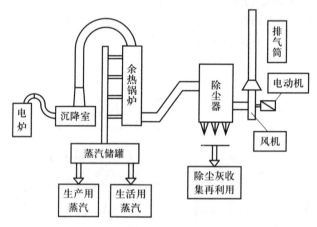

图5.37　余热回收系统工艺装置

（2）蓄热器

电弧炉炼钢时,会产生大量的高温间歇性烟气,而大量的高温间歇性烟气对于余热回收产生了诸多不利影响,加大了余热回收系统设计、制造、操作、维护难度。为了克服蒸汽生产间歇性,保证蒸汽的稳定产出,需要利用蓄热器。

蓄热器是利用高压与低压时饱和水的焓差使水闪蒸,放出蒸汽。初期使用时充入除氧水,当高压蒸汽过量时,蒸汽通过内部充热装置喷入水中,并迅速凝结放热,使蓄热器内水位和压力升高,直至压力与蒸汽压力相等,完成充热过程。这时蓄热器内的水是高压下的饱和水;当低压蒸汽用量大于锅炉产汽量时,与蓄热器空间相连的低压管道压力下降,蓄热器中的饱和水成为过热水,将自行沸腾放热,水位下降,产生低压蒸汽供给设备,完成放热过程。

此外,根据电弧炉炼钢周期性的特点,只有将回收的非连续烟气余热储存在热能储存系统中,才能提供稳定而连续的热能供应或生产蒸汽保证稳定发电,由此诞生了余能储存利用的新方式——利用熔融盐热储存系统或混凝土热能储存系统作为电弧炉余热储存系统,储存过剩热量,并在电弧炉放热低时起补充作用。因此,开发新的潜热储存介质,如相变材料等,将是电弧炉余热回收技术的一个新发展方向。

5.4.5 电弧炉炼钢除尘技术

随着我国钢铁工业结构的调整、环境保护要求的不断提高,电弧炉烟尘治理的形势将日趋严峻。电弧炉的排烟主要可分为炉内第4孔(或第2孔)排烟与炉外排烟两种方式,通常称为一次烟气排烟和二次烟气排烟。电弧炉炉内排烟主要捕集电弧炉冶炼时从电弧炉第4孔(或第2孔)排出的高温含尘烟气,良好的排烟装置可以捕获95%以上的一次烟气。炉外排烟主要捕集电弧炉在加料、出钢、兑铁水时的二次烟气以及电弧炉熔炼时从电极孔、加料孔和炉门等不严密处外逸炉外的二次烟气,二次烟气通常具有突发性和排放无组织性,且易受车间横向气流的干扰,造成严重的污染,只能依靠炉外排烟装置进行捕集。

现代电弧炉炼钢技术采用各种电弧炉炉型,基本上都是围绕如何利用电弧炉排出的高温烟气和二次燃烧技术进行废钢预热,因此其除尘过程需考虑电弧炉烟气的热能回收。常用的电弧炉类型有交流电弧炉、直流电弧炉、炉外预热型电弧炉、双炉壳型电弧炉、竖式电弧炉及 Consteel 型电弧炉等,其配套的电弧炉除尘系统也可依据炉型进行分类,且除尘系统通常不仅包含一次烟气的除尘装置,还包括二次烟气及相关精炼设备放出的烟气的除尘装置。电弧炉和精炼炉炉内排烟与屋顶排烟和密闭罩排烟相结合示意图如图5.38所示。

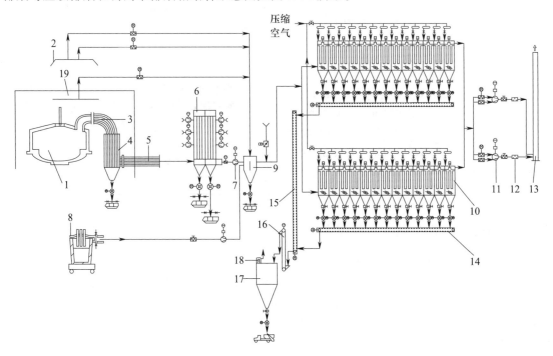

1—电弧炉;2—电弧炉屋顶罩;3—水冷弯头;4—沉降室;5—水冷烟道;6—强制吹风冷却器;
7—增压风机;8—精炼炉;9—烟气混合室;10—脉冲除尘器;11—主排烟风机;12—消声器;
13—烟囱;14—刮板机;15—集合刮板机;16—斗提机;17—储灰仓;18—简易过滤器;19—密闭罩

图 5.38 电弧炉和精炼炉炉内排烟与屋顶排烟和密闭罩排烟相结合示意图

电弧炉除尘系统通常由电弧炉炉内排烟装置(调节活套或移动管)、屋顶罩、密闭罩、沉降室(或燃烧室)、水冷烟道、废钢预热装置、管道和膨胀节、调节阀、颗粒捕集器、强制吹风冷却器(或自然对流冷却器和蒸发冷却塔)、增压风机、主排烟风机、混风阀、脉冲除尘器(或布袋除尘器)、反吹(吸)风机、机械输灰装置(或气力输灰装置)、储灰仓、烟囱等设备选择性组合而成。常用的电弧炉烟尘捕集方式的优、缺点见表5.13。

表 5.13　常用的电弧炉烟尘捕集方式的优、缺点[17]

方式	优点	缺点
天车通过式+象屋	充分利用热烟尘气流上浮的特性,完全捕集烟尘,不会影响加料	投资比较高,噪声比较大
天车通过式+二孔	充分利用热烟尘气流上浮的特性,完全捕集烟尘,不会影响加料	投资比较高;噪声比较大;抽吸大量的热量及合金料、钢铁成分等,需要净环水冷却及机力冷却器进行冷却,增加了能源消耗;冷却效果失效时易烧毁布袋;抽风点布置较广(两个),各节点的风量难以平衡
密闭罩+二孔	烟尘被密闭抽吸,捕集率较高。密闭罩将电弧炉与车间隔离开来,电弧炉冶炼时产生的二次烟气被控制在罩内,而且又不受车间横向气流的干扰。可以吸收和遮挡电弧产生的弧光、强噪声和强辐射等	生产加料过程中,大密闭罩需常常开启造成冒烟,抽吸大量热能以及合金料、钢铁成分等,需净环水冷却及机力冷却器来进行冷却,不仅增加能源消耗,而且冷却效果也不好,易烧毁布袋;炉盖设备处于高温下,使用寿命短;抽风点布置较广(两个),各节点的风量难以平衡
密闭罩+二孔+屋顶罩	烟尘被密闭抽吸,捕集率较高。密闭罩可隔离电弧炉与车间,降低车间内的噪声和辐射。屋顶罩可对罩体开启过程中的烟气进行捕集	生产加料过程中,大密闭罩需经常开启造成冒烟,抽吸大量热能、金属以及合金料等,需净环水冷却及机力冷却器来进行冷却,冷却效果差,易烧毁布袋。炉盖设备处于高温环境,使用寿命短;抽风点布置广(3个),各节点的风量难以平衡。投资比前一种要更高

5.4.6　电弧炉炼钢二噁英治理技术

1. 电弧炉炼钢二噁英产生机理

电弧炉炼钢用废钢一般都含有油脂、塑料、切削废油等,废钢预热以及将含油脂、塑料的废钢装入电弧炉都会产生含二噁英的烟气,烟气中二噁英的含量与废钢的种类、预热温度、工艺技术等密切相关。电弧炉含二噁英的烟气排放包括一次烟气、二次烟气以及未捕集烟气的无组织排放。

电弧炉炼钢过程中产生二噁英主要有3种途径[58,59]:

1)由前驱体化合物(氯酚、氯苯、多氯联苯等)通过氯化、缩合、氧化等反应生成,含氯的前驱体化合物在300~700 ℃的温度下可以通过重排反应生成二噁英。

2）从头合成（de novo），即大分子碳与飞灰基质中的有机或无机氯在 250～500 ℃ 低温条件下经金属离子催化反应生成二噁英，高温燃烧已经分解的二噁英会重新合成。飞灰中 Cu、Fe 等及其氧化物对"从头合成"反应有催化作用，烟气中的 HCl 会影响"从头合成"的反应速率。

3）由热分解反应合成（即高温合成），含有苯环的高分子化合物经加热分解会生成大量二噁英。

不管以何种方式形成，都必须具备 4 个基本条件：① 存在含苯环结构的化合物，可以由热分解产生，也可以由碳氢化合物合成或其他途径生成；② 存在氯源，可由无机氯或有机氯提供；③ 合适的生成温度，350 ℃ 为最佳生成温度；④ 催化剂存在，如铜等金属（铁、镍、锰、锌等亦具有催化作用）。

对于电弧炉炼钢，首先存在二噁英产生所必需的氯源。一是废钢中一般有含氯塑料、氯盐类及其他含氯杂质；二是废钢中有可能含氯（如汽车废钢）；三是电弧炉电极表面可能生成氯化有机物；四是炉衬等也可能为二噁英的生成提供氯源。其次，电弧炉炼钢生产工艺具备产生二噁英的温度条件。电弧炉炼钢的一次烟气温度在 1 400 ℃ 以上，此时二噁英及其他有机物已经全部彻底分解，在其后的烟气逐步降温过程中会从头合成二噁英。最后，铜、铁、镍、锰、锌等金属均可充当二噁英生成反应的催化剂。一些废钢，尤其是汽车废钢等中往往含有较高的锌，不少废钢中也可能会含有微量的铜。以上分析表明，电弧炉炼钢工艺具备二噁英产生的基本条件，三种生成途径兼有。

特别是对于废钢预热电弧炉，由于废钢预热的温度往往和二噁英生成的适宜温度范围相同，废钢预热烟气的降温过程为二噁英的从头合成提供了适宜的温度条件。第 4 孔排出的一次烟气温度在 1 000 ℃ 以上，且含有大量 CO 可燃气体，但在烟气降温过程中，生成的二噁英不再经过高温燃烧过程分解，废钢预热系统往往造成电弧炉烟气中二噁英的浓度大大提高。

2. 电弧炉炼钢二噁英抑制技术

对电弧炉生产过程中产生的二噁英的减排方法有源头治理、过程治理和末端治理。源头治理即从原料出发，减少其生成的源头与条件。过程治理即采用相关的抑制措施抑制其生成，末端治理是对已经产生的二噁英进行脱除处理，其中末端治理的代价是最高的，源头治理和过程治理是未来环境治理的发展趋势[59-62]。

1）对废钢进行分选，减少含有油脂、油漆、涂料、塑料等有机物废钢的入炉量，并对这类废钢另行加工处理，同时要严格限制进入电弧炉的氯源总量。在入炉前进行挑选和预处理，控制红泥球（除尘灰压的球）的投入量，增加不锈钢废钢的投放比例，提高铁水的投入量，严格控制入炉有机物和氯的总量。

2）优化废钢预热。含有机物废钢进行预热时，应缓慢连续加入，可使废气达到较高的氧化程度和较低的氯苯产生量，二噁英的生成量明显少于快速加入时的生成量。根据高温氧化技术的要求，为了降低二噁英的生成量，进行废钢预热后的电弧炉烟气温度不宜低于 850 ℃。可以在废钢预热系统中设置煤气烧嘴，利用煤气燃烧加热废钢，在满足废钢预热温度要求的同时，保证电弧炉烟气温度高于 850 ℃。废钢预热时可以同时加入生石灰，生石灰随废钢进入电弧炉，可使生成二噁英的氯源减少 60%～80%，抑制二噁英的生成。向炉内喷氨和其他碱性物质也可以达到类似效果。

3）电弧炉一次烟气温度在1 000 ℃以上,此时二噁英及其他有机物已全部分解;燃烧后的烟气采取急冷措施,使其快速降至200 ℃以下,以最大限度减少烟气在温度区间的停留时间,从而减少"从头合成"。蒸发冷却塔目前大量用于高温烟气的冷却降温,喷入塔内的水雾可使高温烟气在短时间内迅速冷却,尤其适合电弧炉高温烟气的快速冷却降温,预计可实现二噁英减排80%～95%。

4）对未采取急冷降温的电弧炉烟气,可通过向烟道(或设置专用装置)喷入碱性物质粉料(如石灰石或生石灰)抑制二噁英的生成,一般在600～800 ℃温度区间喷入。这种措施的原理是通过吸收烟气中的 HCl 和 Cl_2 生成 $CaCl_2$ 以减少有效氯源;在250～400 ℃温度区间喷入氨也可以抑制二噁英的生成。

3. 炉气中二噁英后脱除技术

（1）高效过滤技术

在温度低于200 ℃的条件下,电弧炉烟气中绝大部分二噁英以固态形式吸附在烟尘表面(主要是细颗粒),采用高效除尘器可明显减少二噁英的排放。湿法除尘对二噁英的净化效率为65%～85%,静电除尘器实测平均净化效率为95%,而袋式除尘器则一般可以达到99%或者更高。除尘器入口烟气温度越低,二噁英的净化效率越高。二噁英的排放浓度与烟气的含尘浓度成正比,通过降低烟尘的排放浓度可降低二噁英的排放量,但当烟尘浓度降低至一定水平(如5 mg/m³ 以下)后二噁英浓度不会再明显降低。

（2）物理吸附技术

物理吸附技术(喷入吸附剂)与高效过滤技术相结合,二噁英的净化效率可由50%～85%提高至90%～99%。物理吸附一般有携流式、移动床和固定床等3种形式。携流式是指在除尘器前的烟道中喷入吸附剂,吸附二噁英后被除尘器脱除实现减排目的,该方式的投资及运营成本最省;移动床在除尘器后设置吸附塔,吸附剂从吸附塔上部进入下部排出或下部进入上部排出,此方式一次性投资较大;固定床中的吸附剂是不动的,烟气流过其表面时二噁英被吸附脱除。二噁英的去除效果主要取决于吸附剂的均匀分布及其与二噁英的接触概率。采用活性炭作为吸附剂具有更好的减排效果,因为活性炭的比表面积大。采用活性炭作为吸附剂的吸附技术主要是在袋式除尘器前喷入活性炭粉末,吸附烟气中的二噁英,然后通过袋式除尘器去除,达到降低二噁英排放的目的。

（3）高温氧化技术（"3T+E"技术）

"3T+E"技术主要适用于废钢预热之后排放的烟气中的二噁英的减排。该技术要求的条件:炉膛温度控制在850 ℃以上,烟气在高温区停留时间2 s以上,高温区应有适量的空气(氧含量保持在6%以上)和充分的紊流强度。这种条件下99%以上的二噁英及其他有机物都会被高温分解,同时对烟气进行急冷降温,使烟气温度迅速降至200 ℃以下,抑制二噁英的"从头合成"。该技术可以有效地脱除二噁英,但烟气中的热量不能用余热锅炉回收利用。

（4）催化过滤技术

催化过滤技术将表面过滤技术同催化过滤技术集成在过滤袋上,能够把二噁英在低温(180～260 ℃)状态下通过催化反应彻底分解成 CO、H_2O 和 HCl,二噁英去除彻底且不存在二次污染。该技术较适合电弧炉烟气,而且适合现有袋式除尘器的技术改造,只需更换过滤袋便可满足二噁英的排放要求。

（5）催化分解技术

催化分解技术主要适用于洁净烟气,宜设在除尘器后,用于废钢预热后排放的烟气中的二噁英的减排。二氧化钛加紫外光催化分解技术,可使二噁英去除98.6%,同时还能分解烟气中55%的氮氧化物。其基本原理是二氧化钛在紫外光照射下产生氧化性极强的羟基自由基,对所有的有机物都能氧化成二氧化碳和水,分解率高,降解速率快,处理彻底,不存在二次污染。氧化钛-一氧化钒-一氧化钨催化剂氧化分解技术,在24~320 ℃试验条件下二噁英去除率达95%~99%,连续运行400 h以上催化剂仍保持优良的活性。

5.4.7　无渣出钢和留钢操作

1. 无渣出钢

经初炼后温度、成分达到出钢要求的钢液为顺利转入炉外精炼,一般要求无渣(少渣)出钢,最常用的技术是偏心炉底出钢(EBT),如图5.39所示。

采用偏心炉底出钢的优点如下:

1)可以做到无渣出钢,实现留钢操作。

2)减小倾炉角度,大大缩短大电流电缆长度(减少阻抗);炉壁水冷面积可进一步扩大。

3)圆而粗的出钢口和短的出钢流程减少了出钢时间,降低了出钢温度(可降低出钢温度32 ℃),也减少了钢液吸气和二次氧化;钢液垂直注入钢包,减轻了对耐火材料的冲刷侵蚀,提高了包衬寿命。

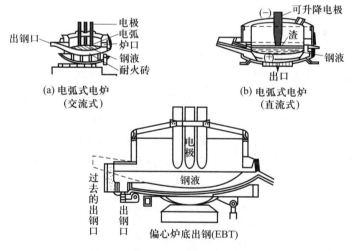

图5.39　电弧炉炼钢无渣出钢示意图

2. 留钢操作

电弧炉炼钢的无渣出钢操作会使炉内留有一部分(10%~15%)钢液和几乎全部炉渣,这为下一炉加速熔化、早期脱磷创造了条件;同时,由于液体熔池的存在,可提高熔化初期电弧的稳定性,增加平均输入功率,提高生产率。

图5.40反映了装入量为155 t的电弧炉主要冶炼指标与生产率的关系。图5.41所示为炉料的熔化速率与留钢量的关系。可以看出,留钢量在10%附近可获得最佳效果。

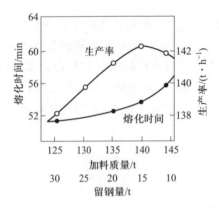

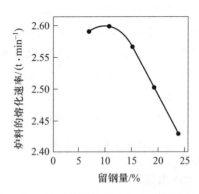

图 5.40 电弧炉主要冶炼指标与生产率的关系　　　图 5.41　炉料的熔化速率与留钢量的关系

5.5　电弧炉智能化冶炼技术

近年来,电弧炉炼钢在智能冶炼领域取得了长足的进步,开发了一系列先进的检测技术和控制模型,大大提高了电弧炉炼钢过程的自动化水平,促进了炼钢工业的发展。

5.5.1　电弧炉炼钢炉况在线检测技术

1. 多功能炉门机器人

面对电弧炉炼钢区域环境恶劣、危险,人工作业任务繁重等问题及冶炼精准化工艺控制的需求,多功能炉门机器人被逐渐开发并推广应用[63]。

自动测温取样炉门机器人(图 5.42)一般具有 6 个自由度的运动、自动更换取样器和测温探头、检测无效测温探头等功能,可以通过人机界面全自动控制。从实际应用效果看,电弧炉炼钢多功能炉门机器人在高温恶劣环境下运行的可靠性、稳定性和智能操控水平等方面有待进一步优化。从后续发展趋势看,开发电弧炉、精炼、连铸等环节具有测温,取样、实时投、取料等功能的机器人,构建电弧炉炼钢全流程、集群化机器人自动化作业系统将是电弧炉智能化炼钢发展的重点之一。

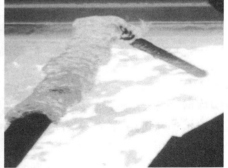

图 5.42　自动测温取样炉门机器人

2. 泡沫渣检测与控制技术

电弧炉炼钢过程中的泡沫渣操作能够将钢液同空气隔离,覆盖电弧,减少辐射到炉壁、炉盖的热损失,高效地将电能转换为热能向熔池输送,提高加热效率,缩短冶炼周期[64,65]。冶炼过程中造泡沫渣并保持是低消耗和高生产率电弧炉炼钢的关键。泡沫渣检测中:① 将声音传感器安装在电弧炉炉壁特定位置,采集炉内声音信号,信号分析系统根据采集的信号分析泡沫渣高度及分布状态。② 通过在线采集供电系统总谐波畸变和二次供电电压变化,反馈炉内泡沫渣状态。

3. 烟气成分在线分析技术

现代电弧炉烟气分析系统能够准确地测量烟气的温度、流量以及烟气中 CO、CO_2、H_2、O_2、H_2O 和 CH_4 等成分,利用采集的信息和自身的控制模型对冶炼过程进行分析、判断并控制[54,66,67]。

电弧炉烟气成分在线分析系统包括取样探头、烟气预处理器、气体分析仪和数据自动采集处理装置等。取样探头从电弧炉第 4 孔中采集烟气,降温、除水并过滤粉尘后,利用质谱仪或红外气体分析仪连续测定烟气成分,实现了电弧炉炼钢过程的烟气成分在线检测。该系统一般配备两个气体采样探头,两探头能够自动循环切换,保证了冶炼过程中烟气分析系统的稳定运行和烟气成分的连续测量分析。

4. 电气运行在线检测技术

电弧炉生产过程中不同冶炼时期对供电方式有着不同的要求。对电弧炉运行过程电气特征进行在线监测,实时掌握电弧炉电气特征,监测炉体运行情况,进而更好地进行低耗高效生产。

如图 5.43 所示,电弧炉电气特征包括各供电点的电气参数(电压、电流、有功功率、功率因数等)和用户配电点(B 点)的供电电能质量参数(电压波动、电压闪变、谐波及三相不平衡等)。电弧炉电气特征在线监测系统一般分为传感器、数据采集与系统变换、软件、计算机四大部分。传感器需满足可以同时测量总馈线的电压和电流,EAF 馈线和 EAF 变压器二次侧的电压和电流,SVG 馈线的电压和电流的要求;数据采集系统可以将传感器输出的模拟量转换成数字量以便计算机能进行存储、计算和处理;软件是该系统的核心,应当具有动态显示功能,使计算机成为测量电压、电流、功率等电气参数的虚拟仪表并具有多路示波器的功能。

5.5.2 电弧炉炼钢智能配料技术

配料是决定电弧炉炼钢生产成本和产品质量的关键环节。如图 5.44 所示,电弧炉炼钢自动化配料系统逐步被国内外先进电弧炉炼钢企业采用,根据电弧炉设备参数、钢种生产工艺、原料使用量的约束及原料的化学成分,建立优化配料的数学模型,采用数学规划方法计算成本最优的标准炉料结构,实现智能化配料。该系统采用原料编码(brand code)作为原料管理细度标准,原料属性与企业资源计划(ERP)系统保持一致,原料价格与属性可单独维护,原料管理准确高效。

5.5.3 电弧炉炼钢过程控制技术

1. 电弧炉炼钢的建模方法

为了方便建模,可将电弧炉炼钢所涉及的变量(参数和指标)分为四大类:① 炉料结构参数;② 消耗参数;③ 钢液成分;④ 技术指标。各变量之间的逻辑关系可绘成电弧炉炼钢变量系统分析图,如图 5.45 所示。

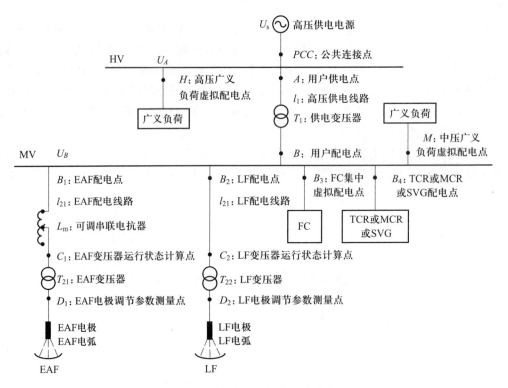

图 5.43 交流电弧炉供电系统单线图

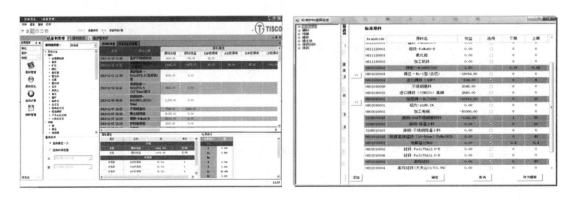

图 5.44 原料管理及智能配料平台举例

目前,电弧炉工艺模型建模方法研究大多是在物料、能量平衡的基础上运用先进的算法来完成的,主要可分为衡算法、人工智能法等。

(1)衡算法

此模型依据的基本思想:① 以物料平衡、能量守恒为基础,结合化学平衡的影响及冶金物理化学等理论建立模型,模型中的部分系数采用经验或公认的数值。② 运用最优化技术,以线性规划手段,进行优化配料和最佳合金补加计算。

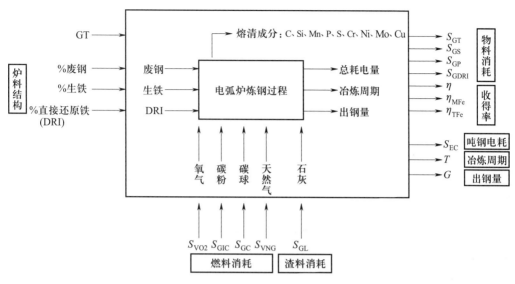

图 5.45　电弧炉炼钢变量系统分析图

（2）人工智能法

人工智能（artificial intelligence，AI）是计算机科学的一个分支，它涉及的内容非常广泛，如模式识别、自然语言处理和理解、专家系统、知识工程等。反向传播算法（简称 BP 算法）是目前学习算法中比较有影响的一种算法，此种算法也可以应用于冶金领域。

另外，模糊控制、遗传算法等也在冶金行业得到了很广泛的应用。

2. 电弧炉炼钢终点控制技术

基于烟气分析检测和钢液温度测量手段，对电弧炉烟气成分、温度和流量进行连续监测，建立了基于烟气成分分析和物质衡算的脱碳指数-积分混合模型和钢液终点温度智能神经网络预报模型，实时计算电弧炉脱磷速率、脱碳放热速率、热损失速率，进而计算和预测电弧炉内钢液的成分与温度；利用电弧炉能量分段输入控制方法，将供氧、供电、底吹、喷粉等单元进行协同控制，使钢液脱碳和升温协调进行，实现终点碳含量和温度的预报和控制。

需指出的是，与转炉炼钢相比，电弧炉炼钢的冶炼环境更加恶劣，在终点控制方面还存在一定差距；针对机理模型中许多参数无法准确测量，基于智能算法的"黑箱模型"过分依赖数据，缺乏生产工艺指导，更有效的监测技术和高可靠性智能模型的研发及两者的有机结合将成为研究关键。

3. 电弧炉冶炼过程成本优化控制

随着电弧炉炼钢技术的发展，仅仅依靠操作者的经验来控制电弧炉生产已经严重制约现代电弧炉炼钢的生产节奏。通过数据信息的交流和过程优化控制，使电弧炉炼钢过程的成本控制、合理供能等环节最优化，降低成本，提高效率[68-69]。电弧炉冶炼成本优化系统软件（图 5.46）通过对电弧炉冶炼工艺历史数据的记录建立数据库；根据成本、能耗最低或冶炼时间最短原则，选择与当前冶炼炉次炉料结构、冶炼环境等相近的最优历史数据，然后根据最优炉次的冶炼工艺进行冶炼，以达到最优的冶炼效果。

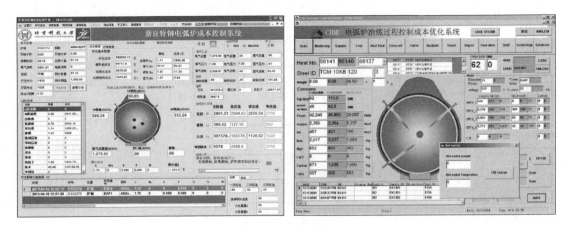

图 5.46　电弧炉炼钢成本优化控制系统软件

4. 电弧炉炼钢整体控制智能化

随着监测手段和计算机技术的发展,电弧炉炼钢智能化控制不再仅仅局限于某一环节的监测与控制,应从整体过程出发,将冶炼过程采集的信息与过程基本机理结合进行分析、决策及控制,追求电弧炉炼钢过程的整体最优化[45,63]。电弧炉炼钢整体控制方案如图 5.47 所示,通过烟气检测分析系统、温度监控系统、泡沫渣检测系统的实时反馈,在线控制电弧炉炼钢过程的能源输入,实现对电弧炉炼钢过程整体智能控制,大幅改善了能源利用率、生产效率和生产过程的安全性。

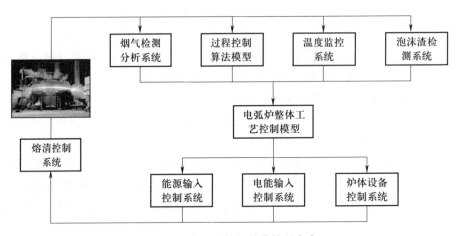

图 5.47　电弧炉炼钢整体控制方案

思 考 题

1. 电弧炉炼钢的特点有哪些?
2. 现代电弧炉炼钢熔化期和氧化期的冶炼任务分别是什么?
3. 超高功率电弧炉供电系统由哪几部分构成?分别有何功能?

4. 电弧炉炼钢为什么要吹氧？其主要作用有哪些？

5. 现代电弧炉炼钢供氧系统由哪些部分构成？分别有何功能？

6. 电弧炉炼钢泡沫渣操作的作用有哪些？

7. 简述影响电弧炉炼钢泡沫渣操作的主要因素及如何得到比较理想的泡沫渣。

8. 现代电弧炉炼钢废钢预热的方式有哪些？各自的优、缺点是什么？

9. 简述电弧炉炼钢过程中二噁英是如何形成的，应如何处理。

10. 直接还原铁的产品种类有哪些？电弧炉炼钢对所使用的直接还原铁有何质量要求？

参 考 文 献

[1] 宋文林.电弧炉炼钢[M].北京:冶金工业出版社,1996.

[2] 森井廉.电弧炉炼钢法[M].朱果灵,译.北京:冶金工业出版社,2006.

[3] 王新华.钢铁冶金:炼钢学[M].北京:高等教育出版社,2007.

[4] GHOSH B D.Energy saving technologies in electric arc furnace steelmaking[J].Iron & Steel Review,2018,62(1):106-109.

[5] 中国金属学会访美代表团.美国短流程薄板坯连铸钢厂近况[J].中国冶金,2002(3):35-40.

[6] 李士琦,郁健,李京社.电弧炉炼钢技术进展[J].中国冶金,2010(4):1-7,16.

[7] 崔健,刘晓.电弧炉炼钢技术若干问题的实践与认识[J].钢铁,2006,41(2):1-5.

[8] 徐匡迪,洪新.电炉短流程回顾和发展中的若干问题[J].中国冶金,2005,15(7):1-8.

[9] 姜周华,姚聪林,朱红春,等.电弧炉炼钢技术的发展趋势[J].钢铁,2020(7):1-12.

[10] 殷瑞钰.关于新世纪发展现代电炉流程工程的认识[J].中国冶金,2005(6):1-7.

[11] 魏光升.电弧炉熔池内气-固喷吹冶炼应用基础研究[D].北京:北京科技大学,2019.

[12] World Steel Association.Association W S.Steel statistical yearbook 2018[Z].Brussels:World Steel Association,2019.

[13] World Steel Association.Association W S.Steel statistical yearbook 2019[Z].Brussels:World Steel Association,2020.

[14] World Steel Association.Association W S.Steel statistical yearbook 2020[Z].Brussels:World Steel Association,2021.

[15] 黑色金属矿产资源强国战略研究专题组.黑色金属矿产资源强国战略研究[M].北京:科学出版社,2019.

[16] 殷瑞钰.冶金流程工程学[M].北京:冶金工业出版社,2009.

[17] 刘会林,朱荣.电弧炉短流程炼钢设备与技术[M].北京:冶金工业出版社,2012.

[18] 李京社,武俊,李士琦.交流电弧炉的工作电抗模型与电气运行合理化[J].炼钢,1999,15(6):40-43.

[19] 朱荣,刘会林.电弧炉炼钢技术及装备[J].北京:冶金工业出版社,2018.

[20] MEMOLI F, MAPELLI C, RAVANELLI P E.Simulation of oxygen penetration and decarburisation in EAF using supersonic injection system[J].ISIJ International, 2004, 44(8): 1342-1349.

[21] FRUENHAN R.Oxygen versus EAF steelmaking in the 21st century[J].Transactions of the Indian Institute of Metals, 2006, 59(5): 607−617.

[22] 王新江.中国电炉炼钢的技术进步[J].钢铁, 2019(8): 1−8.

[23] 王振宙,朱荣,焦兵,等.强化冶炼用氧技术在电炉上的应用[J].工业炉, 2005, 27(2): 11−13.

[24] 高瞻,黄其明,徐杰.炼钢电弧炉炉型现状及发展[J].冶金设备, 2012(S2):43−45.

[25] 柴建铭,李洪勇,安玉生.济钢石横特钢厂 EBT 电炉采用炉壁氧枪生产实践[N].世界金属导报, 2004−11−23(6).

[26] WEI G, ZHU R, WU X, et al.Technological innovations of carbon dioxide injection in EAF-LF steelmaking[J].JOM, 2018, 70(6): 969−976.

[27] WEI G, ZHU R, HAN B, et al.Simulation and application of submerged CO_2-O_2 injection in electric arc furnace steelmaking: modeling and arrangement of submerged nozzles[J].Metallurgical and Materials Transactions, 2020, 51(3): 1101−1112.

[28] MEMOLI F, MAPELLI C, RAVANELLI P, et al.Evaluation of the energy developed by a multi-point sidewall burner-injection system during the refining period in a EAF[J].ISIJ International, 2004, 44(9): 1511−1516.

[29] 沈颐身,范光前,孔祥茂,等.氧燃烧嘴助熔技术在电炉上的应用及现状[J].特殊钢, 1993(5):1−6.

[30] MATHUR P.Coherent jets in steelmaking: principles and learnings[Z].Praxair Technologies Inc. ,2004.

[31] ALAM M, NASER J, BROOKS G, et al.Computational fluid dynamics modeling of supersonic coherent jets for electric arc furnace steelmaking process[J].Metallurgical and Materials Transactions, 2010,41B(6): 1354−1367.

[32] 杨竹芳,王振宙,朱荣,等.集束射流氧枪的设计与应用[J].北京科技大学学报,2007(S1): 81−84.

[33] 刘润藻.大型超高功率电弧炉炼钢综合节能技术研究[D].沈阳:东北大学,2006.

[34] 肖连华,崔宝民,戴栋,等.电弧炉泡沫渣埋弧冶炼的实践与探讨[J].炼钢,2000,16(5): 47−50.

[35] MORALES R D, LULE G R, LOPEZ F, et al.The slag foaming practice in EAF and its influence on the steelmaking shop productivity[J].ISIJ International, 2007, 35(9): 1054−1062.

[36] 朱荣.现代电弧炉炼钢用氧理论及技术[M].北京:冶金工业出版社,2018.

[37] DAUGHTRIDGE G, MATHUR P.Recent developments in post-combustion technology at nucor plymouth[J].Iron & Steelmaker,1995(2): 29−32.

[38] MA G, ZHU R, et al.Development and application of electric arc furnace combined blowing technology[J].Ironmaking & Steelmaking,2016, 43(8): 594−599.

[39] KIRSCHEN M, EHRENGRUBER R, ZETTL K.Benefits from improved bath agitation with the radex DPP gas purging system during EAF high-alloyed and stainless steel production[J]. Veitsch-Radex Rundschau, 2016(1):8−13.

[40] 马国宏.西宁特钢70 t电弧炉复合吹炼技术的应用基础研究[D].北京:北京科技大学,2017.

[41] WEI G,ZHU R,DONG K,et al.Research and analysis on the physical and chemical properties of molten bath with bottom-blowing in EAF steelmaking process[J].Metallurgical and Materials Transactions,2016, 47(5): 3066-3079.

[42] LIU F, ZHU R, et al.Simulation and application of bottom-blowing in electrical arc furnace steelmaking process[J].ISIJ International, 2015, 55(11): 2365-2373.

[43] 朱荣,魏光升,唐天平.电弧炉炼钢流程洁净化冶炼技术[J].炼钢,2018,34(1):10-19.

[44] 周春芳,周占兴.新型的废金属破碎分选生产线发展设想[J].冶金设备, 2014(S1): 130-132.

[45] 朱荣,吴学涛,魏光升,等.电弧炉炼钢绿色及智能化技术进展[J].钢铁, 2019(8): 9-20.

[46] 刘剑雄,刘珺,李建波,等.新兴的废钢铁破碎分选技术[J].冶金设备, 2001(5): 18-21.

[47] 赵庆杰,储满生.电弧炉炼钢原料及直接还原铁生产技术[J].中国冶金,2010,20(4): 23-28.

[48] 张奔,赵志龙,郭豪.气基竖炉直接还原炼铁技术的发展[J].钢铁研究,2016,44(5):59-62.

[49] 贾江宁,魏征,董跃.煤基直接还原铁工艺及其在中国的发展现状[J].能源与节能, 2017(4):2-4.

[50] 周国元,彭自胜.45 t电弧炉高比例铁水冶炼实践[J].工业加热,2013,42(2):52-55.

[51] 张露,温德松,孙开明.现代电弧炉热装铁水实践与再认识[J].天津冶金,2008(5):43-46,148.

[52] 陈飞.电炉热装铁水生产实践[J].浙江冶金,2012(4):24-25.

[53] LEE B, SOHN I.Review of innovative energy savings technology for the electric arc furnace[J]. JOM, 2014, 66(9):1581-1594.

[54] 朱荣,何春来,刘润藻,等.电弧炉炼钢装备技术的发展[J].中国冶金, 2010(4): 8-16.

[55] 张建国.废钢预热技术在电炉炼钢中的发展应用[J].资源再生, 2017(4): 50-53.

[56] 董茂林,周涛.电炉烟气全余热回收装置[J].炼钢,2015,31(1):73-77.

[57] 陶务纯,杨波,朱宝晶,等.50 t炼钢电弧炉烟气余热回收系统的设计应用[J].工业加热, 2012,41(3):56-60.

[58] Pekárek V, Punčochář M, Bureš M, et al.Effects of sulfur dioxide, hydrogen peroxide and sulfuric acid on the de novo synthesis of PCDD/F and PCB under model laboratory conditions[J]. Chemosphere,2007, 66(10): 1947-1954.

[59] 孙晓宇,唐晓迪,李曼,等.电弧炉炼钢过程的二噁英及抑制措施[J].环境与发展,2014, 26(5): 79-82.

[60] 张斌,罗渝东,任佳.电弧炉烟气二噁英减排技术现状及发展趋势[J].钢铁技术,2017(3): 42-45.

[61] 刘剑平.大型电弧炉污染物控制与减排[J].炼钢,2009,25(2): 74-77.

[62] 孙毅.生活垃圾焚烧与钢铁生产中二噁英排放比较[J].黑龙江环境通报, 2008, 32(3): 67-69.

［63］朱荣，魏光升，刘润藻.电弧炉炼钢智能化技术的发展［J］.工业加热，2015，44(1)：1-6.

［64］MORALES R D，R L G，LOPEZ F，et al.The slag foaming practice in EAF and its influence on the steelmaking shop productivity［J］.ISIJ International，1995，35(9)：1054-1062.

［65］肖连华,崔宝民,戴栋,等.电弧炉泡沫渣埋弧冶炼的实践与探讨［J］.炼钢,2000,16(5):47-50.

［66］李京社,武骏,王雅娜,等.智能炼钢电弧炉技术［J］.特殊钢，1999(6)：31-33.

［67］何春来，朱荣，董凯，等.基于烟气成分分析的电弧炉炼钢脱碳模型［J］.北京科技大学学报，2010(12):1537-1541.

［68］SANDBERG E，LENNOX B，UNDVALL P.Scrap management by statistical evaluation of EAF process data［J］.Control Engineering Practice，2007，15(9)：1063-1075.

［69］郁健，李士琦，朱荣，等.电弧炉炼钢过程的跨尺度能量集成理论研究［J］.北京科技大学学报，2010(9)：1124-1130.

第6章 特种熔炼

随着航空航天、信息工程、精密仪器及能源开发等高端制造业的迅速发展,对特种金属材料的品种开发和质量提升提出了更高的要求。以感应炉熔炼、电渣重熔、真空自耗重熔及电子束重熔为代表的特种熔炼技术,不仅能够制备普通熔炼方法不能或难以熔炼的特种金属材料,而且常作为特种钢材冶金质量提升的主要手段。特种熔炼金属材料主要包括难熔金属、活泼金属、高纯金属、近终形铸件或熔铸件以及其他优质合金钢和合金。由于感应炉熔炼、电渣重熔和真空自耗重熔的熔炼特点优势互补,便于工业推广应用,三联冶炼工艺成为熔炼高品质特种金属的典型工艺。本章着重介绍了感应炉熔炼、电渣重熔、真空自耗重熔的原理、设备、工艺技术及冶金质量。

6.1 感应炉熔炼

6.1.1 概述

感应炉熔炼是指利用电磁感应在金属导体内产生涡流加热炉料进行熔炼的方法[1]。

1. 感应炉的用途

(1) 熔炼车轴钢、高温合金、高熵合金等特种钢材,生产各种钢铸件和合金铸件。感应炉熔炼钢和合金时温度和气氛容易控制,铸锭中杂质含量低。浇注得到的铸锭常作为电渣重熔或真空自耗重熔的电极用于二次冶炼,生产高纯合金和特钟钢产品[2]。

(2) 回收含 Cr、Ni、W、Mo、V 等贵重金属元素的合金钢废料,如不锈钢、高速工具钢、模具钢等废弃品。感应炉的加料和化料具有极强的包容性,常用于钢铁返回料或合金返回料的初次提纯,可高效回收大量报废金属。

(3) 大吨位的工频感应炉用来熔化铜及其合金、铝、锌等有色金属,并在炉子中保温备用。

2. 感应炉的分类

(1) 工频感应炉

工频感应炉简称工频炉,是以工业频率的电流(50 Hz 或 60 Hz)作为电源的感应电炉。工频感应炉主要作为熔化炉或保温炉,如在有色金属领域用来熔化铜、铝、锌等;在黑色金属领域工频感应炉代替冲天炉熔化生铁来生产灰铸铁、可锻铸铁、球墨铸铁等的铸件,也可以用来熔化废钢,生产质量要求不高的钢材。根据炉子结构的不同,工频感应炉可分为工频有芯感应炉和工频无芯感应炉。工频无芯感应炉的结构示意图如图 6.1 所示。

(2) 中频感应炉

中频感应炉的电源频率为 150~10 000 Hz,常用设计频率为 150 Hz、1 000 Hz、2 500 Hz,炉子容量从 5 kg 到 40 t,是熔炼优质钢和合金的特种熔炼设备。与工频炉相比,中频感应炉熔化速率快,生产效率高,使用灵活,启动操作方便。中频感应炉在结构上与工频无芯感应炉基本相同,只是需要采用中频电源供电,把三相工频交流电经整流后变成直流电,再把直流电变为可调节的中频电流。

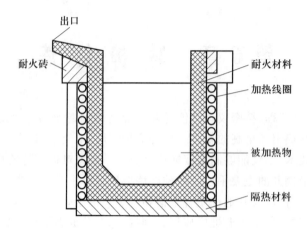

图 6.1　工频无芯感应炉的结构示意图

（3）高频感应炉

高频感应炉简称高频炉，是用电子管变频装置将工业用三相 50 Hz、380 V 的交流电，经升压整流、变频转变为单相 10~300 kHz、10 000 V 的高频交流电，降压后供给感应炉作为加热电源。这种感应炉容量从几克到几十千克，适合于实验室快速熔化少量钢样。某些分析仪器，如红外碳硫分析仪、氧氮分析仪等也是使用高频感应加热方法将数克试样快速熔化。

6.1.2　感应加热原理

感应加热原理是两个电学的基本定律：法拉第电磁感应定律和焦耳-楞次定律。

法拉第电磁感应定律描述导线与磁场中的磁力线发生相对运动时，在导线的两端所感应的电动势（E）与磁感应强度（B）、磁力线切割导体的相对速度（v）之间的定量关系：

$$E = BLv\sin\angle(\boldsymbol{v}\cdot\boldsymbol{B}) \tag{6.1}$$

式中：　B——磁感应强度，表征磁场中垂直穿过单位面积的磁力线数，T；

　　　　L——在磁场中导线的长度，m；

$\angle(\boldsymbol{v}\cdot\boldsymbol{B})$——磁力线方向与导线运动速度方向之间的夹角。

当导线形成闭合回路时，在导线中产生感应电流（I），设闭合回路的电阻为 R，由欧姆定律可得到闭合回路中的电流值：

$$I = E/R \tag{6.2}$$

焦耳-楞次定律描述电流的热效应。当电流在导体内流过时，定向流动的电子要克服各种阻力，这种阻力用导体的电阻来描述，电流克服电阻所消耗的能量，将以热能的形式放出，这就是电流的热效应。焦耳-楞次定律可用下式表示：

$$Q = I^2Rt \tag{6.3}$$

式中：Q——焦耳热，J；

　　　R——闭合回路的电阻，Ω；

　　　t——导体通电的时间，s。

对具体的感应炉（下面泛指无芯感应炉）而言，磁场强度是线圈匝数的一个表征量，代表磁场源的强弱（相当于设备的产能）；磁感应强度则表示磁场源在特定操作环境下的作用效果（相当于设备的实际产量)。当磁场源中只有空气时,磁感应强度很小;但当磁场源中放入铁氧体材料时,磁感应强度会很大,达到只有空气的1 000倍。通常把磁感应强度/磁场强度称为绝对磁导率(H/m)。

1. 感应电流与电源频率的关系

当感应炉的感应线圈中通有频率为f的交变电流时,在感应线圈所包围的空间和四周同时产生一个交变磁场(图6.2),交变磁场中磁力线的方向根据右手螺旋定则决定(图6.3)。

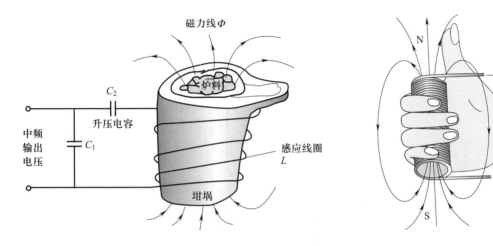

图 6.2 感应线圈中产生的交变磁场   图 6.3 右手螺旋定则

交变磁场的极性、磁感应强度和磁场的交变频率随着产生该交变磁场的交变电流的变化而变化。感应炉的感应线圈内砌有坩埚,并装满金属炉料,所以交变磁场的磁力线将穿过金属炉料,磁力线的交变就相当于金属炉料与磁力线之间产生相对运动。因此,在金属炉料中就会产生感应电动势(E):

$$E = 4.44\Phi f \tag{6.4}$$

式中:Φ——交变磁场的磁通量,Wb,相当于垂直穿过金属炉料的磁力线根数;

　　　f——交变电流的频率,Hz。

由于金属炉料本身形成一闭合回路,所以在金属炉料中产生的感应电流(也称感应涡流):

$$I = \frac{4.44\Phi f}{\sum R} \tag{6.5}$$

式中:$\sum R$——金属炉料的等效电阻,Ω。

按照焦耳-楞次定律,该电流在炉料中放出热量可加热炉料。因此,炉料的加热速率、能否被加热到熔化温度或冶炼温度取决于感应电流的大小、炉料的等效电阻以及通电时间。而感应涡流又取决于感应电动势的大小,即穿过炉料的磁通量的大小和感应线圈中交变电流的频率。在其他条件一定时,感应电流的大小取决于感应线圈中交变电流的频率(f),交变电流的频率越高,在金属炉料中产生的感应电流就越大,感应炉的加热速率就越高[3]。

2. 电流透入深度

交变电流通过导体时,在导体的截面上便会出现电流密度分布不均匀的现象,越接近导体表面,电流密度越大,这种现象称为"集肤效应"。感应炉熔炼时,感应线圈中的交变电流本身也存在"集肤效应"现象[4],金属炉料中产生的感应电流同样也存在"集肤效应"现象。若假定坩埚中的金属炉料是形状规则的圆柱,那么金属炉料中感应产生的涡流分布的示意图如图6.4所示,分布规律可用下式表示:

$$I_x = I_0 e^{-x/\delta} \tag{6.6}$$

式中:I_x——距离金属炉料表面 x 处的感应电流,A;

I_0——金属炉料表面的电流,A;

x——测量处离金属炉料表面的距离,cm;

δ——电流透入深度,cm。

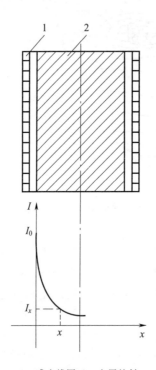

1—感应线圈;2—金属炉料

图6.4 金属炉料中感应产生的涡流分布的示意图

当 $x = \delta$ 时,$I_x = 0.368\ 1$ A。所以,感应电流的透入深度就是金属炉料内感应电流衰减为炉料表面电流的36.81%的那点距炉料表面的距离,它可由下式计算:

$$\delta = \sqrt{\frac{10^9 \rho}{4\pi^2 f \mu}} \tag{6.7}$$

式中:ρ——金属炉料的电阻率,$\Omega \cdot cm$;

μ——金属炉料的磁导率,H/cm;

f——感应线圈的交变电流的频率,Hz。

图6.5给出了普碳钢感应电流透入深度与电源频率之间的关系。温度高于磁性转变点(纯铁的居里点770 ℃)后,炉料磁导率急剧下降,电流透入深度迅速增加。

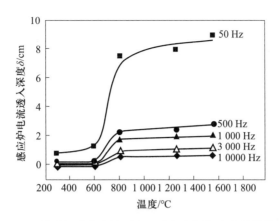

图 6.5 普碳钢感应电流透入深度与电源频率之间的关系

6.1.3 真空感应熔炼

钢铁材料在大批量生产过程中,为了保证不同炉次熔炼的同品种材料在相同的热加工和热处理制度下能达到同样的力学性能,在熔炼过程中要求将各合金成分的波动控制在尽可能窄的范围内。对于如镍、铬、钴、钨、钼等不活泼的元素,窄成分控制并不困难。但对于像铝、钛、锆、硼和稀土等活泼元素的窄成分控制则相当困难。若在大气中熔炼,由于炉气中氧位高,氮的分压大,要精确控制这类活泼元素的含量是不可能的。为此,只有将熔炼炉置于与大气隔绝的环境中进行。在钢和合金的生产中,真空感应熔炼就是一种最常用的与大气隔绝的熔炼方法。真空感应熔炼炉的结构组成包含真空系统、真空熔炼室及炉体、电源控制柜和冷却水系统等[5]。真空感应熔炼法有以下特点:① 产品中气体含量低、纯净度高;② 能精确控制产品成分的含量;③ 对原材料的适应性强;④ 浇注过程中无二次氧化[6,7]。

1. 真空下炉衬耐火材料与金属熔池的相互作用

真空感应熔炼所用坩埚,通常选用高纯氧化物制成,如氧化镁、氧化钙、镁铝尖晶石、氧化铝、氧化锆等。以碱性氧化物 CaO 和 MgO 为例,常温下它们的化学性质是十分稳定的。但随着温度升高,会发生如下分解反应:

$$MgO_{(s)} \Longrightarrow Mg + 1/2O_2 \tag{6.8}$$

$$CaO_{(s)} \Longrightarrow Ca + 1/2O_2 \tag{6.9}$$

Mg 和 Ca 的熔点分别为 651 ℃ 和 845 ℃,沸点分别为 1 107 ℃ 和 1 440 ℃;在 1 600 ℃ 下,Mg 的蒸气压为 1.8 MPa,而 Ca 的蒸气压也超过 0.2 MPa。因此,在炼钢温度下 CaO 和 MgO 的分解反应为

$$MgO_{(s)} \Longrightarrow Mg_{(g)} + 1/2O_2, \Delta G^{\theta} = 732\ 702 - 205.99T\ (J/mol) \tag{6.10}$$

$$lgp_{O_2} = 21.52 - \frac{76\ 547.6}{T} \tag{6.11}$$

$$CaO_{(s)} \Longrightarrow Ca_{(g)} + 1/2O_2, \Delta G^{\theta} = 795\ 378 - 195.06T\ (J/mol) \tag{6.12}$$

$$lgp_{O_2} = 20.38 - \frac{83\ 095.6}{T} \tag{6.13}$$

式(6.11)和式(6.13)中 p_{O_2} 为 MgO 或 CaO 的分解压,即密闭的容器内与 Mg 或 Ca 的分压达到 1×10^5 Pa 时相平衡的氧分压。氧化物的分解压越高,其化学稳定性就越差。图 6.6 给出了 MgO 和 CaO 的分解压与温度的关系。氧化物的分解压随着温度升高而升高,相比而言 MgO 的分解压比 CaO 高出四个数量级。

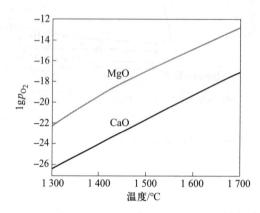

图 6.6　MgO、CaO 的分解压与温度的关系

在有钢液存在时,坩埚耐火材料分解反应产生的 O_2 会溶解进入钢液,即

$$MgO_{(s)} \Longrightarrow Mg_{(g)} + [O], \quad \Delta G^\theta = 621\ 984 - 208.12T \ (J/mol) \tag{6.14}$$

$$K_{MgO} = \frac{f_O w_{[O]} p_{Mg} 9.87 \times 10^{-6}}{a_{MgO}} \tag{6.15}$$

$$w_{[O]_{MgO}} = \frac{1.013 \times 10^5 a_{MgO} K_{MgO}}{f_O p_{Mg}} \tag{6.16}$$

$$CaO_{(s)} \Longrightarrow Ca_{(g)} + [O], \quad \Delta G^\theta = 677\ 578 - 196.92T \ (J/mol) \tag{6.17}$$

$$K_{CaO} = \frac{f_O w_{[O]} p_{Ca} 9.87 \times 10^{-6}}{a_{CaO}} \tag{6.18}$$

$$w_{[O]_{CaO}} = \frac{1.013 \times 10^5 a_{CaO} K_{CaO}}{f_O p_{Ca}} \tag{6.19}$$

式中:$w_{[O]_{MgO}}, w_{[O]_{CaO}}$——坩埚耐火材料中 MgO 或 CaO 热分解反应与钢液达成热力学平衡时钢液中的平衡溶解氧含量,%;

f_O——钢液中氧的活度系数,可根据钢液成分 $w_{[j]}$ 及其对氧的相互作用系数 e_O^j 计算得到;

p_{Mg}, p_{Ca}——分别为真空室中 Mg 和 Ca 的分压,Pa;

K_{MgO}, K_{CaO}——分别按式(6.15)和式(6.18)计算出的 MgO 和 CaO 分解平衡常数;

a_{MgO}, a_{CaO}——分别为坩埚耐火材料中 MgO 和 CaO 的活度,皆等于1。

由式(6.16)和式(6.19)可知,只要知道真空熔炼室中 Mg 或 Ca 的分压,就能计算出 MgO 或 CaO 热分解反应与钢液达到热力学平衡时钢液中的平衡溶解氧含量(%)。

当钢液中有 C 存在时,真空下会发生碳的脱氧反应:

$$[C] + [O] \Longrightarrow CO \tag{6.20}$$

因此,与钢液接触的坩埚耐火材料的分解反应可表达为[8]

$$MgO_{(s)} + [C] \Longrightarrow Mg_{(g)} + CO \tag{6.21}$$

$$CaO_{(s)} + [C] \Longrightarrow Ca_{(g)} + CO \tag{6.22}$$

真空熔炼室中的气体除了高温下挥发的金属蒸气外,还有 Mg(或 Ca)蒸气和 CO。从式(6.21)和式(6.22)可知,Mg(或 Ca)蒸气的分压与 CO 的分压相等,当忽略金属蒸气的分压时,Mg(或 Ca)蒸气的分压应该等于真空熔炼室压力 p 的 1/2。这样,在钢种已知的情况下,就可以根据熔池温度和熔炼室的真空度 p,计算出 $w_{[O]_{MgO}}$ 和 $w_{[O]_{CaO}}$ 的具体数值,计算结果如图 6.7 所示。

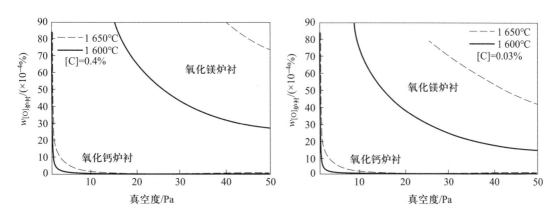

图 6.7　坩埚耐火材料热分解与钢液达成热力学平衡时的钢液溶解氧含量

图 6.7 中,$w_{[O]_{炉衬}}$ 代表 $w_{[O]_{MgO}}$ 或 $w_{[O]_{CaO}}$。$w_{[O]_{炉衬}}$ 越高,表明在真空下该种耐火材料越不稳定。若钢液中实际溶解氧含量 $w_{[O]_{实际}} > w_{[O]_{炉衬}}$,则炉衬氧化物处于热力学稳定状态,而不会分解,向钢液供氧;若 $w_{[O]_{实际}} < w_{[O]_{炉衬}}$,炉衬氧化物处于热力学不稳定状态,会分解,向钢液供氧。从图 6.7 可以发现,影响 $w_{[O]_{炉衬}}$ 的因素有以下几个方面[9]:

1)耐火材料本身的化学稳定性。CaO 的稳定性远高于 MgO,且熔池温度变化对 CaO 稳定性的影响远远小于对 MgO 稳定性的影响。

2)熔池温度。熔池温度越高,耐火材料的稳定性越差。因此,在真空感应熔炼过程中应尽量避免不必要的功率输入。通过摇动坩埚来判断钢液的流动性,尽可能以较低的过热度浇钢。

3)熔炼室真空度。真空度越高,耐火材料越不稳定,特别是对于分解产物呈气态的 MgO 和 CaO 质炉衬。因此,真空感应熔炼应该有个合理的真空度,但并非越高越好。

4)钢或合金的碳含量。熔池温度为 1 600 ℃,真空度为 20 Pa 时熔炼碳含量为 0.03% 的超低碳钢的 $w_{[O]_{MgO}}$ 为 0.38%,而熔炼碳含量为 0.4% 的中碳钢的 $w_{[O]_{MgO}}$ 为 0.65%,表明熔炼钢液的碳含量越高,炉衬耐火材料越不稳定。在真空条件下熔炼碳含量高的钢或合金时,炉衬耐火材料的工作条件就显得更加恶劣。感应炉中常用的坩埚耐火材料对碳的稳定性依下列顺序降低:CaO→ZrO_2→MgO→Al_2O_3→SiO_2。虽然 CaO 的稳定性最好,但它的吸湿性强、密度小、墙体强度弱,限制了它的工业应用,锆质耐火材料成本又太高,所以广泛应用的是 MgO、Al_2O_3 和 MgO·Al_2O_3。

2. 真空下金属熔池中元素的挥发

所有金属(包括部分非金属)都存在一个平衡的蒸气压 p^θ,它取决于该金属的物性、气态的存在形式(单原子、双原子还是多原子组成气态分子)以及温度。i 物质的蒸气压 p_i^θ 与温度的关系式为

$$\lg p_i^\theta = AT^{-1} + B\lg T + C \times 10^{-3}T + D \qquad (6.23)$$

式中,p_i^θ 的单位是 Pa。元素的蒸气压越高,在真空熔炼时挥发的趋势就越大。1 873 K 时,各元素的 p_i^θ 依次递减顺序是 Zn、Mg、Ca、Sb、Bi、Pb、Mn、Al、Sn、Cu、Cr、Fe、Co、Ni、Y、Ce、Si、La、Ti、V、B、Zr、Mo、Nb、W、Ta。

合金或粗金属中的组元 i 的蒸气压 p_i 和纯物质 i 的蒸气压 p_i^θ 是不相等的,因为合金中 i 的浓度必然低于纯物质,此合金中 i 与其他组元分子之间的作用力也不等于 i 分子之间的作用力。p_i 可由下式表示:

$$p_i = a_i p_i^\theta = f_i N_i p_i^\theta \qquad (6.24)$$

式中:a_i——合金中 i 组元的活度;

$\quad\quad f_i$——i 的活度系数;

$\quad\quad N_i$——i 的摩尔分数浓度。

合金中任一组元 i 的活度总小于 1。对于大多数合金,各组元的分子之间具有较强的相互吸引力,特别是在能形成各种化合物的情况下,$f_i < 1$。所以,合金 i 的蒸气压 p_i 总是小于 p_i^θ。在铁基合金中,根据 p_i 与 p_{Fe} 的比较,以及真空感应炉常用的真空度,可将合金元素分为不挥发合金元素、易挥发合金元素和可以借助于挥发去除的杂质合金元素等三类。属于不挥发合金元素的有 Ti、V、B、Zr、Mo、Nb、Ta、W。这类元素的 p_i^θ 都小于 p_{Fe}^θ(和 p_{Ni}^θ),所以在真空熔炼时,可以不考虑它们的挥发损失。属于易挥发合金元素的有 Mn、Al、Cr、Fe、Co、Ni、Cu 以及 Ca 和 Mg,在真空熔炼的条件下,这类元素会有或多或少的挥发。由于这类元素大多数都属于常用的合金元素,所以熔炼中要防止它们的挥发损失,在成分控制时要考虑因挥发而造成的成分变化。钢和合金中有一些微量的金属元素,它们对钢和合金的性能有较大的危害,一般的化学方法又难以去除,若这类元素有较高的蒸气压,则可以在真空熔炼中借助挥发而去除。这类金属元素有 Sn、Pb、Bi、Sb、Zn 等。

3. 真空感应炉熔炼工艺

真空感应炉熔炼的整个周期可分为以下几个主要阶段,即装料、熔化、精炼、脱氧和合金化、浇注等[10]。与非真空感应炉熔炼的操作相比,它具有以下不同点:

1) 坩埚耐火材料的选定。真空能促进耐火材料和金属液的反应,特别是当液体金属中含有一定量的碳时,耐火材料氧化物的还原反应就更为明显。此外,真空感应炉常用于熔炼一些含有活泼金属的钢和合金,这些活泼金属也会还原耐火材料氧化物。这类反应不仅加速了炉衬的损坏,在很大程度上还会影响所熔炼产品的质量,为此真空感应炉所用的耐火材料要求有更高的化学稳定性。当采用热装法时,坩埚还将遭受金属液流的冲击。

2) 炉料和装料。真空感应炉所用的炉料一般都是经过表面除锈和去油污后的清洁原料,而且有的合金元素还以纯金属形式加入。加料时严禁使用潮湿的炉料,以免影响成品的质量和在熔炼时发生喷溅。装料时应做到上松下紧,以防止熔化过程中上部炉料因卡住或焊接而出现"架桥";在装大料前先在炉底铺垫一层细小的轻料;高熔点又不易氧化的炉料应装在坩埚的中、下部高温区;易氧化的炉料应在金属液脱氧良好的条件下加入;为减少易挥发元素的损失,可以合金的形式加入金属熔池中,或在熔炼室中充以惰性气体,以保持一定的熔炼室压力。

3）熔化。考虑到炉料在熔化过程中会释放气体,熔化初期不要求输入最大的功率,而是应根据炉料的不同特点(炉料中的气体含量、碳含量、炉料带入的氧量等),规定在熔化期内逐渐增大输入功率,使炉料的熔化速率能与炉料的放气量相适应,避免出现大量气体从金属中急剧地析出,从而导致熔池剧烈沸腾,甚至造成喷溅。

4）精炼。精炼期的主要任务是提高液态金属的纯洁度,为进一步脱氧合金化,特别是为活泼元素的合金化创造条件。所以,精炼过程中会发生金属的脱氧、脱气以及去除挥发性有害微量元素等反应。与此同时,还要调整熔池的温度和进行合金化。

在真空熔炼的精炼期提高真空度将促进碳的脱氧反应,并随着 CO 气泡从金属熔池中上浮排出,有利于[N]和[H]的析出以及非金属夹杂物的上浮。高的真空度还有利于微量有害元素的挥发,所以真空度的高低直接影响所炼产品的纯洁度。但是,过高的真空度将导致坩埚耐火材料与金属液相互作用的加剧,合金元素的烧损增大。所以,精炼期的真空度并非越高越好。对大型真空感应炉,精炼期的真空度通常控制为 15～150 Pa。而对小型炉,则为 0.1～1 Pa。实际控制的真空度除与炉容量有关外,还取决于所炼的品种。熔炼高温合金和精密合金时,要求较高的真空度,熔炼不锈钢和低合金钢时,真空度可以控制得低一些。大型真空感应炉熔炼高温合金时真空度的变化曲线如图 6.8 所示。

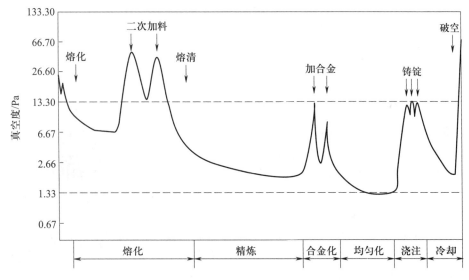

图 6.8　大型真空感应炉熔炼高温合金时真空度的变化曲线

5）出钢和浇注。合金化结束后,若坩埚中的金属液达到预定的成分和温度,真空室内的真空度也符合技术要求的规定,则可以出钢。小型炉通过摇动坩埚直接采用上注法将钢液注入钢锭模内。当容量较大时,可采用下注法出钢。对于大型炉,除可采用直接浇注的方式外,还可先出钢到中间包内,再注入钢锭模中。

6.2　电渣冶金

20 世纪特种冶金三大突破是真空冶金、等离子冶金及电渣冶金。电渣冶金最早可以追溯到美国霍普金斯于 1940 年获得的"凯洛电铸锭"专利,1953 年苏联在电弧焊过程中发现电弧熄灭,其过程稳定,焊缝质量优异,由此发明了电渣焊,并逐渐发展形成了以电渣重熔等为代表的一系列电渣冶金技术,并成为制备特殊用途金属材料不可或缺的技术手段之一,广泛运用于国防武器、航空航天和高端装备等领域。

现代电渣冶金技术集成了精炼和控制定向凝固两大功能于一体,具有以下优势:① 性能的优越性。电渣产品纯净度高、组织致密、成分更加均匀、表面光洁。产品使用性能优异。如电渣钢 GCr15 制成的轴承的寿命是电弧炉钢轴承的 3.35 倍。② 生产流程的灵活性高。电渣重熔可生产圆锭、方锭、扁锭及空心锭。电渣熔铸可生产圆管、椭圆管、偏心管和方形管,且生产流程自由可控,有利于生产差别化产品。③ 工艺的稳定性。质量与性能的再现性高,过程控制参量较少,目标参量易达到,便于自动化,对产品微量化学成分、夹杂物的形态及性质、晶粒尺寸、结晶方向、显微偏析、碳化物颗粒度及结构等都能予以控制。④ 经济上的合理性。电渣冶金设备简单、操作方便,生产费用低于真空自耗。金属成材率高,对超级合金、高合金及大钢锭而言,可以提高成材率,其效益足以抵消生产成本的增加。

6.2.1 电渣冶金原理

下面以电渣重熔为例介绍电渣冶金的原理。

电渣重熔是把用常规冶炼方法冶炼的钢(通常是电弧炉钢或转炉钢)进行再精炼的工艺。电渣重熔钢的原料被称为母电极,母电极可以是铸锭、连铸坯或用切头切尾焊接而成的钢坯,在重熔过程中电极也是导电体,同时利用熔渣的电阻热产生高温熔化母电极,所以其属于自耗电极,形成大量的金属熔滴穿过渣池,从而达到极佳的精炼效果。如果说传统冶金流程是按炉冶炼的话,那电渣重熔是"按滴冶炼"的,具有更加显著的精炼效果。

电渣重熔装备示意图如图 6.9 所示。在铜质的水冷结晶器中加入高碱度渣料,将引弧的石墨电极插入炉内进行化渣,也可以直接使用自耗电极和引弧剂产生电弧化渣,自耗电极一端连接电源,化渣后将自耗电极的一端插入熔渣并通电,自耗电极、炉渣和护锭板通过短网与变压器形成供电回路。

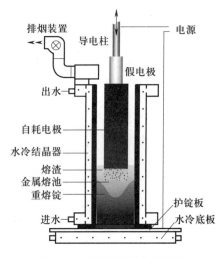

图 6.9 电渣重熔装备示意图

接通电源后,具有电阻的熔渣产生电阻热,熔渣及埋入渣池中的自耗电极迅速升温,达到一定温度后,自耗电极开始熔化。其端部熔化汇聚成金属小液滴,随着熔炼的不断进行,金属熔滴的体积逐渐增大,熔滴脱离电极而坠落,穿过渣池进入渣池底部,汇聚形成金属熔池。在水冷结晶器的强制冷却作用下,液态金属逐渐由下向上凝固成钢锭,使结晶器内金属熔池和渣池也沿结晶器不断向上移动。上升的渣池刚接触水冷结晶器的内壁会骤冷形成一层渣壳。自耗电极根据熔化速率调整插入深度。在电极熔化、液相汇聚和滴落的过程中,会与炉渣之间发生多重复杂物理化学反应。渣对液态金属进行清洗,并吸附其中的杂质,除去其中的杂质元素和非金属夹杂物。金属熔池和渣池由下而上凝固,直至冶炼结束。

由此可见,电渣重熔与一般冶炼方法的不同之处在于,在电渣重熔过程中,自耗电极的熔化、钢渣间冶金反应、钢液的结晶、铸锭的形成等都是在一个连续的工作程序中进行重熔重铸的二次精炼工艺。主要表现在钢锭的纯净度高;钢锭轴向结晶,组织致密、均匀;表面质量良好;设备简单,易于操作。电能是由变压器供给的,通过电极送进速率调整来保持电流的恒定。

6.2.2 冶金反应

电渣冶金能够获得高纯度的金属,是电渣冶金反应的结果。电渣冶金不仅是铸造过程,也是提纯精炼过程。电渣冶金能够有效地除去钢中有害元素(S、P、Pb、Sb、Bi、Sn),有害气体(N_2、H_2、O_2)以及非金属夹杂物。

1. 电渣冶金过程的冶金特点

电渣冶金过程的冶金特点:金属熔化是在液态渣层下进行而与大气隔离;反应温度高;熔渣-金属液充分接触;液态金属在铜制水冷结晶器中凝固而不与耐火材料接触;渣池强烈搅拌;熔渣-金属液界面电毛细振荡以及顺序结晶。

(1)反应温度高

电渣冶金过程中渣池的温度对精炼提纯效果、电极熔化率、金属熔池形状、铸件的成形和结晶有着决定性影响。测量电渣过程中渣池的温度存在一定困难,因为炉渣对热电偶的侵蚀比较大,存在电场和磁场的干扰;电极与结晶器间距离小,热电偶插入不方便。但一般认为渣池的温度比金属熔池要高 $100 \sim 200 \, ℃$,最高可达到 $1\,800 \, ℃$ 以上。

(2)熔渣与液态金属充分接触

电渣冶金过程中液态金属和熔渣充分接触发生在三个阶段[1]。

1)电极熔化末端。自耗电极端头在熔渣内受熔渣的热电阻,沿表面逐层熔化,熔化金属沿锥头形成薄膜,金属细流沿锥面滑移,在端头汇聚成滴。金属流内可能产生湍流,不断更新表面。

2)金属熔滴滴落。电极端头金属熔滴在重力和电磁引缩效应的作用下,脱离电极滴落,穿过液态渣池,过渡到金属熔池。滴内金属可能产生环流,加快金属熔滴与熔渣的界面更新速率,从而增大熔渣与液态金属接触面积。

3)金属熔池。金属熔池上表面始终在渣层下和熔渣长时间相接触。

反应接触条件有两个,即接触面积和作用时间。为了获得比较,采用示波器摄影法测出熔滴滴落频率,由此推导出平均滴落质量。熔滴滴落时用黏滞液体中滴落公式换算:

$$m \frac{\mathrm{d}^2 X}{\mathrm{d}\tau^2} = G - \lambda \frac{\mathrm{d}X}{\mathrm{d}\tau} \tag{6.25}$$

式中:m——熔滴质量,g;

$\quad\ X$——距离,cm;

$\quad\ \tau$——时间,s;

$\quad\ \lambda$——液体黏滞系数;

$\quad\ G$——重力,dyn,1 dyn $= 10^{-5}$ N;

$\lambda\dfrac{\mathrm{d}X}{\mathrm{d}\tau}$——黏滞液体阻力，dyn。

金属熔池形状用硫印法测得，其结果见表 6.1。

表 6.1　钢渣接触条件的比较

部位	钢渣界面积/mm^2	熔滴、金属熔池质量/g	比面积/($mm^2 \cdot g^{-1}$)	作用时间/s	比面积时间/($mm^2 \cdot s \cdot g^{-1}$)
电极末端	14 820	4.9	3 218	0.125	410.2
熔滴	230.1	4.9	47.9	0.088	4.26
金属熔池	4 520	28 200	0.16	991	159
熔铸条件	电极直径 100 mm，结晶器直径 280 mm，电流 I = 4 500 A，电压 U = 55 V，渣系为 ANF6，钢种为 GCr15				

由表 6.1 可见，电渣重熔过程在电极末端钢渣接触比面积达 3 218 $mm^2 \cdot g^{-1}$，在熔滴过渡阶段，钢渣接触比面积也达到 47.9 $mm^2 \cdot g^{-1}$，这是其他冶金炉达不到的，如 10~30 t 的电弧炉中，钢渣接触比面积仅为 0.3~0.7 $mm^2 \cdot g^{-1}$。

（3）渣池强烈搅拌

在电渣冶金过程中渣池被强烈搅拌，引起搅拌的原因如下：

1）电动力的作用。电极端部呈锥状，由于导电截面的变化，产生轴向电动力。如电弧焊的操作中电动力克服了熔滴质量，把熔滴吹向焊缝。此力可以用下列公式计算：

$$F = 5.1 \times 10^{-6} \ln \frac{S_1}{S_2} I^2 \tag{6.26}$$

式中：F——电动力，g；

S_1，S_2——相应两个导电截面面积，mm^2；

I——电流，A。

2）电磁引缩效应力。电流通过渣池，按右手定则产生自感磁场，电流通过磁场，按左手定则产生向心方向的电磁力，其计算公式如下：

$$P = \mu \frac{I^2}{\pi R^4}(R^2 - r^2) \tag{6.27}$$

式中：P——引缩效应向心分力，dyn；

μ——磁导率；

I——电流值，A；

R——电极截面半径，cm；

r——锥头截面半径，cm。

3）重力作用。金属熔滴受重力作用，在渣池中滴落，由于熔滴和熔渣之间存在附着力和摩擦力，必然带动熔池转动。

4）渣的对流。由于渣池的不同位置温度不同，造成不同的密度，如 70% CaF_2+30% Al_2O_3，渣温由 1 700 ℃升到 1 900 ℃时，密度减小 2%~3%。由于有不同的密度产生马兰戈尼效应，密度较小的渣浮升,密度较大的渣就下沉,从而使渣池产生对流。

5) 气体逸出和膨胀的推力。在电渣重熔过程中,当钢中的气体由金属熔池进入渣池并逸出时,通常认为有一沸腾过程。这一过程必然促使渣池膨胀而产生推力,加剧渣池的搅拌。

（4）电毛细振荡

一般认为当交流电渣重熔时,液态金属-炉渣界面电毛细振荡是存在的。当交流电通过液态金属与液态炉渣界面时,界面发生强烈的振荡,称为电毛细效应。这是由于交流电通过液体界面引起极性交流,随着界面上电位差的变化,界面张力发生剧烈变化。用频率为 50 Hz 的交流电时,当渣作为阳极时界面张力增加,这时液态金属-炉渣界面呈凸起弯月形,经过 0.01 s,当渣成为阴极时界面变成下凹弯月形,如图 6.10 所示。因此,界面张力一时增加,一时减少,不断交替变换,激起界面剧烈振荡。

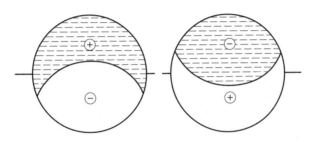

图 6.10　液态金属-炉渣的界面形状随极性的变化示意图

2. 非金属夹杂物的去除

电渣冶金能充分去除钢中非金属夹杂物,但是对于去除机理,不同的研究者持有不同的观点。

苏联巴顿电焊研究所提出,电渣重熔去除非金属夹杂物的主要原因是重熔过程中夹杂物从金属熔池中浮升,他们引用了 Stokes 关于钢包中非金属夹杂物浮升速率的公式说明问题,认为熔池中非金属夹杂物浮升速率 $v_{夹杂}$ 可用下式表达:

$$v_{夹杂} = \frac{2}{9} g \frac{1}{\eta} r^2 (\rho_{金属} - \rho_{夹杂}) \tag{6.28}$$

式中:$v_{夹杂}$——夹杂物浮升速率,cm/s;

　　　g——重力加速度,$g = 981$ cm/s^2;

　　　η——黏度,g/(cm·s);

　　　r——夹杂物半径,cm;

$\rho_{金属}$,$\rho_{夹杂}$——金属和非金属夹杂物的密度,g/cm^3。

这种观点认为当夹杂物浮升速率大于铸锭结晶速率时,夹杂物在熔池里能浮出。反之,当夹杂物的浮升速率小于结晶速率时,夹杂物将残留在钢中。但这种观点忽视了不同渣系对钢渣界面物理化学反应的影响,只考虑夹杂物浮升去除,而忽视了电极末端及金属熔滴的钢渣反应,现在这种观点逐渐不被人们采纳。

现在普遍认为电渣重熔去除非金属夹杂物主要发生在电极末端。在氩气氛下进行电渣重熔,中断电流将电极快速提升出渣面,表 6.2 列出了用金相法统计电极末端熔化区、未熔化区以及铸锭中夹杂物的面积和单位面积内夹杂物个数。

表 6.2　电渣重熔不同区域钢中夹杂物变化[15]

重熔阶段	分析区域	视场数	1 mm² 中夹杂物个数	1 mm² 中夹杂物面积/μm²	夹杂物去除率/%
电极	电极未熔化区 Ⅰ	300	3.767	0.618	
	电极熔化区 Ⅱ	300	2.104	0.221 4	
	电极末端夹杂物去除 Ⅰ-Ⅱ/Ⅰ				64.4
铸锭	提纯后铸锭 Ⅲ	300		0.32	
	铸锭对电极熔化区夹杂物去除率 Ⅱ-Ⅲ/Ⅱ				-46.2
	电渣重熔总去除率 Ⅰ-Ⅲ/Ⅰ				48.2

表 6.3 列出了对电极末端熔化区及未熔化区的硫含量的变化,也可以从中看出电渣重熔去硫主要发生在电极末端的熔化区。

表 6.3　电渣重熔不同区域钢中[S]变化[15]

硫含量			总去硫率/%	各阶段占总脱硫率的比例/%	
原始	电极末端	铸锭		电极末端	其他
0.032	0.013	0.01	68.8	86.4	13.6
0.011	0.006	0.004	63.3	71.85	28.15
0.043	0.02	0.017	60.5	88.5	11.5

为了提高试验的准确性,也有学者采用放射性同位素方法研究电渣过程中去夹杂物的规律,对 GCr15 钢中以 $Zr^{95}O_2$ 为代表的氧化物夹杂物以放射性同位素为标记示踪它在重熔过程中的去向。采用电解分离夹杂物,再测量其放射性强度。试验结果表明,电渣重熔的夹杂物去除率为86%,而在电极熔化至熔滴形成阶段去除率竟高达53%,也就是将近 2/3 的夹杂物在电极末端去除,剩下的 1/3 发生在之后。

这一论点在生产中也得到了验证,某钢厂生产的 GCr15 钢,电渣重熔输入功率不变,调节电流和电压,取得不同电极末端面积。面积不同,重熔去除非金属夹杂物效果有显著差别,如图 6.11 所示。

综上所述,可认为在电渣重熔去除钢中非金属夹杂物主要发生在电极熔化末端熔滴形成的过程中。原因如下:

1)自耗电极沿着表面逐层熔化,沿锥面形成薄膜,厚度远比熔滴半径及金属熔池深度小,其钢渣接触面积又较熔滴大,而且在逐渐熔化的过程中,任何的夹杂物都可能和熔渣接触,和熔渣进行物理化学反应。由表 6.1 可看出在电极末端熔滴形成过程中的钢渣接触比面积最大,达3 218 mm²/g,它是熔滴过程的 67 倍,是金属熔池的 21 000 倍。

2)自耗电极因为熔化端头呈锥形,由于电磁引缩效应,在熔滴形成的末端形成缩颈,所以尖端电流密度最大,有尖端放电的特征,可以设想这个区域温度最高。

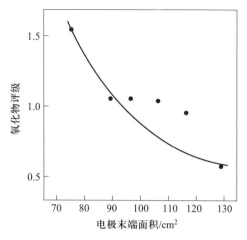

图 6.11 电渣重熔电极末端面积对去除夹杂物的影响

3）电极末端熔滴形成的时间较熔滴滴落时间长,约为 1.42 倍(见表 6.1)。尽管不如金属熔池存在时间长,但从动力学观点出发,将接触比面积和作用时间综合考虑,提出"比面积×时间"的概念,由表 6.2 可看出,电极熔化末端熔滴形成的过程依然是去除夹杂物最有利的过程。

4）电极末端熔滴形成的过程是最先和熔渣接触并发生反应的部分,钢中原始夹杂物含量最高,可大量去除夹杂物。

从动力学角度,电极末端提纯反应可以分为两个区域,视为三个阶段。

1）电极末端未熔化高温区,钢中非金属夹杂物分解和扩散。

2）电极熔化末端液态薄膜内非金属夹杂物流动。

3）电极熔化末端和钢渣界面上炉渣中的非金属夹杂物溶解和同化。

3. 脱硫

硫是钢和合金中有害的杂质之一。当硫含量较高时,它会使钢和合金产生热脆,显著降低耐热强度,并使可焊性变差。因此,在炼钢过程中必须根据需要将硫除至最少。

一般要求钢和合金中硫含量低于 0.005% ~ 0.010%。然而,有时因为特殊需要,有意添加硫,其含量为 0.15% ~ 0.20%,如易切削钢,在这种情况下,则要求电渣保持一定含量的硫。

同一般熔炼方法相比较,电渣重熔最重要的优点之一是能对重熔金属进行极为强烈的脱硫。由脱硫的热力学条件可知,在炼钢过程中为了有效地脱硫,必须具备"三高一低":① 炉渣应有高的碱度;② 高渣温;③ 高渣量;④ 低氧化性。电渣重熔除了具备上述条件外,它还具备优异的去硫动力学条件:电渣重熔一般使用高 CaF_2 含量渣系,炉渣具有足够的流动性;另外,重熔金属和炉渣的接触面积远远超过其他冶炼工艺。所以,钢和合金经电渣重熔脱硫程度通常为 50% ~ 80%。脱硫程度取决于原始电极的硫含量。采用高碱度渣,钢中硫含量可以低至 0.001% 以下。

电渣重熔去硫反应均发生在以下几个阶段:① 电极熔化末端熔滴形成阶段;② 金属熔滴穿过渣层进入金属熔池阶段;③ 金属熔池和渣池界面上发生物理化学反应阶段;④ 硫自渣相向气相中转移阶段。

关于电渣重熔去硫,一般认为主要是发生在电极熔化末端熔滴形成阶段,这是因为电极熔化末端周围的渣温最高,钢渣充分接触,每克钢的接触面积最大达 3 218 mm^2。为了有效地去硫,使用的渣系必须是高碱性的,这样电极熔化末端熔滴形成阶段就完全具备了良好的脱硫反应条件。

金属熔滴穿过渣层进入金属熔池的时间过于短暂,脱硫作用不大。金属熔池和渣池界面接触面积小,但由于反应时间较长,因此对脱硫也起一定作用。

在电渣重熔时采用 $CaF_2-Al_2O_3$ 渣系,钢中硫大量去除,但渣中硫含量变化不大,这是因为硫自渣相向气相中转移,炉渣中的硫在炉渣表面再氧化,变成二氧化硫气体,即汽化脱硫,这也是即使使用无 CaO 渣系电渣重熔也具有良好脱硫能力的原因。

(1)硫从金属向渣中转移,即渣-金属反应:

$$[S]+(O^{2-}) \Longleftrightarrow (S^{2-})+[O]$$

(2)硫被炉气中的氧氧化,即气体-渣反应:

$$(S^{2-})+\frac{3}{2}O_{2(g)} \Longleftrightarrow SO_{2(g)}+(O^{2-})$$

考虑渣-金属反应:

$$K=\frac{a_{(S^{2-})}a_{[O]}}{a_{(O^{2-})}a_{[S]}} \tag{6.29}$$

$$\frac{a_{(S^{2-})}}{a_{[S]}}=K\frac{a_{(O^{2-})}}{a_{[O]}} \tag{6.30}$$

考虑气体-渣反应:

$$K_g=\frac{p_{SO_2}a_{(O^{2-})}}{p_{O_2}^{3/2}a_{(S^{2-})}} \tag{6.31}$$

$$\frac{p_{|SO_2|}}{a_{(S^{2-})}}=K_g\frac{p_{|O_2|}^{3/2}}{a_{(O^{2-})}} \tag{6.32}$$

由式(6.30)可以看出,提高炉渣碱度,降低金属中氧的浓度,能够促使硫从金属向渣中转移。由式(6.32)可以看出,气相中氧的分压高,渣的碱度低,能够促使硫由渣相向气相转移。

电渣气氛对去硫的影响:从式(6.32)可以看出,交流电渣重熔时,氧分压决定着脱硫的反应。在无保护气体下熔炼,采用高碱度渣,脱硫效果特别显著。在低氧分压的气氛下,无论何种碱度的渣系,均能抑制硫的去除。表6.4是精炼萤石时在石墨坩埚上加盖和不加盖的条件下硫含量的变化,数据表明在无盖石墨坩埚中精炼具有明显的脱硫效果。这是因为气相中的氧将渣相的硫氧化,形成二氧化硫气体逸出的结果。研究结果表明,在氩气气氛下熔炼时能够抑制硫的转移,采用惰性气体作气氛也能改善脱硫率。气氛不同其脱硫效果不同,在大气下熔炼时,脱硫率可达50%;而在氩气气氛下熔炼时,脱硫率约为25%。

表6.4 在不同气氛条件下精炼萤石的硫含量

试验条件	化学成分/%		
	S	SiO_2	CaO
萤石原矿	3.7	1.22	3.22
带盖石墨坩埚中精炼	1.4	痕量	4.36
无盖石墨坩埚中精炼	0.2	0.04	4.09

4. 脱磷

磷也是钢和合金中的有害元素。当磷含量高时会使钢和合金发生冷脆,降低钢的塑性,尤其是钢中碳含量高时这种现象特别显著。另外,磷在钢锭中偏析严重,又往往混入氧化物和硫化物夹杂物使钢的力学性能降低。因此,除了某些特殊钢种把磷当作合金成分外,一般都把磷当作杂质脱除至最低。磷在钢和合金中是以磷化铁($Fe_3P \cdot Fe_2P$)、磷化镍(Ni_3P)和其他元素的磷化物形式存在的。

脱磷反应式:

$$2[P]+5(FeO) \Longrightarrow (P_2O_5)+5[Fe] \tag{6.33}$$

$$(P_2O_5)+3(FeO) \Longrightarrow (3FeO \cdot P_2O_5) \tag{6.34}$$

$$2[P]+5(FeO)+4(CaO) \Longrightarrow (4CaO \cdot P_2O_5)+5[Fe] \tag{6.35}$$

去磷反应的平衡常数

$$K = \frac{a_{(4CaO \cdot P_2O_5)} a_{[Fe]}^5}{a_{[P]}^2 a_{(FeO)}^5 a_{(CaO)}^4} \tag{6.36}$$

分析上式可以得出脱磷必须具备的条件如下:

1)渣中氧化铁、氧化钙含量要高,即高碱度高氧化性炉渣。

2)由于脱磷反应为放热反应,为了防止回磷现象故应低温操作。

从式(6.36)可以看出提高渣中(FeO)有利于脱磷,但是 $FeO \cdot P_2O_5$ 是不稳定的化合物,在高温条件下易分解,当炉渣中有足够的 CaO 时,$FeO \cdot P_2O_5$ 可与其作用形成稳定的磷酸钙($CaO \cdot P_2O_5$),从而使磷自钢或合金中去除。但是,单独增加 FeO 或 CaO 的含量会造成炉渣熔点高,流动性不好,反而影响脱磷。因此,在 CaO、FeO 的含量比值合适的情况下,才有利于脱磷。如采用 70% CaF_2+20% CaO+10% FeO 渣系重熔纯铁,磷含量可以从原始 0.05% 降至 0.002%,去除率达 96%。

脱磷是放热反应,高温下不利于脱磷反应的进行。电渣重熔炉渣温度不断提高,脱磷效果越来越差,为了降低重熔金属中的磷含量,必须采用低电压操作,在保证电渣过程稳定的前提下,输入功率不宜过大。

从表 6.5 可以看出,随重熔过程的进行,脱磷效果显著下降,重熔长锭时甚至会发生回磷现象,这是因为磷被炉渣吸收,便不会从炉渣排除掉。鉴于磷偏析较严重,所以电渣重熔较长的铸件时应采取相应的工艺措施。

表 6.5　CaF_2-BaO 渣系的脱磷研究

钢种	电极磷含量/%	铸锭磷含量/%		
		尾部	中部	头部
20	0.029	0.010	0.015	0.020
Cr3	0.054	0.012	0.017	0.026
1Cr18Ni9Ti	0.022	0.007	0.010	0.010

为了最大程度地脱磷,应采用含 CaO 的铁质炉渣。采用含 BaO 的渣系较含 CaO 的渣系有更强的脱磷能力。用炉渣的离子理论来解释,这是因为 Ba^{2+} 阳离子的半径要比 Ca^{2+} 阳离子的半径大,与氧离子结合能力强。

5. 去气

钢中有害气体(氢气、氮气、氧气)不仅降低钢的力学性能,而且还会使钢产生白点、发纹、皮下气泡等缺陷,因而造成钢材报废。因此在熔炼过程中,必须掌握并控制气体的规律,使钢中气体含量达到最低程度。

电渣冶金过程中,由于气体(氮气、氢气、氧气)在固态金属和液态金属中具有不同的溶解度,因此在金属凝固过程中过饱和的气体由固相排向液相,沿结晶前沿形成气泡,如图 6.12 所示。又由于渣池中气体的溶解度比钢液中高,因此渣可以吸收上浮的气泡。电渣重熔时钢锭自下而上地轴向结晶更有利于气体排除。

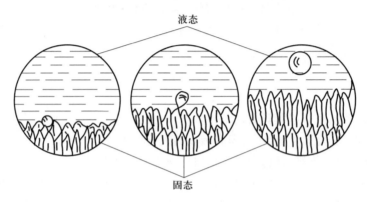

图 6.12 气体自金属熔池逸出示意图

氢以原子或离子形式溶于钢中。钢中的氢不仅会使钢产生氢脆,还会使钢产生白点缺陷,降低钢的抗拉强度、塑性和断面收缩率。实践证明,电渣重熔金属中的氢含量与以下因素有关:① 重熔金属的成分;② 炉渣成分及渣料干燥状况;③ 重熔气氛。

根据重熔各种牌号钢的统计,去氢量随着合金成分的变化而不同。经电渣重熔后合金中的氢含量均有所降低。但由于合金成分不同,氢在钢中的溶解度不同,因此去氢程度也不一样,有的合金经电渣重熔后氢含量降低较多,有的降低较少,个别的有所增加。

炉渣成分及渣料干燥状况是直接影响电渣重熔钢中的氢含量的主要因素之一。在熔炼条件相同的情况下,渣系不同,重熔后钢中氢含量也不同。采用 70% CaF_2+15% Al_2O_3+15% CaO 的渣系较采用 100% CaF_2 和 70% CaF_2+30% Al_2O_3 的渣系使钢中氢含量高,如图 6.13 所示。这是因为渣中含有 CaO,会使炉渣透气度增大,大大地提高了吸氢的危险性。

关于氮的去除,往往是以氮化物夹杂物形式去除。不同氮化物去除的途径是不同的:氮化铬(CrN)分解温度较低,在电渣重熔过程中首先分解,气体通过扩散或呈气泡逸出。氮化铝(AlN)夹杂物的密度比钢液小得多,可以通过浮升途径去除。氮化铌(NbN)夹杂物在高温下较稳定,不能分解,密度比钢大,只能通过渣洗过程为炉渣所吸收。

如图 6.14 所示,采用 CaF_2+Al_2O_3+CaO 渣系重熔工业纯铁,发现随着渣中氧化钙活度增加,重熔金属中氮含量显著降低。这是由于电渣重熔过程中有以下反应:

$$3(CaO)+[Mn_5N_2]+\{O_2\}\Longrightarrow(Ca_3N_2)+5(MnO) \tag{6.37}$$

反应平衡常数:

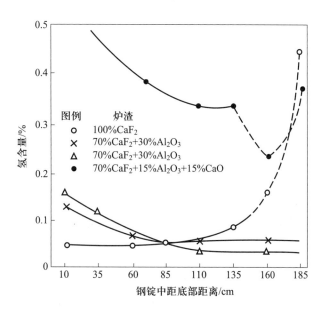

图 6.13 电渣重熔采用不同炉渣成分时钢中氢含量

$$K = \frac{a_{(Ca_3N_2)} a^2_{(MnO)}}{a^3_{(CaO)} a_{[Mn_5N_2]} p_{O_2}} \tag{6.38}$$

$$a_{[Mn_5N_2]} = \frac{a_{(Ca_3N_2)} a^2_{(MnO)}}{K a^3_{(CaO)} p_{O_2}} \tag{6.39}$$

由上式可以得出有利于去氮的热力学条件,渣中氧化钙活度越大,气氛中氧的分压越大,去除氮的效果越好,同时降低 MnO 的活度有利于去氮。

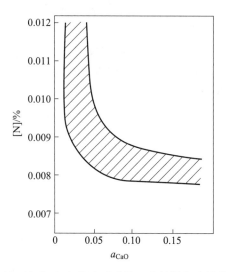

图 6.14 渣中 CaO 活度对重熔工业纯铁氮含量的影响

6. 活泼合金元素的氧化和还原

氧化和还原是一个化学反应的两个方面。因为一个元素被氧化,必然伴随着另一个元素的氧化物被还原。重熔过程中,钢中的活泼金属元素如 Al、Ti 等,往往因为氧化而损失。如何防止活泼元素氧化,是电渣重熔的重要冶金问题之一,特别是对于冶炼大型电渣锭,由于冶炼时间长达数十个小时,活泼金属元素的烧损更为严重。电渣重熔过程中氧通过下述途径进入熔渣和钢液:

1)原始电极钢中溶解的氧及钢中的不稳定氧化物在高温时分解放出氧。

2)电极表面氧化皮中的氧带入渣中。

3)渣中不稳定氧化物 FeO、MnO、SiO_2 等所含的氧。

4)渣中变价氧化物传递供氧作用,如渣中 Fe、Ti、Mn、Cr 等的低价氧化物,在渣池表面吸收大气中的氧,形成高价氧化物。这些元素的高价氧化物在渣池和金属熔池界面放出氧,变成低价氧化物,氧则进入钢中,这一反应是一个循环过程。以铁的氧化物为例,其全部化学反应如下:

$$2(\text{FeO}) + \frac{1}{2}\text{O}_2 \Longrightarrow (\text{Fe}_2\text{O}_3) \tag{6.40}$$

$$(\text{Fe}_2\text{O}_3) + [\text{Fe}] \Longrightarrow 3(\text{FeO}) \tag{6.41}$$

$$(\text{FeO}) \Longrightarrow [\text{Fe}] + [\text{O}] \tag{6.42}$$

通过以上途径进入钢液中的氧将钢中易氧化元素氧化,引起这些元素的烧损,其反应式为

$$x[\text{Me}] + [\text{O}] \Longleftrightarrow \text{Me}_x\text{O} \tag{6.43}$$

电渣重熔过程中钢中合金元素被氧化的程度可以用反应自由能变化 ΔG 加以判断,如式(6.44)所示。当其值为负且绝对值越大时,表示该氧化反应发生的趋势越强。

$$\Delta G = \Delta G^{\theta} + RT\ln\frac{a_{\text{M}_x\text{O}}}{a_{\text{M}}^x a_{\text{O}}} \tag{6.44}$$

其中,ΔG^{θ} 表示标准状态下反应吉布斯自由能的变化,ΔG^{θ} 为负且绝对值越大,平衡常数 K 也将越大,即表示该元素与氧的亲和力越强。可依据不同合金元素与氧反应的 ΔG^{θ} 值判断合金与氧元素反应的亲和力的强弱和脱除氧的限度。

$$\Delta G^{\theta} = -RT\ln K \tag{6.45}$$

根据埃林汉姆图可知,元素与氧的亲和力按以下次序递减:La、Ca、Ce、Al、Mg、Ti、Si、B、V、Mn、Cr、Fe、W、Co、Sn、Pb、Zn、Ni、Cu。

1)在电渣重熔过程中,与氧亲和力越强的元素越易被氧化。几个元素同时与氧相遇,ΔG 为负且绝对值越大的元素最先被氧化。

2)在电渣重熔过程中和氧亲和力强的元素,可以将与氧亲和力较弱的元素的氧化物还原,因此以上次序中,前面的元素对后面的元素起保护作用,可作脱氧的还原剂。

3)以上次序越是前面的元素其氧化物越稳定,如 CaO、CeO、BaO、MgO,在电渣重熔过程中一般被选为造渣组元;而靠后元素的氧化物,在渣中被视为不稳定氧化物,如 FeO、MnO、SiO_2。后面的元素的氧化物,往往会被前面的元素还原,引起前面元素的氧化。

如电渣重熔高 Al 和 Ti 含量的镍基合金时,往往会发生如式(6.46)的化学反应,造成电渣锭头、尾部的 Al 和 Ti 元素的不均匀,从而造成其力学性能不稳定。由式(6.47)和式(6.48),要维持合金中 Al 和 Ti 的稳定,炉渣适当的 Al_2O_3 和 TiO_2 含量十分关键。图 6.15 所示为热力学计算

得到电渣重熔某镍基高温合金平衡时渣中不同的 TiO_2 含量对合金中 Ti 含量的影响,可以看出,在不同的冶炼温度条件下,往渣中配加 4%～10% 的 TiO_2 可以较好维持液态合金中 Ti 和 Al 在重熔过程的稳定。

$$4[Al]+3(TiO_2)\Longrightarrow 3[Ti]+2(Al_2O_3) \tag{6.46}$$

$$\lg K = \lg \frac{a_{\%,Ti}^3 a_{R,Al_2O_3}^2}{a_{\%,Al}^4 a_{R,TiO_2}^3} = \frac{35\ 300}{T} - 9.94 \tag{6.47}$$

$$\lg \frac{w_{[Al]}^4}{w_{[Ti]}^3} = \left[\lg \frac{a_{R,Al_2O_3}^2}{a_{R,TiO_2}^3} - 4\lg f_{Al} + 3\lg f_{Ti} - \left(\frac{35\ 300}{T} - 9.94\right)\right] \tag{6.48}$$

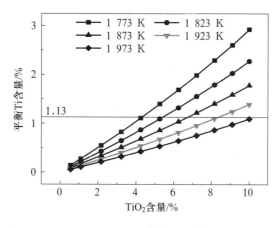

$(Al_2O_3)=20\%,[Ti]=1.63\%$

图 6.15　电渣重熔渣中不同的 TiO_2 含量对镍基高温合金中 Ti 含量的影响

6.2.3　电渣过程的凝固过程和结晶

合金的结晶组织与凝固条件紧密相关,结晶过程对产品的性能有着重大影响。随着电渣产品的需求量增大,冶金工作者开始将金属的结晶原理运用到电渣生产过程中,并按照最优的凝固条件制订合理的工艺制度从而保证产品的性能。

1. 顺序结晶的特点

在电渣过程中,电极的熔化和熔融金属的结晶是同时进行的,每一时刻都存在着钢锭凝固和电极在熔渣层中熔化。由于电极熔化形成的金属熔滴不断地向结晶部分供给液体金属以及结晶器中的金属受到底部和侧面的强烈冷却,铸件的凝固只在形成钢锭横截面的很小体积内进行。结晶器冷却壁上的渣皮能使电渣锭表面光滑。所以,电渣重熔具有良好的结晶条件。

在结晶器下部,钢锭组织致密、均匀。由于金属熔池体积很小,电渣重熔过程的冷却速率很大,使得固相和液相中的充分扩散受到抑制,减少了成分偏析,并有利于夹杂物的重新分配。同时,电渣过程还可以比真空自耗等方法在更宽的范围内控制结晶。这是因为电渣过程不但可以通过调节供电制度来改变金属液向结晶器输送的速率,也可以通过改变熔渣的导电性来调节熔化速率。采用高电导率渣可降低熔化速率,可以增加轴向结晶的趋势,甚至对于相当大截面的铸件也可以轴向结晶。

电渣铸锭不仅具有方向性结晶的特点,而且会形成发达的柱状晶组织。但后者通常不应看作是缺点,因为电渣重熔金属按有害夹杂物含量来说是相当清洁的,不会因夹杂物在结晶交界处析出而恶化清洁度。某些高温合金的电渣铸锭在具有径向-轴向柱状晶时,可改善热沉淀。图6.16为不同重熔电流下镍基高温合金GH4169电渣铸锭的结晶组织。由图可见,可分为三个主要区域:铸锭表面的第一区域为极细的结晶组织,底部也是细晶组织。第二个区域是与铸锭中心线成一定角度的柱状组织。第三个区域是中心区,为较粗大的无定向晶体,这一区域的金属质量仍是一般钢锭所不能比拟的,因为即使在电渣铸锭的等轴晶区,收缩、宏观偏析和微观偏析现象都是极少的。此外,随着重熔电流的增大,结晶组织变得粗大。

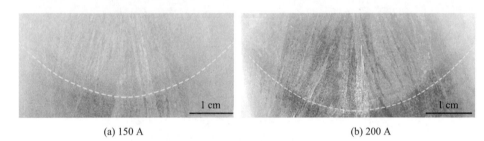

(a) 150 A   (b) 200 A

图6.16　不同重熔电流下镍基高温合金GH4169电渣铸锭的结晶组织

在电渣铸锭内,很少见到元素的带状偏析。这与其定向凝固有关,因为金属熔池中新的一批金属具有固定的溶质浓度。如上节所述,某些元素沿锭高出现不均匀分布,如某些大型电渣锭会发生锭头和锭尾的Al、Ti等元素的不均匀分布,这与电渣过程的氧化还原反应有关,而不是结晶偏析。

由于电渣铸锭在水冷结晶器内顺序结晶,结晶过程是容易控制的。若能正确地配合金属液送入结晶器的速率和铸锭结晶速率,就能保证得到无低倍缺陷的铸锭。

在冶炼过程中,由于底板冷却作用的不断减弱和熔渣及铸锭温度的不断上升,不论是控制电流、电压,还是功率恒定,都不能保证熔化速率一定。因此,为了保证电极的熔化速率和铸锭的生长速率不变,对于较大横截面和较长的钢锭,必须在冶炼过程中按一定的规律减小输入功率。

2. 凝固

电渣铸锭的凝固同样遵守平方根定律:

$$H = C\sqrt{t} \tag{6.49}$$

式中:H——凝固层厚度,mm;

　　t——凝固时间,min;

　　C——凝固速率系数,mm/min$^{1/2}$。

图6.17给出了真空电弧重熔、电渣重熔和连续铸锭等方法的金属熔池深度与钢锭生长速率的关系。可以看出,电渣重熔时的凝固速率系数可以达到22~23 mm/min$^{1/2}$,而连续铸锭、真空电弧重熔的凝固速率系数均低于电渣重熔。以生产直径为300 mm的钢锭为例,真空电弧重熔和电子束重熔凝固速率系数$C = 28$ mm/min$^{1/2}$,而电渣重熔凝固速率系数却要大得多,$C = 35$ mm/min$^{1/2}$。对于尺寸较大的电渣铸锭,凝固速率系数$C = 40$ mm/min$^{1/2}$,甚至更高。它们之间之所以有如此大的差

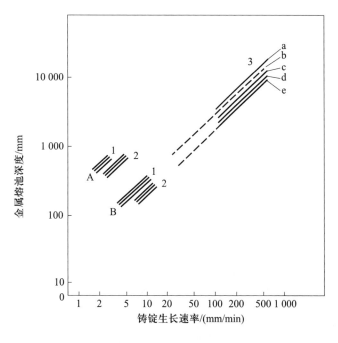

A—锭直径为 1 000 mm;B—锭直径为 300 mm

1—真空电弧重熔;2—电渣重熔;3—连续铸锭

a—凝固速率系数 $C = 25.0 \text{ mm/min}^{1/2}$;b—凝固速率系数 $C = 27.5 \text{ mm/min}^{1/2}$;c—凝固速率系数 $C = 30.0 \text{ mm/min}^{1/2}$;

d—凝固速率系数 $C = 32.5 \text{ mm/min}^{1/2}$;e—凝固速率系数 $C = 35.0 \text{ mm/min}^{1/2}$

图 6.17　金属熔池深度与钢锭生长速率的关系

别,是因为真空电弧、电子束重熔和电渣重熔在熔化区的热流和温度分布情况不同所致。真空电弧重熔和电子束重熔时,为了获得良好的铸锭表面,必须增大进入金属熔池的热流,使电弧和电子束放出的热量极快,过热又导致了实际凝固速率下降。而电渣重熔时在自耗电极熔化末端形成的金属熔滴温度也仅稍高于金属液相线温度,而渣池向金属熔池供热要比电弧传热或电子束传热少很多,因此电渣重熔时凝固速率系数要比真空电弧重熔和电子束重熔大得多。

3. 金属结晶组织和凝固参数的关系

与常规的金属结晶类似,电渣冶金的金属结晶会伴随着体系自由能的降低。图 6.18 就是金属自由能与温度的关系曲线。在凝固点 T_s,固、液相的自由能相等。金属学的理论和实践证明,只有当液相冷却到 T_s 以下时,相转变才有可能进行,开始温度为实际结晶温度。理论结晶温度与实际结晶温度之差称为过冷度。根据热力学第二定律,可得出这样的结论:在开始结晶转变时,必须具有一定的过冷度,过冷度越大,结晶的自发趋势越大,这也是结晶的热力学条件。

如果过冷度小,将获得网状结构。相反,如果组成过冷度大,则结晶生长的方式将有所不同。在这样的条件下,任何偶然的凸起物都会向液相伸展,如同很小的尖峰进入过冷区域。因为尖峰的横向生长速率小于纵向,中心枝干从周围液体吸热后长大且深入液相,由于横向枝干的生长终止,这就造成了网状树枝晶的形式。对某种成分一定的合金而言,树枝状结晶偏析量是液体温度梯度 G 和结晶生长速率 R 的函数。图 6.19 表示了这种对应关系。当温度梯度 G 较小,结晶生长速率比较大时,析出大量树枝状结晶组织。当增大温度梯度和较小结晶生长速率时,会导致网状组织形成。

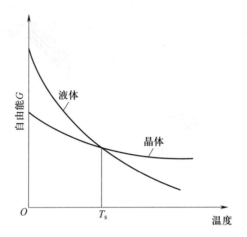

图 6.18 金属自由能与温度的关系曲线

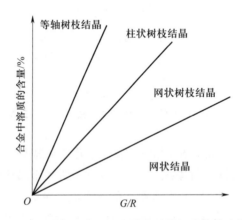

图 6.19 结晶生长速率和温度梯度对结晶特性影响的关系

电渣过程能够以高的温度梯度和低的结晶生长速率进行定向的顺序结晶,这与它具有较低的熔化速率有关。当熔化速率过大时,金属熔池深度增加,同时结晶前沿附近的组分过冷区的宽度也增加,液相的温度梯度降低。因此,为使电渣铸锭中心不出现无定向的等轴晶,应使液体的温度梯度与(凝固速率)$^{1/2}$的比值大于某一临界值。为做到这一点,应使金属熔池不要太深,同时形状是合理的。

二次树枝晶的生成与树枝晶主干生成的机理是一样的。在二次树枝晶上还会生长出三次树枝晶,树枝状组织可以通过测量树枝干间的距离定量地表示。由于二次树枝晶之间有溶质的偏析,希望这种树枝晶轴的间距尽可能小。因为树枝晶的生成归结于凝固界面上的溶质偏析,当合金的溶质浓度一定时,若溶质扩散的时间不是十分充裕,则枝晶轴间距将会变小,即凝固速率越大,树枝晶的枝晶轴间距越小。不同的铸锭方法,由于凝固速率不同,树枝晶的枝晶轴间距是不同的。电渣铸锭的二次树枝晶轴间距比普通铸锭小得多,因而显微偏析也小得多。图 6.20 表示用电渣重熔法生产直径为 550 mm 的模具钢铸锭和普通铸锭中心部分显微偏析的差异。由于结晶速率增大,电渣钢中心枝晶轴间距小得多,从而铬和钼的偏析小得多。

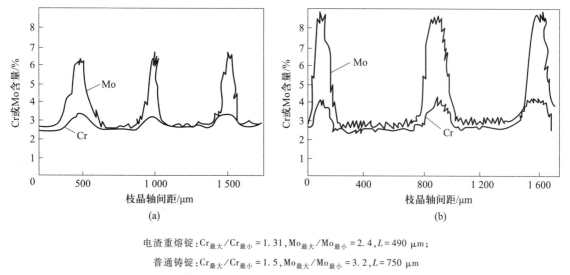

电渣重熔锭:$Cr_{最大}/Cr_{最小}=1.31$,$Mo_{最大}/Mo_{最小}=2.4$,$L=490$ μm;

普通铸锭:$Cr_{最大}/Cr_{最小}=1.5$,$Mo_{最大}/Mo_{最小}=3.2$,$L=750$ μm

图 6.20 电渣模具钢铸锭和普通钢锭中心部分显微偏析的比较

6.2.4 电渣重熔渣系概述

1. 电渣冶金中炉渣的作用和选择

电渣冶金主要通过对工艺参数和炉渣的控制实现其各项冶金任务。电渣重熔工艺控制主要包含两个方面:一是选择合理的炉渣组成,二是选择适宜的电渣冶炼工艺制度,包括操作电流、电压、填充比、冷却制度等,通过这些工艺参数的有效配合,实现保证产品质量的同时,达到降低电耗,提高生产率的目的。高温熔渣是电渣重熔冶炼过程的关键,其主要作用可归纳为三点[11-13]:① 发热体作用,蓄热保温;② 成形作用,金属溶液是在渣皮的包覆中凝固成形的;③ 净化作用,高温熔渣具有去除钢中夹杂物、脱硫以及控制元素成分等作用。这种作用主要靠电渣的物理化学性能(如熔点、电导率、黏度、表面张力及界面张力、熔渣吸收夹杂物)的控制来实现。所以,电渣重熔渣系的选择必须从电导率、黏度、表面张力等各项物理化学性质进行全面综合考虑。

1) 渣的熔点。不同重熔钢种对渣系熔点的要求不尽相同,为了保证铸锭成形,要求渣的熔点必须低于重熔金属的熔点。渣系的熔点太低,会使熔渣的发热量降低,导致钢锭产生气孔、夹杂物超标等缺陷;渣膜薄易破裂,容易导致漏钢,也会影响钢锭表面质量。渣系熔点过高,会导致黏度增加,电导率降低,使渣的脱硫等能力降低,易产生缺陷,影响铸锭的质量。因此,普遍认为渣系的熔点最好比金属熔点低 100~200 ℃。渣的沸点应高于冶炼渣池的温度,以减少渣的挥发损失,保证电渣过程的稳定性。通常冶炼合金钢时渣的沸点应不小于 2 000 ℃。

2) 电导率。熔渣电导率过高,会使电极间距增大,自耗电极埋入深度变浅,热损失加大。电导率过低会导致电极间距过小,使发热区下移,金属熔池加深,易造成缩孔、疏松等缺陷。在 1 600 ℃ 左右,电导率控制在 $2.65~3.02$ $Ω^{-1}·cm^{-1}$ 比较合适。熔渣应具有较高的电阻率,以产生足够的热量,保证金属熔化及精炼的进行,降低比电耗,提高电效率。

3）黏度。熔渣应保证良好的流动性,使铸锭径向温度均匀,以保证脱硫去气等物理化学反应的顺利进行,有利于改善钢锭表面质量。熔渣黏度过大,产生的渣皮厚,抽锭阻力大易造成抽漏。在 1 800 ℃时,黏度应小于 0.05 Pa·s。渣中各成分对黏度的影响顺序为 $SiO_2 > CaO > CaF_2 > Al_2O_3 > MgO$。

4）碱度。熔渣应具有较高的碱度($R>1$),以保证电渣重熔过程中良好脱硫。若重熔含硫易切削钢时要求保证钢中的硫含量,用碱度小于 1 的酸性渣。

5）界面张力和润湿性。两者互相依存,都对重熔过程的物理化学反应影响大。高温熔渣应对非金属夹杂物具有良好的润湿、溶解及吸附能力。增大渣-钢界面比,有利于去除夹杂物,提纯精炼金属,防止出现夹渣、脱皮现象;减小渣-夹杂物间的界面张力,润湿性好,有利于吸附夹杂物。

2. 电渣冶金中炉渣成分

电渣的组成是电渣重熔过程控制的核心部分,在电渣重熔过程中,常采用以 CaF_2 为基的渣,并添加一些稳定氧化物,如 Al_2O_3、CaO、MgO 等,并为实现某种冶金功能适量添加 SiO_2、TiO_2 等,根据不同的目的调整炉渣成分。常用电渣重熔渣系成分见表 6.6。

表 6.6　常用电渣重熔渣系成分

渣系	CaF_2	CaO	MgO	Al_2O_3	SiO_2	Fe_2O_3/MnO
AF7	69.0	—	—	29.0	1.5	0.5
CAF6	58.0	20.0	—	20.0	1.5	0.5
CAF4	40.0	27.5	1.5	29.0	1.5	0.5
CAF3	31.5	29.5	3.0	29.0	3.0	0.5
CAF1	10.0	3.0	—	43.0	3.0	1.0

可见大多电渣重熔渣系均为 $CaF_2-Al_2O_3-CaO$ 系渣,当然也有使用纯 CaF_2 和 $CaF_2-Al_2O_3$ 渣系的,也可以归到 $CaF_2-Al_2O_3-CaO$ 系渣中。电渣渣系各主要组成在渣中的具体作用如下: CaF_2 主要作用是降低渣的熔点、黏度及表面张力,同时还可提高熔渣的电导率。Al_2O_3 含量决定渣的熔化温度及黏度,二者随 Al_2O_3 含量提高而增加,降低渣的脱硫效果。Al_2O_3 还可以降低熔渣的电导率,减少熔炼过程的电耗,提高生产效率。CaO 的加入会增大渣的碱度,提高熔渣的脱硫能力,还能降低含氟渣的电导率,但易造成钢增氧、增氢。MgO 的加入会使渣池表面形成一层半凝固膜,对钢与合金中的易氧化元素有一定的保护作用,但容易提高熔渣的黏度。SiO_2 可以降低渣的熔点及电导率,提高渣的高温塑性,改善铸锭的表面质量。同时 SiO_2 的加入会使钢中部分铝酸盐夹杂物变为硅酸盐夹杂物,改变钢中夹杂物的形貌,提高钢材的加工塑性。TiO_2 的加入可以抑制钢中 Ti 元素的烧损,TiO_2 是变价氧化物,在金属熔池中起传递供氧的作用。此外,重熔工艺常采用 CaF_2+TiO_2 型导电渣作为引燃剂。总之,向渣中添加氧化物一般会使渣的电导率和重熔电耗降低,熔点、黏度提高,添加氟化物则使电导率升高,黏度和表面张力降低。

图 6.21 所示为 $CaF_2-Al_2O_3-CaO$ 三元系相图,由试验方法得到的该三元系的低液相线温度区最低温度约为 1 250 ℃,在三元共晶点处。由相图可得出该三元系凝固结晶时析出 $11CaO-7Al_2O_3-CaF_2$ 相、$3CaO-3Al_2O_3-CaF_2$ 相和 CaF_2 相,这三相共晶的成分为 20% CaO,20% Al_2O_3,

60% CaF_2,该处是三元系熔点最低之处,且三个化合物在冷却的同时结晶,更为可贵的是结晶时液态渣的成分不变,只是数量在减少,所以该处是重熔渣系选择的最佳点,有利于维持炉渣理化性质的稳定性。当然在实际生产中,一般结合冶炼的其他需求,在(CaO)/(Al_2O_3)为1:1的等比例线上选择初晶成分,在结晶过程液相的成分不断向共晶点靠近,表6.6列出了最常用的几种典型的电渣渣系成分,大多按此原则进行成分设计。

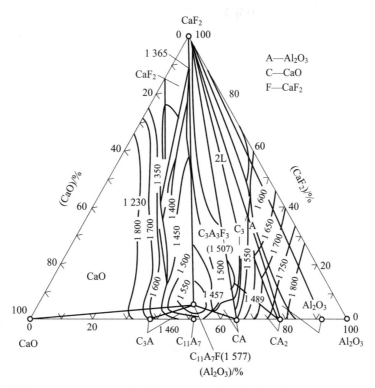

图6.21 $CaF_2-Al_2O_3-CaO$ 三元系相图

6.2.5 电渣冶金的不足和未来发展趋势

发展到今日,电渣冶金暴露出以下局限性:

1)电耗较高。世界各国电渣重熔电耗一般为 1 300~1 600 kW·h/t,而电渣熔铸空心管件电耗更高。因此,国内外冶金工作者致力于采用大填充比提高热效率以降低电耗。

2)氟的污染。电渣冶金中含较多 CaF_2,在重熔过程中逸出的 HF、SiF_4、AlF_3、SF_6 和 CF_4 等有害气体危害工人健康,造成环境污染,从发展方面而言应开发无氟渣或低氟渣。

3)批量少,管理不便。电渣重熔一炉一个钢锭,批量小,检验量增加,管理不便。必须稳定工艺以电弧炉母炉号为一批。

4)冶炼过程活泼金属元素烧损不易控制。电渣重熔过程由于渣中不可避免地会带有一定氧化性和不稳定氧化物,且熔滴在下落过程与渣池接触面积相对较大,会造成一些活泼金属元素的烧损,如 Al、Ti 等。特别是冶炼大型合金锭,由于其冶炼时间长达数十个小时,活泼金属元素的烧损会造成电渣锭头、锭尾元素的偏差,此偏差严重影响了电渣钢锭品质的稳定性。此外,电渣重熔过程对稀土元素的烧损更为严重,使用电渣重熔工艺冶炼稀土钢一直是一个难点。

如何发展电渣冶金技术的优越性,改善与消除其局限性,贯穿冶金技术发展的始终。电渣冶金正处于发展阶段,下一阶段在产品结构上可能会出现以下发展趋势:

1)电渣重熔用于生产中型及大型锻件,将处于优势地位,如生产 300 MW 以上的汽轮机及发电机转子、核电站压力壳及主管道、大型水轮机叶片及大轴等用的毛坯。特别是对于镍基高温合金,如何突破直径 508 mm 的限制十分关键,目前我国正在开发导电结晶器技术、非自耗电极技术等。

2)未来电渣冶金产品应该朝着高纯净、高均质细晶方向发展。在生产优质工具钢、模具钢、马氏体时效钢、双相钢管坯及冷轧辊方面,电渣钢占绝对优势,对于要求疲劳周期的弹簧钢等重要产品,如枪炮弹簧及仪表弹簧,将选用电渣重熔;航空轴承及仪表轴承用钢,依然采用电渣重熔生产;在超级合金领域(高温合金、精密合金、耐蚀合金、电热合金),电渣重熔早在 20 世纪 80 年代末产量已超过真空电弧重熔,新开发的合金电渣重熔也已占绝对优势。

3)发展电渣冶金在有色金属领域的应用。

4)在电渣熔铸管件及环件、电渣熔铸异形件上有独到之处,独特地位。目前正在开发有衬电渣重熔与离心浇注环型刀圈的集成装备和技术,已取得不错的效果。

6.3 真空电弧熔炼

6.3.1 真空电弧熔炼概述

真空电弧熔炼(又称真空电弧重熔)是在无渣和真空条件下,利用金属电极与其被熔化后形成的金属熔池之间产生的直流电弧作热源来熔炼和净化金属的一种特种熔炼技术。如图 6.22 所示,金属电极在直流电弧的高温作用下迅速地熔化并在水冷结晶器内进行再凝固,在液态金属以薄层形式形成熔滴通过近 5 000 K 的电弧区域向水冷结晶器中过渡,以及在水冷结晶器中形成熔池和凝固过程中,发生一系列的物理化学反应,使金属得到精炼,从而达到了净化金属,改善结晶结构,提高性能的目的。

真空电弧炉可以创造一种低氧位、高温的熔炼条件,早在 20 世纪中叶就被用于熔炼铂、钽、钨等难熔的或易氧化的金属。随着机械工业的发展,真空自耗电弧重熔法成功地应用于钛及钛合金、精密合金、高温合金和难熔金属的生产,在 20 世纪 50 年代得到了迅速发展,容量日趋大型化。在特种熔炼中,真空电弧熔炼是重熔精炼的主要方法之一。

1. 真空电弧炉的分类

真空电弧炉的种类很多,可以按照不同特征进行分类。

(1)按电极的熔炼形式分类

按电极的熔炼形式分类,真空电弧炉可以分为自耗和非自耗两种。非自耗真空电弧炉是指这种真空电弧炉所用的电极是一种耐高温的导体,常用的有钨或石墨等,被熔炼的金属放在结晶器中,依靠电弧的热量将这些金属熔化并得到精炼。在熔炼过程中,电极本身不消耗或消耗很少,所以称为非自耗。自耗真空电弧炉是将被熔炼的金属做成电极,在燃弧过程中,电极以一定速率熔化并得到精炼。所以,这种类型的电弧炉被称为自耗电弧炉。由于生产钢和合金的真空

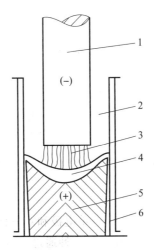

1—自耗电极;2—熔炼室;3—电弧;4—金属熔池;5—金属锭;6—水冷结晶器

图 6.22　真空电弧重熔示意图

电弧炉绝大多数是自耗电弧炉,所以在以后的各节中,若无注明,均指自耗真空电弧炉。

(2)按炉体结构形式分类

按炉体结构形式分类,真空电弧炉可以分为炉体固定式和炉体旋转式两种。前者主要用于周期性的生产,炉体固定不动,只能移动或更换上、下结晶器。后者炉体可以旋转,而结晶器的位置是固定的。它的优点是在一个结晶器中进行熔炼的同时,另一个结晶器可以进行下一炉熔炼的准备工作;当一个结晶器中熔炼结束以后,可以立即旋转炉体到另一个结晶器中进行熔炼。这种连续式的生产作业有利于提高生产率。

(3)按作业形式分类

按作业形式分类,真空电弧炉可以分为周期作业式和连续作业式两种。周期作业式是每熔炼一炉钢作为一个周期,周期与周期之间必须经过炉体破空和清洁处理阶段。这种生产形式的缺点是效率低。连续作业式真空电弧炉有两种形式,一种是炉体旋转式,另一种是两台炉子共用一台直流电源,即当一台炉子熔炼结束以后,切换电源到另一台炉子上立即进行下一炉的熔炼。这连续作业式真空电弧炉的优点是生产效率高。

(4)按电弧长度的控制方式分类

按电弧长度的控制方式分类,真空电弧炉可以分为以下四种。

1)恒弧压自动控制式。此种炉型是依靠两极间电压与给定电压做比较,其差值经过信号放大驱动自耗电极的升降,以保持电弧长度的恒定。

2)恒弧长自动控制式。此种炉型是依靠电弧电压的恒定来近似地控制电弧长度恒定。

3)熔滴脉冲自动控制式。此种炉型是根据金属熔滴形成及滴落过程所产生的脉冲频率大小、脉冲振幅大小以及脉冲持续时间的长短与弧长之间的关系来自动控制电弧长度的恒定(每一种弧长都有一个相应的电压脉冲频率和脉冲持续时间,后者为 $1\sim20$ s)。

4)射线自动控制式。此种炉型是利用 γ 射线辐射强度与金属熔池液位和自耗电极头部位置的关系自动控制电弧长度的恒定(γ 射线穿过弧区时辐射强度最强,穿过固态金属时辐射强度最弱)。

在上述四种自动控制方式中,以熔滴脉冲自动控制式为最佳。它反应快(只有 $0.01\sim0.02$ s)、准确,可以把弧长控制在 $12\sim18$ mm,进行短弧熔炼。目前,真空自耗熔炼过程中起弧阶段采用恒压控制,稳定熔炼和热封顶时期采用熔滴脉冲自动控制。

(5)按铸锭形式分类

按铸锭形式分类,真空电弧炉分为固定铸锭式和抽锭式两种。固定铸锭式是整个重熔和铸锭过程在结晶器中完成,已凝固的重熔铸锭在结晶器中固定不动,熔炼完全结束后,重熔铸锭才从结晶器中吊出。抽锭式是在重熔和凝固过程中,结晶器与已凝锭有相对位移,若结晶器固定不动,则已凝锭从结晶器的下部被慢慢拉出;若已凝锭固定不动,则结晶器随重熔和凝固的进行逐渐上移。

(6)按自耗电极数量分类

按自耗电极数量分类,真空电弧炉可分为单电极和双电极两种。真空电弧双电极重熔(vacuum arc double electrode remelting,VADER),是一种通过使熔炼金属温度在金属熔滴进入结晶器前即低于液相线温度制备等轴细晶锭的真空电弧重熔方法[16]。如图 6.23 所示,在无渣、真空或惰性气体保护下,将两支金属自耗电极水平对置,作为直流电的阴极和阳极,通电使两极间产生直流电弧,两根电极的端部在电弧作用下呈薄层熔化并形成熔滴,熔滴在重力的作用下掉入旋转的非水冷结晶器内凝固成锭。由于熔滴在掉落过程中离开高温弧区,温度降低,进入液-固两相区间,而金属液内部有许多固态晶核,加上结晶器旋转的作用,故重熔铸锭具有等轴细晶的特征。

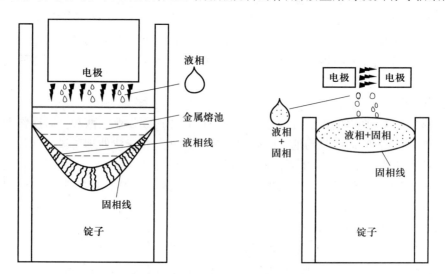

图 6.23　真空电弧双电极重熔过程原理图

2. 自耗真空电弧重熔的特点

(1)自耗真空电弧重熔的优点

1)在低压环境下进行熔炼,不仅杜绝了外界空气对合金的污染,还可以降低钢和合金中的含气量和低熔点有害杂质的含量,从而提高了合金的纯洁度。许多高温合金对金属夹杂物有较严格的要求,真空熔炼可有效减少铅、铋、银等金属杂质。

2)活性元素铝、钛烧损少,合金的化学成分控制较为稳定。

3）由于熔炼是在无渣、无耐火材料的环境下进行，所以杜绝或减轻了外界夹杂物对合金的污染。

4）改善了夹杂物类型和分布状态。真空电弧重熔时，低压、高温为自耗电极中的夹杂物创造了一个重新溶解和析出的条件，同时由于大的轴向冷却强度的存在，促使夹杂物呈细小弥散状态分布于钢中，这就消除或减轻了夹杂物对合金性能的不利影响。例如GCr15钢，在自耗电极中，氧化物和硫化物夹杂物主要是以较大颗粒、呈条带状、较集中地存在于钢中。经真空电弧重熔后，除夹杂物总量明显减少外，重熔钢中夹杂物主要是以硫化物和硫化物包裹的氧化物，呈细小弥散地分布。夹杂物的这种形态和分布使轴承的寿命和可靠性明显提高。

5）通过对合金凝固结晶过程的合理控制，可以得到偏析程度低、致密度高的优质钢锭。

6）合理的封顶工艺制度可以使钢锭头部缩孔小、"V"形收缩区的结晶结构与锭身较为一致，从而提高了钢锭的成材率。

7）真空电弧重熔过程中的气氛可以人为控制。

8）电弧的高温允许重熔一些高熔点的金属和合金。

以上各项优点最终表现为可以获得气体含量低、纯洁度高、组织均匀致密、成分偏析小的优质钢锭，保证了合金具有优良的工艺塑性和好的力学性能。

（2）自耗真空电弧重熔的缺点

1）与电渣重熔相比较，钢锭表面质量较差、致密度较差、缩孔仍然不能完全消除。通常真空自耗电弧重熔铸锭表面需要扒皮，使金属收得率变低。

2）去除硫和夹杂物不如电渣重熔有利。

3）对于高温合金来讲，真空电弧重熔铸锭的热加工性能较差。

4）真空电弧重熔含有锰等易挥发元素的合金时，其成分控制较为困难。例如，电渣重熔这类钢和合金时，重熔前后锰含量基本上不变，而经过真空电弧重熔，锰含量变化较大。如熔炼GCr15钢，锰损失可达12%~18%，而且挥发的锰绝大部分富集在结晶器表面，致使钢锭表面锰含量过高，热加工前必须对钢锭进行扒皮处理。

5）真空电弧重熔采用直流电源和真空系统，设备复杂，维护费用高，致使合金生产成本高。

以上各项缺点，最终表现在合金再现性（稳定性）较差和生产成本高，使其应用范围受到了一定限制。

6.3.2　自耗真空电弧炉的结构

1. 结构简介

自耗真空电弧炉的形式有多种，但它们的基本结构是相同的。图6.24所示为自耗真空电弧炉的结构示意图。自耗真空电弧炉成套设备包括炉体、电源设备、真空系统、电控系统、观测系统、水冷系统等几个部分。

2. 自耗真空电弧炉结构

（1）炉体

炉体由炉壳（真空室）、电极升降装置（包括电极夹头、过渡电极、水冷电极杆及其升降机构）、水冷铜结晶器等几个部分组成。炉壳一般用无磁性的奥氏体不锈钢制作，以保证真空室的密封和减少壳体内的铁磁损耗，提高电效率。炉壳上具有连接真空系统、结晶器和其他各种机构的孔道,以及供观察炉内工作情况用的观察孔和保证安全用的防爆孔等。炉壳和其他各部分之间的连接都是真空密封的。水冷电极杆是一根能导电的、中间通水冷却的光滑直杆,杆身与炉壳之间有防漏气的真空滑动密封。自耗电极连在电极升降装置上,电极的升降可以用液压驱动,也可以用电动机驱动,电动机的工作由电控系统自动控制。重熔的自耗电极,通过电极夹头与过渡电极和电极杆连接,自耗电极焊接在过渡电极的端头上。自耗电极用真空感应炉熔炼,既可直接浇注成形,也可通过热加工(锻或轧)成形。对于无法浇注或热加工成形的材料,如海绵钛、钨粉、短金属棒料等,可以通过烧结、压制或焊接制成自耗电极。

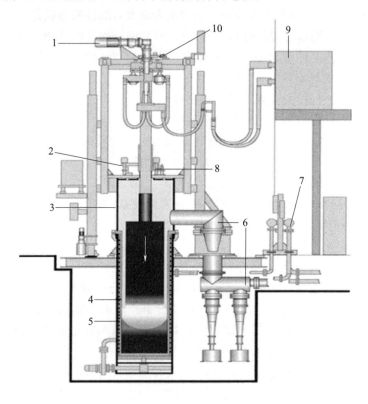

1—电极进给系统;2—称重系统;3—炉体;4—结晶器;5—稳弧搅拌系统;6—真空系统;7—冷却水系统;
8—摄像观察系统;9—电控系统;10—电极方位系统

图 6.24 自耗真空电弧炉的结构示意图

结晶器呈直筒形,是用紫铜板做成的,壁厚为 10~25 mm,外面有一个外壳,两者之间是冷却水套。结晶器的顶部连在炉壳的下口上。为了充分利用电源设备和提高电弧炉的生产率,容量稍大的真空电弧炉都配有两个结晶器,当一个结晶器熔炼结束后,就可立即将整套装备切换到另一个结晶器上,开始新的一炉熔炼。切换的形式有两种:一是炉体固定式,另一种是炉体旋转式。前者只能更换和移动结晶器,适用于周期性生产;后者的炉体可以旋转,而结晶器的位置是固定的,依靠炉体的旋转来更换结晶器,使生产保持连续。为连续生产,也有两台炉座合用一套电源、电控系统和真空系统的。这样,更换结晶器的工作就转变成切换电源和开闭真空系统的阀门,从而进一步缩短了炉与炉之间间歇的时间。

（2）电源

真空电弧炉可采用直流电,也可用交流电。但为保持电弧稳定和电网负荷的均匀,更多的炉座采用直流供电。通常,以自耗电极为阴极,结晶器和重熔后的金属（液态或固态）为阳极,这种接法称为正极性。真空电弧炉的电弧电压只有几十伏特,使用低电压大电流的直流电源供电。为了获得高质量锭子,熔炼过程中要求熔炼功率稳定,对供电电源要求具有恒流特性的直流电流。图 6.25 所示为自耗真空电弧炉用的硅整流电源主回路。

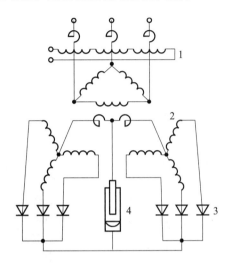

1—饱和电抗器;2—整流变压器;3—硅整流装置;4—自耗真空电弧炉

图 6.25 自耗真空电弧炉用的硅整流电源主回路

（3）真空系统

真空电弧炉的真空系统由真空泵组、管道、相应的真空阀门以及真空测量仪表等组成。真空泵组应具有足够大的抽气能力,以迅速排出真空系统内的气体和由炉料所放出的气体,保证在规定的时间内将真空室内的压力降到要求的数值,并且能保持这个压力。

在熔炼过程中,炉壳内的压力应低于 1.5 Pa,在弧区由于金属蒸气的存在,通常压力为 2~10 Pa。当炉壳内的压力在 15 Pa 以上的较宽压力范围内,炉内就会出现辉光放电,并可能产生边弧(自耗电极与结晶器内壁之间燃弧),这样有击穿结晶器的危险。水冷结晶器一旦漏水,冷却水与金属液接触,很可能会引起爆炸,这种情况在熔炼钛时就特别危险。在重熔含大量易挥发元素的钢或合金时,也可在一定的氩气压力下工作,为稳定电弧,氩气压力应大于 20~26 kPa。

（4）电控系统

真空电弧炉的电控系统用于控制电弧长度、稳定电弧电流和电弧电压、防止短路和边弧的产生,并对过电流和过电压进行保护。在熔炼过程中,电弧的长度除决定供电回路的电参数(电流、电压、功率等)外,还决定自耗电极的熔化速率,从而间接影响重熔精炼的效果。所以,保持恒定的电弧长度,对于进行连续、稳定和安全的熔炼,以获得质地均匀的重熔铸锭是十分必要的。电弧长度和电弧电压存在一定的对应关系,可以用调节电弧电压恒定的办法来达到控制电弧长度保持恒定的目的。但是,由于低压环境中直流电弧的电位梯度很小,所以电弧电压变化的幅度不大,调节效果不好。对自耗电极电弧重熔过程的研究发现,金属熔滴在形成和滴落过程中会引起电压的波动(脉冲),而脉冲的频率、振幅以及持续时间(脉冲宽度)都与电弧长度有一定的对应关系,所以可用脉冲的频率、振幅及宽度为信号来控制电弧长度恒定。这种自动控制方式反应快、准确,可以稳定地将电弧长度控制在 12~18 mm,进行短弧熔炼,甚至控制弧隙为 4~6 mm(这时,脉冲的频率为短路的次数),进行超短弧熔炼。随着弧区压力的降低,阴极斑点面积扩大,弧区的功率密度减小,导致电弧的发散、电弧温度的降低以及电弧的不稳定。为此,可在结晶器内套侧面部位,加设一稳弧线圈(参见图 6.24 中的 5),以保证在结晶器内形成一个与自耗电极轴线相平行的纵向磁场,在这一磁场的作用下,使电弧受到一个向心的约束力,使电弧收缩和抑制偏弧的形成。

(5) 观察系统

真空电弧炉备有光学系统,以观察炉内情况。过去常采用潜望镜结构,即通过棱镜的反射,将炉口的形象反映到操作台的屏幕上;随着电视技术的发展,现多改用工业电视观察炉内熔炼状况。

3. 自耗真空电弧炉结构特点

由于科学研究和生产的需要,真空电弧炉的形式是多种多样的。但是,它们最基本的结构是相同的。图 6.26 是一台自耗真空电弧炉的外形图。目前国际上真空电弧炉的结构设计主要表现在"同轴性""再现性"和"灵活性"的设计思想上,以满足高质量和高生产率的要求。

图 6.26　自耗真空电弧炉的外形图

"同轴性"是指把阳极电缆线靠近阴极电缆线,并且都接在炉子的上部,二者保持近距离平行,使得由于强大电流流过导线、电极和炉体时所产生的感应磁场相互抵消,从而减弱甚至消除了感应磁场对合金质量的不利影响,并提高电效率。

"再现性"是指通过先进的电控系统和重量传感器(又称电子秤)来控制重熔过程中电参数的稳定,特别是保持电弧长度和熔化速率的恒定,最终使合金的质量达到稳定、一致和可靠。

"灵活性"是指一台炉子可以生产多种锭型,并留有发展的余地,有利于生产率的提高。

6.3.3　自耗真空电弧炉的冶金原理

1. 自耗真空电弧重熔的电弧构造及特性

电弧是气体的一种弧光放电。气体弧光放电表现为极间电压很低,但通过气体的电流很大,有耀眼的白光,弧区温度很高(约 5 000 K)。巨大的电流密度来自阴极的热电子发射以及电子的自发射,即在阴极附近有正离子层,形成强大的电场,使阴极自动发射电子。大量电子在极间碰撞气态分子使之电离,产生更大量的正离子和二次电子,在电场作用下,分别撞击阴极和阳极,结果获得高温。阴极因电子发射用去部分能量,所以温度低于阳极。极间也因部分正离子与电子复合放热而产生高温。

电弧的温度分布和电弧电压降如图 6.27 所示。图中 1 与 2 之间为电极温度;2 与 3 之间为弧柱温度;4 与 5 之间为熔池温度;5 与 6 之间为锭子温度;2 为阴极斑点温度;4 为阳极斑点温度;5 为金属熔点。U_c 为阴极区电压降;U_n 为弧柱区电压降;U_a 为阳极区电压降;U_0 为电弧电压降。

电弧由三个区组成,即阴极区、弧柱区和阳极区。在真空中电弧的外形犹如一个钟罩。

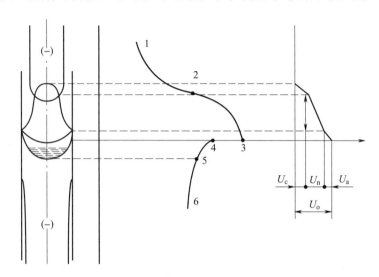

图 6.27 电弧的温度分布和电弧电压降

阴极区是阴极端面很窄一个区域,其纵向长度约等于电子运动的自由程(即电子发射后碰到气态分子的长度)。阴极区有两个显著的特点[17]:① 在端面附近有个正离子层,位于阴极区与弧柱区的交界面上。它与阴极端面构成很大的电位降,以维持电弧正常燃烧时电子的自发射。② 阴极端面上有光亮点,称为阴极斑点。其温度很高,电子集中在这里向外发射。真空中阴极斑点扩大,甚至布满整个阴极端面或更大些。斑点温度随阴极材料熔点的增高而增高,最高能达到阴极材料的沸点。斑点温度还与斑点移动有关。由于自耗电极熔滴脱落和端面温度场的变化等,斑点将向温度高的突出点移动。如移动过于频繁,会使阴极斑点温度下降较大,这时以热发射为主的电弧就会不稳定。

弧柱区位于阴极区和阳极区之间,由于阴极区和阳极区都很短,所以弧柱区几乎就等于整个电弧的长度。弧柱区存在着激烈的碰撞电离,是个等离子区。气体分子和金属蒸气分子,一方面电离,一方面又部分地复合,处于动态平衡中,而且建立这种平衡很迅速,以致工频电流电弧也近似于导体,其轴向电压降很小,而且均匀。因为电子较正离子轻得多,在同样电压下加速快,所以弧柱区的电流主要是电子流(约占 99%)。

阳极区是在阳极端面附近较长的区域。在真空中阳极斑点扩大,甚至"消失"。阳极斑点的温度高于阴极斑点的温度,这是大量电子碰撞的结果。从熔炼金属看,熔池温度高些好,故熔池接阳极。

2. 金属的提纯

由于熔炼是在低压状态下进行,真空电弧熔炼金属具有良好的提纯效果,包括脱气、杂质元素的挥发、夹杂物的排除。

1）脱气。在熔炼钢和铁、镍基合金时，主要的气体是氢、氧、氮和一氧化碳，熔炼海绵钛的压制电极，除了上述气体之外，还有海绵钛制取过程带进的氯气。熔炼过程的脱气通常有溶解气体的去除、生成化合物气体的上浮去除、蒸发脱气和脱氧反应去除等形式。

2）杂质元素的挥发。某些元素，如常称"五害"的元素，在大气熔炼中是很难去除的，采用真空熔炼是减少这些元素的有效方法，当然，由于低压，对于易挥发合金元素，如锰等，也因其在熔炼过程的挥发而造成损失，给控制该种元素的含量带来困难。

3）夹杂物的排除。去除夹杂物是真空电弧熔炼的一个提纯手段，它可以是化学方式的，也可以是物理方式的。化学方式的，如某些稳定性较差的化合物，在电弧高温和炉室低压下，发生分解反应，从而被蒸发去除。但是更多的夹杂物都是比较稳定的化合物，如含有较多铝、钛、铬、铁、镍元素的合金，它们的化合物像 Al_2O_3、TiN、$Ti(CN)$、Cr_2O_3、FeO、NiO 等都是十分稳定的，甚至还有更复杂的化合物和尖晶石，这些都不可能在熔炼条件下分解。它们和金属熔滴一起由电极落入熔池内。这些杂质的去除也可靠物理方法，即在熔池内以上浮的形式去除。

值得注意的是，熔炼过程中，操作者观察到浮于熔池液面上的渣及夹杂物，当有过多的渣存在时，会影响电弧，使熔炼状态发生恶化，所以提供的电极应该尽量清洁，不应该指望真空电弧熔炼来净化。

3. 自耗真空电弧熔炼的结晶组织

自耗真空电弧熔炼工艺是熔化和凝固在同一个系统中完成的，而且是一个连续不断的过程。当熔化和凝固速率基本相等时，称为钢锭的准稳定态成形，当熔化和凝固速率不相等时，称为钢锭的非稳定态成形。非稳定态成形是在起弧阶段和封顶阶段熔炼的那一部分铸锭，一般组织较差些。真空电弧熔炼是由非稳定态成形转向准稳定态成形，再由准稳定态成形转向非稳定态成形的一种铸锭工艺[18]。在准稳定态成形阶段，由于存在着稳定的熔炼工艺，所以熔池由中心向固-液相界面的传热是恒定的。这一状态使熔池的结晶有严格的顺序。形成的晶核，与固-液相界面相垂直，向着与散热方向相反的方向开始长大，由熔池的底部向上，四周向中心逐层结晶。如果熔炼过程得到稳定控制的工艺参数，这种结晶特点就能保证完全消除分层、裂纹、疏松等冶金缺陷，使得整个铸锭的组织十分致密。

通过对铸锭的解剖，可以清楚地看到铸锭内部的组织状态。图 6.28 是铸锭中心纵剖后的组织构造示意图。

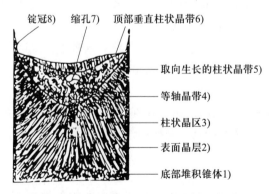

图 6.28　铸锭中心纵剖后的组织构造示意图

下面分析各部分的组织及成因。

1）底部堆积锥体。当熔炼刚开始,电极从冷态加热直至熔化,由于最初的熔化率十分小,且有结晶器底板强烈的水冷效果,熔滴落在底板上而不形成熔池。熔融金属得到很大的过冷度,因此结晶形核多,但没有足够的可供晶核长大的能量,形成杂乱无序的类似等轴晶的堆积锥体。

2）表面晶层。这一组织结构形成与静止锭模铸锭的细晶区形成原理基本相同。

3）柱状晶区。柱状晶区是铸锭的主要结晶组织。它和静止浇注的锭模铸锭的差别在于柱状晶的生长角不同,静止铸锭由于模壁的单向冷却,散热仅沿着模壁的垂直方向进行,铸锭底部冷却很弱。这样每个晶体的四周都存在着同样生长的晶体,结果成了彼此平行的、与模壁相垂直的柱状晶。而真空电弧熔炼时,冷却条件不同,它有底部和四周(结晶器底部和壁)的双重冷却,晶体的生长便是这两种冷却的合力方向,因而是与轴线方向成 40°~45° 夹角。而且由于熔池顶端始终存在着电弧加热,晶粒都长成十分发达的柱状晶。

4）等轴晶带。这一带位于铸锭头部中心附近两侧、缩孔的下方,也会沿铸锭轴向中心向下延伸一定距离。它是由主熔炼期过渡到封顶阶段后产生的。

5）取向生长的柱状晶带。由于封顶期功率降低,结晶器四周的冷却效果相对增强,熔池由四周逐渐向中心收缩,散热方向由轴向-径向渐渐转为径向,因此柱状晶的生长角偏向径向。如若不用封顶工艺,则铸锭无取向生长的柱状晶组织。

6）顶部垂直柱状晶带。封顶操作结束,还有一定量的熔融金属液未凝固,但此时因顶部没有电弧加热保温,熔液的顶部散热方向主要是垂直向上的强烈的辐射传热,结晶状态使晶粒完全沿着轴向生长,形成顶部垂直柱状晶带。

7）缩孔。缩孔是在熔炼后期熔池受到各个方向冷却凝固时发生体积收缩,导致铸锭中某一部分(通常是铸锭顶端中心部位)缺乏熔融钢液补充而形成的孔洞。

8）锭冠。锭冠是存在于铸锭顶端一圈的挥发凝聚物。它主要是熔炼过程中的挥发、喷溅物凝集于结晶器壁上,并与铸锭顶端相连,脱锭时一同脱下。

6.3.4 自耗真空电弧重熔工艺操作及参数确定

1. 自耗真空电弧重熔工艺操作

自耗真空电弧重熔过程可分为焊接电极、引弧、正常熔炼和封顶四个阶段[19]:

1）焊接电极。在电极杆的端头有一段过渡电极,每一炉熔炼所用的自耗电极要求与过渡电极同轴且被牢固地焊接在过渡电极上。焊接在真空中进行。在自耗电极被焊接的一端铺上一层同品种车屑作为引弧剂,然后下降电极杆,使过渡电极与自耗电极之间燃弧,当燃弧的两个端面被加热且电弧稳定,在自耗电极端面有较多的金属液相形成时,迅速下降电极杆,使燃弧的两个端面紧密接触而焊合在一起。

2）引弧。引弧的作用就是在自耗电极与结晶器底部的引弧剂之间形成电弧,提高弧区温度和在结晶器底部形成一定大小的金属熔池,保持自耗电极与金属熔池之间形成稳定的电弧,使自耗电极的重熔如正常的熔炼。

在实际生产中,要求引弧期尽可能短,并且迅速形成金属熔池,以减缓电弧对结晶器底部的冲击,并消除由于电弧长时间加热结晶器底部使之局部过热而与重熔铸锭黏结。当金属熔池形成后,可以用正常熔炼电流的 110%~120% 熔化一段时间,目的是让重熔金属保持液态的时间延长一些,这样可以减轻或消除重熔铸锭底部的疏松和气孔。

3) 熔炼期。熔炼期是重熔过程的主要时期,在这期间钢或合金被精炼和凝固成锭,即脱除金属中的气体及低熔点的金属杂质,去除非金属夹杂物,降低偏析程度以及获得理想的结晶组织。重熔时,自耗电极的端头在直流电弧的加热下,温度可高达熔化温度以上,由于电极端头是表面温度高,电极内部温度低,这样就决定了自耗电极的熔化是在端头的表层开始。熔化过程中电极端头的形貌如图 6.29 所示[20]。

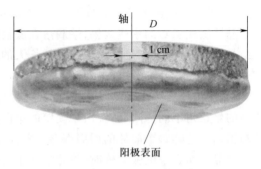

图 6.29　熔化过程中电极端头的形貌

已熔化的液层在重力的作用下,沿端面下流,汇集成液滴,当液滴达到一定尺寸时,重力克服表面张力而下落滴入金属熔池。当液滴离开端面的瞬时,可能产生电弧放电,这种微电弧会将液滴击碎。此外,液滴中溶解的气体,在低压的弧区会从金属液滴中析出。离开端面的液滴下落通过弧区时,会被进一步加热,其中所含的夹杂物在低压和高温的作用下会被分解、挥发,使重熔金属得到净化精炼。熔池下部的金属在水冷结晶器中被冷却而凝固。

4) 封顶。封顶的目的在于减小重熔铸锭头部缩孔,减轻头部“V”形收缩区的疏松程度,以及促进夹杂物的最后上浮和排除,减少切头量,提高成材率。确定封顶工艺制度的原则是逐渐减小自耗电极的熔化速率,使金属熔池逐渐缩小,当自耗电极重熔终了时,金属熔池尽可能只有少量的金属液,从而保证缩孔最小且集中在重熔铸锭的顶部中央。

2. 自耗真空电弧重熔工艺参数的选择原则

真空电弧重熔产品的质量取决于重熔参数是否合理。在生产实践中,是根据所熔炼的品种、重熔的目的和要求来选择工艺参数的。对重熔产品质量有影响的主要参数有以下几个:

1) 自耗电极质量。自耗电极的优劣对冶炼质量具有决定性的影响,其影响程度比其他冶炼方法要直接得多。过高地估计真空电弧重熔的精炼作用而选用低质量的自耗电极是十分有害的。VAR 锭子的偏析及微观结构缺陷中,99%取决于自耗电极质量。可以说,再好的 VAR 炉子设计和操作工艺也补偿不了自耗电极质量的缺陷。铸造电极径向凝固,不能热封顶,另外,表面易形成热裂纹,在缩孔与热裂纹区易产生电弧,使局部熔化速率变化,导致偏析。为了减少偏析及微观缺陷,采用三次熔炼来生产高要求的高温合金锭,最终的真空电弧重熔用电渣锭做自耗电极。

2) 自耗电极的直径。自耗电极的直径直接影响着重熔铸锭的质量。当直径较大时,电弧热能均匀地分布在整个熔池表面,所以熔池呈扁平状。这样,容易获得成分偏析小、铸态组织致密、柱状晶取向有利于改善热加工性能(柱状晶的结晶方向与锭的轴线间的夹角小)的重熔铸锭。通常用下式来选择电极的直径:

$$d/D = 0.65 \sim 0.85$$

式中:d——自耗电极的直径,mm;

D——结晶器的直径,mm。

对于钢或合金,目前 d/D 一般为 0.7~0.8,锭型较大时取上限,反之取下限。

另外,也可以根据下式凭经验来确定电极的直径:

$$d = D - 2\delta$$

式中：δ——电极与结晶器之间的距离，mm。

当电极为多面柱体时，δ 值表示电极的棱与结晶器内壁之间的距离。确定 δ 值时，必须保证大于正常熔炼时电弧的长度，以消除产生边弧的危险。在重熔有色金属或难熔的金属和合金时，特别是第一次真空重熔（放气量大）时，为了充分排除气体和安全操作，δ 值应该选择比重熔钢时的更大一些。一般情况下，δ 值为 25～50 mm，大型锭取上限。随着真空电弧炉设备不断完善，控制系统的准确性不断提高，目前的趋势是在保证操作安全的前提下，尽量选取较小的 δ 值。当前已有取 δ 为 17 mm 的炉座。

3）真空度。真空度对重熔过程中的脱氧、去除气体、元素挥发、夹杂物的分解和去除，以及电弧的行为和安全操作均有着直接的影响。因此，真空度是一个十分重要的工作参数。为提高精炼效果，要求提高熔炼室的真空度，但是为了稳定电弧，真空度就不宜一味求高，特别是应该避开会引起辉光放电的压力范围。熔炼室的压力宜保持在 1.3 Pa 左右。

4）电流。熔炼电流决定着自耗电极的熔化速率和熔池温度。电流大，电弧温度也高，电极的熔化速率就大，重熔锭的表面质量好；但是，熔池温度也高，熔池的深度增加，重熔锭凝固时的结晶方向趋于水平，从而使重熔锭的疏松发展，成分偏析增加，各向异性加剧，热加工性能变差。熔炼电流小时，虽熔化速率低，但金属熔池形状浅平，结晶方向趋于轴向，从而保证了重熔锭致密、偏析小、树枝晶之间的夹杂物有条件上浮排出，所以锭中夹杂物细小弥散分布。选择熔炼电流还应考虑电极直径、锭型的大小、所炼产品的物理性质（熔点、成分、黏度、导热性等）。表 6.7 给出选择熔炼电流的经验公式。

表 6.7　选择熔炼电流的经验公式

公式	单位		适用范围	备注
	i 或 I	d 或 D		
$i = \dfrac{3\ 800}{d} - 5$	(i) A/cm^2	(d) mm	合金钢、铁基或镍基合金 $d = 4 \sim 300$	电极稳定熔化的最小电流密度 i
$I = 160D$	(I) A	(D) mm	合金钢 $D = 45 \sim 150$ $d/D = 0.7 \sim 0.8$	获得优质重熔锭的最小电流 I
$I = (16 \sim 20)d$	(I) A	(d) mm	合金钢、铁基或镍基合金 $d = 10 \sim 300$ $d/D = 0.65 \sim 0.85$	获得优质重熔锭的最小熔炼电流 I

5）电压。在电流一定的条件下，电弧电压决定了电弧长度。电弧长度控制过短（如小于 15 mm），易产生周期性的短路，使熔池温度忽高忽低，从而影响重熔锭结晶组织的均匀性和锭的表面质量；电弧过长，使热量不集中，熔池热量分布不均匀，也会影响重熔锭结晶组织的均匀性，并且使出现边弧的危险性增大。在真空电弧炉熔炼中，电弧长度被控制得基本一致。目前，大都

将电弧长度控制为 22~26 mm,相应的电压为 24~26 V,这时的 δ 值应大于 25 mm。

6)熔化速率。单位时间内自耗电极被熔化且进入结晶器的金属液的千克数,单位是 kg/min。熔化速率(v)可以用与自耗电极升降相联动的标尺在单位时间内下降的距离(S, mm/min)来确定。计算公式为

$$v = KS$$

式中,K 称为熔化速率系数(kg/mm),即自耗电极每下降 1 mm 所熔化的自耗电极千克数。

在自动控制电弧长度恒定的重熔过程中,随着电极的熔化,电极将自动下降但使熔池液面同时上升。所以,电极下降 1 mm,熔化的金属质量不等于一片厚为 1 mm 的自耗电极的质量。K 值可由电极的下降和液面的上表面之间的质量平衡导出:

$$K = \frac{\pi d^2 \rho \times 10^{-6}}{4\left(1 - \dfrac{d^2}{D^2}\right)}$$

式中:d——自耗电极直径,mm;

　　　D——结晶器直径,mm;

　　　ρ——重熔金属的密度,g/cm^3。

7)漏气率。真空系统的漏气率 E 是指单位时间内炉体外的空气渗入真空室内的数量,单位是 μmHg·L/s 或 L/h(标态)。漏气率对重熔金属的质量有较大的影响,特别是对难熔或含有活泼元素的合金影响更大。漏入真空系统内的气体,使真空室内氧气、氮气、水气的分压提高,使重熔金属中氧化物和氮化物夹杂物数量增加,从而使合金的持久强度和塑性下降。因此,真空电弧重熔要求控制设备的漏气率≤50 μmHg·L/s,在熔炼难熔金属及其合金时,要求 $E = 3~5$ μmHg·L/s。

8)冷却强度。结晶器的冷却强度影响重熔锭的凝固过程和铸态组织。在实际生产中冷却强度受到冷却水的流量,压力,进、出水的温度,锭型,锭重,钢种,结晶器的结构以及熔炼温度等因素的影响。由于影响因素较为复杂,在操作中常根据经验调节冷却水的流量,使进、出水的温度在要求的范围内,同时保持凝固速率与熔化速率相一致,金属熔池的形状保持稳定。

对结晶器出水温度的要求:下结晶器进、出水温差小于 3 ℃;上结晶器进、出水温差小于 20 ℃,出水温度为 45~50 ℃。

6.3.5　真空电弧重熔常见的冶金质量问题

1. 钢和合金的宏观缺陷

常见的宏观缺陷主要是重熔锭的表面质量不良和裂纹。

(1)重熔锭的表面质量不良

真空电弧重熔的特点是在低压环境中无渣操作,重熔后的金属液在水冷结晶器中较快地凝固,因此会造成重熔锭表面结疤、夹渣、重痕和翻皮等表面缺陷[21]。造成这些缺陷的主要原因有以下四方面:

1)自耗电极本身质量差,带有较多杂质,在重熔过程中这些杂质会从钢中排出浮于熔池表面,并被推向结晶器的器壁,重熔金属在凝固时黏附于锭表面而形成夹渣。

2)d/D 选择过小,即结晶器直径偏大,导致电弧热在整个熔池面上分布不均匀,熔池边缘温度偏低。此外,熔池的辐射散热面积扩大,或结晶器的冷却强度过大,都会使重熔锭表面出现重

痕,严重时出现翻皮。

3）重熔过程中出现的喷溅和金属挥发物在结晶器内壁凝结,造成重熔钢锭表面结疤。

4）电弧控制过短,使重熔过程中喷溅加剧,同时使出现短路的可能性增大;经常短时间的短路,导致熔池温度偏低或忽高忽低,也会出现重痕、翻皮等表面缺陷。

（2）裂纹

重熔锭在热加工过程中或者在成材以后,在坯或材上有时会存在裂纹。根据其成因,可将裂纹分为表面裂纹、发纹、晶间裂纹和残余缩孔导致的裂纹。

1）表面裂纹。其成因主要是由于重熔锭表面质量不良,轧或锻时表面缺陷处出现开裂。为消除这种裂纹,若重熔后的钢锭表面质量较差,必须进行扒皮处理。

2）发纹。由于氮化物夹杂物（如 TiN）所引起的发纹,会在钢材的横向低倍试样上发现。造成这类裂纹的主要原因是夹杂物,要求自耗电极本身具有较高的纯洁度。此外,熔炼过程中稳弧线圈的安匝数也明显地影响着这类裂纹,当安匝数较大时,熔池旋转加剧,促进夹杂物的聚集,使发纹的出现率加大。安匝数是线圈匝数与线圈通过的电流的乘积,安匝数越大,产生的磁场越强。

3）晶间裂纹。重熔锭在凝固和冷却过程（包括热加工后的冷却过程）中,锭内的温度差是很大的,因此存在着较大的热应力;大多数重熔锭合金元素含量均较高,金相组织变化复杂,所以冷却过程中常常伴随有较大的组织应力;稳弧线圈运行时,金属熔池和已凝固的重熔锭均受到电磁力的作用,作用于固-液两相交界处的电磁力会使呈半凝固状态的金属出现晶间裂纹。热应力、组织应力和电磁力是造成晶间裂纹的主要原因。所以在熔炼或热加工过程中,应减小这些力或避免这些力的出现。可采取的措施:选择合适的熔炼电流,避免电流过大,因为电流过大会增加结晶结构的不均匀程度,而使内应力加大;稳弧线圈的安匝数与电磁力成正比,所以稳弧安匝数也不宜过大;热加工的变形量和冷却制度也影响着内应力的大小。

4）残余缩孔导致的裂纹。由于重熔锭切头量不足,留有残余缩孔,在热加工过程中会在残余缩孔附近的区域内产生裂纹。为了消除这种缺陷,除了制订合理的封顶工艺制度外,还必须保证足够的切头量,切尽残余缩孔。

2. 钢和合金的微观缺陷

（1）疏松

凝固时,由于体积收缩,树枝状晶之间得不到金属液的补充,而导致晶间的显微孔隙称为疏松。钢和合金的疏松程度对疲劳性能有很大的影响,疏松程度增加,钢和合金的疲劳极限值迅速下降。当自耗电极的熔化速率过大时,金属熔池较深,结晶方向趋于水平,这种树枝状晶之间的孔隙被金属液补充填满的条件变差,导致组织疏松。另外,在重熔锭底部也会出现严重的疏松,这是因为在金属熔池形成初期,下结晶器的巨大冷却强度,使熔融金属来不及完全铺开就开始凝固,所以晶间的体积收缩也来不及得到补充。克服这种缺陷的办法是选择合理的起弧工艺制度,在此阶段短时间提高输入功率（熔炼电流要比正常时提高 10%~20%）,以提高熔池温度,使金属熔化速率大于凝固速率。

（2）偏析

选分结晶是造成偏析的根本原因。影响选分结晶的诸因素,如成分、锭型、锭的大小、熔化速率、熔池形状、凝固速率、磁场的大小等,均影响偏析的发展。在钢和合金重熔时,钢中许多元素

（如碳、铬、硅、硫、磷、氧等）以及化合物（如硼化物、碳化物、氮化物、碳氮化物等），都会在树枝状晶之间富集而形成微观偏析。为消除这类偏析可采用以下措施：

1）选用较大的 d/D 值和较小的电流密度，以保持熔池呈较浅的扁平状。这样可保持凝固的方向接近于轴向，并可使轴向凝固速率大于径向凝固速率，因而在凝固时创造较好的、向树枝状晶之间补充金属液的条件，也有利于阻止元素及化合物在枝晶间富集。

2）外加磁场造成的电磁力会使金属熔池被搅拌。这种搅拌对偏析的影响较为复杂，但是可根据经验选择合适的安匝数，在一定程度上抑制偏析的发展。

（3）树状年轮

树状年轮是铸锭横截面上的轻微腐蚀环，代表溶质元素呈负偏析。树状年轮形成的主要原因是熔化速率波动和冷却环境的变化，造成熔池形状的忽深忽浅，使铸锭横截面形成如图 6.30 所示的树状年轮状。在遇到自耗电极内部产生裂缝和缩孔的情况下，熔化速率会发生变化，一方面可以通过调节熔速控制器的 PI 参数来减少熔化速率输出的波动；另一方面也可以通过监控结晶器冷却水流量变化来判断原因。

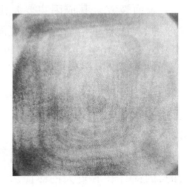

图 6.30　重熔锭横截面上的树状年轮

（4）黑斑和白点

比起树状年轮，黑斑和白点对材料性能有更大的影响[22]。这两种缺陷是飞机引擎的涡轮盘过早损坏的主要原因。黑斑为黑色腐蚀圈或近似的圆点，成分富含碳化物或形成碳化物的元素。黑斑的形成通常由于较大的金属熔池深度，有时是由较大的旋转熔池深度造成。液体熔池处于离散磁场中，会发生旋转。通过保持较小的熔池深度和对真空自耗炉进行同轴电流馈电可消除磁场干扰，以避免产生黑斑。

白点是自耗真空电弧重熔锭上出现的典型缺陷[23]。它们在宏观腐蚀上看起来为轻微的腐蚀点。它们在合金元素中发生率很低，如铬镍铁合金 Inconel 718 中的钛和铌。以下几种机理可造成白点的形成：钢锭中自耗电极的未熔化枝晶残渣；顶部碎片掉入金属熔池并且未熔化或重熔，内嵌入钢锭中；钢锭夹持区的碎片进入钢锭正在凝固的界面。从以上所提的三种机理可以看出，真空电弧重熔过程不能完全避免白点，因为它们是工艺过程中固有的。为了最大限度地减少发生频率，应遵循以下条件：

1）使用钢锭宏观结构所允许的最大重熔速率。

2）利用短弧隙减少冠部形成，增加电弧稳定性。

3）利用均质电极充分地消除空穴和裂缝。

4）控制适当的熔炼电源参数。

思　考　题

1. 真空电弧炉的种类有哪些？各具有什么特点？

2. 简述真空自耗电弧重熔工艺操作步骤，简单介绍工艺参数选取的原则。

3. 常见的自耗真空电弧重熔铸锭缺陷有哪些？该如何控制缺陷的产生？

4. 相对于传统的冶金流程,电渣冶金具有什么特点? 它的优势和局限性分别有哪些?

5. 电渣重熔渣系的主要功能有哪些? 它与传统的钢包精炼渣有何区别? 渣系选择的依据是什么?

6. 与传统冶金技术相比,感应炉熔炼具有什么特点?

7. 请解释"集肤效应",影响感应熔炼过程中感应电流透入深度的因素有哪些?

8. 简述真空感应熔炼的工艺过程。

参 考 文 献

[1] 刘喜海.真空冶炼[M].北京:化学工业出版社,2013.

[2] BULINSKI P,SMOLKA J,SIWIEC G,et al.Numerical examination of the evaporation process within a vacuum induction furnace with a comparison to experimental results[J].Applied Thermal Engineering,2019,150(5):348-358.

[3] 王玮东,马颖澈,周理想,等.真空感应冶炼中熔体流场和温度场的计算机模拟[J].热加工工艺,2016,45(19):73-76.

[4] 牛林.真空感应炉控制系统的设计与研究[D].沈阳:东北大学,2005.

[5] 聂川,杨洪帅,牟鑫.真空感应熔炼技术的发展及趋势[J].真空,2015,52(5):52-57.

[6] 岳江波.真空感应熔炼炉工艺特点及其技术进展[J].山西冶金,2017,40(2):33-36.

[7] 王飞.镍基高温合金真空感应熔炼脱氮工艺及机理的研究[D].沈阳:沈阳大学,2007.

[8] FENG H,LI H B,LIU Z Z,et al.Cleanliness control of high nitrogen stainless bearing steel by vacuum carbon deoxidation in a pvim furnace[J].Metallurgical and Materials Transactions B,2021:1-11.

[9] 高俊波.真空感应熔炼过程炉衬供氧对钢液深脱氧影响[D].武汉:武汉科技大学,2006.

[10] 彭娟.真空感应炉冶炼高纯工业纯铁的工艺研究[D].沈阳:东北大学,2017.

[11] BRADLEY E.Superalloys:a technical guide[M].2nd ed.Detroit:ASM International,2002.

[12] 傅杰,陈恩普,谢继莹,等.特种熔炼[M].北京:冶金工业出版社,1982.

[13] 童潮山,马征骏,涂德宁.真空双电极自耗重熔过程中工艺因素对细晶铸锭组织的影响[J].上海钢研,1989(1):25-30.

[14] 李鱼飞,罗超,王志钢,等.真空自耗电弧重熔 V-4Cr-4Ti 合金的微观组织结构[J].中国有色金属学报,2008(5):805-811.

[15] 李正邦.电渣冶金的理论与实验[M],北京:冶金工业出版社,2011.

[16] 沈中敏,郭靖,段生朝,等.GH4706 大尺寸电渣锭铝钛烧损控制的热力学模型[J].钢铁研究学报,2021,33(9):901-910.

[17] 石骁.电渣重熔大型 IN718 镍基合金铸锭凝固和元素偏析行为基础研究[D].北京:北京科技大学,2019.

[18] 高帆,王新英,王磊,等.TiAl 合金真空自耗熔炼过程的数值模拟[J].特种铸造及有色合金,2011,31(7):608-611.

[19] 丁永昌,徐增启.特种熔炼[M].北京:冶金工业出版社,1995.

[20] ZANNER F J.Metal transfer during vacuum consumable arc remelting[J].Metallurgical Transactions B,1979,10(2):133-142.

[21] SCHLATTER R .Electrical and magnetic interactions in vacuum-arc remelting and their effect on the metallurgical quality of specialty steels[J].Journal of Vacuum Science and Technology, 1974,11(6):1047-1054.

[22] WANG X,WARD R M,JACOBS M H,et al.Effect of variation in process parameters on the formation of freckle in inconel 718 by vacuum arc remelting[J].Metallurgical & Materials Transactions A,2008,39(12):2981-2989.

[23] ZHANG W,LEE P D,MCLEAN M.Numerical simulation of dendrite white spot formation during vacuum arc remelting of INCONEL718[J].Metallurgical & Materials Transactions A,2002,33 (2):443-454.

第7章 钢的炉外精炼

7.1 炉外精炼概述

从转炉、电弧炉等初炼炉出来的钢液一般都含有比较多的杂质元素和有害气体,不能满足高品质钢材对钢液质量的要求,因而需要进一步净化处理,同时需要根据对钢材性能的要求添加不同种类的合金元素,以上过程通常称为炉外精炼。对于炉外精炼,国际上没有统一的定义,一般是指把常规炼钢炉(转炉、电弧炉)初炼的钢液移到钢包或专用容器内,进行脱氧、脱硫、深脱碳、去气(氢气、氮气)、去夹杂物,并调整钢液温度和成分,以满足钢的性能对钢液冶炼要求的炼钢工艺。这个工艺又称二次精炼(secondary refining)、二次炼钢(secondary steelmaking)或钢包冶金(ladle metallurgy)。

炉外精炼的主要任务如下:

1) 降低钢中 O、S、H、N 和非金属夹杂物的含量,以提高钢的纯净度。

2) 控制夹杂物的特性(类型、形态、尺寸、数量)以减小其对钢加工和使用性能的危害或提升钢的某些力学性能(利用氧化物冶金)。

3) 调整钢液温度和合金成分,使其控制在较窄的范围内以稳定钢的质量和性能。

4) 作为炼钢和连铸工序的中间环节,协调生产节奏,提高炼钢车间的整体效率。

为完成以上任务,要求炉外精炼设备具有以下功能:① 搅拌(气体、电磁力、机械);② 气氛调整(密闭);③ 减压或真空;④ 渣成分调整(添加熔剂);⑤ 加热(化学加热和电加热);⑥ 添加合金;⑦ 喷吹或喂线(粉体吹入、包芯线喂入)等。

表 7.1 是炉外精炼技术的发展及特点。

表 7.1　炉外精炼技术的发展及特点

名称	技术特点	开发时间
合成渣渣洗	液态或固态合成渣混冲($CaO-Al_2O_3$ 体系)	20 世纪 30 年代
SAB、CAB、CAS	钢包加盖(罩),吹氩,加合金	1974 年
CAS-OB	CAS 基础上通过 Al-O_2 反应提温	1983 年
VID	钢包(钢流、出钢)真空脱气	20 世纪 50 年代初
DH	真空提升脱气	1956 年
RH	真空循环脱气	1959 年
RH-OB	RH 真空槽下部增加吹氧	1972 年
RH-KTB	RH 真空槽内顶吹氧	1988 年

名称	技术特点	开发时间
VOD	真空下吹氧脱碳	1965 年
AOD	$Ar-O_2$ 混吹脱碳	1968 年
VAD	真空电弧加热,吹氩,钢包脱气	1968 年
ASEA-SKF	电磁搅拌,电弧加热,钢包脱气	1965 年
LF	常压下埋弧加热,底吹氩	1971 年
喷粉(TN,SL)	浸入式喷吹渣粉或合金粉	20 世纪 70 年代初
喂线	高速喂入包芯线	20 世纪 70 年代初
SRP	转炉双联-渣金逆流式铁水预处理	1982 年

根据所用精炼炉炉型,精炼工艺可分为转炉型和钢包型,如图 7.1 所示。转炉型精炼设备包括 AOD、ASM、K-OBM-S、VODC 等,钢包型精炼设备包括 CAS、LF、VD、VOD、VAD、RH 等,其中 LF、AOD、CAS、K-OBM-S 等在常压下操作,而 VD、VOD、VAD、RH 等在真空下进行,主要适用于低碳或低气体含量要求的钢种。目前广泛使用的炉外精炼方法是 LF 法、VD 法和 RH 法,一般可将 LF 和 VD 或 RH 双联使用,既可起到加热的作用,又可以深脱碳和脱气,适用于生产纯净钢和超纯净钢,也有利于与连铸机匹配。

最简单的炉外精炼处理方法是钢包吹氩法、喂线法和喷粉法,通过吹氩可以达到均匀钢液温度和成分、加快反应速率、快速脱氧脱硫去夹杂物等目的。为改变铝脱氧钢中氧化铝夹杂物的形态,常通过向钢包中喂硅钙线或纯钙线的方法实现。通过喷吹粉剂(如石灰粉)增加与钢液的接触面积也可达到快速脱硫脱磷的目的。以上方法所用的设备简单、投资少,且便于维护,易于被钢铁企业接受和采用。但其没有加热和抽真空的功能,无法进行深脱硫、深脱碳或脱气操作,因而常将其与 LF、VD、RH 等方法搭配使用,如在 LF 加热过程中伴随着钢包吹氩,在 RH 循环过程中进行喷粉处理。

炉外精炼装置的功能和工艺目标分别见表 7.2、表 7.3。

表 7.2　主要炉外精炼装置的功能

工艺	加热	真空	搅拌	合金调整	渣精炼	吹氧精炼
LF	●	○	●	●	●	
ASEA-SKF	●	●	○	●	●	
VAD	●	●	○	●	●	
VOD	○	●	●	○		●
DH		●	●	○		
RH		●	●	○		
RH-OB	○	●	●	○	○	●
RH-KTB	○	●	●	○	○	●
RH-MFB	○	●	●	○		●

注:●—精炼功能强;○—精炼功能弱;无标注的没有功能。

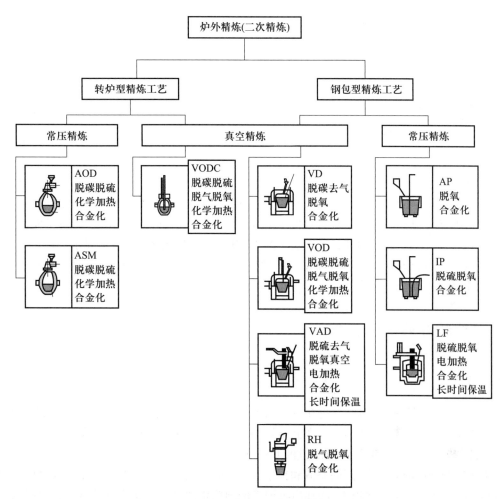

图 7.1 常用炉外精炼技术

表 7.3 主要炉外精炼装置的工艺目标

工艺	主要辅助原料	升温方法	精炼对象					
			C	P	S	O	H	N
LF	CaO	电热		○	●	●	○	○
AOD		吹氧	●		●			
VOD	CaO	铝热	●			○	○	○
ASEA-SKF	CaO	电热	○	○	●	●	○	○
VAD	CaO	电热	○		●	●	●	●
DH						●	●	○
RH		电热	●		●	●	●	○
VD			●		●	●	●	○

工艺	主要辅助原料	升温方法	精炼对象					
			C	P	S	O	H	N
WF					●			
RH-OB/PB	CaO 粉	铝氧化	●	○	○		●	○
RH-KTB		铝氧化	●	○	○		●	○
RH-MFB		铝氧化	●		●		●	○

注:精炼深度:●—深;○—浅。

目前,不同钢种对碳、氧、氮、氢、硫、磷等含量的要求越来越严格。例如,IF 钢要求碳和氮含量都低于 0.003%;轴承钢要求总氧含量低于 0.001%,甚至低于 0.000 5%;某些中厚板钢材要求 $[H] \leqslant 0.000\ 15\%$,$[S] \leqslant 0.001\%$,$[N] \leqslant 0.004\%$;为改善薄板成形性能,也要求 $[C] \leqslant 0.003\%$,$[P] \leqslant 0.002\%$。随着炼钢及炉外精炼技术的发展,现在已能获得 $[C] + [N] + [O] + [P] + [S] \leqslant 0.005\%$ 水平的洁净钢液。

7.2 炉外精炼的理论基础

7.2.1 渣洗

渣洗是指由炼钢炉初炼的钢液再在钢包内通过钢液对合成渣的冲洗,进一步提高钢液质量的一种炉外精炼方法。其主要目的是降低钢液的氧、硫含量和非金属夹杂物数量。为使渣洗能够取得满意的效果,渣量一般为钢液质量的 6%~10%。

用于渣洗的合成渣有液态渣、固态渣和预熔渣。预熔渣是指将原料按一定比例混合后,在专用设备中利用高温将原料熔化成液态,冷却后再用于炼钢精炼的过程。预熔渣具有熔化温度低、成渣快、脱硫效果稳定等特点,其脱硫率可达 30%~50%。用于渣洗的合成渣,不同的炼钢厂选用的成分并不相同,但基本上都属于 $CaO-Al_2O_3$ 渣系。其中 CaO 含量一般为 45%~60%,而 Al_2O_3 含量的波动范围较宽。最初人们要求合成渣中要有含量较高的 Al_2O_3,其含量通常高达 40%~46%,这种合成渣被称为石灰-氧化铝渣。随后人们又成功地找到了可降低 Al_2O_3 含量的合成渣,如石灰-黏土渣、石灰-高岭土渣、石灰-火砖块渣。这三种渣在本质上没有差别,渣中 Al_2O_3 含量一般为 20%左右,SiO_2 含量为 15%~20%。由于在成分上 SiO_2 含量较高,所以又称石灰-硅酸盐渣。

选择渣洗用的合成渣时,通常要考虑以下指标:

1. 成分

为了取得最佳的精炼效果,要求合成渣具备相应的物理化学性质,而炉渣的成分是其物理化学性质的决定因素。

表 7.4 为几种常用合成渣的成分。表中还列有一项自熔混合物,它是一种固体合成渣,适用于没有加热手段的各种炉外精炼方法。它的出现是因为在现在的炼钢厂里,通常没有空余地方设置专用的化渣炉,所以配用一种发热混合物以代替液态合成渣,其配方:12%~14%铝粉、21%~24%钠硝石、20%萤石,其余为石灰。混合物的用量约为金属量的 4%。

表 7.4 中的 B 代表各类合成渣的碱度。因所列各合成渣中 SiO_2 含量差别较大,各种渣的碱度分别定义如下。

用于石灰-黏土渣:

$$B = \frac{n_{CaO} + n_{MgO} - n_{Al_2O_3}}{n_{SiO_2}} \tag{7.1}$$

表 7.4　几种常用合成渣的成分

种类	使用场合	成分/%								B	$(CaO)_u$
		CaO	MgO	SiO_2	Al_2O_3	FeO	Fe_2O_3	CaF_2	S		
电弧炉渣	炉内	42~56	11~21	14~22	9~20	0.4~0.8	0.05~0.29	1.0~5.0	0.2~0.8		29.96
石灰-黏土渣	包中	51.0	1.88	19.0	18.3	0.6	0.12	3.0	0.48	3.64	11.54
石灰-黏土合成渣	炉内	51.65	1.95	17.3	19.9	0.34	—	—	0.04	2.07	11.28
石灰-黏土合成渣	包中	50.91	3.34	16.14	22.27	0.52	—	—	0.18	2.82	13.34
石灰-氧化铝合成渣	炉内	50.95	1.88	4.02	40.66	0.36	—	—	0.12	2.02	23.78
石灰-氧化铝合成渣	包中	48.94	4.0	6.5	37.83	0.74	—	—	0.63	2.02	21.66
脱氧渣	包中	57.7	5~8	13.4	6.0	1.78	1.03	9.25	0.64	3.5	38.59
自熔混合物	包中	40~50	—	9~12	22~26	—	—	—	—	3.8~6.1	17.87

用于石灰-氧化铝渣:

$$B = \frac{n_{CaO} + n_{MgO} - 2n_{Al_2O_3}}{n_{SiO_2}} \tag{7.2}$$

上两式中,n 代表脚标成分的物质的量。

用于自熔混合物:

$$B = \frac{(\%CaO) + 0.7(\%MgO)}{0.94(\%SiO_2) + 0.18(\%Al_2O_3)} \tag{7.3}$$

除可用碱度表示合成渣的特点外,还可用游离氧化钙量 $(CaO)_u$ 来表示能参与冶金反应的氧化钙的数量,其计算式如下:

$$(CaO)_u = (\%CaO) + 1.4(\%MgO) - 1.86(\%SiO_2) - 0.55(\%Al_2O_3) \tag{7.4}$$

2. 熔点

在钢包内用合成渣精炼钢液时,一般都要用液态渣,因此渣的熔点应当低于被渣洗钢液的熔点。根据渣的成分,合成渣的熔点可利用相图来确定。

3. 流动性

用作渣洗的合成渣,要求具有良好的流动性。渣的流动性是影响渣在钢液中乳化的重要因素之一。在相同的温度和混冲条件下,提高合成渣的流动性可以减小乳化渣滴的平均直径,从而增大渣-钢的接触面积。

4. 还原性

渣洗所要求完成的精炼任务决定了渣洗所有的熔渣都是还原性的,渣中 FeO 含量都很低。电弧炉还原期的白渣中的 FeO 含量<0.6%,高炉渣中的 FeO 含量<0.48%,资料中介绍的一些合成渣中的 FeO 含量一般都<0.3%。

7.2.2 真空

真空是炉外精炼广泛使用的一种手段,其主要目的是脱除钢液中的气体或碳。真空对以下冶金反应产生影响:气体在钢液中的溶解和析出;用碳脱氧;用氧脱碳;钢液或者是溶解在钢液中的碳与炉衬的作用;金属夹杂物及非金属夹杂物的挥发去除。由于具备真空手段的各种炉外精炼方法其工作压力通常均大于 50 Pa,所以炉外精炼所应用的真空只对脱气(H_2、N_2)、碳脱氧、氧脱碳等反应产生较为明显的影响。

1. 钢液的真空脱气

(1)钢液脱气的热力学

氧气、氢气、氮气是钢中的主要气体杂质,真空的一个重要目的就是去除这些气体。但是,氧是一种活泼的元素,它与氢不同,通常不是以气体的形态被去除,而是依靠特殊的脱氧反应形成氧化物而被去除。所以在真空脱气中,主要讨论脱氢和脱氮。

氢和氮在各种状态的铁中都有一定的溶解度,溶解过程吸热(氮在 γ-Fe 中的溶解例外),故溶解度随着温度的升高而增加。气态的氢和氮在纯铁液或钢液中溶解时,气体分子先被吸附在液-气相界面上,并分解成两个原子,然后这些原子被铁液或钢液吸收。其溶解过程可写成下列化学反应方程式:

$$\frac{1}{2}H_2 \Longrightarrow [H] \qquad \lg K_H = \frac{-1\ 670}{T} - 1.68 \qquad (7.5)$$

$$\frac{1}{2}N_2 \Longrightarrow [N] \qquad \lg K_N = \frac{-564}{T} - 1.095 \qquad (7.6)$$

在<10^{-5} Pa 的压力范围内,氢和氮在铁水(或钢液)中的溶解度都符合平方根定律:

$$a_H = f_H [\%H]$$
$$= K_H \sqrt{p_{H_2}} \qquad (7.7)$$
$$a_N = f_N [\%N]$$
$$= K_N \sqrt{p_{N_2}} \qquad (7.8)$$

式中:a_H、a_N——分别为氢和氮在铁液中的活度;

f_H、f_N——分别为氢和氮的活度系数;

K_H、K_H——氢和氮在铁液中溶解的平衡常数,其数值可按式(7.5)、式(7.6)计算;

p_{H_2}、p_{N_2}——气相中氢、氮的量纲一的分压,即实际压强/大气压强。

真空脱气时,因降低了气相分压,而使溶解在钢液中的气体排出。从热力学的角度看,气相中氢或氮的分压为 100~200 Pa 时,就能将钢中气体含量降到较低水平。

（2）钢液脱气的动力学

1）脱气反应的步骤。溶解于钢液中的气体向气相的迁移过程如下：

① 通过对流或扩散（或两者的综合），溶解在钢液中的气体原子迁移到钢液-气相界面；

② 气体原子由溶解状态转变为表面吸附状态；

③ 表面吸附的气体原子彼此相互作用,生成气体分子；

④ 气体分子从钢液表面脱附；

⑤ 气体分子扩散进入气相,并被真空泵抽出。

一般认为,在炼钢温度下,上述②、③、④步骤中速率是相当快的。气体分子在气相中,特别是气相压力远小于 0.1 MPa 的真空环境中,其扩散速率也是相当迅速的,因此步骤⑤也不会成为真空脱气速率的限制性环节。由以上分析可知,真空脱气的速率必然取决于步骤① 的速率,即溶解在钢液中的气体原子向钢液-气相界面迁移的速率。在当前的各种真空脱气方法中,脱气处理的钢液中都存在着不同形式的搅拌,其搅拌的强度足以使钢液本体中的气体含量达到均匀状态,也就是说,由于搅拌作用的存在,在钢液的本体中,气体原子的传递是极其迅速的,控制速率的环节只是气体原子穿过扩散边界层的扩散速率。

2）真空脱气的速率。在炼钢生产中,人们总是希望能够预计在规定的条件下单位时间内可以去除多少气体,或者将钢中的气体含量降到所要求的水平需要多长时间。对脱气速率的研究就是为了解决这类问题。因为脱气过程的限制性环节是溶解于钢液中的气体穿过钢液-气相界面的钢液侧的边界层,所以可将钢液侧边界层中气体的扩散速率当作脱气过程的总速率。根据菲克第一定律,扩散物质通过边界层的传质速率与其所具有的钢液内部浓度 C_m 与钢液表面浓度 $C_{m,s}$ 之差成正比。则在单位时间内,通过界面积 A 的物质通量 $\dot{n}$ 可表示为

$$\dot{n} = -kA(C_m - C_{m,s})$$

结合实际的脱气过程,有 $\dot{n} = -kA([G] - [G]_s)$ （7.9）

式中：k——比例系数,亦称为传质系数,单位是 cm/s；

$[G]_s$——钢液-气相界面处气体在钢液中的浓度,一般认为它服从平方根定律。

假定脱气钢液的体积是 V,根据气体的物质平衡可以得出：

$$\dot{n} = V\frac{d[G]}{dt}$$ （7.10）

联立式（7.9）和式（7.10）,可得

$$\frac{d[G]}{dt} = -\frac{A}{V}k([G] - [G]_s)$$ （7.11）

在大多数真空脱气的条件下,与真空接触的钢液表面气体的浓度 $[G]_s$ 可以当作常数,再假定 Ak/V 不是时间的函数,则对式（7.11）的两边进行积分得

$$\lg\frac{[G]_t - [G]_s}{[G]_0 - [G]_s} = -\frac{A}{V}kt$$ （7.12）

式中：$[G]_t$——真空脱气 t 时间后钢液中的气体浓度；

$[G]_0$——脱气前钢液中气体浓度,即原始浓度；

t——脱气时间。

由于真空脱气时工作压力一般控制为 67~133 Pa,此时若假定气体的分压等于总压,这样按式(7.7)和式(7.8)计算出来的 $[G]_s$ 仍远小于 $[G]_0$ 和 $[G]_t$,所以有理由将 $[G]_s$ 忽略,而将式(7.12)简化为

$$\lg \frac{[G]_t}{[G]_0} = -\frac{0.434}{V} Akt \tag{7.13}$$

3)熔池沸腾时的脱气速率:在脱气的同时若有碳-氧反应发生,则反应生成的 CO 气泡通过钢液排出,这必然会在扩大液-气相界面和促进钢液搅动方面影响脱气的进行。

Kalling 等收集和分析了许多有关研究脱气的资料后指出,若 CO 气泡的平均直径为 2 cm,在钢液中上浮的时间为 25 s,则可以认为钢液中溶解的气体与气泡中该气体的分压已经达到了平衡。设 dV 为停留在钢液中的 CO 气泡的体积元,气泡中气体的分压为 p_{G_2},从钢液中排出的气体量为 $-d[\%G]$,由物质平衡可以得出:

$$\frac{M p_{G_2} dV}{22.4} = -\frac{10^6}{100} W d[\%G] \tag{7.14}$$

式中:M——气体 G_2 的分子量;

　　　W——被脱气钢液的质量,t。

CO 是钢中碳氧化反应的产物,它的多少取决于钢液的脱氧量。由碳的质量平衡可得出:

$$\frac{12 p_{CO} dV}{22.4} = -\frac{10^6}{100} W d[\%C] \tag{7.15}$$

将式(7.14)、式(7.15)相除并移项可得

$$\frac{d[\%G]}{d[\%C]} = \frac{M}{12} \frac{p_{G_2}}{p_{CO}} \tag{7.16}$$

对于反应 $\frac{1}{2} G_2 \rightarrow [G]$,其平衡常数 $K_G = \frac{[\%G]}{\sqrt{p_{G_2}}}$,若认为 p_{CO} 近似等于 p(因为气泡中 G_2 的分压一般不超过 5%),将这些数据代入式(7.16)并对时间微分可得

$$\frac{d[\%G]}{dt} = \frac{M}{12 K_G^2} \frac{[\%G]^2}{p} \frac{d[\%C]}{dt} \tag{7.17}$$

由此可见,在熔池沸腾时,脱气速率与钢中气体含量的平方及脱碳速率成正比。

利用类似方法还可导出脱碳量与脱气量的关系:

$$\Delta[\%C] = \frac{12}{M} p K_G^2 \left(\frac{1}{[\%G]} - \frac{1}{[\%G]_0} \right) \tag{7.18}$$

式中:p——气泡内的总压,atm,可近似认为等于外压。

由式可见,增大脱碳量有利于脱气的进行;降低外压时,又可进一步促进钢中气体的去除。

4)吹氩搅拌时脱气的速率:当氩气泡通过钢液时,溶解于钢中的气体会以气体分子的形式进入氩气泡中。设气泡的总压等于外压 p,气泡中气体的分压为 p_{G_2},则可得

$$\frac{dV_{G_2}}{dV_{Ar}} = \frac{p_{G_2}}{p - p_{G_2}} \tag{7.19}$$

式中:V_{G_2}——从 1 t 钢液中放出的气体的体积,m^3/t;

V_{Ar}——吹入钢液的氩气体积,m^3/t。

设钢中溶解的气体向氩气泡解析的反应达到了平衡,则有

$$[\%G] = K_G\sqrt{p_{G_2}} \text{ 和 } dV_{G_2} = -\frac{22.4}{M}d[\%G]$$

将此式代入式(7.19)得

$$dV_{Ar} = \frac{-22.4}{M}d[\%G] \cdot \left(\frac{p}{p_{G_2}} - 1\right)$$

$$= \frac{-22.4}{M}\left(pK_G^2\frac{d[\%G]}{[\%G]^2} - d[\%G]\right) \tag{7.20}$$

积分后得

$$V_{Ar} = \frac{22.4}{M}\left[pK_G^2\left(\frac{1}{[\%G]} - \frac{1}{[\%G]_0}\right) - ([\%G] - [\%G]_0)\right] \tag{7.21}$$

由于式(7.21)中$([\%G] - [\%G]_0)$项远小于它的前一项,可将此项忽略而得到如下近似式:

$$V_{Ar} = \frac{22.4}{M}pK_G^2\left(\frac{1}{[\%G]} - \frac{1}{[\%G]_0}\right) \tag{7.22}$$

式(7.18)和式(7.22)都表明,钢液中的气体排出可促进钢液的脱气。需要指出的是,在上述推导它们之间关系的过程中,作了两项较为重要的假定:一是钢中溶解的气体与气泡达到了平衡,二是气泡内的总压等于分压。在实际生产时的钢液脱气过程中,以上两项假设都不会被真正满足,特别是在气泡从钢液内上浮这段时间内,平衡是不可能达到的,也就是说,实际的气体分压必然小于平衡的分压。这样,为了脱除钢液中同样量的气体,吹入的氩气体积必须大于按式(7.22)计算出的值才行。对于碳-氧反应则要有更大的脱碳量,因此需要引入去气效率f来加以修正。由式(7.22)计算出的吹氩量除以f的商就是实际需要吹入的氩气量。这里的去气效率f通常由试验来确定。当对脱氧钢进行吹氩时,f值介于0.44与0.75之间,而对未脱氧的钢在大气下吹氩时,f值的波动范围为$[0.8, 0.9]$。

2. 钢液的真空脱氧

常规炼钢方法中,脱氧主要是依靠硅、铝等这些与氧亲和力较铁大的元素来完成。这些元素可与溶解在钢液中的氧作用,生成不溶于钢液的脱氧产物。一般来说,脱氧反应会放热,因而在钢液的冷却和凝固过程中,脱氧反应的平衡将朝继续生成脱氧产物的方向移动,此时生成的脱氧产物不容易从钢液中排出,而会以夹杂物的形式留在钢中。这表明,用通常的脱氧方法获得完全脱氧的钢在理论上是不可能的。此外,常规的脱氧反应都是属于凝聚相的反应,降低系统的压力并不能直接影响脱氧反应平衡的移动。

如果脱氧产物是气体或低压下可以挥发的物质,就有可能利用真空条件来促使脱氧更趋完全,而且在成品钢中还不会留下以非金属夹杂物形式存在的脱氧产物。

(1)碳脱氧的热力学

真空条件下,碳脱氧是钢液中最重要的脱氧反应,可表示如下:

$$[C] + [O] \Longrightarrow CO$$

$$K_C = \frac{p_{CO}}{a_{[C]}a_{[O]}} = \frac{p_{CO}}{f_C[\%C]f_0[\%O]} \tag{7.23}$$

对于钢液中碳-氧反应的平衡常数 K_C 与温度的关系,虽然人们曾提出过许多不同的公式来表示,但在 1 600 ℃附近较窄的温度范围内 $\lg K_C$ 的数值还是比较一致的。万谷志郎曾在 1962 年提出如下关系式:

$$\lg K_C = \frac{1\ 160}{T} + 2.003 \qquad (7.24)$$

应用式(7.23)时需要知道钢液中碳和氧的活度系数,它们的值可由相互作用系数和钢液的组成来求得。对于 Fe-C-O 系,碳、氧之间的平衡常数可由体系的温度按式(7.24)计算得出。若取 $\lg K_C = 2.654$,则有

$$\lg\left(\frac{p_{CO}}{[\%O][\%C]}\right) = 2.645 - 0.31[\%C] - 0.54[\%O] \qquad (7.25)$$

由式(7.25)可以算出不同压力(p_{CO})下碳的脱氧能力。例如,在 1 525 ℃下,与 0.1%的碳相平衡的氧含量:

$$p_{CO} = 1\ \text{atm} \qquad [O] = 250\ \text{ppm}$$
$$p_{CO} = 10^{-6}\ \text{atm}(0.1\ \text{Pa}) \qquad [O] = 0.025\ 1\ \text{ppm}$$

平衡的氧含量几乎与 CO 的分压成正比。对于还含有其他元素的 Fe-C-O 体系,碳在真空下的脱氧能力仍可应用式(7.23)来计算,只不过在计算 f_C 和 f_O 时应考虑其他元素的影响,即要通过相互作用系数 e_C^j 和 e_O^j 来计算 f_C 和 f_O。从热力学的计算结果来看,在真空条件下,碳在钢液中的脱氧能力都应该是极强的。

经过真空精炼后,钢液中氧含量的降低程度为 50%~86%。可见,真空精炼可最大限度地降低未脱氧钢中氧含量。

(2)碳脱氧的动力学

1)碳-氧反应的步骤。与脱碳和脱氮所需的条件一样,碳-氧反应一般是在已有的钢液-气相界面上进行的。在实际的炼钢条件下,这种液-气相界面可以由与钢液接触的不光滑的耐火材料或吹入钢液的气体来提供。可以认为,在炼钢过程中,总是会存在着现成的液-气相界面。碳-氧反应因而可被设想为是按照如下步骤进行的:

① 溶解在钢液中的碳和氧通过扩散边界层迁移到钢液和气相的相界面;

② 在钢液-气相界面上进行化学反应生成 CO 气体;

③ 反应产物脱离相界面进入气相;

④ CO 气泡的长大和上浮。

2)碳脱氧的速率。高温条件下,气相界面上的化学反应速率很快。同时,CO 气体通过气泡内气体边界层的传质速率也比较快。因此,可以认为,气泡内的 CO 气体与钢液-气相界面上钢液侧的碳和氧的活度处于化学平衡。这样,碳脱氧的速率就应由钢液相边界层内碳和氧的传质速率所控制。由于碳在钢液中的传质系数比氧大,钢中碳的浓度一般又比氧的浓度高出 1 到 2 个数量级,碳的传质因而可以不考虑。这表明,氧在钢液侧界面层的传质是碳脱氧速率的控制环节。可以得出:

$$\frac{d[\%O]}{dt} = -\frac{A}{V}\frac{D_0}{\delta}([\%O] - [\%O]_s) \qquad (7.26)$$

式中：$\dfrac{d[\%O]}{dt}$——钢液中氧浓度的变化速率；

$\qquad\qquad D_0$——氧在钢液中的扩散系数；

$\qquad\quad [\%O]_s$——在钢液-气相界面上与气相中 CO 分压和钢中碳浓度处于化学平衡的氧含量；

$\qquad\qquad \delta$——钢液-气相界面钢液侧扩散边界层厚度。

由于$[\%O]_s \leqslant [\%O]_t < [\%O]_0$，所以可将$[\%O]_s$忽略，则式(7.26)可变为

$$\frac{d[\%O]}{dt} = -\frac{A}{V}\frac{D_0}{\delta}[\%O] \qquad\qquad (7.27)$$

将上式分离变量积分后可得

$$t = -2.303\frac{V}{A}\frac{\delta}{D_0}\lg\frac{[\%O]_t}{[\%O]_0} \qquad\qquad (7.28)$$

其中，$\dfrac{[\%O]_t}{[\%O]_0}$的物理意义是钢液经脱氧处理 t 秒后的未脱除率，即残氧率。

假设钢包的内径为 160 cm，钢包中钢液的高度 $H = 150$ cm，则 $A/V = 1/H = 6.7 \times 10^{-3}$ cm，又令 $\dfrac{D_0}{\delta} = 0.03$ cm/s，这相当于钢包中的钢液是平静的。将以上假设的数据代入式(7.28)，计算所得结果列于表 7.5 中。

表 7.5　脱氧时间的计算值

脱氧率/%	残氧率/%	脱氧时间/s
30	70	1 550(约 26 min)
60	40	4 550(约 76 min)
90	10	11 500(约 192 min)

由表 7.5 可见，在钢液平静的条件下，碳脱氧的速率不大，所以在无搅拌措施的钢包真空处理中，碳脱氧的作用是不明显的。

（3）为了碳的有效真空脱氧应采取的措施

1）进行真空碳脱氧前尽可能使钢中的氧处于容易与碳结合的状态，例如溶解态氧或者 Cr_2O_3、MnO 等氧化物。为了充分发挥真空的作用，应使钢液面处于无渣、少渣的状态。当有渣时，还应设法降低炉渣中 FeO、MnO 等易还原氧化物含量，以避免炉渣向钢液供氧。

2）为了加速碳脱氧过程，可适当加大吹氩量。

3）于真空碳脱氧的后期，向钢液中加入适量的铝和硅以控制晶粒、合金化和终脱氧。

4）为减少由耐火材料进入钢液中的氧量，浇注系统所用的耐火材料应具有较高的稳定性和耐蚀性。

3. 降低 CO 分压时的吹氧脱碳

炉外精炼中，采用低压下吹氧大都是为了低碳和超低碳钢种的脱碳，而这类钢又以铬或者铬镍不锈钢居多，所以在以下各节的讨论中，专门分析高铬钢液的脱碳问题。

（1）高铬钢液的吹氧脱碳

冶炼中希望尽可能降低钢中的碳，而铬的氧化损失要求保持在最低的水平。需要研究 Fe-Cr-C-O 系的平衡关系，以找到最佳的"降碳保铬"的条件。

在 Fe-Cr-C-O 系中，两个主要的反应如下：

$$[C]+[O]\!=\!=\!=CO \tag{7.29}$$

$$m[Cr]+n[O]\!=\!=\!=Cr_mO_n \tag{7.30}$$

对于铬的氧化反应，最主要的是确定产物的组成，即 m 和 n 的数值。D. C. Hilty 曾发表了对 Fe-Cr-O 系的平衡研究结果，确定了铬氧化产物的三类组成。当 $[Cr]=0.06\%\sim3.0\%$ 时，铬的氧化物为 $FeCr_2O_3$；当 $[Cr]=3.0\%\sim9.0\%$ 时，为 $Fe_{0.67}Cr_{2.33}O_4$；当 $[Cr]>9.0\%$ 时，为 Cr_3O_4。

对于铬不锈钢的精炼过程而言，铬氧化的平衡产物应是 Cr_3O_4，其反应式为

$$Cr_3O_4\!=\!=\!=3[Cr]+4[O] \qquad \Delta G^{\theta}=244\,800-109.6T \tag{7.31}$$

为分析熔池中碳、铬的选择性氧化，可以将碳和铬的氧化反应式合并，即

$$Cr_3O_4+4[C]\!=\!=\!=3[Cr]+4\{CO\} \tag{7.32}$$

$$K=\frac{a_{Cr}^3 p_{CO}^4}{a_{Cr_3O_4} a_C^4} \tag{7.33}$$

由于 Cr_3O_4 在渣中接近于饱和，所以取 $a_{Cr_3O_4}=1$，在大气中冶炼时，近似认为 $p_{CO}=1.013\times10^5$ Pa（1 atm），这样根据试验的数据可作出如图 7.2 所示的碳铬关系的平衡曲线。

由图 7.2 可知，在 1 atm 下，与一定铬含量保持平衡的碳含量随温度的升高而降低（图 7.2a）；在温度一定时，平衡的碳含量又随 CO 分压的降低而降低（图 7.2b）。还可以看出，当 p_{CO} 降低 90%（即由 1.013×10^5 Pa 降到 1.013×10^4 Pa）时，平衡的碳含量可降到原含量的 1/10，其效果比钢液温度提高 200 ℃ 还明显。原先在电弧炉中用返回吹氧法冶炼不锈钢时，就是利用提高冶炼温度以达到降碳保铬的目的。但是，这种方法成本高、质量差，目前已基本上被淘汰。取代的方法则是从降低 CO 分压着手，以达到很低的平衡碳含量。常用的降低 CO 分压的方法有两种：一是降低系统的总压力，如 VOD 法、RH-OB 法等；另一种是用其他气体来稀释以降低 p_{CO}，如 AOD 法、CLU 法等。

（2）有稀释气体时的吹氧脱碳

用稀释的办法降低 CO 分压的典型例子是 AOD 法的脱碳。当氩和氧的混合气体吹入高铬钢液时，将发生下列反应：

$$[CO]+\frac{1}{2}O_2\!=\!=\!=CO_2$$

$$m[Cr]+\frac{n}{2}O_2\!=\!=\!=Cr_mO_n$$

$$x[Fe]+\frac{y}{2}O_2\!=\!=\!=Fe_xO_y$$

$$n[C]+Cr_mO_n\!=\!=\!=m[Cr]+n[CO]$$

$$y[C]+Fe_xO_y\!=\!=\!=x[Fe]+yCO$$

$$Cr_mO_n\!=\!=\!=m[Cr]+n[O]$$

$$Fe_xO_y\!=\!=\!=x[Fe]+y[O]$$

$$[C]+[O] \Longrightarrow CO$$

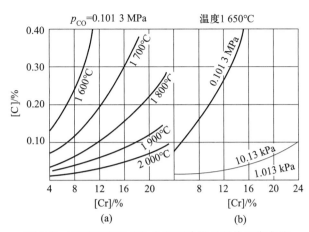

图 7.2 不同温度和 CO 分压下碳铬关系的平衡曲线

根据对 AOD 炉试验结果的分析可以认为,吹入熔池的氧在极短时间内就被熔池吸收了。当供氧量少时,[C]向反应界面传递的速率足以保证氧气以间接反应或直接反应被消耗。随着熔池碳含量的降低或供氧速率的增大,就来不及供给[C]了,吹入的氧将以氧化物(Cr_mO_n 和 Fe_xO_y)的形式被熔池所吸收。

一般认为,AOD 中的脱碳是按如下方式进行的:

1)吹入熔池的氩氧混合气体中的氧,其大部分是先和铁、铬发生氧化反应而被吸收,生成的氧化物随气泡上浮;

2)生成的氧化物在上浮的过程中分解,使气泡周围溶解氧增加;

3)钢中的碳向气-液相界面扩散,在界面进行[C]+[O]$\Longrightarrow$CO 反应,反应生成的 CO 进入氩气泡中;

4)气泡内 CO 的分压逐渐增大,由于气泡从熔池的表面脱离,该气泡的脱碳过程结束。

用氩氧混合气体(O_2 含量在 50% 以下)对 Fe-C 合金液脱碳的试验结果如图 7.3 所示。从中可见,与纯吹氧时一样,在吹入氩氧混合气体时也存在着一个临界的碳含量$[\%C]_{cr}$。

当$[\%C]>[\%C]_{cr}$时,脱碳受到气相侧传质的限制,脱碳速率与$[\%C]$无关,这时有

$$-\frac{\mathrm{d}n_c}{\mathrm{d}t} = 2\frac{k_0}{RT}p_{O_2} \qquad (7.34)$$

式中:k_0——气相侧氧的传质系数;

p_{O_2}——气相中氧的分压;

R——气体常数。

当$[\%C]<[\%C]_{cr}$时,脱碳会受到液相侧传质的限制,这时脱碳速率与$[\%C]$成正比,即有

$$-\frac{\mathrm{d}n_c}{\mathrm{d}t} = k_c[\%C]$$

式中:k_c——液相侧碳的传质系数。

$[\%C]_{cr}$与钢液中共存的其他元素、供氧速率,钢液的密度、温度等因素有关。

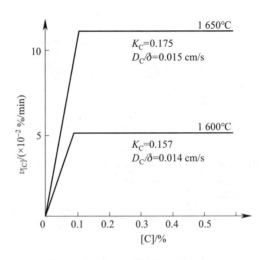

（试验条件：3 kg，MgO 坩埚，1.33~4 kPa）

图 7.3　Fe-C 合金的脱碳速率

7.2.3　搅拌

1. 搅拌方法

搅拌就是向流体系统供应能量，使该系统内产生运动的操作。为达到这样的目的，搅拌可以借助于喷吹气体、电磁感应或机械的方法来实现，下面分别予以介绍。

（1）机械搅拌

常温下工作或者工作温度不太高的系统，普遍采用的是机械搅拌的方法。如化工、选矿、食品等部门广泛应用着各种旋转、振动、转动着的倾斜容器，或是通过叶片、螺旋桨等来进行机械搅拌。这类搅拌有设备简单、搅拌效率高、操作方便等优点。但是对于高温的冶金熔体，很少采用这种简便的机械搅拌方法。铁水预处理的 KR 法，可算是冶金熔体采用机械搅拌的一个特例。

（2）利用重力或大气压力搅拌钢液

利用重力搅拌钢液的炉外精炼方法有异炉渣洗、同炉渣洗、VC、SLD、TD、VSR 等方法。利用钢流的冲击，可以产生非常剧烈的搅拌作用，而且不需要增加设备，只需要在通常的工艺条件下进行操作即可。但是，这种搅拌只是从属于其他的工艺操作过程，搅拌时间要取决于其他工艺过程的时间，搅拌强度也不容易调节。

综合利用大气压力和重力而搅拌钢液的炉外精炼方法有 RH 法、DH 法。这些方法利用大气压力将钢包中被处理的钢液压入真空室，经处理后的钢液再借助重力返回钢包，并利用返回钢流的流动搅拌钢包中的其他钢液。

（3）喷吹气体搅拌

喷吹气体搅拌是一种应用较为广泛的搅拌方法，主要是各种形式的吹氩搅拌。应用这类搅拌的炉外精炼方法有钢包吹氩、CAB、CAS、LF、VAD、VOD、AOD、TN 等方法。

应用这种搅拌方法可以取得以下三个方面的效果：

1）调温。主要是冷却钢液。对于开浇温度有比较严格要求的钢种或浇注方法，都可以用吹氩的办法将钢液温度降低到规定的要求。

2）混匀。在钢包底部适当的位置安放气体喷入口，可使钢包中的钢液产生环流，用控制气体流量的方法来控制钢液的搅拌程度。实践表明，这种搅拌方法可促使钢液的成分和温度迅速地趋于均匀。

3）净化。搅动的钢液增加了钢中非金属夹杂物碰撞长大的机会。上浮的氩气泡不仅能够吸收钢中的气体，还会黏附悬浮于钢液中的夹杂物，将黏附的夹杂物带至钢液表面被渣层吸收。

（4）电磁搅拌

利用电磁感应的原理使钢液产生运动，这被称为电磁搅拌。电磁搅拌又分为推斥搅拌和运动搅拌两种。单相的交变电流通过感应绕组（或搅拌器）时会产生一个脉动磁场，金属液处于该磁场中会被搅拌，按这种方式所产生的搅拌被称为推斥搅拌。推斥搅拌的搅拌力几乎垂直于金属熔体相接触的容器壁。运动搅拌是由移动磁场作用产生的，搅拌力作用于切线方向，金属熔体沿器壁内表面运动。这种搅拌广泛应用于电弧炉或炉外精炼的电磁搅拌。

2. 熔体的混匀时间与搅拌功率的关系

混匀时间 τ 是一个较常用的描述搅拌特征和质量的指标。其定义是：在被搅拌的熔体中，示踪剂从被加入到它在熔体中均匀分布所需的时间。如设 c 为某一特定的测量点所测得的示踪剂浓度，当加入示踪剂后，按测量点与示踪剂加入位置的不同，c 会逐渐增大或减小。设 c_∞ 为完全混合后示踪剂的浓度，则当 $c/c_\infty=1$ 时，就达到了完全混合。实测发现当 c 接近 c_∞ 时，其变化相当缓慢，为保证所测混匀时间的精确性，可规定 $0.95<c/c_\infty<1.05$ 为完全混合的条件，即允许有 $\pm5\%$ 以内的不均匀性。

一般来说，熔体被搅拌得越剧烈，混匀时间就越短。由于大多数冶金反应速率的限制性环节都是传质，所以混匀时间将与冶金反应速率有一定的关系。如果能把描述搅拌程度的比搅拌功率 $\dot{\varepsilon}$ 和混匀时间 τ 定量地联系起来，就可以比较明确地分析搅拌和冶金反应之间的关系。

一些科研人员用 50 t 吹氩搅拌的钢包、50 t SKF 钢包精炼炉、200 t RH、65 kg 吹氩搅拌的水模型中实测的 $\dot{\varepsilon}$ 和 τ 的数据标在对数的坐标中，结果发现，所有这些点都分布在一条直线的周围，如图 7.4 所示。由此，他们提出了如下的统计规律：

$$\tau=800\dot{\varepsilon}^{-0.4} \tag{7.35}$$

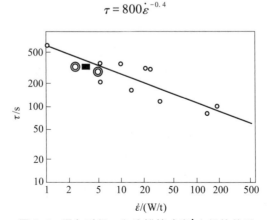

图 7.4　混匀时间 τ 和比搅拌功率 $\dot{\varepsilon}$ 之间的关系

由式（7.35）可知，随着 $\dot{\varepsilon}$ 的增加，混匀时间 τ 被缩短了，这加快了熔池中的传质过程。

7.2.4 炉外精炼脱硫

在炉外精炼过程中,钢液的脱硫并不是指将钢液中的硫只脱除到合乎一般钢种规格的程度(即达到 0.015%~0.02%),而是要使其降低到 10^{-6} 级的水平以满足高质量洁净钢的生产要求([S] = 0.001%~0.005%)。

1. 脱硫热力学

(1)硫容量和硫的分配系数

为了表示炉渣脱硫能力的大小,一般采用硫容量和硫的分配系数(又称分配比)这两个概念。硫容量又可分渣-气硫容量和渣-钢硫容量。

炉渣脱除气相中硫的能力可用渣-气硫容量来表征,其值可用下述渣-气间的平衡反应来测量:

$$\frac{1}{2}S_2 + (O^{2-}) \Longrightarrow (S^{2-}) + \frac{1}{2}O_2$$

$$C_S \Longrightarrow (\%S)\left(\frac{p_{O_2}}{p_{S_2}}\right)^{\frac{1}{2}} \tag{7.36}$$

炉渣脱除钢液中硫的能力可用渣-钢硫容量来表征,其值可根据下列渣-钢间的平衡反应来测量:

$$[S] + (O^{2-}) \Longrightarrow (S^{2-}) + [O]$$

$$C_S = (\%S)\frac{a_{[O]}}{a_{[S]}} \tag{7.37}$$

由氧气和气态硫向铁水中溶解的自由能可得如下关系:

$$[S] + \frac{1}{2}O_2 \Longrightarrow [O] + \frac{1}{2}S_2$$

$$K_{OS} = \frac{a_{[O]}}{a_{[S]}}\left(\frac{p_{S_2}}{p_{O_2}}\right)^{\frac{1}{2}} \tag{7.38}$$

$$\lg K_{OS} = -\frac{935}{T} + 1.375 \tag{7.39}$$

在低合金钢中,$a_{[S]} \approx [\%S]$,由此将 C_S 转换为下式:

$$C_S = a_{[O]}/K_{OS} \tag{7.40}$$

另外,炉渣脱除钢液中硫的能力还可用渣-钢间硫的分配系数来表示:

$$L_s = \frac{(\%S)}{[\%S]} \tag{7.41}$$

(2)硫容量、硫的分配系数和光学碱度的关系

1)光学碱度。光学碱度就是硅酸盐中氧化物给出电子的能力与自由氧化物给出电子的能力之比,此比值常用 Λ 表示。它可以借助于试验来测定,在进行大量测定后,杜菲(Duffy)和英格拉姆(Ingram)发现,氧化物的光学碱度 Λ 和阳离子的电负性 χ 之间有如下关系:

$$\Lambda = \frac{0.74}{\chi - 0.26} \tag{7.42}$$

任何多元渣系的平均光学碱度为

$$\Lambda = X_A\Lambda_A + X_B\Lambda_B + L \tag{7.43}$$

式中，X 为阳离子的当量摩尔分数，可用下列关系求得：

$$X = \frac{\text{组元的摩尔分数} \times \text{氧化物中的氧原子数}}{\sum(\text{组元的摩尔分数} \times \text{氧化物中的氧原子数})}$$

2）硫容量和光学碱度的关系。索辛斯基（Sosinsky）和萨默维尔（Sommerville）在处理了 7 个渣系 183 组数据后得到了 1 500 ℃下硫容量和光学碱度的关系，如图 7.5 所示。

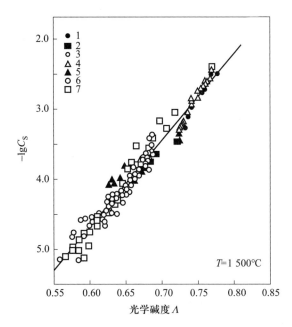

1—CaO-Al$_2$O$_3$；2—CaO-SiO$_2$；3—CaO-Al$_2$O$_3$-SiO$_2$；4—CaO-MgO-Al$_2$O$_3$；
5—CaO-SiO$_2$-B$_2$O$_3$；6—CaO-MgO-SiO$_2$；7—CaO-MgO-Al$_2$O$_3$-SiO$_2$

图 7.5　1 500 ℃下硫容量 C_S 和光学碱度的关系

它们之间的关系也可以用下式来表示：

$$\lg C_S = 12.6\Lambda - 12.3 \tag{7.44}$$

由于 $r^2 = 0.965$，所以上式具有相当高的可信度，它完全可以适用于图 7.5 中的 7 个渣系。

为了便于使用，可以根据试验数据，将不同温度下的硫容量与光学碱度之间建立起如下的关系式：

$$\lg C_S = \frac{22\,690 - 54\,640\Lambda}{T} + 43.6\Lambda - 25.2 \tag{7.45}$$

用上式可以预测含氧化物的炉渣在 1 400～1 700 ℃之间任何温度的硫容量。

3）硫的分配系数和光学碱度之间的关系。硫的分配系数与硫容量之间存在着下列关系：

$$\lg\frac{(\%S)}{a_{[S]}} = -\frac{6\,890}{T} + 1.15 + \lg C_S - \frac{1}{2}\lg p_{O_2} \tag{7.46}$$

或

$$\lg\frac{(\%S)}{a_{[S]}} = -\frac{770}{T} + 1.30 + \lg C_S - \frac{1}{2}\lg a_{[O]} \tag{7.47}$$

将式(7.45)代入式(7.47)可得到硫的分配系数与温度和光学碱度的关系如下:

$$\lg\frac{(\%S)}{a_{[S]}}=\left(\frac{21\,920-54\,640\Lambda}{T}\right)+43.6\Lambda-23.9-\frac{1}{2}\lg a_{[O]} \tag{7.48}$$

式中 $a_{[O]}$ 可根据脱氧反应的热力学数据进行计算。

在式(7.46)~式(7.48)中由于采用了 $a_{[S]}$ 而不是[%S],所以上列公式既可以适用于 f_S 等于 5~7 的铁水,也可适用于 f_S 接近于 1 的低碳钢,当然也适用于 f_S 低到 0.1 的高铬钢。只要知道炉渣成分和温度就可以用上列公式在较宽的条件下计算渣-钢间硫的分配系数,而当钢渣的相对重量已知时,也可以用上式预测钢液中的残余平衡硫含量。

(3)渣钢间的两种接触方式

在利用炉渣进行脱硫操作中,可以把渣-钢间的接触方式分为持久接触和短暂接触两类。

1)持久接触:炉渣在钢液面上保持较长的时间以达到脱除有害杂质的目的。

2)短暂接触:以短暂的时间让炉渣和钢液接触,如喷粉,以达到脱除有害杂质的目的。

设渣-钢接触面积和传质系数足够大,可以达到平衡,并令渣量为 W_S,钢液量为 W,且

$$L_X=\frac{(\%X)}{[\%X]} \tag{7.49}$$

则对第一种情况可作如下物料平衡:

从钢液去除掉的 X 量等于进入渣相的 X 量。

$$\frac{W}{100}([\%X]_0-[\%X])=\frac{W_S}{100}((\%X)+(\%X)_0) \tag{7.50}$$

式中:$[\%X]_0$、$(\%X)_0$——钢液和炉渣中 X 的原始含量。

联立式(7.49)和式(7.50)得残余率(如残硫率等):

$$\frac{[\%X]}{[\%X]_0}=\frac{1+(\%X)_0W_S/(W[\%X]_0)}{1+L_X\dfrac{W_S}{W}} \tag{7.51}$$

当 $(\%X)_0=0$ 时,残余率为

$$\frac{[\%X]}{[\%X]_0}=\frac{1}{1+L_X\dfrac{W_S}{W}} \tag{7.52}$$

从上式可以看出,为降低残余率,可采取增大 L_X 和增大 $\dfrac{W_S}{W}$ 两方面的措施。

对于短暂接触方式,可在短时间内进行 X 的物料平衡:

$$\boxed{在\,\Delta t\,时间内从钢液中去除的\,X\,量}=\boxed{在\,\Delta t\,时间内传入渣粉中的\,X\,量}$$

即有

$$-\Delta\left(\frac{[\%X]W}{100}\right)=\frac{W_S}{100}(\%X)\Delta t$$

式中:W_S——单位时间喷入的渣粉量;

W——钢液量。

由此可得

$$-\Delta[\%X]W=W_S(\%X)\Delta t \tag{7.53}$$

· 270 ·

如果 ΔW_s 表示在 Δt 内喷入的渣粉量,则式(7.53)变为

$$-\Delta[\%X]W = \Delta W_s(\%X) \tag{7.54}$$

将式(7.52)代入后得

$$\frac{\Delta[\%X]}{[\%X]} = -L_X\frac{\Delta W_s}{W} \tag{7.55}$$

改成微分后有

$$\frac{\mathrm{d}[\%X]}{[\%X]} = -L_X\frac{\mathrm{d}W_s}{W} \tag{7.56}$$

将上式积分后所得残余率为

$$\frac{[\%X]}{[\%X]_0} = \exp\left(-L_X\frac{W_s}{W}\right) \tag{7.57}$$

从式(7.57)可以看出,此种情况下残余率也是随 L_X 和 $\dfrac{W_s}{W}$ 的增大而减小,但其减小的速率要比持久接触方式快一些。

2. 脱硫的动力学

在炉外精炼操作中,由于钢液中硫含量较低,可以认为渣-钢间脱硫反应的限制环节是硫在钢液中的传质情况(忽略化学反应等的影响),由此可将脱硫速率表示为

$$\frac{\mathrm{d}[\%S]}{\mathrm{d}t} = -K\frac{F}{V}\left([\%S] - \frac{(\%S)}{L_s}\right) \tag{7.58}$$

式中:F——平静时的渣-钢界面积,m^2。

V——钢液体积,m^3。

t——时间,s。

$(\%S)$——渣中硫含量。

$[\%S]$——钢中硫含量。

L_s——t 时刻硫在渣-钢间的分配系数。

K——表观脱硫速率常数,在气体搅拌的条件下为

$$K = 500\left(D_s\frac{Q}{F}\right)^{\frac{1}{2}} \tag{7.59}$$

上式中:D_s——钢液中硫的扩散系数,$\mathrm{m}^2 \cdot \mathrm{s}^{-1}$;

Q——在温度 T 和压力 p 下通过界面的实际气体流量,$\mathrm{m}^3 \cdot \mathrm{s}^{-1}$。

当反应过程中 L_s 变化足够小,且忽略气相的流量时,脱硫率可表示为

$$\eta_s = \frac{[\%S]_0 - [\%S]_{\text{终}}}{[\%S]_0} \tag{7.60}$$

令无因次参数为

$$\lambda = L_s\frac{W_s}{W} \tag{7.61}$$

λ 为渣、钢成分和渣量的函数,又令搅拌条件函数为

$$B = K\frac{F}{V}t \tag{7.62}$$

由此可得

$$\eta_S = \frac{1 - e^{-B(1+1/\lambda)}}{1 + 1/\lambda} \tag{7.63}$$

图 7.6 表示了脱硫率 η_S 与 λ 和 B 的关系。从图中可以清楚地鉴别出影响脱硫率的关键因素究竟是炉渣性质和渣量(图中右下角部分)还是搅拌能量(图中左上角部分)。如果是前者,为了提高脱硫率,应从改进炉渣成分和增大渣量着手;如果是后者,则应从增大吹气量,加强搅拌着手。喷射冶金的实践证明,恰当地选择炉渣成分和足够的搅拌能量可使脱硫率达到80%~90%。

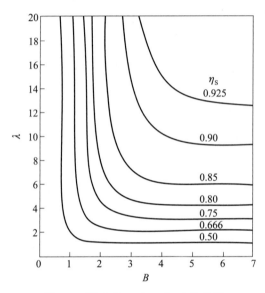

图 7.6 脱硫率 η_S 与 λ 和 B 的关系

7.2.5 加热

在炉外精炼过程中,若无加热措施,钢液会不可避免地逐渐冷却下来。影响冷却速率的因素有钢包的容量(即钢液量)、钢液面上熔渣覆盖情况、添加材料的种类和数量、搅拌的方法和强度、钢包的结构(如包壁的导热性能、钢包是否有盖)和使用前的烘烤温度,等等。在炼钢条件下,虽然可以采取一些措施来减少热损失,但是如果没有加热装置,要使钢包中的钢液不降温是不可能的。

为了充分完成精炼作业,使钢液的精炼项目多样化以增强对精炼不同钢种的适应性及灵活性,使精炼前后工序(例如精炼前炼钢炉的初炼和精炼后的连铸)之间的配合能起到保障和缓冲作用,并能精确控制浇注温度,要求精炼装置的精炼时间不再受到钢液温降的限制。为此,在设计某些炉外精炼装置时,要考虑采用加热手段。

1. 燃料燃烧加热

利用矿物燃料,如常用的煤气、天然气、重油等作为燃烧发热热源有其独特的优点。这些优点包括设备简单,很容易与现有冶炼设备配套使用,投资省、技术成熟,且容易被引用和掌握,运行费用也较低。因此,这种加热方法在冶金生产中的应用极为普遍。

2. 电阻加热

石墨电阻可以用来作为发热元件,通以电流,依靠石墨的电阻热可以加热钢液或精炼容器的内衬。DH法及部分RH法曾试用过这种加热方法。在这些方法中,石墨电阻棒通常水平地安置在真空室的上方,并由一套专用的供电系统供电。这种方法除需备有一套专用的供电设备外,其加热是靠辐射传热,效率较低,在实际应用中没有竞争力。因此,这种加热方法基本上没有得到发展和推广。

3. 电弧加热

这种加热方式是由专用的三相变压器供电的。它所使用的整套供电系统、控制系统、检测和保护系统以及燃弧的方式都与一般的电弧炉相同,所不同的是配用的变压器单位容量(平均每吨精炼钢液的变压器容量)较小,二次电压分级较多,电极直径较小,电流密度大,对电极的质量要求高。

常压下电弧加热的精炼方法有SKF法、LF法、LFV法等,在这些方法中,加热时间应尽量缩短,以减少钢液的二次氧化时间。应该在耐火材料允许的情况下,使精炼具有最大的升温速率。

4. 化学热法

在用VOD法、AOD法精炼超低碳钢时,并不需要担心钢液在精炼期间的温降,精炼时的散热以及各种添加材料的吸热都能从吹氧的氧化放热中得到补偿。所以,在VOD法或AOD法中,不必设计专门的加热装置。

化学热是利用化学反应放出的热量来加热钢液的方法,典型的如钢液的铝氧加热(aluminum oxygen heating, AOH)法,它是利用吹氧使铝氧化放出大量的化学热,从而使钢液迅速升温。类似的方法还有CAS-OB法和RH-OB法等。在这些方法中,铝首先被氧化,然后钢中的硅、锰等其他元素也会被氧化放热。

5. 其他加热方法

可以作为加热精炼钢液的其他方法还有直流电弧加热、电渣加热、感应加热、等离子弧加热、电子轰击加热等。这些加热方法在技术上都是成熟的,将它们移植到精炼炉上并与其他精炼手段配合,可以实现精炼钢液的加热升温。但是,这些加热方法在不同程度上使设备复杂化,并导致投资和运行费用的增加,因而限制了其在炼钢生产中的大规模应用。

7.3 炉外精炼技术的选择

现代钢铁冶金生产应从整体优化出发,对冶炼、精炼、浇注、轧制各工序,按照各自的优势进行调整、组合,从而形成专业分工更加合理、流程匹配更加科学、经济效益更加明显的整体优势。炉外精炼技术的应用,必须结合品种和质量的要求,以使炉外精炼功能对口、工艺方法和生产规模间的匹配经济合理。此外,还要注意主体设备与辅助设备配套齐全,这样才能获得稳定的工艺和良好的经济效益。

(1)炉外精炼设备的选型

这里需要注意以下方面:以钢种为中心,正确选择精炼设备;注意生产节奏,提高精炼设备作业率;注意与初炼炉匹配,以降低生产成本;要结合工厂实际情况选择精炼设备,尽可能降低投资成本;要努力提高炉外精炼比。

（2）炉外精炼设备的合理配置

功能配套：为满足钢种冶炼的质量要求，可将不同功能的精炼设备组合起来，共同完成精炼任务。

能力配套：精炼炉与初炼炉在生产能力和生产节奏上配套，以保证精炼设备具有较高的作业率。

工艺配套：要求配备有挡渣出钢、炉渣改质、保护浇注、钢液保温、自动开浇、底吹氩、使用高性能耐火材料等工艺配套措施。

炉外精炼技术是一项系统工程。采用任何一种炉外精炼技术，首先要认真分析市场对产品质量的要求，明确基本生产工艺路线，然后再确定应选择的炉外精炼设备。只有这样，才能做到炉外精炼功能对口，在工艺方法、生产规模以及工序间的衔接、匹配上经济合理。

炉外精炼一般根据需要配备以下功能：

1）加热。包括电加热、化学加热、等离子加热、氧燃加热。通过这几种方法给钢液加热升温，能保证有充足的时间和温度进行造渣、合金化、喷粉等精炼操作，使钢液满足连铸所要求的温度和质量。

2）真空。通过抽真空（一般要求气压 $< 0.5 \times 10^5$ Pa）来脱除有害气体（氢气、氮气），并进行真空碳脱氧或真空氧脱碳。

3）搅拌。通过搅拌加快精炼过程的化学反应速率，加快传质，并使钢液成分和温度更快地均匀化。搅拌的主要方法有吹入气体搅拌和电磁感应搅拌，目前气体搅拌在炉外精炼设备中应用较多。

上述三个功能对于生产高品质钢来说必不可少，它们可以在同一台设备上完成，也可以在一条精炼生产线的不同设备上分别完成，但搅拌钢液必须贯穿精炼过程的始终。生产超纯钢时为了达到深脱硫的目的，应该配备钢液喷粉处理设备；为了达到钢液成分微调、夹杂物形态控制的目的，应该配备喂线机。在现代化的生产高级优质钢材的企业中，一般炉外精炼设备都是系统配套，并建成钢包精炼站。

图 7.7 结合一个钢包实例，表示出了目前几乎所有的冶金操作功能，包括气体搅拌、真空处理、电弧加热、感应搅拌、氩氧精炼、喷粉及喂线等。

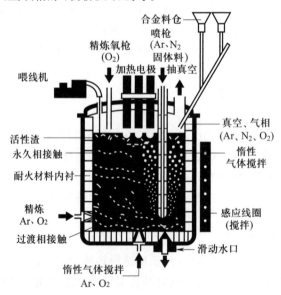

图 7.7 钢液炉外精炼的功能装置图

7.4 炉外精炼方法简介

7.4.1 钢包脱气法

先将钢包放入真空室,盖上真空室盖后抽真空脱气。由于没有搅拌装置,在钢液处理过程中,气体从钢液中逸出全靠真空室的负压作用来实现。伴随气体的逸出,钢液产生沸腾,起到气体搅拌的作用,其间可用加铝或调节真空室压力的方法控制气体脱除的反应。真空室内的压力一般为 $666 \sim 2.66 \times 10^4$ Pa,其处理时间取决于钢液温度,一般为 $12 \sim 15$ min。这种方法的钢液脱气效果不太显著,特别是对于吨位较大的钢包,因受钢液静压力的影响,位于钢包下层钢液中的气体不易逸出。

7.4.2 钢液真空滴流脱气精炼

钢液真空滴流脱气法是在 20 世纪 50 年代由德国 Bochumer Verein 公司开发的,又叫 Bochumer 法。钢液以流束状注入置于真空室内的容器中,由于真空室压力急剧降低,使流股松散膨胀,并散开成一定角度以滴状降落,脱气表面积增大,有利于气体的逸出。目前采用的有以下几种方法:把钢液由一个钢包注入真空室内的另一个钢包的倒包法,把钢液注入真空室内钢锭模中的真空浇注法,出钢到真空室内的钢包中的出钢脱气法及真空滴流保护渣处理法等,如图 7.8 所示。

钢液真空滴流脱气除了可脱氢、脱氮外,还可以脱氧和碳。在钢液滴流脱气的过程中遇到的主要问题是钢液温降严重,为了保证能充分脱气和具有合适的浇注温度,钢液需过热 100 ℃ 左右。如果采用真空浇注法,虽然出钢温度可以低些,但真空浇注设备利用率低,因此这种方法主要适用于生产大锻件的机械制造厂。

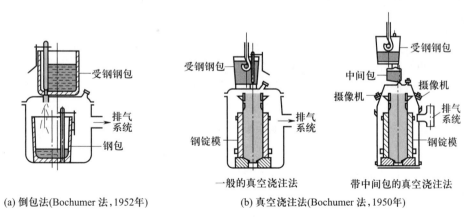

(a) 倒包法(Bochumer 法,1952年)　　(b) 真空浇注法(Bochumer 法,1950年)

图 7.8　钢液真空滴流脱气法

7.4.3 真空提升脱气法(DH 法)

真空提升脱气法是 1956 年德国 Dortmund Horder 冶金联合公司首先发明使用的,简称 DH

法。真空提升脱气法的主要设备由真空室、提升机构、加热装置、合金加入装置以及抽气系统等组成,如图 7.9 所示。

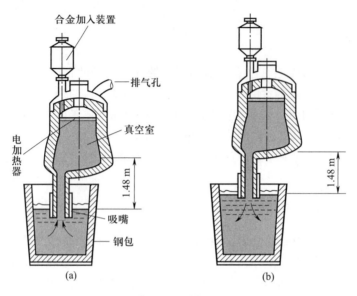

图 7.9　真空提升脱气法(DH 法)

真空提升脱气法是根据压力平衡原理而来的。将真空室下部的吸嘴插入钢液内,真空室抽成真空后,钢液沿吸嘴上升到真空室内脱气。如果真空室内压力为 13.3～66 Pa 可提升钢液高度约 1.48 m。当钢包下降或真空室相对提升时,脱气后的钢液重新返回到钢包内。当钢包上升或真空室下降时,又有一批新的钢液进入真空室进行脱气。这样,钢液一次又一次地反复进入真空室,直到全部钢液处理结束为止。

真空提升处理法的主要优点:进入真空室内的钢液激烈沸腾,脱气表面积大,脱气效果好,因而此法适用于大量钢液的处理,即能用较小的真空室处理大吨位的钢液。因钢液在真空室内沸腾激烈,这使得此法具有较大的脱碳能力,可以用来生产碳含量为 0.002% 的低碳钢。处理过程中可以加合金调整成分,合金元素的收得率高。

钢液真空提升法的主要工艺参数有钢液吸入量、升降次数、循环因数、停留时间、升降速率、提升行程等。

钢液吸入量是指每次升降时吸入到真空室内的钢液量。它的多少取决于钢包的容量,一般为钢包内钢液量的 10%～15%。

升降次数是指处理过程中钢液分批进入真空室的次数。研究结果表明,为达到一定的脱气效果所必需的升降次数 n 按下式计算:

$$n = \frac{1}{\lg(1-\alpha)} \lg \frac{(d_n - \beta)}{(d_0 - \beta)}$$

式中:n——升降次数;

d_0——脱气处理前钢液中气体含量;

α——钢液吸入量与总钢液量之比;

β——处理的钢液残余气体含量;

d_n——n 次升降后,钢包内钢液的平均气体含量。

按上式可计算出必要的最高升降次数,在接近生产条件(即 $\alpha<0.1$)时,n 的实际值与计算值的偏差不到 15%。

循环因数就是在处理过程中进入真空室的钢液总量与钢包内钢液量之比,用 u 来表示,计算公式如下:

$$u = \frac{nq}{Q}$$

式中:u——循环因数;

q——吸入钢液量,t;

Q——钢包内钢液量,t。

循环因数的选择应根据处理钢种、钢液中原始气体含量以及处理时的真空度而定。对于中、高碳钢,只有当循环因数为 3 以上时,钢中气体含量才能达到要求。如在处理过程中加入合金,为了使合金元素在钢液内均匀分布以及去除合金料所带入的气体,还要再循环一次。在实际生产中,循环因数是按提升次数来控制的。处理终点一般根据真空室内的压力、废气成分以及钢液温度来决定。

7.4.4 真空循环脱气法(RH 法)

真空循环脱气法又称 RH 法,1956 年由联邦德国鲁尔(Ruhrstahl)钢公司和海拉斯(Heraeus)公司共同开发了真空循环脱气技术和装备。设计的初衷是用于钢液的脱氢。经过十几年的发展,技术不断创新和完善。真空循环脱气原理类似于"气泡泵"的原理,如图 7.10 所示。

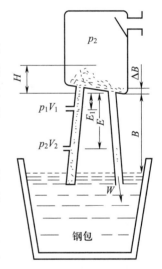

当两个浸渍管(上升管、下降管)插入钢液一定深度后,启动真空泵,真空室被抽成真空。由于真空室内、外压力差,钢液从两个浸渍管上升到与压差相等的高度,即循环高度 B。与此同时,上升管输入驱动气体(氩气或其他惰性气体、反应气体),驱动气体由于受热膨胀以及压力由 p_1 降到 p_2 而引起等温膨胀,即上升管内钢液和气体混合物的密度降低,从而驱动钢液上升像喷泵一样涌入真空室内,使真空室内的平衡状态受到破坏。

图 7.10 真空循环脱气原理图

为了保持平衡,一部分钢液从下降管回到钢包中,就这样,钢液受压差和驱出气体的作用不断地从上升管涌入真空室,并经下降管回到钢包内,周而复始,实现钢液循环。按能量守恒律,气体膨胀功($A_{气体}$)等于被输送钢液量上升所需的功($A_{钢液}$)与钢液和气体混合物克服上升过程中摩擦力和阻力所做的功($A_{损失}$)之和,即

$$A_{气体} = A_{钢液} + A_{损失} \tag{7.64}$$

式中:

$$A_{气体} = V_1 p_1 \ln(p_2/p_1) - V_0 R(T_2 - T_1)/22.4 \tag{7.65}$$

$$A_{钢液} = MHg \tag{7.66}$$

式中：V_1——驱动气体按压力 p_1 计算的气体体积，即气体瞬时体积；

$\quad p_1$——驱动气体的压力；

$\quad p_2$——真空室内的压力；

$\quad V_0$——标准状态下驱动气体的体积；

$\quad T_1$——驱动气体的温度；

$\quad T_2$——钢液的温度；

$\quad R$——气体常数；

$\quad M$——从上升管进入真空室内的钢液量；

$\quad H$——钢液的提升高度；

$\quad g$——重力加速度。

实际上 $A_{损失}$ 很小，式（7.65）中 $A_{气体}$ 右边第二项值也很小，可以忽略不计，则有

$$M = (EV_1/H)\ln(p_2/p_1)$$

式中：E——驱动气体进入高度；

$\quad H$——提升高度；

$\quad V_1$——气体瞬时体积。

进入真空室的钢液量与驱动气体瞬时体积之间呈线性关系，图 7.11 所示即为 RH"气泡泵"的特性曲线。

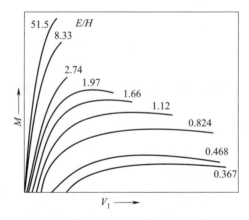

图 7.11　RH"气泡泵"的特性曲线

当输入已脱气和已脱氧的钢液时，驱动气体所起的作用就显著得多。此时，钢中放出的少量气体对钢液提升所起的作用不大。如调整驱动气体的进入位置，使进气高度与提升高度之比大于 3，就可以得到斜率较大的进料特性曲线。钢液脱气后汇集在真空室底部，形成高度差 ΔB 的钢液层，按能量守恒定律可得

$$Mg\Delta B = Mv^2/2 \tag{7.67}$$

$$v = \sqrt{2g\Delta B} \tag{7.68}$$

所以要获得 $v = 1$ m/s 的流出速率，要求真空室中钢液层高度差

$$\Delta B = \frac{v^2}{2g} = 0.051 \text{ m}$$

这种流动情况对钢液在钢包中混合极为重要。实践证明,从下降管流出的钢液流速大于 1 m/s 时,就会混合良好,且不会形成短路现象。

（1）循环速率

在 RH 法发展的初期,已有人考虑用数学模型来进行计算。为此,可用下式来描述脱气过程:

$$C_t = C_e + m(C_0 + C_e) e^{-v(t-t_0)/(mW)}$$ （7.69）

$$t = uW/v$$

$$t_0 = (W - mW)/v$$

式中:C_e——平衡浓度;

m——混匀系数;

C_0——起始浓度;

v——循环速率;

C_e——处理时间;

W——钢包的容量;

u——循环系数。

当 $m = 0$ 时,表示在钢包内已脱气的钢液与未脱气的钢液还未进行混合;$m = 1$ 时,表示已脱气的钢液与钢包内的钢液直接进行混合。对 RH 法真空处理来说,其混合系数处在这两个极限值之间。测量结果表明 $m = 0.6$,如图 7.12 所示。

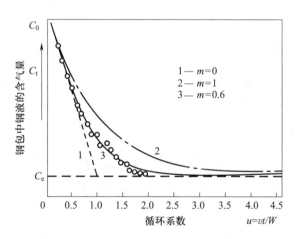

图 7.12　钢包中钢液的含气量与循环系数的关系

但是,根据理论模型进行计算所得的结果还不足以评定钢液的循环速率,因此需要对循环速率进行实测。这里,可采用向钢液中添加放射性金属进行测量的方法（图 7.13）,所获得的结果可作为设计 RH 真空装置的依据。对 RH 真空装置上进一步改进后所获得的结果如图 7.14 所示。图中示出了循环管直径为 200 mm、270 mm、300 mm 和 345 mm 时所测得的吸入速率与供气强度的关系。图 7.15 示出了输送气体引入点的高度对下降管的流速和输送气体的流量的影响。可见,引入点越高,下降管的流速越大。

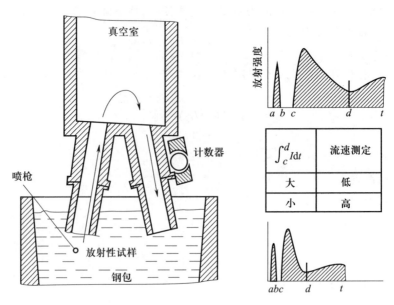

图 7.13　用放射金属测量循环速率

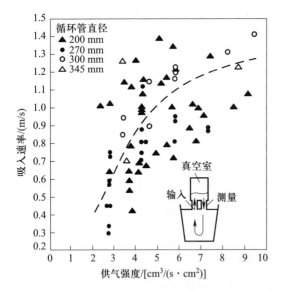

图 7.14　RH 真空处理时供气强度
对吸入速率的影响

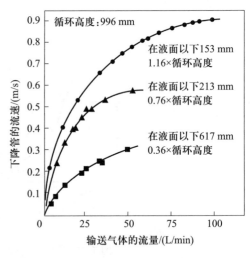

图 7.15　输送气体引入点的高度对下降管的
流速和输送气体的流量的影响

（2）RH 真空精炼的冶金功能

图 7.16 列出了 RH 真空精炼的冶金功能。它具有脱气、脱硫、脱氧、非金属夹杂物去除、温度和成分调整等功能。

（3）钢液循环脱气法的优点

脱气效果好：由于输入驱动气体，在上升管内生成大量气泡核，进入真空室的钢液又喷射成

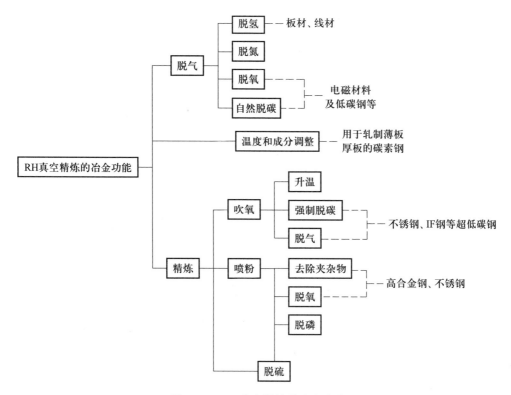

图 7.16　RH 真空精炼的冶金功能

极细小的液滴,这增加了钢液脱气表面积,因而有利于钢液脱气进行。

钢液温降小:一般只有 30~50 ℃,而且在脱气过程中还可以进行电加热,因此钢液在炼钢炉内只需少许过热。

适用范围广:用同一设备能处理不同容量的钢液。

(4) RH 真空精炼技术的发展

最初人们发明 RH 真空精炼技术的目的仅是为了锻造钢的脱氢,现在 RH 已经变为能够脱氮、脱氢、脱硫、吹氧、升温、成分控制、超低碳钢冶炼、炉渣精炼的多功能精炼技术。RH 具有操作简单、钢液处理量大的特点,可以与转炉、电弧炉炼钢配合使用,有效地提高钢液的质量。下面介绍 RH 发展过程中出现的几个基本概念和技术名词。

1) RH-OB 法、RH-OB-FD 法。RH-OB 法是在 RH 真空室的侧壁上安装一支氧枪,通过它向真空室内的钢液表面吹氧(oxygen blowing,OB)的方法。

最早 RH-OB 法使用的是用氩气冷却的二重喷嘴,后来开发了将 OB 喷嘴埋入 RH 真空室的方法,称为 RH-OB-FD(full dipped)法。RH-OB-FD 指的是 RH 埋入式喷嘴吹氧法,这种方法通过埋入钢液的喷嘴来增加吹入真空室的氩气或乳化油的用量,从而增大反应界面和搅拌力。图7.17 是 RH-OB 设备的示意图。使用这种方法可以使 RH 真空室内钢液的脱碳进程加速。同时,还可向真空室内加入铝、硅等发热剂,促使钢液温度上升,用铝热法可使钢液达到每分钟升温4 ℃的效果。

2) RH-KTB 法。RH-KTB 法是 1986 年由日本川崎(KAWASAKI)钢铁公司开发的一种钢液精炼方法。RH-KTB 的全称是 RH-KAWASAKI top blowing。图 7.18 是 RH-KTB 设备的示意图。这种方法是通过 RH 真空室上部插入真空室的水冷氧枪向 RH 真空室内的钢液表面吹氧，加速脱碳，提高二次燃烧率，降低钢液温降的速率。RH-KTB 法的关键是二次燃烧控制技术。与传统的 RH 法不同的是，在 RH 真空室的顶端加一支氧枪，通过顶吹氧枪向 RH 真空室吹氧，控制 CO 的二次燃烧，并使用燃烧产生的热量加热钢液，可以获得较高的钢液温度而不需要加铝。同时，这种方法还能获得快速的脱碳效果而不会使钢液增氧。由于不使用铝加热钢液，因而此法减少了钢中夹杂物生成的机会，提高了钢液的质量。

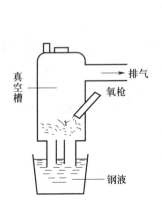

图 7.17　RH-OB 设备的示意图

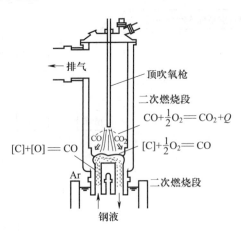

图 7.18　RH-KTB 设备的示意图

　　3）RH-Injection 法。RH-Injection 法也称 RH 喷粉。如图 7.19a 所示，它是在进行 RH 处理的同时，从真空室的外部向 RH 真空室上升管的下部插一支喷枪向钢液内喷入氩气和合成渣粉料的方法。该方法可以在一次操作中完成脱硫、脱氢、脱碳、减少非金属夹杂物和调整成分的任务。

　　4）RH 的多功能化。RH 自身没有加热功能，它不能进行脱硫，不能对夹杂物进行形态控制。因此，RH 必须与其他精炼方法相配合才能对钢液进行更有效的精炼，如图 7.19b、c 所示。

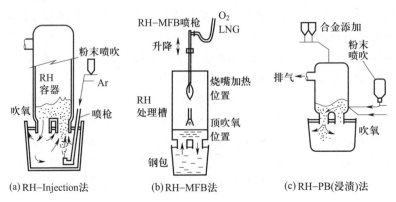

(a) RH-Injection法　　　　(b) RH-MFB法　　　　(c) RH-PB(浸渍)法

图 7.19　RH 法的各种改进形式

7.4.5　真空吹氩脱气法(VD法)

真空吹氩脱气法是美国芬克尔(Finkl)公司1958年首先提出来的,所以也称芬克尔法,一般简称为VD(vacuum degassing)法。

VD法是将钢包真空脱气法和吹氩搅拌相结合的一种方法。钢包真空脱气法是出钢后将钢包置于真空室内,盖上真空盖后抽真空使钢液内气体由液面逸出。在包内无强制搅拌装置的情况下,脱气主要靠负压作用在钢液上层进行,并借助钢液内碳自发脱氧反应生成的CO气泡的排出造成钢液沸腾搅拌熔池,增大气-液相界面积,并提高传质系数,从而提高了脱气效果。因此,认为脱气由液面脱气和上浮气泡脱气构成。但因无强制搅拌措施,只有钢包上部一层钢液与真空作用,所以脱气效果差。特别是大容量钢包,因钢液静压力的影响大,钢包底层的气体不易逸出。而VD法的精炼手段是底吹氩搅拌与真空相结合。在真空状态下吹氩搅拌钢液,一方面增加了钢液与真空的接触面积,另一方面从底部上浮的氩气泡吸收钢液内溶解的气体,加强了真空脱气效果,脱氢率可达到42%~78%。同时上浮的氩气泡还能黏附非金属夹杂物,促使夹杂物从钢液内排除,使钢的纯净度提高,清除钢的白点和发纹缺陷。

VD法的装置如图7.20所示。VD法所用钢包比普通钢包稍深一些,使钢包液面以上留有800~1 000 mm的净空高度,以满足钢液沸腾的需要。钢包底装有透气元件或透气砖,真空盖上装有加料设备,可以在真空状态下添加合金料。实现真空有两种形式:① 真空罐式,钢包坐入真空室内,盖上真空盖然后抽真空。② 桶式密封结构,连接真空系统的钢包盖盖在带凸臂的钢包上代替真空室。多数采用真空罐式密封结构。

需要真空脱气处理的钢液先在电弧炉或转炉内冶炼,炉内预脱氧,并造流动性良好的还原渣,出钢温度比不处理时高10~20 ℃,然后出钢。将钢包坐入真空室内,接通吹氩管吹氩搅拌,测温取样,再盖上真空盖,启动真空泵,10~15 min后可达到工作真空度(13.33~133 Pa)。在真空下保持10 min左右,以达到脱气、去夹杂物、均匀成分和温度的作

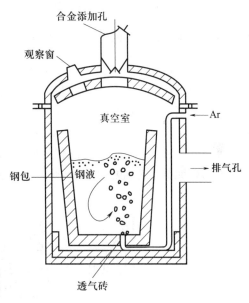

合金添加孔

观察窗

真空室

Ar

钢包　钢液

排气孔

透气砖

图7.20　VD法的装置

用。整个精炼时间约30 min,吹氩搅拌贯穿整个精炼过程。为保证精炼效果,需要合适的氩气压力和吹氩时间。为了将氩气吹入钢液内并搅拌钢液运动,氩气应具有一定的压力,最小压力 $p_{\min}$ 应满足下列关系:

$$p_{\min} = p_a + p_{钢} + p_{渣} + \frac{2\sigma}{r} + p_{损} \qquad (7.70)$$

式中: p_a ——钢液面上的气相压力,Pa;

$p_{钢}$ ——钢液的静压力($p_{钢} = \rho g H$),Pa;

$p_{损}$ ——系统内的压力损失,Pa;

$p_{渣}$——渣层静压力,Pa;

$\dfrac{2\sigma}{r}$——气泡形成克服表面能的压力损失,Pa。

压力过小不能形成气泡,压力过大,使气泡分散性下降,严重时形成连泡气柱,使氩气利用率下降,同时剧烈搅拌增加热损失。实际操作时,供气压力根据液面运动情况进行调节,最佳压力应是刚好在钢液底部形成氩气泡,排出的气体不冲破渣层而使液面上、下脉动。从钢包坐入真空室开始吹氩直至精炼结束,钢包吊出真空室停止吹氩,吹氩贯穿整个精炼过程。

以某钢厂 GCr15 轴承钢为例,VD 法的精炼效果如下:

1)脱氧。经 VD 法精炼后钢中全氧含量为 $(12\sim27)\times10^{-4}\%$,溶解氧含量一般为 $(7\sim15)\times10^{-4}\%$,溶解氧的脱除率平均为 82%。

2)脱氢。脱氢率平均 55%,氢含量为 $2.34\times10^{-4}\%$。

3)温度均匀。处理前不同部位的温差为 ±20 ℃,处理后为 ±3 ℃。

4)夹杂物形态有了根本改善,以往造成废品的主要质量问题——点状不变形夹杂物消失了。

5)脱硫。VD 法因缺少加热手段,精炼过程不能造新渣脱硫,脱硫率只有 20% 左右。

7.4.6 钢包真空精炼法(ASEA-SKF 法)

该方法是瑞典 ASEA 公司和 SKF 公司于 1965 年联合研制成功的,因而又被称为 ASEA-SKF 法。此法的设备处理容量为 $20\sim140$ t,图 7.21 是 ASEA-SKF 法的示意图。当钢液从转炉、电弧炉中出钢到钢包后,先进行电磁搅拌以去除初炼炉渣,然后再加渣料造新渣,用电弧加热熔化渣料。当钢液温度合适时,盖上真空盖进行真空脱气处理,必要时加入合金调整钢液成分和温度。钢包真空精炼法第一次完善了现代炉外精炼设备的三个基本功能,即加热、搅拌和真空。它既可以配电弧炉炼钢工艺,也可以配转炉炼钢工艺。

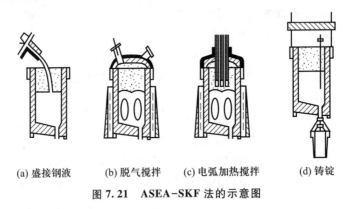

(a) 盛接钢液　　(b) 脱气搅拌　　(c) 电弧加热搅拌　　(d) 铸锭

图 7.21　ASEA-SKF 法的示意图

钢包真空精炼法的优点:① 可对钢液进行加热和电磁感应搅拌(夹杂物易于上浮去除),钢液的脱气时间可以不受限制,操作灵活,可以进行脱硫、脱氧、脱碳、调整成分和温度,钢液的质量大大提高。② 提高了初炼炉(转炉、电弧炉)的生产能力,即在转炉内,只进行钢液的脱碳、脱磷和调整温度操作;在电弧炉内,只进行炉料的熔化、脱碳、脱磷和升温操作;所有的钢液精炼任务都是在炉外精炼过程中完成,这缩短了初炼炉的冶炼时间。③ 扩大了冶炼品种,这是由于精炼过程中可以加入大量铁合金,使其能生产由碳素钢到合金钢等多个品种。④ 能降低成本,由于初炼炉的冶炼时间大大缩短,这降低了冶炼消耗(电耗、耐火材料的消耗量等),提高了铁合金的收得率。⑤ 改善了钢锭(坯)的表面质量。⑥ 对于大断面钢坯,可以减少氢扩散退火时间,节约能源。

由于钢包真空精炼法可以完成炼钢过程中所有的精炼任务,因而它的结构比较复杂,主要包括钢包、电磁感应搅拌系统、真空密封炉盖和抽真空系统、电弧加热系统、渣料及合金料加料系统、吹氩搅拌系统及控制系统。

7.4.7 钢包炉精炼法(LF法)

LF是钢包炉(ladle furnace)的缩写,是1971年由日本大同钢铁公司大森特殊钢厂(简称日本特殊钢厂)开发成功的。传统的电弧炉(EAF)炼钢包括熔化、氧化和还原三个阶段,生产周期长、效率低。日本特殊钢厂将还原期操作移到钢包中进行,使电弧炉专门用于废钢的熔化和氧化,从而显著提高了电弧炉炼钢的生产效率和钢液质量,LF炉由此成为电弧炉和连铸间匹配的主要设备。在随后的十几年内,为满足管线钢、大线能量焊接厚板、低温韧性中厚板等纯净钢的生产需求,LF炉进一步用于转炉钢的二次精炼,并在设备和技术上做了改进,增加了粉剂喷枪,如NKK电弧炉精炼处理(NKK arc refining process,简称NK-AP)和日本新日制铁公司君津厂喷粉处理(Nippon Steel Kimitsu injection process,简称KIP)。KIP后来又引入了真空处理工艺,将LF炉置于真空室内,称为V-KIP。

LF法是以电弧加热为主要技术特征的炉外精炼方法。图7.22为LF钢包精炼炉的示意图,包括电极及供电系统、炉盖及水冷系统、钢包及钢包车控制系统、合金与渣料加入系统、底吹系统、测温取样系统等。根据电极加热方式,LF分为交流钢包炉和直流钢包炉,国内常见的为交流钢包炉。

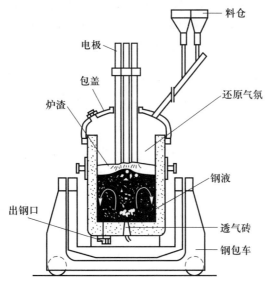

图7.22 LF钢包精炼炉的示意图

LF精炼的冶金功能包括渣/钢精炼,进行脱氧、脱硫和非金属夹杂物控制;加热和温度控制;

合金化和成分调整等。

LF 炉精炼工艺主要包括以下几个环节:① 钢包准备(烘烤 1 200 ℃)。② 造渣。合理造渣可以达到脱硫、脱氧、脱磷甚至脱氮的目的;还可吸收钢液中的夹杂物并控制夹杂物形态;可形成泡沫渣(或称为埋弧渣)淹没电极,埋弧加热,提高热效率,减少耐火材料的侵蚀。③ 电极加热。LF 炉的加热过程应采用低电压、大电流操作。开始加热时,炉渣尚未完全熔化,此时加热速率宜小一些,随后再提高加热速率。④ 搅拌。LF 精炼期间搅拌的目的是均匀钢液成分和温度,加快传热和传质,强化钢渣反应并加速夹杂物上浮去除过程。

1. LF 精炼过程的温度控制

(1)钢包预热对钢液温度的影响

以 60 t 钢包为例,钢包预热温度(即钢包内壁温度)对钢液温降的影响如图 7.23 所示。从中可以看出:

1)钢包预热温度越高,钢液的温降越小。预热温度分别为 500 ℃ 和 900 ℃ 的钢包,其对应的钢液温降相差约 50 ℃。

2)在前 20 min 内,钢液温度随时间几乎呈直线下降趋势,而在 35 min 后,包壁蓄热基本上达到了饱和。进入 LF 炉的钢液用小功率加热一段时间后,钢液的温度仍比未加热时低,这是因为钢包衬蓄热量大于电极供给热的缘故。

(2)渣层厚度对钢液温度的影响

渣越薄,其表面散热量越大,这可以从图 7.24 中看出。当渣厚小于 50 mm 时,渣厚对渣表面散热量影响较大;渣厚大于 50 mm 时,不同渣层厚度所对应的渣表面的热损失基本相同,如在图 7.24 中,渣厚为 100 mm、150 mm 和 200 mm 时所对应的钢液温降都较小,20 min 后仅为 0.1 ℃。因此,从减少钢液热损失的角度来说,有必要保证渣层厚度大于 50 mm。

渣表面温度降得很快,5 min 内便可降到 900 ℃ 以下。但在 20 min 以后温降逐渐减小,甚至没有变化,也就是说,渣表面温度基本保持不变了。这表明,此时渣的散热达到了稳定状态,通过渣表面损失的热量较少,渣的形成阻止了钢液的热量损失。

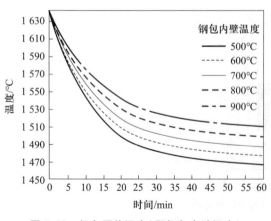

图 7.23　钢包预热温度(即钢包内壁温度)
对钢液温降的影响

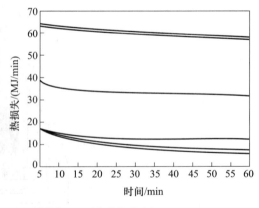

(图中由上至下曲线分别对应于 30 mm、40 mm、
50 mm、100 mm、150 mm、200 mm 的渣厚)

图 7.24　不同渣厚条件下,渣表面的散
热量随时间的变化曲线

（3）吹氩搅拌对钢液温度的影响

氩气搅拌可造成钢液的温降,主要原因:吹氩搅拌消除了钢包内钢液的温度分层,增加了钢液向包壁的传热能力;吹氩搅拌导致钢液面裸露,增加了散热量。

2. 电极供热

（1）电弧功率的损失

三相电弧加热中,对于变压器-电弧炉体系,电极供热为

$$Q = \int_{t_1}^{t_2} P_i \mathrm{d}t \qquad (7.71)$$

式中:P_i——某时间内由短网输入钢包炉的有功功率,kW;

t——供电时间,min。

若要讨论电弧炉内电弧发热的问题,则其电弧的供热为

$$Q_{i-in} = \sum 60 P_a t \qquad (7.72)$$

式中:Q_{i-in}——单位时间电弧供给的热,J/min;

P_a——某时间内的电弧功率,kW;

t——某时间间隔,min。

电弧功率不可能被全部用来加热钢液,因为电弧要通过辐射和对流对外散热。暴露于钢液面上的电弧长度是造成电弧功率损失的主要原因。其损失功率为

$$P_{loss} = P_a \Phi [1 - \lambda (\Phi_c I_a + \Phi_{S_1} h_{S_1})/V_a - 0.5 \gamma/V_a] \qquad (7.73)$$

式中:P_{loss}——电弧功率损失,MW;

Φ——比例系数;

λ——电弧柱上的电压梯度,V/mm;

Φ_c——冲击凹坑与弧流的比例系数;

I_a——电弧电流,kA;

Φ_{S_1}——埋弧长度与渣厚的比例系数;

h_{S_1}——渣层厚度,mm;

V_a——电弧电压,V;

γ——对应于电弧斑点损失的电压降,V。

（2）电弧功率的确定

确定电弧加热功率的经验公式为

$$W' = C_m \Delta T + S W_S + A W_A \qquad (7.74)$$

式中:W'——精炼 1 t 钢液所需补偿的能量,kW·h/t;

C_m——1 t 钢液升温 1 ℃所需的能量,kW·h/t;

ΔT——钢液的升温,℃;

S——渣料的用量与钢液总量的百分比数;

W_S——熔化 10 kg 渣料所需的能量,一般 $W_S = 5.8/(\%1)$kW·h/t;

A——合金料的加入量占钢液总量的百分比数;

W_A——熔化 10 kg 合金料所需的能量,一般 $W_A = 7/(\%1)$kW·h/t。

通过上式计算可求出所需的功率,选择此电弧功率下的变压器抽头。

电弧的辐射对钢包炉衬寿命影响很大,所以在选择电弧功率时要考虑耐火材料指数的因素。耐火材料指数反映了电参数、热参数、几何参数对钢包壁热点区的综合破坏作用。其定义公式为

$$R = P_p U_p / a^2 \tag{7.75}$$

式中:R——耐材损耗指数;

$\quad P_p$——弧柱上有功功率,kW;

$\quad U_p$——弧柱上的电压降,V;

$\quad a$——电极与炉壁的距离,cm。

3. LF 精炼过程的纯净度控制

(1)氧的控制

在 LF 精炼过程中,一方面要用脱氧剂最大限度地降低钢液中的溶解氧,进一步减少渣中不稳定氧化物(FeO+MnO)的含量,另一方面要采取措施使脱氧产物上浮去除。

若用强脱氧元素铝来脱氧,当钢中的酸溶铝含量达到 0.03%~0.05% 时,钢液脱氧完全,这时钢中的溶解氧几乎都转变成 Al_2O_3,钢液脱氧的实质变为钢中氧化物夹杂物的去除问题。

1)溶解氧活度的变化。LF 精炼过程中钢液中的溶解氧活度的变化如图 7.25 所示。从中可见,随着精炼过程的进行,溶解氧的活度有所升高,而溶解氧活度的升高会导致回磷。钢液中溶解氧活度与回磷率的关系如图 7.26 所示。

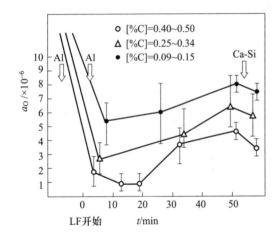

图 7.25　LF 精炼过程中钢液中的溶解氧活度的变化　　图 7.26　钢液中溶解氧活度与回磷率的关系

2)酸溶铝含量的变化。LF 精炼过程中,引起钢液中酸溶铝变化的主要有渣中 SiO_2、MnO、FeO、Cr_2O_3 以及大气的氧化。因而,定义钢液中酸溶铝变化的速率常数 k 为

$$k = a(\%SiO_2) + b(\%MnO) + c(\%Cr_2O_3) + d(\%TFe) + e\Delta[N]$$

式中:a、b、c、d、e 分别为渣中(SiO_2)、(MnO)、(Cr_2O_3)、(TFe)以及大气的氧化引起钢中酸溶铝含量变化的氧化速率常数,它们的单位均为 10^{-6}/min。在一定的渣系条件下,根据钢液中各成分的变化可以确定常数 a、b、c、d、e,进而可求得 LF 精炼过程中酸溶铝含量的变化。

3)夹杂物的上浮。LF 精炼要保证精炼时间,以使氧化物夹杂物充分上浮。钢液中总氧的

去除速率为

$$-\frac{d[TO]_t}{dt} = k_1[TO]_t - k_2 \qquad (7.76)$$

上式右边第一项为总氧的去除速率项，即由于夹杂物上浮导致的总氧去除速率，k_1 为夹杂物上浮去除的速率常数；等式右边第二项 k_2 为总氧的增加速率项，即由于二次氧化造成的钢液中氧的增加速率，它由钢液中酸溶铝 [Al] 的氧化速率 k_3 确定。依据 [Al] 氧化生成 Al_2O_3 的情况可得如下关系式：

$$k_2 = \frac{48}{54}\alpha k_3 \qquad (7.77)$$

式中，α 为钢-渣界面与钢液反应生成的夹杂物在钢液中的残留比例。

在 $t = 0$ 时总氧含量为 $[TO]_0$，则某时刻 t 的总氧量为

$$[TO]_t = \frac{k_2}{k_1}(1 - e^{-k_1 t}) + [TO]_0 e^{-k_1 t} \qquad (7.78)$$

4）合理的搅拌功率。要控制吹氩搅拌功率，以促进夹杂物上浮，并防止钢液的二次氧化。由于在入 LF 前不喂铝，钢液的二次氧化要引起特别的注意，针对不同操作目的，可相应地选择不同的搅拌功率，见表 7.6。

表 7.6　LF 炉搅拌功率的选择

工艺过程目的	搅拌功率选择/(W/t)
加热升温	100
加合金之后，测温取样前的混匀	150~200
脱硫及钢-渣反应	150
脱氧及去夹杂物，弱搅拌	30~50

5）喂 CaSi 线。Al 脱氧在钢中产生大量团聚状的 Al_2O_3 夹杂物，极易造成钢浇注时出现水口结瘤或堵塞现象，严重时甚至造成断浇，影响生产顺行。为此常通过喂 CaSi 线或纯 Ca 线的方式解决。当喂线后钢液中的钙铝比达到 0.14 时，生成的 $12CaO \cdot 7Al_2O_3$ 熔点低，在冶炼和浇注温度下呈液态，从而可减轻或避免水口结瘤。对于 150 t 钢包，喂线速率常控制为 4~5 m/s；对于 60 t 钢包，喂线速率控制为 1.95~2.3 m/s。

6）LF 精炼结束时的弱搅拌。钢液的弱搅拌净化处理技术是指通过弱的氩气搅拌（也称软吹氩）促使夹杂物上浮。吹入的氩气泡可为 10 μm 或更小的不易排出的夹杂物颗粒提供黏附的基体，使之黏附在气泡表面排入渣中。另外，变性的夹杂物也需要有一定的时间上浮。软吹氩的功率一般为 30~50 W/min，软吹氩时间依钢种的生产节奏需要而定。对于洁净度要求较高的钢种，通常要求软吹氩 >8 min。喂线后夹杂物指数与软吹氩时间的关系如图 7.27 所示，软吹氩时间对钢材中全氧含量的影响如图 7.28 所示。

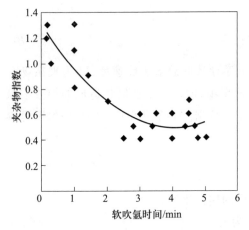

图 7.27 喂线后夹杂物指数与软吹氩时间的关系　　图 7.28 软吹氩时间对钢材中全氧含量的影响

（2）硫的控制

在 LF 内可以创造出非常适宜的脱硫热力学和动力学条件,这有利于低硫、超低硫钢的生产。LF 精炼过程中的脱硫反应如下：

$$3(CaO)+2[Al]+3[S] \Longrightarrow 3(CaS)+(Al_2O_3)$$

$$\Delta G^{\theta} = -RT\ln\left(\frac{a_{CaS}^3 a_{Al_2O_3}}{a_{CaO}^3}\frac{1}{a_{Al}^2 a_S^3}\right) \tag{7.79}$$

$$a_{CaS}=f'_{CaS}(\%S) \qquad a_S=f'_S[\%S]$$

$$\frac{(\%S)}{[\%S]}=\frac{a_{CaO}}{f'_{CaS}a_{Al_2O_3}^{1/3}}f'_S a_{Al}^{2/3}\exp\left(\frac{-\Delta G^{\theta}}{3RT}\right) \tag{7.80}$$

由上式可知,若要增大硫在渣-钢间的分配比,需要高碱度、高温、大渣量的条件,而 LF 精炼可满足上述的要求,它可以造高碱度还原渣;渣量大,可达 25 kg/t;利用电弧加热,炉渣温度高;可以控制吹氩量,保证钢液有较强烈的搅拌。一般硫含量小于 0.001% 的超低硫钢都可以通过 LF 精炼来生产。

LF 炉不采用电磁搅拌,比 ASEA-SKF 炉设备简单、便宜,目前已经成为一种用途广泛的钢液炉外精炼设备。

7.5 不锈钢的炉外精炼

不锈钢的炉外精炼是一类特殊的冶炼设备,其精炼技术核心可归纳为"脱碳保铬"四个字。一般不锈钢的成分范围可认为在 Fe-Cr-C-O 四元体系内,其中存在着如下基本反应：

$$Cr_3O_{4(s)}+4[C] \Longrightarrow 3[Cr]+4CO_{(g)}$$

若取 CO 的分压为一个大气压,即 $p_{CO}=1$ atm,则实用的热力学计算式为

$$\lg\frac{[\%Cr]}{[\%C]}=-\frac{13\,800}{T}+8.76$$

式中:T 为绝对温度,K;[%Cr]和[%C]分别为熔池中 Cr 和 C 的质量百分浓度。

根据上式的计算可得到[%Cr]=18 时[%C]、T 和 p_{CO} 的关系,如图 7.29 所示。从中可以看出:对于[%Cr]=18 的不锈钢,若使[%C]降至 0.12 以下,熔池温度将达到 1 825 ℃,如此高的温度下炉衬将很快毁坏,这正是单炉法冶炼不锈钢的基本困难之所在。

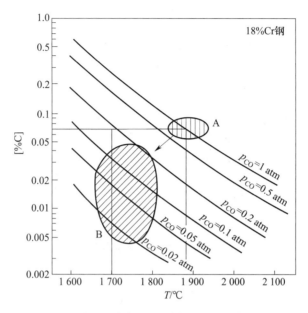

A—吹氧法操作条件;B—降低 p_{CO} 法操作条件

图 7.29　18%Cr 钢中[%C]、T、p_{CO} 的关系

在 p_{CO} = 1 atm 下,饱和氧的熔池中铬、碳含量和温度的关系如图 7.30 所示。

考虑到 p_{CO} 的影响,热力学计算式转变为

$$\lg \frac{[\%Cr]}{[\%C]} = \frac{-13\ 800}{T} + 8.76 - 0.925 \lg p_{CO}$$

式中,p_{CO} 为气相中 CO 的分压,atm。

由上式可得到减压操作有利于不锈钢冶炼的启示:① 降低气相中的 p_{CO}:通过稀释(AOD);② 降低气相总压强:通过真空(VOD)。

7.5.1　真空吹氧脱碳法

真空吹氧脱碳(vacuum oxygen decarburization,VOD)法是由德国 Edel-stahlwerk Witten 和 Standard Messo 公司于 1967 年共同开发的,又称为 Witten 法。它是一种不锈钢的精炼方法,主要是利用真空降低 CO 的压力进而达到去碳保铬的目的。由于在真空条件下很容易将钢液中的碳和氮去除到很低的水平,因此该精炼方法主要用于超低碳、超低氮不锈钢的精炼。其特点是向处于真空室内的不锈钢液进行顶吹氧和底吹氩气搅拌精炼,达到脱碳保铬的目的。我国的第一台 VOD 炉是在 1977 年由大连钢铁公司和北京科技大学联合开发的。VOD 炉可以与转炉配合,也可以与电弧炉配合。在氧化精炼初期一般采用加入高碳铬铁的方法,在钢液中会发生如下反应:

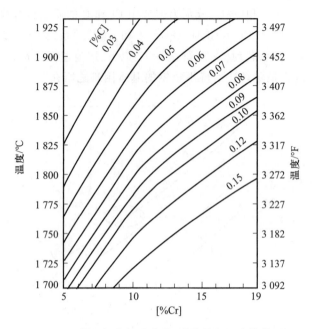

图 7.30 饱和氧的熔池中铬、碳含量与温度的关系

$$\frac{1}{4}(Cr_3O_4) + [C] \Longrightarrow \frac{3}{4}[Cr] + CO$$

$$K = \frac{[\%Cr]^{\frac{3}{4}}f_{Cr}^{\frac{3}{4}}}{[\%C]f_C a_{Cr_3O_4}^{\frac{1}{4}}}p_{CO}$$

$$[\%C] = \frac{[\%Cr]^{\frac{3}{4}}f_{Cr}^{\frac{3}{4}}}{Kf_C a_{Cr_3O_4}^{\frac{1}{4}}}p_{CO}$$

在大气下冶炼不锈钢时,若要把钢液中的碳含量降到很低的程度,会使钢液中的铬氧化而进入渣中,造成合金元素的损失。例如,在电弧炉中冶炼不锈钢时,渣中的铬含量可达 30% ~ 40%。在大气下冶炼不锈钢时,钢液温度越高,与铬平衡的碳含量越低。因此,靠提高钢液温度的办法应该能达到去碳保铬的目的。然而,在实际工艺中,若把熔池温度提高到 1 800 ℃ 以上,炉体耐火材料会遭到严重的侵蚀,而且铬的收得率不超过 90%。另外一个方法是降低 p_{CO},它可以获得与提高钢液温度相同的效果。即在温度一定时,对一定成分的钢液来说,$\dfrac{[\%Cr]^{\frac{3}{4}}f_{Cr}^{\frac{3}{4}}}{Kf_C}$ 为常数,钢中碳含量 [%C] 只与 p_{CO} 有关。降低 p_{CO} 就可以达到降低碳含量的目的。此即为各种不锈钢精炼法的基本原理。目前,降低 p_{CO} 的方法有两类:一类是真空法,如真空吹氧脱碳法(VOD 法)、真空循环脱气吹氧脱碳法(RH-OB 法)等;另一种是稀释法,如氩氧脱碳法(AOD 法)是用氩气稀释以降低 p_{CO},汽氧脱碳法(CLU 法)则是用水蒸气分解得来的氢气稀释降低 p_{CO}。

VOD 法通过不断降低钢液所处环境的 p_{CO} 来达到去碳保铬和冶炼不锈钢的目的。这种方法提供了不锈钢冶炼必要的热力学和动力学条件,即高温、真空和搅拌,它是不锈钢,特别是低碳和超低碳不锈钢精炼的主要方法之一。VOD 法装置的示意图如图 7.31 所示。

VOD 钢包要承担真空吹氧、脱碳、精炼和浇注等功能。为了防止吹氧脱碳时产生喷溅,钢包的高度与直径比要大一些,一般采用 1∶1。为了适应高温下长时间真空精炼的需要,钢包内衬砖要采用高级耐火材料,特别是渣线部位的耐火材料性能尤其要好。钢包底部设有吹氩用的多孔透气砖,采用的是滑动水口浇注。拉瓦尔式氧枪的使用保证了氧气射流冲击钢液,以利于加速脱碳反应的进行。脱气罐由罐本体和罐盖组成,罐盖上配有测温、取样、加合金料和吹氧设备。为了防止脱碳喷溅,在钢包与真空盖之间安装了保护盖。

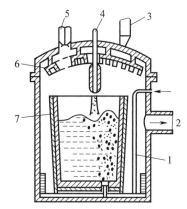

1—吹氩装置;2—脱气真空室;3—铁合金加料装置;
4—吹氧装置;5—取样和测温装置;
6—保护盖(防溅盖);7—钢包

图 7.31 VOD 法装置的示意图

VOD 法的精炼工艺如下:首先在初炼炉(转炉或电弧炉)内熔化炉料并进行吹氧降碳,使钢液内的碳含量降到 0.4%~0.5%,并将除硅外其他成分调整到规定值。接着调整钢液温度,当其达到 1 600~1 650 ℃时出钢。若钢液中碳含量过高,会增加在 VOD 炉中的真空脱碳时间。因此,在初炼炉中的脱碳量是很重要的。钢包吊进真空室后,须同时吹氩和抽真空以降低室内压力。溶解于钢液内的碳、氧开始进行反应并使钢液产生激烈的沸腾,待钢液平静后再开始吹氧精炼,此时熔池上的渣量少些为宜。VOD 法装置没有加热装置,熔池氧化反应放出的热量会使钢液温度有所升高。脱碳结束后,还要继续进行吹氩搅拌,在真空或大气中进行脱氧,在经成分和温度的调整后,可以准备进行浇注。

VOD 法不仅能冶炼不锈钢,也可对各种特殊钢进行真空精炼和真空处理,这简化了电弧炉的炼钢操作,提高了电弧炉炼钢的生产效率。VOD 法还可以与转炉、电弧炉相配合,形成初炼炉(转炉、电弧炉)+VOD+连铸的不锈钢优化生产工艺。

7.5.2 氩氧脱碳法

氩氧脱碳(argon oxygen decarburization,AOD)法是美国联合碳化物公司于 1968 年试验成功的一种生产不锈钢的炉外精炼方法。1983 年,太原钢铁公司建成了我国第一台 18 t 国产 AOD 炉,1987 年又投产了第二台。目前世界上不锈钢总产量的 70% 以上是由 AOD 法生产的,国内有 40 多台 AOD 炉。

AOD 法是从一个炉型类似于侧吹转炉的炉底侧面向熔池内吹入不同比例的氩、氧混合气体来降低 CO 的分压,从而使钢液中的[C]氧化,而[Cr]不氧化。其冶金过程在常压下进行。图 7.32 是 AOD 炉及底吹喷枪的示意图,图 7.33 是 AOD 炉的示意图。

1. AOD 炉的主要结构

AOD 炉的形状与直筒形转炉类似,炉体放在一个与倾动驱动轴连接的旋转支撑轴圈内,它可以变速向前、后旋转 180°。炉子内形的主要尺寸:熔池深度∶内径∶炉高约为 1∶2∶3。炉子下部设计成具有 20°倾角的圆锥,目的是使送进的气体能够离开炉壁而上升,避免侵蚀气体风口上部的炉壁。炉子的底侧部安有两个或两个以上风口,能够向炉内吹入气体。当装料和出钢时,炉体前倾,风口在钢液面以上。正常吹炼时,风口埋入熔池下部。

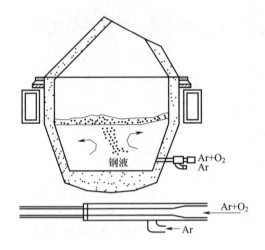

图 7.32　AOD 炉及底吹喷枪的示意图

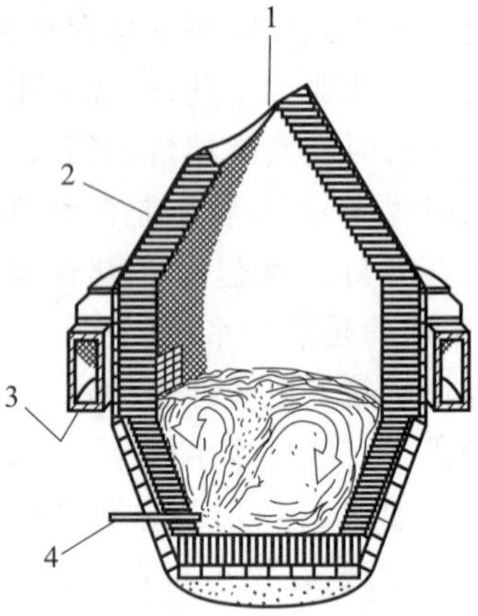

1—倾动出钢;2—活动炉壳;3—倾动耳轴套圈;4—气体喷嘴

图 7.33　AOD 炉的示意图

AOD 炉的控制系统,除了包括一般的机械倾动、除尘装置外,主要是由气源的调节控制系统组成。通过对流量计的监控和对调节阀等的操作,AOD 炉能够获得所希望的流量和氩氧比例的气体。

由于氩氧精炼的时间较短,同时 AOD 炉又没有外加热源,所以必须对其配备快速化学分析和温度测量等操作的仪器仪表,它们是考虑到 AOD 炉的工艺参数比较稳定,容易实现计算机自动控制精炼操作而被设置的。

2. 氩氧精炼法的操作工艺

氩氧精炼炉要依赖于电弧炉(或转炉)和 AOD 炉的双联操作。在操作过程中,先将原料在电弧炉中熔化,同时将铬、镍等元素调整到规格范围。碳含量可以根据原料的情况来配,一般应小于 1.0%。这就有可能使用廉价的高碳铬铁和不锈钢废料,从而降低不锈钢的生产成本。炉料熔化后,再将温度提高到 1 600~1 650 ℃进行扒渣脱硫,然后把钢液倒入钢包并转运到 AOD 炉中进行精炼。接着,电弧炉就可以进行第二炉的炉料熔化操作,这种工艺能提高电弧炉炼钢的生产率。

根据钢液中碳、硅、锰等元素的含量可以计算氧化这些元素所需的氧量。一般把氧与不同比例的氩混合吹入氩氧炉内的过程分为三个阶段。

第一阶段:按 $O_2 : Ar = 3 : 1$ 的比例供气,将熔池中的碳含量降低到 0.2% 左右,这时的钢液温度大约为 1 680 ℃。

第二阶段:按 $O_2 : Ar = 2 : 1$ 的比例供气,将熔池中的碳含量降低到 0.1% 左右,这时的钢液温度大约为 1 740 ℃。

第三阶段:按 $O_2 : Ar$ 为 1 : 2 到 1 : 3 的比例供气,将熔池中的碳含量降低到所需要的限度,最后再吹纯氩气 2~3 min。

钢液脱碳结束时,大约有 2% 的铬被氧化而进入炉渣,此时钢中氧含量高达 0.014% 左右,进入精炼还原阶段后需要加入硅铁和铝等还原剂,并在吹入纯氩搅拌的情况下进行脱氧。根据化学成分的要求,此时还要添加少量的铁合金。当钢液脱氧良好,温度与成分合格时,即可出钢浇注。

氩氧炉的精炼时间随其容量的大小而异,一般在 90 min 左右。

AOD 炉精炼氩气的消耗量随原始钢液的成分及终点碳含量的不同而变化,一般氩气的消耗量为 $11\sim12$ m^3/t,氧的消耗量为 $14\sim24$ m^3/t。

对于钢液脱硫 AOD 炉是十分有效的,由于强烈的氩气搅拌和高碱度炉渣的作用,钢中的硫含量可降低至 0.005% 左右,这在电弧炉或转炉冶炼中是很难实现的。

3. AOD 法的特点

AOD 法有如下优点:

1) 对原料的适应性强。由于电弧炉粗钢液配碳量可在 2% 以上,因而可大量使用廉价的高碳铬铁及碳素废钢来配料,降低了原料成本。铬的收得率可达 98% 以上。

2) 与电弧炉配合,可大大提高电弧炉的生产能力。采用电弧炉和 AOD 炉双联生产不锈钢时,电弧炉进行熔化和升温,时间为 $2.5\sim3.0$ h;两座电弧炉配一座 AOD 炉,产量比电弧炉单炼提高 $40\%\sim50\%$。

3) AOD 设备简单,基建和维护成本低。因为是在常压下精炼,所以设备投资比 VOD 法少一半以上。

4) 操作简单、测温取样方便。由于是在常压下稀释脱碳,因而可以方便地造渣、测温、取样。与返回吹氧法相比,AOD 法更易于冶炼低碳不锈钢。

5) 钢的质量高。由于从炉下部吹入气体并可吹纯氩气,所以与电弧炉钢相比,氢、氮、氧含量可分别降低 $25\%\sim65\%$、$30\%\sim60\%$、$10\%\sim30\%$,另外由于氩气的强搅拌作用,可将硫脱除到 0.001% 以下。钢中夹杂物含量少、颗粒小、分布均匀。

尽管 AOD 法具有上述优点,但仍存在一些不足。主要是氩气消耗量大,操作费用高。氩气费用占 AOD 法生产不锈钢成本的 20% 以上,AOD 法冶炼普通不锈钢耗氩量为 $11\sim12$ m^3/t,冶炼超低碳不锈钢耗氩量为 $18\sim23$ m^3/t。因此,AOD 法的发展受氩气的限制。另外,炉衬寿命短,耐火材料消耗大;还原剂用量大,FeSi 消耗通常为 $8\sim20$ kg/t。使用 AOD 炉作为精炼炉后,初炼炉只起熔化废钢和合金作用,这可大大提高电弧炉的生产率、降低电耗。另外,AOD 炉投资少,也可弥补氩气费用和 AOD 炉耐火材料的费用。

与 AOD 法相比,VOD 法的设备复杂,冶炼费用高,脱碳速率小,初炼炉需要进行粗脱碳,生产效率低。优点是在真空条件下冶炼,钢的纯净度高,碳、氮含量低,一般碳、氮含量和小于0.02%,而 AOD 法则在 0.03% 以上,因此 VOD 法更适宜生产碳、氮、氧含量极低的超纯不锈钢。

7.5.3　AOD 法和 VOD 法的比较

AOD 法和 VOD 法几乎是同时投入工业性应用的。在它们开始发展的前 5 年(到 1972 年底),两者已建的装置数目大致相当(AOD 法 23 套,VOD 法 22 套)。1973 年以后,AOD 法发展迅速,而 VOD 法则相对发展迟缓。原因是 AOD 法原料适应性强,投资成本低,操作方便,脱硫效果好。近年来,随着超低碳、氮含量的超纯铁素体不锈钢的优异抗蚀性能和加工性能逐渐被人们认识,VOD 法作为可生产超纯不锈钢的精炼手段,正日益受到广大冶金工作者的重视。两种方法的比较见表 7.7。

表 7.7 AOD 法与 VOD 法的比较

项目		AOD 法	VOD 法
操作条件	入炉钢液	$[C] = 1.0\% \sim 2.0\%$, $[Si] = 0.03\% \sim 0.5\%$ $[Cr]$ 规格中上限,$[S] < 0.15\%$	$[C] = 0.3\% \sim 0.5\%$,$[Si] = 0.03\% \sim 0.5\%$ $[Cr]$ 规格中上限,$[S] < 0.15\%$
	成分控制	大气中操作,取样调整方便	真空下操作,只能间接控制
	温度控制	用改变氧氩比和冷却剂控制	调温不方便
钢液质量	脱氧	$0.004\% \sim 0.008\%$	$0.004\% \sim 0.008\%$
	脱硫	脱硫率大于 $80\% \sim 90\%$	脱硫率不及 AOD 法
	脱氢	$[H] < 0.000\ 4\%$	$[H] < 0.000\ 2\%$
	脱氮	$[N] < 0.02\%$	$[N] = 0.005\% \sim 0.008\%$
	脱碳	脱碳量大,脱碳速率大	一般不超过 0.5%
成本	原材料	可用高碳铬铁及部分铬矿,费用低	返回钢和碳素铬铁
	操作费	Ar 和 FeSi 用量大	用量少
	铬回收率	$96\% \sim 98\%$	比 AOD 法低 $3\% \sim 4\%$
	设备费	低	高,是 AOD 法的 2 倍
其他	冶炼周期	$80 \sim 120$ min	$60 \sim 90$ min
	生产率	AOD 法大约是 VOD 法的 1.5 倍	
	对环境影响	需除尘设备	不需除尘设备
	适应性	主要用于不锈钢精炼,也可用于镍基合金	不锈钢精炼及其他钢的真空脱气

7.6 喷射冶金和喂线冶金

7.6.1 喷射冶金

根据流态化和气体输送的原理,用氩气或其他气体作为载气,将不同类型的粉剂喷入钢液或铁水,这种精炼方法称为喷射冶金(又称喷粉法)。可以喷入的粉剂种类很多,根据工艺要求确定,如石灰、萤石、各种合成渣、矿石、CaC_2、CaSi、铝粉、炭粉及铁合金粉剂等。

喷射冶金可以完成如下任务:钢液的脱硫、脱氧、脱磷、去夹杂物、改变夹杂物形态、调温、控制微量元素和合金化、铁水脱硫、脱硅、脱磷预处理等。

喷射冶金可显著地改变冶金反应的热力学和动力学条件。其主要优点:反应比表面积大,搅拌条件好,反应速率快;合金添加剂的利用率高;能较准确地调整钢液成分,使钢的质量更稳定。此外,还具有设备简单、投资少、操作费用低、灵活性强等特点,是提高钢质量的有效方法之一。其缺点是钢液的热量损失大。

国内外采用较早的钢包喷粉法是 1963 年法国钢铁研究院开发的 IRSID 法(又称为法国钢铁研究院法)。该法将粉剂借助于喷粉罐与载气混合形成粉气流,并通过管道和有耐火材料保护的喷枪将粉气流直接导入钢液。目前采用较多的方法是德国的 TN 法、瑞典的 SL 法。

(1) TN 法

TN 法(蒂森法)是德国 Thyssen-Niederrhein 公司于 1974 年开发成功并投入工业性应用的。20 世纪 70 年代推广到瑞典、日本、美国和中国等国家,成为被广泛采用的一种喷射冶金方法。它是一种利用惰性气体作为载体,通过浸入式的喷枪向钢液喷射碱土金属或其他化合物精炼钢液的方法。TN 法喷粉装置的示意图如图 7.34 所示。

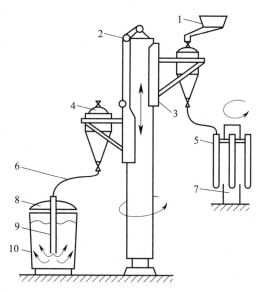

1—粉剂给料系统;2—升降机构;3—可移动悬臂;4—喷粉罐;5—备用喷枪;6—输送管道;
7—喷枪架;8—钢包盖;9—喷枪;10—钢包

图 7.34　TN 法喷粉装置的示意图

TN 法设备主要由喷粉罐、输送管道、喷枪、粉剂给料系统、钢包及钢包盖、钢包衬(用白云石砖)等组成。喷枪通过钢包盖顶孔插入钢液底部,以氩气作为载体向钢液中输送 Ca-Si 合金或金属 Mg 等精炼剂。TN 法具有设备简单、操作方便等特点,其分配容器较小,被装在可移动的横臂上,随着喷枪一起升降或者回转,因而粉料输送管道极短,有利于粉剂的稳定。该法可用于大型电弧炉的脱硫,也可以与氧气顶吹转炉配合使用。

(2) SL 法

SL 法(氏兰法)是由瑞典 Scandinavian Lancers 公司于 1979 年研制成功的一种钢液脱硫喷射冶金方法。SL 法喷粉设备除有喷粉罐、输气系统、喷枪等外,还有密封储料仓、回收装置和过滤器等,如图 7.35 所示。

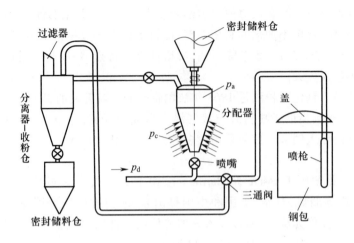

图 7.35 SL 法喷粉设备的示意图

SL 法喷粉设备的主要特点:分配器内采用微孔尼龙套或其他弥散孔透气材料组成流态化段,流化床的面积较小,主要集中在下段锥体接近出口部位,局部流态化的效果较好。利用分配器和输料管道内的压差将粉料从分配器内喷出。喷枪由特殊钢管外套高铝质耐火材料组成。喷粉系统中设有一回收罐,其作用是在冷态调试以预选各种喷吹参数时可回收粉料。当更换粉料时可以用此罐回收分配器中的剩余粉料。钢包用黏土砖或者高铝砖砌筑成,无特殊要求。钢包高度要比普通钢包高 0.2~0.3m,以适应喷吹的需要。与 TN 法相比,SL 法设备简单,操作方便可靠。

喷吹粉剂的种类很多,主要是钙硅粉,除了脱硫、脱氧、脱磷、脱碳、控制夹杂物形态外,还可以加入微量元素,如硼、钛和稀土元素等。用喷吹法加入微量元素,回收率高且稳定。

影响喷射冶金的工艺参数有喷吹压力与流量、喷枪插入深度、粉料用量及配比、喷粉速率和喷吹时间等。喷吹流量可根据每包钢液的供粉量和处理时间确定,喷吹时间一般为 3~10 min,插入深度尽量深。如果喷孔在喷枪的侧面,则枪头距包底 0.2~0.3 m 即可。

(3) 钢包喷粉冶金效果

1) 脱硫能力强:在钢液脱氧良好的情况下,喷吹 CaSi、Mg 的脱硫率可达 75%~87%,喷吹石灰和萤石的脱硫率达 40%~80%。日本一家公司用 50 t EAF-LF 精炼喷粉脱硫的工艺生产超低硫钢。通过高碱度强化炉内脱硫,电弧炉出钢时[S]降到 0.026%,LF 后[S]为 0.015%,通过喷粉可将[S]降到 0.001 2%,脱硫率高达 95%。

2) 钢中氧含量明显降低:钢包喷粉具有脱氧功能,喷粉后的钢材中平均氧含量为 0.002%。但喷粉后氢和氮含量有所增加,增氢主要与加入合成渣的水分含量有关,增氮与合成渣中所带的氮含量及喷吹强度有关,若渣量少而喷粉强度大,钢液液面裸露会吸收空气中的氮。

3) 降低夹杂物含量并控制夹杂物形态。

喷吹钙后不仅可起到脱氧脱硫的目的,还可以改变氧化物和硫化物的形态,提高钢的塑性、韧性,降低各向异性。Al_2O_3 夹杂物含量下降尤其明显,平均可达 65%。此类夹杂物可变性为球形的、在炼钢温度下呈液态的 $12CaO \cdot 7Al_2O_3$ 低熔点夹杂物,这类夹杂物在钢液中容易上浮排除,起到净化钢液的作用,而且即使保留在钢中由于其呈现球形对钢材轧制性能的影响小。同时喷钙可将长条状的 MnS 改性为细小的(Ca,Mn)S 夹杂物,改善钢材的各向异性。

4)改善钢液的浇注性能。

改善钢液的浇注性能是喷粉冶金得以推广应用的原因之一。用钙处理后的钢液,浇注时不易堵水口,也是由于形成了浇注温度下呈液态的 $12CaO \cdot 7Al_2O_3$ 低熔点夹杂物。据资料,对于 $[C]=0.4\%$,$[Al]_s=0.035\%\sim0.045\%$ 的铝镇静钢,钙处理后钢液流动性提高了 6 倍。由于流动性增强,可降低钢液的浇注温度,进而减少了高碳钢的偏析、疏松等缺陷。

7.6.2 喂线(WF)冶金

喂线(wire feeding,WF)冶金是将密度较小、容易氧化的精炼添加剂做成包芯线,用喂线机将其喂入钢液深处对钢液进行炉外精炼的一种方法。常喂的包芯线是 Ca-Si 线、Ca-Fe 线。

从埃林厄姆-理查德森图(Ellingham-Richardson diagram)可知钙是一种强脱氧剂。向钢液内加入碱土金属钙,可以起到良好的脱氧、脱硫、改变夹杂物形态的作用,然而钙是一种易挥发金属,它的蒸气压高(1 605 ℃时为 0.185 MPa)、沸点低(1 490 ℃)、密度小($\rho=1.55$ g/cm^3),在大气压下与钢液接触很容易汽化逸出,因而收得率低。

通过喷射冶金向钢液深处喷入粉剂是一种有效的方法,但是对喷粉技术的粉剂制备,远距离输送、防潮、防爆炸的条件要求严格,并且存在着喷吹处理后钢液的氢、氮含量增加以及温度损失大等缺点,为此研究者在喷射冶金的基础上发明了另一种加钙方法——喂线法。将 Ca-Si、稀土、铝、硼铁、钛铁等多种合金或添加剂用薄带钢制成包芯线,通过喂线机的机械方法把包芯线加入到钢液深处,进行脱氧、脱硫、夹杂物变性处理和合金化等操作。钢液的静压力抑制了钙的沸腾。钙的蒸气压与温度的关系式:

$$\lg p = -\frac{8\,020}{T} + 4.55 \tag{7.81}$$

在 1 600 ℃时抑制钙沸腾的钢液深度控制为 1.4 m 即可(1 400/760=186 kPa),在正常温度下包芯线在 1~3 s 内才熔化。如果喂线速率为 3 m/s,则至少可以喂入 3 m 深度。当钙熔化时球状液态钙缓缓上浮,同时与周围的钢液作用。

喂线法配合吹氩,不仅具备了喷射冶金的优点,消除了它的缺点,而且在易氧化元素的添加,成分的调整,气体含量的控制,设备投资,生产操作与产品质量、经济效益和环境保护的维护等方面的优越性更为显著。因此,喂线技术在 20 世纪 80 年代得到了迅速发展。国内许多钢厂都配备了喂线技术。它主要用于添加剂用量少的炉外精炼。根据所应用的精炼反应器的不同,喂线法可分为钢包喂线法、中间包喂线法、中注管喂线法和结晶器喂线法等。与钢包喂线相比,后三者的特点是在浇注的同时喂线,故不需要额外的喂线时间。根据构成线材的精炼剂的不同,常用的喂线冶金方法有铝线喂线法和包芯线喂线法。铝线喂线法是日本在 20 世纪 70 年代初开发的,包芯线喂线法是法国 AFFIVAL 公司于 20 世纪 70 年代末至 80 年代初开发成功的。此后不仅在喂线机方面进行了不断改进,各种包芯线的制作也得到大力发展,使喂线法在钢液精炼中的应用不断扩大。如今世界各主要产钢国都有钢铁企业在使用该技术。我国的主要钢铁企业也已广泛采用喂线技术对某些钢液进行精炼,并且喂线机和包芯线的生产也已经实现国产化。喂线法可用于转炉、电弧炉、感应炉等。

（1）喂线冶金的特点

喂线冶金设备简单，操作简便，占地面积小，投资少，安全可靠，处理过程成本低，温降小（5~7 ℃），钢液吸气量少，不需消耗耐火材料和载气，合金利用率高，是脱氧、脱硫、合金微调和控制夹杂物形态的行之有效的简易炉外精炼方法。

喂线法与块状物料投入法相比，它具有收得率高、精炼命中率高、适用于钢中合金元素的微量调节等特点。与喷粉法相比，喂线法具有如下特点：

1）它引起的钢液搅动远比喷粉法要小，减少喷溅和钢液吸气。

2）提高合金收得率 $\eta_{\hat{\pm}}$，合金用量减少 1/3。如通常的加钙方法的 $\eta_{Ca} = 1\% \sim 2\%$，喷射冶金的 $\eta_{Ca} = 5\%$，喂线冶金的 $\eta_{Ca} = 7\% \sim 10\%$，在感应炉内 $\eta_{Ca} = 10\% \sim 30\%$。首钢冶炼 45Cr 易切削钢用喷粉法加 Ca-Si 粉剂用量为 2~2.45 kg/t，而喂线法仅 1~1.5 kg/t。

3）温度损失减少 3~6 倍，温降速率为 5~7 ℃/min。

4）能精确调整钢液的化学成分。

5）根据铝和硫的含量添加适量的 Ca-Si，能改善夹杂物的形态。

6）投资成本和操作费用较低。

（2）冶金效果

1）铝线喂线法的冶金效果

与传统的铝锭投入法相比，钢包铝线喂线法最主要的冶金效果是提高铝的收得率和钢中溶解铝的命中率。此外对钢中夹杂物、气体含量等指标也有一定改善。日本钢管公司采用铝线喂线法对深冲钢的溶解铝进行控制，成品钢中溶解铝的标准差从 0.011% 降到 0.008%。德国赫斯钢厂生产深冲钢，钢中溶解铝的目标值为 0.03% ~ 0.05%。铝锭投入法的命中率为 55%，不进行中间取样的喂线法的命中率为 65%，配合中间取样的喂线法的命中率可达 90%。我国一些钢铁公司采用预脱氧喂线工艺，与铝块投入法相比，高碳钢的铝收得率由 27.7% 提高到 96.1%，低碳钢的铝收得率由 7.7% 提高到 40.8%。重轨钢氧化物夹杂物的含量由 0.008% ~ 0.025% 降至 0.008% ~ 0.016%，低碳钢氧化物夹杂物的含量由 0.015% ~ 0.035% 降至 0.01% ~ 0.025%，Al_2O_3 夹杂物的减少尤为明显，重轨钢由 0.004 5% ~ 0.008 85% 降至 0.003 3% ~ 0.006 1%。

2）包芯线喂线法的冶金效果

在包芯线喂线法中，硅钙包芯线是最常用的。同时，硅钙粉又可以用喷粉的方法加到钢液中。以生产车轮轮毂钢为例，喂线法的脱硫率低于喷粉法，主要是由于喷入钢液的硅钙粉可以迅速弥散在钢液中，而以包芯线形式喂入的硅钙粉则需要更长的时间才能达到均匀混合。与喷粉法相比，喂线法的条状氧化物和硫化物评级略高一些。就改变夹杂物形态而言，喂线法比喷粉法效果略差一些。原因是喂入钢液的硅钙粉比喷入的硅钙粉更难以迅速混合于钢液中。与喷粉法相比，喂线法的点状氧化物和不变形硅酸盐的级别较低，这是因为喂线过程中发生在钢-渣界面的卷渣比喷粉少。喂线法钢液的温降小于喷粉法，前人统计的 61 包次喂线试验与 65 包次喷粉试验对比，每包次的平均总温降：前者为 114 ℃，后者为 124 ℃。喂线法钢包砖衬的耐火材料侵蚀比喷粉法明显减少，这是因为喂线过程中钢液和顶渣比较平稳，钢包砖衬所受的冲刷明显减少。

图 7.36 是各种材料和粉末的添加与喷射技术示意图。

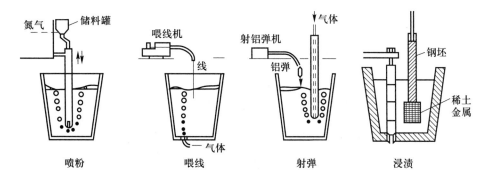

图 7.36　各种材料和粉末的添加与喷射技术示意图

7.7　CAS 与气体搅拌

向钢包内喷吹惰性气体 Ar 进行搅拌的工艺(底吹或喷吹法),被称为"钢包吹氩"技术,它是最普通也是最简单的炉外处理工艺。其主要冶金功能是均匀钢液成分和温度,促进夹杂物上浮。通常钢包吹氩的气体搅拌强度为 $0.003 \sim 0.01 \ Nm^3/(t \cdot min)$。

提高钢包吹氩强度有利于熔池混匀和夹杂物的上浮,但吹氩强度过大,会使钢液面裸露,造成二次氧化。为解决这一问题,日本新日铁发明了密封吹氩合金成分调整(composition adjustment by sealed argon bubbling,CAS)处理法。图 7.37 是其示意图。主要工艺设备包括浸渍罩及其提升装置、钢包、底吹氩系统、合金加料系统、测温取样装置以及自动检测控制系统等。其原理是采用大流量底吹氩气将渣层吹开,在钢液表面形成一无渣区域,然后将封闭的浸渍罩插入钢液,罩住该无渣区域,以迅速形成氩气保护气氛,避免钢液氧化。CAS 处理法是在钢包吹氩技术基础上发展起来的一种简易经济的炉外精炼处理手段,设备结构简单、投资少。CAS 处理法不仅提高了吹氩强度,而且浸渍罩内氩气气氛使合金的收得率得到提高,并能使钢包吹氩工艺增加了合金微调的功能。

为解决钢液升温的问题,在 CAS 设备上增设顶吹氧枪和加铝丸设备,通过溶入钢液内铝的氧化发热,可以实现钢液升温,这就成为了 CAS-OB 工艺。CAS 和 CAS-OB 装置主要由精炼钢包及钢包车、CAS 浸渍升降系统、OB 供氧系统和铝丸加入系统、合金加料系统、底吹氩控制系统以及计算机和自动化检测控制系统等部分组成。

CAS-OB 的冶金功能和技术优点如下:

1)能够促使钢液升温和精确控制钢液温度。在所有炉外处理设备中,CAS-OB 设备的升温速率最大,可达到 $6 \sim 12$ ℃/min,升温幅度可达 100 ℃,钢液处理终点温度的波动 $\leqslant \pm 5$ ℃。

2)能够促进夹杂物的上浮和提高钢液洁净度。采用 CAS-OB 法对钢液进行加热(升温<100 ℃),可控制钢中酸溶铝含量 $\leqslant 0.005\%$ (质量分数),并使钢液的总氧含量降低 $20\% \sim 40\%$。

3)能够精确控制钢液成分,实现窄成分控制。在 CAS 的处理过程中,Al、Si、Mn 等合金的收得率稳定,并可提高 $20\% \sim 50\%$,这有利于实现对钢液成分的精确控制。

4)可以均匀钢液成分和温度。

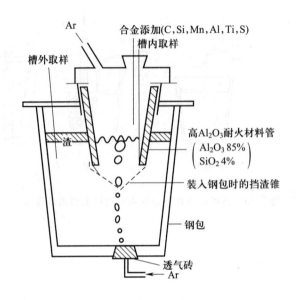

图 7.37　CAS 处理法示意图

5）与喂线配合，可进行夹杂物的变性处理。

CAS-OB 的操作工艺主要包括以下内容：

1）吹氧升温和终点温度控制。在吹氧过程中连续加入铝丸，控制 Al 含量与 O_2 含量之比是避免钢中 C、Si、Mn 等元素烧损和控制钢中酸溶铝含量的关键技术。溶解铝的氧化升温属于体相加热，采用这种工艺热效率高于 90%。通常来说，每吨钢液升温 1 ℃，耗铝量为 350~450 g，且升温速率大，整个 CAS-OB 处理周期为 11~16 min，这完全可与转炉生产节奏相匹配。

2）吹 Ar 工艺与夹杂物的去除。采用加铝升温，铝的氧化会生成大量的 Al_2O_3 夹杂物，这可能使钢中铝含量升高。因此，在加热过程中要精确控制 Al 含量与 O_2 含量之比和搅拌强度，在升温后要保证一定的吹 Ar 搅拌时间以促进夹杂物上浮。

3）合金微调工艺。出钢时，要对钢液的成分进行精调，并取钢液样进行快速分析，根据化学分析结果，可在 CAS 处理中补加合金以进行钢液成分的最终调整，实现窄成分控制。

IR-UT(injection refining with temperature raising capability)法是继 CAS-OB 法后被人们开发的又一种精炼方法，其特点是采用顶枪吹氩搅拌，并且还能以氩气载粉精炼钢液。该方法所用装置中，隔离罩呈筒形，顶面有凸缘，可盖住罐口。该技术在对钢液加热的同时，还能进行脱硫和调整夹杂物形态的操作。IR-UT 钢包精炼站如图 7.38 所示。

IR-UT 钢包精炼站与 CAS-OB 相比有如下优点：

1）可使整个设备的高度降低；

2）喂线可在隔离罩内进行，避免与表面渣发生反应。

3）在钢液处理的过程中，容易观察到出现的各种情况，并易于调整各项操作，如吹氧、搅拌、合金化以及隔离罩内衬耐火材料所遭受到的侵蚀情况等。

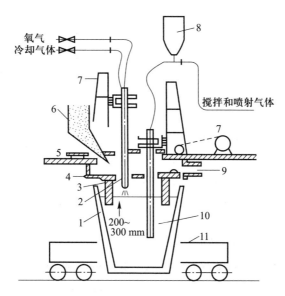

氧气
冷却气体

搅拌和喷射气体

200~
300 mm

1—钢包;2—氧枪;3—隔离罩;4—包盖;5—平台 6—合金称量斗;7—升降装置;
8—喷射罐;9—排气口;10—搅拌枪;11—钢包车

图 7.38　IR-UT 钢包精炼站

7.8　应用案例——轴承钢的生产工艺

7.8.1　轴承钢的用途和性能要求

轴承钢广泛应用于机械制造、铁路运输、国防工业等领域,主要用于制造轴承的滚动体和套圈。轴承钢是特殊钢最典型的代表钢种之一,是衡量钢铁企业技术水平和产品质量水平的重要标志。

轴承钢包括高碳铬轴承钢、渗碳轴承钢、高温轴承钢、不锈轴承钢以及在特殊工况下应用的特种轴承钢等,其中高碳轴承钢 GCr15(碳含量为 1%,铬含量为 1.5%)产量最大、用途最广,占世界轴承钢生产总量的 80% 以上。

随着科技的进步和用户对轴承质量要求的提高,轴承正向着低噪声、无振动、无故障和高可靠性方向发展,特别是一些轴承工作在高温、高速、高载荷、腐蚀、辐射等苛刻的环境中,要求轴承材料必须具备高疲劳强度、弹性强度、屈服强度和韧性、硬度、耐磨等性能,以及一定的抗腐蚀能力。

为满足以上性能要求,必须保证钢的洁净度和均匀性。所谓洁净度,是指钢中夹杂物、气体以及有害元素的种类、含量等。所谓均匀性,是指钢的化学成分、内部组织,特别是碳化物析出相、夹杂物颗粒和分布的均匀程度。

轴承钢最重要的性能指标是疲劳寿命,而对疲劳寿命影响最大的是钢中总氧含量和夹杂物类型。研究表明,当钢中总氧含量由 0.003 5% 降到 0.001% 时接触疲劳寿命可提高 15 倍,而当降到

0.000 5%时寿命可提高30倍。由此可见,降低总氧含量是提高轴承疲劳寿命的关键工艺。国外轴承钢总氧含量一般为0.000 3%~0.000 8%,我国的一般为0.000 3%~0.001 2%。瑞典SKF公司的高碳铬轴承钢代表着世界最先进水平,江阴兴澄特种钢铁有限公司代表着国内最高水平。

钢中的夹杂物破坏了钢的连续性,造成应力集中,成为轴承剥落的裂纹源。因此,尽可能降低夹杂物的含量是冶金工作者长久以来追求的目标。然而过度降低需要付出时间和成本的代价,也是没有必要的。在此情况下,需要寻求一种折中的手段,即根据轴承钢的用途和级别控制夹杂物数量、尺寸、形态、分布在合理范围内。

在影响轴承钢疲劳性能的各种夹杂物中,(Ca、Mn)S类夹杂物的危害较小,Al_2O_3和TiN的危害较大,而钙铝酸盐、镁铝尖晶石等点状不变形夹杂物对轴承性能的危害最大,尤其是当它们以大尺寸、单颗粒形式(DS类)存在时,严重降低了轴承接触疲劳强度。因此,轴承钢对钢中夹杂物的要求总体上都很严格。

SKF公司不同年代对夹杂物的要求见表7.8。

表7.8 SKF公司不同年代对夹杂物的要求(不大于)

时间	夹杂物类型								
	A		B		C		D		DS
	细系	粗系	细系	粗系	细系	粗系	细系	粗系	
1988.08	2.0	1.5	1.5	0.5	0	0	0.5	0.5	—
1995.08	2.0	1.5	1.5	0.5	0	0	0.5	0.5	—
2005.06	2.0	1.5	1.5	0.5	0	0	1.0	0.5	1.0
2006.01	2.0	1.5	1.5	0.5	0	0	1.0	0.5	1.0
2007.06	2.0	1.5	1.5	0.5	0	0	1.0	0.5	1.5

该公司于1988年和1995年版本采用ASTM E45A法(最恶劣视场法)进行检验,2005年版本采用ISO4867:1998A(最恶劣视场法)检验夹杂物。与ASTM E45A法相比,后者引入了DS类,它是指单颗粒夹杂物,形状为球形或近似球形,粒径为13 μm时被定义为0.5级,19 μm时被定义为1级。

硫化物是钢中难以避免的夹杂物,通常它会使钢的热加工性能变坏,影响钢的冲击性能和耐蚀性。但对轴承疲劳寿命的影响不同学者持不同的观点。以SKF为代表的厂家认为硫化物对轴承钢疲劳性能无害,其硫含量一般控制在0.015%~0.025%,而以日本为代表的厂家认为硫是有害的,因此硫含量控制在0.005%~0.01%范围内。

7.8.2 Al_2O_3 B类夹杂物对轴承钢性能的影响

总氧含量对轴承钢疲劳寿命影响很大。为了降低总氧含量,轴承钢生产大都采用铝脱氧,因而会产生大量的Al_2O_3脱氧产物。在钢液浇注过程中由于二次氧化也可能产生Al_2O_3。这些脱氧产物不可能全部上浮去除,滞留在凝固后的钢中就形成了非金属夹杂物。其含量与初炼炉出钢时钢中氧含量、脱氧剂加入量、钢中酸溶铝含量、顶渣成分、钢包吹氩制度、系统密封效果等有关。这类夹杂物熔点高、轧制时不易塑性变形，常沿轧制方向破碎成点链状，且其线膨胀系数小，易产生应力集中导致裂纹，从而降低轴承的使用寿命。为此常采取以下工艺措施减少其含量和危害：

1）降低初炼炉出钢时钢液的氧含量以减小 Al 脱氧剂的用量和形成的 Al_2O_3 夹杂物含量。优化转炉顶底复吹效果，减少过剩氧；采用高拉碳出钢，以 GCr15 为例，出钢时 [C] 控制为 0.35% ~ 0.50%，吹炼终点 [O] 不大于 0.030%；严格出钢挡渣，控制出钢时下渣量。

2）促进脱氧产物上浮。通过造合适的精炼渣促进夹杂物的改性和吸收，理想的状况是将 Al_2O_3 夹杂改性为 $12CaO \cdot 7Al_2O_3$，以减轻浇注过程中的水口结瘤。同时在精炼过程中进行合理的吹氩搅拌。通常在加入合金熔化和造渣过程中采用大流量氩气搅拌，在去除夹杂物的过程中采用小流量氩搅拌（又叫软吹氩）并保证软吹氩时间，一般要大于 8 min。

3）控制钢中的铝含量。通常酸溶铝 $[Al]_s$ 越大，产生的 Al_2O_3 夹杂物越多。对于 GCr15 轴承钢，$[Al]_s$ 常控制为 0.015% ~ 0.02%。

4）加强密封保护。强化连铸过程中系统的密封，尤其是长水口部位的密封；有条件的情况下可使用整体式水口，以减少钢液的二次氧化和由此带来的二次脱氧产物 Al_2O_3。

5）提高铝质耐火材料质量。提高中间长水口、包塞棒、上水口、滑动水口及浸入式水口的耐火度和致密度，减少其被冲刷量，避免因铝质耐火材料的熔损导致钢中 Al_2O_3 夹杂物含量增加。

7.8.3 大颗粒点状夹杂物对轴承钢质量的影响

DS 类夹杂物通常来源于下渣、卷渣、结瘤物或耐火材料侵蚀。减少 DS 类夹杂物的措施如下：

1）强化炼钢炉出钢脱氧合金化。通过出钢挡渣、钢包合成渣精炼等措施，减少钢中一次脱氧产物 Al_2O_3 夹杂物的量，减少或杜绝水口结瘤现象。

2）严格控制钢包底吹氩流量。在出钢、LF 炉精炼及软吹氩过程中严格控制氩气流量，避免钢包渣面搅动，防止顶渣进入钢中，减轻对耐火材料的冲刷。钢包渣的卷入是大颗粒夹杂物的一个重要来源，VD 真空处理过程卷入比例最大，必须严格控制 VD 真空处理时底吹氩流量。

3）选择合适的中间包耐火材料和中间包覆盖剂。中间包工作层应有较高的耐火度，减少熔损脱落。中间包覆盖剂应有较好吸附 Al_2O_3 夹杂物的能力。在生产轴承钢时不应该采用高氧化镁含量的中间包覆盖剂，以免增加钢中的 [Mg]。

4）防止结晶器卷渣。如 3.5.6 节所述，浇注过程中要做到严格控制结晶器液面波动（不超过 ±3 mm）、保持中间包液面一定高度、保证浸入式水口对中和插入深度、控制中间包滑板和浸入式水口的吹氩量、稳定拉速、有条件时应用电磁搅拌技术等，实现稳态浇注，减少结晶器卷渣。

7.8.4 氮化钛夹杂物对轴承钢质量的影响

氮化钛主要来源于原料中的钛、氮和空气中的氮，因此减少氮化钛夹杂物的工艺措施如下。
1）减少原材料的钛含量。冶炼高等级轴承钢时要做到以下几点：
① 控制铁矿粉中的钛含量，以减少铁水中的钛含量；
② 采用低钛铬铁；

③ 因为铝矾土中钛含量高,故不用铝矾土作为精炼渣原料使用;

④ 某些增碳剂中钛含量高达 0.45%,增碳量大时会造成钢液严重增钛,因此生产轴承钢时应选择低钛含量的增碳剂并控制增碳量。

2)减少钢中氮含量。控制钢包底吹氩流量,做好全系统的密封,强化 RH 及 VD 脱气工艺,降低成品轴承钢的氮含量($\leqslant 0.004\%$)。

3)减少出钢带渣。强化出钢挡渣操作,出钢时下渣量不大于 5 kg/t。

4)控制钢中铝含量。成品轴承钢的铝含量控制为 0.015% ~ 0.02%。

5)控制 LF 炉精炼渣碱度。LF 炉精炼后及时调整炉渣碱度为 2.5 ~ 3.0。

7.8.5 轴承钢冶炼工艺

降低轴承钢中总氧含量的技术手段主要是依靠铝脱氧,LF 造高碱度炉渣,再辅以真空脱气。

高碳铬轴承钢的冶炼方法大致有以下三类:

电弧炉流程:电弧炉→二次精炼→连铸(或模铸)→轧制;

转炉流程:高炉→铁水预处理→转炉→二次精炼→连铸→轧制;

特种冶金:真空感应熔炼(VIM)、真空自耗熔炼(VAR)、电渣重熔(ESR)→轧制或锻造。

一般用途的轴承钢采用电弧炉或转炉流程,对特殊用途轴承(如航空轴承、铁路轴承等)采用特种冶金流程生产。

表 7.9 列出了国外主要轴承钢厂家所采用的工艺方法及钢中微量元素的含量,表 7.10 是国内早年间一些典型轴承钢连铸工艺流程。

表 7.9　国外主要轴承钢厂家所采用的工艺方法及钢中微量元素的含量

厂家	生产工艺	[TO]/ ($\times 10^{-4}\%$)	[Ti]/ ($\times 10^{-4}\%$)	[Al]/%	[S]/%	[P]/%
SKF	100 t EAF-除渣-ASEA-SKF-IC	8.1	13.4	0.036	0.020	0.008
山阳	90 t EF-倾动式出钢-LF-RH-IC	8.3	14 ~ 15	0.011 ~ 0.022	0.002 ~ 0.013	—
	90 t EF-倾动式出钢-LF-RH-CC	5.8	14 ~ 15	0.011 ~ 0.022	0.002 ~ 0.013	—
	90 t EF-偏心炉底出钢-LF-RH-CC	5.4	14 ~ 15	0.011 ~ 0.022	0.002 ~ 0.013	—
神户	铁水预处理-转炉-除渣-LF-RH-CC	9.0	15	0.016 ~ 0.024	0.002 6	0.006 3

厂家	生产工艺	[TO]/ ($\times 10^{-4}$%)	[Ti]/ ($\times 10^{-4}$%)	[Al]/%	[S]/%	[P]/%
爱知	80 t EF-真空除渣-LF-RH-CC	7.0	15	0.030	0.002	0.001
和歌山	转炉-CC	10.0	22	—	0.008	—
	EF-ASEA-SKF-CC	6.0	12	—	—	—
高周波	EF-ASEA-SKF-CC	9.0	20	0.015	0.007	0.014
	EF-ASEA-SAF 吹氩-CC	5.0	9	0.014	0.014	0.008
蒂森	高炉-140 t 转炉(TBM)-RH-喂丝-IC	12	—	—	—	—
	高炉-140 t 转炉(TBM)-RH-喂丝-CC	12	—	—	—	—

表 7.10　国内早年间一些典型轴承钢连铸工艺流程

钢厂	工艺流程
上钢五厂大电弧炉	100 t EAF-120 t LF-VD-CCM(220 mm×220 mm)
兴澄滨江	100 t DC EAF-100 t LF-VD-CCM(300 mm×300 mm)
无锡钢厂	30 t EAF-40 t LF-VD-CCM(180 mm×220 mm)
大冶四炼	50 t EAF-60 t VHD-CCM(350 mm×470 mm)
西宁三炼	60t EAF-60 t LF-VD-CCM(235 mm×265 mm)
抚顺特钢	50 t EAF-60 t LF-VD-CCM(280 mm×320 mm)
莱芜特钢	50t EAF-60 t LF-VD-CCM(260 mm×300 mm)
北满特钢	90 t EAF-100 t LF-CCM(240 mm×240 mm)
郑州永通	10 t EAF-20 t LF-CCM(130 mm×130 mm)

以国内某轴承钢厂的工艺流程为例,其操作过程如下。

电弧炉冶炼工艺:UHPEAF(超高功率电弧炉)+LF+VD(或 RH)+CCM,LF 出钢后,扒渣(倒渣)2/3,渣层厚度保持为 40~70 mm,扒渣时间<3 min。扒渣完毕 LF 钢包入 VD 处理工位,接通氩气,调节流量为 50~80 NL/min,同时测温、取样,加入硅石,调整炉渣碱度 R=1.2~1.5(目前大多数企业采用高碱度渣)。测温、取样后 VD 加盖密封,抽真空。真空泵启动期间,调整氩气流量

保持为 30~40 NL/min。真空保持时间:真空启动后,工作压力达到 67 Pa 时,保持时间 ≥15 min。真空保持期间调整氩气流量为 70 NL/min 左右,并通过观察孔观察钢液沸腾情况,及时调整,保持均匀沸腾。终脱氧后解除真空、开盖、测温,软吹氩 15~25 min,氩气流量为 70~100 NL/min,控制渣面微动为宜。软吹氩结束后,测温、取样,加保温剂出钢,出钢温度为 1 530~1 540 ℃。

思 考 题

1. 什么是炉外精炼?

2. 炉外精炼的主要功能是什么?

3. 炉外精炼有哪些手段?

4. 炉外精炼设备有哪些?

5. 什么是钢包顶渣改质?

6. 哪些精炼设备具有抽真空功能?

7. 简述钢包吹氩的作用。

8. CAS 和 CAS-OB 的冶金原理和精炼功能是什么? 简述其工艺操作过程。

9. LF 的主要功能有哪些?

10. LF 精炼渣的造渣原则是什么? 举几个典型钢种进行说明。

11. DH 法脱气工作原理和主要特点是什么?

12. DH 法的主要工艺参数有哪些?

13. RH 法的冶金原理和主要冶金功能是什么?

14. RH 的主要工艺参数有哪些? 简述其工艺和操作过程。

15. 由 RH 发展的相关技术有哪些? 各自的主要功能有哪些?

16. VD 法一般和哪种精炼手段配合使用?

17. VD 处理过程为什么全程吹氩? 对钢包净空有何要求?

18. 简述 VAD 法和 VD 法的异同。

19. 比较 LF 法、ASEA-SKF 法、VAD 法,说明 LF 法被广泛使用的主要原因。

20. 不锈钢的冶金原理是什么?

21. 不锈钢的精炼设备有哪些? 各有什么特点?

22. 简述 AOD、VOD、K-OBM-S 的工艺过程。

23. 什么是喷射冶金?

24. TN 法、SL 法各有何特点?

25. 钢包喂线的主要功能是什么?

参 考 文 献

[1] 王新华.钢铁冶金:炼钢学[M].北京:高等教育出版社,2007.

[2] 张鉴.炉外精炼的理论与实践[M].北京:冶金工业出版社,1993.

[3] 知水,王平,侯树庭.特殊钢炉外精炼[M].北京:中国原子能出版社,1996.

［4］梶冈博幸.炉外精炼:向多品种、高质量钢大生产的挑战［M］.李宏,译.北京:冶金工业出版社,2002.

［5］陈家祥.钢铁冶金学:炼钢部分［M］.北京:冶金工业出版社,1999.

［6］赵沛,成国光,沈甦,等.炉外精炼及铁水预处理实用技术手册［M］.北京:冶金工业出版社,2004.

［7］STOLTE G,TEWORTE R.脱气和钢包处理:炉外精炼的主要形式［J］.吴冬培,译.国外钢铁,1995(9):26-29.

［8］傅杰.发展我国钢的二次精炼技术的建议［J］.特殊钢,1999,20(增刊):23-25.

［9］李晶,傅杰,王平,等.钢包精炼过程中钢水成分微调及温度预报［J］.钢铁研究学报,1999,11(2):6-9.

［10］OMOTANI M A,HEASLIP L J,MCLEAN A. Ladle temperature control during continuous casting［J］.Ironmaking & Steelmaking,1983(10):29.

［11］钱滨江.简明传热手册［M］.北京:高等教育出版社,1983.

［12］蒋国昌.纯净钢及二次精炼［M］.上海:上海科学技术出版社,1996.

［13］周云,董元篪,王海川,等.炉外精炼中钢包底吹氩流场的数学模拟［J］.安徽工业大学学报,2002(2):91-94.

［14］WEI J H,MA J C,FAN Y Y,et al. Water modeling study of fluid flow and mixing characteristics in bath during AOD process［J］.Ironmaking & Steelmaking,1999,26(5):363-371.

［15］苏天森.炉外处理技术的发展和优化［J］.中国冶金,2004(2):3-8.

［16］战东平,姜周华,芮树森,等.RH真空精炼技术冶金功能综述［J］.宝钢技术,1999(4):60-65.

［17］MASUNO H,KIKUCHI Y,KOMATSU M,et al.Development of a new deoxidation technique for RH degassers［J］.Ironmaking & Steelmaking,1993,20(7):35-38.

［18］张鉴.RH循环真空除气法的新技术［J］.炼钢,1996,12(2):32-48,52.

［19］徐曾啓.炉外精炼［M］.北京:冶金工业出版社,1994.

［20］冯聚和,艾立群,刘建华.铁水预处理与钢水炉外精炼［M］.北京:冶金工业出版社,2006.

［21］高泽平.炉外精炼教程［M］.北京:冶金工业出版社,2011.

［22］马春生.低成本生产洁净钢的实践［M］.北京:冶金工业出版社,2016.

第8章 钢中非金属夹杂物及其控制

钢中 S、P、O、C、N 等杂质组元主要以三种方式存在（图 8.1）：① 非金属夹杂物和析出物；② 晶界偏析；③ 间隙固溶体。非金属夹杂物包括钢中的氧化物、硫化物和氮化物粒子，它们的存在破坏了钢基体的连续性，对钢材的延性、韧性、抗疲劳破坏性能、耐蚀性、加工性能等都有不利影响。提高钢的洁净程度，去除钢中的非金属夹杂物一直是炼钢科学研究的重要课题。但另一方面，钢中非金属夹杂物也有可利用的一面，例如：利用钢中的硫化物可以改善钢材的切削性能；在钢材热加工后的冷却过程中，可利用微细氧化物、硫化物、氮化物粒子促进 γ 晶粒内部形成晶内铁素体，以改善钢材的强韧性和焊接热影响区的组织和性能；利用钛、铌、钒等的氮化物可产生沉淀强化、细化钢材组织等功效。

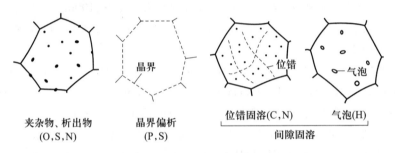

夹杂物、析出物　　　　晶界偏析　　　　位错固溶(C,N)　　　气泡(H)
(O,S,N)　　　　　　　(P,S)　　　　　　　　　　间隙固溶

图 8.1　钢中杂质组元存在的方式

8.1　非金属夹杂物的种类

钢中的非金属夹杂物可根据其化学成分、尺寸、变形性能、来源等分为不同的类型。

8.1.1　根据化学成分分类

1. 简单氧化物

这类氧化物包括 Al_2O_3、SiO_2、MnO、Cr_2O_3、TiO_2、FeO 等。在铝脱氧钢中，钢中的非金属夹杂物主要为 Al_2O_3，在 Si-Mn 较弱脱氧钢中，可以观察到 SiO_2、MnO 等非金属夹杂物。

2. 复合氧化物

这类氧化物主要包括硅酸盐类、铝酸盐类、尖晶石类复合氧化物。

硅酸盐类夹杂物[①]的通用化学式可写成 $m MnO \cdot n CaO \cdot p Al_2O_3 \cdot q SiO_2$，较多存在于弱脱氧钢和 Si-Mn 脱氧钢中。硅酸盐类夹杂物的成分较复杂，其中 MnO、CaO、Al_2O_3、SiO_2 的相对含量取决于脱氧剂、[O]、炉外精炼采用的炉渣成分等。

---

① 本章中除特殊说明外，夹杂物都指非金属夹杂物。

铝酸盐类夹杂物主要为钙或镁的铝酸盐,化学式可写为 $m\mathrm{CaO(MgO)} \cdot n\mathrm{Al_2O_3}$,这里 CaO 或 MgO 与 $\mathrm{Al_2O_3}$ 的组成比例变化较多,如钙铝酸盐有 $3\mathrm{CaO} \cdot \mathrm{Al_2O_3}$、$12\mathrm{CaO} \cdot 7\mathrm{Al_2O_3}$、$\mathrm{CaO} \cdot \mathrm{Al_2O_3}$、$\mathrm{CaO} \cdot 2\mathrm{Al_2O_3}$、$\mathrm{CaO} \cdot 6\mathrm{Al_2O_3}$ 等多种形式。铝酸盐类夹杂物主要存在于各类铝脱氧钢、向钢液中加入钙后形成的钙处理钢以及采用高碱度炉渣进行炉外精炼的钢中。

尖晶石类夹杂物常用化学式 $\mathrm{AO} \cdot \mathrm{B_2O_3}$ 来表示,其中,A 为二价金属,如 Mg、Mn、Fe 等,B 为三价金属,如 Fe、Cr、Al 等。属于尖晶石类的夹杂物有 $\mathrm{FeO} \cdot \mathrm{Fe_2O_3}$、$\mathrm{FeO} \cdot \mathrm{Al_2O_3}$、$\mathrm{MnO} \cdot \mathrm{Al_2O_3}$、$\mathrm{MgO} \cdot \mathrm{Al_2O_3}$、$\mathrm{FeO} \cdot \mathrm{Cr_2O_3}$、$\mathrm{MnO} \cdot \mathrm{Cr_2O_3}$ 等。这些复合化合物都有一个相当宽的成分变化范围,其中二价金属元素可以被其他二价金属元素所置换,对于三价金属元素来说也是这样。因此,实际遇到的尖晶石类夹杂物可能是多相的,在成分上或多或少会偏离理论上的化学式。图 8.2 所示为采用电解萃取方法由轴承钢中提取到的 $\mathrm{MgO} \cdot \mathrm{Al_2O_3}$ 夹杂物照片。尖晶石类夹杂物的熔点通常高于钢的冶炼温度,在热轧时不发生变形,在冷轧时,特别当轧制规格较薄的成品时,会造成钢材表面的损伤。

3. 硫化物

钢中的硫化物主要为 MnS、FeS、CaS 等,由于 Mn 与 S 具有强的亲和力,对非钙处理钢,向钢液中加入 Mn 时将优先生成 MnS。绝大多数钢种的 Mn、S 的含量比在 7 以上,因此钢中的硫化物主要为 MnS。此外,对部分钢种需进行钙处理,这些钢中含 0.001% ~ 0.003 5% 的 Ca。由于 Ca 与 S 之间具有更强的反应趋势,钙处理钢中的硫化物主要为 CaS 或 CaS 与钙铝酸盐等形成的复合化合物。对于部分含稀土元素钢种,钢中则可形成稀土硫化物 $\mathrm{La_2S_3}$、$\mathrm{Ce_2S_3}$ 等。

铸态钢中硫化物的形态通常分为以下三类:

第 I 类硫化物(图 8.3):形状为球形,其尺寸可在相当大的范围内变动,在钢中随机分布,可以是单纯的硫化物,也可以与氧化物(如 FeO、MnO、$\mathrm{SiO_2}$)处于同一颗粒中,从而形成复合硫氧化物。这类夹杂物通常出现在只用硅、锰脱氧的钢中,或出现在用铝脱氧但脱氧不充分的钢中。

图 8.2 轴承钢中的 $\mathrm{MgO} \cdot \mathrm{Al_2O_3}$ 夹杂物照片　　图 8.3 钢中的第 I 类硫化物照片

第 II 类硫化物(图 8.4):以排成链状的微细球状硫化物或薄膜状硫化物形式存在于钢的晶界处,在采用铝等进行较充分脱氧的钢中,绝大多数硫化物是以第 II 类硫化物的形式存在的。

第 III 类硫化物(图 8.5):此类夹杂物呈块状,外形不规则,在钢中随机均匀分布,多存在于用过量铝脱氧、经过钙处理或加入稀土元素进行过处理的钢中,大多为硫化物与其他类夹杂物形成的复合夹杂物。

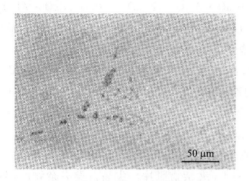

图 8.4　钢中的第Ⅱ类硫化物照片

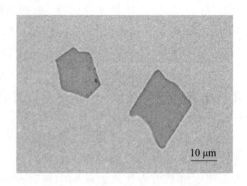

图 8.5　钢中的第Ⅲ类硫化物照片

4. 氮化物

当在钢中加入 Ti、Nb、V、Al 等与氮亲和力较大的元素时,能形成 TiN、NbN、VN、AlN 等氮化物。氮化物的尺寸与其生成温度有关,如 TiN 可以在较高温度(钢的凝固温度)附近生成,因此尺寸较大,可达数百微米。NbN 的析出高峰温度为 900~950 ℃,其尺寸大都在数十纳米;钢中 AlN、VN 的析出温度较低,颗粒通常很小,在数个纳米左右。

8.1.2　根据夹杂物尺寸分类

很早以前就有人提出了按尺寸将夹杂物分为微观夹杂物和宏观夹杂物的分类方法,然而至今对夹杂物尺寸的划分还没有统一的规定。通常将尺寸大于 100 μm 的夹杂物称为大型夹杂物(或称大颗粒夹杂物),尺寸为 1~100 μm 的为显微夹杂物,小于 1 μm 的为亚显微夹杂物。在纯净钢中的亚显微夹杂物包括氧化物、硫化物和氮化物,总数约为 10^{11} 个/cm^3,其中氧化物夹杂物约有 10^8 个/cm^3,一般认为这种微小氧化物夹杂物对钢质无害,目前对它们在钢中的作用还研究不多。显微夹杂物主要是脱氧产物,这类夹杂物对高强度钢材的疲劳性能和断裂韧性影响很大,其含量与钢中的氧含量有很好的对应关系。大颗粒(大型)夹杂物在纯净钢中的数量是很少的,主要为外来夹杂物或钢液二次氧化时生成的夹杂物。虽然它们只占钢中夹杂物总体积的 1%,但对钢的性能和表面质量影响最大。

8.1.3　根据夹杂物的变形性能分类

高品质钢除对非金属夹杂物的含量、尺寸、分布有严格要求之外,某些钢种对夹杂物的变形性能也有严格要求。例如,对用于汽车子午线轮胎钢丝的帘线钢和用于汽车发动机进、排气阀门弹簧钢丝的弹簧钢,要求钢中非金属夹杂物为热轧过程中变形良好的塑性夹杂物;对具备抗 HIC 性能的管线钢,则要求钢中无塑性硫化物夹杂物。

钢中非金属夹杂物在钢材热加工过程中的变形能力可用 Malkiewicz 等提出的夹杂物变形指数来表示,其意义为夹杂物的延伸率(ε_i)与钢材的延伸率(ε_s)之比,定义如下:

$$\nu = \frac{\varepsilon_i}{\varepsilon_s} = \frac{2}{3} \frac{\ln\lambda}{\ln h} \tag{8.1}$$

$$\varepsilon_i = \ln\lambda = \ln\frac{b}{a} \tag{8.2}$$

$$\varepsilon_s = \frac{3}{2}\ln h = \frac{3}{2}\ln\frac{A_0}{A_1} \tag{8.3}$$

式(8.1)~式(8.3)中,b 和 a 分别为热加工后夹杂物在钢材试样纵截面上的长轴和短轴尺寸,A_0 是热加工前钢件的截面积,A_1 为热加工后钢件的截面积。

变形指数 ν 在 0 与 1 间变化。当 $\nu = 0$ 时,表示非金属夹杂物根本不变形而只有钢基体变形,因而在钢变形时夹杂物和基体之间产生滑动,界面结合力下降,沿金属变形方向会产生裂纹和空洞;当 $\nu = 1$ 时,表示非金属夹杂物的变形率与金属基体的变形率相同,变形时金属与夹杂物一起形变并保持良好的结合。Rudnik 研究发现,变形指数 $\nu = 0.5 \sim 1.0$ 时,在钢基体与夹杂物的界面上很少产生形变裂纹;当 $\nu = 0.03 \sim 0.5$ 时,经常产生带有锥形间隙的鱼尾形裂纹(图 8.6);当 $\nu = 0 \sim 0.03$ 时,锥形间隙与热撕裂成为常见缺陷。

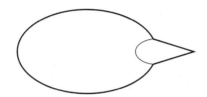

图 8.6　钢基体与夹杂物之间产生鱼尾形裂纹间隙的示意图

根据非金属夹杂物在钢热加工过程中的变形性能,可将夹杂物分为如下几种:

(1)塑性夹杂物

在钢热加工时会沿加工方向延伸成条带状,FeS、MnS 以及 SiO_2 含量较低(40%~60%)的低熔点硅酸盐类夹杂物就属于这一类。

(2)脆性夹杂物

在钢热加工时不变形,但会沿加工方向破裂成串,Al_2O_3、尖晶石类夹杂物等高熔点、高硬度夹杂物就属于这一类。

(3)不变形夹杂物

在钢热加工时将保持原来的球状,这类夹杂物有 SiO_2、SiO_2 含量较高(>70%)的硅酸盐、钙的铝酸盐、高熔点的硫化物(如 CaS)以及氮化物等。

8.1.4　根据夹杂物的来源分类

根据夹杂物的来源不同,夹杂物可分为外来夹杂物和内生夹杂物。

(1)外来夹杂物

外来夹杂物是由于耐火材料、熔渣等在钢液的冶炼、运送、浇注等过程中进入钢液并滞留在钢中而形成的夹杂物。与内生夹杂物相比,外来夹杂物的尺寸大且经常位于钢的表层,因而其具有更大的危害。近年来,随着连铸工艺的广泛采用以及耐火材料品质和性能的提高,由于耐火材料混入钢中形成的外来夹杂物的数量减少了。但是,随着连铸拉速的提高,结晶器保护渣被卷入钢液而形成的外来夹杂物的比例却在增加。图 8.7 所示为在连铸坯表层发现的来源于连铸结晶器保护渣的大型非金属夹杂物,此类夹杂物对汽车、家电用优质冷轧薄板的表面质量有很大危害,因此防止连铸结晶器保护渣的卷入是当前连铸研究的重点之一。

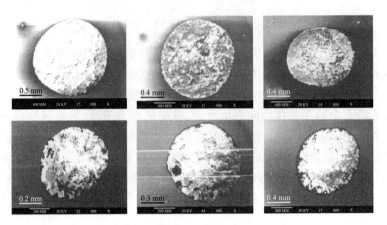

图 8.7 来源于连铸结晶器保护渣的大型非金属夹杂物

（2）内生夹杂物

内生夹杂物是指在液态或固态钢内,由于脱氧、钢液钙处理等各种物理、化学反应而形成的夹杂物。内生夹杂物形成的时间可分为四个阶段:① 钢液脱氧等化学反应的产物被称为原生(或一次)夹杂物;② 在浇注凝固前由于钢液温度下降、反应平衡发生移动生成的脱氧反应产物被称为二次夹杂物;③ 钢凝固过程中形成的夹杂物被称为再生(或三次)夹杂物;④ 钢液凝固后发生固态相变时,由于组元溶解度的变化而生成的夹杂物被称为四次夹杂物。

此外,在完成对钢液的脱氧操作后,如钢液又被空气、氧化性炉渣等再次氧化(被称为二次氧化),内部生成的氧化产物(如 Al_2O_3、SiO_2、MnO 等),也属于内生夹杂物。

内生夹杂物在钢中的分布相对来说是比较均匀的,其颗粒一般比较细小。如果夹杂物形成的时间较早,且以固态夹杂物的形式存在于钢液中,则其在固态钢中多具有一定的几何外形。当夹杂物以液态形式存在于钢液中时,它们多呈圆形。较晚形成的夹杂物大多沿初生晶粒的晶界分布,按夹杂物与晶界润湿情况的不同,它们呈颗粒状或呈薄膜状。

从组成上来看,内生夹杂物可以是简单组成,也可以是复杂组成;可以是单相的,也可以是多相的。在铸坯凝固以及随后的冷却过程中,夹杂物不仅力求与周围的钢液或固溶体保持平衡,而且其自身也在不断发生转变,并趋于其在不同温度下的稳定态。如果冷却比较快,夹杂物也可能以过冷液体(玻璃态)或过饱和固溶体的形式被保留下来。在轧制、锻造或热处理过程中的每次加热都为夹杂物与钢基体之间趋向平衡提供了条件,因此室温下在钢材中所观察到的夹杂物,实际上是经过了一系列复杂变化的结果。

钢中内生夹杂物的形成主要与钢的脱氧工艺有关,即与脱氧元素种类、脱氧程度(脱氧元素含量和钢液氧活度 $a_{[O]}$)、钢液是否经过钙处理等因素有关。下面主要对铝脱氧钢和 Si-Mn 脱氧钢中的内生夹杂物进行介绍。

1)铝脱氧钢中的非金属夹杂物。为了保证钢材的冷冲压性能,一些钢种要严格限制硅含量,这时需采用铝脱氧钢液,如用于冷轧钢板的超低碳钢、低碳铝镇静钢等的[Al]含量通常为0.025%~0.055%。此外,对绝大多数低合金高强度钢、微合金化钢来说,为了提高钢的洁净度,细化钢材组织,尽管钢中含一定量的硅,也必须向钢中添加铝,此时[Al]含量通常为0.015%~0.04%。这些钢均属于铝脱氧钢。

图8.8为Gaye根据钢液中[Al]、[Si]、[Mn]的脱氧反应标准自由能变化和[Al]、[Si]、[Mn]的活度计算得到的1 600 ℃下钢液中不同脱氧产物的优势区图。对于绝大多数的铝脱氧钢,钢液中[Al]的活度$a_{[Al]}$小于0.01,同时$a_{[Si]}$小于1,$a_{[Mn]}$为0.2~1。由图8.8可以看到,铝脱氧钢中的脱氧产物主要为Al_2O_3。由于铝具有强脱氧能力,钢中的Al_2O_3夹杂物绝大多数为钢液加入铝后的反应产物,在钢液随后的冷却和凝固过程中生成的Al_2O_3量很少。

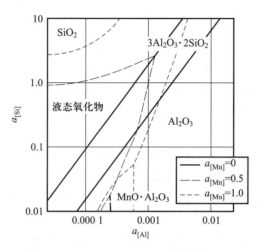

图8.8　Fe-Al-Si-Mn-O系的优势区图

铝脱氧反应产物主要为簇群状和块状两类Al_2O_3夹杂物。图8.9所示为以钢液RH真空精炼和钢液吹氩搅拌两种精炼工艺为例得到的脱氧产物Al_2O_3变化的示意图。当向钢液中加入铝后,钢液中首先生成微小的Al_2O_3粒子(图8.9中步骤1),并随即生长成树枝状Al_2O_3(步骤2)。由于此时钢液中含较多[O]和[Al],树枝状Al_2O_3会进一步生长为簇群状Al_2O_3(步骤3)。随着炉外精炼过程的进行,大尺寸簇群状Al_2O_3在钢液中上浮而被去除。至精炼结束时,钢液中残留的Al_2O_3夹杂物绝大多数为尺寸较小(≤50 μm)的簇群状Al_2O_3夹杂物和尺寸<30 μm的块状Al_2O_3夹杂物(图8.10)。

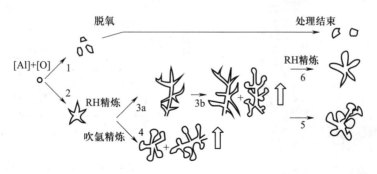

图8.9　铝脱氧钢中脱氧产物Al_2O_3变化的示意图

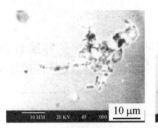
(a) 簇群状Al₂O₃

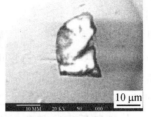
(b) 块状Al₂O₃

图 8.10　RH 精炼后铝脱氧钢中的 Al₂O₃ 夹杂物[26]

　　铝脱氧钢中还存在另外一种情况。如轴承钢等合金钢中,为了降低其所具有的总氧含量[TO],除采用铝脱氧外,在炉外精炼过程中还会采用高碱度、高还原性的炉渣。此时,炉渣中的 CaO、MgO 会被还原,生成的部分 Ca 和 Mg 进入钢液后被氧化生成 CaO 和 MgO,并会与钢中存在的 Al₂O₃ 作用,将钢液中的 Al₂O₃ 夹杂物转化为尖晶石类夹杂物($MgO \cdot Al_2O_3$)或钙铝酸盐类夹杂物($mCaO \cdot nAl_2O_3$)。

　　尺寸为 $10 \sim 30 \ \mu m$ 的簇群状或块状 Al₂O₃ 夹杂物对冷轧钢板的冲压性能和表面质量影响不大,但对轴承、重轨等钢材的抗疲劳破坏性能有不良影响。此外,微小 Al₂O₃ 粒子在浇注过程中还容易在连铸中间包水口内壁处堆积黏结,严重时甚至会造成铸流减小或断流(图 8.11)。

　　为了防止水口黏结和堵塞,在采用较小内径的水口浇注铝脱氧钢时(如小方坯连铸和薄板坯连铸),通常需要对钢液进行钙处理,即通过添加 Ca,将钢液中的 Al₂O₃ 夹杂物转变为较低熔点的 $12CaO \cdot 7Al_2O_3$ 或 $CaO \cdot Al_2O_3$(图 8.12)。此外,对某些优质热轧中厚板钢种,为了减轻钢板的各向异性,提高冷弯性能和韧性等,也要向钢液中添加 Ca 以将钢中的 MnS 转变为 CaS 或 CaO、Al₂O₃、CaS 的多元复合硫化物。

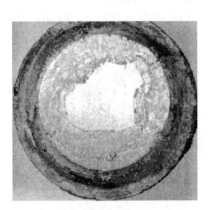

图 8.11　连铸中间包水口内壁处堆积黏结物的照片

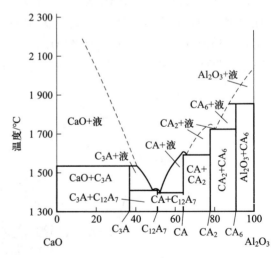

图 8.12　CaO · Al₂O₃ 系相图

对于铝脱氧钢,发生二次氧化时开始生成的为液态 $MnO\text{-}SiO_2\text{-}Al_2O_3$ 系夹杂物,此类夹杂物不稳定,随后会被[Al]还原并转变为 Al_2O_3 夹杂物。当连铸结晶器保护渣被卷入钢液中后,它也会与钢液中[Al]进行反应,最后滞留在钢中的此类夹杂物与结晶器保护渣相比,在组成上会发生一定程度的改变。

2)Si-Mn 脱氧钢中的非金属夹杂物。对于普通建筑用长型钢材,通常采用的是小方坯连铸工艺,中间包水口内径较小。为了防止水口的黏结和堵塞,经常采用限制钢中[Al](<0.005%)的方法。此外,对于一些高碳钢,例如子午线轮胎用的帘线钢,汽车发动机进、排气阀门用的弹簧钢等,为了防止钢中生成不变形夹杂物而造成拉丝、合股过程中的断丝,提高钢材抗疲劳性能,也必须严格限制钢中[Al],例如采用 Si-Mn 脱氧工艺。

Si-Mn 的脱氧反应可表示为

$$[Si]+2MnO_{(s)}\!=\!\!=\!\!=SiO_{2(s)}+2[Mn] \tag{8.4}$$

$$\Delta G^{\theta}=-87\,840+3.0T \tag{8.5}$$

采用 Si-Mn 脱氧工艺时,由于钢液中[Al]的初始含量很低,炉渣中会有部分 Al_2O_3 被还原,少量[Al]可进入钢液。由于[Al]具备强的脱氧能力,当钢液[Al]为 10^{-6} 数量级时,脱氧反应变为

$$4[Al]+3SiO_{2(s)}\!=\!\!=\!\!=3[Si]+2Al_2O_{3(s)} \tag{8.6}$$

$$\Delta G^{\theta}=-720\,689+133.0T \tag{8.7}$$

与[Al]的行为类似,脱氧过程中还会有少量 $Ca(10^{-6}$ 数量级)由炉渣进入钢液。[Al]、[Ca]与[Si]、[Mn]一起参与脱氧反应,生成的脱氧产物为 $CaO\text{-}MnO\text{-}SiO_2\text{-}Al_2O_3$ 系夹杂物,此外还可能含有少量 MgO。

Gaye 等对 Si-Mn 脱氧钢(成分见表 8.1)中的非金属夹杂物进行了分析检验,并采用 CEQCSI 计算软件对夹杂物的组成变化进行了计算,图 8.13 即为其研究得到的不同阶段 Si-Mn 脱氧钢中非金属夹杂物组成的变化。可以看到,钢液中生成的初始脱氧产物主要为 $SiO_2\text{-}CaO\text{-}Al_2O_3$ 系夹杂物,同时含少量 MgO、MnO,它们为液态并呈球状。钢液脱氧后,当温度继续下降时,在部分初始脱氧产物中会有(Mg-Mn)Al_2O_3 尖晶石类夹杂物析出,但初始脱氧产物形成的夹杂物基体仍保持着均匀成分和球状外形。当此类原生夹杂物($SiO_2\text{-}CaO\text{-}Al_2O_3$ 系夹杂物)从钢液中析出的过程完成后,钢液中[Ca]和[Mg]的含量几乎降低至零,此后由于温度降低,钢液中生成的夹杂物转变为 $SiO_2\text{-}MnO\text{-}Al_2O_3$ 系成分,该类夹杂物呈球状,大约占全部夹杂物的 70%。

表 8.1 Gaye 等研究所用 Si-Mn 脱氧钢的化学成分   %

[C]	[Si]	[Mn]	[Al]	[Ca]	[Mg]	[O]
0.7	0.35	1.0	0.000 8	0.000 3	0.000 04	0.001 6

对于子午线轮胎用的帘线钢等钢种,为了防止拉丝和合股过程中断丝,要求钢中夹杂物为热轧过程中变形良好的塑性夹杂物。图 8.14 给出了 $MnO\text{-}SiO_2\text{-}Al_2O_3$ 和 $CaO\text{-}SiO_2\text{-}Al_2O_3$ 系的状态图,图中标注的区域为熔点低于 1 350 ℃ 的成分区域,通常认为在此成分区域内的夹杂物为在

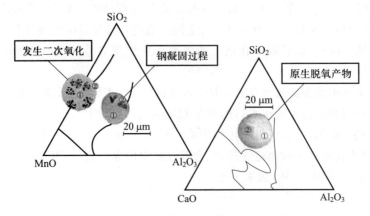

图 8.13　不同阶段 Si-Mn 脱氧钢中非金属夹杂物组成的变化

热轧过程中能够发生良好变形的塑性夹杂物。

　　对帘线钢等要求夹杂物能够塑性化的 Si-Mn 脱氧钢,炉外精炼过程采用的炉渣成分对夹杂物控制结果有重要影响。为了将钢液中的[Al]含量控制在 0.000 5% 左右,以便获得 CaO-SiO$_2$-Al$_2$O$_3$ 系或 MnO-SiO$_2$-Al$_2$O$_3$ 系塑性非金属夹杂物,精炼采用的炉渣碱度(CaO)/(SiO$_2$)和炉渣的 Al$_2$O$_3$ 含量均不能过高。如图 8.15 所示,当炉渣的 CaO、SiO$_2$ 的含量比控制在 1.1 以下、炉渣的 Al$_2$O$_3$ 含量控制在 10% 以下时,可将钢中的 MnO-SiO$_2$-Al$_2$O$_3$ 系夹杂物控制在塑性夹杂物成分的范围内。

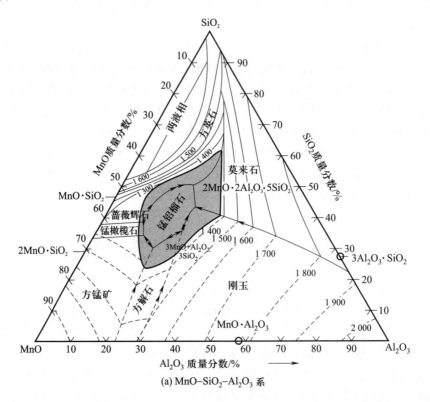

(a) MnO-SiO$_2$-Al$_2$O$_3$ 系

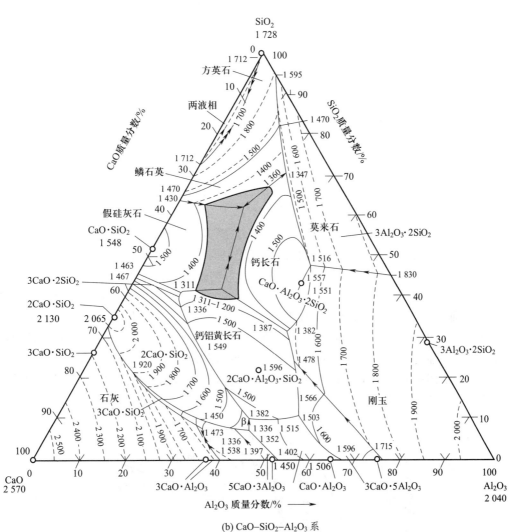

图 8.14　**MnO-SiO₂-Al₂O₃ 和 CaO-SiO₂-Al₂O₃ 系的状态图**

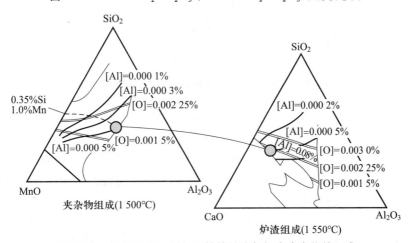

图 8.15　**高碳 Si-Mn 脱氧钢精炼炉渣与钢中夹杂物的组成**

8.2 非金属夹杂物对钢的影响

8.2.1 非金属夹杂物对钢材性能的影响

非金属夹杂物对钢材的多种性能有不良影响,这些性能包括钢材的抗疲劳破坏性能、延性、韧性、焊接性能、耐蚀性、抗 HIC 性能、加工性能等。但是,在某些特殊场合,钢中非金属夹杂物也能够起到好的作用,例如可利用硫化物改善钢材的切削性能,利用钢中微细氧化物、硫化物粒子作为钢固态相变形核的核心,以细化钢材组织,改善钢材强韧性等。

1. 夹杂物对钢材疲劳性能的影响

钢材在使用过程中承受一定的重复或交变应力,经多次循环后会遭到破坏,这种现象被称为疲劳。钢轨、传动轴、轴承、弹簧、连杆等在使用过程中要经受循环交变应力的作用,对这些钢材而言,除要求具备高的强度和韧性外,还要求具备良好的抗疲劳破坏性能。

钢中非金属夹杂物对钢材抗疲劳破坏性能具有很大的影响。由于夹杂物不能传递钢基体中存在的应力,加之其与基体的热膨胀系数不同,在夹杂物周围的钢基体中会产生径向拉伸力,该应力与外界所施加的循环应力的共同作用,会促使疲劳裂纹首先在靠近夹杂物的钢基体中形成。

夹杂物对高强度钢材疲劳性能的影响更为显著,图 8.16 所示为 Melander 等对高强度弹簧钢研究得出的不同应力幅下弹簧钢材的抗疲劳破坏特性。可以看到,高强度钢材疲劳破坏的可能性显著高于较低强度钢材。

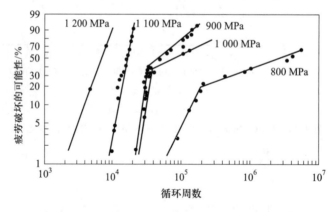

图 8.16　不同应力幅下弹簧钢材的抗疲劳破坏特性

图 8.17 给出了非金属夹杂物尺寸与钢材弯曲疲劳极限之间的关系,可以看到,随着夹杂物尺寸的增大,钢材疲劳极限呈线性的下降趋势。Duckworth 等提出了影响钢材疲劳性能的夹杂物"临界尺寸"的概念,即当夹杂物的尺寸小于临界尺寸时,其对钢材的疲劳寿命没有影响。Larsson 等发现,当夹杂物的尺寸<10 μm 时,夹杂物萌生疲劳裂纹的概率非常小;而当夹杂物尺寸>10 μm 时,疲劳裂纹容易在夹杂物周围萌生。

确定疲劳裂纹产生与否的夹杂物的临界尺寸与夹杂物距钢材表面的距离有关。随着与表面之间距离的增加,引起疲劳破坏的夹杂物的平均尺寸也在增大。相对于钢材内部的夹杂物来说,

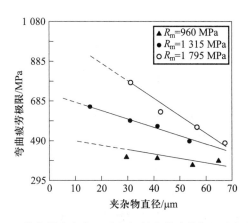

图 8.17　非金属夹杂物尺寸与钢材弯曲疲劳极限之间的关系

存在于表面或表层的夹杂物的危害性更大,钢材的大多数疲劳破坏就起源于钢材表面或表面附近的单个夹杂物。在这种情况下,萌生疲劳裂纹的表面或表面附近夹杂物的尺寸就显得不太重要了。

非金属夹杂物对钢材疲劳性能的影响还与夹杂物的形状有关,夹杂物的曲率半径越小,在钢基体中引起的应力集中就越严重。在交变应力的作用下,疲劳裂纹优先在垂直于拉应力方向的不规则形状夹杂物的尖角处萌生,其裂纹扩展速率也比球状夹杂物的扩展速率快得多。因此,相对于球状夹杂物而言,形状不规则和多棱角的夹杂物对疲劳性能的危害更大。

夹杂物在钢材的热轧制过程中是否变形对钢材的疲劳性能有重要影响。如果夹杂物在轧制时发生良好变形,其与钢基体之间就能保持很好的结合;反之,如果夹杂物变形很小或根本不变形,在钢基体与夹杂物的界面上便会形成热撕裂或带有锥形间隙的鱼尾形裂纹,它们在交变应力下会成为疲劳破坏源。

依据非金属夹杂物降低钢材抗疲劳破坏性能的能力,从强到弱大体上可以按以下顺序排列:Al_2O_3 夹杂物、尖晶石类夹杂物、$CaO-Al_2O_3$ 系或 $MgO-Al_2O_3$ 系球状不变形夹杂物、大尺寸 TiN、半塑性硅酸盐、塑性硅酸盐、硫化锰。图 8.18 所示为不同类型的非金属夹杂物对轴承钢疲劳寿命的影响程度,可以看到,Al_2O_3-CaO 系球状不变形夹杂对轴承钢疲劳性能的影响最为显著,其次为 Al_2O_3 和 TiN,而硫化物的影响较小。

夹杂物对钢材抗疲劳破坏性能的影响还与其膨胀系数有关。如由于夹杂物的线膨胀系数与钢的差别很大,所以当钢由高温冷却下来时,就会在夹杂物周围产生附加应力。若夹杂物的线膨胀系数小于钢的,在冷却过程中收缩较小,由于它的支撑作用,在其周围的基体中会产生附加的张应力。夹杂物的线膨胀系数比钢的小得越多,造成的张应力就越大,就越有可能促进疲劳裂纹的发生和发展。

2. 夹杂物对钢材延性的影响

钢材延性通常以其在拉伸试验中发生断裂后的延伸率和断面收缩率来表示。钢中非金属夹杂物对钢材抵抗塑性变形能力的主要强度指标(如屈服强度、抗拉强度等)不会产生显著影响,但对钢材的延性(延伸率、断面收缩率等)影响很大。

非金属夹杂物对钢材的断面收缩率的影响比对延伸率的影响表现得更为显著。在热轧过程

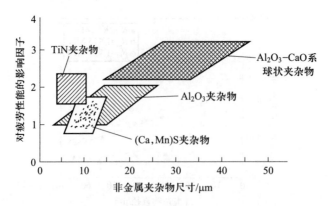

图 8.18　不同类型的非金属夹杂物对轴承钢疲劳寿命的影响程度

中发生良好变形的条带状夹杂物和点链状脆性夹杂物能使钢材性能带有方向性,钢材在非轧制方向(如钢板的宽度和厚度方向)上的延性要显著低于轧制方向上的延性。

钢中 MnS 夹杂物在钢材热加工过程中能够发生很好的变形,从而成为沿轧制方向排列的条带状夹杂物(图 8.19)。由于固态钢中的[S]主要以硫化物夹杂物的形式存在,因此[S]含量的高低可以反映钢中硫化物量的多少。图 8.20 所示为[S]对 800 MPa 强度级低合金钢热轧钢板延伸率的影响,可以看到,随[S]含量的增加,钢板横向延伸率与纵向延伸率的差别也在增加。在钢中存在着三类硫化物,第 I 类硫化物对钢材延性的影响最小,第 III 类硫化物稍次,而第 II 类硫化物所带来的不良影响最大。

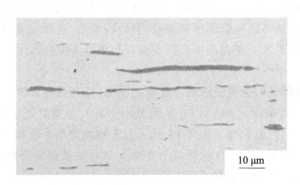

图 8.19　沿轧制方向伸长的 MnS 夹杂物

3. 夹杂物对钢材冲击韧性的影响

冲击韧性代表了钢材抵抗冲击破坏的能力。与许多金属和合金一样,钢材也具有在低温下变脆的特性。为鉴定钢材低温脆化的倾向,常要测定其在不同温度下的冲击值。钢材的冲击试验值、脆性转化温度以及脆性转化温度的范围是评价钢材,特别是低温用钢材韧性的主要指标。

非金属夹杂物对钢材韧性的影响是通过它对延性断裂过程的影响而起作用的。金属的延性断裂过程是在不断塑性形变的基础上逐渐发展起来的,由于大多数夹杂物同钢基体在弹性和塑性性能上有相当大的差别,所以在钢材的变形过程中,夹杂物和析出物不能随基体发生相应的变形,在它们的周围会产生越来越大的应力集中并使其本身裂开,或者在夹杂物与基体的界面处产

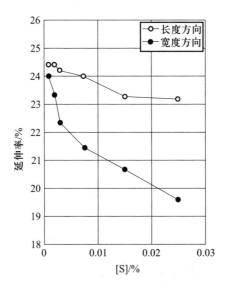

图 8.20　[S]对 800 MPa 强度级低合金钢热轧钢板延伸率的影响

生微裂纹。随着变形的不断进行,微裂纹在不断发生,直至发展为显微空洞。空洞不断扩大以及相邻空洞间的互相连接将最终导致钢材的破裂。

　　沿轧制方向延伸呈条带状的 MnS 对钢材非轧制方向的韧性会产生严重的危害。图 8.21 表明,随着[S]含量的增加,低合金钢板横向的低温冲击韧性(0 ℃下)显著降低,脆性转换温度升高。为了减轻塑性 MnS 夹杂物对钢材非轧制方向韧性的影响,通常要采用钙处理方法,以使钢中的硫化物转变为不变形的 CaS 或 CaS 与其他夹杂物形成的复合夹杂物。另外,向钢中加入 Zr或稀土元素等也可使 MnS 转化为不变形硫化物。

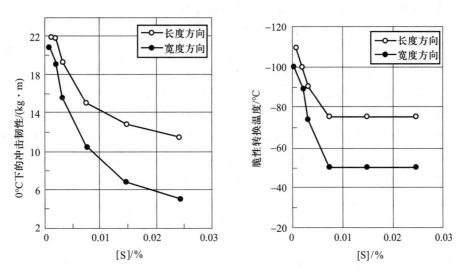

图 8.21　[S]对低合金钢板的冲击韧性和脆性转换温度的影响

　　钢中的颗粒状氧化物、氮化物以及不变形硫化物往往会作为应力集中的起源,在降低冲击值的同时,使脆性转换温度升高。不同气氛下冶炼钢材的冲击韧性随温度的变化如图 8.22 所示,随着氧化物夹杂物含量的减少,纯铁冲击韧性值升高,脆性转换温度降低,脆性转换温度范围减小。在氧化物夹杂物含量很少的情况下,钢材由韧性向脆性状态的过渡发生在比较低的温度,这种过渡是急剧的,其转变温度范围很窄。在氧化物夹杂物含量较多的情况下,钢材这种韧—脆过渡发生在较高的温度,其过渡较缓慢,转变温度范围也加宽了。

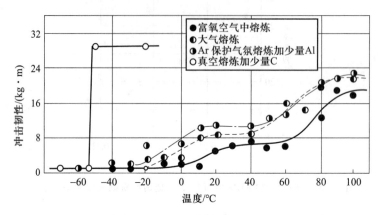

图 8.22　不同气氛下冶炼钢材的冲击韧性随温度的变化

4. 夹杂物对钢切削性能的影响

为了适应机械加工过程中切削高速化和自动化的需要,同时为了延长刀具寿命,降低切削阻力,保证工件的表面粗糙度和尺寸精度,在轴类,连接、紧固等标准件的加工中要大量使用易切削钢。在易切削钢中一般要加入 S、Pb 等元素,使其与其他元素相结合形成非金属夹杂物或金属间化合物。例如,钢中球状硫化物就可以使切屑容易发生断裂,切屑和刀具的接触面积减小,因而摩擦阻力和切削阻力变小,提高了机床效率和刀具寿命。

图 8.23 所示为高速车削时钢中 Al_2O_3 夹杂物含量对刀具寿命的影响,可以看到,随着 Al_2O_3 夹杂物含量的增加,刀具寿命减少了。一般来说,高熔点的氧化物和硅酸盐夹杂物的硬度较高,对钢的切削性能有不利的影响。如果这种夹杂物颗粒细小,在切削时尚可能被刀具推向旁边而不碰撞刀尖,有害影响还不大,但大颗粒的氧化物夹杂物则难以避免与刀尖的碰撞,这导致了刀具寿命的下降。硅酸盐类夹杂物随成分的不同,其硬度也不同,它们会对切削性能带来不同的影响。脱氧产物形成的夹杂物对钢切削性能的不良影响随脱氧元素的不同而有差别,这种不良影响按照 Mn、Cr、Si、Zr、V、Ti、Al 的顺序增强。除夹杂物种类、尺寸以外,夹杂物的形貌对钢材切削性能也有很大影响。例如,细长条形硫化物会影响切削速率,因此易切削钢中的硫化物夹杂物应尽量为长宽比低的颗粒状或纺锤状。

易切削钢有许多种类,目前应用较多的是硫系易切削钢和铅系易切削钢,其中钙处理硫系易切削钢发展得很快。通过向易切削钢中添加一定数量的 Ca,可起到如下作用:① 生成比 MnS 夹杂物硬的(Ca,Mn)S 夹杂物,在轧制后的钢材中保持较小的长宽比;② (Ca,Mn)S 依附于 Al_2O_3 夹杂物表面析出长大,将坚硬的 Al_2O_3 夹杂物包裹在其中;③ 所形成的(Ca,Mn)S 夹杂物在高速车削过程中能够在刀具表面生成一层保护膜,这延长了刀具的使用寿命。图 8.24 所示为钙处理硫系易切削钢中复合夹杂物的电子探针照片,可以看到,在钢中形成的复合夹杂物内部核心为坚

硬的 Al_2O_3，而外围则为较软的$(Ca,Mn)S$夹杂物。

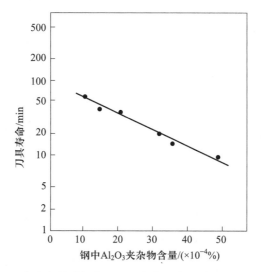

图 8.23　高速车削时钢中 Al_2O_3 夹杂物含量对刀具寿命的影响

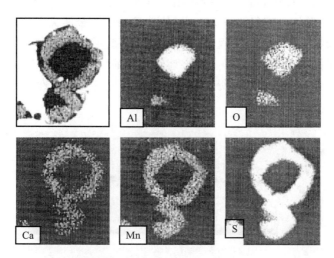

图 8.24　钙处理硫系易切削钢中复合夹杂物的电子探针照片

　　除硫系和铅系易切削钢以外，目前人们还在不断开发研究新型的易切削钢，如以锡代替铅的新型易切削钢以及向钢中添加 Ti、Re、Te 等元素以改善硫化物形态、提高切削性能的新型易切削钢等，对它们的研究均获得了一定的进展。

5. 夹杂物对钢材加工性能的影响

　　钢中非金属夹杂物对钢材的冲压、冷镦、冷拉等加工性能有重要的影响。

　　汽车、家用电器、饮料罐用的冷轧薄板厚度一般为 $0.25 \sim 0.7$ mm，它们要求具有良好的冲压性能和表面质量。此类钢为低碳（[C]：$0.02\% \sim 0.07\%$）或超低碳（[C]：$0.0015\% \sim 0.004\%$）铝脱氧钢，钢中的非金属夹杂物主要为内生 Al_2O_3 夹杂物和从连铸保护渣等混入的外来夹杂物。在冷轧过程中，钢中大尺寸的非金属夹杂物会造成钢板表面微细裂纹缺陷的产生（图 8.25）。此外,较大尺寸的夹杂物还会引起易拉罐冲制过程中上口卷边裂纹的出现。为了保证钢板的冲压性能和表面质量,对汽车面板用冷轧钢板,要求钢中夹杂物尺寸≤100 μm,对易拉罐用冷轧钢板,要求钢中夹杂物尺寸≤40 μm。

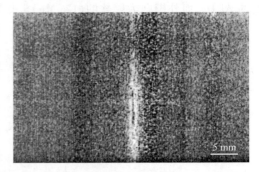

图 8.25　冷轧钢板表面微细裂纹照片

为了节省钢材和提高生产率,螺栓、螺钉等紧固件的生产常采用冷镦加工。非金属夹杂物对钢材的冷镦加工性能有重要的影响,当钢冷镦变形时,表层存在的夹杂物往往会成为冷镦裂纹的起源。对于紧固件冷镦钢,当钢的总氧含量控制在0.001%~0.001 3%以下时,可消除由于夹杂物而引起的表面裂纹。

钢丝绳用钢丝、子午线汽车轮胎用帘线钢、硅片切割丝等均是由直径为 5~7 mm 的热轧盘条经冷拉制成直径为 0.1~0.5 mm 的钢丝后得到,对此类钢材,要求其中所含的非金属夹杂物尺寸要<10 μm,并且它们是在钢的热轧过程中能够发生良好变形的塑性夹杂物,否则在盘条拉丝或钢丝合股过程中会造成断丝。生产经验表明,轮胎用帘线钢中非金属夹杂物尺寸只要大于被加工钢丝直径的 2%,钢丝在冷拉和合股过程中就可能出现脆性断裂。按照这一经验进行计算后可以发现,如子午线轮胎钢丝直径为 0.25 mm,热轧盘条中非金属夹杂物直径必须<5 μm,这就要求钢中非金属夹杂物为在钢轧制过程中能够发生良好变形的塑性夹杂物。由图 8.26 中可看到子午线轮胎用帘线钢由 200 mm×200 mm 方坯经轧制而成的直径为 6 mm 的盘条中存在的非金属夹杂物。可以看到,钢经轧制后,所含的夹杂物发生了良好的塑性变形,其径向尺寸均符合小于 5 μm 的要求。

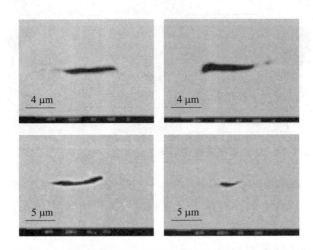

图 8.26　子午线轮胎用帘线钢盘条中的非金属夹杂物照片

8.2.2　非金属夹杂物对钢材质量的影响

除对钢材的多种性能产生不利影响外,非金属夹杂物还会影响钢材质量,造成表面缺陷。热轧钢板或者冷轧钢板表面的线状缺陷、结疤、翘皮和鼓包等缺陷在很多情况下都与钢中的非金属夹杂物有关。线状缺陷是冷轧板常见的表面缺陷,沿轧制方向分布,宽度从几十微米到几毫米不等,图8.27所示为冷轧板中线状缺陷的典型形貌及造成该缺陷的夹杂物的能谱分析结果。

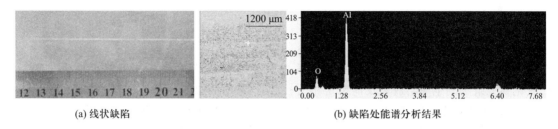

(a) 线状缺陷　　　　　　　　　　(b) 缺陷处能谱分析结果

图8.27　冷轧板中线状缺陷的典型形貌及造成该缺陷的夹杂物的能谱分析结果

此外,非金属夹杂物对铸坯质量也有较大影响,是造成铸坯缺陷或废坯的一个重要原因。Ginzburg和Ballas论述了连铸板坯和热轧产品的缺陷,其中很多与夹杂物有关。

8.2.3　非金属夹杂物的有益作用

当然,并不是所有夹杂物对钢材都是有害的,在某些特殊场合,钢中非金属夹杂物也能起到有益作用。如易切削钢中的夹杂物可在应力集中源、促进裂纹传播、形成覆盖膜、包裹硬质核心等方面起到有益作用,从而降低切削能量,提高钢材的切削加工性能。氧化物冶金技术利用夹杂物作为形核核心,在γ晶粒内部析出晶内铁素体来细化晶粒,从而提高钢的性能,特别是在大线能量焊接工艺下提高热影响区的强度和韧性,图8.28所示为低合金高强钢再加热后夹杂物诱导析出的晶内针状铁素体和微观组织图片。氧化物冶金技术为有效减小夹杂物对钢性能的危害提供了新的思路和方法。此外,利用钛、铌、钒等的氮化物可产生沉淀强化,细化钢材组织,提高强韧性等。当然,为达到利用钢中非金属夹杂物的目的,需要对夹杂物的成分、尺寸和空间分布等进行严格控制。

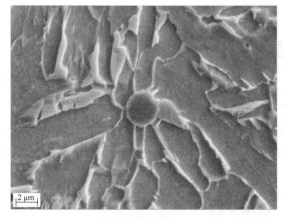
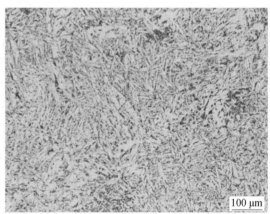

(a) 晶内针状铁素体　　　　　　　　　　(b) 微观组织

图8.28　低合金高强钢再加热后夹杂物诱导析出的晶内针状铁素体和微观组织图片

8.3　非金属夹杂物生成的热力学与动力学

8.3.1　非金属夹杂物生成的热力学

1. 氧化物

一般来说,内生的简单氧化物都是由加入的脱氧剂、合金等与钢中溶解氧反应生成的。因此,氧化物夹杂的生成与脱氧反应密切相关。目前,常用的脱氧元素有 Al、Si、Mn,关于炼钢基本反应已在第 2 章作了阐述,本部分简单介绍 Al_2O_3、SiO_2 和 MnO 单一氧化物生成的热力学。

铝是强脱氧元素,且成本较低,是目前钢铁生产中最常用的脱氧剂之一。在 Fe-Al-O 体系中,Al_2O_3 脱氧产物生成的反应式、平衡常数如下:

$$2[Al]+3[O] \Longrightarrow Al_2O_{3(s)} \tag{8.8}$$

$$\lg K = 64\,000/T - 20.57 \tag{8.9}$$

Al 和 O 的相互作用系数见表 8.2。

表 8.2　Al 和 O 的相互作用系数

e_O^{Al}	e_{Al}^{O}	e_{Al}^{Al}	e_O^{O}
-1.17(1 873 K) -0.83(1 923 K) -0.72(2 023 K)	-1.98(1 873 K) -1.40(1 923 K) -1.22(2 023 K)	80.5/T	-1 750/T+0.76

硅是一种较强的脱氧元素,单独用硅脱氧时,很容易生成固态 SiO_2。与铝相比,硅的脱氧能力较弱,脱氧后钢中的溶解氧含量较高。SiO_2 脱氧产物生成的反应式、平衡常数如下:

$$[Si]+2[O] \Longrightarrow SiO_2 \tag{8.10}$$

$$\lg K = 30\,110/T - 11.40 \tag{8.11}$$

Si 和 O 的相互作用系数见表 8.3。

表 8.3　Si 和 O 的相互作用系数

e_O^{Si}	e_{Si}^{O}	e_{Si}^{Si}	e_O^{O}
-0.066	-0.119	0.103	-1 750/T+0.76

锰是最早用于钢液脱氧的金属元素之一,其脱氧能力比铝、硅元素都弱,但可以增强铝和硅的脱氧能力,因此常与铝、硅一起使用进行复合脱氧。MnO 脱氧产物生成的反应式、平衡常数如下:

$$[Mn]+[O] \Longrightarrow MnO_{(1)} \tag{8.12}$$

$$\lg K_{(MnO,1)} = 12\,760/T - 5.62 \tag{8.13}$$

$$[Mn]+[O] \Longrightarrow MnO_{(s)} \tag{8.14}$$

$$\lg K_{(MnO,s)} = 15\,050/T - 6.75 \tag{8.15}$$

Mn 和 O 的相互作用系数见表 8.4。

表 8.4　Mn 和 O 的相互作用系数

e_O^{Mn}	e_{Mn}^O	e_{Mn}^{Mn}	e_O^O
-0.021	-0.083	0	$-1\,750/T+0.76$

2. 硫化物

钢中的硫化物主要有 MnS、FeS、CaS。如果不对钢液进行脱氧等处理,凝固后钢中的 O、S 等元素绝大多数以铁的氧化物、硫化物等存在于 γ 或 α 晶粒的晶界处,此时钢中硫化物主要为 FeS。

为减少晶界处夹杂物对钢性能的不利影响,现代冶金生产在炼钢氧化冶炼完成后均采用脱氧工艺。Mn 元素与 Fe 性能相近,与铁无限互溶,绝大多数钢中都含有一定量的 Mn,因此现代冶金生产中如未对钢液进行钙处理等特殊处理的话,钢中的硫化物一般为 MnS。MnS 夹杂物多在钢液凝固后析出,其热膨胀系数高于钢基体,具有良好的变形能力,在轧制过程中易延展成长条状。

为了解决铝脱氧生成的 Al_2O_3 等高熔点夹杂物造成的水口黏结问题,且为了降低 MnS 夹杂物对中厚板等钢材的不利影响,如钢材性能的各向异性、氢致裂纹等,冶金生产中常采用钙处理工艺,即向钢液中喂入钙线以对夹杂物进行变性处理。在这种情况下,钢中的 S 优先和加入的 Ca 反应生成 CaS 夹杂物。

Fe-Mn-S 体系中 MnS 生成的反应式和平衡常数如下:

$$[Mn]+[S]\xlongequal{\quad\quad}MnS_{(s)} \tag{8.16}$$

$$\lg K_{(MnS,s)}=7\,500/T-4.16 \quad (\text{试验数据,采用 MgO 坩埚,}[Mn]<1.5\%) \tag{8.17}$$

$$\lg K_{(MnS,s)}=9\,433/T-5.19 \tag{8.18}$$

$$\lg K_{(MnS,s)}=6\,885/T-4.14 \tag{8.19}$$

此外,MnS 在铁素体、奥氏体和钢液中溶度积的表达式如下:

$$\lg[\%Mn][\%S]^{\alpha,\delta}=-12\,000/T+4.90 \tag{8.20}$$

$$\lg[\%Mn][\%S]^{\gamma}=-11\,200/T+5.10 \tag{8.21}$$

$$\lg[\%Mn][\%S]^{liq}=-6\,050/T+3.40 \tag{8.22}$$

1 873K 下,Fe-Ca-S 体系中 CaS 生成的反应式、平衡常数如下:

$$[Ca]+[S]\xlongequal{\quad\quad}CaS_{(s)} \tag{8.23}$$

$$\lg K_{(CaS,s)}=-8.91 \tag{8.24}$$

Ca 和 S 的相互作用系数见表 8.5。

表 8.5　Ca 和 S 的相互作用系数

e_S^{Ca}	e_{Ca}^S	e_{Ca}^{Ca}	e_S^S
-110	-138	-0.002	-0.046

3. 氮化物

钢中常见的氮化物有 TiN、AlN 等。钢液中的 Ti 和 N 有很强的结合能力,在钛合金化的钢中,经常会生成 TiN 夹杂物。随着汽车用钢的发展,高铝钢,尤其是 Al 含量超过 1% 的高锰铝合金含量的钢种日益受到人们的重视,AlN 是该钢种中典型的夹杂物。

钢液中 TiN 生成的反应式、平衡常数如下:

$$[Ti]+[N] \rightleftharpoons TiN_{(s)} \tag{8.25}$$

$$\lg K_{(TiN,s)} = 19\,800/T - 7.78 \tag{8.26}$$

Ti 和 N 的一阶相互作用系数见表 8.6。

表 8.6 Ti 和 N 的一阶相互作用系数

e_N^{Ti}	e_{Ti}^N	e_{Ti}^{Ti}	e_N^N
$-5\,700/T + 2.45$	$-19\,500/T + 8.37$	0.048	0

此外,TiN 在铁素体、奥氏体和钢液中溶度积的表达式如下:

$$\lg[\%Ti][\%N]^{\alpha,\delta} = -16\,650/T + 4.80 \tag{8.27}$$

$$\lg[\%Ti][\%N]^{\gamma} = -13\,860/T + 3.75 \tag{8.28}$$

$$\lg[\%Ti][\%N]^{liq} = -14\,000/T + 4.70 \tag{8.29}$$

钢液中 AlN 生成的反应式、平衡常数如下:

$$[Al]+[N] \rightleftharpoons AlN_{(s)} \tag{8.30}$$

$$\lg K_{(AlN,s)} = 12\,900/T - 5.62 \tag{8.31}$$

Al 和 N 的一阶相互作用系数见表 8.7。

表 8.7 Al 和 N 的一阶相互作用系数

e_N^{Al}	e_{Al}^N	e_{Al}^{Al}	e_N^N
0.010	0.015	$80.5/T$	0

此外,AlN 在铁素体、奥氏体和钢液中溶度积的表达式如下:

$$\lg[\%Al][\%N]^{\alpha,\delta} = -11\,420/T + 5.12 \tag{8.32}$$

$$\lg[\%Al][\%N]^{\gamma} = -11\,085/T + 4.38 \tag{8.33}$$

$$\lg[\%Al][\%N]^{liq} = -11\,700/T + 5.94 \tag{8.34}$$

8.3.2 非金属夹杂物生成的动力学

无论是氧化物、硫化物,还是氮化物,在钢液中直接生成非金属夹杂物的动力学过程基本相同。本章主要介绍氧化物夹杂物生成的动力学。

氧化物夹杂物形成可分为以下几个环节:① 脱氧剂的溶解与均匀化;② 脱氧元素和钢中氧的化学反应;③ 脱氧反应产物的形核;④ 脱氧反应产物的长大;⑤ 脱氧反应产物的去除。需要说明的是,化学反应的生成物应称之为脱氧反应产物,其会长大并去除,尚未去除并滞留在钢中的反应产物称为非金属夹杂物。

1. 脱氧剂的溶解与均匀化

以往大多数研究者都认为,脱氧剂加入钢液后会立即均匀溶解。但后来发现,在溶解初期,即使在熔池受到强烈搅拌的情况下,加入钢液的脱氧剂周围也保持着相当高的浓度梯度。因此,在讨论脱氧过程的最初阶段,应该首先考虑脱氧剂的溶解及其均匀化问题。

一般在固态铝表面上有一层约 2 μm 厚的氧化铝薄膜,很致密,能阻止氧的通过,也妨碍了钢液中铝的溶解分布。图 8.29 所示为用 0.12% 的固态或液态铝脱氧的动力学曲线。由图可见,用固态铝脱氧时,[O] 下降得较慢;而用液态铝脱氧时,[O] 能很快降到最低值。

在大多数情况下,脱氧剂在钢液中溶解和均匀化的时间长短取决于脱氧合金的块度和钢液中脱氧元素的扩散速率。为了加速脱氧剂的溶解和脱氧元素在钢液内均匀化的过程,通常可以采用搅拌钢液、提高钢液的温度、减小脱氧剂块度以及用液体脱氧剂等措施。

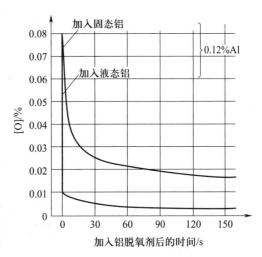

图 8.29 加入不同状态铝脱氧的动力学曲线

2. 脱氧元素和钢中氧的化学反应

脱氧反应是在高温下进行的化学反应,其反应速率很快,通常不会成为过程的控制环节。

K. Torssell 等在实验室用 Si 对钢液进行了脱氧研究,首先需要在试验中提取钢液试样并分析测定其总氧含量 [TO],接着用放射性同位素[31]Si 测定钢液中溶解的 [Si] 含量,最后再由 [Si] 根据 [Si]-[O] 反应热力学数据计算出钢液中溶解的氧含量 [O]。钢液总氧含量与溶解氧含量之差即为钢液中以 SiO_2 形式存在的氧当量 $[O_{M_xO_y}]$。

图 8.30 为 K. Torssell 等研究得出的 1 873 K 温度下加入 Si 后的钢液中以溶解氧和 SiO_2 形式存在的氧含量的变化。可以看到,钢液中加入 Si 后,溶解氧含量迅速下降,而以脱氧产物 SiO_2 形态存在的氧含量迅速上升,这说明化学反应速率很快。$[O_{M_xO_y}]$ 达到最高点后,由于脱氧产物的排除而又开始下降,总氧含量 [TO] 的下降速率与脱氧产物从钢液中排出的速率相接近。10~15 min 后脱氧产物几乎完全消失,之后剩余的氧绝大多数以溶解氧状态存在,且和钢液中的脱氧元素 Si 保持平衡。对于铝、钛等的脱氧研究也可以得到同样的结果。因此可以断定,化学反应不是脱氧过程的限制性环节。

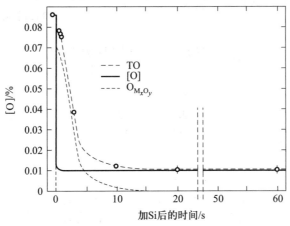

图 8.30 1 873 K 温度下加入 Si 后的钢液中氧含量的变化

3. 脱氧反应产物的形核

根据均质形核理论,若要从钢液中析出脱氧产物的新相核心,其浓度必须达到饱和。从过饱和状态的均质钢液中生成半径为 r 的球形脱氧反应产物时,总的自由能变化是生成脱氧产物的体积自由能变化和钢液中生成脱氧产物新相的表面自由能之和,即

$$\Delta G^{\theta} = 4\pi r^2 \sigma + \frac{4}{3}\pi r^3 \Delta G_V \tag{8.35}$$

式中:r——脱氧产物半径,m;

$\quad\sigma$——脱氧产物与钢液间的表面自由能(也称为界面张力),J/m^2;

$\quad\Delta G_V$——均匀钢液中生成脱氧产物的体积自由能变化,J/m^3。

图 8.31 为钢液中脱氧产物均质形核时自由能变化的示意图。钢液中形成的脱氧产物核心越小,需要的能量越小,但脱氧产物只有达到一定的尺寸后,核心才能够稳定存在并继续长大。

钢液中形成的脱氧产物核心能够稳定存在的半径称为临界半径 r^*,可对式(8.35)求导数后得出

$$\frac{\partial \Delta G^{\theta}}{\partial r} = 8\pi r^* \sigma + 4\pi r^{*2} \Delta G_V = 0 \tag{8.36}$$

$$r^* = -\frac{2\sigma}{\Delta G_V} \tag{8.37}$$

由式(8.35)和式(8.37)可以得到生成临界半径脱氧产物粒子的临界自由能变化 ΔG^*,

$$\Delta G^* = \frac{16\pi\sigma^3}{3(\Delta G_V)^2} \tag{8.38}$$

钢液内部微观体积内存在着能量起伏,这种能量起伏能够满足生成稳定新相核心所需的能量。

钢液中生成脱氧产物的体积自由能变化 ΔG_V 可由下式表示:

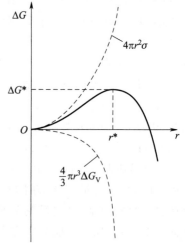

图 8.31 钢液中脱氧产物均质形核时自由能变化的示意图

$$\Delta G_V = \frac{RT\lg(J/K)}{V} = \frac{19.14T\lg(J/K)}{V} \tag{8.39}$$

由式(8.37)得

$$r^* = -\frac{2\sigma}{\Delta G_V} = \frac{2\sigma V}{19.14T\lg(K/J)} \tag{8.40}$$

又因为

$$\frac{K}{J} = \frac{\dfrac{1}{[M]_x^*[O]_y^*}}{\dfrac{1}{[M]_x[O]_y}} = \frac{[M]_x[O]_y}{[M]_x^*[O]_y^*} \tag{8.41}$$

取

$$S = \frac{C}{C^*} = \frac{[\mathrm{M}]_x[\mathrm{O}]_y}{[\mathrm{M}]_x^*[\mathrm{O}]_y^*} \tag{8.42}$$

这里,S 被定义为过饱和度,将其代入式(8.40)中得到

$$r^* = -\frac{2\sigma}{\Delta G_V} = \frac{2\sigma V}{19.14 T \lg(K/J)} = \frac{2\sigma M}{19.14 \rho T \lg(C/C^*)} \tag{8.43}$$

脱氧产物在单位时间及单位体积内析出的晶核数量可由均质形核的理论公式求得。

$$I = A \mathrm{e}^{\frac{\Delta G^*}{RT}} \tag{8.44}$$

式(8.44)中的 A 被称为频率因子,它可由下式求出:

$$A = n' \left(\frac{\sigma}{kT}\right)^{1/2} \left(\frac{2V}{9\pi}\right)^{1/3} n \frac{kT}{h} \tag{8.45}$$

式中:n'——临界晶核表面的原子数;

$\quad\quad n$——母相单位体积内原子数;

$\quad\quad V$——母相中每摩尔原子占有的体积,$\mathrm{cm^3/mol}$;

$\quad\quad k$——玻尔兹曼常数,$\mathrm{J/K}$;

$\quad\quad h$——普朗克常数。

向井楠宏等曾引用 Turpin 等给出的频率因子 A 的数值,对几种脱氧产物生成时所需要的过饱和度 S 进行了计算,结果见表8.8。可以看到,脱氧产物与钢液间的界面张力 σ 的值越大,形核所需要的过饱和度 S 值也越大。

表8.8 均质形核所需要的过饱和度的计算值

脱氧产物	$V/(\mathrm{cm^3/mol})$	$\sigma/(\times 10^{-3}\ \mathrm{J/m^2})$	A	S
$\mathrm{SiO_2}$	27.24	1 250	10^{28}	2.33×10^3
$\mathrm{FeO(50\ mol\%)-SiO_2}$	21.43	400	10^{29}	2.96
$\mathrm{FeO(66\ mol\%)-SiO_2}$	19.49	300	10^{29}	1.90
FeO	15.62	180	10^{30}	1.29
$\mathrm{Al_2O_3}$	34.33	2 400	10^{26}	5.25×10^{11}
$\mathrm{FeO \cdot Al_2O_3}$	24.98	1 700	10^{25}	1.51×10^5

综上所述,若要在均质钢液中自发地生成脱氧产物,需要:① 减小钢液与脱氧产物间的界面张力;② 增加脱氧产物的密度或减小脱氧产物的比容;③ 提高反应物的过饱和度。在脱氧剂加入钢液后的溶解过程中,脱氧剂周边的局部浓度很高,可以满足均质形核所需要的过饱和度,因此均质形核有可能发生。

脱氧反应产物依附在钢液中已存在的第二相粒子上形核,这被称为非均质形核。非均质形核生成稳定核心所需要的临界自由能变化为

$$\Delta G_{\text{非均质}}^* = \frac{\Delta G_{\text{均质}}^* (2+\cos\theta)(1-\cos\theta)^2}{4} \tag{8.46}$$

式中:$\Delta G_{\text{非均质}}^*$——非均质形核形成稳定核心所需的临界自由能变化,J;

$\Delta G^*_{均质}$——均质形核形成稳定核心所需的临界自由能变化，J；

θ——非均质形核核心粒子与钢液中已存在的第二相粒子之间的接触角。

非均质形核过程中，脱氧产物核心与钢液中第二相粒子在构造上的差异越小，形核越容易。实际脱氧过程的钢液中总是存在着非均质生成脱氧产物的条件，如脱氧前的钢液中存在的非金属夹杂物可以作为析出脱氧产物的核心，另外铝和合金的表面氧化物膜也可以作为核心，因此实际脱氧过程无须用太大的过饱和度，钢液就可析出液体或固体的脱氧产物。非均质形核在实际脱氧过程中占主导地位，脱氧产物的形核一般不会成为脱氧反应的限制性环节。

4. 脱氧反应产物的长大

钢液中的脱氧反应产物形核后，对于其随后的长大机理，主要有以下几种理论解释。

（1）扩散长大

Turkdogan 提出，脱氧产物晶核长大机理是脱氧反应的反应物向已生成的脱氧产物核心表面进行扩散、反应生成的产物沉积在已生成的核心上的过程。在加入脱氧剂时，假定脱氧反应产物的晶核均匀分布于钢液中，晶核数就是钢液单位体积中的颗粒数 Z，每个颗粒都以自己为中心形成一个球形扩散区，并与大小相等的相邻球形扩散区相切。另外，可进一步假定钢液中正在长大的脱氧产物粒子与钢液的界面存在着局部平衡，单位体积钢液中存在着半径相等的脱氧产物颗粒数，各个颗粒在自己的扩散区域长大，其长大速率与颗粒初始半径、颗粒数以及钢液中氧的浓度有关，即存在以下关系：

$$r=r_0\left[\left(C_0-C_m\right)/C_m\right]^{1/3} \tag{8.47}$$

$$r_0=\left[3/(4\pi Z)\right]^{1/3} \tag{8.48}$$

上两式中：r——t 时刻脱氧产物颗粒半径，cm；

r_0——脱氧产物核心初始半径，cm；

C_0——钢液初始氧浓度，mol/cm^3；

C_m——t 时刻钢液氧浓度，mol/cm^3；

Z——单位钢液体积内脱氧产物颗粒数，个/cm^3。

图 8.32 为 Turkdogan 得出的扩散长大时脱氧产物颗粒半径随时间的变化，可以看到，单位体积内脱氧产物颗粒数越多，最终脱氧产物的尺寸愈小。当颗粒数 $Z=10^5$ 个/cm^3 时，脱氧产物颗粒的长大过程约在数秒钟内就能完成；而当 $Z=10^3$ 个/cm^3 时，要完成颗粒的长大需要 6~7 min。

关于脱氧时颗粒数 Z 的数值，宫下芳雄研究后发现，当用 0.5% 的硅脱氧后，经 1~3 min，钢液中半径大于 1.5 μm 的脱氧产物颗粒数达 10^7 个/cm^3。在脱氧过程的初期，由于钢液氧的浓度差大，生成的脱氧产物颗粒多，扩散长大有一定的重要性。除极个别情况外，脱氧产物的扩散长大不会成为脱氧反应的限制性环节。

（2）不同尺寸脱氧产物间的扩散长大

由式(8.43)可知，脱氧产物核心的临界半径越小，其周围钢液的过饱和度越大，因此氧在小颗粒脱氧产物周围的浓度比在大颗粒脱氧产物周围的高。当颗粒大小不同的脱氧产物在距离上接近时，由于浓度差形成的扩散可使小颗粒消失，同时使大颗粒长大。

然而，计算表明，在用硅脱氧时，脱氧产物平均半径由 0 长到 2.5 μm，或由 2.5 μm 长到 3.0 μm，相互扩散所需时间约为 30 min。可以认为，在脱氧的初期，相互扩散凝集长大这种机理对夹杂物长大不起重要的作用。

（3）由于布朗运动碰撞凝集长大

布朗运动对于胶体凝集现象的出现非常重要。由于它是以非常细微的颗粒为对象的,因而布朗运动碰撞长大机理只能适用于脱氧产物尺寸非常小的场合。若钢液内脱氧产物的长大符合布朗运动规律,脱氧产物尺寸的变化可表示为

$$r^3 = 2kT\alpha t / (\pi\eta) \tag{8.49}$$

式中:r——脱氧产物颗粒半径,m;

　　　k——玻尔兹曼常数,J/K;

　　　T——温度,K;

　　　α——单位体积钢液内脱氧产物的体积,m³;

　　　t——时间,s;

　　　η——钢液黏度,Pa·s。

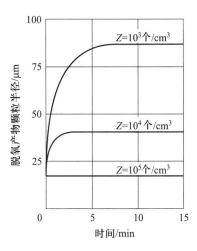

图 8.32　扩散长大时脱氧产物
颗粒半径随时间的变化

（4）由于上浮速率差而碰撞凝集长大

由于钢液与脱氧产物之间存在着密度差,脱氧产物颗粒因而会在钢液中上浮。脱氧产物颗粒越大,其上浮速率越大,因此在上浮过程中,大颗粒和小颗粒相碰撞的机会很多,可以凝集长大。

如钢液中脱氧产物颗粒的上浮服从 Stokes 定律,上浮速率可表示为

$$v = \frac{2g(\rho_{\mathrm{m}} - \rho_{\mathrm{s}})r^2}{9\eta_{\mathrm{m}}} = Kr^2 \tag{8.50}$$

式中:v——脱氧产物颗粒上浮速率,m/s;

　　　g——重力加速度,m/s²;

　　　ρ_{m}——钢液密度,kg/m³;

　　　ρ_{s}——脱氧产物颗粒密度,kg/m³;

　　　r——脱氧产物颗粒半径,m;

　　　η_{m}——钢液黏度,Pa·s。

在 Δt 时间内,脱氧产物颗粒上浮通过的钢液体积为 $\pi r^2 v \Delta t$。对于单位体积的钢液而言,若其中存在的脱氧产物颗粒的体积百分数为 α,则此体积钢液内脱氧产物颗粒的总体积为 $\pi r^2 v \Delta t \alpha$,单个脱氧产物颗粒上浮与此体积钢液内脱氧产物颗粒碰撞凝集后的体积变化为

$$\frac{4}{3}\pi(r+\Delta r)^3 - \frac{4}{3}\pi r^3 = \pi r^2 v \Delta t \alpha \tag{8.51}$$

省略 $(\Delta r)^2$ 以上的高次项后,式(8.51)可简化为 $4\Delta r = v\alpha\Delta t$,对其取极限后有

$$\frac{\mathrm{d}r}{\mathrm{d}t} = \lim_{\Delta t \to 0} \frac{\Delta r}{\Delta t} = \frac{v\alpha}{4} \tag{8.52}$$

因为 $v = Kr^2$,所以有

$$\frac{\mathrm{d}r}{\mathrm{d}t} = \frac{v\alpha}{4} = \frac{K\alpha}{4}r^2 = cr^2 \tag{8.53}$$

当 $t \in [0,t]$、$r \in [r^*,r]$ 时,对式(8.53)进行积分后有

$$\int_{r^*}^{r} \frac{\mathrm{d}r}{r^2} = c \int_0^t \mathrm{d}t$$

$$r = \frac{r^*}{1 - cr^* t} = \frac{r^*}{1 - \dfrac{g\alpha(\rho_m - \rho_s) r^* t}{18\eta_m}} \tag{8.54}$$

由式(8.54)可以看出,脱氧产物碰撞凝集长大后的颗粒尺寸与颗粒的初始尺寸、单位体积钢液中脱氧产物的总体积、颗粒在钢液内停留的时间、钢液黏度等因素有关。图 8.33 所示为根据式(8.54)得出的脱氧产物颗粒半径随时间的变化。可以看到,较大尺寸的脱氧产物颗粒在按 Stokes 定律上浮的过程中将吸收其他较小的脱氧产物颗粒而急速长大。

(5)由于钢液运动而碰撞凝集长大

钢液剧烈运动时,其速率分布极端不均匀,悬浮在其中的脱氧产物产生了很大的速率差,这造成了碰撞凝集机会的增多,其长大速率可能达到静止熔池内的数十倍。

脱氧产物的扩散凝集长大和上浮过程的凝集长大都是作为互相独立进行的模型用来解析静止熔池中脱氧产物的长大现象的。实际上,脱氧产物在扩散长大的同时也在熔池中上浮,并在上浮过程中碰撞凝集长大。佐野信雄等对照理论计算与试验中观察到的脱氧产物大小随时间的变化情况得出如下结论:在静止的熔池中,除了在硅脱氧时,由于 SiO_2 粒子之间不容易凝集而使脱氧产物主要依靠扩散来长

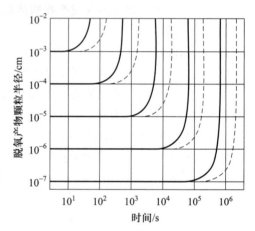

图 8.33　脱氧产物颗粒半径随时间的变化

大以外,在其他大多数的脱氧反应中,脱氧产物在依靠扩散长大的同时,主要是通过上浮过程中的碰撞凝集而长大的。

5. 脱氧产物的去除

1)静止钢液中脱氧产物的上浮分离。在静止钢液条件下,钢液中脱氧产物的去除主要依赖于其在钢液中的上浮速率,而脱氧产物粒子的上浮速率传统上认为应服从斯托克斯(Stokes)定律。

根据流体力学原理,球形固体颗粒在液体中的上浮(或沉淀)速率服从式(8.50)表示的斯托克斯定律,即上浮速率与固体颗粒和液体之间的密度差成正比,与液体的黏度成反比,与颗粒半径的平方成正比。由于钢液的黏度、钢液和脱氧产物的密度差不会有很大的变化,长期以来,人们认为主要应靠增加夹杂物的颗粒半径才能有效地去除钢液中的脱氧产物。

应该指出,斯托克斯定律并不是在一切范围内都能适用的规律,它的应用范围要求符合以下条件:① 颗粒为球形;② 颗粒和流体的相对速率较小,即雷诺(Reynold)数要在 2 以下;③ 颗粒与流体分子之间没有滑移。

当雷诺数大于 500 以上时,颗粒在液体中的上浮速率服从牛顿定律;当雷诺数为 2~500 时,颗粒在液体中的上浮速率符合斯托克斯定律和牛顿定律之间过渡区域的规律。

钢液脱氧时,取 $\rho_m = 7\,100\ \text{kg/m}^3$, $\rho_s = 3\,000\ \text{kg/m}^3$, $\eta_m = 0.005\ \text{Pa·s}$,则符合斯托克斯定律的脱氧产物最大颗粒尺寸可按下述方法求出:

$$\text{Re} = \frac{dv\rho_m}{\eta_m} = \frac{dv \times 7\,100}{0.005} < 2$$

$$v = \frac{2g(\rho_m - \rho_s)r^2}{9\eta_m} = \frac{2 \times 9.8 \times (7\,100 - 3\,000)}{9 \times 0.005}\left(\frac{d}{2}\right)^2$$

联立后可解出 $d < 145\ \mu\text{m}$,即当脱氧产物颗粒的大小不超过 150 μm 时,其上浮速率才服从斯托克斯定律。

2)搅拌钢液条件下脱氧产物的上浮分离。人们对钢液熔池中脱氧产物颗粒的去除速率有很多研究,结果发现,在钢液熔池搅拌条件下,脱氧产物粒子从钢液分离去除的速率较斯托克斯定律快得多,脱氧产物粒子的分离去除速率与脱氧剂种类、脱氧剂用量、钢液温度、炉衬材料等因素有关。

钢液熔池在搅拌条件下的脱氧速率一般可用下式来计算:

$$C = C_0 e^{-kt} \tag{8.55}$$

式中:C——脱氧产物生成量;

$\quad C_0$——常数;

$\quad t$——时间;

$\quad k$——速率常数。

在式(8.55)中,k 值与脱氧剂的加入量、钢液温度、容量、钢液搅拌强度等因素有关,它的大小可以用来评价脱氧产物去除的速率。

表 8.9 给出了不同阶段、不同运动状态下的钢液中 SiO_2 类和 Al_2O_3 类脱氧产物的去除率,可以看到,加强钢液搅拌后,对应于湍流状态下的钢液中 Al_2O_3 类脱氧产物去除率高。

表 8.9　不同阶段钢液运动状态对脱氧产物去除率的影响

搅拌状态	钢液运动状态	SiO_2 类脱氧产物去除率/%	Al_2O_3 类脱氧产物去除率/%
出钢过程	湍流流动	18~45	70~95
钢包中镇静 (3~10 min)	对流流动	[TO]降低 0~35%(与脱氧产物成分无关)	
浇注过程	湍流流动	20~60	70~80
凝固过程	对流流动	25~58	≈0

3)脱氧产物上浮和界面张力的关系。20 世纪 50 年代,人们在脱氧的实践中发现,高熔点的 Al_2O_3 夹杂物在钢液中虽然不能成为液态的颗粒,但是它的去除速率也很快。关于铝脱氧产物 Al_2O_3 上浮速率快的原因,现在大都认为主要应归因于表面现象的作用。表面现象对于脱氧

产物的去除有以下两方面的影响：

① 根据脱氧产物和钢液之间界面张力大小的不同，脱氧产物可分为亲铁性和疏铁性两类。界面张力大的脱氧产物与钢液的润湿性差，容易从钢液分离而被去除。

② 表面现象影响脱氧产物颗粒的聚集。当钢液和脱氧产物的润湿角 θ 满足 $0°<\theta<90°$ 时，脱氧产物颗粒的聚集不稳定；当 $\theta>90°$ 时，随着 θ 的增大，脱氧产物聚集的可能性增大。

设钢液中有两个夹杂物颗粒 S_1 和 S_2，如果其界面能变化为负值，则它们可以自发聚集成一个较大颗粒，即有

$$\sigma_{S_1-S_2}-(\sigma_{m-S_1}+\sigma_{m-S_2})<0 \tag{8.56}$$

式中：$\sigma_{S_1-S_2}$——脱氧产物颗粒 S_1 与 S_2 之间的界面张力，J/m^2；

σ_{m-S_1}——钢液与脱氧产物颗粒 S_1 之间的界面张力，J/m^2；

σ_{m-S_2}——钢液与脱氧产物颗粒 S_2 之间的界面张力，J/m^2。

当两个颗粒性质相近，或同类脱氧产物相聚集时，有

$$\sigma_{m-S_1}=\sigma_{m-S_2}=\sigma_{m-s} \tag{8.57}$$

因此得到

$$\sigma_{s-s}-2\sigma_{m-s}<0 \tag{8.58}$$

式中：σ_{m-s}——钢液与脱氧产物颗粒之间界面张力，J/m^2。

由式（8.58）可见，钢液与脱氧产物间的界面张力 σ_{m-s} 越大，脱氧产物颗粒自发聚集的趋势就越大。因 Al_2O_3 与钢液的界面张力大，所以 Al_2O_3 颗粒容易聚集。

Tiekink 等对钢包吹氩处理过程中钢液在加入铝后不同时间、不同深度处所含夹杂物的类型和数量进行了研究，结果发现，在未向钢液加入铝进行脱氧前，钢中溶解氧含量大约为 0.04%；当加入铝后，钢液中生成了大量大尺寸簇群状 Al_2O_3 夹杂物，它们从钢液内上浮去除得很快，吹氩处理结束时仍滞留在钢液中的主要是尺寸小于 30 μm 的簇群状 Al_2O_3 夹杂物和较小的块状 Al_2O_3 夹杂物（图 8.34）。

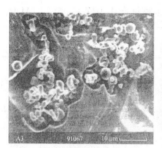 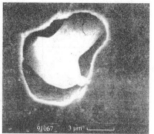

(a) 簇群状Al_2O_3 (b) 块状Al_2O_3

图 8.34　钢液中生成的铝脱氧产物 Al_2O_3

簇群状 Al_2O_3 脱氧产物在二维上观察似乎是独立颗粒的集合体，而在三维上看则是连成一体的。在上浮过程中，可将这种簇群状脱氧产物作为整体来看待，其尺寸大小按图 8.35 所示可取如下平均值：

$$d_{平均}=(d_1+d_2)/2 \tag{8.59}$$

由于簇群状脱氧产物颗粒间存在着钢液,所以应当考虑颗粒间钢液所占比例及其对簇群状脱氧产物颗粒密度的影响。

采用 Al-Ca-Si-Mn 进行脱氧时的产物主要是球状,设其直径为 10 μm,密度为 3 000 kg/m³,由斯托克斯定律可计算出其在钢液中的上浮速率。对铝脱氧生成的簇群状 Al_2O_3 脱氧产物,设其整体大小为500 μm,因其上浮速率不符合斯托克斯定律,需要按照过渡区范围的相应公式来进行计算。计算结果表明,簇群状 Al_2O_3 脱氧产物的上浮速率为球状颗粒上浮速率的 50 倍,所以采用铝脱氧时,钢液总氧含量[TO]能够快速减少。

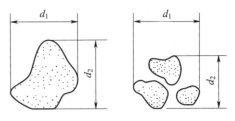

图 8.35　簇群状夹杂物尺寸

4)炉衬、包衬材料的影响。炉衬、包衬材料对脱氧产物的去除速率及脱氧程度都会有影响。图 8.36 表明采用铝、硅脱氧时不同材质坩埚中钢液内部脱氧产物含量的变化。可以看到,脱氧产物 SiO_2 的去除速率与坩埚材料有关,它按 SiO_2、MgO、Al_2O_3、$CaO+CaF_2$ 的顺序增大,而脱氧产物 Al_2O_3 的去除速率则按 MgO、Al_2O_3、SiO_2、$CaO+CaF_2$ 的顺序增大。

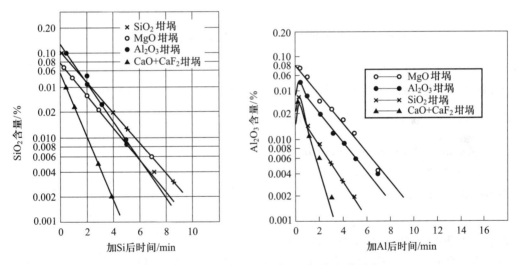

图 8.36　坩埚材料对脱氧产物去除速率的影响

对硅、铝脱氧过程的研究发现,脱氧产物和坩埚材料中的金属离子对氧离子吸引力的差别越大,脱氧产物和坩埚材料生成的化合物的熔点越低,脱氧产物就越容易被坩埚材料所吸收。

另一方面,耐火材料中的 SiO_2、Fe_2O_3 等又是氧的来源,它们可以与脱氧元素发生反应,如

$$4[Al]+3(SiO_2) = 3[Si]+2(Al_2O_3) \qquad (8.60)$$

由于生成的 Al_2O_3 夹杂物会使钢液纯净度降低,因此选用的耐火材料中,其本身不稳定,氧化物的含量既要低,又要有利于吸收夹杂物。

5)熔渣的影响。钢液表面存在的熔渣的物理、化学性质对脱氧产物的去除有很大的影响,由于熔渣的物理和化学性质不同,它们有时能吸收脱氧产物,有时反而会形成附加的夹杂物。

图 8.37 所示为脱氧产物颗粒进入熔渣被吸收溶解过程的示意图,从中可见,脱氧产物在钢

液-熔渣界面完全进入熔渣前,其与熔渣之间被钢液薄膜包裹。脱氧产物进入熔渣过程的自由能变化可由下式来表示:

$$\Delta G_{s} = 4\pi r^{2}\sigma_{i-s} + \Delta\overline{G} - 4\pi r^{2}\sigma_{m-i} - n4\pi(r+\delta)^{2}\sigma_{m-s} \tag{8.61}$$

式中:ΔG_{s}——脱氧产物进入熔渣的自由能变化,J;

r——脱氧产物的颗粒半径,m;

σ_{i-s}——脱氧产物与熔渣间的界面张力,J/m^{2};

$\Delta\overline{G}$——脱氧产物溶解于熔渣的自由能变化,J;

σ_{m-i}——钢液与脱氧产物间的界面张力,J/m^{2};

n——钢液薄膜破裂前脱氧产物与其接触的表面所占的比例;

σ_{m-s}——钢液与熔渣间的界面张力,J/m^{2}。

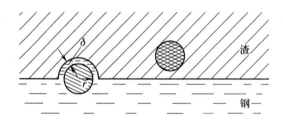

图 8.37　脱氧产物颗粒进入熔渣被吸收溶解过程的示意图

在脱氧产物进入熔渣的过程中,式(8.61)中的 n 值相应地从 0 变到 1。当脱氧产物进入熔渣前,钢液面会发生弯曲(曲率半径为 $r+\delta$),当脱氧产物进入熔渣后,钢液面又会变平,所以有

$$\Delta G_{s} = 4\pi r^{2}\sigma_{i-s} + \Delta\overline{G} - 4\pi r^{2}\sigma_{m-i} - 4\pi r^{2}\sigma_{m-s}\int_{0}^{1}n\mathrm{d}n$$

$$= 4\pi r^{2}\sigma_{i-s} + \Delta\overline{G} - 4\pi r^{2}\sigma_{m-i} - 2\pi r^{2}\sigma_{m-s}$$

$$= -2\pi r^{2}(2\sigma_{m-i} + \sigma_{m-s} - 2\sigma_{i-s}) + \Delta G \tag{8.62}$$

当 $\Delta G_{s}<0$ 时,即有

$$\Delta\overline{G} - 2\pi r^{2}(2\sigma_{m-i} + \sigma_{m-s} - 2\sigma_{i-s}) < 0 \tag{8.63}$$

此时脱氧产物进入熔渣的过程是自发进行的。

如果考虑界面能的作用,脱氧产物应首先进入熔渣,然后再在熔渣中进行溶解,这时可以忽略溶解过程中自由能的变化而仅考虑界面能的变化,得到

$$4\pi r^{2}\left(\sigma_{i-s} - \sigma_{m-i} - \frac{1}{2}\sigma_{m-s}\right) < 0 \tag{8.64}$$

可见当 σ_{i-s} 越小,σ_{m-i} 和 σ_{m-s} 越大,脱氧产物的颗粒尺寸越大时,脱氧产物进入熔渣的自发趋势越大。

8.3.3　固态钢加热和冷却过程中非金属夹杂物的演变

固态钢在加热和冷却过程中,随着温度的变化,钢基体和夹杂物之间已建立的平衡被打破,钢中的合金元素与夹杂物之间会发生反应,从而造成原有夹杂物的改变及新夹杂物的析出。

热处理过程中不锈钢中氧化物夹杂物的成分会发生变化。早在 1967 年,高桥市朗等研究得

到,18Cr-8Ni 不锈钢在空气气氛、1 073~1 473 K 温度范围内热处理时,钢中的非金属夹杂物发生了变化,从热处理前的 MnO-SiO₂ 类转变为热处理后的 MnO-Cr₂O₃ 类。Shibata 进一步研究了 18Cr-8Ni 不锈钢在热处理中氧化物夹杂物转变的条件以及机理,发现 18Cr-8Ni 不锈钢热处理时,在低 Si 含量的条件下,夹杂物 MnO-SiO₂ 会转变为 MnO-Cr₂O₃;而在高 Si 含量下,热处理后 MnO-SiO₂ 是稳定的,不发生转变。Cr₂O₃ 在 MnO-SiO₂ 中溶解度的降低以及 Fe-Cr 基体和氧化物夹杂物界面处 Mn、Cr、Si 元素的扩散对热处理时氧化物夹杂物的成分转变起着非常重要的作用。图 8.38 所示为 18.82%Cr-7.78%Ni-1.01%Mn-0.29%Si 钢在 1 473 K 热处理前、后夹杂物的典型形貌和平均摩尔含量。在普通碳钢中,因合金元素含量较低,热处理过程中夹杂物的转变程度较不锈钢要小。

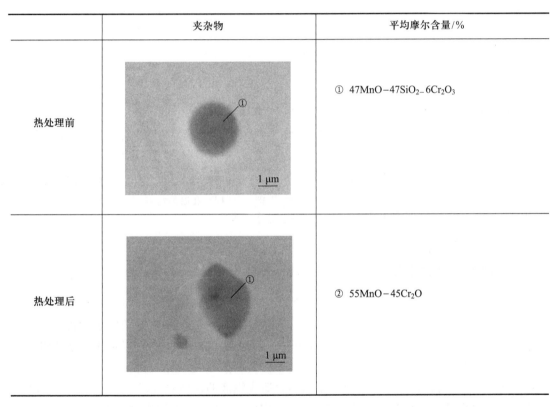

	夹杂物	平均摩尔含量/%
热处理前		① 47MnO-47SiO₂-6Cr₂O₃
热处理后		② 55MnO-45Cr₂O

图 8.38   18.82% Cr-7.78% Ni-1.01% Mn-0.29% Si 钢热处理前、后的夹杂物

固态钢加热和冷却过程中夹杂物的转变会直接影响最终产品的质量和性能。尽管前人在此方面开展了一些研究,但尚有一些问题,如热处理条件对夹杂物转变的影响,热处理过程钢基体与夹杂物反应的热力学和动力学等,需要进一步开展研究。

8.4   减少和去除钢中的非金属夹杂物

洁净钢(clean steel)是指非金属夹杂物含量少的钢。减少钢中的非金属夹杂物、实现洁净钢的生产是近 30 年来炼钢科学技术研究的重点。钢中的非金属夹杂物主要为各类氧化物和硫化物。由于固态钢中的氧和硫绝大多数是以各类氧化物和硫化物的形式存在的,因此钢的总氧含量[TO]和硫含量能够反映钢中氧化物类非金属夹杂物和硫化物类非金属夹杂物含量的高低,而生产洁净钢则可以理解为生产总氧含量和硫含量低的钢。

关于钢液的脱硫反应、低硫钢和超低硫钢的冶炼技术已在其他章节中论述过,本节主要对去除钢中的氧化物类非金属夹杂物以及生产洁净钢的主要工艺技术方法加以介绍。

8.4.1 炼钢终点钢液的氧含量控制

在氧气炼钢转炉或电弧炉的冶炼终点,钢液的氧含量除与碳含量有很大关系外,还与炉渣的氧化性、供氧参数(氧气流量、氧枪高度等)、熔池搅拌等许多因素有关。如图 8.39 所示,在氧气炼钢转炉的吹炼终点,钢液的氧含量通常在一个很大的范围内波动。

以图 8.39 中所示的氧气底吹转炉在冶炼终点[C]和[O]含量的关系为例,可以看到,当碳含量为0.02%~0.08%时,许多炉次钢液的氧含量可以控制为 0.026%~0.03%,但也发现有许多炉次的氧含量为0.04%~0.065%。生产洁净钢应尽量将炼钢终点钢液的氧含量控制在其波动范围的下限,为此可采取的主要措施:① 氧气顶底复吹转炉应保证良好的底吹搅拌效果;② 采用炼钢终点自动控制技术,尽量提高终点控制的精度,以减少过吹、后吹等。

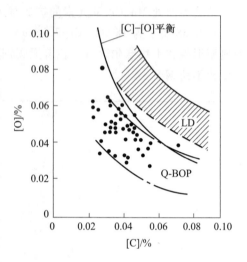

图 8.39 氧气底吹转炉(Q-BOP)和顶吹转炉(LD)在冶炼终点[C]和[O]含量的关系

8.4.2 炼钢出钢防止下渣

在氧气转炉或电弧炉炼钢终点的炉渣中,Fe_tO 的含量通常在 15%~25%。在出钢过程的后期,当炉内钢液降低至一定深度时,出钢口上方的钢液内部会产生漩涡,它能将表面的炉渣抽引至钢包中。此外,在出钢临近结束时,也会有炉渣随着钢液流进钢包内。这个过程被称为出钢带渣或下渣。

如图 8.40 所示,在钢包内,由于温度不均匀会造成钢液的自然对流,浇注开始后也会引起钢液的流动。如果钢液表面存在高氧化性炉渣,炉渣中的 Fe_tO 会与钢液中的[Al]、[Si]等发生反应,生成的 Al_2O_3、SiO_2 等会被钢液带入到内部,从而成为钢中的非金属夹杂物。

出钢挡渣对生产高洁净钢非常关键。以轴承钢为例,为了提高它的抗疲劳破坏性能,必须尽可能降低它所具有的氧含量,目前高品质轴承钢中的[TO]已能够被去除至<0.000 5%。图 8.41所示为日本山阳特殊钢公司生产的轴承总氧含量随年份的变化情况,可以看到,在采用了电弧炉偏心炉底出钢(防止下渣)的技术后,轴承钢的[TO]由 0.000 83%降低至 0.000 54%。

为了减少和防止出钢下渣,在电弧炉炼钢中主要采用偏心炉底出钢和出钢炉内留部分钢液的技术,在氧气转炉炼钢中则可采用挡渣球、挡渣锥(塞)、滑板、气动挡渣等技术。炉渣的流动性和渣量对挡渣效果有重要的影响,为了减少下渣量,应尽量减少渣量的产生并要降低终点炉渣的流动性。目前挡渣较好的钢厂,出钢后钢包内的渣层厚度可以控制为 30~50 mm。

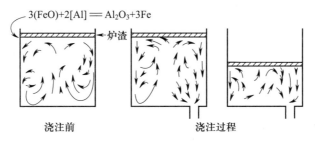

$$3(FeO)+2[Al] = Al_2O_3+3Fe$$

炉渣

浇注前 　　　　　　　　　　　 浇注过程

图 8.40　钢包内炉渣−钢液反应的示意图

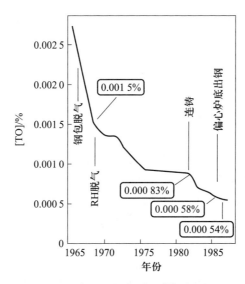

图 8.41　山阳特殊钢公司生产的轴承钢氧含量随年份的变化情况

8.4.3　超低氧钢液的炉外精炼

目前优质弹簧、齿轮、轴件等合金钢的总氧含量均可以被控制在 0.001 2% 以下,轴承钢中的总氧含量则可以被控制在 0.000 5% 以下。此类超低氧钢的生产主要采用铝直接脱氧+钢包炉(LF 炉)精炼+真空精炼的方法。

以氧气转炉流程生产超低氧合金钢为例,在转炉出钢过程中可向钢包内的钢液加入锰铁、硅铁和部分铝以进行部分脱氧和合金化,在钢包炉(LF 炉)精炼开始后则可向钢液中加入足够的铝(加入铝铁或喂铝线),这可充分发挥铝所具备的强脱氧能力,能将钢液的溶解氧脱除至 0.000 3% ~ 0.000 5%。

在采用铝进行直接脱氧的同时,还需采用炉渣扩散脱氧的工艺。为此,在炉外精炼过程中,需向炉渣加入足够的铝粒或铝粉,以使炉渣中的 (Fe_tO+MnO) 含量降低至 0.7% 以下。在低氧位条件下,为避免钢液中的 $[Al]$ 被炉渣或包衬材料中的 SiO_2 氧化,还必须采用高碱度的炉渣和低 SiO_2 含量的包衬材料,如日本山阳特殊钢公司在对轴承钢进行炉外精炼时,就将炉渣的碱度控制为 5~7。

在低氧位和高碱度炉渣的条件下,炉渣中的 CaO 会被还原,生成的少量 Ca 会进入钢液。由于 Al_2O_3 与 CaO 具有很强的反应趋势,在炉外精炼过程中,钢液中铝的直接脱氧产物 Al_2O_3 便会与 [Ca] 作用,生成较低熔点的液态钙铝酸盐类夹杂物。与固态夹杂物相比,液态夹杂物较难聚合、长大而上浮被去除掉,在轴承钢等超低氧合金钢中残留的 DS 类较大尺寸夹杂物,低熔点钙铝酸盐类夹杂物占有很大比例。

8.4.4　促进钢液中夹杂物聚合、上浮、去除

非金属夹杂物在钢液中上浮至钢液表面是去除夹杂物的主要途径,而夹杂物的上浮速率与其尺寸有很大关系。图 8.42 所示为根据式(8.50)计算得到的钢液中不同尺寸的夹杂物上浮 1 m 所需要的时间,计算中取钢液密度为 7 000 kg/m^3,夹杂物密度为 4 000 kg/m^3,钢液黏度为 0.005 Pa·s。

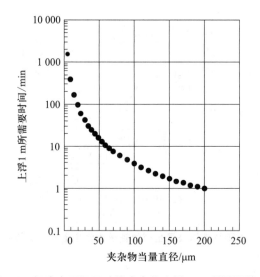

图 8.42　钢液中不同尺寸的夹杂物上浮 1 m 所需要的时间

由图 8.42 可以看到,尺寸小的夹杂物在钢液中的上浮速率很慢。以当量直径小于 25 μm 的夹杂物为例,其在钢液中上浮 1 m 所需要的时间长达 35 min 以上。在实际炼钢和连铸生产中,通常采用对钢液加强搅拌和促进钢液混合流动的方法,以促进尺寸小的夹杂物互相碰撞,直至聚合成较大尺寸的夹杂物,并由钢液上浮去除。

L. Zhang 等对连铸中间包内钢液中非金属夹杂物的碰撞、聚合、上浮等进行了数值模拟研究后认为,非金属夹杂物由钢液中排除的主要途径有两个:① 上浮至表面离开钢液;② 黏附于钢包和中间包的包壁。

钢液中两个夹杂物颗粒相互碰撞后,如能聚合为新的夹杂物颗粒,由于尺寸变大,新的夹杂物颗粒在钢液中的上浮速率将加快。钢液中夹杂物之间的碰撞主要可分为三类:① 布朗碰撞;② 湍流碰撞;③ 斯托克斯碰撞。它们的碰撞速率可分别由式(8.65)~式(8.67)来表示。

布朗碰撞速率:

$$\beta_1(r_i,r_j) = \frac{2kT}{3\mu}\left(\frac{1}{r_i}+\frac{1}{r_j}\right)(r_i+r_j) \qquad (8.65)$$

湍流碰撞速率:

$$\beta_2(r_i,r_j) = 1.3(r_i+r_j)^3\left(\frac{\varepsilon}{\nu}\right)^{1/2} \qquad (8.66)$$

斯托克斯碰撞速率:

$$\beta_3(r_i,r_j) = \frac{2g\Delta\rho}{9\mu}(r_i^2-r_j^2)\pi(r_i^2+r_j^2)^2 \qquad (8.67)$$

以上三式中:$\beta(i,j)$——夹杂物 i 和夹杂物 j 的碰撞常数,m^3/s;

    k——玻尔兹曼常数,J/K;

    ε——搅拌功,m^2/s^3;

    ν——钢液运动黏度,m^2/s。

由式(8.65)~式(8.67)可以看到,钢液中夹杂物的碰撞速率与夹杂物大小、钢液搅拌、钢液黏度、钢液与夹杂物的密度等因素有关。钢液中夹杂物数量的减少主要通过三个途径来实现:① 夹杂物上浮至钢液表面;② 夹杂物碰撞聚集;③ 夹杂物黏附在包衬壁面。夹杂物数量的变化速率可表示为

$$\frac{dn(r)}{dt} = \frac{1}{2}\int_0^r n(r_i)\alpha\beta(r_i,r_j)n(r_i)\left(\frac{r}{r_j}\right)^2 dr_i - n(r)\int_0^{r\,max} n(r_j)\alpha\alpha\beta(r,r_j)dr_j - \frac{n(r)\nu_i}{H} - Mr^2n(r) \qquad (8.68)$$

式中:r——夹杂物碰撞后形成的夹杂物半径,m;

  α——夹杂物有效碰撞系数;

  M——计算夹杂物黏附在包衬壁面所需的常数。

液态夹杂物在碰撞后容易聚合为新的夹杂物颗粒,固态夹杂物经碰撞后能否聚合与夹杂物的运动速率、碰撞角度等因素有关,固态夹杂物的有效碰撞比率要明显低于液态夹杂物。

在炉外精炼过程中,通常采用对钢包吹氩的方法来搅拌钢液。图 8.43 为 LF 炉精炼钢包底吹氩搅拌示意图。为了促进夹杂物的聚合和上浮,在高品质的钢炉外精炼中,必须对钢液进行强力搅拌。例如日本山阳特殊钢公司在超低氧轴承钢的炉外精炼中,就要求底吹氩的比搅拌功率必须大于 100 W/t。比搅拌功率的计算公式为

$$\bar{\varepsilon} = \frac{0.028\,5\,QT}{W}\lg\left(1-\frac{H}{148}\right) \qquad (8.69)$$

式中:ε——对钢液的比搅拌功率,W/t;

  Q——底吹氩气流量,$NL^{①}/min$;

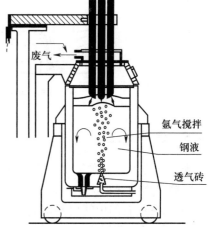

废气

氩气搅拌

钢液

透气砖

图 8.43 LF 炉精炼钢包底吹氩搅拌示意图

——————————————

① 1 NL 表示标准状态(298 K,1.013 25×10⁵ Pa)下的 1 L。

T——钢液温度,K;

W——钢液质量,t;

H——钢液深度,cm。

在连铸过程中,为了促进中间包钢液内部夹杂物的聚合和上浮,通常在中间包内设置挡墙、坝、堰等以改变和控制包内钢液的流动(图 8.44),并且在中间包底部进行吹氩。如图 8.45 所示,在中间包内设置堰、坝等可以改变和控制钢液的流动方向,延长钢液在中间包内的停留时间,减少"死区",并促进夹杂物的上浮。目前已有多种中间包的控流设计方法,包括多重堰、坝、长水口下方包底设置阻流器等。

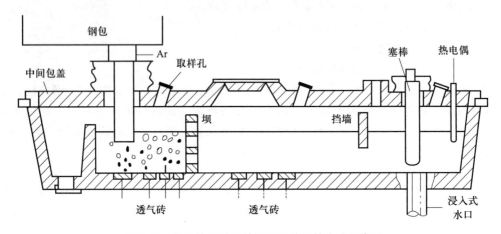

图 8.44　新日铁八番制铁所采用的保护浇注示意图

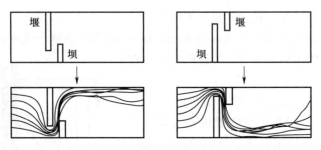

图 8.45　中间包内设置堰、坝改变钢液流动的示意图

8.4.5　保护浇注

为了防止钢液二次氧化而造成钢总氧含量和非金属夹杂物含量的增加,在钢液浇注过程中必须实施严格的保护浇注。如图 8.44 所示,要实现良好的保护浇注主要应采取如下措施:

1) 在使用新的中间包开始浇注前,应向包内充入氩气,以置换原中间包内的氧化性气氛,防止和减少开浇初期钢液的二次氧化。

2) 在钢包-中间包之间应采用长水口和氩封,以防止空气进入钢液造成二次氧化。目前绝大多数钢包采用的是滑动水口,为了防止钢液进入钢包水口和上滑板水口孔造成凝结,钢包在使用前通常应在水口孔内填入耐火砂("引流砂")。如果引流砂发生黏结、烧结等现象,开始浇注时水口就会被堵塞,此时必须取下长水口进行烧氧以打通水口,这会造成钢液的二次氧化。因此,为了防止钢包-中间包之间的保护浇注出现问题,必须保证钢包水口有高的"引流"成功率。

3)可在中间包钢液表面造覆盖渣,将钢液与周围气氛隔离。为了防止覆盖渣中的 SiO_2 与钢液中的[Al]发生反应,应采用碱性覆盖渣。同样,中间包的包衬材料也应采用碱性耐火材料。

8.4.6　防止连铸结晶器保护渣的卷入

在连铸过程中,如结晶器内钢液的流动控制不当,表面的保护渣就可能被卷入钢液中,部分保护渣滴会被坯壳捕捉,从而成为钢中的大型非金属夹杂物。

以板坯的连铸为例,如图 8.46a 所示,结晶器内由浸入式水口流出的钢液在到达窄边坯壳附近后会分为向上和向下两个分流。向上的分流上升到钢液表面后会由外向内折回形成"表面流"。表面流的流速随拉速的增加而增加,当结晶器内钢液的流动控制不当时,表面流会将保护渣粒带入钢液,部分渣粒会被生长的坯壳捕捉(图 8.46b)。此外,如浸入式水口两侧的钢液流不对称程度过大,在钢液流动量较小的一侧,钢液表面浸入式水口附近会出现漩涡,这也会导致保护渣进入钢液的情况出现。保护渣卷入造成的非金属夹杂物不仅尺寸大(见图 8.47 和表 8.10),而且靠近铸坯表面,目前它已成为汽车面板等高品质冷轧薄板等的主要表面缺陷。

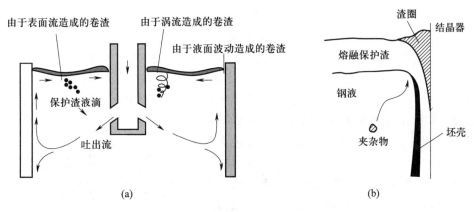

图 8.46　结晶器保护渣卷入示意图

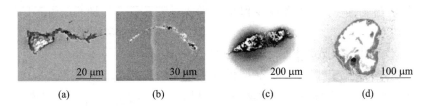

图 8.47　铸坯中保护渣卷入形成的大型夹杂物

表 8.10　采用 SEM-EDS 分析得到的图 8.47 中所示夹杂物的化学组成　　　　　%

图号	Al	Ca	Si	K	Mg	Na	Mn	S	距铸坯表面距离
a	4.42	37.03	18.75	0.97	1.08	17.99	1.50	18.24	3~4 mm

图号	Al	Ca	Si	K	Mg	Na	Mn	S	距铸坯表面距离
b	68.14	0.00	0.30	9.49	0.26	5.44	6.89	9.49	3~4 mm
c	19.42	9.71	22.66	1.24	22.82	16.37	7.84	0.00	1.5 mm
d	3.19	43.52	32.05	0.00	3.07	13.14	5.04	0.00	1.7 mm

为了防止和减少保护渣的卷入,必须对结晶器内钢液的流动进行良好的控制。结晶器内钢液的流动与拉速、浇注宽度、浸入式水口的结构尺寸、水口出口夹角、水口浸入深度等许多因素有关,日本钢管公司(NKK)就曾研究开发了利用所谓"F 数"来对结晶器内钢液的流动进行综合控制的方法,结果发现,当 F 数控制在 2 与 4 之间时,冷轧钢板上卷渣造成的表面缺陷最少。

F 数的定义如下:

$$F = \frac{\rho Q_L v_e (1-\sin\theta)}{4} \frac{1}{D} \tag{8.70}$$

式中:ρ——钢液密度,kg/m^3;

Q_L——浇注速率,kg/min;

v_e——结晶器窄边坯壳处钢液的流动速率,m/min;

θ——结晶器窄边坯壳处钢液的碰撞角度,$(°)$;

D——结晶器窄边坯壳钢液的碰撞处深度,m。

近些年来,连铸的拉速获得了很大提高。拉速提高后,结晶器内钢液的流速和表面波动增大,容易造成保护渣卷入等问题。为了解决高拉速连铸结晶器中钢液流速过大的问题,日本川崎制铁公司和瑞典 ASEA 公司联合开发了结晶器钢液电磁制动(EMBR)技术并获得了成功。

如图 8.48 所示,采用电磁制动的板坯连铸结晶器在宽面铜板外侧各设置一个直流电磁发生器,这使得在结晶器钢液中产生了静电磁场。当由水口流出的钢液通过该磁场时,钢液流中会产生感应电流。电磁场将对该带电钢液流施加与其运动方向相反的电磁力,且钢液流动速率越大,其所受到的电磁力也越大,这有利于达到降低钢液流动速率、防止和减少保护渣卷入的目的。

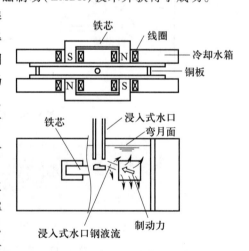

图 8.48　电磁制动装置示意图

电磁制动技术问世后发展很快,目前的电磁发生器既有直流型的,也有交流型的。除早期的 EMBR 外,目前还出现了既可以对钢液流施加制动力、又可以对钢液流进行加速的 EMLS-EMLA 装置,以及可以对钢液表面和内部两个高度处的钢液流进行制动的 FC 结晶器。此外,电磁制动技术还广泛应用于薄板坯的连铸。由于结晶器电磁制动技术的运用,结晶器保护渣的卷入在很大程度上受到了抑制,这有利于钢材品质的提高,如日本 JFE 钢铁公司的高拉速板坯连铸机在采用 FC 电磁制动结晶器后,可以在 2.4 m/min 的高拉速下浇注汽车板用高品质钢铸坯。

8.4.7　非金属夹杂物的无害化控制

钢中夹杂物只能尽量减少,并不能完全去除。即使总氧含量降到很低的水平,钢中仍然存在一定量的夹杂物,甚至出现尺寸较大的夹杂物,对钢材的性能产生不利影响。对于这些情况,仅靠"非金属夹杂物的减少和去除"方法已不能满足需要,这就需要对钢中夹杂物进行无害化控制。目前主要有两种方法:一种是直接向钢液中添加合金对夹杂物进行变性处理。如冶金过程中,采用钙处理方法将高熔点的氧化铝或镁铝尖晶石改性为低熔点的钙铝酸盐或钙镁铝酸盐以提高连铸可浇性;生产中厚板用钢时,采用钙处理将钢中易变形的 MnS 夹杂物改性为不变形的 CaS 夹杂物以降低长条状 MnS 夹杂物的危害。另一种方法是通过渣-钢-夹杂物之间的化学反应来控制夹杂物的组成和形态。当钢液、精炼渣和夹杂物完全达到平衡时,钢中夹杂物的成分应该与精炼渣成分一致。实际生产中,完全的平衡很难达到,但局部的平衡是可以达到的。这说明了精炼过程中渣-钢反应对钢中夹杂物改性的重要作用。帘线钢的生产就是通过调整炉渣组成,利用渣-钢反应来严格控制钢中[Al]、[O]等含量,进而将钢中夹杂物成分控制在 $CaO-SiO_2-Al_2O_3$ 和 $MnO-SiO_2-Al_2O_3$ 相图中的低熔点区域,使其在热态轧制过程中能够发生良好变形,达到该钢种生产和使用要求。图 8.49 所示为帘线钢铸坯经加热、轧制后方钢试样中夹杂物的典型形貌。轧制过程中钢基体被压缩伸长,钢中夹杂物也随之延伸变形。

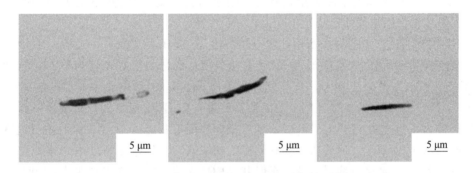

图 8.49　方钢试样中夹杂物的典型形貌

8.5　不同类型钢中夹杂物控制技术

不同类型的钢因化学成分、脱氧方法和生产工艺不同,钢中夹杂物的类型也不同;且因不同钢种对加工和使用性能要求不同,钢中夹杂物的控制目标和方法也不同。下面根据各钢种特点来介绍几类钢中夹杂物的控制技术。

8.5.1　冷轧薄板用钢

冷轧薄板广泛用于汽车、家电、建筑等行业,根据碳含量不同,可分为三类[1]:① 低碳铝镇静钢(low carbon aluminum killed steel, LCAK),碳含量为 0.02% ~ 0.06%;② 微碳钢(extra low carbon steel, ELC),碳含量为 0.01% ~ 0.02%;③ 超低碳钢(ultra low carbon steel, ULC),碳含量

小于0.003 5%。下面以超低碳钢即 IF 钢(interstitial-free steel)为例进行介绍。

IF 钢即无间隙原子钢,该钢种的成分特点:① 超低碳、氮。一般要求[C]≤0.002%,[N]≤0.004%;此外 Si 含量较低。② 微合金化。通过 Nb、Ti 等微合金元素将 C、N 原子固定为碳、氮化合物,钢中无间隙原子存在。③ 对 P、S 的要求相对宽松,表 8.11 为 IF 钢的主要元素成分。

表 8.11　IF 钢的化学成分　　　　　　　　　　　　　%

元素	C	Si	Mn	P	S	Al	Ti	N
含量	≤0.002	≤0.03	0.05~0.15	≤0.012	≤0.013	0.02~0.05	0.04~0.07	≤0.004

IF 钢具有优良的冲压成形性能和非时效性。在轧制过程中,大型夹杂物会造成钢板表面翘皮、线状缺陷等质量缺陷。小尺寸(显微或亚显微)夹杂物虽然不会直接造成质量缺陷,但在浇注过程中会发生聚合,被凝固坯壳捕捉后形成大型夹杂物;或形成水口结瘤物,影响结晶器内钢液流动,导致保护渣卷入。因此,为保证产品良好的表面质量,IF 钢除要求低 C、N 含量外,对钢中总氧含量和非金属夹杂物必须严格控制。具体来讲,① 钢中总氧含量要低。日本川崎公司研究了冷轧薄板缺陷与中间包钢液中总氧含量的关系:中间包钢液中总氧含量<0.003%,薄板的缺陷极少,产品不需任何检验可直接交货;钢中总氧含量为 0.003%~0.005 5%,薄板可能产生缺陷,产品必须检查后方能交货;钢中总氧含量>0.005 5%时,产品必须降级使用。② 夹杂物数量要少,尺寸要小。Emi 提出对于冷轧钢板有害夹杂物的临界尺寸为 240 μm,丸川雄净认为超深冲汽车钢板铸坯中夹杂物尺寸应小于 100 μm。

目前,IF 钢主要生产工艺为铁水预处理→转炉冶炼→RH 真空处理→连铸。IF 钢生产采用铝脱氧、钛合金化,渣-钢反应不强烈,所以钢中夹杂物从成分类型看比较简单,主要有两类,一类是 Al_2O_3 夹杂物,另一类是 Al_2O_3-Ti_xO 复合夹杂物。图 8.50 为 IF 钢中典型夹杂物形貌。

钢中非金属夹杂物是造成冷轧钢板表面缺陷的重要原因,当钢中大型夹杂物或者气泡进入结晶器后被凝固坯壳捕捉,经热轧、冷轧后,随着板坯厚度不断变薄,大型夹杂物或气泡逐渐暴露在轧板表面,形成表面缺陷。冷轧板表面缺陷有线状缺陷、孔洞、翘皮等,其中线状缺陷占绝大多数。主要有三类夹杂物导致线状缺陷:簇群状 Al_2O_3 夹杂物、保护渣类夹杂物和"Ar 气泡+Al_2O_3"夹杂物,图 8.51 所示为这三类夹杂物的典型形貌和面扫结果。

1. 簇群状 Al_2O_3 夹杂物控制技术

簇群状 Al_2O_3 夹杂物的形成原因是,钢液中微小的 Al_2O_3 夹杂物聚合为大型夹杂物,连铸过程中被凝固坯壳,尤其是结晶器弯月面处"钩状"坯壳捕捉。对于此类夹杂物的控制方法:减少脱氧产物的生成量;尽量去除脱氧产物 Al_2O_3;严格防止钢液二次氧化;控制铸坯的"凝固钩"。

(1) 转炉终点控制和炉渣改质处理

降低钢液中的氧含量可减少脱氧产物的生成量,进而减少 Al_2O_3 夹杂物。转炉吹炼终点钢液中的[O]含量是 Al_2O_3 夹杂物中氧的主要来源,因此 IF 钢生产时需对吹炼终点严格控制,包括钢中的[C]、[O]、渣中 FeO 以及温度等。需要指出的是,转炉吹炼终点钢液中[O]含量与熔池的搅拌效果有很大关系,为此需强化底吹,改善熔池搅拌效果。

一般来说,转炉终渣的 FeO+MnO 含量高于 20%,导致钢包渣氧化性较高;且 IF 钢因RH 真空脱碳的需要,出钢时不能对钢液作脱氧处理。渣中高的(TFe)对钢液造成持续氧

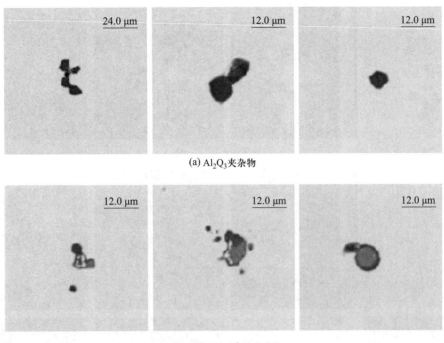

(a) Al$_2$O$_3$夹杂物

(b) Al$_2$O$_3$-Ti$_x$O复合夹杂物

图 8.50 IF 钢中典型夹杂物形貌

化,因发生反应(FeO)+[Al]══(Al$_2$O$_3$)$_{夹杂物}$+Fe,而成为 Al$_2$O$_3$ 夹杂物的来源之一。研究表明,冷轧板缺陷率随钢包渣(TFe)的增加呈上升趋势。因此,转炉出钢需严格挡渣,且在出钢结束后对包内炉渣进行改质处理。炉渣改质处理是通过加入石灰、渣脱氧剂等来控制炉渣成分(如 FeO 含量,CaO 与 Al$_2$O$_3$ 的含量比等),降低炉渣氧化性并提高其吸收夹杂物的能力,从而获得较高的钢液洁净度。

(2) 优化 RH 真空处理

IF 钢在 RH 精炼过程中一方面要完成钢液脱碳、铝脱氧、钛合金化及非金属夹杂物去除的任务;另一方面,为尽量减少真空处理造成的温降与后续连铸相匹配等,需快速完成 RH 精炼。就钢中[TO]和非金属夹杂物的控制来说,RH 精炼包括如下技术[39,40]:脱氧合金化优化、纯循环优化、顶渣改质和精炼后镇静优化技术。

(3) 连铸过程

连铸过程中,除继续促进钢中夹杂物上浮去除外,还需防止与钢液接触的顶渣、耐材以及空气造成的二次氧化;此外,前炉次的残渣、残钢造成的二次氧化也需要关注。研究发现,浇注第一块铸坯的[TO]、[N]含量和非金属夹杂物数量显著高于正常铸坯,如图 8.52 所示,说明连铸系统密封不严造成的二次氧化是钢洁净度恶化的重要原因。因此,生产 IF 钢时,连铸过程的严格保护浇注非常重要,包括钢包-中间包之间密封,中间包气氛控制以及塞棒、滑板的密封等。

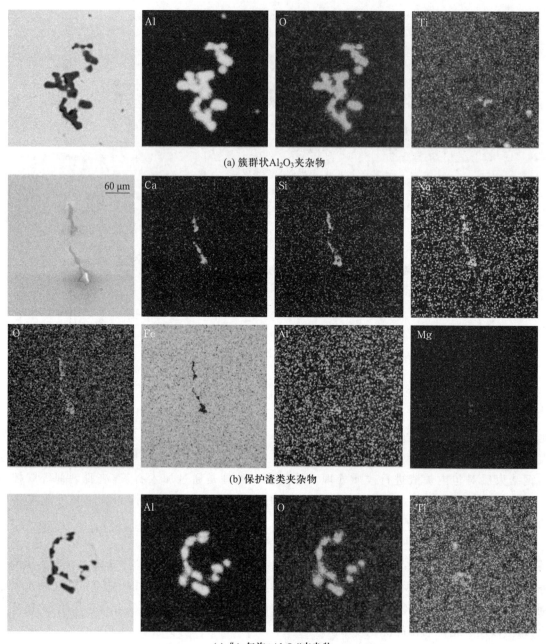

(a) 簇群状Al₂O₃夹杂物

(b) 保护渣类夹杂物

(c) "Ar气泡+Al₂O₃"夹杂物

图 8.51　导致线状缺陷三类夹杂物的典型形貌和面扫结果

2. 保护渣类夹杂物控制技术

保护渣类夹杂物的形成原因是连铸过程中结晶器内钢液表面的保护渣卷入所致。根据卷渣成因,分为上回流剪切卷渣、液面波动卷渣、漩涡卷渣、Ar气泡造成卷渣等。此类夹杂物的控制方法为通过优化结晶器内钢液流场、电磁搅拌、控制铸坯鼓肚等减小结晶器内液位波动。

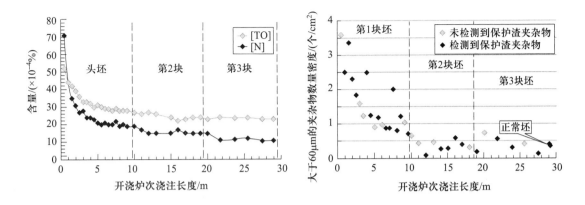

图 8.52　连铸开浇阶段铸坯[TO]、[N]和夹杂物数量

结晶器内钢液流动与拉速、铸坯尺寸、浸入式水口参数、浸入深度、吹氩量等许多因素有关，生产中需综合考虑、优化这些因素，进而控制结晶器内钢液流动，尤其是表面流速和液面波动。

连铸拉速提高后，结晶器内钢液流速和表面波动增大，容易造成保护渣卷入等问题。采用结晶器电磁制动技术可在很大程度上抑制因高拉速导致的结晶器保护渣卷入。首钢京唐钢铁联合有限责任公司（简称首钢京唐）在生产冷轧薄板用钢时，通过采用 FC 结晶器、水口参数优化等一系列措施，在拉速为 2.4 m/min 时成功将结晶器液面波动稳定控制在±3 mm 以内。

3. "Ar 气泡+Al_2O_3"夹杂物控制技术

"Ar 气泡+Al_2O_3"夹杂物的形成原因是，连铸过程中吹入的 Ar 部分进入结晶器，Al_2O_3 夹杂物被 Ar 气泡捕捉聚合成为更大尺寸"Ar 气泡+Al_2O_3"夹杂物，在其上浮过程中被凝固坯壳捕捉。凝固前沿处夹杂物/气泡的行为主要与钢液凝固速率、夹杂物尺寸、钢中[S]等表面活性元素含量、外场的作用等因素有关。为防止此类夹杂物，可采取的技术措施包括严格控制吹氩量、优化连铸工艺、控制钢中[S]含量、电磁搅拌等。研究发现，M-EMS 对铸坯中夹杂物和气泡的去除有重要作用，且夹杂物的去除效率受钢中[S]含量影响很大。主要原因是 S 增大了界面张力梯度，气泡或者"气泡+夹杂物"易被"拉"到凝固前沿。

对冷轧薄板有害的夹杂物主要是铸坯中的大型夹杂物。有研究发现，拉速增加，铸坯表层大型夹杂物的数量减少。究其原因，拉速增加，结晶器弯月面处钢液温度升高，抑制了凝固坯壳的生长，进而凝固沟捕捉上浮夹杂物的能力变弱；此外，高拉速下钢液对凝固前沿夹杂物的冲刷作用增强，也有助于铸坯表层夹杂物的减少。图 8.53 所示为拉速对铸坯表层大型夹杂物指数和凝固沟深度的影响。

8.5.2　热轧低合金高强度钢

低合金高强度（high strength low alloy, HSLA）钢广泛用于造船、桥梁、油气管线、钢结构建筑、工程机械等，对强度、低温韧性、焊接、抗层状撕裂等性能有很高要求。钢中的硫、磷等杂质元素和非金属夹杂物对上述性能有很大的不良影响，因此优质中厚板对 S、P 含量和非金属夹杂物，尤其是轧后呈条串状的夹杂物要求非常高。硫含量绝大多数要求低于 0.005%；磷含量控制在 0.005%~0.01%，甚至更低[10~11]。下面以管线钢为例进行介绍。

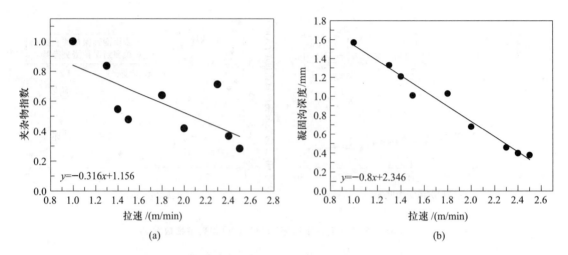

图 8.53 拉速对铸坯表层夹杂物指数和凝固沟深度的影响

管线钢主要用于石油、天然气等物质的输送,要求最高的是含酸性成分天然气高压输送用管线钢。高等级管线钢一般在高压下运行于地理环境复杂、温度低寒地带,因而对强度、韧性,尤其是低温韧性、焊接性能、抗氢致裂纹性能要求很高。表 8.12 为 X80 管线钢的主要元素成分。

表 8.12　X80 管线钢的化学成分　　　　　　　　　　　　　　　　　　%

元素	C	Si	Mn	P	S	Al	Nb	V	Ti	Mo	Cr
含量	0.06~0.08	0.15~0.25	1.75~1.85	≤0.012	≤0.0025	0.02~0.05	0.07~0.09	0.02~0.04	0.01~0.02	0.13~0.20	0.30~0.40

钢中的 S、P 严重影响钢材的延性、低温韧性、焊接性能、抗氢致裂纹(hydrogen-induced crack,HIC)性能等;非金属夹杂物,尤其是细条状 MnS、簇群状 Al_2O_3 夹杂物对管线钢性能影响很大,主要是因为:① 细条状夹杂物对钢板非轧制方向性能影响显著;② 氢原子容易在细条状和簇群状夹杂物周围聚集,导致氢致开裂和硫化物应力开裂(sulphide stress cracking,SSC),图 8.54所示为 MnS 夹杂物和钢基体界面处产生的微裂纹。因此,管线钢对 S、P、H 等杂质元素和 MnS 等轧制后呈细条状和簇群状的夹杂物需严格控制。除进行深度脱硫、脱氢等之外,还必须采取措施,使簇群状 Al_2O_3 夹杂物、MnS 夹杂物发生转变,并在炉外精炼和连铸过程严格防止钢液二次氧化和保护渣卷入等,减少大型非金属夹杂物。

管线钢常用的生产工艺为铁水预处理→转炉冶炼→LF 精炼→RH 真空处理→钙处理→连铸。转炉出钢用铝脱氧;LF 精炼采用高碱度低氧化性炉渣、控制炉内还原性气氛,完成深脱硫;RH 真空处理脱除钢中的氢和氮,促进夹杂物上浮去除;之后采用钙处理对夹杂物进行形态控制。

因采用铝脱氧,转炉出钢后钢中夹杂物主要为脱氧产物 Al_2O_3。LF 精炼因较强的渣-钢反应,Al_2O_3 夹杂物发生转变,LF 和 RH 处理结束时,钢中夹杂物主要为 CaO-MgO-Al_2O_3 类型。钙处理后夹杂物成分变化很大,钢中主要夹杂物类型有 CaS-CaO-Al_2O_3(Al_2O_3 含量<20%)、CaO-

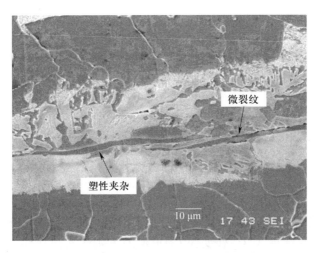

图 8.54　MnS 夹杂物和钢基体界面处产生的微裂纹

CaS、CaO。管线钢铸坯中夹杂物主要类型为 $CaS-CaO-Al_2O_3$ 类,含少量的 MgO。图 8.55 为管线钢铸坯中典型夹杂物的形貌。

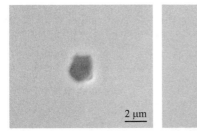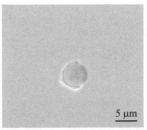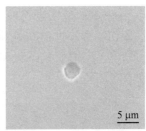

图 8.55　管线钢铸坯中典型夹杂物的形貌

管线钢需严格控制的夹杂物为轧制后呈条串状的夹杂物,主要有三种类型:MnS 夹杂物、$CaO-Al_2O_3$ 类夹杂物和 CaO-CaS 系夹杂物。

1. MnS 夹杂物控制技术

为控制 MnS 夹杂物,管线钢需严格控制钢中硫含量;由于硫是极易偏析元素,即使在硫含量很低的情况下,也会在钢液凝固前沿出现硫含量偏高的现象,最终生成 MnS。因此,管线钢生产除尽量降低钢中硫含量外,还需采用钙处理工艺使 MnS 转变为 CaS 夹杂物。低硫含量控制技术包括:① 高效铁水脱硫预处理。脱硫结束控制低的硫含量,并严格扒渣,避免因脱硫渣引起的转炉回硫。② 转炉抑制"回硫"。通过严格控制渣料、废钢等入炉原料的硫含量,尽量降低转炉回硫量。③ 出钢预精炼。充分发挥预精炼作用,利用出钢过程中强烈的渣钢混冲提前造渣,提高脱氧、脱硫等效果。④ LF 深度脱硫。管线钢的生产中,LF 精炼对硫含量的控制非常重要。钢液脱硫效率与钢液氧活度控制有非常大的关系,为此采用钢液铝脱氧、炉渣强扩散脱氧等尽量降低钢液、炉渣的氧位;炉渣脱硫能力对脱硫效果有很大影响,为此应采用高效脱硫渣系,NKK、Dillingen 钢铁公司基于 Slag Parameter(S. P.)因子、CaO 含量饱和系数等理论,选择高碱度、高 Al_2O_3 含量炉渣,取得了很好的脱硫效果;此外,当钢中[S]脱除至一定含量后,[S]在钢液中传递成为反应的限制性环节,为此需对钢液进行足够强的搅拌混合以促进[S]在钢液中的传递,从而提高脱硫效果。

抗硫化氢腐蚀等高等级管线钢仅依靠降低钢中硫含量还不能满足钢种质量和性能要求,还需采用钙处理将 MnS 夹杂物改性为不易变形的 CaS,进一步降低硫和硫化物对钢材性能的不良影响。管线钢生产采用钙处理变性 MnS 夹杂物时,控制钢中的 Ca、S 含量比非常重要。日本新日铁钢铁公司要求抗硫化氢腐蚀管线钢的 Ca 与 S 的含量比为 2~3,当 Ca 与 S 的含量比<2 时,容易生成 MnS 夹杂物;Ca 与 S 的含量比>3 时,易生成 CaO-CaS 条串状夹杂物,也会降低管线钢的抗 HIC 性能。

2. CaO-Al$_2$O$_3$B 类夹杂物控制技术

在管线钢生产过程中,出钢用 Al 脱氧,精炼采用高碱度、低氧化性炉渣,在这样的条件下,渣中部分 MgO、CaO 等被钢中[Al]还原生成[Mg]、[Ca]进入钢液,或者加入的合金中带入少量 Mg、Ca 进入钢液,使脱氧产物 Al$_2$O$_3$ 转变为 CaO-Al$_2$O$_3$-MgO 系,并产生一定量的低熔点 CaO-Al$_2$O$_3$ 系夹杂物;钙处理后,因钢液中夹杂物的尺寸和成分不同、钙含量不均匀等原因,导致钢中夹杂物转变程度不同,会生成一定量的低熔点 CaO-Al$_2$O$_3$ 系夹杂物;浇注过程中,因钙含量降低、二次氧化等原因,发生钙处理后夹杂物的逆转变,也会生成一定量的低熔点 CaO-Al$_2$O$_3$ 系夹杂物。总之,钢中的低熔点 CaO-Al$_2$O$_3$ 系夹杂物或未上浮,或微小夹杂物聚合形成较大尺寸 CaO-Al$_2$O$_3$ 系夹杂物,轧制过程中变形为条串状夹杂物,即 B 类夹杂物。此类夹杂物是造成管线钢超声波探伤不合和抗 HIC 性能不合的主要因素之一。图 8.56 所示为钢板中典型的 B 类夹杂物,其变形程度不均匀,呈条状和串状间断的形貌沿轧向延伸。夹杂物主体成分为钙铝酸盐,部分区域含有 CaS、MgO。

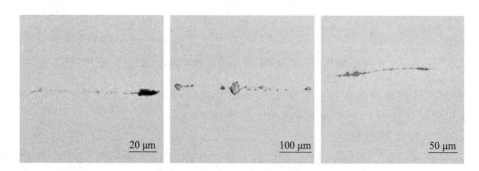

图 8.56　钢板中 B 类夹杂物形貌

管线钢板中 B 类夹杂物主要有低熔点 CaO-Al$_2$O$_3$ 成分系(含少量 MgO、CaS)和 CaO-CaS 成分系两类,对其控制的关键是在钙处理前尽量去除钢液中氧化物夹杂物和精确控制钙处理后钢液 Ca、S 含量比,具体技术包括:① 脱氧开始时即将钢液中[Al]含量控制在足够高的水平,以利用高的铝氧过饱和度促使铝脱氧产物聚合、长大。② LF 精炼中前期即形成高碱度、低 Fe$_t$O 含量的炉渣。③ 充分发挥 RH 真空精炼去除夹杂物的能力(真空度、精炼时间控制等),将 RH 精炼后(即钙处理前)钢液中夹杂物含量降低至尽可能低的水平。④ 精确控制钙处理后钢液 Ca、S 含量比,防止由于 Ca、S 含量比过高导致生成 CaO-CaS 系簇群类夹杂物(该类夹杂物轧制后会演变为点链状)。在钢液中[S]含量低于 0.002 5% 的条件下,Ca、S 含量比不应大于 2。⑤ 严格保护浇注。通过优化长水口密封、中间包气氛控制、吹氩密封等措施,减少连铸过程的二次氧化。

3. CaO-CaS 类夹杂物控制技术

管线钢板在采用 ERW 和 HFW 焊接工艺时,如果焊缝附近存在 CaS-CaO 类夹杂物,容易在此类夹杂物附近产生裂纹,如图 8.57 所示,造成超声波探伤不合。因此,对于采用 ERW、HFW 焊接工艺的管线钢板,需控制钢中的 CaO-CaS 类夹杂物。

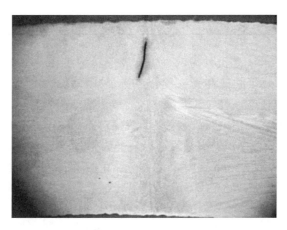

图 8.57 采用 HFW 焊接工艺中 CaS-CaO 类夹杂物引起的裂纹

CaO-CaS 类夹杂物的膨胀系数远高于钢基体,在采用 ERW、HFW 工艺焊接时,因焊缝附近的温度较高,会在夹杂物周围产生微裂纹并逐渐延展,最终形成裂纹。CaO-CaS 类夹杂物的控制技术包括:① 通过控制渣-钢-夹杂物相互作用,减缓钢中 Al_2O_3 夹杂物的转变。② 重视 RH 真空处理对非金属夹杂物,尤其是大型夹杂物的去除,RH 处理结束后,钢中夹杂物主要为小尺寸的固态钙铝酸盐类夹杂物。③ 适当降低钙处理喂线量,控制钢中的 Ca、S 含量比,将最终夹杂物控制为 CaS-CaO-Al_2O_3(Al_2O_3 含量≤10%)系。

8.5.3 高强度合金结构钢

高强度合金结构钢常用于制作机械设备的轴、齿轮、弹簧等,大多是在动载荷,即冲击、振动或承受周期性交变应力的条件下工作的,疲劳破坏是导致工件失效的重要原因,而钢中非金属夹杂物经常成为疲劳裂纹的起源。因夹杂物的膨胀系数与钢基体不同,在钢加热或冷却过程中,会在夹杂物周围产生嵌镶应力;工件在服役过程中受到外部交变应力作用,该应力与嵌镶应力叠加,若夹杂物周围的应力超过钢的屈服极限,则会形成疲劳裂纹的起源。非金属夹杂物对钢材的抗疲劳性能有很大影响,总的来说,夹杂物变形性能越好、数量越少、尺寸越小、距工件表面距离越大,对钢材的抗疲劳性能影响越小,即疲劳寿命越高。下面以齿轮钢为例进行介绍。

齿轮钢主要用于汽车、工程机械等的传动部件,工作时要承受弯曲应力、接触应力等,因此对强韧性、抗疲劳破坏性能、切削性能等要求很高,表 8.13 所示为齿轮钢 20CrMoH 的主要元素成分。齿轮钢对质量的要求:① 特定的淬透性及窄的淬透性带宽,主要决定于化学成分的均匀性和精准控制;② 高洁净度,主要指氧化物夹杂物含量以及除 S 外其他有害元素含量的降低(齿轮钢有时需要保持一定的硫含量以改善切削性能)。研究表明,钢材的疲劳寿命与总氧含量关系很大,总氧含量降低,疲劳寿命显著提高。此外,夹杂物的变形能力对钢材疲劳寿命有很大影响,变形能力差的夹杂物容易诱发钢中产生疲劳裂纹,导致钢材的疲劳破坏。因此,对于承受动载荷的齿轮钢来讲,高洁净度一方面要降低夹杂物的数量,另一方面要提高夹杂物的塑性化。

表 8.13　齿轮钢 20CrMoH 的主要元素成分　　　　　　　　　　　　　%

元素	C	Si	Mn	P	S	Cr	Mo
含量	0.17~0.20	0.17~0.37	0.40~0.70	≤0.03	≤0.03	0.80~1.10	0.15~0.25

齿轮钢 20CrMoH 的生产工艺流程为铁水预处理→转炉冶炼→LF 精炼→RH 真空处理→钙处理→方坯连铸。出钢采用铝脱氧和高碱度合成渣预精炼,LF 炉强扩散脱氧、高碱度高 Al_2O_3 含量炉渣精炼,RH 真空处理进行脱气和夹杂物的有效去除,连铸过程严格保护浇注。

因采用铝脱氧,转炉出钢后钢中夹杂物主要为脱氧产物 Al_2O_3。LF 精炼过程中,在低氧位、高碱度炉渣条件下,渣-钢反应使 Al_2O_3 夹杂物逐渐转变为 MgO-Al_2O_3 系、CaO-Al_2O_3-MgO 系夹杂物。RH 真空处理时,钢液与夹杂物的反应继续,精炼结束时钢中夹杂物主要为低熔点的 CaO-MgO-Al_2O_3 系夹杂物。钙处理后夹杂物中 CaS 含量显著增加。最终齿轮钢铸坯中夹杂物主要类型为 CaS-CaO-Al_2O_3 类夹杂物,含少量的 MgO。图 8.58 为齿轮钢铸坯中典型夹杂物形貌。

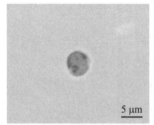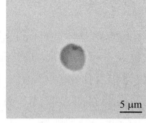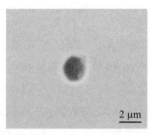

图 8.58　齿轮钢铸坯中典型夹杂物形貌

夹杂物的变形能力对钢材疲劳性能影响很大,不同种类的夹杂物对疲劳性能的影响不同,总的来讲,变形能力低的夹杂物对疲劳寿命是有害的,半塑性或塑性夹杂物的影响较小。就脆性夹杂物和点状不变形夹杂物而言,当夹杂物尺寸相同时,TiN 的危害最大,其次是 Al_2O_3 和 MgO·Al_2O_3,接下来是 $nCaO$·mAl_2O_3 和 CaS[18,19]。降低夹杂物的熔点不仅增加其塑性变形能力,还可有效消除应力集中[20-21],从而改善钢材的抗疲劳性能。因此,齿轮钢对夹杂物的控制技术有:① 超低氧含量控制技术,减少钢中夹杂物的数量;② 夹杂物较低熔点化控制技术,提高夹杂物的变形能力。

1. 超低氧含量控制技术

为获得超低氧含量,需对生产全流程工序环节进行严格管理和控制,而不是仅依赖某一局部工艺措施来达到目的。具体包括:① 转炉终点控制。冶炼过程中通过控制入炉材料、底吹搅拌等保证良好脱磷效果、控制钢液[N]、吹炼终点钢液和炉渣的氧化性;出钢严格挡渣,减少下渣量。② 出钢预精炼。出钢采用铝脱氧、高碱度合成渣对钢液进行预精炼,充分利用出钢时良好的动力学条件,利于脱氧和脱硫反应的进行。③ LF 强扩散脱氧和高碱度炉渣精炼[22-23]。精炼过程强扩散脱氧,防止因炉渣氧化性较强而向钢液传氧;采用高碱度精炼渣,控制渣中 SiO_2 含量,抑制因渣-钢反应 $SiO_2+[Al]\stackrel{}{=\!=\!=}Al_2O_3+[Si]$ 产生的 Al_2O_3 夹杂物,同时碱度增加,渣中 Fe_tO 活度系数降低,也有利于钢液[TO]的降低;控制渣中 CaO 与 Al_2O_3 的含量比在合适范围内,提高炉渣对夹杂物的吸附能力。④ 强化 RH 处理效果。真空处理控制真空度和真空处理时间,保证脱气效果和夹杂物的有效去除。⑤ 严格保护浇注,减少连铸过程的二次氧化。

2. 夹杂物较低熔点化控制

改善齿轮钢抗疲劳性能的另一个技术是钢中夹杂物较低熔点化。图 8.59 所示为 CaO-SiO_2-Al_2O_3 三元系相图,图中 1 773 K 下有两个不连续的液相区,即区域 A 和区域 B。目前用于轮胎帘线、阀门弹簧等要求细小工作断面、高疲劳性能的钢材多选用区域 A 为夹杂物的控制目标,即假硅灰石、钙长石、磷石英附近的低熔点区,生产中需采用硅锰脱氧,低碱度渣精炼,并严格控制原材料中的 Al、Ti 含量等。区域 B 即 $12CaO \cdot 7Al_2O_3$ 附近的低熔点区,该区的夹杂物在炼钢温度下为液态,当夹杂物成分落在区域 B 时对应钢液的[O]显著低于区域 A 对应的[O],即夹杂物成分控制在区域 B 时,钢的洁净度显著提高。对于齿轮等较大工作断面的工件,不需要像帘线钢、汽车发动机阀门用弹簧钢一样严格控制夹杂物成分在低熔点区,而只须将钢中夹杂物控制为较低熔点化,即图 8.59 中区域 B 即可。这样一方面夹杂物熔点不是很高,或者夹杂物外围成分熔点不高,轧制过程能够稍许变形,有利于改善钢材的抗疲劳性能;另一方面,钢液的[O]低,钢的洁净度提高,从而钢材的疲劳寿命得以提高。

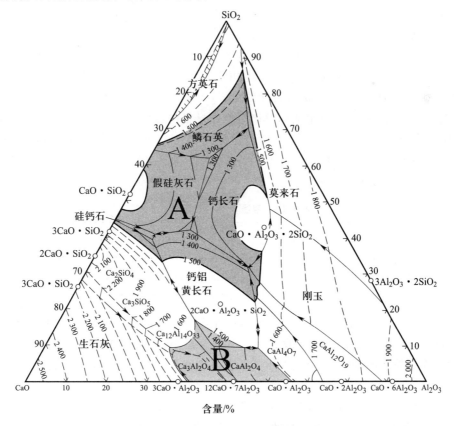

图 8.59 CaO-SiO_2-Al_2O_3 三元系相图

齿轮钢中夹杂物较低熔点化控制技术包括:① 铝脱氧和出钢过程预精炼。采用铝脱氧,发挥 Al 的强脱氧能力,把钢中溶解氧含量降到很低;采用高碱度合成渣对钢液进行预精炼,充分利用出钢时良好的动力学条件,利于脱氧、脱硫,促进脱氧产物 Al_2O_3 的转变。② 高碱度、还原性炉渣精炼。精炼过程采用高碱度、高 Al_2O_3 含量炉渣,在低氧位的情况下,渣中 MgO、CaO 等被钢液中[Al]还原,生成的 Mg、Ca 进入钢液,或者加入的合金中带入少量 Mg、Ca,使钢中 Al_2O_3 夹杂物逐渐向 MgO-Al_2O_3 系、CaO-MgO-Al_2O_3 系转变,最终生成低熔点 CaO-Al_2O_3-MgO 系夹杂物。即在炉渣-钢液-夹杂物相互作用下,通过炉渣控制钢液中[O]、[Ca]、[Mg]等成分,进而通过钢液成分对夹杂物进行控制。这样,LF 精炼过程、RH 处理,甚至连铸过程都可用于钢中夹杂物较低熔点化转变。③ 还原性气氛控制。在低熔点夹杂物生成过程中,还原性气氛控制非常重要,一方面,还原性气氛有利于 Al_2O_3 夹杂物向低熔点 CaO-Al_2O_3-MgO 系夹杂物转变;另一方面,还原性气氛可防止已生成的低熔点 CaO-Al_2O_3-MgO 系夹杂物发生向 MgO-Al_2O_3 系等高熔点夹杂物的逆转变。因此,精炼过程要通过保持钢液中一定的[Al]含量、炉内微正压等控制反应体系的低氧化性气氛;连铸过程严格保护浇注,防止二次氧化。

8.5.4 高强度线材用钢

上述齿轮钢等合金结构钢为提高钢材的抗疲劳性能,需将钢中夹杂物成分控制在较低熔点区域;因工件的工作断面较大,可以采用铝脱氧,且不需要将夹杂物严格控制为低熔点化以提高生产效率、降低生产成本。帘线钢、汽车发动机阀门用弹簧钢等或因工件工作断面小,如帘线钢丝单丝直径可小至 0.15 mm,或在高强度循环应力下要求高疲劳寿命,如汽车发动机阀门用弹簧钢丝要求在 700 MPa 的往复剪切应力作用下,疲劳寿命大于 10^8,对于这样的钢种,需严格控制钢中夹杂物为低熔点化,因此相应的生产工艺、钢中夹杂物类型和控制技术均与齿轮钢不同。下面以帘线钢为例进行介绍。

帘线钢是帘线钢丝用钢。以帘线钢丝作为加强材料的橡胶产品具有优异的强度和弹性,广泛用于轮胎和传送带等工业领域。与人造纤维、尼龙、聚酯等化学纤维系加强材料相比,用帘线钢丝作为骨架材料的汽车子午线轮胎具有承载能力高、稳定性好、节油、安全舒适等特点。表 8.14 为帘线钢的主要元素成分。

表 8.14 帘线钢的主要元素成分   %

元素	C	Si	Mn	P	S	Al	Ti	N
含量	0.70~0.74	0.15~0.35	0.46~0.60	≤0.015	≤0.015	≤0.004	≤0.002	≤0.004

帘线钢丝的生产工艺复杂,首先由 ϕ5.5 mm 左右的盘条冷拉至 ϕ0.15~ϕ0.38 mm 的钢丝,随后在 2 000 r/min 以上的转速下合股。由于钢丝直径小,在冷拉或合股过程中容易断丝。此外,帘线钢丝作为轮胎的骨架材料,还要求具备良好的承受弯曲、拉伸复合交变及冲击载荷的性能。非金属夹杂物是造成帘线钢丝断丝的重要原因之一。生产表明,夹杂物大于被加工钢丝直径的2%就会导致钢丝在冷拉和合股过程中脆性断裂。而那些很细小的不变形夹杂物颗粒,即使通过钢丝的拉拔和合股,也会在成品的动态疲劳性能试验或在轮胎的实际应用中导致早期断

裂。除非金属夹杂物外,化学成分偏析也会引起钢丝断裂,因为偏析影响了钢材的延伸性,使塑性变形不能在偏析的位置产生,在钢丝拉拔过程中引起裂纹并最终导致断丝。因此,对帘线钢的质量要求:① 化学成分均匀,主要元素成分波动范围窄,S、P 等杂质元素和残余元素需严格控制。② 非金属夹杂物数量尽可能少,尺寸要小,最重要的是具有良好的变形能力。根据生产经验,如生产直径为 $\phi 0.15 \sim \phi 0.38$ mm 的帘线钢丝,若要钢中夹杂物不引起断丝,须将其尺寸控制在 $3 \sim 7.6$ μm 以下。但目前实际生产中尚无法将钢中夹杂物全部或绝大多数控制在这一尺寸以下,因此只能采取另一对策,即将夹杂物控制为在热轧过程中能够发生良好变形的塑性夹杂物,从而保证轧制后盘条中夹杂物径向尺寸满足要求。

帘线钢 72A 的生产工艺流程为铁水预处理→转炉冶炼→吹氩→LF 精炼→真空处理→软吹→方坯连铸。采用硅锰脱氧,LF 精炼采用低碱度、低 Al_2O_3 含量炉渣,连铸过程严格保护浇注。

帘线钢中夹杂物主要为氧化物夹杂物和 MnS 夹杂物。其中,氧化物夹杂物主要组成为 Al_2O_3、SiO_2、CaO 和 MnO。LF 精炼过程中氧化物夹杂物的类型主要为 $CaO-SiO_2-Al_2O_3-(MnO)$ 系,而在其他阶段,氧化物夹杂物的主要类型为 $MnO-SiO_2-Al_2O_3-(CaO)$ 系夹杂物。铸坯中氧化物夹杂物主要为 $MnO-SiO_2-Al_2O_3-(CaO)$ 系夹杂物。图 8.60 所示为帘线钢铸坯中典型氧化物夹杂物的形貌。

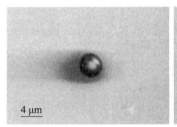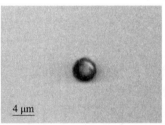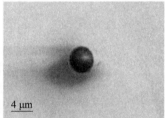

图 8.60　帘线钢铸坯中典型氧化物夹杂物的形貌

非金属夹杂物对帘线钢的加工性能和使用性能有很大影响,因此必须对钢中夹杂物的数量、尺寸、组成等严格控制。帘线钢中夹杂物的控制技术主要有以下两种:

1. 夹杂物塑性化控制技术

非金属夹杂物的变形能力对帘线钢盘条冷拉性能和成品钢丝的抗疲劳破坏性能有重要影响。帘线钢丝因工作断面小,需将夹杂物尺寸控制得很小,只有在热加工时有良好变形能力的夹杂物才能满足要求。帘线钢实现夹杂物的塑性化是采用顶渣精炼通过渣-钢反应来控制夹杂物的成分。

帘线钢中氧化物夹杂物主要有两类:脱氧产物 $MnO-SiO_2-Al_2O_3$ 系夹杂物和渣-钢反应产物 $CaO-SiO_2-Al_2O_3$ 系夹杂物。对于 $MnO-SiO_2-Al_2O_3$ 系夹杂物,具有良好变形能力的夹杂物组成分布在锰铝榴石($MnO \cdot Al_2O_3 \cdot 3SiO_2$)及其周围的低熔点区,如图 8.14a 中阴影区域所示;对于 $CaO-SiO_2-Al_2O_3$ 系,有良好变形能力的夹杂物组成在钙长石($CaO \cdot Al_2O_3 \cdot 2SiO_2$)与磷石英和假硅灰石($CaO \cdot SiO_2$)相邻的周边低熔点区[26],如图 8.14b 中阴影区域所示。图 8.14 中两个阴影区域为帘线钢中夹杂物控制的目标成分区域。

　　为将钢中夹杂物控制在上述目标成分区域,需要采用硅锰脱氧和低碱度、低 Al_2O_3 含量炉渣精炼。具体来讲,帘线钢不能采用铝脱氧,而且还必须对所用铁合金的铝含量、炉外精炼钢包衬材料的 Al_2O_3 含量等进行严格控制,以防止钢中生成 Al_2O_3 夹杂物或 Al_2O_3 含量高的不变形夹杂物。

　　对于帘线钢,仅注重脱氧工艺对钢中夹杂物的控制是不够的,还应采用渣-钢精炼控制钢中夹杂物,即调整炉渣成分来控制钢液的[Al]、[Ca]、[O]等,进而通过钢液对夹杂物的组成进行控制。研究表明,在上述两个区域中,当 Al_2O_3 的质量分数为 15%~25% 时,夹杂物的不可变形指数较低,如图 8.61 所示。此外,为使夹杂物成分在塑性区,还需控制夹杂物中合适的 MnO 与 SiO_2 的含量比(对于 $MnO-SiO_2-Al_2O_3$ 系夹杂物)和 CaO 与 SiO_2 的含量比(对于 $CaO-SiO_2-Al_2O_3$ 系夹杂物)。夹杂物中 Al_2O_3 含量受钢液[Al]含量影响很大,[Al]含量增加,Al_2O_3 含量增加。而钢液中[Al]与炉外精炼过程精炼渣的 Al_2O_3 含量、碱度与反应温度有关,精炼渣中 Al_2O_3 含量增加,钢液[Al]增加;碱度和反应温度增加,Al_2O_3 对[Al]的影响增大。为保证夹杂物塑性化,钢液中[Al]应控制为 0.000 2%~0.000 6%,为此炉外精炼需采用低碱度、低 Al_2O_3 含量的炉渣,同时防止精炼温度的大幅波动,如有研究得出的适合帘线钢精炼的炉渣碱度为 1 左右、Al_2O_3 含量小于 10%。

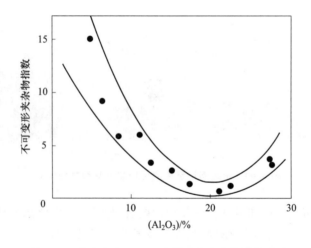

图 8.61　夹杂物中 Al_2O_3 含量对夹杂物塑性的影响

2. 低氧含量控制技术

　　造成帘线钢在拉拔或合股过程中断丝的主要因素之一是钢中非金属夹杂物,减少夹杂物,尤其是不变形夹杂物的数量非常重要。因此,前面所列的低氧含量控制技术同样适用于帘线钢生产。具体包括转炉冶炼终点控制,减少出钢下渣量;精炼过程扩散脱氧、控制反应体系气氛;强化真空处理或吹氩处理对夹杂物的去除效果;严格保护浇注,防止二次氧化等。

　　通过上述技术综合控制,达到钢中夹杂物数量少、尺寸小、塑性化的目的,满足帘线钢加工和使用性能对夹杂物的要求。

思 考 题

1. 钢中非金属夹杂物有哪些来源?

2. 非金属夹杂物对钢的影响有哪些?

3. 根据非金属夹杂物生成的动力学,如何减少钢中的夹杂物?

4. 绝大多数情况下,非金属夹杂物对钢来说是有害的,从实际生产的角度如何控制钢中的夹杂物?

5. 通常认为钢液中夹杂物的上浮去除服从斯托克斯定律,计算半径分别为 1 μm 和 10 μm 的夹杂物在钢液中上浮 1 m 所需要的时间,该结果对生产洁净钢有何启示。(计算时取 $\rho_m = 7\ 000\ \text{kg/m}^3$, $\rho_s = 4\ 000\ \text{kg/m}^3$, $\eta_m = 0.005\ \text{Pa}\cdot\text{s}$)

6. 假设转炉冶炼终点钢液氧含量为 0.05%,如果用铝脱氧(即钢液中剩余的自由氧忽略不计),请计算用铝量(假设铝的收得率为 65%),以及铝脱氧后生成 Al_2O_3 的量。

参 考 文 献

[1] 松下幸雄.製鋼反応の推奨平衡値(改訂増補)[M].日本学術振興会製鋼第 19 委員会,1984.

[2] 曲英.炼钢学原理[M].北京:冶金工业出版社,1980.

[3] 笹井興士,坂上六郎,音谷登平.Si 脱酸に及ぼす増堝材質の影響[J].鉄と鋼,1971,57(13):1963-1968.

[4] TORSSELL K,OLETTE M.Influence de la déformation d'amas sur l'élimination des inclusions d'alumine provenant de la désoxydation du fer liquide par l'aluminium[J].Revue de Métallurgie,1969,66(12):813-822.

[5] 向井楠宏.脱酸反応帯について[J].日本金属学会誌,1968,32(11):1143.

[6] TURPIN M L,ELLIOTT J F.Nucleation of oxide inclusions in iron melts[J].Journal of the Iron and Steel Institute,1966,204(3):217-225.

[7] TURKDOGAN E T.Nucleation,growth,and flotation of oxide inclusions in liquid steel[J].Iron Steel Inst,1966,204(9):914-919.

[8] 宮下芳雄.シリコン脱酸時における溶解酸素の挙動について[J].鉄と鋼,1966,52(7):1049-1060.

[9] 佐野信雄,塩見純雄,松下幸雄.珪素およびマンガンによる強制脱酸[J].鉄と鋼,1965,51(1):19-38.

[10] 川和高穂,大久保益太.鋼の脱酸速度について[J].鉄と鋼,1967,53(14):1569-1585.

[11] 坂上六郎,川崎千歳,鈴木いせ子,等.溶鉄のシリコン脱酸について[J].鉄と鋼,1969,55(7):550-575.

[12] 鈴木鼎,萬谷志郎,不破祐.高合金鋼の珪素による脱酸について[J].鉄と鋼,1970,56(1):20-27.

[13] 中西恭二,大井浩.アルミナ-シリカ複合ルツボによる Al 脱酸の速度論的研究[J].鉄と

鋼,1969,55(6):460-470.

[14] 横山栄一,大井浩.攪拌浴脱酸の際の到達酸素量におよぼすルツボ材質の影響[J].鉄と鋼,1969,55(6):454-459.

[15] TIEKINK W K,PIETERS A,HEKKEMA J. Al_2O_3 in steel:morphology dependent on treatment [J].Iron & steelmaker,1994,21(7):39-41.

[16] MALKIEWICZ T,RUDNIK S. Deformation of non-metallic inclusions during rolling of steel[J]. Journal of the Iron and Steel Institute,1963,201(1):33-38.

[17] RUDNIK S. Discontinuities in hot-rolled steel caused by non-metallic inclusions[J].IRON STEEL INST J,1966,204(4):374-376.

[18] HENRI R G. The making,shaping and treating of steel[M].Pittsburgh:TTie AISE Steel Foundation,2003.

[19] BOUCHON M B. Advanced methods in artificial intelligence[C]//Proceedings of the 4th International Conference on Processing and Management of Uncertainty in Knowledge-Based Systems Berlin:Springer-Verlag,1992.

[20] SYMPOSIUM E ,TURKDOGAN E T ,FRUEHAN R J . Fundamentals and analysis of new and e-merging steelmaking technologies:Proceedings of the Ethem T. Turkdogan Symposium,May 15-17,1994[C]. Pittsburgh:Iron and Steel Society,1994.

[21] GATELLIER C,GAYE C. Proceedings of the 4th International Conference on Clean Steel[C]. Hungary,1992.

[22] MELANDER A,LARSSON M. The effect of stress amplitude on the cause of fatigue crack initiation in a spring steel[J].International journal of fatigue,1993,15(2):119-131.

[23] 章守华.合金钢[M].北京.冶金工业出版社,1981.

[24] DUCKWORTH W E,INESON E. The effects of externally introduced alumina particles on the fatigue life of En24 Steel[J].Clean Steel,1963(77):87-103.

[25] LARSSON M,MELANDER A,NORDGREN A. Effect of inclusions on fatigue behaviour of hardened spring steel[J].Materials Science and Technology,1993,9(3):235-245.

[26] MONNOT J,HERITIER B,et al. Cleanness and fatigue life bearing steels[J].American Society for Test of Materials,1988:149-165.

[27] 小沢幸正.超低硫による材质向上について[J].鉄と鋼,1977(63):s713.

[28] 大城毅彦.直接焼入棒鋼の製造[J].R&D 神戸製鋼技報,1988,38(3):66-69.

[29] GATELLIER C,GAYE H,LEHMANN J,et al. Physico-chemical aspects of the behaviour of inclusions in steels[J].Steel Research,1993,64(1):87-92.

[30] GAYE H. Proceedings of the Ethem T. Turkdogan Symposium[C].Iron and Steel Society,1994.

[31] RUNNER D L,MAEDA S,GALE J P,et al. Start-up of tire cord through uss/kobe's billet caster [C]//Steelmaking Conference Proceedings. Iron and Steel Society of Aime,1998,81:129-136.

[32] 福本一郎.高清淨鋼[Z].第126回西山記念技術講座,1987.

[33] ZHANG L,TANIGUCHI S,CAI K. fluid flow and inclusion removal in continuous casting tundish [J].Metallurgical and Materials Transactions B,2000,31(2):253-266.

［34］涂嘉夫,梅泽一诚,等.タンディシュの完全シールおよびガス吹入の効果［J］.鉄と鋼,1983（69）,s989.

［35］手嶋俊雄,久保田淳,鈴木幹雄,等.スラブ高速鋳造时の連鋳鋳型内溶鋼流動におよぼす鋳造条件の影響［J］.鉄と鋼,1993,79(5):576-582.

［36］HINO M,ITO K.Thermodynamic Data for Steelmaking［M］.Sendai:Tohoku University Press,2010.

［37］高橋市朗,栄 豊幸,吉田 毅.非金属介在物の加熱による変化［J］.鉄と鋼,1967,53(3):350-352.

［38］殷瑞钰.合理选择二次精炼技术,推进高效率低成本"洁净钢平台"建设［J］.炼钢,2010(2):1-9.

［39］SCHADE J,BURNS M T,NEWKIRK C C,et al.The measurement of steel cleanliness［J］.Steel Technology International,1993:149.

［40］SAHAI Y,EMI T.Tundish technology for clean steel production［M］.Singapore:World Scientific Publishing,2007.

［41］丸川雄淨.大量生産規模における不純物元素の精煉限界［Z］.日本学術振興会製鋼第19委員会反応プロセス研究,1997.

［42］竹内秀次.極低炭素鋼製造プロセスにおける高清淨度化と介在物製御技術［Z］.第182-183回西山記念技術講座,2004.

［43］JURETZKO F R,STEFANESCU D M,DHINDAW B K,et al.Particle engulfment and pushing by solidifying interfaces:Part 1.Ground Experiments［J］.Metallurgical and Materials Transactions A,1998,29(6):1691-1696.

［44］MIYAKE T,MORISHITA M,NAKATA H,et al.Influence of sulphur content and molten steel flow on entrapment of bubbles to solid/liquid interface［J］.ISIJ international,2006,46(12):1817-1822.

［45］YU H,DENG X,WANG X,et al.Characteristics of subsurface inclusions in deep-drawing steel slabs at high casting speed［J］.Metallurgical Research & Technology,2015,112(6):608.

［46］植森龍治.高性能厚鋼板の技術動向-介在物製御の進步とともに-［Z］.第182-183回西山記念技術講座,2004.

［47］加藤惠之,涂嘉夫.鋼中酸素の低減技術の現状と今後的展望,大量生産規模における不純物元素の精煉限界［Z］.日本鉄鋼協会高温プロセス部会,日本学術振興会製鋼第19委員会反応プロセス研究会,1996:26-33.

［48］TANIZAWA K,OKUMURA H,NAKAMURA K,et al.The mass production process of high purity steel by vacuum kimitsu injection process［C］//IISC.Proceedings of the sixth International Iron and Steel Congress.1990,3:611-618.

［49］BANNENBERG N,BERGMANN B,GAYE H.Combined decrease of sulphur,nitrogen,hydrogen and total oxygen in only one secondary steelmaking operation［J］.Steel Research,1992,63(10):431-437.

［50］YU H,WANG X,WANG M,et al.Desulfurization ability of refining slag with medium basicity

[J].International Journal of Minerals,Metallurgy,and Materials,2014,21(12):1160-1166.

[51] 赵沛.炉外精炼及铁水预处理实用技术手册[M].北京:冶金工业出版社,2004.

[52] BERTRAND C, MOLINERO J, LANDA S, et al. Metallurgy of plastic inclusions to improve fatigue life of engineering steels[J].Ironmaking & Steelmaking,2003,30(2):165-169.

[53] 瀬戸浩藏.轴承钢:在20世纪诞生并飞速发展的轴承钢[M].陈洪真,译.北京:冶金工业出版社,2003.

[54] 上杉年一.わが国の進步發展について[J].鉄と鋼,1988(74):1889-1894.

[55] 阿部孝行,古谷佳之,松岡三郎.高强度鋼のギガサイクル疲劳にずは为介在物寸法と种类の重要性[J].鉄と鋼,2003(6):89-93.

[56] 結城晋,梶川和男,山口旻.軸受鋼の寿命におよほす介在物および組織の効果[J].鉄と鋼,1966(52):747-750.

[57] DERS J,THIVARD B,GENTA A. Improvent of steel wire for cold heading[J].Wire Joumal Intemational,1992(10):73-76.

[58] EGUCHI J,FUKUNAGA M,SUGIMOTO T,et al. Manufacture of high quality case-hardening low alloy steel for automobile use[C]//IISC.The Sixth International Iron and Steel Congress.Nagoya:The Iron and Steel Institute of Japan,1990:644-650.

[59] 川上潔,谷口剛,中島邦彦.高清浄度鋼における介在物の生成起源[J],鉄と鋼,2007,93(12):29-38.

[60] 李正邦,薛正良.弹簧钢夹杂物形态控制[J].钢铁,1999,34(4):20-23.

[61] BERNARD G,RIBOUND P V,URBAIN G. Oxide inclusions plasticity[J].La Revue de Metallurgie-CTT,1981,78(5):421-433.

第9章 凝固理论

凝固是自然界常见的一种相变过程,材料通过凝固过程会形成不同的微观组织和成分分布,这些组织特征和成分分布直接影响着最终产品的使用性能。理解和掌握凝固过程的基本规律和理论,对凝固过程的参数选择和工艺调控有重要的指导意义。金属凝固现象涉及范围广泛,大到上百吨的模铸钢锭、几十吨的连铸铸坯,小到区域熔炼和3D打印的金属粉末颗粒等,所有这些工艺过程无不伴随着凝固现象。

炼钢的任务是将液态金属转化为合格的连铸坯,金属和合金由液态转变为固态的过程就是凝固。凝固过程主要是晶体或晶粒的生成和长大过程,所以也称为结晶。从微观来看,凝固是金属原子从无序状态到有序状态的转变,也就是液体中无规则的原子集团转变为按一定规则排列的固态结晶体。从宏观来看,它是把液体金属储藏的显热和结晶潜热传输到外界,使液体转变为有一定形状的固态。钢对凝固的要求:① 良好的凝固结构;② 合金元素分布均匀;③ 能去除钢中气体和非金属夹杂物;④ 凝固产品表面和内部质量良好;⑤ 钢液收得率高。凝固是炼钢生产中非常重要的环节,凝固过程所发生的物理和化学变化将直接影响钢的质量和成本。

9.1 钢液结晶与凝固结构

9.1.1 液-固相变的热力学特点

金属在熔化温度时,液相和固相处于平衡状态。排除或供给热量可使平衡向不同方向移动。当排除热量时,液态金属转变为固体,即为凝固过程。

根据热力学的基本原理,过程能自发地从自由能高的状态向较低的状态进行。金属在液-固平衡温度 T_f 时,液体向固态转变体积自由能的变化为 $\Delta G_v = G_l - G_s$,焓的变化为 $\Delta H_f = H_l - H_s$(或称结晶潜热 L_f),熵的变化为 $\Delta S_f = S_l - S_s$,则有

$$\Delta G_v = \Delta H - T \Delta S_f \tag{9.1}$$

在结晶温度 $T = T_f$ 时,固相和液相之间达到平衡,$\Delta G_v = 0$,即有

$$\Delta S_f = \Delta H_f / T_f \tag{9.2}$$

当温度为 T 时,$\Delta G_v \neq 0$,则有

$$\Delta G_v = L_f (T_f - T) / T_f \tag{9.3}$$

当液体温度高于凝固温度时,ΔG_v 为正值;当其低于凝固温度时,ΔG_v 为负值。$T_f - T = \Delta T$,称为过冷度。过冷度越大,系统的结晶潜热越容易放出,就越容易结晶。这是结晶的热力学条件。

9.1.2 结晶的基本类型

结晶是物质状态的转化,属于相变的范畴。在结晶过程中,必然要发生结构的变化,但对合金来说,同时还可能发生化学成分的变化。根据这个特点,理论上可将结晶分为同分结晶和异分

结晶两大类。

1）同分结晶。其特点是结晶出的晶体和母液的化学成分完全一样,或者说,在结晶过程中只发生结构的改组而无化学成分的变化。纯金属以及成分恰处于相图中液相线（或液相面）的最高点或最低点的那些合金(包括固溶体和化合物),即固、液相线（或面）重合为一点的合金,其结晶都属于这一类,因此也可以把它看作是纯聚集状态的转变。

2）异分结晶。其特点是结晶出的晶体和母液的化学成分不一样,或者说,在结晶过程中,成分和结构同时都发生变化,也被称为选分结晶。绝大部分合金,特别是实际应用合金的结晶,大多可归于这一类。显然,这一类结晶过程较复杂,它与实际生产的关系甚大。

此外,也可以根据结晶后组织上的特点,将结晶分为均晶结晶和非均晶结晶两类。

1）均晶结晶。其特点是结晶过程中只产生一种晶粒,结晶后的组织应由单一的均匀晶粒所组成,即得到单相组织。同分结晶的金属和合金显然属于这一类,但不少异分结晶的合金,例如固溶体合金系的结晶,或只有边际固溶体的合金结晶,也属于这一类。

2）非均晶结晶。其特点是结晶时由液体中同时或先后形成两种以上成分和结构都不相同的晶粒。各种共晶合金系和包晶合金系中绝大部分合金的结晶属于这一类。铸态合金的复相组织大多由此而形成。

9.1.3 结晶的微观基本过程

尽管结晶的类型较多,表现形式不一,并各有其特点,但它们的基本过程却是一致的。

结晶是晶体在液态中从无到有、由小到大的发展过程。从无到有可看作是晶体由"胚胎"到"出生"的过程,这被称为生核;由小变大可以看作是晶体"出生"后的长大过程,称为长大。二者既紧密联系又相互区别,在铸态组织中所观察到的许许多多晶粒就是这样形成的。图 9.1 为微体积内结晶过程的示意图,这里假设液体处于图中所示的小体积内,在第 1 秒生出 5 个晶核,至第 2 秒时,它们已长大到可观程度,并呈现出规则的几何外形,与此同时,又有 5 个新晶核形成。依此类推,直到第 7 秒时,各晶粒已单个孤立地自由长大,经过中间局部接触相互干扰,犬牙交错地完全相互接触了。若这时液体也完全消失,那么整个结晶过程就完成了。显然,结晶刚完成时所获得的组织是形状和尺寸都不甚规则的多晶粒组织。

总之,结晶的一般过程是由生核和长大两个过程交错和重叠而成的。对一个晶粒来讲,它具有严格区分的生核和长大阶段,但是从整体上来讲,二者是交织在一起的,除非是单晶体的结晶过程。不同类型的结晶只在生核和长大的具体环节上有所不同,下面我们将对"生核"和"长大"过程进行深入的讨论。

9.1.4 均质形核

如果晶核是刚刚"出生"的小晶体,那么在这之前,一定会有一个"胚胎"的孕育过程。"胚胎"的发生是与液体的结构密切相关的,液体金属中存在许多体积很小的近似有序排列的"原子集团",当达到一定的过冷度时,这些"原子集团"就会形成胚胎晶核。如果在一定过冷度下,一个均匀液相 A 中产生了新的固相 B,则固相 B 只有在达到一定临界体积时才能稳定存在下来。形成新相晶核所引起的系统自由能的变化包括:① 体积自由能 ΔG_V,即在 A 相中形成 B 相而引起体系自由能的下降;② 表面自由能变化 ΔG_F,即由于新相 B 的形成而产生的固-液相界面所引

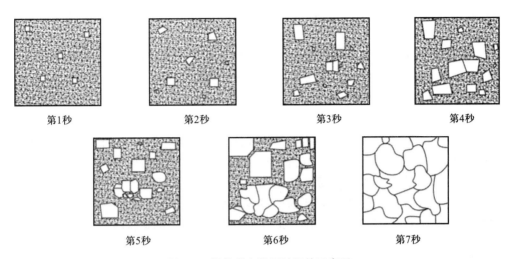

第1秒　第2秒　第3秒　第4秒

第5秒　第6秒　第7秒

图 9.1　微体积内结晶过程的示意图

起的自由能的增加。若 A 相中形成半径为 r 的 B 相球形晶核,则有

$$\Delta G_V = -\frac{4}{3}\pi r^3(G_A - G_B) \tag{9.4}$$

$$\Delta G_F = 4\pi r^2 \sigma \tag{9.5}$$

式中:G_A 为 A 相的单位体积自由能;G_B 为 B 相的单位体积自由能;σ 为 A、B 两相间的单位表面自由能(也称界面压力)。易知,形成新相晶核的总自由能变化为

$$\Delta G_\Sigma = \Delta G_V + \Delta G_F = -\frac{4}{3}\pi r^3(G_A - G_B) + 4\pi r^2 \sigma \tag{9.6}$$

由图 9.2 可见 ΔG_Σ 随 r 的变化关系。若令 ΔG_Σ 达到最大值时所对应的晶核半径为临界半径 r^*,则当 $\dfrac{\partial \Delta G_\Sigma}{\partial r} = 0$ 时,有

$$-4\pi r^{*2}(G_A - G_B) + 8\pi r^* \sigma = 0$$

可得

$$r^* = \frac{2\sigma}{G_A - G_B} = \frac{2\sigma}{\Delta G}$$

即

$$r^* = \frac{2\sigma T_f}{L_f \Delta T} \tag{9.7}$$

由式(9.7)可知,临界晶核半径 r^* 与过冷度 ΔT 成反比。结合图 9.2 可知:

当 $r < r^*$ 时,晶核长大会导致系统自由能增加,新相不稳定;

当 $r > r^*$ 时,晶核长大会导致系统自由能减少,新相能稳定生长;

当 $r = r^*$ 时,形核和晶核溶解处于平衡。

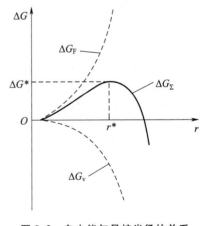

图 9.2　自由能与晶核半径的关系

由此可见,在一定温度下,任何半径大于临界半径的晶核趋向于长大,半径小于临界半径的晶核趋向消失。

虽然 $r>r^*$ 的晶核长大能够使体系的自由能降低,但是当 $r=r^*$ 时,ΔG 为正,这说明临界晶核的形成需要有一定额外的能量,这个能量被称为形核功 ΔG^*。原子团只有获得了大小相当于形核功 ΔG^* 的额外能量才能形成临界晶核,这部分额外能量主要是靠液态金属的能量涨落来供给。

所谓能量涨落,是指微元体积内自由能短暂地偏离平均值的现象。在液体中,具有能量涨落的微元体积会在某一瞬间获得足够高的能量来补偿形成临界晶核所欠缺的那部分能量,这促进了晶核的形成。如果没有能量涨落,原子集团就无法得到缺少的那部分能量的补充,晶核就不能形成。因此可以说,能量涨落是晶核形成的动力学条件。

将式(9.7)代入式(9.6)就可以得到形成临界半径晶核所需的形核功:

$$\Delta G^* = \frac{16\pi\sigma^3 T_f^2}{3(L_f \Delta T)^2} = \frac{1}{3} \times 4\pi r^{*2}\sigma \tag{9.8}$$

由式(9.8)可见,形核功是临界晶核表面能的 1/3。过冷度 ΔT 越大,ΔG^* 越小。因此,要形成稳定的晶核,必须要有与过冷度相适应的能量涨落。形核速率 I 随过冷度增加而增加,它可以表示为

$$I = F_{si} S_c N e^{-\frac{\Delta G^*}{kT}} \tag{9.9}$$

式中:F_{si} 为原子从液体向晶核表面的跳跃频率,$F_{si} = D_1/\alpha^2$(D_1 为液体中原子扩散系数,α 为跳跃距离);S_c 为围绕在晶核周围的原子数,大致可表示为 $4\pi r^2/\sigma^2$;N 为液体中 1 m^3 体积内的原子数;k 为玻尔兹曼常数,为 1.380 649×10^{-23} J·K^{-1};T 为温度,K。如果取 $N=10^{28}/m^3$,$D_1 = 10^{-9}/(m^2/s)$,$\alpha = 0.3\times10^{-9}$ m,则有

$$I = \frac{10^{40} e^{-16\pi\sigma^3 T_f^2}}{3L_f(\Delta T)^2 kT} \tag{9.10}$$

过冷度与形核速率的关系如图 9.3 所示。在某一过冷度下,形核速率会突然增加。将已知值代入式(9.10)可得到形核速率突然增加的过冷度约为 $0.2T_f$,这被称为有效形核温度,并已在许多金属的测定试验中证实。表 9.1 中为某些金属凝固时对应于均质形核的过冷度。

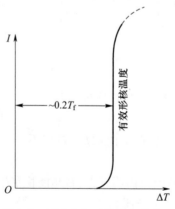

图 9.3 过冷度与形核速率的关系

表 9.1　某些金属凝固时对应于均质形核的过冷度

金属	熔点/K	过冷度/K	$\Delta T/T_f$
Sn	505.7	105	0.208
Pb	600.7	80	0.133
Al	931.7	130	0.140
Cu	1 356	236	0.174
Mn	1 493	308	0.206
Fe	1 803	295	0.164

9.1.5　非均质形核

由上节可知,均质形核需要有 $0.2T_f$ 的过冷度。但是人们发现,在钢的凝固过程中,液相的形核却要比均质形核要求的过冷度小得多,仅需几摄氏度到 20 ℃ 的过冷度就可形核。因为在实际生产中,钢液是非均质形核,就是指钢在形核时,将存在于液相中的悬浮质点和表面不光滑的模壁等作为核心的"依托"而发展为晶核的过程。非均质形核的形核功低,因此对应于相同形核速率所需的过冷度也小。

这里假设一种最简单的情况,即在一个平面的夹杂物上形成一个球冠形的固体晶核(图 9.4)。此时存在三个交界面,它们分别是液体与晶核(lc)、液体与固体(ls)和晶核与固体(cs)交界面。当体系处于平衡状态时,有

$$\cos\theta = \frac{\sigma_{ls} - \sigma_{cs}}{\sigma_{lc}} \tag{9.11}$$

式中:σ 为表面自由能,J/m^2;θ 表示晶体在夹杂物表面的润湿倾角,(°)。

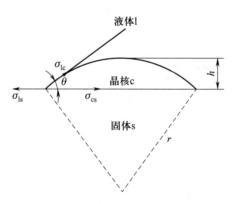

图 9.4　已有平面上形成的球冠形的固体晶核

晶核与夹杂物接触面积

$$S = \pi r^2 (1 - \cos^2\theta) \tag{9.12}$$

球冠体积

$$V_{球冠} = \frac{1}{3}\pi r^3 (2 - 3\cos\theta + \cos^2\theta) \tag{9.13}$$

球冠表面积：

$$S_{表球冠} = 2\pi rh = 2\pi r^2 (1 - \cos\theta) \tag{9.14}$$

形成晶核时系统的自由能变化计算如下。

1) 体积自由能 ΔG_V：

$$\Delta G_V = -\frac{1}{3}\pi r^3 (2 - 3\cos\theta + \cos^2\theta)\Delta G \tag{9.15}$$

2) 产生新相界后的界面自由能 ΔG_F：

$$\begin{aligned}
\Delta G_F &= \sigma_{lc} 2\pi r^2 (1 - \cos\theta) + (\sigma_{cs} - \sigma_{ls})\pi r^2 (1 - \cos^2\theta) \\
&= \pi r^2 \sigma_{lc} (2 - 3\cos\theta + \cos^3\theta)
\end{aligned} \tag{9.16}$$

3) 总自由能变化 ΔG_Σ：

$$\begin{aligned}
\Delta G_\Sigma &= -\frac{1}{3}\pi r^3 (2 - 3\cos\theta + \cos^2\theta)\Delta G + \pi r^2 \sigma_{lc} (2 - 3\cos\theta + \cos^3\theta) \\
&= (2 - 3\cos\theta + \cos^3\theta)\left(-\frac{1}{3}\pi r^3 \Delta G + \pi r^2 \sigma_{lc}\right)
\end{aligned} \tag{9.17}$$

4) 求 ΔG^* 和 r^*：

$$\frac{\partial(\Delta G_\Sigma)}{\partial r} = 0 \tag{9.18}$$

$$(2 - 3\cos\theta + \cos^3\theta)(2\pi r^* \sigma_{lc} - \pi r^{*2}\Delta G) = 0 \tag{9.19}$$

上式中,因 $2 - 3\cos\theta + \cos^3\theta \neq 0$,故有

$$2\pi r^* \sigma_{lc} - \pi r^{*2}\Delta G = 0 \tag{9.20}$$

$$r^* = \frac{2\sigma_{lc}}{\Delta G} \tag{9.21}$$

将上式中的 r^* 代入 ΔG_Σ 后可得

$$\Delta G^* = \frac{4\pi\sigma_{lc}^3}{3(\Delta G)^2}(2 - 3\cos\theta + \cos^3\theta) \tag{9.22}$$

对比式(9.22)和式(9.8)后可知,非均质形核功是均质形核功的 $\dfrac{2 - 3\cos\theta + \cos^3\theta}{4}$ 倍。由式(9.22)还可推知：

当 $\theta = 180°$ 或者 $\cos\theta = -1$ 时,晶体可独立存在于液体中,此时的形核功与均质形核时的相同;

当 $\theta = 0°$ 或 $\cos\theta = 1$, $\Delta G^* = 0$,此时液体中的质点已是一个晶核,不需任何过冷度就可形核;当 $0° < \theta < 180°$ 时,需要依附于外来质点才能形成晶核。

可见,非均质形核的有效性决定于润湿倾角 θ。θ 越小,形核功就越小,体系就越容易形核。均质与非均质形核速率的比较如图9.5所示,非均质形核的过冷度要比

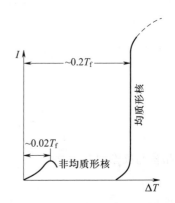

图9.5 均质与非均质形核速率的比较

均质形核的小得多,在实际生产中出现的主要是非均质形核。除模壁表面可以作为"依托"形成晶核外,液体金属中还常含有两类小质点:一类是活性质点,如金属氧化物(Al_2O_3),其晶体结构与金属晶体结构相似,它们之间界面张力小,可作为"依托"而形成晶体核心;另一类是难熔物质的质点,它们的结构虽然与金属晶体结构相差较远,但这些难熔质点表面往往存在细微凹坑和裂纹,其中尚未熔化的金属,可作为"依托"而形成晶体核心。因此,向钢液中加入形核剂可以起到细化晶粒的作用。

9.1.6 晶核的长大

1. 晶体生长的能量消耗

由 9.1.3 节可知,钢的结晶过程是由生核和长大两个过程交错重叠组合而成的。当液体中形成稳定的晶核之后,晶核要继续长大。晶核长大的实质是液体中原子向固体的转移,这个过程的能量消耗包括原子的扩散、晶体缺陷、原子的黏附、结晶潜热的导出等。

(1)原子的扩散

对合金来说,晶体生长时在固-液相界面上会发生溶质的再分配,晶体表面上会形成溶质的富集层,而液体的运动和溶质的扩散又会促使溶质离开相界面迁移到液体中去。消耗于驱动溶质传递的过冷度为

$$\Delta T_D = T_f - T_{L(c_i)} \tag{9.23}$$

式中:T_f 为液相线温度;$T_{L(c_i)}$ 为溶质浓度 c_i 的液体温度。

(2)晶体缺陷

晶体的非平衡生长常使其含有微小的缺陷。有缺陷的晶体需要比平衡凝固得到的晶体具有更高的自由能,这样消耗于产生非平衡凝固晶体的过冷度为

$$\Delta T_E = T_{L(c_i)} - T_{E(c_i)} \tag{9.24}$$

式中:$T_{E(c_i)}$ 为与相界面液体浓度 c_i 相平衡的温度。

(3)原子的黏附

晶体生长时,液体中的原子堆积成平面集团黏附于相界面并逐渐长大,消耗于这个过程的过冷度为

$$\Delta T_K = T_{E(c_i)} - T_i \tag{9.25}$$

式中:T_i 为相界面温度。

(4)结晶潜热的导出

晶体生长时要放出结晶潜热,这就必须有一定的过冷度来提供促使热量消失的动力,即

$$\Delta T_H = T_i - T_\infty \tag{9.26}$$

式中:T_∞ 为液体中的实际温度。

晶体的生长需要消耗上述四方面的能量,它是依靠液体中的过冷度来实现的。液体的过冷度 ΔT 可表示为

$$\Delta T = \Delta T_D + \Delta T_E + \Delta T_K + \Delta T_H \tag{9.27}$$

式中的四个能量消耗量控制了晶体的生长。然而,对于不同的金属来说,它们所起的作用是不相同的。例如,纯金属的凝固主要由 ΔT_H 控制,钢中非金属夹杂物的析出主要由 ΔT_D 控制,钢的凝固则主要由 ΔT_D 和 ΔT_H 控制。当钢液浇到结晶器内,结晶器壁提供了较大的过冷度而导致晶核

的形成。随着凝固坯壳的形成,钢液的过冷度会逐渐减小,与此同时晶核的长大也需要过冷度来提供驱动力,ΔT 的来源因而需要得到合理的解释。

2. 晶核长大的驱动力——成分过冷理论

（1）成分过冷的产生

同分结晶的金属和合金都具有单一的熔点（或凝固点）,所以知道了液体的实际温度,就可以判断液体是否过冷和过冷度的大小。对于异分结晶的合金来讲,其凝固温度会随成分的波动而变化,是一个温度范围,所以在判断这类合金液体是否过冷以及过冷度的大小时,不但要考虑液体的实际温度,而且还要考虑液体的实际成分。结晶过程中,液体的成分是随结晶的进行及液体与相界面之间的距离而变化的,这就决定了此类合金在凝固时,其液相过冷度具有复合的二重性。一方面,温度的真正降低可引起过冷,这个过冷被称为温度过冷,或热温过冷;另一方面,液体浓度变化也可导致过冷,这个过冷被称为浓度过冷。二者合起来才是真正对结晶起实际作用的过冷,这被称为组成过冷、本质过冷或成分过冷。温度过冷是决定同分结晶过程以及结晶后组织的关键性因素,组成过冷则是影响异分结晶以及结晶后组织的关键性因素之一。

钢液在凝固时,溶质元素在固相和液相中溶解度的差异会导致溶质再分配,如图9.6所示。固相中溶质的析出使固-液相界面处液相的浓度 c_i 高于液体原始浓度 c_0,而 c_i 通过扩散逐渐接近于 c_0,这样在凝固前沿形成了溶质富集层 δ（图9.6b）。由于溶质在相界面的富集,液相线温度会发生相应的变化（图9.6c）。液相内部的实际温度 T_A 决定于传热状况,若在某一时刻:

当 $T_A > T_L$ 时,凝固为传热所控制。

当 $T_A = T_L$ 时,凝固相界面处于平衡。

当 $T_A < T_L$ 时,液体中实际温度低于液相线温度,相应区域（阴影区）内的液体处于过冷状态,凝固前沿不稳定,这就发生了晶核的长大,它可以消除凝固前沿微区的过冷度。而当微元体积凝固之后,溶质又发生了新的再分配,过冷又会被重新产生出来并促使结晶长大。因此可以说,凝固前沿由溶质再分配所产生的成分过冷是晶核长大的驱动力,而成分过冷的条件是,凝固前沿的实际温度低于液相线温度。

（2）"成分过冷"与晶体结构

当固-液相界面前沿的液体出现成分过冷时,相界面就会变得不稳定,不能再保持平面形状生长,按过冷度的大小,会开始形成晶胞、树枝晶胞、树枝晶等结构（图9.7）。随着成分过冷度的增加,结构形貌由晶胞发展为树枝晶。当把液体金属浇注到金属模内,凝固前沿析出溶质时,相界面附近的液体平衡凝固温度会降低,这导致了过冷的产生,并使生长的界面上出现了明显的凸凹

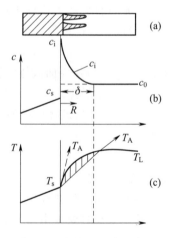

图9.6 合金凝固前沿成分过冷形成的示意图

不平。如果相界面某局部 A 处的溶质析出少,则液相线温度的降低就小（图9.8a）;如果 B 处析出的溶质多,则液相线温度的降低就大（图9.8b）。因此,B 处凝固界面的过冷就比 A 处的小,凝固会优先在 A 处进行,而 B 处的凝固受到抑制,这样逐步发展为晶胞或树枝晶结构。

凝固前沿的过冷是由溶质偏析引起的凝固温度的降低和放出凝固潜热引起的温度的升高这两方面共同影响的。当合金成分一定（即 K、D 一定）时,成分过冷主要会受到温度梯度和凝固速

率之比 G/R 的控制。若 G/R 值由大变小，ΔT 会逐渐变大，晶体结构将由晶胞向树枝晶结构转变。对于实际的连铸坯，其凝固速率快，会形成树枝晶的凝固结构。

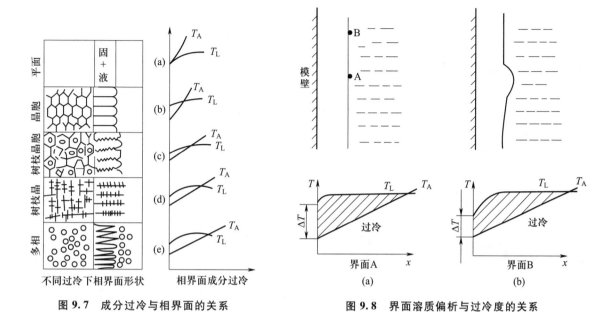

图 9.7　成分过冷与相界面的关系　　　　图 9.8　界面溶质偏析与过冷度的关系

9.1.7　树枝晶凝固

图 9.9 所示为树枝晶生长的示意图。结晶总是在结晶面溶质偏析小的地方和结晶潜热散出最快的地方优先生长。铁为立方晶格，呈正六面体结晶，在晶核的长大过程中，其棱角方向要比其他方向的导热性好，而且棱角离未被溶质富集的液体最近，因此沿棱角方向长大的速率比其他方向的快，能从八个角出发长成菱锥体的尖端，其生长方向几乎平行于热流，这构成树枝晶主轴，被称之为一次枝晶臂。垂直于一次枝晶臂面长出的分叉枝晶称为二次枝晶。冷却速率继续增加时，在二次枝晶臂上会垂直长出三次枝晶臂。这些树枝晶彼此交错在一起，宛如茂密的树枝，从而使结晶潜热可以很容易地从液体中通过彼此连接的树枝晶传导出来，直到完全凝固为止。

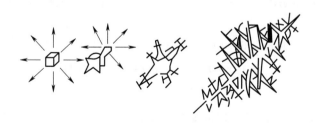

图 9.9　树枝晶生长的示意图

连铸坯的生产过程中，冷却速率可以在一个较宽的范围内变化，而树枝晶结构仍可以在很大程度上保持不变。只有当冷却速率非常大时，一次枝晶臂之间的距离变得很小，此时二次、三次枝晶臂可能就不存在了,但在连铸坯凝固条件下,仍会出现树枝晶结构,图9.10所示为枝晶间距示意图。

一般来说,可以用一次或二次枝晶间距来衡量凝固条件对树枝晶结构的影响,这是一种方便又被广泛采用的方法。枝晶间距是指树枝晶之间的垂直距离,枝晶间距的大小是铸坯结构细化程度的标志。一次枝晶间距 l_I 决定于温度梯度和凝固速率的乘积(即 GR),而二次枝晶间距 l_{II} 则直接决定于冷却速率。为了得到枝晶间距与凝固条件的关系,可以应用理论分析和试验测定两种方法。

研究表明,枝晶间距 l 与凝固速率 R 和温度梯度 G 有关[6]。

$$l = CR^m G^n \tag{9.28}$$

雅可比曾试验了不同温度梯度和凝固速率对树枝晶形态的影响,分别测定了 l_I 和 l_{II} 与 R 和 G 之间的关系,如图9.11所示,相应的公式为

$$l_I = 29.0 R^{-0.26} G^{-0.72} \tag{9.29}$$

$$l_{II} = 11.2 R^{-0.47} G^{-0.51} \tag{9.30}$$

上述两经验公式中,对一次枝晶间距,指数 m 与 n 的值相差较大;对二次枝晶间距,m、n 值近似相等。需要说明的是,不同作者得到的 m、n 值往往相差较大。

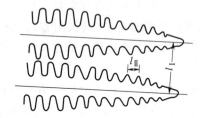

图9.10 枝晶间距示意图

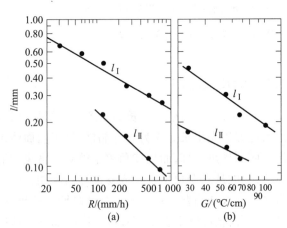

(a) $G = 55$ ℃/cm;(b) $R = 120$ mm/h(0.6% C,1.1% Mn)

图9.11 枝晶间距与凝固条件的关系

二次枝晶间距 l_{II} 与区域凝固时间 t_c 的关系如图9.12所示,相关经验关系式如下:

$$l_{II} = 0.051\ 8\ t_c^{0.44} \quad (0.6\%C, 1.1\%\ Mn) \tag{9.31}$$

$$l_{II} = 0.007\ 16\ t_c^{0.50} \quad (1.5\%C, 1.1\%\ Mn) \tag{9.32}$$

枝晶间距对铸坯凝固结构、显微偏析都有重要的影响。实际铸坯在凝固时,凝固速率与温度梯度不会彼此独立变化,而是通过凝固放热来影响整个凝固过程。因此,冷却速率可以被用来控制枝晶间距,以得到细的树枝晶结构。不同凝固方法对冷却速率影响差距非常大,图9.13为不同凝固方法下冷却速率与枝晶间距的关系。可知,加大冷却速率可以得到较细的树枝晶结构,因此连铸坯的树枝晶结构比钢锭的细。

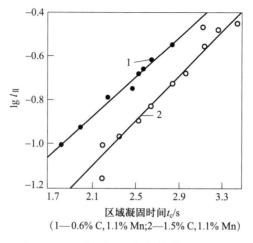

图 9.12 t_c 和 l_{II} 关系

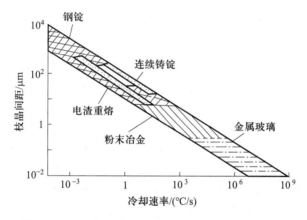

图 9.13 不同凝固方法下冷却速率与枝晶间距的关系

9.1.8 凝固结构

1. 钢液凝固过程的冶金特点

凝固过程就是钢液转变为固态连铸坯(或钢锭)的过程。对连铸坯质量的基本要求是良好的低倍结构和合格的质量(即裂纹、夹杂物、偏析等的含量要在产品质量允许范围内)。合格连铸坯的生产,除了取决于工艺条件外,还与钢液在凝固转变过程中的冶金特性有关。

(1) δ相→γ相的转变

凝固初生晶δ相仅在高温下才能稳定存在,在冷却时要转变为γ相(奥氏体)。由Fe-C相图可知,δ相→γ相转变过程中,碳含量的变化为0.09%→0.17%(包晶反应)→0.53%。钢液凝固时初生晶δ相与二次晶体γ相之间的关系如图9.14所示,可分为以下三种情况:

1) 稳定的δ相(或γ相)凝固,初生树枝晶界和二次晶界完全重合(如铁素体的Cr钢或奥氏体的Cr-Ni钢),如图9.14a所示。

2) δ相凝固后转变为奥氏体,初生晶体δ相与二次晶体γ相之间晶界分明(如含有γ-Fe的

Ni-Cr奥氏体钢），如图9.14b所示。

3）δ相凝固后转变为γ相再转变为α相。δ、γ、α相晶带分明（如低碳钢或[C]<0.53%的低合金钢），如图9.14c所示，在碳钢和低合金钢的铸态结构中，初生晶δ相会被以后的相变所掩盖，它仅能通过特别的腐蚀才能被观察到。

对连铸工艺来说，δ相的稳定和δ相→γ相的转变对结晶器内初生坯壳的形成以及坯壳随热和机械力的作用有重大影响。因此，在接近凝固温度时，钢的高温性能对于凝固产品的质量和操作的安全性是十分重要的。

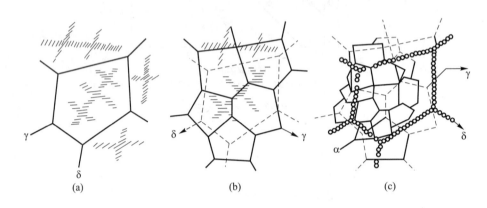

(a)   (b)   (c)

图9.14　不同类型的凝固结构模型

（2）钢液的流动性

钢液的流动性是判断连铸能否顺利进行的一个重要指标，它与钢液成分和温度密切相关，也受连铸过程保护浇注的影响。过热度愈大，钢液流动性愈好，不同钢种成分不一，相同温度下其流动性也不相同。另外，钢中铝含量、钙含量、夹杂物类型等对钢液流动性均有显著影响，主要表现为，铝脱氧钢的脱氧产物容易聚集在水口内壁导致水口结瘤（图9.15），进而影响连铸浇注的顺行，铝脱氧产物聚集在浸入式水口内壁结瘤会进一步影响浇注液面的稳定性和造成卷渣。

（3）凝固收缩

钢液从液态向固态的转换将导致体积的变化——凝固收缩。凝固收缩对连铸过程的传热、凝固组织、元素偏析等都有显著影响。例如在包晶反应区，凝固收缩突然增加会使钢液不易流入树枝晶深处（图9.16），这促使树枝晶间硫、磷元素的偏析加重，降低了钢的高温强度。9.4节将对此进行专门的介绍。

（4）裂纹敏感性

初生凝固壳的延性和强度与钢中元素含量相关，如在包晶反应区（[C]~0.2%）内钢的延伸率突然降低，会加剧凝固壳裂纹的敏感性。这部分内容将在9.5节中介绍。

2. 连铸坯的凝固结构

连铸坯的凝固相当于高宽比特别大的钢锭的凝固。由于强制冷却的作用，连铸坯在凝固时的温度梯度和凝固速率都比钢锭的大。与钢锭相比，其低倍结构并无本质差别，但其柱状晶较发达，树枝晶较细。如图9.17所示，铸坯结构可分为三个区域：① 激冷层。也称为表层细小等轴

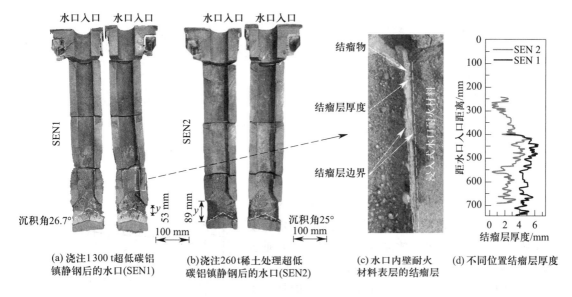

图 9.15 连铸浸入式水口内壁结瘤

(a) 浇注1300 t超低碳铝镇静钢后的水口(SEN1)

(b) 浇注260 t稀土处理超低碳铝镇静钢后的水口(SEN2)

(c) 水口内壁耐火材料表层的结瘤层

(d) 不同位置结瘤层厚度

晶,其厚度一般为 2~5 mm,浇注温度高时薄一些,浇注温度低时厚一些。② 柱状晶区。柱状晶发达时会贯穿铸坯中心形成穿晶结构。从纵断面看,柱状晶会向上倾斜一定的角度(约 10°),它并不完全垂直于铸坯表面,这说明液相穴内在凝固前沿有向上的液体流动。从横断面看,树枝晶呈竹林状。③ 中心等轴晶区。树枝晶细小且无规则排列,并伴随有疏松的缩孔和偏析。图 9.18 为实际生产过程中所取的取向硅钢连铸坯断面的凝固组织,在不施加电磁搅拌条件下,其中心等轴晶比例较低,柱状晶发达。

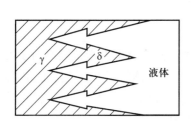

图 9.16 包晶转变的凝固模型

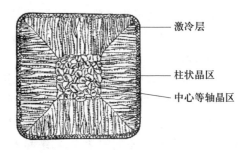

图 9.17 凝固组织示意图

下面分别加以介绍:

(1) 激冷层

当钢液进入结晶器后,与结晶器壁面接触,由于结晶器壁的温度远远低于钢的熔点,从而对钢液产生激烈的冷却作用,这使得连铸坯表面层的液态金属获得了极大的过冷度,此层金属中出现大量晶核。结晶器壁主要由铜合金等导热良好的材料制成,钢液接近结晶器壁部分的温度急剧下降,这为钢液的大量形核提供了条件,其结果是形成了细小的等轴晶粒,它们分布在连铸坯

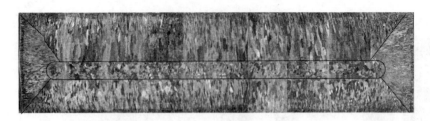

图 9.18　取向硅钢连铸坯断面的凝固组织

的表面,形成了表层细小等轴晶区。

（2）柱状晶区

表层等轴晶形成后,随着结晶器对钢液的继续冷却,此时会形成垂直于结晶器壁面向钢液中心的定向凝固,这使得平行于铸坯表面的晶体生长受到抑制,垂直于铸坯表面的晶粒生长为树枝晶区,这就是柱状晶区。柱状晶产生的原因可归纳如下:① 结晶学上的择优生长方向。对立方晶格来说,在某些特定的结晶方向,枝晶生长速率要比其他方向上的快。因此,在靠近结晶器壁面处产生的方向混杂的晶体中,就会存在朝特定方向择优生长的晶体。研究表明,铁晶体生长的优先方向是<100>。当<100>方向垂直于等温面时,就给了晶体朝<100>方向生长的优先权,于是<100>方向生长的柱状晶迅速吞并邻近的晶体而得到发展（图 9.19）。② 单

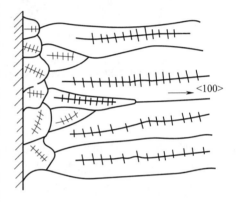

图 9.19　<100>方向柱状晶生长示意图

方向传热。垂直于铸坯表面方向的散热速率最快,因而主轴垂直于铸坯表面的晶体以大的线速率向液体中生长,这样就形成了单方向的柱状晶。柱状晶生长过程中释放的潜热经热传导被传到铸坯表面传递到冷却水。

（3）中心等轴晶区

对于铸坯凝固,随着柱状晶的发展,沿铸坯表面方向的散热会逐渐变慢。同时由于凝固前沿结晶潜热的释放使得已成长的柱状晶温度逐渐升高,铸坯中心液体的温度有些降低,液体中温度梯度减弱,柱状晶因而停止生长,在铸坯中心可能会形成中心等轴晶。学者对柱状晶向等轴晶转变及等轴晶的形核提出了不同的学说,归纳起来,有以下几种:

1）爆发形核理论。浇注时液体金属与器（模）壁相接触,由于均质和非均质形核会产生大量核心,其中一些核心依附于器（模）壁长大,另一些则悬浮于液体中,随液体的流动向中心移动,最后成为大量等轴晶的核心。有人就在柱状晶内部发现了孤立的无方向等轴晶,并认为这是来自浇注时器（模）壁产生的核心。有学者则认为产生的部分等轴晶核流向中心区后会被高温液体熔化,使中心区液体过热度降低,这也促使了中心等轴晶核的形成。

2）固体质点理论。液体中的某些固体质点可作为晶体的核心,尤其是高熔点的夹杂物能起到这个作用。在模铸过程中,就曾在钢锭底部的锥形区发现较多的球形夹杂物,这就是此假设的基础。华莱士认为,特殊的附加物或孕育剂可作为外来的核心,因此通过加入能产生固体核心的

元素或增大成分过冷的元素都将有利于等轴晶的形成。

3）成分过冷理论。在柱状晶前沿会形成成分过冷区,这会产生大量新的晶核并长大为等轴晶,封锁了柱状晶的生长。如前所述,固-液相界面的前沿存在一个溶质富集层,如图9.20所示,此层内的液相线温度为T_L,而形核温度曲线为T_G,两者的差值为ΔT,直线E切于T_G曲线。当液体温度高于T_G时(如直线B),不可能形成任何晶核,柱状晶将继续生长。随结晶的进行,温度梯度越来越趋向平缓,成分过冷区逐渐扩大,到结晶前沿温度变化由直线E代表时,剩余的母液大部分处于过冷状态。在离固-液相界面的某一距离上,当该点的温度相当于图中的切点即形核温度时,就可能生成新的核心。当温度继续降低时,大量的晶核生成,这就限制和中断了柱状晶的发展而使等轴晶得以形成。

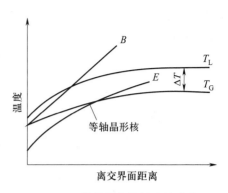

图 9.20　柱状晶向等轴晶的过渡

4）树枝晶熔断理论。在凝固过程中,由于过热液体运动作用,树枝晶根部会重新熔化并脱离本体,它们被带入液体中作为结晶核心。泰勒认为,液体的对流运动可打碎树枝晶,并将其带到液体中作为结晶核心,这解释了振动对细化晶粒的作用。

9.2　凝固显微偏析

钢在凝固过程中会发生溶质元素的再分布,偏析就是溶质元素再分布的结果。由于溶质元素在液相和固相中溶解度的差异以及凝固过程的选分结晶现象,铸坯凝固结构中会产生溶质元素分布不均匀的现象,这被称为偏析。一般把偏析分为显微偏析和宏观偏析两类。显微偏析是发生在几个晶粒范围内或树枝晶空间内,其成分的差异只局限于几个微米的区域之间;宏观偏析则发生在整个铸坯断面内,其成分的差异可表现在几厘米或几十厘米的范围内,也被称为低倍偏析。偏析是连铸坯的主要质量问题之一,尤其对于高碳钢和合金元素含量高的钢种更是如此。偏析会导致连铸坯局部力学性能的降低,特别是会引起韧性、塑性和耐蚀性的下降。因此,减轻偏析是连铸工艺的重要任务。

9.2.1　结晶的不平衡性

由于冷却速率大,实际的连铸生产是非平衡的结晶过程。结合图9.21说明合金凝固的非平衡结晶过程。有成分为A的合金溶液冷却到T_1开始出现固体晶核,其固相成分为S_1;继续冷却到T_2,固相成分为S_2。这样,先结晶出来的S_1应通过原子扩散使其成分改变为S_2,但由于冷却速率大,原子扩散来不及推进,因而使晶体中心与外围的成分产生了差异,其平均成分既不是S_1也不是S_2,而是S_2';当温度继续下降到T_3时,按平衡结晶过程,固体成分应为S_4,结晶完成。但实际固体平均成分却是S_4',结晶尚未结束。只有当温度降到T_3',液体全部消失,晶体彼此连接时,结晶才算完成。这样,固相中的平均成分是$S_1 S_2' S_3' S_4'$,偏离了平衡的固相线,得到的固体中,其各个部分具有不同的元素浓度。如图9.22所示,结晶初期形成的树枝晶S_1较纯,随着冷却的进行,在外层会继续形成浓度为 S_2'、S_3'、S_4' 的树枝晶,后结晶的部分含有较多的溶质,这导致了固体晶粒内部浓度的不均匀性。这种浓度不均匀现象被称为显微偏析。由于偏析呈树枝状分布,因此又被称为树枝偏析。

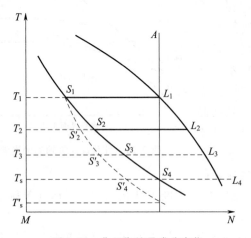

图 9.21　非平衡结晶成分变化

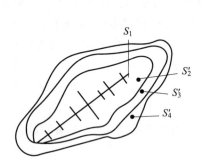

图 9.22　树枝偏析的形成

9.2.2　凝固过程中溶质的再分配

钢液凝固过程中固相和液相中的溶质再分配决定于以下因素:溶质在固相、液相中的溶解度;溶质在固相、液相中的扩散;液相的对流运动。这样就可以把溶质在固相、液相中的再分配分为如下的四种情况:

1)固相和液相中的溶质完全均匀化;

2)固相中溶质不均匀,液相中溶质成分完全均匀;

3)固相中溶质不均匀,液相中形成溶质富集层;

4)固相中溶质不均匀,液相中溶质富集层以外靠对流运动使液体成分均匀。

溶质在固相和液相中的再分配决定了显微偏析和宏观偏析的大小。下面介绍凝固过程中固相、液相溶质完全均匀化,及固相中无溶质扩散而液相中溶质完全均匀化这两种情况下的处理方法,其他情况的处理方法可参考相关文献。

1.固、液相溶质完全均匀化——许埃尔模型

如图 9.23 所示,液体金属成分的浓度为 c_0,从一端开始凝固,在 T_L 温度开始析出固体,其成分的浓度为 Kc_0。此时成分低于原始液体成分的浓度 c_0,多余溶质从固-液相界面排出进入液体,这使得液体浓度升高,从而液体的凝固温度沿液相线下降,当继续冷却到 T^* 时液相与固相处于平衡。随着温度的下降,此过程会一直进行到固相浓度达到原始液相浓度 c_0 为止,此时液体全部凝固。由于固、液相中溶质原子完全扩散,所以凝固完后有 $c_s = c_0$。这种情况只有在平衡凝固时才能达到。

由溶质守恒原理可知,凝固 f_s 所析出的溶质等于固-液相界面液相中溶质的增加。即

$$f_s(c_0 - c_s) = (1 - f_s)(c_L - c_0) \tag{9.33}$$

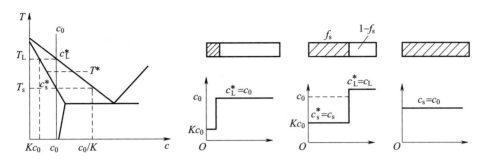

图 9.23 凝固过程中的溶质分布

$$\frac{f_s}{1-f_s}=\frac{c_L-c_0}{c_0-c_s} \tag{9.34}$$

若为无限稀溶液,则固、液相线可视为直线,有 $K=\dfrac{c_s}{c_L}$,即 $c_s=Kc_L$,将其代入式(9.34)得

$$c_L=\frac{c_0}{1-f_s(1-K)} \tag{9.35}$$

$$c_s=\frac{Kc_0}{1-f_s(1-K)} \tag{9.36}$$

式中:c_L 为凝固时溶质在液相中的浓度;c_s 为溶质在固相中的浓度;K 为平衡分配系数;f_s 为固相率。

2. 固相中无溶质扩散而液相中溶质完全均匀

设成分浓度为 c_0 的液体从一端开始凝固,在 T_L 线开始形成固相。由于液相中溶质要富集,固相中溶质无扩散,因此后凝固的固体溶质浓度逐渐升高(图 9.24)。

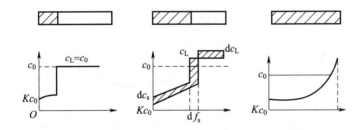

图 9.24 凝固过程中溶质的分布

固体溶质浓度的不均匀性表现为生长晶体之间的浓度差别,这形成了显微偏析。为了导出溶质分配的方程式,可做如下假设:

1)凝固过程中液相成分均匀;

2)固-液相界面为平面;

3)固相中无扩散;

4)固-液相界面的平衡分配系数 K 为常数。

由溶质守恒原理可得

$$(c_L - c_s)\,\mathrm{d}f_s = (1 - f_s)\,\mathrm{d}c_L \tag{9.37}$$

由于 $K = \dfrac{c_s}{c_L}$，代入式（9.37）整理得

$$\frac{\mathrm{d}c_s}{c_s} = -(K-1)\left(\frac{\mathrm{d}f_s}{1 - f_s}\right) \tag{9.38}$$

对上式两边分别在 $Kc_0 \to c_s$ 和 $0 \to f_s$ 的范围内进行积分，可得

$$c_s = Kc_0(1 - f_s)^{K-1} \tag{9.39}$$

$$c_L = c_0(1 - f_s)^{K-1} \tag{9.40}$$

上述方程描述了固、液相中溶质浓度的分布，被称为谢尔（Scheil）方程。由浓度分布曲线可得到如下启示：原来成分均匀的合金，经过一次熔化凝固操作后，杂质会从一端（左端）赶到另一端（右端）。如将合金熔化凝固多次，每次都把杂质赶到右端，这样在左端就可得到纯度很高的金属，这种工艺被称为区域提纯。可以说，谢尔方程是区域提纯的理论基础。

9.2.3　凝固显微偏析

显微偏析包括胞晶偏析和树枝偏析，它们的差别主要表现在尺度上。显微偏析是溶质元素在晶胞之间、树枝干和树枝晶间分布的不均匀性。用低倍浸蚀、硫印和放射性同位素的方法可显示出树枝偏析。图 9.25 为电子探针分析的 Fe-Cr 合金中 Cr 元素偏析度的分布，可看出，树枝干浓度是相对均匀的，而树枝晶间溶质的浓度变化较大。因此，树枝偏析实质上反映了树枝干与树枝晶间溶质元素浓度的差异，可以用偏析度 $A = \dfrac{c_{max}}{c_{min}}$ 来表示这种差异。

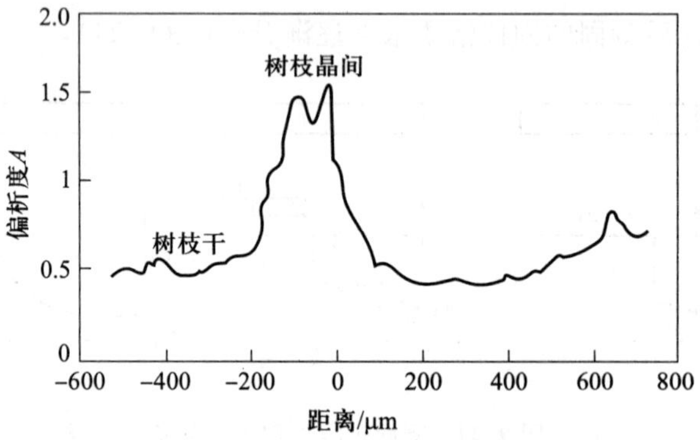

图 9.25　Fe-Cr 合金中 Cr 元素偏析度的分布

A 偏离 1 的程度越大，显微偏析就越严重。表示偏析程度还有以下三种方式：

1）偏析系数 $1-K$，其中 $K = \dfrac{c_s}{c_L}$；

2）偏析量，$\dfrac{c_s - c_L}{c_s} \times 100\%$

3）相对偏析，$\dfrac{c_{\max}-c_{\min}}{c_{\mathrm{L}}}\times100\%$

式中：c_{s} 为固相中测定点元素的浓度；c_{L} 为液相中元素的浓度；$c_{\max}$、$c_{\min}$ 分别为固相中元素的最大和最小浓度。

为了对树枝偏析进行定量描述，学者提出了树枝晶的溶质分布模型。

1. 两相区的凝固模型

在凝固时，纯金属与合金的特征区别在于凝固界面形态的不同。纯金属凝固界面是平滑的，而合金的凝固界面是粗糙的，呈树枝状。当合金在铸模内凝固时，由于模壁的散热，有温度梯度 G_{A}，合金的凝固是在固、液两相共存的过渡区内进行的。在过渡区的前方是完全液相区，在后方是完全固相区，在固-液两相过渡则呈树枝晶形态。固-液两相过渡区的长度 L 可表示为

$$L=\dfrac{T_{\mathrm{L}}-T_{\mathrm{s}}}{G} \tag{9.41}$$

式中：T_{L}、T_{s} 分别为液相线和固相线的温度；G 为温度梯度。

在固-液两相过渡区，溶质的分布和固、液两相的比例都呈连续性的变化，如图 9.26 所示，整个固-液两相过渡区可分为 p 层和 q 层。

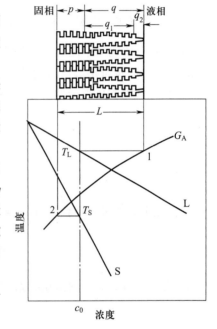

1）p 层：它在靠近固相侧，具有高的固相率，其特点是液体分散在已凝固的固相中，树枝晶发达且彼此相互连接，对液体形成了封锁区，液体中溶质的向外迁移完全受到了阻碍，母液中的流动作用不能触及此层。

2）q 层：树枝晶分散在尚未凝固的液体中，液体可以在树枝晶间流动，溶质可以向凝固前沿的母液中迁移。q 层还可以被进一步分为 q_1 层（靠近 p 层侧）和 q_2 层（靠近液相侧）。q_1 层的固相呈树枝状，液体可在树枝晶的间隙中流动，q_2 层的树枝晶游离在液体中，固、液两相均可自由流动。可见，q 层对液体的流动有重要的影响。

经试验确定，p-q 层分界处的固相率为 $0.65 \sim 0.73$，一般为 0.67；q_1-q_2 层分界处的固相率为 0.3。

2. 固相无溶质扩散的树枝偏析模型

图 9.26 凝固模型示意图

下面以固相无溶质扩散的树枝偏析模型为例，对固-液两相过渡区凝固模型的处理方法进行介绍。图 9.27 表示固-液两相过渡区的溶质分布，其中，x 为树枝晶的生长方向，y 为树枝晶的增厚方向，x_{E} 的左边为固相区，$x_{\mathrm{E}}-x_{\mathrm{t}}$ 为固-液两相过渡区，x_{t} 的右边为液相区。当液相温度经过 x_{t} 时开始凝固，到 x_{E} 时凝固完毕。

为了表示柱状晶增厚方向上的溶质分布，假设在两个树枝晶之间有一单元体，其 x 方向上的长度为 l，y 方向上的厚度为 1，凝固时溶质析出到液相中并在 y 方向上进行扩散，因此 x、y 方向上均会出现溶质扩散。为简化起见，弗莱明斯（M. C. Flemings）做以下假设：

① 等温面为平面并垂直于柱状晶方向；

② 枝晶间距很小，可认为 y 方向的液相成分是均匀的；

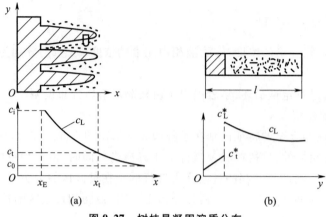

图 9.27　树枝晶凝固溶质分布

③ 固相中的溶质扩散可被忽略；

④ 固、液溶质浓度服从于平衡分配系数 $K = \dfrac{c_s}{c_L}$；

⑤ 所取小单元体中固相与液相重量之和为 1。

根据上述假设可推导溶质的分配方程。

1) 单元体内溶质总量的变化等于固、液相溶质变化之和，即有

$$\frac{\partial \bar{c}}{\partial t} = \frac{\partial}{\partial t}(f_L c_L + f_s c_s)$$

$$= f_L \frac{\partial c_L}{\partial t} + c_L \frac{\partial f_L}{\partial t} + f_s \frac{\partial c_s}{\partial t} + c_s \frac{\partial f_s}{\partial t} \tag{9.42}$$

因固相中无扩散，可将 $\dfrac{\partial c_s}{\partial t} = 0$，$c_s = K c_L$ 和 $f_s = 1 - f_L$ 代入式（9.42）得

$$\frac{\partial \bar{c}}{\partial t} = f_L \frac{\partial c_L}{\partial t} + (1-K) c_L \frac{\partial f_L}{\partial t} \tag{9.43}$$

2) 假定只有 x 方向的溶质扩散到整个液相中去，则液相中的浓度变化可表示为

$$\frac{\partial \bar{c}}{\partial t} = f_L \frac{\partial c_L}{\partial t} \left(D_L f_L \frac{\partial c_L}{\partial x} \right) \tag{9.44}$$

式中：D_L 为溶质在液相中的扩散系数。

凝固时，单位时间内液相量的减少可表示为

$$\frac{\partial f_L}{\partial t} = -R \frac{\partial f_L}{\partial x} \text{或} \quad \frac{\partial f_L}{\partial x} = -\frac{1}{R} \frac{\partial f_L}{\partial t} \tag{9.45}$$

式中：R 为界面推进速率，即凝固速率。

凝固时，液相的浓度梯度可表示为

$$\frac{\partial c_L}{\partial x} = \frac{G}{m} \tag{9.46}$$

式中：G 为温度梯度；m 为液相线斜率。

联立式(9.43)和式(9.44),并将式(9.45)和式(9.46)代入后整理可得

$$(1-K)c_L\frac{\partial f_L}{\partial t}+f_L\frac{\partial c_L}{\partial t}+\frac{D_L G}{mR}\frac{\partial f_L}{\partial t}=0 \tag{9.47}$$

3)固-液相界面析出的溶质质量等于扩散到整个液相的溶质质量:

$$R(c_t-c_0)_{x-x_t}=D_L\left(\frac{\partial c_L}{\partial x}\right)_{x=x_t} \tag{9.48}$$

将式(9.46)代入式(9.48)后整理可得

$$c_t=-\frac{GD_L}{Rm}+c_0=c_0\left(1-\frac{GD_L}{Rmc_0}\right) \tag{9.49}$$

令$\frac{GD_L}{Rm}=ac_0$,将ac_0值代入式(9.47)中整理得

$$\frac{\mathrm{d}f_L}{f_L}+\frac{\mathrm{d}c_L}{(1-K)c_L+ac_0}=0 \tag{9.50}$$

对式(9.50)积分,整理得

$$c_L=c_0\left[\frac{a}{K-1}+\left(1-\frac{aK}{K-1}\right)f_L^{K-1}\right] \tag{9.51}$$

将$c_s=Kc_L$和$f_s=1-f_L$代入上式后得

$$c_s=Kc_0\left[\frac{a}{K-1}+\left(1-\frac{aK}{K-1}\right)(1-f_s)^{K-1}\right] \tag{9.52}$$

式(9.51)和式(9.52)分别表示固相无扩散时液、固相溶质的分布方程式。由上两式可知,当 $a=0$ 时,它们即可被还原为谢尔方程;当 $a=0$ 时,$G\rightarrow0$,这说明树枝晶间的液体在 x 方向无温度梯度存在,热流无方向性,是等轴晶长大。

如果 $G\neq0$,则有

$$a=\frac{GD_L}{mRc_0}=\frac{G}{m}\left(\frac{D_L}{Rc_0}\right) \tag{9.53}$$

式中:$G/m=\partial c/\partial x$,为浓度梯度。$G$ 越大,则浓度梯度也越大,溶质从单元体中扩散出来的也越多,故柱状晶的偏析要小些。

当 $a=-\frac{1-K}{K}$ 时,式(9.52)可变为

$$c_s=Kc_0\left[\frac{1}{K}+(1-1)(1-f_s)^{K-1}\right] \tag{9.54}$$

即 $c_s=c_0$。这说明,此过程为平衡凝固,固相成分与原始液相成分一致,无显微偏析出现。当 $a=c\sim\left(-\frac{1-K}{K}\right)$ 时,为树枝晶凝固。

9.2.4 影响显微偏析的因素

1. 冷却速率(凝固时间)

枝晶间距是凝固时间和冷却速率的函数,细化二次枝晶间距可以大大减轻显微偏析。由

图 9.28可知,缩短凝固时间或加快冷却速率,不给溶质以足够的时间析出,枝晶间距就会变小,这有利于减轻铸坯的树枝偏析。

必须指出,二次枝晶间距越大,就越难用热处理(如扩散退火)的方法来消除偏析。在某一温度下,合金成分均匀化的时间是与枝晶间距的平方成比例的。例如,铸坯中枝晶间距为 10^{-2} cm 时,在 1 200 ℃下需退火 300 h 才能使枝晶偏析有明显减少;如果枝晶间距为 10^{-3} cm,则只需退火 1 h 就可明显减少显微偏析。因此,增加冷却速率、细化树枝晶是减少偏析的有效措施。

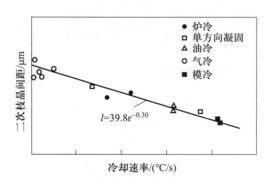

图 9.28　冷却速率对枝晶间距的影响

2. 溶质元素的偏析倾向

一种元素的偏析倾向可用该元素在固相和液相中的浓度比即平衡分配系数 K 来确定。K 值越小,则先后结晶出的固相成分差别越大,偏析也就越大。通常偏析倾向是与偏析系数 $1-K$ 成正比的,可用范托夫定律计算铁水中元素的 K 值,或用区域熔化法来进行试验测定。表 9.2 列出了 δ-Fe 中一些元素的 K 值。事实上,铁中溶质元素的 K 值还取决于存在的第三元素,几乎所有的元素都会在铁中形成偏析。

表 9.2　铁中一些元素的 K 值

元素	K 值		
	计算值	试验值	$1-K$
Cr	0.95	0.97	0.05
W	0.95	—	0.05
Co	0.90	—	0.10
Mn	0.84	0.80	0.16
Ni	0.80	—	0.20
Mo	0.80	—	0.20
Si	0.66	0.85	0.34
Cu	0.56	—	0.44
N	0.28	0.35	0.72

元素	K 值		
	计算值	试验值	1−K
P	0.13	0.18	0.87
S	0.02	0.02	0.98
O	0.02	0.02	0.98
C	0.13	0.29	0.87

3. 溶质元素在固相中的扩散速率

图 9.29 所示为不同温度下一些元素在 γ-Fe 中的扩散系数。C 虽是钢中的强偏析元素,但是 C 在固体钢中的扩散速率要高于其他元素,所以在铸坯的冷却过程中,C 能均匀地分布在奥氏体中。除 C 以外,其他元素在钢中的扩散速率较小,所以铸坯在显微结构中存在元素的不均匀性分布,这种分布的不均匀性只可能在冷却过程中尽量予以减轻,但不可能被完全消除。

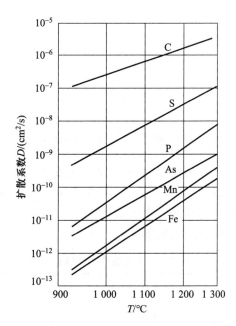

图 9.29　不同温度下一些元素在 γ-Fe 中的扩散系数

9.3　凝固宏观偏析

凝固过程的选分结晶作用会使得树枝晶间的液体中富集溶质元素。凝固时,富集溶质的液体的流动导致了区域溶质元素分布的不均匀性,这种化学成分的不均匀性被称为宏观偏析或低倍偏析。在钢锭和连铸坯中,可用化学分析或硫印法来显示宏观偏析。

9.3.1　连铸坯的中心偏析

与钢锭相比,连铸坯的宏观偏析主要表现为溶质元素在铸坯中心分布的不均匀性,即中心偏析。如图 9.30 所示,板坯横断面中 C、S、P 元素的含量在铸坯中心有明显升高,呈正偏析,而在中心线两边则出现负偏析现象。

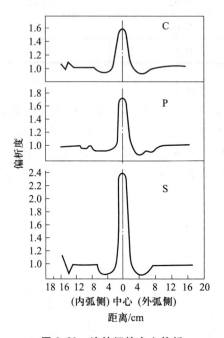

图 9.30　连铸坯的中心偏析

凝固过程中柱状晶不均衡生长造成的"搭桥",阻止液相穴内上部钢液的向下填充,另外,铸坯凝固末期出现的鼓肚,会造成树枝晶间富集了溶质的母液流动,这些都是引起铸坯中心偏析的主要原因。中心偏析的形成与连铸机的工作状态和工艺操作条件密切相关,连铸坯中心偏析有两种形成机制,即鼓肚偏析和凝固偏析,见表 9.3。

表 9.3　连铸板坯中心偏析

取样位置	鼓肚偏析的碳含量/%		凝固偏析的碳含量/%	
	无鼓肚	有鼓肚	无凝固桥	有凝固桥
板坯边缘中	0.203	0.203	0.138	0.002
板坯中心中	0.194	0.269	0.138	0.013

1. "小钢锭"(mini-ingot)理论

由于冷却速率的差异,铸坯各面的树枝晶生长速率是不同的。如图 9.31 所示,在某一时刻有些树枝晶的生长更快一些,这造成了与相对面树枝晶之间的搭桥,阻止了液相穴上部的钢液向下部中空区的补缩,当搭桥下面的钢液继续凝固时,中空区由于得不到上面钢液的补充而导致疏松或缩孔的形成;或者由于凝固收缩的作用,靠近中心两边的树枝晶间富集了溶质的液相会被吸聚,这也会形成具有疏松的中心结构,并伴随有严重的中心偏析。

2. 鼓肚理论

所谓鼓肚,是指凝固坯壳沿铸坯厚度方向发生变形的现象。鼓肚量增加会加重铸坯中心偏析程度(图9.32)。根据凝固坯壳受力情况的不同,鼓肚可分为以下两类:

1) 因夹辊对弧不准(如辊子偏心)或辊子变形,导致树枝晶间富集了溶质的液体发生流动。如果钢液静压力足够大的话,铸坯就会发生周期性的变形,中心偏析将沿轴线呈周期的变化,可能出现以下的情况之一:

① 由于液芯太长,铸坯在出最后一组支承辊框架后到进入拉矫辊之间,会产生鼓肚,形成中心偏析线。

② 铸坯带的液芯通过矫直辊时,被垂直压下,树枝晶间的液体被挤向中心,会出现中心呈正偏析,两边呈负偏析的现象。

③ 最后一组框架中的辊子被磨损成凹弧形,这使铸坯中间受压而两边鼓肚,边缘受压,形成中心偏析线。

④ 最后一组框架中的辊子发生弯曲变形,这使铸坯中间受压而两边鼓肚,形成中心偏析线。

2) 在两对辊子之间,由于钢液静压力的作用而产生鼓肚。当铸坯经过下一对夹辊时铸坯壳受压,这样坯壳鼓肚就会呈周期性的变化。研究表明,当铸坯中还有一定量的残余母液时,吹入压力为 2.5 kg/cm^2 的氮气会使坯壳产生 4~5 mm 的鼓肚,并产生连续的中心偏析线。

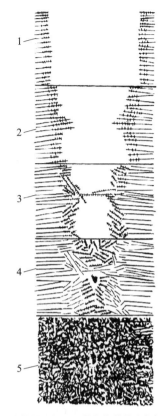

1—柱状晶生长;2—某些柱状晶生长加快;
3—凝固桥形成;4—小钢锭凝固-缩孔形成;
5—实际的低倍结构

图 9.31　小钢锭凝固模式示意图

在凝固末期,铸坯中仅有固-液两相过渡区,此时铸坯的鼓肚会引起树枝晶间富集溶质液体的流动和聚集,这被认为是产生中心偏析的主要原因。树枝晶间液体的流动可以用图 9.33 所示的两辊间铸坯的鼓肚现象来说明。其中,鼓肚量 $\delta = 2$ mm,离结晶器弯月面的距离为 7.87 m,左边为凝固层厚度,右边为固-液两相过渡区,液体可在树枝间流动。两辊间可分为 A、B 两区。

上部 A 区:在钢液静压力的作用下,坯壳逐渐向外膨胀,此时树枝晶与凝固壳相互嵌合在一起,使固-液两相过渡区的残余液体随坯壳一起向表面运动。

下部 B 区:铸坯进入下一对辊后,鼓肚的坯壳受压,树枝晶间的液体受到铸坯中心空穴的吸力,使得液体流向中心而形成中心偏析线。

图 9.34 表示两辊间鼓肚区液体流动示意图。图 9.34a 表示仅有鼓肚作用时液体金属从 B 区排出,流向刚好向外鼓肚的 A 区直到中心填充空穴形成中心偏析。而在固-液两相过渡区内,当液体的密度与等轴晶密度存在差别时(如 $\rho_L = 7.0$ g/cm³,$\rho_s = 7.4$ g/cm³),在液相穴内,等轴晶的下沉会引起固-液两相过渡区液体向下流动,这个流动能与由鼓肚产生的流动汇合成向中心的流动,最终导致中心偏析的形成(图 9.34b)。所以,中心偏析的严重性决定于鼓肚的程度。一般来说,板坯连铸机在弯月面以下 6 m 距离内的坯壳鼓肚不会产生中心偏析;而凝固末期的鼓肚

会导致树枝晶间富集溶质液体的流动,从而形成严重的中心偏析。

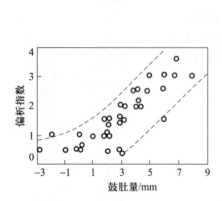

图 9.32 鼓肚对中心偏析的影响

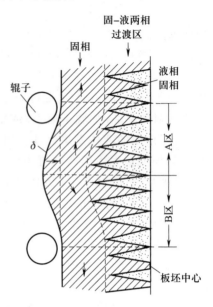

图 9.33 两辊间铸坯的鼓肚示意图

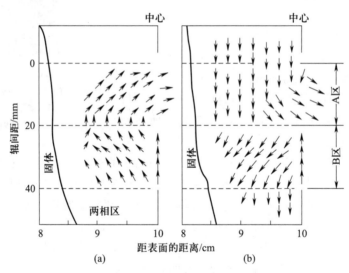

图 9.34 鼓肚区液体流动示意图

9.3.2 宏观偏析的控制

正如前面分析所指出的,促进偏析发展的条件:钢液密度差异大,固-液两相过渡区较宽,凝固时间长,枝晶间距大,凝固壳易变形等。为了减轻偏析对产品质量的危害,在工艺上可采用以下控制措施。

1. 控制凝固结构

缩小柱状晶区,扩大等轴晶区,这有利于减轻连铸坯的中心偏析。如果铸坯的柱状晶发达,产生鼓肚时两边连接的树枝晶尖端易裂开,残余钢液流向裂缝区域而导致严重的中心偏析。如中心为等轴晶区,鼓肚时不会出现裂缝,它只是在等轴晶区进行扩展,残余钢液就会分布在较大的等轴晶体积范围内,中心偏析被分散不会集中出现了。扩大等轴晶区最有效的办法是实行低温浇注,研究表明,当过热度 $\Delta T > 25$ ℃ 时,柱状晶易发达而产生严重的中心偏析;当 $\Delta T < 15$ ℃ 时,中心等轴晶区扩大,中心偏析明显减轻。

2. 控制冷却速率

加快冷却速率可以抑制凝固过程中溶质元素的析出,同时也可细化晶粒,这将有利于减少显微偏析。对连铸来说,二冷水量的增加和坯壳强度的增大能减轻鼓肚,起到降低中心偏析的作用。

3. 调整合金元素

调整合金元素种类或数量能使凝固时固相和液相的密度差减小,这将减轻流动,减弱偏析。例如,硅含量高时可使宏观偏析减少;有的合金元素能细化晶粒,减小枝晶间距(如 Ti、Al、B);还有的合金元素能缩短固-液两相过渡区的间距,使凝固加速。这些都有利于减弱偏析的发展。

4. 外加添加剂

在钢锭模或结晶器内加入形核剂可以增加结晶核心,扩大等轴晶区,减少偏析;或者向结晶器内添加显微冷却剂(如铁粉、小废钢、薄钢带等),这可以加速钢液过热度的消耗,使其在接近于液相线的温度凝固,增加铸坯等轴晶区。

5. 应用电磁搅拌

在固-液相界面的树枝晶生长过程中,如果施加外力,一方面可以打碎树枝晶,使其作为结晶核心,扩大等轴晶区;另一方面还可以抵消凝固过程中液体的流动,这些均可减轻偏析的发展。连铸机应用电磁搅拌有结晶器(M-S)、二冷区(S-S)和凝固末端(F-S)三种方式。在结晶器内,由于电磁力的作用,搅动的钢液能将树枝晶的尖端切断,被切断的树枝晶多数被分散在钢液中成为等轴晶的核心,但有一部分会被熔化,这加速了钢液过热度的消除,并产生了微细的等轴晶。这些都有利于扩大等轴晶区。同时,结晶器内钢液的搅动还有利于气泡和夹杂物的去除以及铸坯表面和内部质量的改善。

在二冷区和凝固末端进行电磁搅拌可以把柱状晶打断,防止搭桥,这将分散富集溶质的钢液,扩大等轴晶区,改善中心偏析。试验表明,在二冷区单独搅拌时,铸坯的低倍结构中会出现白亮的负偏析带,这会在进行热处理等加工时造成一些问题。在凝固末期进行单独搅拌对质量的改善不显著。因此,现在人们主张采用三段联合搅拌来改善铸坯的质量。

6. 防止鼓肚

铸坯在完全凝固前,如果发生鼓肚或压下,会促进铸坯中心部分富集溶质液体的吸入或挤出,加剧中心偏析。因此,加强二冷区夹辊的定位调整,防止钢液静压力使辊子变形,采用高冷却强度的操作,减小液相穴末端附近的辊距,强化凝固末期的冷却等,均可起到防止铸坯鼓肚,减轻中心偏析的作用。

7. 应用轻压下技术

为防止凝固收缩产生负压,可在液相穴末端对铸坯施加较小的压力作用,这可减小凝固桥之间的缩孔和疏松的体积,阻止由于凝固收缩和鼓肚而引起的钢液流动,使最终凝固结构更加均匀,降低中心偏析。研究表明,不产生内部裂纹的轻压下率为 0.75~1.0 mm/m,连铸坯中心偏析可减少 $\frac{1}{2} \sim \frac{1}{3}$。

8. 改进操作工艺

为尽可能降低凝固过程中 S、P 元素的偏析,应采用低温浇注技术。浇注沸腾钢时应控制钢液适当的氧化性,减少空气和模内钢液的接触,控制模内钢液的沸腾强度和沸腾时间,以减轻沸腾铸坯的偏析。

9. 加强对设备的维护

从连铸设备方面来看,必须采取控制夹辊间距、严格对弧、防止夹辊变形等有效措施,这有利于防止铸坯鼓肚和消除中心偏析。例如,对于板坯连铸机,有的工厂要求从结晶器到二冷区零段的对弧公差<0.5 mm,从零段到 5 段的对弧公差<0.8 mm,从 5 段到矫直点的对弧公差<1 mm。这样能使铸坯的内裂和偏析大大减少。

9.4 凝固收缩

9.4.1 凝固过程的体积变化

金属或合金由液态冷凝为固态时,都会伴随有体积的收缩和密度的增加(Si、Bi、Ca 除外)。收缩的结果就是在固体金属中不可避免地会留下了缩孔和疏松。表 9.4 列出了不同金属凝固时的体积变化。

表 9.4　金属凝固时的体积变化

元素	体积变化 ΔV/%	元素	体积变化 ΔV/%
Al	−5.0	Hg	−3.7
Mg	−5.1	Pb	−3.5
Cd	−4.7	Fe	−2.2
Zn	−4.2	Ca	+3.2
Cu	−4.1	Bi	+3.3
Ag	−3.8	/	/

液态金属凝固时的体积变化包括以下几种情况:

1) 液态收缩。过热钢液自浇注温度 T_c 冷却到液相线温度 T_L 时的体积收缩 V_1:

$$V_1 = V(T_c - T_L) a \tag{9.55}$$

式中:V 为液体金属体积;a 为金属温度每下降 1 ℃时的体积收缩率。

2) 凝固收缩。金属由液态变为固态时,由于固态原子排列紧密,必然会发生体积收缩,其体积收缩量 V_2:

$$V_2 = (V - V_1) a_s \tag{9.56}$$

式中:a_s 为凝固收缩率。

3）固态收缩。由固相线温度 T_s 开始冷却到室温时所产生的线收缩。这种收缩不会在固体金属中留下缩孔，它只是使金属的外形缩小，其体积收缩量 V_3：

$$V_3 = (V - V_1 - V_2)a_t(T_s - T_0) \tag{9.57}$$

式中：a_t 为每降低 1 ℃时金属的线收缩率。

若低碳钢在 1 600 ℃时的密度为 7.06 g/cm³，其凝固和冷却的收缩率为 11.3%。它包括：① 过热消失时体积收缩大约 1%；② 凝固时体积收缩大约 4%；③ 冷却后的线收缩 7%～8%。

过热消失时所产生的体积收缩一般可以忽略不计，而凝固时的体积收缩和冷却后的线收缩则对铸坯质量有重要的影响，必须加以考虑。

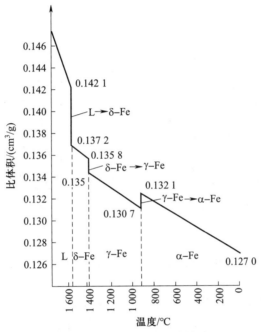

图 9.35　纯铁比体积与温度的关系

由于液体钢的密度很难准确测得，不同研究者所测定结果的波动范围较大，但它们都有一个共同的规律，即高碳含量钢的密度要更低一些。由图 9.35 可近似估算出凝固和冷却过程中钢体积的变化。通常钢的液态收缩量很小，随着碳含量的增加和过热度的提高而增加。钢的凝固收缩取决于其成分和凝固温度范围，凝固温度范围越大，收缩量就越大；当钢中碳含量提高至 0.5%时，凝固收缩显著增加，再继续提高碳含量时，凝固收缩反而下降。总的来说，中、高碳钢的凝固收缩比低碳钢大，其缩孔、疏松也比低碳钢严重。表 9.5 为钢中碳含量对钢的液态收缩率 $e_{液}$ 和凝固收缩率 $e_{凝固}$ 的影响。

表 9.5　碳含量对 $e_{液}$ 和 $e_{凝固}$ 的影响

碳含量/%		0.0	0.1	0.2	0.3	0.4	0.5	0.6	0.7	0.8	0.9	1.00	1.5	2.0	2.5
收缩率/%	$e_{液}$	1.51	1.50	1.50	1.59	1.59	1.62	1.62	1.62	1.68	1.68	1.75	1.96	2.11	2.33
	$e_{凝固}$	1.98	3.12	3.39	3.72	4.03	4.13	4.04	4.08	4.05	4.02	3.90	3.13	2.50	2.00

注：温降 100 ℃的体积收缩率。

9.4.2 收缩与裂纹

钢在高温时产生裂纹的倾向主要决定于其高温性能(强度、塑性)和钢凝固时的收缩特性,钢液凝固时的冷却收缩是连铸坯裂纹产生的主要原因之一。这是因为:第一,由于冷却速率和温度的差异使凝固层的线收缩速率各不相同,这样就会在凝固层中产生热应力,如果热应力超过了钢的高温强度,坯壳就会形成裂纹;第二,凝固时坯壳收缩脱离器壁而产生气隙(图9.36),此时很薄的坯壳要承受整个待凝固钢液的静压力,坯壳要向外伸张,这样在热应力和静压力的作用下,就可能使坯壳的薄弱处产生纵向裂纹。

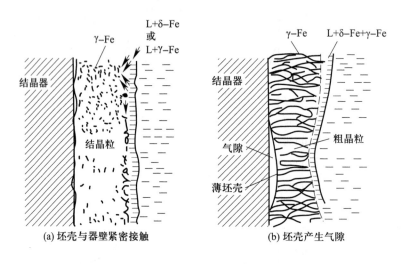

图9.36 铸坯凝固过程中的收缩与气隙的形成

钢液完全凝固后,随着温度的进一步下降,铸坯内部发生相变,这也会伴随有固相的体积收缩。由图9.35可知,从δ-Fe冷却到室温时的总体积收缩率约为8.5%,减去910℃时对应的γ-Fe→α-Fe的体积膨胀1.03%,所得的收缩率约为7.5%。由于铸坯已全部凝固,这种收缩并不会导致缩孔的出现,但却可以使铸坯产生裂纹。

9.5 钢的高温力学行为

从结晶器拉出来的带液芯铸坯,边运行边凝固,形成了一个很长的锥形液相穴。这个凝固过程可看成是沿固-液相界面把液相转变为固相的加工过程。在这个过程中,正在凝固的坯壳所承受的应力和变形对铸坯裂纹的形成有重要的影响。正在凝固的铸坯由液相区、固-液两相过渡区和固相区三部分组成。研究证实,碳钢从凝固温度冷却到600℃的过程中,存在三个延展性很差的脆性区,如图9.37所示。

凝固温度附近为高温脆性区Ⅰ,此区域内钢延性的下降是由于凝固树枝晶间形成的液膜引起的,这些液膜含有S、P等偏析元素,其延伸率为0.2%~0.3%,强度为1~3 N/mm²。当坯壳受到外力作用时,就会沿晶界裂开形成裂纹。连铸坯的各种内部裂纹大都在这个脆性区内形成。

从1 200℃到900℃之间的区域为中温脆性区Ⅱ,它是奥氏体相变区。奥氏体晶界处,有过

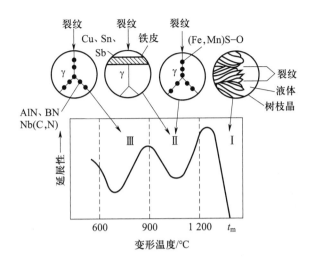

图 9.37 碳钢脆性区与凝固组织间的关系

饱和的硫和氧以 Fe-Mn 系的硫化物或氧化物形式析出,或者有 Cu、Sn 等微量元素的富集。这些析出物会引起基体的硬化并降低基体的内聚力,从而使钢的塑性下降。通过提高钢的锰硫比,使硫以 MnS 形式分散到基体中,从而改善钢的塑性。中温脆性区与钢的形变速率有关,一般在形变速率大于 10^{-2}/s 时发生,且形变速率越大,钢的脆性就越严重。

从 900 ℃ 到 600 ℃ 之间的区域为低温脆性区Ⅲ,在这个区域内会出现 γ 相→α 相的相变。晶界上有薄膜状铁素体的形成能使钢的塑性降低;或者钢中的一些微量元素(如 Al 和 Nb 等)能与钢中的 N 结合,生成的 AlN、Nb(C,N)、NbN 等高熔点化合物在晶界沉积时使钢的延性下降。在这个区域,形变速率越低,脆性就越显著。在连铸情况下,矫直形变速率为 10^{-3} ~ 10^{-4}/s,鼓肚形变速率约为 10^{-2}/s。一般认为连铸坯的表面横裂纹大都是在这个脆性区形成的。

评价钢的高温延性常要用到断面收缩率或延伸率。前者需用热力模拟试验机来测定(如 Geeble1500 型),后者则是用带有加热装置的拉力试验机来测定(如 Instron251 型)。热力模拟试验机测钢的高温性能时,使用 ϕ10 mm×120 mm 圆棒试样,其中部套有直径为 10.2 mm 的石英管,使其约有 15 mm 的区域被熔化,并按一定的速率冷却到指定温度,再进行拉伸试验直到断裂。

钢液凝固过程中,高温区的几个特征温度对裂纹的形成有着重要影响。如图 9.38 所示,钢脆性温度区间是反映其热裂敏感性的重要参数,以零强度温度(ZST)与零塑性温度(ZDT)之差来界定,即 $\Delta T = ZST - ZDT$。其中,ZST 为在固-液相界面刚凝固的金属开始具有抵抗外力作用时的温度;ZDT 为已凝固的金属开始具有抵抗塑性变形能力时的温度。脆性温度区间越大,裂纹敏感性越强,抵抗裂纹能力越弱。图 9.39 是不同学者测得的 ZST,其值与钢的平衡固相线温度呈线性关系。不同学者所测得的线性关系不同,这反映了钢种成分、元素偏析等其他因素同样影响 ZST。

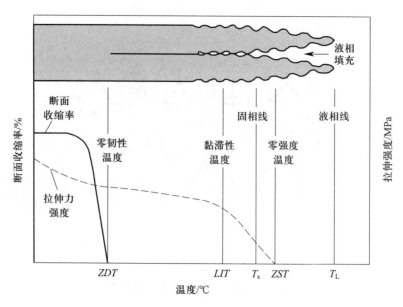

图 9.38 凝固过程高温区的特征温度

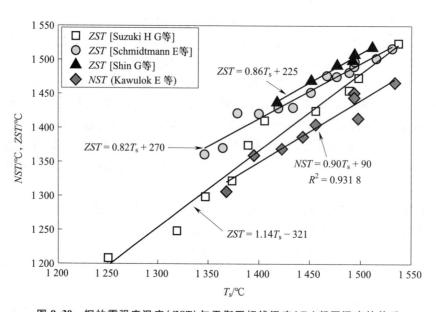

图 9.39 钢的零强度温度(ZST)与平衡固相线温度(T_s)凝固温度的关系

9.6 凝固理论的前沿方向及应用

凝固原理属于揭示液固相变过程基本规律的学科领域。基于凝固原理对液固相变过程的热力学状态和动力学输运过程进行调控,可实现对材料凝固组织和性能的控制;反过来,从材料和工件性能要求出发,通过凝固的控制可以反向设计和优化材料的微观组织。

凝固过程是一个多维、多尺度的复杂过程,尺度跨度从几微米到数米,如图9.40所示。微观结构控制的对象是原子尺度的点阵、位错、层错、孪晶等;细观结构的主要控制对象是晶粒内部的枝晶、胞晶等亚结构的形状与尺寸,微观成分偏析,晶界的形状与晶界偏析等;介观尺度上的主要控制对象是液相区形成的固相颗粒分布与尺寸、晶粒形态与尺寸、固-液两相过渡区的固相分数分布等;宏观尺度的主要控制对象是长程温度场、对流,凝固顺序与进程,宏观偏析,缩孔、疏松、裂纹、应力、变形等。图9.41中温度梯度与凝固速率的乘积为冷却速率。在大温度梯度和低凝固速率下可以获得平界面,这是熔体法人工晶体生长所对应的凝固条件。随着冷却速率的增大和温度梯度的减小,即R/G的增大,将会出现胞状凝固界面。继续增大R/G值会导致树枝晶的出现,这是航空发动机定向和单晶叶片铸造过程的凝固条件;当R/G达到一定数值时,可形成等轴晶组织,这是传统连铸和铸造工艺的凝固条件。熔焊过程中的R/G值更大。继续增大R/G值,则进入快速凝固的范畴,此时凝固远离热力学平衡条件,形成非平衡凝固组织,乃至纳米晶、非晶组织。凝固组织的转变条件随着合金成分的复杂化又出现多样化的转变规律。此外,凝固组织的转变条件还与熔体处理状态等因素密切相关,如连铸过程中的电磁搅拌、轻压下、异质核心的引入促进等轴晶在更小的R/G值的条件下形成;薄板坯、薄带连铸则是通过提高R/G值达到细化凝固组织、降低元素偏析的目的。

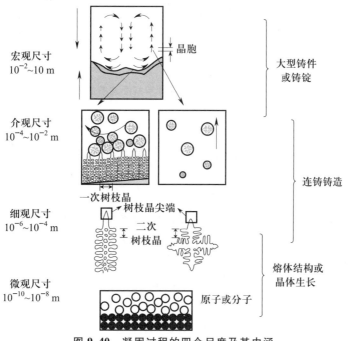

图 9.40　凝固过程的四个尺度及其内涵

尽管凝固理论和技术已经取得了重要进展,但目前仍面临许多挑战性的问题:① 多元多相合金非平衡凝固行为的热力学与动力学问题;② 凝固过程的多层次及跨层次耦合原理;③ 非平衡凝固过程中熔体-界面-传输的协同调控原理;④ 多物理场及高能束作用下的合金凝固行为及其控制原理。凝固理论的发展也推动了模铸、连铸向薄板坯、薄带、超薄带等近终形连铸新技术的发展和应用,宝钢、宁钢、沙钢的双辊薄带连铸技术,日照钢铁有限公司(简称日照钢铁)的ESP薄带连铸技术,都已经得到应用。

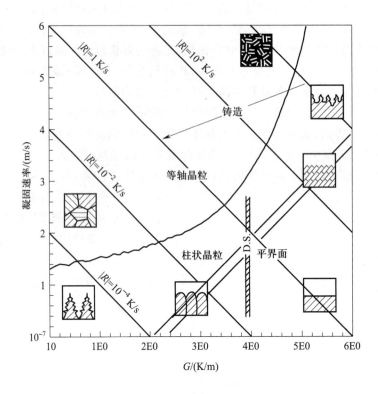

图 9.41　凝固组织随温度梯度和凝固速率的变化趋势

思 考 题

1. 简述均质形核与非均质形核的异同。
2. 简述钢液凝固过程中晶粒形核和长大的特点,说明提高连铸坯等轴晶率的措施。
3. 什么是成分过冷、成分过冷与连铸坯凝固组织的关系?
4. 什么是凝固的显微偏析? 分析其影响因素。
5. 什么是连铸坯的宏观偏析? 讨论其影响因素。

参 考 文 献

[1] KURZ W,FISHER D J.凝固原理[M].4 版.李建国,胡侨丹,译.北京:高等教育出版社,2010.
[2] 宋维锡.金属学[M].北京:冶金工业出版社,1980.
[3] 曲英.炼钢学原理[M].2 版.北京:冶金工业出版社,1994.
[4] FLEMINGS M C. Behavior of metal alloys in the semisolid state[J].Metallurgical Transactions B, 1991(22B):269−293.
[5] FLEMINGS M C. Coarsening in solidification processing[J].Materials Transactions,2005,46(5):

895-900.

［6］蔡开科.浇注与凝固［M］.北京:冶金工业出版社,1992.

［7］KURZ W,FISHER D J,TRIVEDI R. Progress in modelling solidification microstructures in metals and alloys:dendrites and cells from 1700 to 2000［J］.International Materials Reviews,2019,64 (6):311-354.

［8］KURZ W,RAPPAZ M,TRIVEDI R. Progress in modelling solidification microstructures in metals and alloys. part ii:dendrites from 2001 to 2018［J］. International Materials Reviews,2021,66 (1):30-76.

［9］RAPPAZ M,JARRY P H,KURTULDU G,et al. Solidification of metallic alloys:does the structure of the liquid matter［J］.Metallurgical and Materials Transactions a-Physical Metallurgy and Materials Science,2020,51(6):2651-2664.

［10］介万奇.凝固原理的前沿进展及其应用［J］.中国材料进展,2014,33(6): 321-326.

［11］蔡开科.连续铸钢原理与工艺［M］.北京:冶金工业出版社,1994.

第10章　连　续　铸　钢

10.1　连续铸钢技术的发展概况

10.1.1　连续铸钢技术的发展

在钢铁工业发展早期一般是将钢液注到钢锭模内铸成钢锭,然后再将其加工成要求的加工尺寸,但这种工艺的成材率较低,生产成本较高,为此冶金工作者开发了连续铸钢技术,简称连铸技术。连铸是使钢液连续通过连铸机(结晶器、二冷区、空冷区)变成固态钢坯(连铸坯),发生连续凝固。

连续铸钢技术是钢铁工业继氧气顶吹转炉之后又一次重要的技术革命,常规的连铸概念是美国的连铸工作者亚瑟(B. Atha,1886 年)和德国土木工程师达勒恩(R. M. Daelen,1887 年)提出来的,他们的建议中包括水冷上下敞口结晶器、二次冷却段、引锭杆、夹辊和铸坯切割装置等设备,许多特征与今天的连铸机相似。几十年以后,在 1920—1935 年,连铸过程主要是用于有色金属工业,在铜、铝领域已成功得到工业化应用,这时的典型连铸机是固定结晶器和低的浇注速率,液芯长度很少有超过结晶器长度的,这类连铸机的长度比较小,这对有色金属工业中的小炉子冶炼来说基本能满足要求,但对炼钢生产的大炉子,且钢液的浇注温度又比较高、导热系数小、热容大、凝固速率慢等,采用这种连铸机浇注显然是不可能的。在世界范围内,大量涌现出关于连铸的专利,显示出人们对连铸的兴趣。

提高连铸的生产能力,即增加注流数、增大断面面积和提高拉坯速度(简称拉速),其中最关键的是提高拉速,提高铸坯的拉速靠固定不动的结晶器浇钢时,难以脱模,同时薄弱的坯壳很容易被拉断,浇注事故频繁出现。因此,人们提出了振动结晶器,如在 1913 年,瑞典人皮尔逊(A. H. Pehrson)曾提出结晶器应以可变的频率和振幅作往复振动的想法。在 1933 年德国人容汉斯将这一想法得以实施,从而使钢液的连铸生产成为可能,可以说容汉斯为现代连铸的奠基人。

容汉斯的结晶器振动方式是结晶器下降时与拉坯速率同步,铸坯与结晶器间无相对运动,也就是说连铸过程的负滑脱率为 0,因此这种连铸机的钢液容易与结晶器壁粘连,漏钢现象时有发生。而提出负滑脱率概念的是英国人哈里德,在他提出的振动方式中,结晶器向下的振动速率比拉速快,铸坯与结晶器间产生了相对运动,使连铸浇注过程中有一定的负滑脱率,钢液与结晶器壁间的粘连有明显减小,是钢液连铸的关键技术性突破。在 20 世纪 50 年代,连续铸钢步入工业化生产阶段。

世界上第 1 台工业性连铸机于 1951 年在苏联"红十月"冶金厂建成,是 1 台双流板坯半连续铸钢设备。1952 年第 1 台立弯式连铸机在英国巴路厂投产,主要用于浇注碳素钢和低合金钢,是 50 mm×50 mm~100 mm×100 mm 的小方坯。同年在奥地利卡芬堡厂建成 1 台双流连铸机,是多钢种、多断面、特殊钢连铸机的典型代表。进入 20 世纪 60 年代后,弧形连铸机问世,使连铸技术又一次出现飞跃。世界第一台弧形连铸机于 1964 年 4 月在奥地利百录公司投产。同年 6 月由我国自行设计的方坯和板坯兼用弧形连铸机在重钢三厂投入生产。此后,联邦德国又上了一台宽板弧形连铸机,并开发应用了浸入式水口和保护渣技术。在同年英国谢尔顿厂率先实现全连铸生产,共有 4 台 11 流,主要生产低合金钢和低碳钢,浇注断面为 140 mm×140 mm 和 432 mm×632 mm 的铸坯。1967 年由美钢联工程咨询公司设计并在格里厂投产一台采用直结晶器,带液芯弯曲的弧形连铸机,同年在胡金根厂相继投产了 2 台超低头板坯连铸机,浇注断面为(150~250) mm×(1 800~2 500) mm 的铸坯。从全球来看,到 20 世纪 60 年代末,连铸机总数已达 200 多台,总的生产能力近 5 000 万 t/a。

20 世纪 70 年代两次能源危机(1972 年世界石油危机~20 世纪 80 年代中期)推动了连铸技术的迅速发展,发展速度最快的国家是日本。在日本,几乎所有的联合企业至少有一台弧形连铸机。如 1970 年在水岛、福山、君津、名古屋等厂相继投产了一批第一代连铸机。到 1976 年为止,日本的大分厂共建了 5 台板坯连铸机,实现了全连铸。截至 1980 年,日本连铸机数量已达 156 台,连铸比达 60%。

20 世纪 80 年代后,人们对凝固现象有了更深入的了解,这对连铸的发展起了很大的作用,许多新技术的发展和完善是在这段时期完成的,主要包括生产高质量钢铸坯技术和体制已经确立;板坯连铸开始采用 HCR、HDR 工艺;高速连铸、中间包加热、液压振动、电磁制动、拉漏预报、二冷动态控制、轻压下等大批新工艺技术采用;年产 300 万吨以上的大型连铸板坯连铸机建立;发达国家连铸比超过或接近 90%;以高拉速、高作业率、高质量、高度自动化、高稳定性生产为标志,常规连铸达到了其成熟阶段。

20 世纪 90 年代,传统连铸向进一步降低生产成本、强化高级产品生产、注重环境的方向发展。近终形连铸取得成功,标志为 CSP、ISP 等薄板坯连铸技术被愈来愈多的工厂采用,品种也逐步扩大;QSP、CONROLL 等中厚度板坯连铸连轧技术开发成功。

进入 21 世纪后,薄板坯连铸技术已发展到第三代。第三代薄板坯连铸技术以 2009 年意大利阿维迪公司 ESP(endless strip production)技术为代表,以超高速连铸、无头轧制为特征,将薄板坯连铸技术推上了一个新高峰。第三代薄板坯连铸技术还有达涅利 QSP-DUE 技术、浦项 CEM(compact endless casting and rolling mill)技术。

此外,值得关注的一项新技术是双辊薄带连铸,自 1856 年英国冶金学家 H. Bessmer 提出设想至今,人们围绕双辊薄带连铸连轧技术中亚快速凝固的工艺特征,探索了各种形式的技术路线,但因薄带连铸的亚快速凝固使铸带的浇注速率非常快,是传统板坯连铸的浇注速率几十至上百倍,所以技术产业化难度极大,尽管投入了巨大资源,但技术产业化的进程一直比较缓慢。20 世纪末 21 世纪初,日本新日铁、德国蒂森克虏伯、美国纽柯、韩国浦项先后投入巨资建成了具有各自特点的工业化示范生产线,这 4 条陆续投入试生产的工业化生产线都取得了重大技术突破。2001 年宝钢开展了薄带连铸连轧技术的研究,从应用基础研究起步,经历了产业化关键技术研究阶段和工业化试验研究阶段。2015 年,在宝钢薄带连铸连轧(Baostrip)宁钢工业化示范线(NBS)取得稳定连续生产。2019 年 3 月,沙钢集团宣布由其引进的纽柯 CASTRIP 双辊薄带铸轧技术成功实现工业化生产,这是国内首条、世界第三条工业化的超薄带生产线。

10.1.2 连铸的优越性

连铸技术是当代钢铁工业中发展最快的技术。连铸之所以发展迅速,主要是它与传统模铸相比有很大的优越性,其优点主要表现在以下几方面。

1. 连铸简化生产工序

模铸生产的钢锭必须经过初轧机进行开坯,而连铸坯省略了这一工序过程,这不仅节约了均热炉加热能耗,而且缩短了从钢液到成坯的周期时间,近年来连铸的主要发展方向之一,是浇注接近成品断面尺寸的铸坯,这会大大简化轧钢工序。图10.1所示为模铸与连铸的比较示意图。同时由于取消了初轧工序,使连铸的总体投资有所降低,如果说模铸与初轧工序的整体投资为100%,而取消初轧后的连铸投资仅为50%左右。

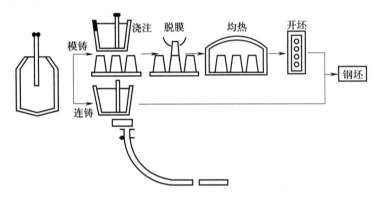

图 10.1　模铸与连铸工序的比较示意图

2. 提高金属收得率

采用钢锭模浇注从钢液到成坯的收得率为84%~88%,而采用连铸后收得率为95%~96%。采用连铸工艺可节约金属7%~12%,这个数字相当可观。日本钢铁工业在世界上之所以有竞争力,其主要原因就是日本的钢铁工业中大规模采用连铸技术,从1985年起日本的连铸比就高于90%。对于成本高的特殊钢、不锈钢采用连铸进行浇注,其所创的经济效益就更可观。估算一下,一个年产量为500万t的钢厂,每年可节约的钢材数量为35万~60万t,每吨钢坯所创的利润按200~300元计算,则仅成材率方面的年效益为0.7亿~1.8亿元。

3. 节约能源消耗

连铸与模铸相比能节约大量的能源,据资料介绍,生产1 t连铸坯比模铸开坯节省627~1 046 kJ,相当于21.4~35.7 kg标准煤,再加上提高成材率所节约的能耗,连铸总节约能耗大于100 kg标准煤。按我国目前消耗水平推算,每吨连铸坯综合节约能耗为130 kg标准煤。

4. 改善劳动条件,易于实现自动化

模铸工艺是炼钢生产劳动条件中最差的工序,主要有浇钢和整模两个岗位,工人要从事繁重的体力劳动。采用连铸后基本实现了机械化,许多实现了自动化,使操作工从模铸那样的繁重体力劳动中解放出来。近年来随着计算机技术和通信技术的发展,其连铸的自动化水平也进一步提高。电子计算机甚至GPS系统在连铸中都有应用。在先进的连铸生产厂里,生产现场几乎看不到人,只有一个操作者在指挥装料系统的吊车,其他的工作都是自动化。在我国宝钢板坯连铸机上,其整个系统采用 5 台 PFU-1500Ⅱ计算机进行在线控制,具有切割长度计算、压缩铸造控制、电磁搅拌设定、结晶器在线调宽、质量管理、二冷水控制、过程瞬时及平均数据收集、铸坯跟踪、精整作业线选择、火焰清理、铸坯打号和称重、铸坯表面缺陷的红外检查及报表打印等控制功能。

5. 铸坯质量好

由于连铸坯的冷却速率快,其整体断面要比模铸坯小,相应的浇注条件可控、稳定,因此连铸坯内部组织均匀、致密、偏析少,性能也相对稳定。用连铸坯轧成的板材,其横向性能优越于模铸坯,深冲性能等其他指标也较模铸坯好。图 10.2 所示为连铸坯与模铸坯的内部质量对比。

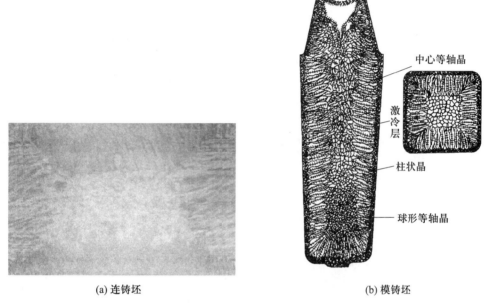

(a) 连铸坯   (b) 模铸坯

图 10.2 连铸坯与模铸坯的内部剖面图

10.2 连铸工艺原理

连铸就是将钢液转变为固态钢的过程,这一转变过程伴随着固态钢成形、固态相变、液固态相变、铜板与铸坯表面的换热、冷却水与铸坯表面间的复杂换热,钢液的经历为钢包—中间包—结晶器—二次冷却—空冷区—切割—铸坯(根据用户要求切割成一定长度)。在整个连铸过程中钢液发生了相变、铸坯经受弯曲、矫直等变化。图 10.3 所示为典型板坯连铸机示意图。

10.2.1 连铸机的分类

连铸机可以按多种类型进行分类,最常见的分类方式有两种:一是按所浇注铸坯形状进行分类,即板坯连铸机、大方坯连铸机、小方坯连铸机、圆坯连铸机及异形坯连铸机,各种机型所浇注的铸坯尺寸见表 10.1。

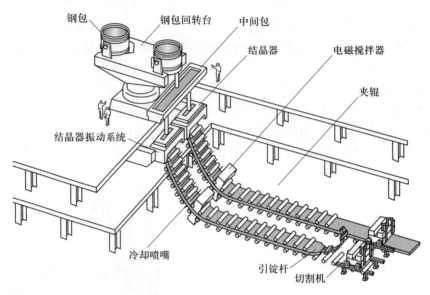

图 10.3 典型板坯连铸机示意图

表 10.1 各种机型浇铸的铸坯断面   mm×mm

机型	最大断面	最小断面	经常浇注断面
板坯	300×3 200 310×2 500		180×700 ~ 300×1 550
薄板坯	90×1 900		
矩形坯	500×420		
大方坯	600×600	200×200	250×250 ~ 450×450 240×280 ~ 400×560
小方坯	180×180	55×55	90×90 ~ 160×160
圆坯	ϕ450 mm	ϕ100 mm	ϕ200 mm ~ ϕ300 mm
异形坯	工字钢 460×460×120 中空坯 ϕ450 mm/ϕ100 mm	椭圆形 120×140	

　　另一种是按结构外形分类,可把连铸机分为立式连铸机、立弯式连铸机、直结晶器弧形连铸机、弧形连铸机、椭圆形(超低头)连铸机和水平式连铸机等,如图 10.4 所示。较为常见的有两种:一是弧形连铸机,二是直结晶器弧形连铸机。

　　1. 弧形连铸机

　　弧形连铸机是世界上应用最广泛的连铸机。弧形连铸机是结晶器、二次冷却段夹辊、拉坯与矫直等设备均匀布置在同一半径的 1/4 圆弧线上,铸坯在垂直中心线切点位置被矫直,然后切成定尺,从水平方向拉出,因此连铸机的高度基本与连铸机的弧形半径相等。通常把连铸机的外弧半径称为连铸机的圆弧半径。这种连铸机的特点为其总体高度要比立式、立弯式小得多,通常来

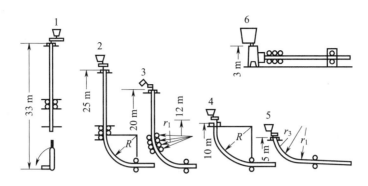

1—立式连铸机；2—立弯式连铸机；3—直结晶器弧形连铸机；4—弧形连铸机；

5—椭圆形（超低头）连铸机；6—水平式连铸机

图 10.4　连铸机机型示意图

说仅为立式连铸机的 1/3，因此其建设费用也相对减少，设备的安装与维护方便；铸坯在凝固过程中承受钢液静压力小，可减少铸坯的鼓肚与偏析，这也有利于提高拉速和铸坯质量；铸坯经矫直时应变速率较大，通常要求铸坯完全凝固后再进行矫直，铸坯易产生裂纹；铸坯的内弧侧存在着夹杂物的聚集，夹杂物分布也不均匀，影响铸坯的质量。现代小方坯、大方坯、圆坯都是采用弧形连铸机，板坯有少部分也采用弧形连铸机。

2. 直结晶器弧形连铸机

由于弧形连铸机生产的铸坯中夹杂物容易在铸坯的内弧聚集，夹杂物不容易上浮，且铸坯在矫直时变形速率比较大，通常要求铸坯到矫直点完全凝固，为此出现了直结晶器弧形连铸机。该连铸机结晶器、足辊零段及 1 号扇形段为立式，经历这几段时的铸坯不受机械力，同时夹杂物也容易上浮，然后扇形段中连铸辊子的弧半径发生多次变化，即使铸坯经过多点进行弯曲，一般为 4～5 点进行弯曲，多点弯曲的实质就是铸坯的总变形量分解成多次，使每次变形量不会超过临界变形量。再经过一定距离，通过同样的方式对铸坯进行矫直。值得注意的是，铸坯在弯曲过程的扇形段中连铸辊子的弧半径是由大到小，铸坯外弧受拉应力，容易出现裂纹；而矫直过程刚好相反，扇形段中连铸辊子的弧半径是由小到大，铸坯内弧受拉应力，容易出现裂纹。这种连铸机生产的铸坯可以带液芯进行弯曲矫直，从而能够提高铸坯的拉速。

10.2.2　钢液凝固的基本原理

连铸过程是采用冷却的方式使钢液放出热量，从而使钢液由液态变成固态，其钢液主要经历的有结晶器、二次冷却区（简称为二冷区）、空冷区（完全凝固成固态），然后再按用户要求切割成一定长度的铸坯。结晶器是由铜管或铜板及外部的冷却水箱组成，钢液进入结晶器后，钢液的热量被结晶器壁与冷却水箱间的冷却水带走，从结晶器出来的铸坯进入二冷区，由于结晶器出口处凝固坯壳的厚度相对较薄，因此结晶器出口设有很多辊子（足辊），足辊之后设有导辊，铸坯在导辊间运动，在导辊之间设有喷淋水管，从喷淋水管的喷头向铸坯表面进行喷水，这些冷却水会继续带走未凝固钢液及凝固后铸坯的热量，使未凝固的钢液继续凝固，而已凝固钢液的温度已降低。

1. 结晶器内钢液的凝固传热

连铸机的结晶器长度一般为 700～1 100 mm,因此钢液在结晶器较短的停留时间内,钢液要放出大量的热量,占总散热量的 15%～20%,因此结晶器的冷却强度要足够大,使液态钢迅速变成固态钢,在铸坯出结晶器时,铸坯具有一定厚度的凝固坯壳。

2. 结晶器内凝固坯壳的形成

钢液浇到结晶器中,在表面张力的作用下,钢液与铜壁接触形成一个半径很小的弯月面,如图 10.5 所示,弯液面的半径为 r,可用下式表示:

$$r = 5.43 \times 10^{-2} \sqrt{\frac{\sigma_{\mathrm{m}}}{\rho}} \tag{10.1}$$

式中:σ_{m}——钢液的表面张力,dyn/cm;

ρ——钢液密度,g/cm^3。

在半径为 r 的弯液面根部附近,冷却速率很快,初生坯壳很快形成。随着冷却不断进行,坯壳逐步变厚,已凝固的坯壳开始收缩,企图离开结晶器内壁,但这时因为坯壳较薄,坯壳在钢液静压力作用下仍然紧贴内壁。由于冷却不断进行,坯壳厚度进一步增加,坯壳的强度也有所增加,当其强度能承受钢液静压力的作用时,坯壳开始脱离结晶器内壁,在结晶器内壁与坯壳间形成气隙。形成气隙后,促使坯壳向结晶器壁传热缓慢,坯壳的温度有所回升,坯壳的强度和刚度又有所减小,钢液静压力又使坯壳变形,形成皱纹和凹陷,同时气隙的形成使坯壳增长缓慢,有些地方坯壳也不均匀,有些地方减薄,局部组织粗化,此处坯壳的裂纹敏感性较大。上述过程反复进行,直到坯壳出结晶器。

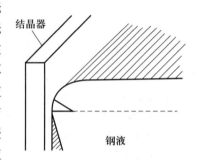

图 10.5 钢液与铜壁弯月面的形成

在结晶器的角部区域,由于是二维传热,坯壳凝固速率最快,最早产生收缩,气隙首先形成,传热减慢,推迟凝固。随着坯壳的下移,气隙从角部扩展到中心,但由于钢液静压力作用,使结晶器中心部位坯壳与结晶器壁间的气隙要比角部小,因此角部的坯壳最薄,容易产生裂纹和拉漏,小方坯拉速相对较快,小方坯的角裂是常见的质量问题之一。

在结晶器这个强烈换热器的作用下,浇入结晶器内的钢液发生凝固,形成凝固坯壳。水冷结晶器是保证工艺操作稳定和铸坯表面质量的基础,必须保证结晶器凝固坯壳的安全厚度。确定凝固坯壳厚度有以下方法:

(1) 试验测定

利用漏钢后结晶器内凝固坯壳,沿不同高度如每隔 100 mm 锯开,测定坯壳的平均厚度;也有采用向结晶器加入 FeS 的方法,用 S 印试纸来显示坯壳厚度的方法。不管采用上述哪种方法,试验时的拉坯速率一定要稳定,否则很难找出停留时间与位置的关系,造成误差很大。利用这些测试的数据和不同位置的坯壳厚度,得出坯壳厚度 e 与钢液在结晶器停留时间 t 的关系曲线,这曲线代表结晶器内坯壳生长规律,它可由以下方程式描述:

$$e = kt^{n} \tag{10.2}$$

取对数 $\qquad \lg e = \lg k + n \lg t \tag{10.3}$

由 $\lg e$-$\lg t$ 作图,在纵轴截距求出 k 值,由直线的斜率求出 n 值,n 值一般为 0.5,故 $e = kt^{1/2}$。

此方程称为凝固平方根定律, k 为凝固系数($\mathrm{mm/min^{1/2}}$),它代表结晶器的冷却能力, k 的大小对凝固壳厚度有重要影响。结晶器内钢液的凝固受多种因素影响,所以 k 值的波动范围也很大。要准确计算结晶器内坯壳厚度,关键是选择合适的 k 值。实际上,在结晶器内坯壳厚度的变化不完全服从抛物线规律。在凝固初期,钢液过热度使凝固坯壳生长推迟,坯壳生长应服从以下规律:

$$e = kt^{1/2} - C \tag{10.4}$$

式中: C 值代表过热度大小的影响。没有过热度时,在弯月面处开始凝固;而当过热度较高时,弯月面的凝固就推迟。

为了准确计算出结晶器坯壳的厚度,必须根据结晶器坯壳的凝固求出 k 值,通常结晶器的 k 值对于小方坯可取 20~26;对板坯取 17~22;对奥氏体不锈钢($w_C = 0.1\%$, $w_{Ni}/w_{Cr} = 0.55$)取 15~22。

(2)结晶器的热流量

结晶器是非常强的换热器,结晶器的热量导出,使坯壳增厚,测定结晶器壁在浇注过程中的热流量变化可以作为衡量坯壳厚度变化的标准。此外,结晶器沿拉坯方向的传热占结晶器总散热的 5% 左右,通常可忽略不计。

1)结晶器传热过程中的热阻

结晶器坯壳生长速率取决于结晶器的传热速率,而结晶器传热速率取决于结晶器内钢液热量传给冷却水间的换热系数,也可以说取决于结晶器内钢液与冷却水间的总热阻,如图 10.6 所示。结晶器的传热可以用下式来描述:

$$q = h(T_{MS} - T_{CW}) = 1/R_T(T_{MS} - T_{CW}) \tag{10.5}$$

式中: q ——结晶器壁的热流量, $\mathrm{W/m^2}$;

h ——总换热系数, $\mathrm{W/(m^2 \cdot ℃)}$;

T_{MS} ——结晶器内钢液温度, $℃$;

T_{CW} ——结晶器冷却水温度, $℃$;

R_T ——总热阻, $\mathrm{m^2 \cdot ℃/W}$ 。

结晶器壁的总热阻可以用各部分热阻之和来表示:

$$R_T = R_1 + R_2 + R_3 + R_4 + R_5 + R_6 \tag{10.6}$$

式中: R_1 ——结晶器铜板-冷却水间的热阻, $\mathrm{m^2 \cdot ℃/W}$;

R_2 ——通过结晶器铜板的热阻, $\mathrm{m^2 \cdot ℃/W}$;

R_3 ——通过气隙的热阻, $\mathrm{m^2 \cdot ℃/W}$;

R_4 ——通过保护渣膜的热阻, $\mathrm{m^2 \cdot ℃/W}$;

R_5 ——通过坯壳的热阻, $\mathrm{m^2 \cdot ℃/W}$;

R_6 ——钢液-坯壳间的热阻, $\mathrm{m^2 \cdot ℃/W}$ 。

① 结晶器铜板-冷却水之间的热阻 R_1

热阻 R_1 主要为与结晶器铜板接触的冷却水边界层的热阻,可由下式算出:

$$R_1 = 1/h_1 \tag{10.7}$$

其间的传热看作圆管内强制对流传热,则 h_1 可由下式来计算,这部分热阻通常占总热阻的 10% 左右。

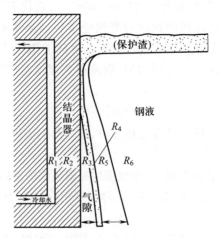

图 10.6　结晶器传热热阻分布示意图

$$\frac{h_1 D_1}{\lambda_1} = 0.023 \left(\frac{D_1 u_1 \rho_1}{\mu_1}\right)^{0.8} \left(\frac{C_{p1}\mu_1}{\lambda_1}\right)^{0.49} \tag{10.8}$$

式中：D_1——结晶器冷却水槽当量直径，cm；

$\quad\quad\lambda_1$——冷却水导热系数，W/(cm·℃)；

$\quad\quad u_1$——冷却水流速，cm/s；

$\quad\quad\rho_1$——冷却水密度，g/cm³；

$\quad\quad\mu_1$——冷却水黏度，g/(cm·s)；

$\quad\quad C_{p1}$——冷却水比热，J/(g·℃)。

② 结晶器铜板的热阻 R_2

结晶器铜板的导热性良好，热阻也很小，其传热系数(热阻的倒数)为 2 W/(cm²·℃)，仅占总热阻的 5% 左右。结晶器铜板的热阻可用下式来计算：

$$R_2 = \delta_2/\lambda_2 \tag{10.9}$$

式中：δ_2——铜板厚度，cm；

$\quad\quad\lambda_2$——铜板导热系数，W/(cm·℃)。

③ 结晶器壁与保护渣膜之间气隙的热阻 R_3

由于气隙空间小，因此通常可以忽略对流传热的存在，只考虑传导和辐射两种传热方式。研究表明，这部分的传热系数很小，仅为 0.2 W/(cm²·℃)，其对应的热阻较大。这部分热阻与气体的种类和气隙的厚度有关，计算起来非常困难，通常可用式(10.10)~式(10.12)来表示。

$$R_3 = 1/(h_c + h_r) \tag{10.10}$$

$$h_c = \lambda_3/\delta_3 \tag{10.11}$$

$$h_r = \frac{4.88}{1/\varepsilon_p - 1/\varepsilon_m} \left[\left(\frac{T_p}{100}\right)^4 - \left(\frac{T_m}{100}\right)^4\right]/(T_p - T_m) \tag{10.12}$$

式中：h_c——传导传热换热系数，W/(m²·℃)；

$\quad\quad h_r$——辐射传热换热系数，W/(m²·℃)；

λ_3——传导传热导热系数,$W/(cm \cdot \text{℃})$;

δ_3——气隙厚度,cm;

ε_p——保护渣膜发射率;

ε_m——结晶器壁发射率;

T_p——保护渣膜温度,K;

T_m——结晶器壁温度,K。

④ 保护渣膜热阻 R_4

保护渣膜起润滑和传热作用,可用式(10.13)对该部分热阻进行计算,其中 R_3 与 R_4 之和占总热阻的 $60\% \sim 70\%$。

$$R_4 = \delta_4 / \lambda_4 \tag{10.13}$$

式中:δ_4——保护渣膜厚度,cm;

λ_4——保护渣膜导热系数,$W/(cm \cdot \text{℃})$。

⑤ 凝固坯壳传热热阻 R_5

凝固坯壳的传热是以传导传热方式向外传热,传热具有单方向性,可采用下式对这部分热阻进行计算:

$$R_5 = \delta_5 / \lambda_5 \tag{10.14}$$

式中:δ_5——凝固坯壳厚度,cm;

λ_4——坯壳导热系数,$W/(cm \cdot \text{℃})$。

⑥ 钢液与凝固坯壳间热阻 R_6

浇入结晶器内的钢液引起结晶器内钢液的强制对流运动,把过热热量传递给凝固坯壳,其热阻可用式(10.15)来表示:

$$R_6 = 1 / h_6 \tag{10.15}$$

式中:h_6 为钢液与坯壳间对流换热系数,$W/(m^2 \cdot \text{℃})$,h_6 可由平行平板紊流换热系数计算式(10.16)算出。

$$\frac{h_6 D_6}{\lambda_6} = 4 + 0.009 \left(\frac{D_6 u_6 \rho_6 C_{p6}}{\lambda_6} \right)^{0.8} \tag{10.16}$$

式中:D_6——传热处的结晶器高度,cm;

λ_6——钢的导热系数,$cal/(cm \cdot s \cdot \text{℃})$ $(1\ cal = 4.184\ J)$;

u_6——钢液流速,cm/s;

ρ_6——钢液密度,g/cm^3;

C_{p6}——钢的比热,$cal/(g \cdot \text{℃})$。

图 10.7 为结晶器各部分热阻的分布情况。由图中可以看到,保护渣膜与结晶器壁之间气隙的热阻 R_3 和坯壳热阻 R_5 最大,其次是保护渣膜传热热阻 R_4。当结晶器冷却水流速低于 $7\ m/min$ 后,结晶器铜板与冷却水间的热阻 R_1 会显著增大。这些热阻随结晶器内钢液的凝固情况及相应的冷却条件的变化表现出不同的形式,如坯壳很厚,气隙很小,这时凝固坯壳是限制结晶器传热的主要影响因素。

2) 结晶器的平均热流量

结晶器是用冷却水进行强制冷却,若忽略从结晶器液面向保护渣所传的热量,则冷却水带走

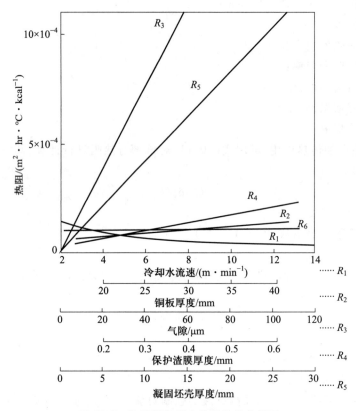

图 10.7 结晶器各部分热阻的分布情况

的热量应等于钢液的导出热量。因此,把单位面积、单位时间结晶器壁导出的热量称为结晶器的平均热流量,即有下式成立:

$$q = WC\Delta t/F \qquad (10.17)$$

式中:W——冷却水流量,kg/s;

$\quad C$——冷却水比热容,J/(kg·℃);

$\quad \Delta t$——冷却水进、出水温差,℃;

$\quad F$——结晶器有效面积,m^2;

$\quad q$——结晶器平均热流量,J/(m^2·s)。

铸坯的平均热流量与拉速、所浇注的钢种、保护渣及冷却水量、流速、温差等参数有关。在实际生产中平均热流量非常有用,能够对生产状态进行评价,并对连铸机的操作进行控制,如生产某钢种时,通过调整操作参数,一定要将平均热流量控制在某一范围内,否则铸坯会产生诸如纵裂等铸坯质量问题。

3)结晶器的瞬时热流量

结晶器的瞬时热流量也称为局部热流量,是指沿结晶器壁在不同高度上,结晶器壁的热流量不同,呈抛物线变化。萨维奇(Savage)在静止水冷结晶器内测定了热流量与钢液停留时间的关系式:

$$q = 2\,688 - 355\sqrt{t} \quad kW/m^2 \qquad (10.18)$$

将式(10.18)用于连铸结晶器,则有

$$q = 2\,688 - 227\sqrt{\frac{L}{v}} \quad \text{kW/m}^2 \tag{10.19}$$

式中:t——钢液在结晶器内的停留时间,min;

L——距结晶器内钢液顶面的距离,m;

v——拉坯速率,m/min。

式(10.19)说明,热流量随距结晶器顶面的距离增加而减少,在结晶器铜板上埋入热电偶,可以计算出结晶器壁的瞬时热流量,从而得到距结晶器顶面不同距离的热流量变化。

3. 连铸的二次冷却

出结晶器的连铸坯的凝固坯壳厚度仅有 8~15 mm,铸坯的中心仍为液态钢,为使铸坯快速凝固及顺利拉坯,在结晶器之后还设置了二次冷却装置,在该区域铸坯的凝固坯壳厚度有所增加,铸坯在二次冷却区中可能经受弯曲、矫直的变化,在这一过程中,液态钢的大部分都凝固。

(1)二冷区传热方式

在二冷区,铸坯表面接受喷水或气雾冷却,坯壳中存在着较大的温度梯度,热量源源不断地从铸坯内部传递到表面,然后被冷却水带走(210~294 kJ/kg 的热量被水带走),铸坯才能全部凝固。根据热平衡估算,二冷区铸坯表面的主要传热方式如图 10.8 所示。

其带走的热量比例:冷却水蒸发带走的热量为 33%;冷却水加热带走的热量为 25%;铸坯表面辐射热为 25%;铸坯与支撑辊接触传导传热为 17%。

在连铸设备和工艺条件一定的情况下,铸坯辐射散热变化不大,支撑辊的接触导热变化也不大,占主导地位的是冷却水与铸坯表面的热交换(对流换热)。因此,喷雾水滴与铸坯之间的热交换影响到二冷区的传热效率,其导出的热流量可用下式描述这一传热过程:

$$\Phi = h(T_S - T_W) \tag{10.20}$$

式中:Φ——热流,W/cm²;

h——传热系数,W/(cm²·℃);

T_S——铸坯表面温度,℃;

T_W——冷却水温度,℃。

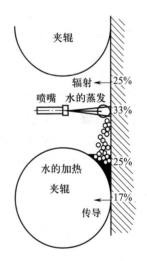

图 10.8　二冷区铸坯表面的主要传热方式

钢液发生凝固放出的结晶潜热要传给凝固坯壳,这一凝固与传热规律由下式表示:

$$L_f \rho_m \frac{de}{dt} = \frac{\lambda_m(T_L - T_S)}{e} \tag{10.21}$$

式中:L_f——凝固潜热,kJ/kg;

ρ_m——钢的密度,g/cm³;

λ_m——钢导热系数,W/(m²·K);

T_L——液相线温度,℃;

T_s——铸坯表面温度,℃;

e——凝固壳厚度,cm。

由上式可得,凝固壳厚度可表示为

$$e = k\sqrt{t} \tag{10.22}$$

式中:k——凝固系数,mm/min$^{1/2}$;

t——凝固时间,s。

由于连铸过程中铸坯的凝固传热非常复杂,结晶器及二冷的每个冷却区有不同的 k 值,只能近似地用一个凝固系数来表示凝固传热,造成计算精度很差。随着计算机的发展和生产自动化水平的提高,连铸坯的凝固传热数学模型在实际生产中起到越来越重要的作用,连铸二次冷却水量的确定、连铸坯的二冷动态控制及轻压下位置等参数的确定都是建立在连铸坯凝固传热数学模型的基础上,连铸坯凝固传热数学模型在今后的应用中将起到更重要的作用。

（2）凝固传热的数学模型

1）连铸坯凝固传热的基本方程

进入结晶器内的钢液在结晶器内形成凝固坯壳,并向下运动,热量从铸坯中心向表面传递,所传递的热量多少取决于钢的物理性能和铸坯表面的边界条件,为了便于计算,根据实际铸坯的传热情况,通常作如下假设:

① 忽略铸坯长度方向上的传热;

② 铸坯的传热为厚度和宽度方向的二维热传导,对于板坯铸坯因为其宽厚比很大,可以用一维传热来描述;

③ 液相穴的对流传热以增加液态导热系数来考虑;

④ 钢的热物性(比热容、密度、导热系数)不随温度变化而变化;

⑤ 铸坯以中心为轴上下对称。

在弯月面处,沿铸坯中心,取一个与铸坯一起向下运动的微元体,高度、厚度、宽度分别为 dz、dx、dy,如图 10.9、图 10.10 所示。微元体的热平衡方程为

微元体热量变化=接受热量−支出热量

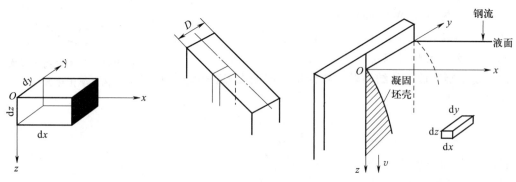

图 10.9　热量衡算微元体　　　　图 10.10　铸坯凝固传热示意图

① 微元体左侧边（$dydz$ 面）传出的热量:$\lambda \dfrac{\partial T}{\partial x}dydz$

② 铸坯中心传给微元体热量（$dydz$ 面）

$$\lambda \frac{\partial}{\partial x}\left(T + \frac{\partial T}{\partial x}dx\right)dydz$$

③ 微元体内储存热量变化

$$c\rho dxdydz \frac{\partial T}{\partial t}$$

将以上各项热量带入能量平衡方程：

$$\lambda \frac{\partial}{\partial x}\left(T + \frac{\partial T}{\partial x}dx\right)dydz - \lambda \frac{\partial T}{\partial x}dydz = \rho c dxdydz \frac{\partial T}{\partial t} \qquad (10.23)$$

将式（10.23）化简为

$$\rho c \frac{\partial T}{\partial t} = \lambda \frac{\partial^2 T}{\partial x^2} \qquad (10.24)$$

同理可求方坯的凝固传热的微分方程：

$$\rho c \frac{\partial T}{\partial t} = \lambda \frac{\partial^2 T}{\partial x^2} + \lambda \frac{\partial^2 T}{\partial y^2} \qquad (10.25)$$

式中：ρ——钢的密度，kg/m^3；

λ——钢的导热系数，$J/(m \cdot s \cdot ℃)$；

x, y, r——各坐标系下的坐标值，m；

T——温度，$℃$；

c——钢的比热容，$J/(kg \cdot ℃)$。

2）初始及边界条件

初始条件：开始浇注时弯月面的温度通常假定为浇注温度，为中间包内钢液温度-10~15 ℃。即有 $t = 0, T = T_0$。

边界条件：

① 铸坯中心（$x = D/2$）铸坯中心线两边为对称传热。

$$\frac{\partial T}{\partial x} = 0 \qquad (10.26)$$

② 铸坯表面（$x = 0$）　　结晶器：$q = A - kt^{1/2}$ $\qquad (10.27)$

$\qquad\qquad\qquad\qquad$ 二冷区：$q = h(T_s - T_w)$ $\qquad (10.28)$

$\qquad\qquad\qquad\qquad$ 辐射区：$q = \varepsilon\sigma(T_s^4 - T_0^4)$ $\qquad (10.29)$

式中：　q——热流，W/m^2；

t——铸坯在结晶器内滞留时间，s；

h——传热系数，$W/(m^2 \cdot ℃)$；

T_s、T_w、T_0——铸坯表面、冷却水和环境温度，$℃$；

ε——辐射系数；

σ——斯特藩-玻尔兹曼常数，5.67×10^{-8} $W/(m^2 \cdot K^4)$。

③ 模型的计算结果

建立起连铸坯凝固传热基本方程后，给出相应的边界条件，就可对式（10.24）或式（10.25）

进行求解。求解方法有两种:一是解析法,二是数值计算法。由于钢液凝固过程伴随凝固结晶潜热放出,且具有复杂边界条件。因此,采用解析法求解,对方程简化程度很大,结果精确度不高,目前较为普遍的求解方法是数值计算方法,即对式(10.24)(板坯凝固传热方程)或式(10.25)(方坯凝固传热方程)进行离散化,然后编成计算机程序进行求解。图10.11所示为板坯采用数值模拟方法计算出的铸坯表面温度随距弯月面距离的变化,图10.12所示为铸坯凝固坯壳厚度随距弯月面距离的变化。图10.11中各拐点刚好是二冷不同冷却区的出口,图10.12中开始变直线时距弯月面距离就是铸坯的凝固终点。

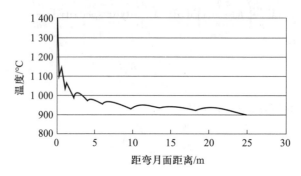

图 10.11　铸坯表面温度随距弯月面距离的变化

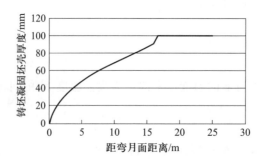

图 10.12　铸坯凝固坯壳厚度随距弯月面距离的变化

（3）影响二冷区传热的因素

冷却水和铸坯表面的热交换是一个复杂的传热过程,传热速率受铸坯表面温度、表面状况、水流密度、水滴速率等诸多因素的影响。

1）铸坯表面温度

从二冷喷嘴喷出的冷却水滴打在高温的铸坯表面,对铸坯进行冷却,铸坯传给冷却水的热流量受到铸坯表面温度的影响,不同的铸坯表面温度,冷却水带走的热量不同。其铸坯表面温度对传热的关系如图10.13所示。

由图10.13可知,传热热流与铸坯表面温度的关系不是线性关系,可分为以下三种情况:

第一种: $T_s < 300\ ℃$,热流随表面温度增加而增加,此时水滴润湿高温表面,主要为对流换热。

第二种: $300\ ℃ < T_s < 800\ ℃$,热流随表面温度升高而减小,此时在高温表面有蒸汽膜,呈核态沸腾状态。

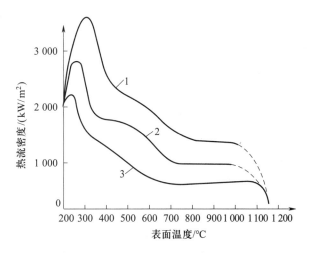

1—15 L/min,4.95 L/($m^2 \cdot s$);2—10 L/min,3.33 L/($m^2 \cdot s$);3—5 L/min,1.65 L/($m^2 \cdot s$)

图 10.13　表面温度与热流关系

第三种:$T_s > 800$ ℃,热流几乎与铸坯表面温度无关,甚至呈下降趋势,这是因为高温铸坯表面形成稳定蒸汽膜阻止水滴与铸坯接触。

二冷区传热所要引起注意的是,铸坯传给冷却水的热流量及其传热系数与表面温度不呈线性关系,在一定温度范围内,热流量及传热系数随水冷却强度增加而增大。

2)水流密度

铸坯表面喷水后,冷却水会把铸坯的热量带走,冷却水量越多、喷水的覆盖面积越大、喷水时间越长带走铸坯的热量也就越多,这些量要用一个物理量来描述,即水流密度。水流密度是指在单位时间单位面积上铸坯所接受的冷却水量,是用来衡量二冷区冷却强度的一个指标。热态试验表明,水流密度增加,二冷区的传热系数也增大,从铸坯表面带走的热量也增多,如图 10.14 所示。

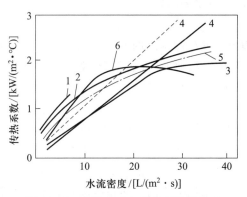

图 10.14　水流密度与传热系数的关系

水流密度增加,传热系数增大。它们之间的关系以下式表示:

$$h = A + BW^n \tag{10.30}$$

式中:h——热交换系数,kW/($m^2 \cdot$℃);

n——0.5~0.7；

A、B——常数；

W——水流密度，$L/(m^2 \cdot min)$。

许多作者对 h 与 W 的关系进行了试验测定，总结出不同的经验公式，常用的公式如下。

① E. Bolle 等总结的经验公式：

$$h = 0.423 W^{0.556} \quad [1 < W < 7，单位为 L/(m^2 \cdot s)，627 \ ℃ < T_b < 927 \ ℃] \tag{10.31}$$

$$h = 0.36 W^{0.556} \quad [0.8 < W < 2.5，单位为 L/(m^2 \cdot s)，727 \ ℃ < T_b < 1\ 027 \ ℃] \tag{10.32}$$

② M. Ishiguro 等总结的经验公式：

$$h = 0.581 W^{0.451}(1 - 0.007\ 5 T_w) \tag{10.33}$$

T_w——冷却水温度，$℃$。

③ K. Sasaki 等总结的经验公式：

$$h = 708 W^{0.75} T_b + 0.116，kcal/(m^2 \cdot h \cdot ℃) \tag{10.34}$$

④ E. Mizikar 总结的经验公式：

$$h = 0.076 - 0.10 W \quad [0 < W < 20.3，单位为 L/(m^2 \cdot s)] \tag{10.35}$$

⑤ M. Shimada 等总结的经验公式：

$$h = 1.57 W^{0.55}(1 - 0.007\ 5 T_w) \tag{10.36}$$

⑥ T. Nozaki 等总结的经验公式：

$$h = 1.57 W^{0.55}(1 - 0.007\ 5 T_w)/\alpha \tag{10.37}$$

其中，α 为与导辊冷却有关的参数。

⑦ H. Muller 等总结的经验公式：

$$h = 82 W^{0.75} v_s^{0.4} \quad [9 < W < 40，单位为 L/(m^2 \cdot s)] \tag{10.38}$$

以上各式，热交换系数 h 的单位除注明外，其余均为 $kW/(m^2 \cdot ℃)$，水流密度 W 的单位均为 $L/(m^2 \cdot s)$。

虽然这些公式不尽相同，但总的趋势是，在一定温度范围内，水流密度增加，热流增大。另外，可根据实际喷雾冷却状况进行试验测定。

3）水滴速率

铸坯表面散热量与喷嘴出口处冷却水滴的速率有很大关系。水滴速率决定于喷水压力和喷嘴直径。水滴速率增加，穿透蒸汽膜而到达铸坯表面的水滴数增加，提高了传热效率。图 10.15 所示为水滴速率、二冷水流密度与二冷传热系数的关系。

4）水滴雾化程度

水滴直径大小是雾化程度的标志。水滴尺寸越小，单位体积水雾化产生的水滴数就越多，雾化就越好，越有利于铸坯均匀冷却和提高传热效率。采用压力水喷嘴，水滴平均直径为 200~600 μm，采用汽水喷嘴，水滴平均直径为 20~60 μm，相同水流密度的条件下，水滴越细，传热系数越高。图 10.16 所示为水喷嘴和各种气水比喷嘴的传热系数随水流密度的变化。

5）喷嘴形状

冷却水喷嘴的工作性能直接影响着铸坯的传热效率及其质量和拉坯速率。理想的喷嘴能使冷却水充分雾化，又有较高的喷射速率，在铸坯表面覆盖面大，分布均匀。水的冷却率取决于小水滴是否有能力穿透蒸汽界面（Leidenfrost 效应），具有这种能力才能产生强烈的冷却作用。

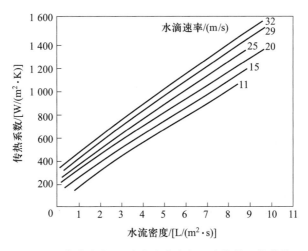

图 10.15 水滴速率、二冷水流密度与二冷传热系数的关系

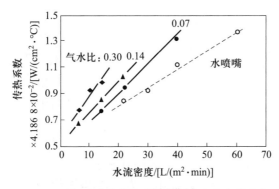

图 10.16 几种喷嘴的传热系数随水流密度的变化

喷嘴的选择应根据钢种及铸坯规格而定,喷嘴的形式可分为实心、空心、气雾等品种,对裂纹敏感性较强的钢种宜采用弱冷,选用气雾喷嘴较合适,喷嘴的喷射角度即喷水覆盖率要掌握好,角部冷却不能过度(喷射角度过大,形成角部双重冷却),容易造成角部裂纹,在足辊区域宜采用大覆盖率的强冷,足辊以下铸坯每面覆盖率取 80% 即可。喷嘴堵塞,喷嘴安装位置和新、旧喷嘴等对传热也有重要影响,因此要注意对二冷水质的处理和喷嘴的定期检修。下面是几种喷嘴的结构图如图 10.17 所示。

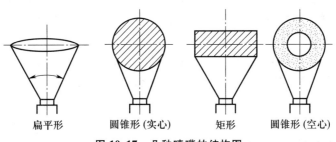

扁平形　　　圆锥形(实心)　　　矩形　　　圆锥形(空心)

图 10.17 几种喷嘴的结构图

10.3　连铸主要设备

连铸设备必须保证连铸工艺过程的顺利进行,主要是由连铸机和相关的附属设备组成。现在的连铸机都是几机几流,如2机2流、4机4流等,即每流都有各自的传动系统。一机多流的连铸机已很少见了。

10.3.1　连铸钢包及其运载的主要设备

1. 钢包

钢包又称盛钢桶、钢液包和大包等,是用于盛钢液的,并在钢包中对钢液进行精炼处理等工艺操作。钢包由外壳、内衬和注流控制机构三部分组成,如图10.18所示。

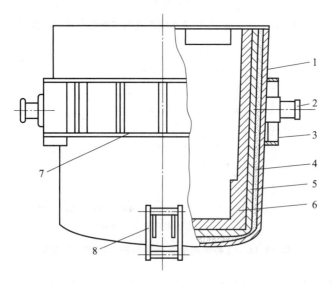

1—桶壳;2—耳轴;3—支撑座;4—保温层;5—永久层;6—工作层;7—腰箍;8—倾翻吊环
图 10.18　钢包的结构

钢包外壳由锅炉钢板焊接而成,桶壁和桶底钢板厚度在 14~30 mm 和 24~40 mm 之间,为了保证烘烤水分的顺利进行,在钢包外壳钻有 8~10 mm 的小孔。此外,盛钢桶外壳腰部焊有加强筋和加强箍。

钢包的内衬由保温层、永久层和工作层组成。保温层靠近钢板,厚度为 10~15 mm,主要用于减少热量损失,常采用石棉板砌筑;为了防止钢液将钢包烧穿,在保温层外还有一层永久层,其厚度为 30~60 mm,这一层采用黏土砖和高铝砖砌筑;钢包的工作层直接与钢液、渣接触,直接受到机械冲刷和急冷急热作用,容易产生剥落,钢包的寿命就与这层有关,这层通常采用综合砌筑,钢包的包底采用蜡砖或高铝砖,而包壁采用高铝砖、铝碳砖,渣线部位常采用镁碳砖。

钢包滑动水口的开启用来控制钢流的大小,用于控制中间包液面的高度。滑动水口由上水口、上滑板、下水口、下滑板组成,如图10.19所示。在操作过程中,靠下滑板的移动来调节上、下注孔中的重合程度来控制注流的大小,其调节方式有两种,即液压方式和手动方式。其滑动水口由于承受高温钢渣的冲刷、钢液静压力和急冷急热的作用,因此要求耐火材料要耐高温、耐冲刷、耐急冷急热、抗渣性良好,并有足够的高温强度。目前,使用较多的是高铝质、镁质、镁铝复合质等材料,也有采用沥青浸煮的滑板来提高滑板的使用寿命。

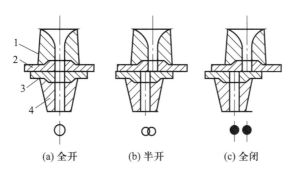

(a) 全开   (b) 半开   (c) 全闭

1—上水口;2—上滑板;3—下滑板;4—下水口

图 10.19   滑动水口控制原理图

长水口位于钢包和中间包之间,生产时现场有一套专用长水口安装装置,使其挂在下水口上,从而减少钢包与中间包间的注流的二次氧化,同时也能避免注流飞溅和敞开浇注的卷渣问题。长水口的材质主要是融熔石英质和铝碳质两种。

2. 钢包回转台

钢包回转台能够在转臂上承接两个钢包,一个用于浇注,另一个处于待浇状态。回转台可以减少换包时间,有利于实现多炉连浇,同时回转台本身可以完成异跨运输。钢包回转台有直臂式和双臂式两种,图 10.20 为直臂式钢包回转台。直臂式钢包回转台是两个钢包分别置于回转台直臂的两端,同时作回转和升降动作,双臂式钢包回转台的每个臂可单独旋转 100°,各臂可单独升降,钢包回转台有各自独立的称量系统。为了适应连铸工艺的需要,目前钢包回转台趋于多功能化,增加了吹氩、调温、倾翻倒渣、加盖保温等功能。

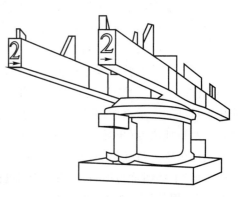

图 10.20   直臂式钢包回转台

钢包回转台的传动装置由交流电动机和气动事故电动机组成。正常操作时,电动机带动主减速机,主减速机输出端的小齿轮带动转臂底盘上的叶轮,使回转台转动。当发生事故时,交流电动机停止工作,启动气动事故电动机,通过主减速机使回转台进行旋转。两套装置相互连锁,当一套工作时,另一套自动关闭。回转台转臂的升降有机械和液压两种方式。

10.3.2   中间包

中间包是用来承接钢包钢液的过渡装置,位于钢包与结晶器中间,它能够稳定钢流,减少钢流对结晶器内凝固坯壳的冲刷。钢液在中间包内有合理的流动状态,适当增加中间包内钢液的停留时间,有利于钢液中夹杂物的上浮;对于多流的连铸机中间包还具有分流作用;同时中间包内的钢液在钢液换包时起衔接作用。

中间包的容量通常为钢包容量的 20%~40%。通常情况下,钢液在中间包内停留 6~9 min,才能保证钢中夹杂物上浮。为此,中间包有向大型化方向发展的趋势,容量可达 60~80 t,钢液的深度可达 1 000~1 200 mm。在保证中间包内钢液散热最小的情况下,中间包力求简单,制造方便,一般为矩形和梯形,图 10.21 为一梯形中间包。在多流连铸机上,为减少钢液注流产生的涡流,从钢包长水口的注入点与中间包水口必须保持一定距离,一般不小于 500 mm,并尽可能做到钢液注入点与中间包各水口距离相等,为此,发展了异形中间包,如 T 形、V 形等中间包。

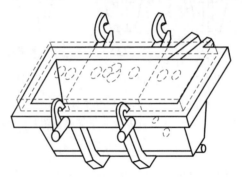

图 10.21　中间包的结构示意图

为了保证钢液在中间包内有一定的停留时间,通常在中间包内设有挡墙,挡墙的位置、形状、数量的设置可以通过水模试验来确定,确保钢液在中间包内保持平均停留时间大于 5 min,大型中间包(50 t 以上)内钢液的平均停留时间要接近或大于 7 min。图 10.22 为中间包水模试验装置示意图。水模试验原理是水模试验的中间包与实际中间包的几何尺寸相似,且水模试验中间包内流体的 Fr、Re 准数与实际中间包钢液的相等来设计水模型,采用脉冲注入方法,从模拟钢包的长水口处加入示踪剂,采用电导仪测定中间包浸入式水口处示踪剂浓度的变化,根据不同时间浸入式水口处浓度(电导率)的变化,就可以测定流体(水)在模拟中间包内的平均停留时间。从而对挡墙位置进行优化,图 10.22 中的水模试验设定了上、下挡墙,改变不同上、下挡墙(上挡墙也称为堰,下挡墙称为坝)位置和形状来测定一组平均停留时间,最后找出平均停留时间较长的工况,再根据几何相似比,设计现场实际中间包上、下挡墙,在现场进行应用。

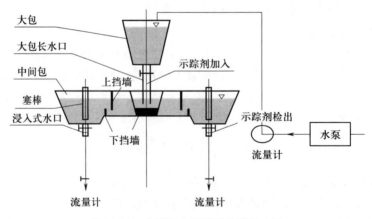

图 10.22　中间包水模试验装置示意图

10.3.3 连铸结晶器

结晶器是连铸机的重要部分,连铸坯的许多缺陷与结晶器的操作和设计因素有关。钢液在结晶器内冷却,形成初生坯壳,而这一过程是在坯壳与结晶器壁连续相对运动下完成的,因此要求结晶器具有良好的导热性和刚性,且要有耐磨性,高的使用寿命。

1. 结晶器的构造

按结晶器的构造可以分直结晶器和弧形结晶器,直结晶器主要是用在立式、立弯式和直结晶器弧形连铸机上,而弧形结晶器是用在弧形和椭圆形连铸机。按结构可分为整体结晶器、管式结晶器和组合结晶器,第一种结晶器目前已经很少采用,下面主要是介绍后两种结晶器。小方坯或小矩形坯采用管式结晶器,而大方坯、大矩形坯及板坯多采用组合结晶器。

（1）管式结晶器

管式结晶器是由冷拔异形无缝铜管、钢质水套、足辊等组成,如图10.23所示。铜管与钢质内套间设有 3~5 mm 的水缝,用于通冷却水,冷却水的流速为 6~10 m/s,也称冷却水缝。铜管和钢套可以加工成弧形,也可以加工成直形,利用隔板和 O 形橡胶圈使钢质内水套与外水套相连,并形成上、下两个水室,利用上、下两个法兰盘将铜管压紧。铜管上口的法兰用螺钉固定在钢质

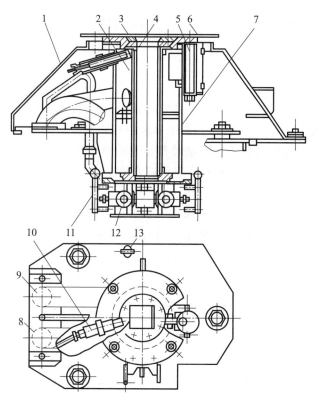

1—结晶器外罩;2—内水套;3—润滑油管;4—结晶器铜管;5—放射源容器;6—盖板;7—外水套;8—给水管;

9—排水管;10—接收装置;11—水环;12—足辊;13—定位销

图 10.23　弧形管式结晶器结构

外套上,在外水套的连接螺栓上装有蝶形弹簧,使铜管膨胀时不会产生太大的压力。铜管的下口一般为自由端,允许热胀冷缩,但上、下口都要密封,不能漏水。结晶器的外套是圆形的,外套上设有底脚板,可以将结晶器固定在振动台上。

1) 结晶器铜管的内腔尺寸

若冷态铸坯的公称尺寸为 $a \times b$,a 为铸坯厚度,b 为弧面宽度,a_t、b_t 为结晶器铜管上口尺寸,a_b、b_b 为结晶器下口尺寸,则结晶器铜管的内腔尺寸可按下式计算:

$$a_t = (1+2.5\%)a+K \tag{10.39}$$

$$a_b = (1+1.9\%)a+K \tag{10.40}$$

$$b_t = (1+2.5\%)a-K \tag{10.41}$$

$$b_b = (1+1.9\%)a-K \tag{10.42}$$

式中 K 值取法如下:

160 mm×160 mm 以上小方坯时,$K=1.5$;

160 mm×160 mm 以下小方坯时,$K=1.0$。

$a \times b$ 为矩形断面铸坯:a 面,$K=2$;b 面,$K=0$。

2) 结晶器铜管的壁厚

结晶器铜管要有一定的抗变形能力,同时要保证一定的传热效果,因此要有一定的厚度,对于不同断面的铸坯,其铜管的壁厚也不相同,随着断面的增大,铜管的壁厚也增加,通常结晶器铜管的壁厚为 10~15 mm,磨损后可加工修复,但最薄不小于 3~6 mm。考虑到铸坯的冷却收缩作用,在铜管的角部要有一定的圆角过渡。

3) 铜管的长度

结晶器铜管的长度主要受拉速的影响,早期结晶器铜管的长度很长,达 1 500 mm 左右,结果是拉坯阻力过大,增大了坯壳的表面应力,漏钢事故也相对频繁。后来随着连铸技术的发展,管式结晶器铜管的长度有所降低,目前多数结晶器铜管的长度为 700~800 mm,但高拉速的应用,使得铜管长度再次有变长的趋势,现有些厂采用铜管长度为 1 200 mm 的结晶器。

4) 铜管的材质

结晶器的铜管要求其在 50~500 ℃ 的温度下不变形,具有良好的力学性能和导热性能,通常使用的是磷脱氧铜或紫铜,近年来也有采用铜铬合金、铜银合金的,但这些合金的价格很昂贵。为了提高铜管的使用寿命,增加铜管表面抗铸坯磨损的能力,在铜管与铸坯接触的表面要镀铬,镀铬层的厚度为 0.06~0.08 mm,可用涡流法对镀层厚度进行检测。关于铜管的加工公差及在线使用寿命情况见相关参考文献。

(2) 组合式结晶器

组合式结晶器是由四块铜板组合而成,每块铜板和钢质背板用螺栓连接起来,在铜板上刻有一定宽度和深度的水槽,冷却水由下部进入,经水槽由上部排出。在宽边的外侧由双头螺栓紧固在刚性很好的框架上,形成一个整体。其中 4 块铜板有各自的进水系统。组合式结晶器如图 10.24 所示。铜板的厚度为 40~60 mm,一般情况下,铜板厚度低于 30~35 mm 时铜板就要下线,经修复后才可再次使用。为提高铜板的使用寿命,增加铜板的耐磨性能,铜板采用锆铬铜材质,并在表面镀镍和铬,镀层通常是距结晶器顶面 250 mm 以下,镀 Ni 层的厚度为 0.5 mm 以上,结晶器出口处镀 Ni 层的厚度为 3 mm,所镀 Cr 的厚度为 0.03~0.05 mm,也有采用镀 Ni-Fe 后再镀

Cr 的。由于 Cu 和 Cr 的导热系数差别较大,为了防止镀 Cr 层的脱落,也有采用三镀层的铜板,第一层为 Ni,第二层为 Ni-P 合金,第三层为镀 Cr 层。铜板的理化性能见表 10.2。

表 10.2　铜板的理化性能指标

化学成分	Cr 含量/%	Zr 含量/%	Cu 含量/%	O 含量/($\times 10^{-4}$%)
	0.5~1.5	0.08~0.3	>98	<100
力学性能 (20 ℃)	R_m	R_e	δ_b	HBW
	390 N/mm^2	390 N/mm^2	30%	>120
物理性能	IACS	抗软化温度		
	>85%	>550 ℃		

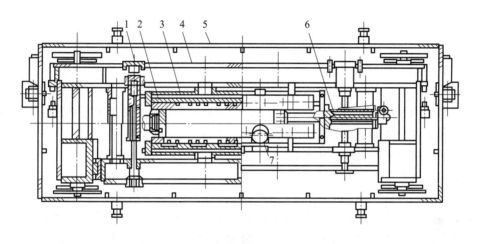

1—调厚与夹紧装置;2—窄面内壁;3—宽面内壁;4—框架;

5—振动框架;6—调宽机构;7—装放射源处

图 10.24　组合式结晶器

2. 结晶器的锥度

连铸结晶器的内腔尺寸是根据冷态下铸坯的公称尺寸来确定的,由于连铸坯在冷却过程中要收缩,所以结晶器的内腔尺寸要大于铸坯的公称尺寸,增大的量等于铸坯的凝固收缩量,为 1%~3%。结晶器下口的收缩量应根据凝固坯壳的收缩量来确定,与坯壳的温度变化和其组织结构有关,铁素体和奥氏体的收缩系数差别很大,对此,在设定时应予以考虑。

铸坯的凝固收缩要求结晶器设有倒锥度,设结晶器的倒锥度为 ε,则有

$$\varepsilon = \frac{S_1 - S_2}{S_1} \times 100\% \qquad (10.43)$$

式中:S_1——结晶器上口的断面面积;

　　S_2——结晶器下口的断面面积。

由于结晶器的长度不固定,因此通常结晶器的倒锥度表示方法是用每米结晶器断面积的收

缩量来表示。式(10.43)变为

$$\varepsilon = \frac{S_1 - S_2}{S_1 h} \times 100\% \qquad (10.44)$$

式中:h——结晶器的长度。

方坯连铸结晶器的倒锥度可取 0.4% ~ 0.9%。

板坯连铸宽厚比较大时,厚度方向的收缩较宽度方向小得多,所以在实际生产中只设定窄面倒锥度,而宽面的倒锥度为零或很小的数。此时可以用结晶器宽度比代替面积比,即可用下式来表示板坯的倒锥度:

$$\varepsilon = \frac{L_1 - L_2}{L_1} \times 100\% \qquad (10.45)$$

式中:L_1——结晶器上口的宽度;

L_2——结晶器下口的宽度。

采用式(10.45)的形式,板坯连铸结晶器的倒锥度为 0.9 ~ 1.1%/m。根据坯壳的凝固特点,现在高速连铸普遍采用多锥度结晶器和抛物线锥度的曲面结晶器,这更能跟踪凝固坯壳的收缩。

3. 结晶器的振动

结晶器的振动是防止连铸坯与结晶器壁间的黏结,实际目的是强制脱膜,因此铸坯的表面状况与结晶器的振动方式及振动参数有很大的关系。结晶器的振动主要研究两部分,即结晶器的振动方式与振动参数及结晶器的振动机构。

(1)结晶器的振动方式与振动参数

结晶器的振动方式分以下几种。

1)同步振动

同步振动是最早的一种振动方式,同步振动的主要特点是结晶器下降时与铸坯作同步运动,然后以三倍的拉速上升,即有结晶器上升与下降速率之比为 3:1,所以结晶器上升时间与下降时间之比为 1:3,设结晶器的振动周期为 T,结晶器的上升时间为 $T/4$,结晶器下降时间为 $3T/4$。由于结晶器在由下降转为上升时,转折点处速率变化很大,结晶器的运动过程产生冲击力,影响结晶器的平稳性,机构也复杂,所以这种振动方式已不再采用。

2)负滑动振动

负滑动振动是同步振动的改进形式,负滑动振动是结晶器先以稍大于拉速的速度[$v_2 = (1+\varepsilon)v$]下降,然后再以较高的速率[$v_1 = (2.8 \sim 3.2)v$]上升。负滑动振动方式的主要特点如下:结晶器下降速率稍大于拉速,因此在结晶器下降时坯壳中产生压应力,有利于防止裂纹,也有利于脱模。结晶器在上升和下降的转折点处,速率变化比较缓和,有利于提高运动的平稳性。

结晶器上升时坯壳承受拉应力,下降时承受压应力,因此在确定振动参数时,应使开始下降时的加速度 a_2 大些,开始上升时的加速度 a_1 小些,通常来说结晶器下降加速度与上升加速度之比为 $K = a_2/a_1 = 2 \sim 3$。

3)正弦振动

正弦振动是结晶器的振动速率按正弦规律变化,是最常见的一种振动形式。正弦振动的主要运动特点如下:没有稳定的速率阶段,结晶器与铸坯之间没有同步运动阶段,但有一小段负滑动时间,过渡平稳,没有很大冲击,因加速度小,有可能提高振动频率,正弦振动是通过偏心轮实现的,制造比较容易。

结晶器振动参数主要是指振幅和振动频率,振幅与振动频率通常成反比。

振动周期:结晶器上、下振动一次的时间为振动的周期,用 T 表示,min;

振动频率:结晶器每分钟振动的次数,用 f 表示,次/min,$f=\dfrac{1}{T}$;

振幅:结晶器从水平位置运动到最高或最低位置所移动的距离,用 S 表示,mm。

随着连铸技术的发展,结晶器的振动频率不断在增加。结晶器振动频率高,有利于提高拉速和减轻振痕,目前多采用 0~250 次/min,也有采用 400 次/min 或更高的频率。振幅小,结晶器钢液的液面波动小,铸坯表面振痕小,振幅通常小于 25 mm,多偏于下限,已有取振幅为 2~4 mm。

结晶器的振动参数对铸坯表面质量有显著的影响,通常情况下,提高结晶器的振动频率,铸坯的振痕深度和振痕间隔减小;负滑动时间越长,铸坯振痕深度越深,相应铸坯的横裂纹指数也越高;结晶器振动的振幅增加,铸坯振痕深度也要有所增加。铸坯的表面横裂纹与振痕深度有很大关系,铸坯表面振痕越深,铸坯表面所产生横裂纹指数也就越大。

(2)结晶器的振动机构

结晶器的振动机构位于结晶器下方,直接承载着结晶器,并使结晶器在浇注时按一定运动轨迹和规律不间断地上下移动,防止铜板与钢液间的黏合。常用的振动机构有差动齿轮式振动机构、短臂四连杆式振动机构及四偏心轮式振动机构。目前比较常用的振动机构是方坯的短臂四连杆式振动机构及板坯的四偏心轮式振动机构。

1)短臂四连杆式振动机构

短臂四连杆振动机构广泛用于方坯和板坯连铸机上,通常小方坯振动机构安装在内弧,而板坯连铸机振动机构安装在外弧。图 10.25 为短臂四连杆式振动机构的示意图。四连杆机构的工作原理是电机通过减速器经偏心轮的转动,使拉杆 3 作往复运动,拉杆 3 带动连杆 4 摆动,连杆 5 也随之摆动,使 AB 的运动轨迹是绕中心 O 点的弧线运动,也就是振动框架按弧线运动振动。通过恰当选择四连杆的各杆尺寸,就能保证结晶器的振动框架按连铸机的弧形半径振动。

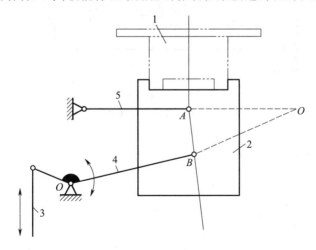

1—结晶器;2—振动框架;3—拉杆;4、5—连杆

图 10.25　短臂四连杆式振动机构(外弧侧)的示意图

2）四偏心轮式振动机构

四偏心轮式振动机构是西德曼内斯曼公司 20 世纪 70 年代开发、80 年代改进的一种振动机构。结晶器的弧线运动是利用偏心距不同的偏心轮及连杆机构来产生的。结晶器弧线运动的定中是靠两根使结晶器只作弧线摆动而不产生其他方向移动的连杆来实现的。通过调整偏心距，结晶器也可作直线运动。这种振动机构的优点是振动平稳，缺点是机构复杂，零件较多。适当选择弹簧长度，可使运动轨迹的误差不大于 0.02 mm。

通常将结晶器、结晶器振动装置及二次冷却区零段三个部分安装在一个台架上，这个台架被称为结晶器快速更换台（QQ 台）。结晶器快速更换台可进行整体更换，生产检修起来比较方便，同时又保证了结晶器、二冷区的零段对弧、对中精度。结晶器快速更换台可离线检修，大大提高了连铸机的作业率。结晶器快速更换台示意图如图 10.26 所示。

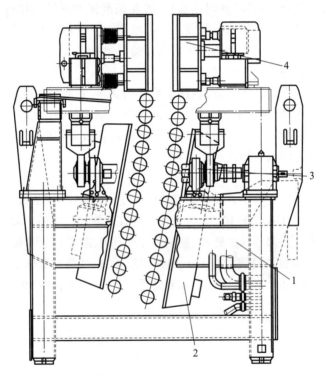

1—框架；2—零段；3—四偏心轮式振动机构；4—结晶器

图 10.26　结晶器快速更换台示意图

10.3.4　二次冷却装置

出结晶器的连铸坯凝固坯壳厚度仅有 8~15 mm，铸坯的中心仍为液态钢，为使铸坯快速凝固及顺利拉坯，在结晶器之后还设置了二次冷却装置。

1. 二次冷却装置的作用

二次冷却区主要是对铸坯进行强制冷却，其次是对铸坯起诱导作用。二次冷却装置的作用可以概括如下几点：

① 采用直接喷水冷却铸坯,使铸坯加速凝固,能顺利进入拉矫区;

② 通过夹辊和侧导辊,对带有液芯的铸坯起支撑和导向作用,防止并限制铸坯的鼓肚、变形和发生漏钢事故;

③ 对引锭杆起支持和导向作用;

④ 对带直结晶器的弧形连铸机,二冷区还完成对铸坯的顶弯作用;

⑤ 对于许多多点或连续矫直的板坯连铸机,二冷区还起到矫直的作用。

连铸工艺对二冷区的主要要求如下:

① 二冷区在高温铸坯的作用下有足够高的强度和刚度;

② 结构简单、调整方便,尽可能适应铸坯断面变化的要求,能快速处理事故;

③ 能够根据需要调整二次冷却水量,适应不同铸坯断面、钢种、浇注温度和拉坯速率的变化。

2. 方坯连铸机的二次冷却装置

小方坯断面比较小,在出结晶器时坯壳已形成足够的凝固壳厚度,坯壳是由四角组成的刚度很好的箱形结构,有足够高的强度承受钢液静压力的作用而不发生变形现象。因此,小方坯的二次冷却装置非常简单,通常在弧形段的上半段喷水,下半段不喷水。整个弧形段有很少的夹辊。通常小方坯二次冷却区可分为足辊冷却区、Ⅰ段冷却区、Ⅱ段冷却区,少数连铸机设有 3 段冷却区。通常足辊区的水量占二冷总水量的 40%,而其他冷却区的水量占总水量的 60%。许多小方坯连铸机的二冷区设有 4 对夹辊、5 对侧辊、12 块导向板和 14 个喷水环,用垫块调节辊间距,以适应不同的浇注断面。二冷区的支撑导向装置是用来安装引锭用的。小方坯连铸机二次冷却区的铸坯导向及冷却装置如图 10.27 所示。

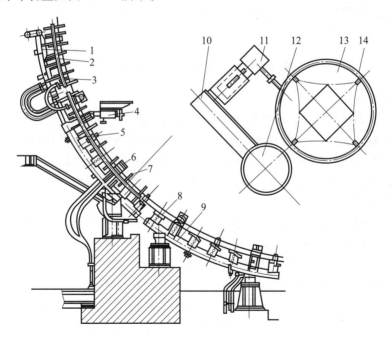

1—Ⅰa 段;2—供水管;3—侧导辊;4—吊挂;5—Ⅰ段;6—夹辊;7—喷水环管;8—导管;
9—Ⅱ段;10—总管支架;11—总管;12—导向支架;13—环管;14—喷嘴

图 10.27　小方坯连铸机二次冷却区的铸坯导向及冷却装置

大方坯的连铸坯较厚,结晶器下口出口处的坯壳有可能发生鼓肚现象,通常这种连铸机的二次冷却装置分为两部分:其上部采用密排夹辊支撑,进行喷水冷却;而在连铸机的下部采用类似小方坯连铸机的结构,可不设夹辊。

3. 板坯连铸的二次冷却段

板坯连铸的二次冷却装置要比方坯的复杂得多。因为板坯的宽度较宽,在钢液静压力作用下,铸坯宽度方向的挠度较大,铸坯容易产生鼓肚现象。为了保证铸坯的质量,必须严格控制铸坯的鼓肚量,所以要严格控制夹辊的辊缝和对弧精度。板坯的二次冷却装置采用扇形段的结构方式,其在连铸机上的示意图如图10.28所示。

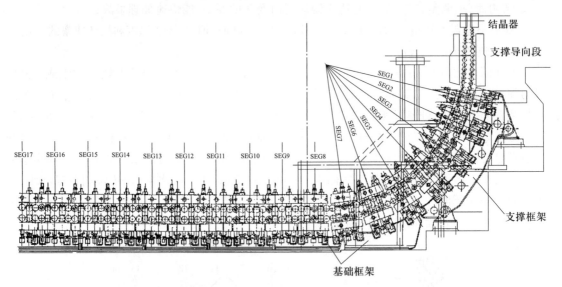

图 10.28　板坯连铸的各扇形段示意图

（1）零段扇形段

结晶器出口板坯的凝固坯壳厚度较薄,出结晶器后,坯壳容易变形,需要有许多密排的足辊或冷却格栅来对铸坯起支撑作用,这些密排足辊或冷却格栅被称为支撑导向段。这一支撑导向段一般与结晶器及其振动台安装在同一框架上,能够同时更换。结晶器足辊以下的辊子组被称为二冷的零段,一般为10~12对夹辊,可以用长夹辊,也可以用分节辊。

（2）其他各扇形段

从零段以后,其他各扇形段的结构、辊子数量、夹辊辊径、辊距及轴承座的形式等随各扇形段在连铸机位置的不同有很大差别。扇形段主要是由夹辊及其轴承座,上、下框架,辊缝调节装置,夹辊的压下装置,冷却喷嘴及相应的管路、给油脂配管等部分组成,如图10.29所示。

扇形段的辊缝调节,有的靠液压机构调节,有的靠蜗杆机构调节。在拉坯过程中,如果出现事故,使拉坯阻力过大,超过设定值,扇形段的上框架能自动打开,避免设备损坏。扇形段中有些辊子是驱动辊,这些驱动辊是通过直流电动机和行星齿轮减速器来带动的,起拉坯矫直的作用,而那些不带电动机和减速器的从动辊,只起防止铸坯鼓肚、保证铸坯质量的作用。

4. 二冷水量控制

铸坯从结晶器进入二冷区,由于尚有大部分钢液没有凝固,因此位于二冷区的铸坯必须经过

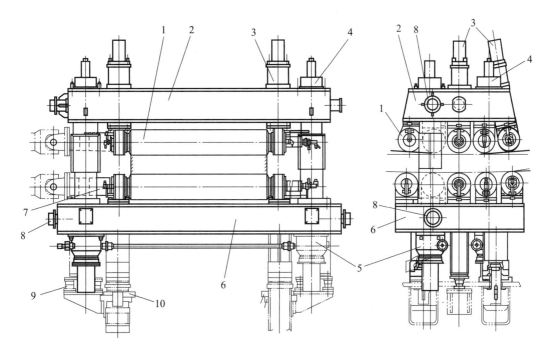

1—夹辊及其轴承座；2—上框架；3—夹辊的压下装置；4—缓冲装置；5—辊缝调节装置；6—下框架；7—中间法兰；
8—拔出用导辊；9—管离合装置；10—扇形段固定装置

图 10.29　扇形段

冷却水进一步冷却，达到铸坯完全凝固。目前连铸机常用的配水方法有静态配水（水表法）和动态配水。

对于内、外弧喷水量的分配，竖直型、弯曲型有很大差异。竖直型时，内、外对称喷水，就是在均匀凝固、均匀应力状态下喷水，而弯曲型场合，对应铸坯的倾斜角度，内、外弧的喷水量必须有差异。即铸坯在结晶下端的支撑辊附近时，同竖直型一样，内、外弧用同量的水就行，而接近夹紧辊的铸坯由于变成水平，根据喷水的停滞及流动的效果，内弧与外弧相比，即使用相同的喷水量也能得到较好的冷却效果。另一方面，对于外弧来说，冷却水在碰到铸坯之后就直接落下，冷却效果就差。根据上述的情况，通常弯曲型的场合在导向辊之后，不同冷却段内、外弧喷水量之比为 1~2.0。

（1）二冷水的仪表控制（静态控制）

根据工艺将二冷区分成若干段，每段装有电磁流量计，每段的冷却水量可由电磁流量计上的执行器按比例进行调节。首先根据工艺要求设定每一段的冷却水量，各段的水量与拉速成二次方关系，拉速变化时，控制机很方便地算出相应的水量，发给电磁阀上执行器一个指令，执行器调节电磁阀的开度，从而改变冷却水量的大小。如果钢种改变，各段水量的设定值也随之改变，根据设定值，电磁阀进行调节。

"仪表控制法"是 20 世纪 80 年代中期之前较广泛采用的一种控制方法，二冷水量计算公式为

$$Q = Av^2 + Bv + C \tag{10.46}$$

式中：Q 为各回路流量设定值，m/h^3；A、B、C 为回路配水参数；v 为连铸机的拉速，m/min。

各段冷却水配水参数（A、B、C）以传热学为基础，通过建立传热学模型计算得出，不同钢种、断面的配水参数也不同。根据此原则由数学模型软件计算出不同钢种、断面钢坯的配水参数表，在钢种和断面确定的情况下，各个二冷配水回路和流量随拉速变化的关系就确定了。由此算出不同回路在不同拉速下的流量设定值。

采用仪表控制方法，拉速降低时水量迅速减少，此时拉速降低前铸坯内部蓄存的多余热量（与拉速降低后铸坯内部热量相比）继续传向铸坯表面，由于水量已减少，从而造成铸坯温度上升。另一方面，当拉速提高时，采用仪表控制方法，二冷水量迅速增大，将与高的拉速相适应的水量用到刚从低拉速状态过来、内部蓄存热量较少的铸坯上，从而造成铸坯温度的急剧下降。如图 10.30a 所示。

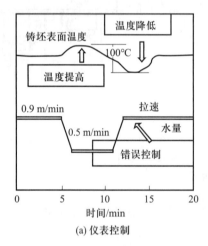
(a) 仪表控制

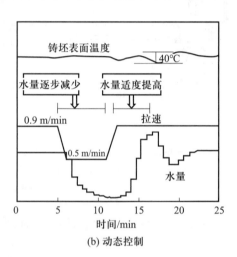
(b) 动态控制

图 10.30　控制方式对铸坯表面温度的影响

（2）二冷水的动态控制

根据铸坯的实际情况及时改变二冷水量的控制方法为动态控制。设定二冷中各目标点的温度，采用数学模型对铸坯在二冷中的水量进行计算，当相同位置的计算结果与设定点的温度一致时，计算机给二冷电磁阀上的执行器发一个指令，电磁阀执行器调节阀的开度，控制水流量。然后计算机继续计算，计算机每隔 20~30 s 发一次指令，阀上的执行器动作一次。

二冷配水采用动态控制，当拉速降低时，水量不是同步按比例减少，而是较平缓地降低，对刚从较高拉速转过来的铸坯仍保持足够的冷却，从而避免了大的温度上升。而当拉速提高时，水量并不立即随着增加，而是在一段时间内仍维持较弱的冷却，然后逐步增强，建立起铸坯新的热量平衡，从而避免了铸坯温度的急剧下降。图 10.30b 给出了动态控制的水量、拉速的变化情况及控制效果。

二冷水动态控制的方法有两大类：一类是基于实测铸坯表面温度的动态控制，另一类是基于模型的动态控制。由于水蒸气及氧化铁皮等因素的影响，铸坯在冷却过程中的表面温度难以得到准确监测，因此根据实测铸坯表面温度来控制二冷水量是不可靠的。这是该方法目前很难推广的原因。很多研究者利用模糊动态控制方法避开直接测量铸坯的表面温度，而改用数学模型来计算,再根据计算出的铸坯表面温度与目标设定温度的比较来调节冷却水量,显然,这种控制方法的成功与否取决于模型计算结果能否真实地反映实际表面温度及其变化规律。

另一类二冷水动态控制方法是各冷却区域配水以冶金准则和传热学为基础,通过建立传热数学模型,计算出各段铸坯表面温度的分布,并给出各冷却回路的最佳配水参数,作为自动控制系统实现水量动态控制的依据。

10.3.5 拉坯矫直装置

各种连铸机都必须有拉坯机。弧形连铸机生产的铸坯是直铸坯,当铸坯出拉坯机后必须进行矫直。实际生产过程中拉坯和矫直在同一机组里完成,这一机组被称为拉坯矫直机(简称拉矫机)。

立弯式或弧形连铸机中,铸坯的自重不能克服浇注过程中的阻力自动运动,仍需拉坯辊进行拉坯;立式连铸机中铸坯的自重足以克服阻力,但为了平衡下滑力,控制拉坯速率,也需采用拉坯辊进行拉坯。

对拉矫机的要求如下:

1) 具有足够的拉坯力,拉矫机要在浇注过程中克服结晶器、二冷区、矫直辊、切割小车等一系列阻力,将铸坯顺利拉出;

2) 能够在相对较大范围内调节拉速,由于所浇注铸坯的断面变化很大,钢种变化也很频繁,生产工艺相对也较复杂,要求拉矫机要适应这些变化,能够大范围地调节拉速,同时上引锭或特殊情况(处理滞坯事故)下,拉矫机具有反向转动的功能,因此拉矫机要有双向调节功能;

3) 具有足够的矫直力,在生产过程中,为避免事故铸坯的温度较低,并且所浇注的断面较大,这要求拉矫机要有足够大的矫直力以保证生产的顺利进行;

4) 在结构上除允许铸坯断面有一定的变化和输送引锭杆作用外,还应具有能使未经矫直的冷铸坯通过的能力。

方坯连铸拉矫机多采用一点矫直结构,仅经过一次矫直,最少有 3 个辊子来完成,常见的拉矫机为四辊拉矫装置和五辊拉矫机。在板坯连铸机采用的是多辊拉矫机,辊列布置扇形段化,驱动辊已伸向弧形段和水平段,拉坯过程是由多组辊子共同完成的,拉矫机已不是原来的含义了,而由一对拉辊变成了驱动辊列系统。常采用多点矫直技术,即经过一次以上的矫直。通常板坯的拉坯矫直方式可分为两种:一是集中拉坯矫直,就是拉坯矫直的传动辊集中布置在矫直的拐点处,又拉坯又进行矫直,形成独立的拉坯矫直机,如四辊、六辊、八辊拉矫机等,在初期的板坯连铸上较常见;二是多辊分散布置的拉坯矫直装置,拉坯矫直的传动辊分散布置在二冷区中部以下到矫直拐点的很长距离内,传动辊很多,多达数十对以上,形成一个拉坯矫直区,现代板坯连铸上多采用这种方式进行拉坯矫直,如图 10.31 所示。

矫直是施加一外力使形状为弧形的铸坯变为平直的铸坯,当外加力矩较小时,铸坯内部所产生的应力小于材料的屈服极限 R_e,铸坯属于弹性变形,不能对铸坯进行矫直;当增加外力矩时,铸坯内部所产生的应力已有一部分达到铸坯的屈服极限,这时铸坯得到部分矫直,称为半塑性矫直;当继续增加外力矩,使铸坯内部所产生的应力全部达到铸坯的屈服极限,铸坯在整个断面上发生塑性变形,即使去掉外力矩,铸坯也已经被完全矫直而不能恢复,这种矫直方式称为全塑性矫直。

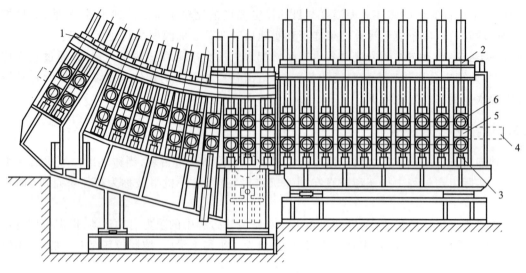

1—牌坊式机架;2—压下装置;3—拉矫机及升降装置;4—铸坯;5—驱动辊;6—从动辊

图 10.31　多辊拉矫机结构

1. 全塑性矫直

全塑性矫直的矫直力矩和矫直力可由下式来计算:

$$M = W_s R_e = \frac{BH^2}{4} R_e \tag{10.47}$$

$$F = \frac{W_s}{l} R_e = \frac{BH^2}{4l} R_e \tag{10.48}$$

式中:l——拉矫辊距,mm;

　　B——铸坯宽度,mm;

　　H——铸坯厚度,mm;

　　W_s——塑性断面系数;

　　R_e——矫直温度铸坯的屈服极限,N/mm²。

当铸坯带液芯进行矫直时,其塑性断面系数 W_s 按下式来计算:

$$W_s = \frac{BH^2}{4} - \frac{(B-2\delta)(H-2\delta)^2}{4} \tag{10.49}$$

式中:δ——凝固坯壳厚度,mm。

通过上述各式可以计算出铸坯在某一温度下所需的矫直力。

2. 半塑性矫直

半塑性矫直的矫直力矩和矫直力可按下式来计算:

$$M = \frac{BH^2}{4} R_e - \frac{BR^2 R_e}{3E^2} \tag{10.50}$$

$$F = \frac{BH^2}{4l} R_e - \frac{BR^2 R_e}{3E^2 l} \tag{10.51}$$

式中:R——矫直前曲率半径,mm;

E——矫直温度下铸坯弹性模量,N/mm^2。

其他符号的物理意义及单位同上。

3. 矫直半径的计算

单点矫直的矫直半径就是连铸机的弧形半径,而多点矫直是指矫直点的圆弧半径不断变化,当铸坯带液芯矫直时,铸坯在固-液两相过渡区界面处的坯壳强度和延伸率的允许范围极小,为防止铸坯矫直时产生内裂,应控制该点处铸坯的延伸率在允许范围内。相应的铸坯矫直过程的圆弧半径变化示意图如图10.32所示。设铸坯经过 n 次矫直,由弯曲状态而变直,其中第 k 次矫直铸坯中心线圆弧半径为 R_k,第 $k+1$ 次的圆弧半径为 R_{k+1},则铸坯内弧坯壳的内层表面的拉伸应变为

$$\varepsilon_{k+1}=\frac{\widehat{BC}-\widehat{AB}}{\widehat{AB}} \tag{10.52}$$

式中:

$$\widehat{AB}=\left(R_k-\frac{D}{2}+\delta_k\right)\theta_k$$

$$\widehat{BC}=\left(R_{k+1}-\frac{D}{2}+\delta_{k+1}\right)\theta_{k+1}$$

$$\theta_k R_k=\theta_{k+1}R_{k+1}=\cdots \tag{10.53}$$

将式(10.53)代入式(10.52)整理得:

$$\varepsilon_{k+1}=\frac{\left(1-\dfrac{R_k}{R_{k+1}}\right)\left(\dfrac{D}{2}-\delta_{k+1}\right)}{R_k-\dfrac{D}{2}+\delta_k} \tag{10.54}$$

由于 $R_k\gg(D/2-\delta_k)$,式(10.54)变为

$$\varepsilon_{k+1}=\left(\frac{1}{R_k}-\frac{1}{R_{k+1}}\right)\left(\frac{D}{2}-\delta_{k+1}\right) \tag{10.55}$$

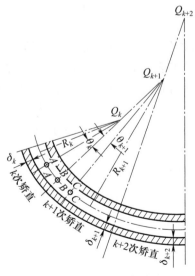

图 10.32　铸坯矫直过程的圆弧半径变化示意图

式中:δ_k——第 k 次矫直点的坯壳厚度,mm;

$\quad$ δ_{k+1}——第 $k+1$ 次矫直点的坯壳厚度,mm;

$\quad$ ε_{k+1}——第 $k+1$ 次矫直点处的延伸率;

$\quad$ R_k——第 k 次矫直点处的矫直半径,mm;

$\quad$ R_{k+1}——第 $k+1$ 次矫直点处的矫直半径,mm;

$\quad$ D——铸坯的厚度,mm。

设计时通常将允许应变取 0.15%~0.2%,连铸机所浇注的钢种不同,所选取的允许应变也应有所差别。如果给定每次矫直的应变速率,通过上述公式就可以反算出连铸机矫直辊径变化,对于弯曲辊弧形半径也类同,从而对连铸机进行设计。

10.3.6 引锭装置

引锭装置包括引锭杆、引锭头和引锭杆存放装置,引锭头是结晶器的"活底",开浇前将引锭头深入结晶器内 1/4 左右,用引锭头堵住结晶器下口,浇注开始后,所注入的钢液与引锭头部凝结在一起,通过拉矫机的牵引,铸坯随引锭杆连续从结晶器下口拉出,直到铸坯通过拉矫机,与引锭杆脱钩为止,引锭装置完成任务,将引锭杆送至引锭杆存放处,以便下个浇次使用。引锭杆按机构形式可分为挠性引锭杆和刚性引锭杆,根据安装方式可分为下装引锭杆和上装引锭杆。

引锭杆一般做成链式,又可分为长节距和短节距两种。长节距引锭杆由若干节弧形链板铰接而成,其节距的长度一般为 800~1 200 mm,每节弧形链板的外弧半径刚好等于连铸机的曲率半径。这种引锭杆应用范围较广,特别是在使用多辊拉矫机的连铸机上,现在我国的宝钢、鞍钢、武钢等板坯连铸机上都是用此种结构的引锭杆。这种引锭杆的链节节距不能大于二冷夹辊的辊间距,由于节距小,链板可做成直形,加工方便,使用中不易变形,当铸坯断面改变时,只需改变引锭头的尺寸即可。拉坯时,当引锭杆通过最后一对拉矫辊时,便开动液压缸推动引锭头向上摆动,将引锭杆与铸坯脱开,并将引锭杆放入存放位置。

引锭杆的安装方式有上装和下装两种。现代连铸机板坯多采用上装引锭杆,而方坯多采用下装引锭杆。上装引锭杆是将引锭杆从连铸机上端经结晶器送入。当一个浇次结束后,尾坯离开结晶器一定距离后,就可以从结晶器上口装入引锭杆,装引锭杆可以和拉尾坯同时进行。因此,上装引锭杆能缩短送引锭的辅助时间,可将浇注前的准备时间缩短近一半,明显提高连铸机的作业率。上装引锭杆采用小车式、引锭杆摆动台和引锭杆导入式等。最常见的是小车式上装引锭杆。小车是在中间包开走后,把存放引锭杆的小车开到结晶器上方,通过传动装置把引锭杆从结晶器上部送入拉矫机,图 10.33 为小车式上装引锭杆的装入方式。

下装引锭杆是在开浇前,有专用的驱动装置通过轨道将引锭杆送入拉辊,再将拉辊送入结晶器。下装引锭杆必须在整个浇钢结束后装入,连铸机中不能有铸坯,这种装引锭方式会造成浇注前的准备时间增加。

10.3.7 铸坯切割设备

铸坯的切割设备是在浇注过程中将铸坯切割成所需要的定尺长度。铸坯的切割设备可分为两大类,一是火燃切割设备,二是机械切割设备。

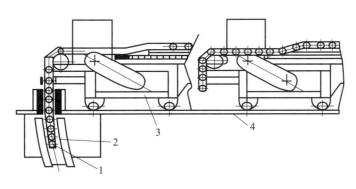

1—引锭杆;2—结晶器;3—小车;4—浇注平台

图 10.33　小车式上装引锭杆的装入方式

1. 火燃切割设备

火燃切割设备主要包括切割小车、切割定尺设备及相关的辅助设备(侧向定位装置、切缝清理装置、切割专用轨道等)。火燃切割是用氧气和燃气(乙炔、丙烷、天然气和焦炉煤气等)通过切割喷嘴燃烧混合来完成对铸坯的切割。火燃切割的主要特点:投资少,切割设备的质量小,切口也比较平整,切缝质量好,不受铸坯温度和断面尺寸的限制,其铸坯断面越大越能体现其优越性,但火燃切割铸坯切口处有金属消耗,使铸坯收得率减少。

火燃切割小车包括运行机构和割炬。图 10.34 为板坯连铸切割小车结构,小车上安装有割炬(切割枪)、同步夹持机构、割炬横向运动机构。切割时,同步夹持机构夹持铸坯,使小车与铸坯一起前进,切割完毕后小车夹钳松开,小车返回,完成一个切割循环。切割板坯的断面很宽,一般采用两个割炬,割炬是由两侧向中心同时切割,当两个割炬相距 200 mm 时,一个割炬停止工作返回到原来的初始位置,另一个来完成最后的铸坯切割工作。切割方坯时,可用一个割炬在摆动中完成切割。

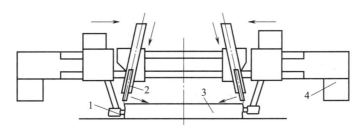

1—定位器触头;2—割炬;3—铸坯;4—切割小车

图 10.34　板坯连铸切割小车结构

同步夹持机构保证了切坯过程与铸坯的运动过程同步,从而使铸坯的切缝整齐。同步夹持机构分夹钳式、钩式和骑坐式三种,最常见的是夹钳式。它是由切割小车上的一对夹钳夹住铸坯两侧,由铸坯带动小车而实现同步运动,切割完成后夹钳松开,小车返回,如图 10.35 所示。

割炬又叫切割枪,是由枪体和切割嘴组成,根据氧气与燃料的混合部位不同,可将其分为内混式和外混式两种。

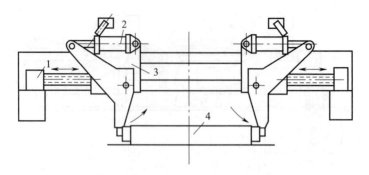

1—螺杆传动装置;2—气缸;3—夹钳架;4—铸坯

图 10.35　夹钳式同步机构

铸坯的定尺装置有机械式、脉冲式和光电式三种。小方坯多采用机械式定尺机构。脉冲式定尺装置如图 10.36 所示,是用气缸 4 推动辊子 2,使它与铸坯表面接触,靠铸坯与辊子间的摩擦力,使辊子转动,并发出脉冲信号,由计数器发出信号开始切割铸坯。光电式定尺装置是在铸坯的定尺位置安装光电管,当铸坯到达该位置时,利用光电信号发生变化来控制铸坯的定尺长度。

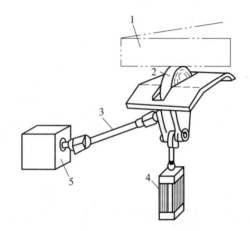

1—铸坯;2—测量轮;3—万向联轴器;4—气缸;5—脉冲发生器

图 10.36　脉冲式定尺装置

2. 机械切割设备

机械切割也是在连铸拉坯过程中将铸坯剪断,一般由剪切机完成。剪切机按动力源可分为电动和液压两类;按剪切机的运动方式可分为摆动式和平行式两类;按剪切机布置方式可分为卧式、立式和45°倾斜式三类,卧式用于立式连铸机,立式和倾斜式用于弧形连铸机。

(1) 立式电动摆动剪切机

图 10.37 为小方坯连铸机上的立式电动摆动剪切机,是由传动机构、剪切机构、同步机构、复位和离合机构组成,采用交流电动机驱动,通过带轮带动飞轮,工作时靠离合器带动双偏心轴转动,使上刀片沿下刀拉杆的滑动槽移动而实现剪切。为了实现剪切过程中剪刀能随铸坯作水平同步运动,采用一套可调斜面机构,剪切完成由重锤式复位机构带动刀台复位。

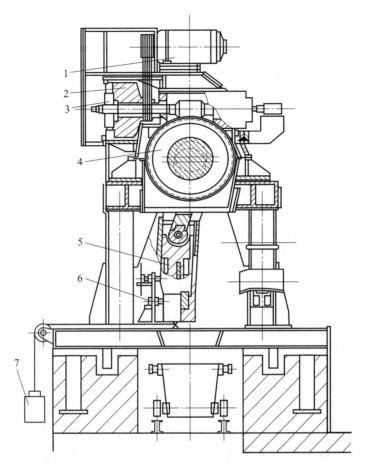

1—交流电动机;2—飞轮;3—气动制动离合器;4—涡轮;5—剪刀;6—斜块装置;7—平衡锤

图 10.37　立式电动摆动剪切机

（2）45°倾斜式液压摆动剪切机

图 10.38 是用于剪切小方坯的 45°倾斜式液压摆动剪切机。这种对角剪切机的机体与水平面的倾角为 45°,采用这种结构的原因是可改善剪口质量,提高铸坯收得率,对于特殊钢铸坯效果更好些。

10.3.8　连铸电磁设备

为提高钢液洁净度、改善连铸坯质量,一些电磁装置被广泛应用于连铸生产,通过电-磁-热流动之间的相互作用,实现对钢液的加热、流动控制及杂质去除等。连铸电磁装置有中间包电磁感应加热、电磁搅拌、电磁制动及电磁软接触等。目前得到广泛应用的有方(圆)坯电磁搅拌、板坯结晶器电磁制动和二冷电磁搅拌等。

1. 电磁搅拌原理

电磁搅拌(electromagnetic stirring,EMS)技术是指在连铸过程中,通过在连铸机的不同位置处安装不同类型的电磁搅拌装置,利用所产生的电磁力强化铸坯内金属液的流动,从而改善凝固

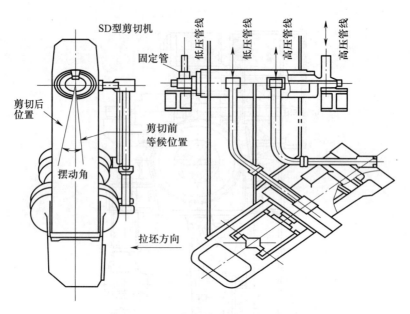

图 10.38　45°倾斜式液压摆动剪切机

过程的流动传热及传质条件,以改善铸坯质量的一项电磁冶金技术。目前电磁搅拌技术已经成为改善铸坯质量、稳定操作、扩大品种范围和提高生产率的重要技术手段,电磁搅拌装置也已成为连铸机的常规配置。

如图 10.39 所示,电磁搅拌是利用电磁搅拌器产生旋转磁场,当钢液通过交变电磁场时,在液态金属中产生感应电流,感应电流与磁感应强度作用产生电磁力,此电磁力是体积力,作用在钢液的体积元上带动钢液流动,从而达到改善钢液的流动、传热以及凝固,更好地控制铸坯结构的目的。

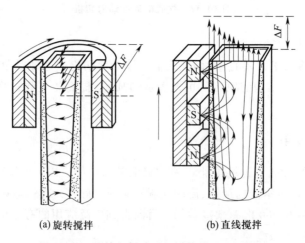

(a) 旋转搅拌　　　　(b) 直线搅拌

图 10.39　旋转和行波磁场搅拌的作用机理图

交流感应的电磁搅拌工作原理和异步电机类似,多相线圈绕组产生行波磁场或旋转磁场,在导电的钢液中产生感应电流,感应电流与磁场作用产生的电磁力对钢液进行搅拌;直流感应的电磁搅拌则是通过恒定磁场与运动的钢液之间相互作用产生感应电流,感应电流与磁场作用产生电磁力,该电磁力的运动方向刚好与钢液方向相反,对钢液起制动作用,因此这种搅拌也叫电磁制动。

2. 方(圆)坯电磁搅拌

连铸电磁搅拌器的主要作用是对铸坯液芯内钢液施加作用力,强化其流动,故把搅拌器和铸坯作为整体来考虑,对于方坯而言,根据搅拌器在连铸铸流的不同位置及不同的组合方式,常见的电磁搅拌器有基本模式、组合模式。基本模式也称一段式,有 M-EMS、S-EMS、F-EMS,如图 10.40 所示。组合模式即基本模式两种或三种的组合形式,如图 10.41 所示。

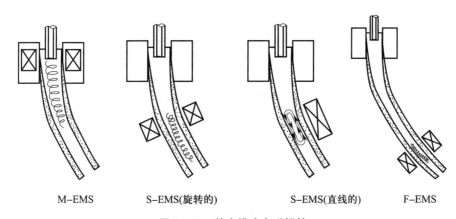

M-EMS   S-EMS(旋转的)   S-EMS(直线的)   F-EMS

图 10.40　基本模式电磁搅拌

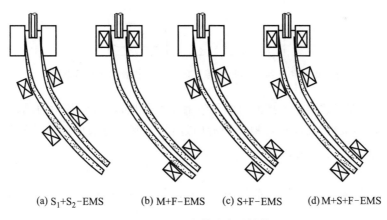

(a) S$_1$+S$_2$-EMS　　(b) M+F-EMS　　(c) S+F-EMS　　(d) M+S+F-EMS

图 10.41　组合模式电磁搅拌

(1) 结晶器电磁搅拌(M-EMS)。通常采用旋转磁场搅拌器,安装在连铸机结晶器区,对结晶器区的铸坯液相穴内钢液进行搅拌。M-EMS 通常采用旋转磁场搅拌器,旋转磁场的搅拌使液相穴内钢液以一定速率作水平旋转运动。由于结晶器铜板的存在一般使用低频电流。

(2) 二冷区电磁搅拌(S-EMS)。搅拌器安装在连铸机的二冷区,对二冷区钢液进行搅拌。对小方坯和大方坯的连铸,S-EMS 常采用旋转磁场搅拌器,对于大方坯或宽厚比例大的矩形坯,

S-EMS 也可采用行波磁场搅拌器。

（3）凝固末端电磁搅拌（F-EMS）。通常安装在连铸机凝固末端区,对凝固末端区糊状钢液进行搅拌。F-EMS 通常采用旋转磁场搅拌器,旋转磁场的搅拌使液相穴内钢液以一定速率作水平旋转运动。

相对于冶金长度,单个电磁搅拌的作用区间毕竟是有限的。一段式电磁搅拌虽可以达到一定的等轴晶率,但在减少中心缩孔和中心偏析方面是不理想的,因此在中、高碳钢及难以连铸的钢种或者诸如高拉速、高过热度、小断面等一些特殊浇注条件下,要产生充分大的等轴区或使中心缩孔和中心偏析减少到一个可以接受的程度,仅采用一段搅拌是远远不够的,而是需要根据钢种、铸坯断面和质量以及电磁搅拌的冶金机理,对单一搅拌进行不同组合,如图 10.42 所示。就目前在线使用情况来看,二段式组合 M+F-EMS 较为常用;S_1+S_2-EMS、S+F-EMS 只适用于高碳钢大方坯连铸,应用不多;三段式组合搅拌 M+S+F-EMS 只适用于高碳钢、小方坯、高拉速连铸,为数极少。

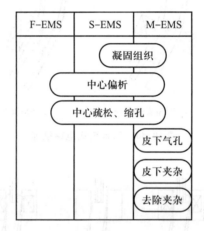

图 10.42　各类方（圆）坯连铸电磁搅拌器冶金效果示意图

无论何种组合,多段式组合搅拌的目的是使钢液不断地运动,使其中的晶核、合金元素和夹杂物等均匀游离而不聚集,从而较好地控制凝固过程,达到改进表面和皮下质量及内部质量的目的。

3. 板坯连铸二冷电磁搅拌

由于板坯连铸机的结构特点,目前使用的板坯连铸二冷电磁搅拌大多采用行波磁场搅拌器,如图 10.43 所示。

由于板坯连铸要求密排辊支承,在辊间需二冷喷水,而电磁搅拌又要求电磁搅拌器尽可能靠近铸坯,这样可以使用较小的功率产生较高的搅拌强度,所以支承辊和搅拌器的安装有较大的矛盾。为了解决这一矛盾,世界各国曾探索过板坯二冷电磁搅拌器的各种构型和合理的安装方式,但无论哪种方式,其核心问题仍是解决铸坯支撑的问题。经过几十年的优胜劣汰,目前常用的二冷区电磁搅拌器主要有三种模式:由瑞典 ASEA（现为 ABB）公司开发的辊后单边行波磁场搅拌器,又称辊后式或箱式电磁搅拌器;由日本新日铁公司（NSC）开发的插入辊缝的双边行波磁场搅拌器（新日铁称 DKS）,又称为插入式电磁搅拌器;由法国 Rotelec 公司开发的辊内式行波磁场搅

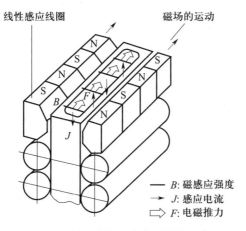

线性感应线圈　　　　磁场的运动

— B: 磁感应强度
→ J: 感应电流
⟹ F: 电磁推力

图 10.43　板坯连铸二冷电磁搅拌示意图

拌器(roll travelling stirrer, RTS), 又称辊内式电磁搅拌器。三种模式示意图如图 10.44a 所示, 相应的磁场模式如图 10.44b 所示。

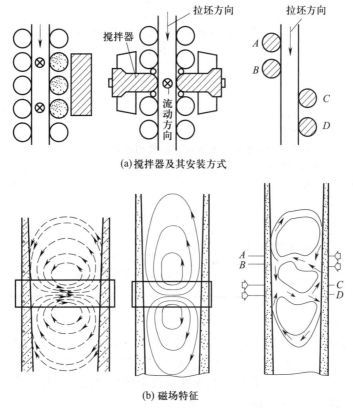

拉坯方向　　拉坯方向

搅拌器

流动方向

(a)搅拌器及其安装方式

(b) 磁场特征

图 10.44　板坯连铸二冷电磁搅拌器的主要模式

三种类型板坯连铸 S-EMS 的主要结构特点列于表 10.3。

表 10.3　板坯连铸 S-EMS 的主要结构特点

类型	插入式	辊后式	辊内式
相数	3	2	2
频率/Hz	4~20	0.3~3	4~10
电流/A	2×700	2×1 000	2×400
冷却方式	一次内水冷	一次内水冷	一次外水冷
感应器数量	2 台对置组成一对	1 台单面安装	4 根辊组成两对
感应器绕组	铜管绕组,克兰姆式	铜管绕组,叠绕式	扁铜线绕组,克兰姆式
中心电磁推力/mmFe	85~110	35~50	一对:60~80 两对并列:90~110
作用面	内、外弧双面	单面	内、外弧双面
对扇形段改造	需特殊扇形段,辊列结构需改变	辊列结构及连铸机结构需改变	几乎不改变扇形段及连铸机的任何结构
安装位置	可灵活安装在第 1~6 扇形段	适合安装在直弧段,位置不可调	可灵活安装在直弧段末及 1~6 扇形段
优点	电磁力大,可适应对所有钢种的搅拌; 可根据不同钢种灵活调整安装位置; 使用寿命长	使用寿命长	高磁力辊电磁力较大,可适应大部分钢种的搅拌; 两对并列使用可适应所有钢种的搅拌; 不改变扇形段及辊列结构; 可根据不同钢种灵活调整安装位置
缺点	需特制扇形段; 安装位置辊间距加大会引起鼓肚	电磁力小; 安装位置不可调	使用寿命不长; 维护较麻烦

4. 板坯电磁制动

电磁制动的工作原理如图 10.45 所示,在板坯连铸结晶器的两个宽面,外加恒定磁场,其方向从一个宽面垂直穿过钢液到达另一个宽面。从 SEN 的两侧孔吐出的流股,以相当大的速率垂直切割外加的恒定磁场,它们相互作用的结果在钢液中感生电磁力。目前常用的电磁制动技术为第三代电磁制动,即 FC(flow control)式。

1982 年,ABB 公司和川崎制铁(Kawasaki)联合开发了第一代局部电磁制动(Local-EMBr),如图 10.46a 所示的局部电磁制动,图 10.46b 所示的全幅一段式电磁制动,图 10.46c 所示的 FC 式电磁制动。

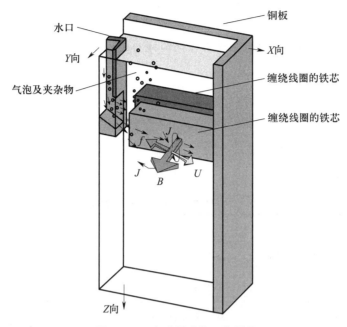

图 10.45　电磁制动的工作原理

如图 10.46a 所示,局部电磁制动的特点是在两个水口出口区域添加垂直于流股方向的恒稳磁场,降低流股速率,减轻其对窄面的冲刷,抑制表面流速和液面波动。但其缺陷是不能作用于全宽度方向。

其后 Sollac 公司和 Hoogovens 公司开发出第二代全幅一段式电磁制动(EMBr-Ruler)技术,如图 10.46b 所示。它的特点是控制全宽度方向结晶器液面,且对不同浇注条件下的敏感性减小。该制动设备抑制从浸入式水口吐出的钢液对凝固坯壳的冲击,缩短下回流的冲击深度,形成所谓的活塞流。但该电磁制动设备的制动效果受设备的位置影响较大,需要与流股冲击点匹配。

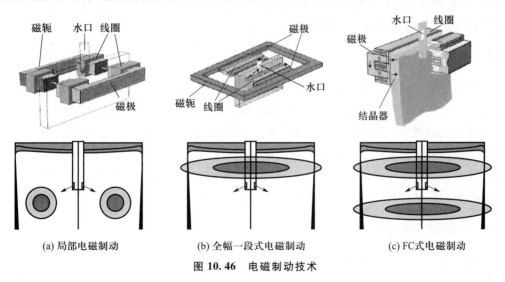

图 10.46　电磁制动技术

JFE 在 1994 年开发了第三代全幅两段式电磁制动技术（FC 式电磁制动），如图 10.46c 所示。该设备的特点是由两个覆盖整个宽度方向的水平磁场构成，一段施加在弯月面，另一段在浸入式水口下方。文献报道 FC 式电磁制动可以同时减小结晶器下部和弯月面处的钢液流速，减少卷渣。

EMBr 对结晶器钢液流场的影响可以归结为以下几方面：

1）窄面无冲击点；

2）向上反转流动明显减小，弯月面变得平坦；

3）向下流动的侵入深度明显减小，形成"活塞流"，一般其侵入深度减小 $1/3 \sim 1/2$。

EMBr 的冶金机理和冶金效果综合在表 10.4 中。

表 10.4　EMBr 的冶金机理和冶金效果

冶金机理	冶金效果	经济效益
使从浸入式水口侧孔吐出流股减速	减少皮下和内部夹杂物	实质性改进产品质量，减少降级和废品率
降低流股侵入液相穴深度	减少保护渣卷吸	
控制弯月面附近流速，减小液面波动	减少纵裂、横裂	
提高弯月面温度	减少漏钢危险	
减小流股对侧面坯壳冲击	提高拉速	

10.4　铸坯质量

在连铸的凝固过程中，铸坯会有各种各样的缺陷。这些分布在表面和内部的缺陷损害了生产的收得率，在严重时延长连铸机的停机时间，从而造成巨大的生产损失。因此，必须充分了解铸坯缺陷产生的原因，进而采取有效措施。

10.4.1　铸坯质量要求

铸坯质量要求主要有四项指标，即连铸坯几何形状、表面质量、内部质量和钢的纯净度，而这些质量要求与连铸机本身设计、采用的工艺以及凝固特点密切相关。如图 10.47 所示，连铸钢液的纯净度是由结晶器之上的钢液所决定的。换句话说就是铸坯的纯净度，应着眼于未进入结晶器前钢液纯净度的控制。铸坯的表面质量主要是受结晶器内钢液凝固过程的影响。这是因为铸坯表面质量是在结晶器中形成的。而铸坯的内部质量则是由结晶器以下的凝固过程所决定的。关于铸坯的断面形状和尺寸则与铸坯冷却以及设备状态有关。

10.4.2　铸坯缺陷分类

铸坯缺陷主要分为三大类，即形状缺陷、表面缺陷和内部缺陷（表 10.5）。有时几种缺陷往往是同时出现。

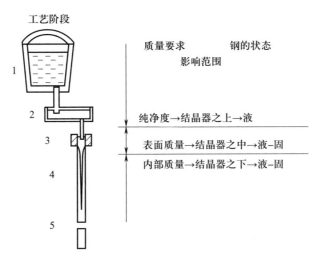

工艺阶段

质量要求　　　钢的状态
　　　　　　影响范围

纯净度→结晶器之上→液

表面质量→结晶器之中→液-固

内部质量→结晶器之下→液-固

1—钢包；2—中间包；3—结晶器；4—二冷区；5—切割

图 10.47　铸坯质量要求和工艺阶段的关系

表 10.5　连铸坯缺陷名称分类

缺陷类别	形状缺陷	表面缺陷	内部缺陷
缺陷名称	宽度偏差 厚度偏差 挠曲 不直 椭圆 菱形变形 鼓肚变形	深振痕 表面裂纹：表面纵裂纹 角部纵裂纹 表面横裂纹 星状裂纹 表面夹渣 气孔和气泡 表面增碳和偏析 凹坑和重皮 切割端面缺陷	内部裂纹与偏析条纹： 皮下裂纹 中间裂纹 矫直与压下裂纹 断面裂纹和中心星状裂纹 中心疏松 中心偏析 非金属夹杂物

1. 形状缺陷

在正常的情况下，铸坯的几何形状和尺寸都是比较精确的，误差大都在公称尺寸的 1% 以内。但是当连铸设备或工艺情况不正常时，铸坯会变形，如方坯的菱形变形（或称脱方）、板坯（或大方坯）的鼓肚，即构成了铸坯明显的形状缺陷。

（1）菱形变形（脱方）

脱方是方坯中常见的形状缺陷。它是方坯由方形变成菱形，四个直角变为一对锐角和一对钝角的现象。当方坯脱方时往往伴有角部裂纹的发生，严重时甚至会由裂纹扩展而导致漏钢事故。脱方的程度通常用两个对角线之差与两个对角线平均值之比来表示。当此值大于标准值时即判为菱形废品。当脱方量大于标准值的 3% 时，在铸坯钝角处常出现裂纹；当脱方量大于标准值的 6% 时，由于加热炉内堆钢和不能咬入孔型给后续轧制带来困难。

脱方发生的主要原因是由于结晶器锥度不当，结晶器内或结晶器出口足辊处冷却不均，凝固厚度不均,从而在结晶器内和二次冷却区内引起坯壳的不均匀收缩造成的。当坯壳冷凝收缩时,铸坯角部(或面部)厚的地方收缩量大,而铸坯角部(或面部)薄的地方收缩量小,而在冷却强度大(收缩量大)的角部或两个面之间形成锐角;在冷却强度小(收缩量小)的角部或两个面之间形成钝角。这就形成了方坯脱方缺陷。

在实际生产中,引起结晶器内和二冷区铸坯冷却不均的因素比较多,如结晶器使用次数较多已发生变形(图 10.48)、内表面凸凹不平、冷却水缝不均匀;或因结晶器设计参数不当;或因冷却水质不符合要求;或铸流不对中等。此外,浇注温度高、拉坯速率快容易引起结晶器内冷却水的间歇沸腾和坯壳变形,都会助长脱方的发生。为了保证坯壳在结晶器内均匀生长,使其与结晶器壁保持均匀良好的接触,应根据钢在结晶器内实际收缩情况,把结晶器做成具有适当的锥度。锥度的大小随钢的化学成分以及浇注速率等参数不同而异。对高碳钢,锥度可高达 1.5%/m;而对低碳钢,锥度可选在 0.3~0.9%/m。浇注速率设计得很高时,锥度适当小些为宜。为了更能符合钢的实际收缩,现在有的已采用双锥度或抛物线型锥度的结晶器,发现对减轻菱形变形更为有效。

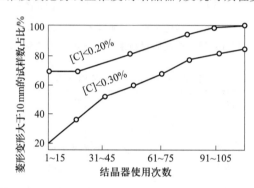

图 10.48 碳含量及结晶器使用次数对于大方坯(280 mm×280 mm)菱形变形的影响

为了防止脱方的发生,除了应重视坯壳在结晶器中的冷却均匀外,还可以在结晶器下口设足辊或冷却板,以加强对铸坯的支撑,并保证铸坯在足辊区不要有较大的温度回升。此外,加强对设备的检查和管理,使结晶器和二次冷却区对中良好,防止喷嘴堵塞,以及控制适宜的铸温和拉速也是不容忽视的。

(2)铸坯鼓肚

鼓肚是指铸坯表面凝壳由于受到钢液静压力的作用而鼓胀成为凸面的现象。这种缺陷主要发生在板坯中,有时也发生在方坯中。当铸坯鼓肚时,往往会导致中心偏析、中心裂纹和角部裂纹等缺陷的形成。而且由于铸坯鼓肚部分的单位质量增加,使轧制收得率降低。鼓肚量的大小与钢液静压力、夹辊间距、冷却强度等因素有密切关系。鼓肚量随着钢液静压力和辊间距的增大而增大,随着坯壳厚度的增加而减少。通常铸坯发生鼓肚时其鼓肚量多为几毫米。为了防止鼓肚的发生,在生产中可采用降低液相深度,加大冷却强度,采用小辊内密排,缩小辊间距,以及调整辊列系统的对中精度和提高夹辊的刚性等措施。

2. 表面缺陷

连铸坯的表面缺陷如图 10.49 所示。

(1)振动痕迹

为了避免坯壳与结晶器壁之间黏结,很早就提出了结晶器上下运动,在铸坯表面上造成了周

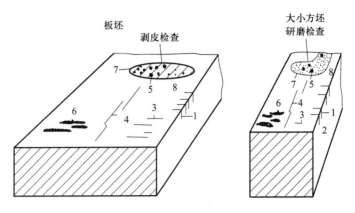

1—角部横裂纹；2—角部纵向裂纹；3—表面横裂纹；4—宽面纵裂纹；
5—星状裂纹；6—振动痕迹；7—气孔；8—大型夹杂物

图 10.49　连铸坯的表面缺陷

期性的、沿整个周边的横纹模样痕迹，称之为振动痕迹（振痕）。它被认为是由周期性的坯壳拉破和重新焊合过程造成的。若振痕很浅，而且又很规则的话，在进一步加工时不会造成什么缺陷。但若结晶器振动状况不佳、钢液面波动剧烈和渣粉选择不当等使振痕加深，或在振痕谷底处形成横裂纹、夹渣和针孔等缺陷时，这种振痕对随后加工及成品造成危害。为了减小振痕深度，现在很多连铸机采用所谓"小幅高频"振动模式。

振痕深度与钢中碳含量也有很大关系。一般来说，低碳钢振痕较深，而高碳钢振痕相对较浅。

（2）表面裂纹

按裂纹方向和所处位置，表面裂纹可分为表面纵裂纹、角部纵裂纹、表面横裂纹和角部横裂纹。此外，在铸坯表面上还常见到一种无明显方向和位置的成组的晶间裂纹，一般都称之为星状裂纹。

铸坯表面裂纹是最常见和数量最多的一种缺陷。从根本上讲，裂纹形成的原因一方面取决于铸坯的形成过程中铸坯表面的受力状况（类型、方向和大小）；另一方面取决于钢在高温下的力学性能（塑性和强度）。前者是各种裂纹形成的外因，后者则是各种裂纹形成的内因。

1）表面纵裂纹

表面纵裂纹主要是在板坯宽面中央发生的沿连铸方向的裂纹缺陷，如图 10.50 所示，左图为铸坯上纵裂纹，右图为热轧板上铸坯横裂纹。严重时裂纹深度可达 10 mm 以上，这需要加大剥皮清理量才能去除，有时不得不报废。一般这种裂纹发生在结晶器内，一般在结晶器内坯壳表面上产生的裂纹很小，当铸坯进入二冷区后进一步扩展成明显的裂纹。

纵裂纹形成的主要原因是初生坯壳厚度不均，在坯壳薄的地方有应力集中，当应力超过高温坯壳的抗拉强度时就产生裂纹。而导致表面纵裂纹的应力包括由凝固壳内、外温差造成的热应力 σ_t；钢液静压力反抗坯壳沿厚度方向的凝固收缩而产生的应力 σ_p；钢液静压力把坯壳推向结晶器壁而坯壳沿厚度方向的凝固收缩产生摩擦而造成的应力 σ_f；中部坯壳向结晶器壁凸进，而长边两端被短边牵制，由此产生的弯曲应力 σ_b 等。其中，温差所造成的应力和弯曲应力 σ_b 是影

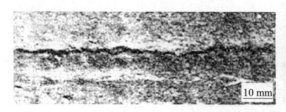

图 10.50　表面纵裂纹形态图

响纵裂纹的主要因素。

在实际操作中,当结晶器冷却不当,沿铸坯周边冷却不均匀使结晶器内坯壳局部薄弱处而产生纵裂纹。还有结晶器变形和结晶器保护渣选择不当、浸入式水口形状不合理也会引起纵裂纹。此外,化学成分对纵裂纹影响很大,如碳含量为 0.10% ~ 0.15% 的钢,属于亚包晶钢,钢液凝固时发生包晶反应,更容易使结晶器壁的传热不均匀,故易形成裂纹。硫含量高的钢,裂纹发生也多。其他如 P、S 等残余元素增加,裂纹也较多发生。图 10.51 为铸坯纵裂纹指数与钢中碳含量、厚度、拉速之间的关系。

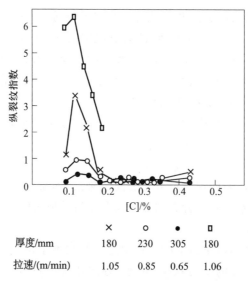

厚度/mm	×	○	●	☐
	180	230	305	180
拉速/(m/min)	1.05	0.85	0.65	1.06

图 10.51　铸坯纵裂纹指数与钢中碳含量、厚度、拉速之间的关系

保护渣黏度对坯壳的均匀性有很大影响。这是因为当保护渣黏度过大或过小时会使渣膜在坯壳与结晶器之间厚薄不均,从而影响结晶器热流分布,并导致纵裂纹的产生。为了使渣膜均匀分布,保护渣的熔化速率应和其消耗量平衡,以保证在钢液表面有一足够的液渣层。此外,还应根据拉速调节保护渣黏度,使其有最佳的保护渣消耗量。生产实践表明,在稳定的浇注阶段,保护渣黏度和拉速平方的乘积基本上为一常数。

为了防止表面纵裂的发生,除了针对以上因素采取相应措施以外,使用带槽沟的弱冷结晶器,采用预熔保护渣,使添加保护渣操作自动化,在二冷区采用气水喷雾冷却等,对于坯壳的均匀生长和防止纵裂纹的发生和扩展都有一定的作用。

2) 角部纵裂纹

这种裂纹在方坯生产中常出现,经常碰到两种情况:① 结晶器角部形状不合适或角部磨损

（如管式结晶器）严重，或由于角部缝隙加大（如板式组合结晶器）或是圆角半径不合理；② 与形状缺陷脱方有关。当铸坯发生脱方时，在钝角处冷却速率快，较早收缩形成气隙，随后此处坯壳的生长受气隙影响厚度较薄，当其受到横向拉应力的作用时，即形成角部纵裂纹。

通常适当增大结晶器锥度，使用凹面结晶器可提高角部散热率，在二冷区对铸坯均匀冷却，防止脱方，都有助于减小角部纵裂纹的发生。

3）表面横裂纹及角部横裂纹

表面横裂纹多发生在弧形连铸机铸坯的内弧侧，而且常发生在铸坯表面深振痕的波谷处。对于 Al 含量高的钢种和含有 Nb、Cu、Ni、N 等微量元素的钢种较容易出现这种裂纹。钢在第三脆性区（600～900 ℃）沿粗大的奥氏体晶界有 AlN、BN 等化合物析出。在这个脆性区矫直铸坯时，铸坯内弧侧受到拉伸应力，很容易产生横裂纹。表面横裂纹之所以经常发生在振痕波谷处，是因为波谷处往往充填有保护渣，使此处的冷却速率降低，凝固组织粗大，坯壳强度低；而且波谷处又常是析出物发源地。当矫直辊水平度异常时，铸坯的矫直应变比增大，因而会导致横裂纹发生率增加。有时铸坯在矫直之前，表面已有星状裂纹，若在脆性区矫直，就会以原有的星状裂纹为缺口扩展为表面横裂纹。图 10.52 为表面横裂纹形态图，左图为铸坯表面横裂纹，右图为热轧板表面横裂纹。

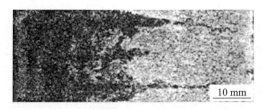 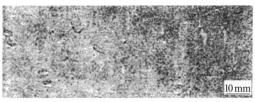

图 10.52　表面横裂纹（振痕裂纹）形态图

除上述原因外，如果结晶器锥度过大，振动参数不适当，拉坯速率不稳定，二冷区铸坯冷却不均匀，都会加剧横裂纹的发生。为了减少表面横裂，应采取措施减小振痕深度、增大振痕曲率半径；减少结晶器钢液面波动；减小结晶器铸坯摩擦力；提高连铸机对弧、对中精度；严格控制钢中的 Al 和 N 的含量，向钢中加入适量的 Ti、Zr、Ca 等元素抑制氮化物、碳化物在晶界析出；采用合适的二冷温度模式尤其要控制矫直温度，使铸坯在脆性区之外矫直，如图 10.53 所示，当铸坯在900 ℃ 以上矫直时，横裂纹大幅度减少。目前已广泛采用弱冷铸坯、高温矫直的措施，这不但有利于提高铸坯质量，而且易于实现铸坯热送。

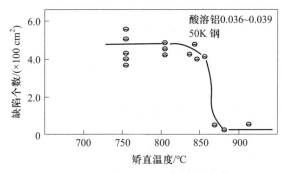

图 10.53　矫直温度对横裂纹的影响

角部横裂纹的形成原因以及预防措施和表面横裂纹是基本上相同的,还应注意二冷夹辊的对中,使铸坯角部不发生过分被弯曲的情况,否则将助长角部横裂的发生。

4) 星状裂纹

星状裂纹又称表面龟裂,是铸坯表面呈网状分布的细小裂纹。通常在铸坯表面经喷丸处理、酸洗或剥皮后,才能检查出来。此种裂纹沿晶界分布,深度为 $1\sim2$ mm,长为 $10\sim20$ mm,分布在 $30\sim50$ mm^2 的范围内。星状裂纹的产生过程是热坯壳直接与结晶器铜板接触,钢的微粒在铸坯表面形成由铜引起的星状裂纹。

星状裂纹若不及时从铸坯表面清理掉,它将成为缺陷遗留在轧材中,当缺陷深度达 0.6 mm 以上时,轧材的疲劳强度将显著降低。此外,星状裂纹还往往会扩展为横裂纹。防止它发生的较有效的措施是在结晶器表面镀一层比铜硬度大的金属,如 Cr 或 Ni。根据国外经验,镀 Cr 层有很高的硬度而且耐磨性好,但黏着性差,易剥落,因而 Cr 不适合于作较厚的镀层。镀 Ni 层与之相反,有很好的黏着性,适于作较厚的镀层。为此应在结晶器铜板上先镀一层厚度为 5 mm 左右的 Ni,随后在其上面再镀一层厚度为 0.01 mm 的 Cr(或可全部镀 Ni),使用这种镀层的结晶器,不但可以防止铸坯表面星状裂纹的产生,而且可以增加结晶器使用次数。图 10.54 为铸坯表面星状裂纹的形态图,左图为铸坯表面星状裂纹,右图为热轧板表面星状裂纹。

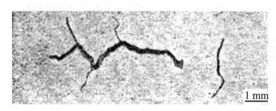

图 10.54　铸坯表面星状裂纹的形态图

(3) 表面夹渣

夹渣是连铸坯上的一种常见缺陷,从组成上多为 Si-Mn 系夹杂物,且外观大而浅;而皮下夹杂物多为 Al$_2$O$_3$ 系,细小且分散,深度一般为 $2\sim10$ mm。前者会造成成品表面条纹缺陷,后者往往是深冲薄板钢表面质量降低的主要原因。坯壳中夹渣也往往导致漏钢事故。表面夹渣成因主要有浇注过程中结晶器保护渣流动性恶化;保护渣吸收浮渣和夹杂物能力降低;结晶器钢液表面波动大,结晶器内钢液流动不合理,造成结晶器保护渣的卷入。

铸坯表面夹渣和皮下夹杂物,除了与钢液纯净度有关外,还与保护渣的化学组成、物理性能以及液面波动状态有关。图 10.55 为钢中 Mn、Si 含量比与夹渣指数的关系。随着 Mn、Si 含量比减小,夹渣指数上升。这是因为当 Mn、Si 含量比减小时,保护渣中 MnO、SiO$_2$ 含量比也减小,即渣中 SiO$_2$ 含量增多,渣黏度增大,使铸坯表面质量恶化。当保护渣中 Al$_2$O$_3$ 含量大于 20% 时,也因渣黏度剧增使铸坯表面夹渣增多。浇注不锈钢时,浇注后期保护渣中的 TiO$_2$ 含量会明显增加,也会恶化保护渣。

当结晶器中弯月面处温度低形成固体壳,而钢液未能将凝固壳压向结晶器壁时,钢液从其上面流过,并把保护渣卷入铸坯表面,也会形成铸坯表面夹渣。当结晶器钢液面波动大,浸入式水口插入结晶器深度不够或者倾角过小时,都会将保护渣卷入坯壳中形成夹渣。结晶器电磁搅拌技术也有利于铸坯表面和皮下夹杂物的减少。

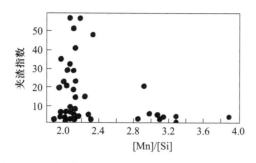

图 10.55　钢中 Mn、Si 含量比对小方坯夹渣的影响

（4）表面气泡和皮下气泡

由于发生的位置不同，通常把露出铸坯表面的气泡称为表面气泡；把潜伏在铸坯表面下边而又靠近表面的称为皮下气泡。前者在未经清理的铸坯表面即可观察到，而后者只有在对铸坯进行表面清理之后才可观察到。当气泡直径较小但密集在一定面积时称为气孔。当铸坯有气泡缺陷时，在进一步轧制过程中，会在轧材表面形成鳞状折叠缺陷，因此对有气泡缺陷的铸坯应进行修磨处理。

铸坯表面气泡形成原因，一般认为是在凝固过程中，钢中的氧、氢、氮和碳等元素在凝固界面富集。当其生成的 CO、H_2、N_2 等气体的总压力大于钢液静压力和大气压力之和时，就会有气泡形成。如果气泡不能及时从钢中逸出，就会存在于铸坯表面或皮下成为气泡缺陷。铸坯脱氧不足（钢中残余铝含量小于 0.001 5%）往往是生成铸坯表面或皮下气泡的重要原因。此外，操作因素对气泡缺陷也有一定影响，如在冶炼末期终点控制不当，钢液过氧化，或者出钢时间长，浇注温度高，以钢包和耐火材料烘烤不良等，都会使钢中溶解的气体增加，并导致形成铸坯气泡的危险。同时由于结晶器吹氩，当氩气吹入量过大，钢液流动状态不合理，造成氩气泡被凝固壳所捕捉，在随后的凝固过程中，也会使铸坯表面形成气泡。

为了防止铸坯表面气泡和针孔的生成，首要条件是控制钢中总的气体含量。如图 10.56 所示，为了避免发生表面和皮下气泡，钢中氧活度应小于一极限值。当钢中碳含量一定时，此极限值和钢中[H]含量与[N]含量有关。随着钢中[H]和[N]含量的增加，此极限值降低。因而加强脱氧和控制钢中[H]和[N]的含量，对生产无气泡缺陷的铸坯是必要的。控制结晶器中钢液面的波动，吹入结晶器钢液中的氩气量要合理，对减少铸坯针孔也很重要。在自动控制液面情况下，铸坯的针孔数比手动浇注情况下大为减少。另外，结晶器电磁搅拌技术（M-EMS），可以促使气体从凝固界面逸出，因而可减少铸坯表面和皮下气泡生成。

（5）表面增碳和偏析

表面增碳也是一种偏析，它有两种情况：一是在油润滑保护浇注的情况下，在结晶器润滑油燃烧后，残留的碳素物质与钢反应造成表面增碳；另一种是在保护渣浇注的情况下，一般保护渣内碳含量为 3%~5%。其中大部分在熔化时被消耗掉了，但总有一些残留的碳聚集在液态渣上面的界面内，这个富碳层造成接近弯月面处的固态渣圈有碳的富集。当液面上升时，钢液就会与这个富碳渣圈接触并导致弯月面处增碳，特别是当渣粉中碳含量高于 6%时更严重。另外，当熔渣层很薄时，钢液很可能与富碳层直接接触而造成增碳。这种增碳对不锈钢是非常有害的。

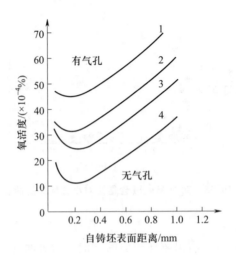

1—[H] = 0.000 4%,[N] = 0.006%;2—[H] = 0.000 4%,[N] = 0.008%;

3—[H] = 0.000 6%,[N] = 0.006%;4—[H] = 0.000 8%,[N] = 0.008%

图 10.56　小方坯气孔形成极限和气体含量之间的关系

由于渣与钢之间反应,特别是在结晶器内钢液面波动时更易发生反应。因此,保护渣中杂质如 FeO、S、Pb 等含量应尽可能低。另一种表面偏析现象是在振动痕迹的底部富集合金元素。而且表面偏析(如 Si、Mn、Ni、Mo)的大小和深度随负滑脱时间增加而加重,即随振痕深度加深而增加。为此,采用高频小幅的振动模型以及保证结晶器钢液面稳定对减轻上述增碳和表面偏析有效果。

(6)凹坑和重皮

在结晶器内钢液初始凝固时,坯壳厚度的增长是不均匀的。一般坯壳与结晶器壁之间是周期性接触和收缩。观察铸坯表面可以发现,表面实际上是很粗糙的,轻微的如皱纹,严重者是呈山谷状的凹陷,这种凹陷也被叫作凹坑。

凹陷有横向和纵向之分。在横向凹陷的情况下,由于沿拉坯方向的结晶器摩擦力的作用,很易产生横向裂纹。这时,钢液可能渗漏出来,一直到在结晶器壁上重新凝固为止,这就是所谓的"重皮"。若钢液渗漏出来又止不住,则将造成漏钢。因此,在有凹坑产生的情况下,长结晶器可能对弥合这种漏钢是有利的。从这个意义上讲,振痕也可看作是具有潜伏裂纹和渗漏的一种横向小型凹坑。

由于凹坑是不均匀冷却引起的局部收缩造成的,因此靠降低结晶器冷却强度,即采用弱冷方式来滞缓坯壳的生长和收缩,从而抑制凹坑形成。但实际生产中,降低结晶器冷却水速率可能会造成结晶器变形,于是采用降低结晶器热面的冷却强度,即用保护渣作润滑剂对改善坯壳生长的均匀性有益。提高坯壳生长均匀性的另一种办法是采用结晶器壁内镀层或所谓"热顶结晶器"等。

3. 内部缺陷

铸坯的内部质量主要取决于其中心致密度。而影响铸坯中心致密度的缺陷有各种内部裂纹、中心偏析和中心疏松,以及铸坯内部的宏观非金属夹杂物。关于非金属夹杂物问题前面已有阐述。铸坯的内裂、中心偏析和疏松这些内部缺陷的产生,在很大程度上与铸坯的二次冷却以及自二冷区至拉矫机的设备状态有关,图 10.57 为铸坯的内部缺陷示意图。

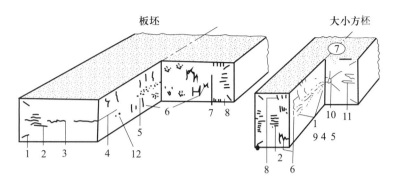

1—内部裂纹;2—侧面中心裂纹;3—中心线裂纹;4—中心线偏析;5—疏松;6—中间裂纹;7—非金属夹杂物;
8—皮下鬼线;9—缩孔;10—中心星状裂纹对角线裂纹;11—针孔;12—半宏观偏析

图 10.57 铸坯的内部缺陷示意图

铸坯的内部裂纹是指从铸坯表面以下直至铸坯中心的各种裂纹,其中包括中间裂纹、中心线裂纹、对角线裂纹和角部裂纹、矫直与弯曲裂纹。通常认为内部裂纹是在凝固前沿发生的,其先端和凝固界面相连接,所以内部裂纹也可称为凝固界面裂纹。无论内部裂纹的类型如何,其形成过程大都经过三个阶段:① 拉伸力作用到凝固界面;② 造成柱状晶的晶界间开裂;③ 偏析元素富集的钢液填充到开裂的空隙中。因此,内部裂纹大都伴有偏析存在。因而也有人把内部裂纹称为偏析裂纹。

内部裂纹发生的一般原因,是在冷却、弯曲和矫直过程中,铸坯的内部变形率超过该钢种允许的变形率(通常在 1 340 ℃,把变形率 $\varepsilon = 0.2\%$ 作为铸坯变形时液固界面产生裂纹的极限变形率)。

通常在压缩比足够大的情况下,且钢的纯净度较高时,内裂纹可以在轧制过程中焊合,对一般用途的钢不会带来危害;但是在压缩比小,钢的纯净度较低,或者对铸坯心部质量有严格要求的铸坯,内部裂纹就会使轧材性能变差和降低成材率。

1)中间裂纹

中间裂纹或叫中途裂纹或径向裂纹,多发生在方坯厚度的四分之一处,并垂直于铸坯表面。这种裂纹发生的原因主要是在二冷下段铸坯表面温度的回升,还有是带液芯进行矫直时凝固前沿变形超过临界变形量。图 10.58 表明中间裂纹发生的位置和铸坯表面温度回升(铸坯表面温度的 AC 段)的关系。当铸坯经过喷水段的强烈冷却进入辐射冷却区时,铸坯中心热量向外传递,使铸坯表面温度回升,坯壳受热膨胀,凝固前沿引起张力应变。当某一局部位置的张力应变超过该处的极限变形值时就产生了中间裂纹。显然铸坯表面温度回升越多,此种裂纹发生的几率越大。因此,应控制二冷区冷却制度,使铸坯表面温度的回升不超过 100 ℃/m。此外当浇注温度高、拉速快、铸坯的柱状晶较发达时,也会助长中间裂纹的发生。

2)中心线裂纹

这种裂纹出现在铸坯横断面的中心区,并靠近凝固末端,也有人称这种裂纹为断面裂纹。这种裂纹是连铸板坯中较常见的缺陷。在板坯进一步加热时,中心线裂纹会被氧化,致使在轧制过程中不能焊合,对产品质量会造成一定的危害。

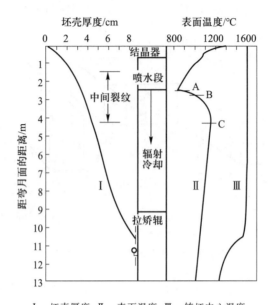

I—坯壳厚度；II—表面温度；III—铸坯中心温度

图 10.58　中间裂纹发生的位置和铸坯表面温度回升的关系

中心线裂纹形成的原因,一般认为是凝固末端铸坯心部的收缩。当铸坯即将完全凝固时,钢液中最后的那一部分潜热自中心散出,致使中心部位温度突然下降。此时由于中心线温降比铸坯表面温降快,因此出现中心线收缩,在中心线处产生较高的张应力。当张应力施加于铸坯心部时,就产生了中心线裂纹。

当二次冷却条件不当,使处于液相穴末端的铸坯表面温度回升时,将进一步使铸坯中心线急冷而引起的张应力增大,从而助长中心线裂纹的形成。另外,这种裂纹的发生与板坯支撑作用不足、在铸坯宽面上形成的鼓肚有关。板坯鼓肚时产生的应力一般垂直于鼓肚面,并作用于中心部位温度接近固相线的低塑性区,促使中心线裂纹的发生。此外板坯鼓肚往往导致发生中心偏析,而中心偏析严重时会扩大为中心线裂纹。反之减轻中心偏析也可使中心线裂纹相对减小。

3)对角线裂纹和角部裂纹

对角线裂纹和角部裂纹一般出现在方坯中,这种裂纹的形成与方坯的脱方有关。当铸坯四个面冷却不均时,冷面附近钢的收缩引起这两面间对角线上的张力应变。当应变值很大时便引起方坯的歪扭变形,在冷却较快的两个面之间形成锐角,而在两个钝角之间靠近凝固前沿的地方形成裂纹(图 10.59)。这种裂纹被称为对角线裂纹。其实质也是一种角部裂纹。要减少这种对角线裂纹,必须注意使铸坯四个面均匀冷却,要求结晶器与夹辊之间要准确对中,防止二冷段的喷嘴堵塞。在夹辊顶端安装足辊有助于减少这种裂纹的出现。

4)矫直与弯曲裂纹

当铸坯带有液芯进行弯曲或矫直时,或者铸坯已全部凝固,

图 10.59　由脱方造成角部内裂示意图

但内部温度仍在固相线温度附近而进行弯曲矫直时,由于此时铸坯液固界面(或铸坯心部)仍处于脆性温度范围,即使受到很小的拉应力,也会导致晶界开裂。矫直与弯曲裂纹就是在这种情况下发生的。图10.60为矫直与弯曲裂纹发生的示意图。图中 X 位置相当于铸坯弯曲部位,而 Y 位置相当于铸坯矫直部位。在铸坯弯曲时,由于外弧侧受到较大的压缩应力,因而弯曲裂纹多发生在铸坯的外弧侧;与此相反,当铸坯矫直时,内弧侧受到较大的拉伸力,因而矫直裂纹多出现在内弧侧。两种裂纹都大体上垂直于铸坯中心线。为减少这种裂纹的发生,应使凝固前沿的张力应变小于铸坯内部的极限变形值。还应指出,当拉矫辊以过大的压力,作用于未全部凝固的铸坯时,也会产生和矫直与弯曲裂纹相似的压下裂纹。显然减小拉矫辊的压力就可以防止这种裂纹的产生。

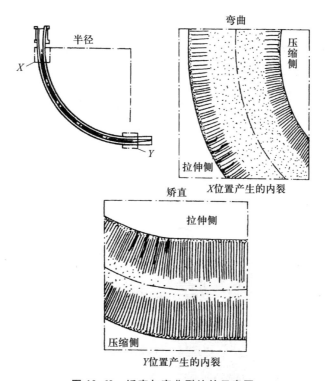

图 10.60　矫直与弯曲裂纹的示意图

为了防止铸坯在二次冷却、弯曲和矫直过程中,因承受各种外力而产生内裂纹,近年来已开发了多点弯曲、多点矫直、压缩浇注、连续矫直以及气水雾化冷却等新技术。生产实践表明,这些新技术在板坯连铸机上应用之后,对于改善铸坯内部质量,减少铸坯内部裂纹,已取得显著效果。

4. 中心偏析

在铸坯中心部位,往往形成元素富集的偏析带,这就是连铸坯常见的一种宏观缺陷——中心偏析。铸坯的中心偏析一旦形成,无法在后续工序(如轧制、热处理等)中完全消除。在生产高碳钢的铸坯中出现高碳含量的中心偏析,在冷却工艺期间会产生硬的马氏体和(或)贝氏体结构。铸坯心部生成的网状渗碳体一类低塑性组织在随后的加工过程中会发生断裂。中心偏析往往伴有中心疏松和中心裂纹,这进一步降低了铸坯的内部致密性,使轧材的力学性能变差。所以,中心偏析是应当设法使之消除或减轻的一种内部缺陷。

由于国内绝大部分生产高碳钢的企业受现有冶炼设备的限制,造成高碳钢化学成分不稳定,铸坯中偏析、夹杂、缩孔等缺陷严重。例如碳含量从标准下限波动到上限,甚至超标,这样造成制品企业拉拔后的产品强度、韧性等指标波动范围大,成品合格率低,在拉拔中容易造成脆断,严重时无法加工。

(1) 中心偏析的形成机理

中心偏析的形成机理有各种理论解释,主要有如下几种。

1) 小钢锭理论:钢液在凝固过程中,溶质元素在固液相间发生再分配,柱状晶的生长使枝晶间未凝固钢液的溶质元素得到了富集。而铸坯的鼓肚和液相穴末端的凝固收缩使中心产生强大的抽吸力。根据"小钢锭"凝固模式(图 10.61),铸坯中心偏析的形成大体上可分为四个阶段。首先是柱状晶的生长;其次是由于某些工艺因素的影响,柱状晶的生长变得很不稳定,即某些柱状晶生长快,而另一些柱状晶生长慢;在这种情况下,优先生长的柱状晶在铸坯中心相遇,形成了所谓的晶桥;晶桥形成后上部钢液受阻不能对下部钢液的凝固收缩进行及时补充,因而在晶桥下边,钢液按一般钢锭凝固的模式凝固。其结果形成了上部有缩孔疏松和正偏析带,而下部有 V 形偏析或负偏析带,这正是铸坯的中心偏析带。由于晶桥的形成是在铸坯凝固过程中断续出现的,所以"小钢锭"的凝固也是断续出现的。因此,连铸坯的整个凝固过程可以看作是无数"小钢锭"断续凝固的结果。

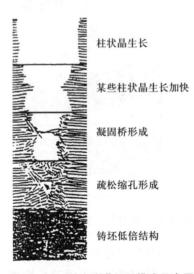

柱状晶生长

某些柱状晶生长加快

凝固桥形成

疏松缩孔形成

铸坯低倍结构

图 10.61 "小钢锭"凝固模式示意图

2) 溶质元素析出与富集理论:铸坯从表壳到中心结晶过程中,由于钢中一些溶质元素(如碳、锰、硫等)在固液界面上溶解并平衡移动,发生再分配,从柱状晶析出的溶质元素排到尚未凝固的金属液中,随着结晶的继续进行,把富集的溶质推向最后凝固中心,即产生铸坯的中心偏析。

3) 铸坯心部空穴抽吸理论:铸坯在结晶末期,一是液相穴末端的凝固收缩使中心产生强大的抽吸力而产生一定的空穴;二是铸坯的鼓肚使其心部同样产生空穴,这些在铸坯心部的空穴具有负压,致使富集了溶质元素的钢液被吸入心部,造成中心偏析。

对方坯而言,在凝固区域末端的铸坯鼓肚量小于铸坯的凝固收缩量。因此,方坯的中心偏析主要起因于铸坯凝固末端固液两相过渡区(也称糊状区)的凝固收缩。

（2）中心偏析与其他

1）中心偏析与V形偏析

化学分析表明,V形偏析率与中心偏析有一样的规律,这说明中心宏观偏析的变化可能与V形偏析的形成有关。在钢坯内部凝固过程的两个不同时期形成两种流动方式:一种主要向下,稍微向内指向中心;另一种直接向内,沿着V形偏析线。

中心的结晶结构类型(柱状晶和等轴晶)是中心钢液流动控制的主要因素。根据结晶结构不同V形偏析有两种类型:当中心是等轴晶时,由于钢液流动有很多通道,形成束状的V形偏析;另一种,中心为柱状晶结构时流动通道少,形成大的单一的V形偏析,这种V形偏析经常出现。

V形偏析的形成有两种解释:一是由于凝固收缩和热收缩使负压力更低,造成等轴晶驻留或塌落,然后流体将在塌落晶体聚合体之间的通道中流动。如果组织为柱状晶,凝固前沿不规则,突出前沿之间形成一种桥连接,在桥所处的位置,液体向下流动的通道被关闭,最终液体在桥的侧面形成V形通道,这种机制导致了单个的V形偏析和小钢锭组织的形成。另一种解释是,糊状区在凝固过程中因受压应力,这种压力由坯壳中的温度变化所导致,应力场把树枝晶间的流体压向铸锭中心,这种流体流动与向下的负压一起导致V形偏析通道的形成。

2）中心偏析与中心疏松

早期人们认为中心宏观偏析与中心疏松是由于钢从液体到固体相变凝固时体积减小,即凝固收缩而引起的。近几年又有人提出中心宏观偏析是在铸坯中心部分凝固期间由于凝固壳的热收缩而引起的。浇注操作期间很难通过试验验证这两个因素中哪一个是主要的。

中心偏析与中心疏松不是线性关系,如图10.62所示,中心疏松面积随着中心偏析面积的减少而减少,是由于溶质富集钢液不容易渗透到凝固收缩中;中心疏松面积随着偏析面积的增大而增大,溶质富集钢液容易渗透到凝固收缩中。

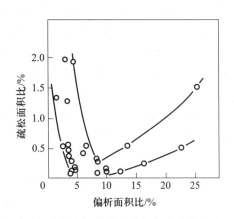

图 10.62　连铸方坯的中心疏松与中心偏析的关系

（3）中心偏析的控制方法

铸坯凝固的特点是倾向于生成柱状晶组织,正因为这样,易产生柱状晶的"搭桥"现象。从而导致中心疏松和中心偏析的生成。高碳钢中由于 C 偏析形成马氏体组织而影响钢的延展性。为了减少铸坯中心疏松、缩孔和偏析,一是抑制柱状晶生长,扩大铸坯中心等轴晶区;二是抑制液相穴末端富集溶质的残余液的流动。宜采取以下措施:

1) 低温浇注技术。控制柱状晶和等轴晶比例的关键是减少过热度。过热度增加柱状晶发达,中心偏析严重。

2) 减少易偏析元素含量。如采取铁水预处理和钢包脱硫等措施把钢中[S]含量降到小于 0.01%。

3) 拉速的影响。对一定断面的铸坯和钢的化学成分,随着拉速的提高,铸坯在结晶内停留时间变短,从而使钢液凝固速率降低,其结果是铸坯液芯延长,铸坯液相穴加深,这不但推迟了等轴晶的形核和长大,扩大了柱状晶区,而且发生铸坯鼓肚的危险也随之增加,而且易形成搭桥和形成"小钢锭"结构,导致铸坯中心组织变坏并带有大缩孔和轴向偏析。所以,希望得到足够浅的液相穴,并使钢液易于补缩,为此需要限制拉速。

4) 断面尺寸的影响。研究发现铸坯断面尺寸对凝固组织有明显的影响,所以必然对轴向偏析有重要影响。检查了矩形坯(210 mm×350 mm、260 mm×370 mm)和方坯(250 mm×250 mm、160 mm×160 mm、113 mm×113 mm、100 mm×100 mm、80 mm×80 mm)的偏析情况,发现在 160 mm×160 mm 出现的偏析率最高,其次是 250 mm×250 mm、80 mm×80 mm,只有铸坯断面大于 250 mm×250 mm 时,偏析才能有实质性的减少,偏析宽度对坯厚的比率是随着铸坯断面更宽更扁(也就是说矩形程度增大)而降低。

5) 阻止富集溶质残余钢液的流动。为此必须防止在凝固过程坯壳的鼓肚。

6) 轻压下技术。为防止凝固收缩而产生负压引起液体流动,在凝固末端采用带液芯的轻压下技术。

7) 电磁搅拌技术。在固液相界面处树枝晶的生长过程中,可施加外力以打碎树枝晶,使其作为结晶核心来扩大等轴晶区,或者施加外力来抵消凝固过程中液体流动,这些措施均可减轻偏析的发展。连铸机应用电磁搅拌有结晶器(M-s)、二冷区(S-s)和凝固末端(F-s)三种方式。在结晶器内由于电磁力的作用,搅动的钢液把树枝晶的尖端切断,被切断的树枝晶多数分散在钢液中成为等轴晶的核心,但有一部分被熔化加速了钢液过热度的消除,产生了微细的等轴晶。这样有利于扩大等轴晶区。同时结晶器内钢液的搅动,有利于气泡和夹杂物的去除,改善了铸坯表面和内部质量。在二冷区和凝固末期的电磁搅拌,可把柱状晶打断,防止搭桥,分散富集溶质的钢液,扩大等轴晶区改善中心偏析。

8) 凝固末端强冷技术。铸坯中心偏析与凝固末端液相穴末端糊状区的体积有关,在凝固末端设置喷水冷却区压实铸坯心部,防止坯壳鼓肚,阻止液体流动,减轻中心偏析,其效果不亚于轻压下技术。

9) 连续锻压技术。该技术是日本川崎钢铁公司开发的,在铸坯的最后凝固阶段对铸坯进行锻压,当铸坯受到锻压后尺寸急剧变小,在液相穴末端形成致密的固相,从而防止浓化钢液的流动,避免中心偏析的形成。该工艺不仅较好地消除中心偏析、中心疏松和中心裂纹,并可将 V 形偏析消除。

以上各种中心偏析的控制方法是从改变凝固组织结构和抑制液相穴末端富集溶质的残余液的流动两方面入手的。通过改变凝固组织结构入手来改变中心偏析的方法有低过热度浇注、控制铸坯拉速、结晶器电磁搅拌(M-EMS)、二冷强冷技术。通过抑制液相穴末端富集溶质的残余液的流动入手来改变中心偏析的方法有轻压下技术、凝固末端强冷技术、凝固末端电磁搅拌(F-EMS)、连续锻压技术。

10.4.3 铸坯的质量检测和控制

由于连铸是一个可以控制的过程,从而通过对凝固过程的检查和控制就能获得控制质量的效果。从这个意义上讲,了解连铸条件与最终产品缺陷之间的相互关系就可能预先判定产品的质量,而这正是实现计算机质量控制的基础。

质量检查的目的是要保证要求的产品质量。但对连铸坯来讲,目前尚没有一个统一的质量判定标准。因此,各个生产厂都是根据各自的产品质量要求建立的质量标准。

一般质量检查大体分为 4 项内容,即

1)钢液成分(指目标成分、微量元素、气体含量等);

2)铸坯外形尺寸(指断面、长度等);

3)表面质量(指裂纹、气孔等);

4)内部质量(指清洁性、裂纹、偏析等)。

后三种检查基本上都是用物理的方法在浇注完并切成定尺之后进行的。而检查表面质量和内部质量有各种不同的技术方法。产品按相应标准加以评级,然后决定处理方式,如对表面缺陷来说,就要决定是否需要表面清理加工予以去除;而对内部缺陷来说,除了通过一定的热加工压缩比能消除的缺陷外,其他缺陷是很难去掉的。

10.4.4 铸坯的纯净度

1. 连铸过程中非金属夹杂物的形成特征

在钢的冶炼和浇注过程中,由于钢液要进行脱氧和合金化,钢液在高温下和熔渣、大气以及耐火材料接触,在钢液中生成一定数量的夹杂物。这些夹杂物若不设法从钢液中去除,就有可能使中间包水口堵塞或遗留在铸坯中,恶化铸坯质量。

连铸和模铸比较,钢中夹杂物的形成具有显著特征。其一是连铸时由于钢液凝固速率快,其夹杂物集聚长大机会少,因而尺寸较小,不易从钢液中上浮;其二是连铸中多了一个中间包,钢液和大气、熔渣、耐火材料接触时间长,易被污染;同时在钢液进入结晶器后,在钢液流股的影响下,夹杂物难以从钢中分离;其三是模铸钢锭的夹杂物多集中在钢锭头部和尾部,通过切头切尾可使夹杂物危害减轻,而铸坯仅靠切头切尾则难以解决问题。基于这些特点,铸坯中的夹杂物问题比起模铸要严峻得多。

2. 铸坯中夹杂物的类型和来源

铸坯中夹杂物的类型是由所浇注的钢种和脱氧方法所决定的。在铸坯中较常见的夹杂物有以 Al_2O_3 和 SiO_2 为主并含有 Al_2O_3、MnO 和 CaO 的硅酸盐,以及以 Al_2O_3 为主并含有 SiO_2、CaO 和 CaS 等的铝酸盐。此外还有硫化物,如 MnS、FeS 等。

从铸坯中夹杂物的类型和组成可知它们主要由氧化物组成。此外,将尺寸小于 50 μm 的夹杂物称为显微夹杂,尺寸大于 50 μm 的夹杂物称为宏观夹杂。显微夹杂多为脱氧产物,而宏观夹杂除来源于耐火材料熔损外,主要是钢液的二次氧化所形成的。

（1）影响铸坯纯净度的若干因素

1）机型对铸坯中夹杂物的影响。连铸机机型对铸坯中夹杂物的影响主要表现在铸坯中宏观夹杂的分布。但是随着钢液净化技术的完善，已能为连铸提供具有高纯净度的钢液，显然连铸机类型已不再是制约铸坯纯净度的重要因素。

2）连铸操作对铸坯中夹杂物的影响。铸坯在正常浇注的情况下，浇注过程平稳，铸坯夹杂物多少主要是由钢液的纯净度决定。拉速和铸温对铸坯中夹杂物也有一定影响。当钢液温度降低时，夹杂物不易上浮，夹杂物指数升高。随着拉速的提高，一方面水口熔损加剧，另一方面钢液浸入深度增加，钢中夹杂物难以上浮，铸坯中夹杂物有增多的趋势。

3）耐火材料的质量对铸坯中夹杂物的影响。连铸用钢包耐火材料应选用含 SiO_2 少、耐熔蚀性好、致密性高的碱性或中性材料。中间包内衬的熔损是铸坯中大型夹杂物主要来源之一，因此中间包内衬的材料选择应避免存在耐火材料表面残留渣（富氧相）的影响。

（2）提高铸坯纯净度的途径

1）钢液净化处理是生产纯净铸坯的基础。铸坯的纯净度在一定程度上取决于连铸钢液的纯净度。因此在钢液进行连铸之前，采用各种精炼技术对钢液进行净化处理，已成为连铸工艺流程中的一个重要环节。目前处理钢液的具体方法有钢包吹氩、喷粉处理、合成渣洗、钢液加热和真空处理等。在使用时应根据不同的炼钢设备、浇注钢种的质量要求和连铸工艺特征进行选用。

2）防止连铸过程中钢液的二次氧化。一般二次氧化产物主要是弱氧化元素（Si、Mn）的氧化物，尺寸大，所以对钢质危害较大。防止连铸过程中钢液的二次氧化，是生产纯净铸坯的重要措施，对连铸合金钢尤其必要。

连铸钢流保护可从钢包到中间包、中间包到结晶器两部分考虑。从钢包到中间包的注流保护，不受铸坯断面的限制，可采用长水口式、气幕式和压力箱式。由于长水口保护管具有投资少、效果好、操作方便等优点，因而应用较广泛。为防止在长水口和钢包滑动水口接头处空气渗入，可用氩气密封。对于中间包到结晶器的注流保护，当浇注板坯或断面大于 160 mm×160 mm 的方坯时，通常采用渗入式水口配合结晶器保护渣，可成功地解决二次氧化问题，但是对于小断面铸坯采用这种措施有一定困难。近来国外已开发了薄壁形渗入式水口（壁厚小于 10 mm），有可能解决这一问题。用液氮方法对小方坯进行注流保护，未得到推广应用。

3）利用中间包冶金去除钢中夹杂物。为了促使中间包中夹杂物的上浮，目前在中间包中广泛设置上、下挡渣墙，通常认为下挡渣墙的作用是阻碍包底的流股，使夹杂物易于上浮；上挡渣墙则可阻止顶部浮渣被注流卷入钢液。

4）结晶器中促使夹杂物上浮的措施。进入结晶器的钢液中，总是有一些夹杂物，而且钢液在结晶器凝固时，还会有新的夹杂物析出，所以采取一些措施，促使结晶器中夹杂物上浮也是必要的，如结晶器电磁制动（EMBR）技术。

10.5　近终形连铸

近终形连铸（near net shape casting）是当代钢铁工业一次大的变革，是当前最具有竞争力的短流程工艺，与传统工艺比，具有流程短、效率高、建设投资小、生产成本低等优点，越来越受到人们的重视。经过 20 多年的实践，近终形连铸已经有了迅速的发展，主要表现在薄板坯及有些异形坯连铸已完成了开发阶段,进入了工业化推广阶段,薄带连铸也很快可以进行工业化生产。近终形连铸包括薄板坯连铸、薄带连铸和异形坯连铸等。

10.5.1 薄板坯连铸

第一台薄板坯连铸机安装在美国可劳福兹维尔的纽柯厂,经过 10 多年的发展有了飞速的发展,已有了第二代薄板坯连铸机。现代的薄板坯连铸技术有以下特点:

1)可生产更薄的板坯,厚度通常为 40~70 mm,也有生产 80~150 mm 的中厚度板。

2)可实施在线压下,既可实施带液芯的压下,也可实施完全凝固后压下,从而使板坯厚度减薄到某一合理的临界区间,与连轧机组相配套,省略了热轧板带钢机组中的初轧机。

3)通过一系列的精确控制,使生产过程中各工序点的温度控制在某一合理的范围内,只允许连铸机和热连轧机之间予以较小的热量补充,实现生产的顺行。

4)整个工艺流程的节奏很快,连铸的拉速通常在 3~6 m/min,每小时每流产量为 60~180 t,通过一系列的技术措施,使钢液从进入结晶器到热轧卷曲完毕的时间仅为 15~30 min。

1. 薄板坯连铸的冶金工艺特点

连铸中的关键技术是结晶器中钢液的流动,连铸结晶器素有连铸机"心脏"之称,薄板坯连铸之所以发展得那么快,原因之一就是在结晶器流动控制上有所突破,漏斗型结晶器的成功开发为薄板坯连铸连轧的快速发展奠定了基础。图 10.63b 为德国 SMS 公司薄板坯工艺所用的漏斗型结晶器,在结晶器上口宽边两侧有一段平行段,然后和一圆弧相连,结晶器的上口断面较大,漏斗形状在结晶器内保持为 700 mm,结晶器出口处铸坯厚度为 50~70 mm,结晶器的总长为 1 120 mm,上口的漏斗形状有利于结晶器浸入水口的插入,在结晶器的两铜板间形成一个垂直方向带锥度的空间,而漏斗区以外的两侧壁仍然是平行的,两侧壁的距离相当于板坯厚度。这种结晶器满足了结晶器水口的插入、结晶器保护渣的熔化和薄板坯厚度的要求,经过多条生产线的应用,均收到了良好的效果。但由于钢液注入结晶器后要凝固变形,而结晶器的形状要尽量跟踪初生坯壳的凝固变形量,以此确定从漏斗区到平行区的过渡,选取最佳的弯曲半径成为 CSP 的关键技术。

除了漏斗型结晶器外,薄板坯所用的结晶器还有立弯式、全鼓肚型(凸透镜型)和平行板型结晶器(图 10.63)。立弯式结晶器的上部为垂直段,下部为弧线段,侧板可调。意大利的阿维迪生产线采取这种结晶器后,发现这种形状结晶器只能适合薄片形浸入式水口,这种水口插入结晶器后,与结晶器壁只有 10~15 mm 的间隙,造成水口插入后宽面侧保护渣熔化不好,且保护渣层的厚度很难控制为恒定,影响了铸坯的表面质量。为此该厂 1993 年后开始改进结晶器,重新设计了结晶器上口断面,上口由原来的平行板改变为小漏斗型(又称小橄榄型),这种结晶器尽管所用的浸入式水口没有变化,仍然为薄片型浸入式水口,但浸入式水口距结晶器壁间的距离大大增加,改善了保护渣层的状况,所生产的薄板坯质量得到大大的改善。奥钢联 CONROLL 工艺中所采用是平行板型结晶器,浸入式水口是扁平状,钢液从结晶器的两个侧孔和底孔进入结晶器内,这使得结晶器内钢液面的扰动较小,并有利于保护渣的熔化,有利于消除铸坯的表面裂纹,而这种结晶器应归于中板之列,奥钢联从节能角度出发,认为 70~90 mm 厚的铸坯生产能耗最省,加工成本也较低,不必追求铸坯的厚度过薄。

2. 其他薄板坯的技术

保护渣:由于薄板坯的拉速比较快(一般为 4.5~5 m/min,最高可达到 7~8 m/min),在结晶

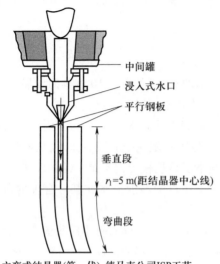

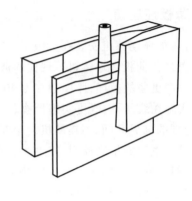

(a) 立弯式结晶器(第一代),德马克公司ISP工艺　　　　(b) 漏斗型结晶器,德国SMS公司CSP工艺

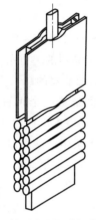

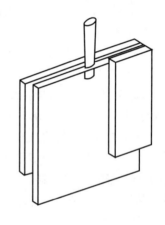

(c) 凸透镜型结晶器,达涅利公司FTSR工艺　　　　(d) 平行板型结晶器,奥钢联的CONROLL工艺

图 10.63　四种类型的薄板坯连铸结晶器

器内保持良好的熔渣层厚度不易做到,薄板坯所用保护渣的性质更为重要。薄板坯连铸所用的保护渣不能是传统连铸机所用的混合型和预熔型颗粒渣,须采用熔点、黏度更低,流动性更好的保护渣,保护渣为中空颗粒保护渣,加入后可在结晶器壁与凝固坯壳间形成稳定厚度的渣膜,起到良好的润滑和吸附夹杂物的作用。像传统板坯一样,各钢种所选用的保护渣也不相同。表 10.6 为适合拉速为 4~6 m/min、碳含量低于 0.08% 的保护渣的理化性能。

表 10.6　低碳钢薄板坯结晶器保护渣的理化性能

渣型	碱度	熔点/℃	黏度/(Pa·s)	熔化速率/s^{-1}
XCZ-2-A	0.90~1.00	1 040±20	0.15±0.02	30~35
BRK-Z	0.80~0.85	1 060~1 080		20~25

铸轧技术：薄板坯的液芯压下（liquid core reduction，LCR）技术又是其显著的工艺特点。20 世纪 70 年代，未凝固坯壳的变形严格被禁止，而薄板坯的 LCR 技术打破了未凝固坯壳不能变形的限制。所谓液芯压下，是指在铸坯出结晶器下口后，对铸坯施加挤压，液芯仍保留在其中，经过二冷扇形段，液芯不断收缩直至整个铸坯完全凝固。除液芯压下外，还有不带液芯的压下技术，即在铸坯完全凝固后对铸坯进行压下。这两种技术由德马克公司在意大利的阿维迪的 ISP 生产线上已成功应用。

拉坯速率（简称拉速）：薄板坯连铸的最主要特点是它有很高的拉坯速率。值得注意的是，即使拉速提高到 5 m/min，60 mm 厚的薄板坯连铸机的产量也只有厚度为 300 mm 的传统连铸机的 1/2。为此要提高薄板坯连铸机的产量一是适当增加薄板坯的厚度，二是进一步提高拉速。

冷却制度：二冷的冷却要根据拉速高的特点来选择冷却水量、水速及喷嘴布置方式，再像传统板坯连铸机那样根据钢种确定相应的水量，制定相应的二冷曲线，按此曲线控制二冷。在薄板坯二冷中也有采用干式冷却的报道，二冷区不喷水，铸坯的冷却是靠铸坯与通有冷却水的导辊的热交换，这种弱冷却适合浇注裂纹敏感性强的钢种，对生产表面质量要求严格的钢种大有益处。

加热方式：多数薄板坯连铸工艺沿袭均热炉加热方式，均热炉一般长 160~200 m，炉内布置的辊子为耐热材质，内芯冷却，均热炉由天然气加热，保温效果好。如果薄板坯入炉温度达到 1 100 ℃，就不需要加热，仅在拉速较慢时，才通过设置在均热炉上部的烧嘴对其进行加热。均热炉内各段温度差很小，通过多个测量点由计算机控制炉内的温度均衡。对两条生产线共用一组精轧机的流程，均热炉可做成平移式和摆动式，方便了薄板坯的运输与加热。在薄板坯 ISP 工艺采用的是感应炉和克日莫那炉，感应炉长度仅为 18 m，后接克日莫那炉，既可保温加热（天然气烧嘴），又可卷曲，减小了生产线长度，减少污染，且操作也很灵活。

精轧机组：薄板坯的连铸连轧生产线是由连铸机和连轧机两部分组成，薄板坯连铸机给连轧机提供的铸坯厚度一般为 15~25 mm，且温度高、分布均匀，为精轧机轧制较薄的热轧带卷创造了良好的条件。现代热轧机生产宽度为 1 350 mm、厚度为 2 mm 的热轧板时，能力可达 280 万吨，而薄板坯连铸机按拉速为 5.2 m/min 计算，其产量仅为 100~120 万吨。由此可见，1 流连铸机对一台热轧机从能力匹配上看是不合理的，而 2 流薄板坯连铸机配一台热轧机组比较适合。现代薄板坯连铸技术已经能生产厚度为 1.0 mm 的热轧带卷，未来的发展是如何生产厚度为 0.8 mm 的热轧带卷，逐步取代等厚度的冷轧板。

目前，薄板坯连铸连轧技术已发展到第三代。第三代薄板坯连铸连轧技术以 2009 年意大利阿维迪公司 ESP（endless strip production）技术为代表，以超高速连铸（拉速为 7 m/min）、无头轧制为特征，如图 10.64 所示，将薄板坯连铸连轧技术推上了一个新的高峰。意大利达涅利 DUE（multi-mode continuous casting and rolling，又称 MCCR）技术，韩国浦项 CEM（compact endless casting and rolling mill）技术也相继得到工业化应用。其中以 ESP、DUE 推广程度最高，截至 2021 年，国内有 ESP 生产线 8 条（日照钢铁、唐山全丰、福建鼎盛及福建大东海），DUE 生产线 1 条（首钢京唐）。ESP 技术是在 CSP 技术的基础之上技术升级实现无头轧制的。而达涅利 QSP-DUE 在连铸机上与 FTSR 使用的都是自家的 FTSC（flexible thin slab caster），QSP-DUE 有单坯轧制（1.5~12.7 mm 规则产品）、半无头轧制（2.0~4.0 mm 规格产品）、无头轧制（0.9~2.0 mm 规格产品）三种模式。

ESP 工艺与传统的薄板坯连铸连轧工艺相比，可轧制较厚的板坯，有更高的拉坯速率和产

第三代薄板坯连铸连轧生产线 (2009 Arvedi ESP)

90~110 mm   10~20 mm   0.8(0.6)~12.0 mm   70~90 mm

生产线长度<190 m

无头轧制

超薄规格大规模轧制

通钢量：max 6.0 t/min

图 10.64 ESP 设备示意图

量,得到更薄的成品厚度。与传统热连轧工艺比较,ESP 工艺节能 50%、节水 70%、节约空间 2/3、成材率高达 98%以上,具有高附加值、低消耗、低排放的优势。ESP 工艺采用液芯压下、高温粗轧及铸坯特殊的温度分布技术,通过电磁感应加热灵活调节带坯温度,实现全无头轧制,达到高效节能生产超薄宽带钢的目的,其环保、节水、节能、省地效果显著,是对钢铁行业高能耗、高污染的传统印象的颠覆。

ESP 连铸设备主要有蝶形钢包回转台,钢包底部安装电磁型下渣检测;使用电动伺服控制装置的中间包;半龙门式中间包车设计,液压升降、横移和调整;以天然气为燃料的进口中间包预热站;带结晶器专家系统的 AFM 漏斗型智能结晶器;使用 ABB 电磁制动技术及设备;具备液芯大压下功能的弯曲段;扇形段动态辊逢控制,配有轻压下功能,减轻中心疏松和中心偏析,进一步提高铸坯内部质量;二次冷却具有动态配水功能,实时监测在线铸坯的热履历,精确控制铸坯温度,满足后续轧机对铸坯温度的要求;下装链式设计的引锭杆。其连铸关键设备参数见表 10.7。

表 10.7 ESP 连铸装备关键参数

项目	特征
连铸机形式	直弧型
弧半径	5 m
冶金长度	20.14 m(11 个扇形段)
结晶器形式	漏斗型配有电磁制动
结晶器长度	1 200 mm
结晶器宽度	920~1 640 mm(结晶器出口)
结晶器厚度	90/110 mm
铸坯厚度	70—90 mm,90—110 mm(110 为平行辊缝)
设计拉速	Max. 7.0 m/min(坯厚为 80 mm)
钢液流量	max. 6.5 t/min

10.5.2 薄带连铸

薄带连铸是用液态钢直接浇注生产出厚度小于 10 mm 的热轧板带(简称热带)的生产工艺,是板带近终形连铸中效果最好而技术难度最高的部分。

1. 薄带连铸的常见方法

薄带连铸生产的主要工艺有双辊法（又分垂直法、水平法和导辊径法）和单辊法。通常双辊法适合浇注 2~10 mm 的薄带，其产品的冷却组织对称；单辊法适合浇注 1~3 mm 的薄带，由于单面冷却，其产品组织不够均匀。目前开发较有前途的薄带有 10 余种，已经过中试并接近实用化的有 5 种。

1）勿忘草法。1985 年左右由法国北方炼铁洛林炼钢联合公司和德国的蒂森公司进行小试。1989 年双方将小试结果合并后进行共同开发，很快在伊斯伯格不锈钢工厂内建成中试机组，利用 $\phi1\,500$ mm 垂直双辊进行铸轧（1~6）mm×（850~1 330）mm 热带卷的中试，到 1993 年末铸速已达 60 m/min，试验钢种为不锈钢和电工钢，25 min 内可铸出 25 t 热带卷，已接近实用化。

2）新日铁/三菱重工法。1985 年开始新日铁和三菱重工利用垂直双辊法和 1 t 电弧炉进行小试。根据小试结果从 1989 年开始在新日铁公司工厂内建成 10 t 中试装置。主试不锈钢，辊径为 $\phi1\,200$ mm，生产的产品规格为（1.0~5.0）mm×（800~1 300）mm，铸速可达 20~130 m/min，已接近实用化。

3）戴维/浦项法。1989 年由英国的戴维公司和韩国的浦项钢铁公司及 RIST 研究所达成共同开发垂直双辊法铸轧热带钢协议，利用戴维公司设计的 $\phi750$ mm 双辊铸轧机和 1 t 钢包在浦项钢铁公司进行中试。生产出（2~6）mm×360 mm 的 304 不锈钢热轧带卷，经冷轧制成焊管，质量良好。

4）Coilcait 法。1985 年由奥地利的 VAI 公司进行了利用单辊法铸轧铝镇静钢的小试，后改为水平双辊法，并和长期进行单辊法小试的美国 AL 公司合作，于 1988 年在 AL 公司洛克帕德工厂内建成 $\phi2\,183$ mm 水平式双辊中试机，试验（0.5~1.5）mm×250 mm 的奥氏体不锈钢，达到每次可处理 18 t 钢液的水平，并接近实用化。

5）IHI/BHP 法。由日本的石川岛播磨重工业公司（IHI）和澳大利亚的 BHP 公司在小试基础上于 1989 年开始进行共同开发，并在 1990 年于 BHP 公司务能代拉工厂内建成中试装置进行试验，截至 1993 年底已经产出 2 mm 低碳镀锌用原板约 300 t，单卷质量达 5 t，其单位造价为薄板坯连铸连轧的 50%~60%。

2. 薄带连铸的主要特征

薄带连铸与传统连铸和薄板坯连铸有很大区别，主要是薄带连铸中所形成的凝固坯壳在浇注过程中不断受拉和受压，结晶器内也无保护渣对坯壳进行润滑，其薄带连铸的热流量很高，如图 10.65 所示。可以看出弯月面处结晶器壁的热流量高于 $10\ \mathrm{MW/m^2}$，远远高于传统连铸和薄板坯连铸钢液弯月面处的热流量。

钢液如何浇注到结晶器中是薄带连铸的核心，图 10.66 为各种双辊钢液的浇注方式。

图 10.66c 所示为热顶结晶器，使初生凝固坯壳与弯月面钢液相分离，图 e 所示的浇注方式是以塞流代替循环的湍流，但由于其结构复杂，并没有被大规模采用。这些浸入式喷嘴都具有各方向的流向控制，流动方向主要根据薄带宽度来定。结晶器内弯月面是自由面，但都有惰性气体对它进行保护，钢液进入结晶器内的动量像传统连铸一样，但不同之处是，由于结晶器的空间很有限，需要对流入的钢液进行阻尼，使进入结晶器的钢液的动量尽量衰减。与此同时，结晶器液面的波动也应限制在很窄范围内（±1.6 mm），这可以保证薄带的表面质量。

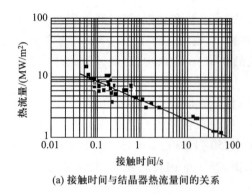

(a) 接触时间与结晶器热流量间的关系

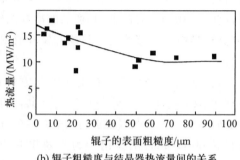

(b) 辊子粗糙度与结晶器热流量间的关系

图 10.65 各种工艺情况下结晶器壁的热流量

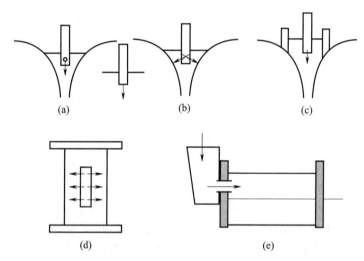

图 10.66 双辊钢液的浇注方式

　　薄带连铸的又一关键技术是移动结晶器的侧封,图 10.67 所示为双辊连铸的各种侧封方法。图 10.67a、d 所示为采用一套辊生产单一宽度的薄带,图 10.67b、c 所示为一套辊生产变宽度的薄带,图 10.67d 所示为双辊薄带的初始情况,它是用辊子本身进行侧封,这种方法现在已不采用。调整薄带的宽度在将来是势在必行的,主要是调整辊子左边的侧封挡板,如图 10.67c 所示。这些辊子间隙中的侧封挡板通常采用耐火材料,这种耐火材料很难满足在线实际应用。而最难的侧封挡板还是如图 10.67a 中的侧封挡板,因为它的面积相对更大,更难安装。

　　薄带连铸所出现的问题就是侧封控制不好时所发生的侧边“牙齿”形缺陷,如图 10.68 所示。在浇注过程中任何渗漏都不允许发生。

　　影响薄带表面质量的主要工艺参数是与结晶器内钢液面波动及辊子(移动结晶器)的粗糙度有关,图 10.69 所示为结晶器内钢液面的波动与薄带表面裂纹指数之间的关系,可以看出,随着结晶器内钢液面波动的增加,薄带表面裂纹指数明显增加,因此要控制结晶器内钢液面的波动。图 10.70 所示为辊子的表面粗糙度对薄带表面裂纹指数的影响,从图上没有发现薄带表面

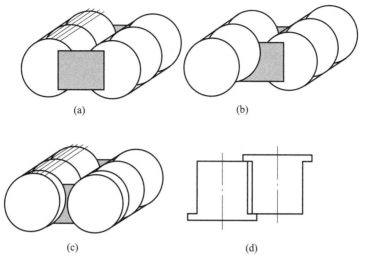

图 10.67 双辊连铸的各种侧封方法

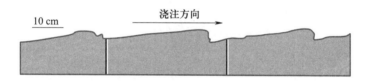

图 10.68 薄带侧边"牙齿"形缺陷

裂纹指数与辊子的表面粗糙度有明显的线性关系,但发现薄带的裂纹指数与生产薄带的柱状晶区的大小及间距有关。此外,辊子主要是经受低周热疲劳的作用,要求辊子有抗疲劳、耐磨的能力,现代辊子都是由铜及镍合金组成,中间通冷却水以冷却辊子,增加钢液的传热能力,同时也增加了辊子的使用寿命。

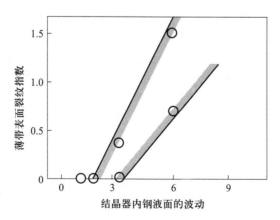

图 10.69 结晶器内钢液面的波动与薄带表面裂纹指数之间的关系

通常采用磁流体动力学装置对侧封板进行密封,并对其进行预热或连续加热。侧封板的不

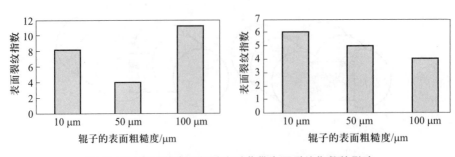

图 10.70　辊子的表面粗糙度对薄带表面裂纹指数的影响

同部位要采用不同的材料,如图 10.71 所示。如图 10.71 所示,侧封板的区域①要有绝热功能,采用绝热材料;而区域③要有抗磨损、防渗漏密封的功能,采用耐磨材料;区域②同时具有区域①和区域③材料的性能,同时还要考虑侧封板与辊子间的连接,即机械定位。

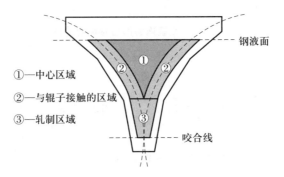

①—中心区域
②—与辊子接触的区域
③—轧制区域

图 10.71　耐火材料侧封板示意图

　　双辊连铸所生产的薄带相当于热轧板,因此热轧机的一些工艺参数对双辊连铸机也很重要,如双辊连铸机的轧辊分离力(roll separating force,RSF)是非常重要的工艺参数,它不仅与工艺操作有关,而且与薄带的表面平整度及厚度有关,甚至影响浇注过程中是否发生漏钢事故。图 10.72 所示为轧辊分离力与液相穴末端位置间的关系,由此可见,当轧辊分离力很小时,薄带发生鼓肚,出现漏钢事故,当轧辊分离力适中时,可进行正常浇注,过大的轧辊分离力可对薄带进行轧制。与此同时,薄带的向前滑移量也有所变化。

　　在双辊连铸机后面有个卷曲机,对所生产的薄带进行卷曲,将薄带打成卷,输送给需要薄带的厂家。正是因为薄带所需的工序少,减少了轧钢厂的投资,节约了大量的能源,减少了成本,因此许多厂家都投入大量的资金开发薄带连铸,美国的纽柯公司投入 10 亿美元,建成双辊薄带连铸,在其薄带连铸生产工艺中有许多高科技技术,如机械手的热中间包更换技术、侧封自动控制技术等,其月产量达到 6 000 多吨。1999 年,欧洲的几个大钢铁公司组成可瑞费尔德联盟,生产厚度为 1.5~4.5 mm,宽度为 1 450 mm,采用 90 吨钢包,生产 304 不锈钢。我国宝钢技术中心前沿研究所也开展了薄带连铸的研究,并取得了可喜的成果,取得了很多单项专利技术,但关键技术还处在保密阶段。总之,薄带连铸将成为 21 世纪钢铁生产中的最有竞争力的工艺,将对钢铁生产起到重要的推动作用,是全世界冶金工作者关注的焦点。

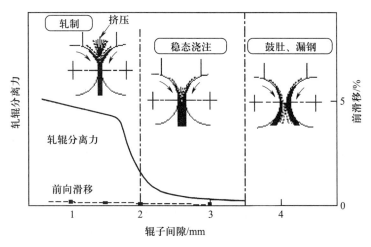

图 10.72 轧辊分离力与液相穴末端位置间的关系

10.6 模铸钢锭

10.6.1 钢的模铸工艺

1. 模铸工艺及其产品

模铸即用模子浇注,是将钢液注入型腔中进行冷却成形的凝固控制工艺,这里主要是指大型锻造钢锭的模铸。与连铸相比,模铸生产流程相对简单,其产品制备成本较高而生产效率和成材率较低。尽管如此,模铸工艺仍不能完全被连铸取代,某些钢种和工况难以适应连铸方式,或连铸条件下难以保证钢材质量,如以下几种情况:

1)抗热敏感性强的钢种,如某些高合金化的工具钢和车轴钢;

2)均质度和致密度要求高的棒材和盘条,如某些高碳铬轴承钢;

3)一些小批量产品以及新钢种开发阶段的试制性产品;

4)某些大型锻件,如核电机组大型铸锻件、水电用涡轮机转子、万吨船舶主轴和大尺寸机械底盘等;

5)大规格轧材,如受压缩比限制的厚壁无缝钢管等。

与连铸相比,模铸在大型零件生产领域具有独特的优势:一方面,模铸能满足大尺寸零件高压缩比和高致密度的要求;另一方面,模铸还能提供高屈服强度和高冲击功材料。基于以上特点,模铸工艺在特钢行业中仍得到广泛应用。国内外模铸钢典型生产商如下:

1)硬线钢。印度 Usha Martin 公司。

2)轴承钢。德国蒂森钢铁公司;瑞典 OVAKO 公司,主要产品工艺为"UHPEAF→LF→IC"轴承钢生产工艺,以及国内的某些特殊钢企业。

3)齿轮钢。日本的山阳特钢、大同特钢等。

4)不锈钢。中国本钢特钢、宝钢特钢等。

5）弹簧钢。日本住友金属工艺公司,中国长城特钢、抚顺特钢等。

6）石油管线钢。

2. 模铸钢锭的浇注方式

模铸钢锭的浇注方式有上(顶)注法和下(底)注法之分,二者的主要区别是充型时钢液进入锭模的方向不同,如图10.73所示。上注法是钢液由顶部注入锭模中,其操作和设备成本较低,钢锭内部质量较好,但易发生二次氧化和表面结疤;下注法是钢液从底部注入锭模中,其钢锭表面质量和纯净度较好,但材料和工艺成本较高且通道中往往残留1%~3%的钢液。表10.8对比了上述两种模铸方式的主要工艺特点。一般来说,浇注方式的选择主要与钢种有关。对表面质量要求高的钢种,如某些特殊钢板材(尤其是薄板),采用下注法较好;对于洁净度和内部质量要求高的钢种,如无缝钢管和炮筒钢,为了降低夹杂物含量并获得致密结构,应选用上注法。此外,工艺和设备条件也是影响浇注方法的重要因素。真空浇注时多采用上注法,其钢锭重量一般也比较大;而非真空条件下的中、小尺寸钢锭多采用"一盘多锭"的下注法。

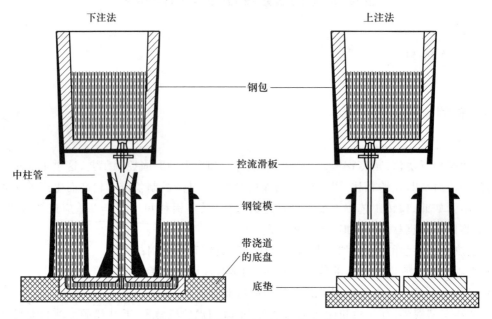

图 10.73　模铸的下注法(左)和上注法(右)

表 10.8　两种模铸方式的主要工艺特点

	上注法	下注法
浇注成本	钢锭模、冒口的材料和操作成本	钢锭模、冒口、中注管、底盘和耐火砖等材料和操作成本
浇注速率	单支	单支或多支
钢锭表面质量	易结疤	较好
钢锭内部质量	较好	一般

	上注法	下注法
二次氧化	显著	不显著
耐材侵蚀	不显著	显著
锭模损耗	较大	较小

3. 模铸钢锭的主要设备

以下注法浇注钢锭为例,其设备主要包括中铸管、底盘、钢锭模和保温冒口等,如图 10.74 所示。为减少钢液充型和凝固过程中的热损耗,除钢锭模外,其他设备内部均配有耐火材料层。

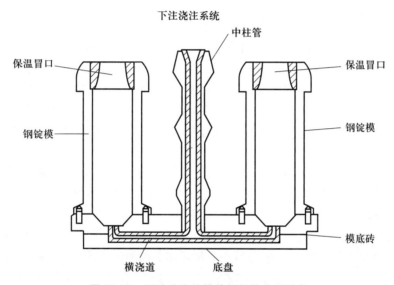

图 10.74　下注法浇注模铸钢锭的主要设备

中铸管的材质多为灰口铸铁,其高度一般超过钢锭模和保温冒口总高 300～500 mm。中铸管的功能是充型时形成足够的压头,以达到控制浇注速率和浇注高度的目的。底盘一般也由灰口铸铁铸成,厚度为 100～250 mm。通常,浇注的钢锭越多越重,底盘也越厚。根据生产实践,大钢锭底盘的质量可达钢锭模的 40%。底盘的功能是实现钢液分流浇注,是下注法"一盘多锭"高效生产的必要设备。钢锭模是模铸钢锭系统的核心部件,其功能是吸收并释放其内部钢液的热量进而获得满足用户质量要求的钢锭。钢锭模的材质和结构参数直接影响着钢液的冷却和凝固过程乃至铸锭质量。钢锭模材质可分为灰口铸铁、球墨铸铁和蠕墨铸铁,而几何结构与钢锭及其最终产品的性能和用途有关。保温冒口简称为冒口,其作用是推迟该区域钢液的凝固进程进而提高其对钢锭本体的补缩效率,对改善铸锭内部质量和成材率至关重要。对于中小型钢锭,冒口大多是在钢锭模顶部内侧悬挂绝热板;而对于大型钢锭,冒口通常设计成外部铁壳加内部耐火材料的独立结构。

4. 模铸工艺参数与质量控制

模铸工艺的两个重要参数是浇注温度和浇注速率。尽管钢种自身特性决定了其缺陷倾向,如高硅钢的疏松、缩孔,模具钢的成分偏析,不锈钢的表面缺陷,合金结构钢的裂纹和轴承钢的夹杂物等,但如果控制好浇注温度和浇注速率,钢锭质量就可以得到较大程度的改善。已有研究表明,模铸钢锭的诸多质量问题都与浇注工艺有关。

为了减少凝固过程中的缩孔和裂纹,降低元素偏析和组织不均匀性,减少气体和夹杂,最有效的工艺方法就是降低浇注温度。对夹杂物要求严格的轴承钢和高锰钢,因其对耐火材料侵蚀作用较大,浇注温度不宜过高;易切削钢由于硫含量高易产生热裂,也不适合高温浇注;对于含 Ti、Al、Cr 的高合金钢,为改善其表面质量才可适当提高浇注温度。值得注意的是,并非浇注温度越低钢锭凝固质量越好。浇注温度过低时会使钢液黏度增大,非金属夹杂物不易上浮,同时容易引起表面缺陷。对于下注法浇注钢锭来说,浇注温度过低还可能出现钢液流经汤道时冻结的现象,引起浇注短锭问题。浇注温度的确定必须综合考虑钢种凝固缺陷的敏感性、现场设备和生产条件。采用热包出钢时,大多数钢种的过热度可控制为 70~80 ℃。一般下注法比上注法浇注温度高10~15 ℃,小钢锭的浇注温度比大钢锭高些。

浇注速率与浇注温度、钢种、锭型和冶炼方法等均有关。对于同一钢种,由于国内外企业生产条件的差异,其采用的浇注速率也相差悬殊。因此,这里只阐述浇注速率的选择和确定的基本原则。一般来说,浇注速率必须与浇注温度相配合,通常可用"高温慢注"和"低温快注"来概括二者之间的关系,因此必须根据浇注温度来调整浇注速率。浇注速率过快对钢锭凝固质量的影响和浇注温度过高是一致的,其相当于同一时间内进入锭模内的热量增加,模内平均温度升高,钢锭的激冷层厚度减小,柱状晶长度增加,成分偏析和夹杂物增加。另外,浇注速率较大时锭模内钢液静压力的增速也较大,不利于气体的排出,容易在钢锭中、下部产生纵裂纹。相应地浇注速率大时钢液在锭模内的循环对流更好,液面更新更充分,可避免由结膜、结壳引起的翻皮缺陷,故对表面质量又有好的影响。目前,浇注大中型钢锭时均覆盖保护渣以防止二次氧化和热量耗散,其浇注速率还要与保护渣性能相匹配,否则对表面质量不利。通常,为了提高钢锭凝固质量,常遵循"两头小、中间大"的浇注原则,即减小其尾部和头部的浇注速率,而钢锭本体则全速浇注。同时,模铸钢锭的浇注速率还与锭型有关,现有工况下大多符合截面积越大浇注速率越小的特征。例如,3 t 钢锭下注的平均浇注时间为 2.5~5.5 min,而 8.2~13.5 t 钢锭下注时间为 9~15 min,其平均线速率从 250~650 mm/min 降低至 140~240 mm/min。此外,过热度和锭型一定的情况下,浇注速率还取决于钢种,其大体可分为三类:① 快速充型,此类钢种具有如下特点:合金元素含量较多,特别是容易氧化结膜或使钢液黏度增大的元素较多,如含有 Cr、Al、Ti、V 和 RE 等元素的不锈钢、合金钢、硅钢等,一般通过快速浇注保证其表面质量。此外,对钢锭内部夹杂物和碳化物要求严格的钢种,如轴承钢和高速钢等也要通过快速浇注改善其凝固组织。② 中速充型:高中碳钢,例如轨道用钢和某些碳素结构钢及合金结构钢等。③ 慢速充型:裂纹敏感性强的钢种,如碳含量为 0.20% 左右的低碳钢,碳含量为 0.30%~0.50% 的中碳结构钢以及硅锰弹簧钢等。慢速浇注可减弱钢液对流循环,加厚钢锭激冷层,可有效改善热裂缺陷。此外,对于体积收缩大的钢种,如碳素工具钢和某些高合金钢等,其一般采用慢速充型。

5. 模铸钢锭的凝固组织特征与成材率

钢锭不同区域的传输行为不同,其各部分的凝固结构也不一致。对于镇静钢来说,其钢锭的典型凝固结构特征如图 10.75 所示。根据晶粒的大小和形状特征,由外到内依次为表面细等轴晶区(又称为激冷层)、与模壁垂直的细密柱状晶区和中心粗大等轴晶区。钢锭上部一般会出现缩孔,缩孔下部和铸锭中心会出现疏松。大钢锭中下部还会出现具有负偏析特征的沉积锥区。

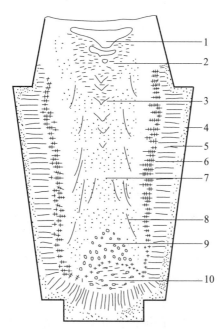

1—缩孔;2—冒下正偏析;3—V形偏析;4—激冷层;5—细密柱状晶;6—粗大柱状晶;
7—轴向中心偏析;8—A形偏析;9—沉积锥部偏析;10—沉积锥底部夹杂物

图 10.75　镇静钢锭的典型凝固结构特征

钢锭内部的晶粒形貌演变与其凝固热状态密切相关。模铸钢锭时,钢液与钢锭模内壁接触时即可形成大量晶核,由于模壁附近冷却速率和过冷度较大,该处晶核不能充分长大,形成了表层细等轴晶区;随着坯壳的生长和模壁温度的升高,凝固前沿过冷度不足以形成新晶核,界面处<100>取向平行于热流方向的晶粒优先向中心生长,进而形成了柱状晶区;凝固后期界面前沿冷却速率慢、过冷度大,铸锭中心出现的大量晶核充分生长,形成了粗大柱状晶区。钢锭上部缩孔的产生与凝固体积收缩有关。冒口钢液不断对钢锭本体补缩,表现为冒口液面持续下降,并形成缩孔。钢锭中下部的锥形负偏析区是凝固前期上部晶核沉积导致的,小钢锭冷却速率较快时该特征并不显著。

根据钢锭剖面上的溶质分布特征,其凝固结构一般包括沉积锥负偏析区、A形偏析区、V形偏析区和冒下正偏析区。钢液凝固初期,部分熔断树枝晶游离并沉积到中下部,由于树枝晶内溶质含量较低,其表现为沉积锥负偏析;A形偏析区主要位于过渡晶带,是富集溶质、夹杂物和气体的液相沿树枝晶间上浮引起的;而V形偏析既可能是凝固末期残余钢液的补缩流动,也可能是凝固收缩引起等轴晶塌陷;A形偏析和V形偏析均属于通道偏析,大多学者认为二者与合金凝固时糊状区内液相沿树枝晶间的流动有关。冒下正偏析是钢液凝固时残余液相中溶质不断富集的结果,一般位于冒口缩孔底部。

模铸钢锭生产中常通过切头切尾提高产品的纯净度、致密度和均质度,其凝固组织特征决定了成材率不可能太高。大钢锭充型时,锭尾处往往聚集大量杂质,且开坯时会变成鱼尾状;而头部往往存在比较严重的缩孔和偏析。国内企业模铸钢锭的切尾率为 1% ~ 2%,而切头率为 9% ~ 18%(大型钢锭比例更大)。现有生产实践表明,基于凝固数值模拟技术优化钢锭模结构和浇注工艺参数已成为提高钢锭成材率的最有效途径。

10.6.2　钢锭的质量缺陷

钢锭的质量缺陷包括表面质量缺陷、内部质量缺陷和形状缺陷等。

1. 钢锭的表面质量缺陷

钢锭的表面质量缺陷问题是指表面结疤和重皮、表面裂纹、表面夹渣和夹杂、皮下气泡和表面气孔等缺陷。

表面结疤和重皮:一般来说,上注法生产的钢锭易形成表面结疤,这通常是由水口注流散乱引起的液滴飞溅导致的。此外,上注法开浇时钢液接触锭模底部或底盘时因冲击力过大而飞溅至模壁形成"钢壳"或"鳞片",其被氧化后不能同浇注上来的钢液融为一体,最终形成结疤。下注法浇注钢锭的结疤往往与开浇过猛有关,特别容易在对着注管的一侧形成。早期,沸腾钢的结疤缺陷通常比镇静钢突出,其原因是沸腾钢的合金元素较少,钢液黏度较低,最初进入汤道的钢液冷却后碳-氧反应释放大量气体,这些气体夹带着钢液从尾孔高速喷出,溅至模壁造成结疤。重皮是类似于结疤的一种表面缺陷,其在上注和下注过程中均会产生。开浇时形成的"钢壳"由于受冷收缩背离模壁,上升的钢液溢入间隙内便导致不规则的重皮。降低钢液的浇注速率并对中水口可有效改善钢锭表面结疤问题。重皮一般多在钢锭下部,但撇渣过程中或封顶不良时也会在中上部形成。消除结疤和重皮的措施如下:① 上注镇静钢模底做成球形,对于无底钢锭模,其底板应做成凹形;② 盛钢桶水口下安装耐火砖导流管,以防止注流散乱;③ 采用快速上注,确保模壁黏钢氧化前被钢液淹没;④ 采用中间盛钢桶或者中间漏斗浇注以减小钢液静压头冲击引起的飞溅;⑤ 采用防溅水口或锭模内配置防溅筒、防溅网或防溅垫材;⑥ 采用双孔尾砖或旋转模底砖;⑦ 对于下注沸腾钢或半镇静钢,开浇前在中注管中放置 700 ~ 1 000 g 铝条;⑧ 加强对锭模、耐材、塞棒或水口的检查和管理。

表面裂纹:裂纹形成的根本原因是钢锭凝固或冷却过程中错综复杂的应力/应变叠加后超过该温度下的极限值,分为热裂和冷裂两种。热裂是钢锭凝固过程中或凝固不久由于热应力、钢液静压力、锭壳收缩阻力和其他外力作用引起的,其断口粗糙、无光泽;冷裂是钢锭冷却到固态相变区间时由相变组织应力和热应力引起的,其形成时伴有金属响声,亦称为"响裂",断口光滑且有金属光泽。根据裂纹扩展方向,表面裂纹可分为纵裂纹和横裂纹,其中以纵裂纹较为普遍。影响裂纹产生的因素如下:① 钢锭凝固过程中的内应力,即热应力、静压力和组织应力。钢液注入锭模后形成一定厚度的外壳,根据温度内高外低的特征,内部钢液收缩量小,而凝固外壳收缩量大,钢锭表层承受较大的拉应力,而内部承受压应力,这种由内、外温差引起的内应力就是热应力。此外,外壳还同时受到内部钢液静压作用,且钢锭下部的静压力远大于中、上部。组织应力与相变过程中的体积变化不一致有关。钢锭外层温度低,奥氏体分解完成后随温度降低而收缩,而正在分解的内层因相变膨胀而阻碍外层收缩,外层金属承受拉应力,容易引起表面裂纹。因此,钢锭内、外层温差越大,热应力和相变应力越大,越有可能引起热裂甚至冷裂。② 化学成分。碳含量对钢锭抗裂性能的影响最大,35 ~ 55 钢在模铸时极易形成裂纹。该范围内钢种的凝固区间大,残留在晶界处的液相弱化基体,为热裂纹萌生和扩展提供有利条件。生产中发现,浇注碳含量为 0.20%的钢时容易形成裂纹,这主要是其高温塑性较差引起的。合金元素的加入既能改变钢的凝固收缩量,又会影响钢的高温强度和塑性,如 Cr、Mn、Si、Ni、Mo 和 W 等虽可以提高基体强度,但会降低钢的导热性能和奥氏体分解温度,可能引起热裂和冷裂。通常,含 Al 钢比沸腾钢和硅锰镇静钢热裂敏感性高,而含 Nb 的低合金钢的裂纹敏感性进一步增大。钢中 S、P 含量较高时裂纹的形成和扩展较容易,与 Fe-S、Fe-P 低熔点共晶恶化基体强度和塑性有关。③ 气体和夹杂物。钢中 H、N 含量对裂纹形成的影响很大。某厂对 30CrMnSi 钢锭进行了解剖检验,认为气体和夹杂物是裂纹产生的主要根源。④ 浇注方法。浇注方法对钢锭裂纹产生具有直接影响,见表 10.9。表中数据可以看出,上注钢锭的裂纹缺陷比下注钢锭多。⑤ 浇注速率和浇注温度。通常,浇注速率增加时裂纹发生几率增加;当浇注速率一定时,浇注温度升高,裂纹发生几率增加。⑥ 锭模结构。圆形钢锭的比表面积比矩形和多边形钢锭小得多,其承受的应力最大,极易形成纵裂;锥度太大时,浇注过程中钢锭凝固与未凝固部分的应力差异明显,容易导致横裂;高径比过大时,钢锭下部钢液静压力较大可能引起纵裂;锭模转角半径过大会引起角部纵裂。⑦ 操作工艺。防止模铸钢锭表面裂纹缺陷通常从以下几方面着手:一是减少对钢锭收缩的阻力,增加激冷层厚度,减少其不均匀性;二是提高钢液纯净度,提高钢的高温强度和塑性;三是减少钢锭表面结疤、重皮、夹渣等缺陷;四是规范操作工艺。

表 10.9　浇注方法对钢锭裂纹的影响

	板坯质量/t	小裂纹钢锭比例/%	结疤钢锭比例/%	总计/%
上注法	4 152	29.1	13.4	42.5
下注法	11 787	12.2	7.4	19.6

表面夹渣和夹杂:浇注过程保护渣卷入或脱氧浮渣接触模壁被包裹而留在钢锭表层形成表面夹渣;一次和二次脱氧产物和包衬、汤道熔蚀物以及凝固过程中析出的氧化物出现在钢锭表层叫表面夹杂。对于含 Al、Ti 的结构钢,其钢液黏度较普通钢种大,浇注时在表面容易形成一层氧化膜,卷入钢液后易使钢材表面质量恶化,形成表面夹渣和夹杂等。减少模铸钢锭表面夹渣和夹杂的途径不外乎要求浇注系统选用优质耐火材料和保护渣,避免出钢和浇注温度过高等。实践证实,保证钢液纯净度是控制钢锭夹杂物数量的首要条件,对硫化物夹杂物更是如此。为了获得纯净的钢液,单靠冶炼工艺是有一定困难的。因此,对质量要求严格的钢种,有必要采用合成渣渣洗、钢液真空处理、真空浇注等工艺。同时,要尽可能减少钢液二次氧化,这是造成钢液中大尺寸夹杂物的主要来源。此外,改善钢液的充型和流动状态也是避免表面夹渣和夹杂的重要措施。

皮下气泡和表面气孔:早期,镇静钢铸锭表皮下往往可以发现深达 20~30 mm 的气泡,这种皮下气泡是钢液结晶时固态外壳阻碍内部气体逸出引起的。钢锭送入加热炉中后表层逐步烧蚀,皮下气泡裸露后被氧化,轧制时不能焊合,在钢坯内形成小裂纹。若气泡的深度在加工余量范围内,则清除后可以使用。皮下气泡产生的原因:① 脱氧不良以及钢中气体含量较高。② 结疤和重皮被氧化后与钢中碳反应生成一氧化碳气体形成局部气泡。③ 浇注参数不合理。浇注温度过低或浇注速率过小时表面结膜增厚,容易造成翻皮缺陷,可能卷入气体或氧化膜与钢中碳反应形成气泡;浇注温度过高或浇注速率过大时钢液静压力迅速增大,析出的气体不能及时排出也容易形成皮下气泡。④ 模壁温度过低或涂料太厚,由水分和挥发气体导致的皮下气泡。表面气孔是钢锭表层肉眼可见的孔眼,多出现于钢锭中下部且呈聚集状,气孔较浅,多在表面以下的 1~5 mm,一般可在均热炉中烧掉。表面气孔的形成机理与皮下气泡相近,主要与钢液内部溶解或生成的气体量有关。避免皮下气泡和表面气孔的措施:① 降低钢中溶解气体含量;② 减少表面结疤、重皮等夹渣等缺陷;③ 合理确定浇注工艺参数;④ 保证锭模和涂料清洁、干燥。

2. 钢锭的内部质量缺陷

钢锭的内部质量缺陷可以分为宏观缺陷和微观缺陷,缩孔、疏松、分层、白点、裂纹、夹杂和偏析等属于宏观缺陷,而碳化物液析、花纹组织、滴状偏析等属于微观缺陷。

缩孔和疏松:浇注过程中钢液可对凝固收缩进行补充,这种条件下可以获得致密度较好的基体。然而,钢锭最后凝固区域由于得不到钢液补充而形成的收缩孔洞,称之为缩孔。缩孔处多聚集了大量夹杂物和气体,加之其可能与外界相通并氧化,轧制过程中不能焊合而形成裂纹。因此,钢锭开坯后需要切除头部,当切头率不够时部分缩孔会残留钢坯内,称为残余缩孔。残余缩孔是钢材中不允许的冶金缺陷,其显著降低基体的力学性能,甚至在使用中造成重大事故。铸锭内部的显微结构是不致密的,存在很多因收缩或其他原因而形成的细小、分散的孔隙,称为疏松。疏松多位于钢锭的上部和中部,缩孔附近常存在较多疏松。钢材在热加工过程中,疏松可以得到很大程度的改善;但若疏松较为严重且压缩比不足,则其在热加工后的钢坯中仍会存在。疏松会降低钢材的力学性能,特别是塑性。改善缩孔和疏松缺陷的途径如下:① 选择合适的钢锭模锥度和高径比。上大下小的倒锥结构且锥度适当时可有效改善缩孔和疏松缺陷;高径比过大时缩孔较深甚至出现二次缩孔,而高径比过小时会导致切头率增加。② 增强钢锭冒口的保温性能。选用结构合理的保温冒口和优质保温材料,钢锭头部采用合适的发热剂。③ 优化浇注工艺参数。通常控制钢液过热度为 80~120 ℃ 并适当提高浇注速率可改善钢液的补缩性能。此外,补缩操作对减少缩孔和疏松也很重要。

分层:钢锭中如存在大量非金属夹杂物、缩孔残余(镇静钢)和严重的疏松(沸腾钢)及孔洞(半镇静钢)等,轧制成钢材后往往引起局部分层甚至整体板卷分成两层。某厂生产中发现,分层部位以钢锭尾部居多,且碳含量越低,分层缺陷越显著。已有研究表明,分层主要与以下因素有关:① 钢锭头部分层:分层部位的正偏析比较严重,主要是铁、锰的硫化物夹杂物,并伴有粗大的铁、锰氧化物和少量硅酸盐莫来石,其中以 MnS 占绝大多数。$w_S>0.05\%$,冷弯试样都有分层,而 $w_S<0.05\%$,则一般不产生分层。② 钢锭尾部分层:钢锭尾部硫偏析不明显,分层处主要是铁、锰硅酸盐以及以铁、锰硅酸盐为基的莫来石,化学成分与耐火材料相近。加入 ^{45}Ca 同位素示踪原子发现,耐火材料主要集中于铸锭高 60% 以下,且距锭尾越近越多。由此推断,沸腾钢铸锭尾部的分层缺陷是由耐火材料夹杂物引起的。防止分层的措施如下:① 降低钢中硫含量,减少钢中硫化物、硫氧化物等低熔点夹杂物;② 化学封顶时减少铝或硅铁用量,降低钢锭头部污染;③ 提高汤道系统耐火材料质量,减少冲蚀;④ 规范浇注工艺。

白点:白点是高碳钢(重轨钢)、合金钢(不锈钢)热轧和锻造时的常见缺陷,是钢锭内裂的一个重要原因。白点在钢材纵向断口上呈圆形或椭圆形,酸洗以后的横向切片上呈细长的发纹。白点一般在加工后的冷却过程中产生,形成温度多在 100~250 ℃。白点对钢的力学性能,尤其对塑性和韧性有影响,是许多重要用途的钢材中不允许有的缺陷。白点不是在所有合金钢中都能发现的,主要是在铬镍钢、铬镍钼钢、镍钢、钼钢、锰钢等合金结构钢中产生,在马氏体、珠光体的轴承钢和工具钢也有发现。大量研究证实,白点的产生与析氢密切相关。氢在钢中的溶解度随温度下降而减少。钢锭热加工以后,在一定温度范围内冷却速率较快时,过饱和的氢原子脱溶进入钢材内部微小孔隙中形成氢分子,氢分子难以继续扩散进而产生巨大局部压力。温度越低,氢溶解度越小,局部压力越大。除此之外,白点的形成还与组织应力有关,凝固之后不发生相变的钢种一般不产生白点。因此,具有马氏体转变的 CrNi 钢、CrNiMo 钢和 CrNiW 钢微裂纹往往是氢气析出和相变应力共同作用的结果。防止白点产生和消除白点的途径:① 选用干燥的原材料,减少钢中原始气体含量;② 冶炼后期及浇注过程中注意脱气;③ 浇注过程中缓冷;④ 热加工后进行缓冷处理使氢自钢坯表面扩散逸出。

内裂纹:模铸钢锭时随着冷却时间的增加,外层凝固壳温度越来越低,其阻碍内部新生凝固层的体积收缩,因此内层受到拉应力作用;若该温度区间内基体塑性较差,便容易在钢锭内部的树枝晶间产生裂纹。内裂纹一般出现在高碳钢和某些高合金钢内,其直接破坏基体的连续性,并在下道工序或使用过程中继续扩展,导致金属强度急剧降低,甚至引起严重事故。引起钢锭内裂纹的原因分析如下:① 合金钢或高碳钢冷却时其内部新生凝固层因收缩被抑制而受到拉应力,而疏松、缩孔、偏析等缺陷弱化树枝晶界,裂纹容易形成并扩展。② 合金钢或高碳钢冷锭装入高温均热炉时加热速率过大,由内、外温差过大而产生内裂。钢锭内裂纹大多是轴心晶间裂纹,多发生在 Cr5Mo、Cr13、Cr17、Cr25 和高 NiCr 不锈钢中,18CrNiW 钢也曾发现过。减少内裂纹的措施:① 提高钢锭进入均热炉的温度,一般要求不低于 750 ℃,减小内应力。② 适当增大钢锭锥度,提高钢锭致密度,增强基体止裂性能。③ 对于内裂纹倾向大的合金钢,宜采用较小锭型以减小内、外温差,避免冷裂。④ 适当减慢冷速。冷裂倾向强的钢种多含有 Mn、Cr、W、Mo、Si 等元素,其降低基体的导热性能,使热应力和相变应力增大。同时,上述元素降低奥氏体分解温度,冷裂的可能性增加(温度越低塑性越差)。⑤ 浇注温度过高,形成内裂纹的倾向增加。⑥ 降低钢中低熔点元素或析出物含量并避免其沿晶界析出。

夹杂和夹渣:低倍夹杂物分为内在夹杂物与外来夹杂物两种。内在夹杂物是钢在冶炼及凝固过程中,由于复杂的化学反应结果生成的一些化合物,在钢液凝固时来不及上浮而嵌于钢中,如氧化物、硅酸盐、硫化物、氮化物等属于这类夹杂物。但这类夹杂物一般比较细小且弥散分布在钢锭体内进而形成高倍夹杂物,只有在少数情况下聚集而成低倍夹杂物。因而大颗粒夹杂物最常见的还是外来夹杂物。外来夹杂物是冶炼或浇注设备上剥落的耐火材料或未脱净的炉渣及掺入的其他异物,在钢液凝固时嵌入钢中形成的,有时也称为夹渣。大颗粒夹杂物能够破坏金属组织的连续性,恶化钢锭的力学性能。由于它很脆且硬,故在热加工或热处理时往往会形成裂纹,在零件使用过程中可能成为疲劳破坏的根源。因此,钢材或锻件标准均规定低倍酸浸试片上不允许有肉眼可见的夹杂物。减少钢锭内部夹杂物和夹渣的措施:① 提高钢液纯净度,尽可能降低氧、硫含量;② 防止浇注过程中钢液的二次氧化;③ 选用优质耐火材料和保护渣、覆盖剂等;④ 规范浇注工艺。

偏析:钢中化学成分及杂质不均匀分布的现象叫做偏析,是由溶质元素在固、液相中的溶解度不同而形成的一种常见缺陷。按照元素局部含量与平均含量的比值可分为正偏析和负偏析;按照化学成分不均匀的尺度可分为宏观偏析和微观偏析;按照偏析的分布位置可分为冒下正偏析、沉积锥负偏析、V 形偏析、A 形偏析等;按照元素偏析的形态又可分为点状偏析、方框偏析和通道偏析等。点状偏析在钢材横向低倍酸浸试片上表现为不规则的暗色斑点,试片边缘的称之为边缘点状偏析,分散于整个截面的称为一般点状偏析。点状偏析是由于杂质偏析或合金元素偏析所致。方框偏析亦称为锭型偏析,其特征是在横向酸浸试片上出现内、外两个色泽不同的区域,并大致呈方形,方框区的内部组织较外部疏松。方框偏析是钢锭柱状晶区与等轴晶区之间聚集了较多的杂质和孔隙而形成的。电渣重熔或真空重熔冶炼工艺可有效避免方框偏析及点状偏析。钢锭热加工后偏析的大小、分布和位置会发生一定的变化。宏观偏析对钢的组织和性能影响严重,对于具有严重偏析缺陷的钢材一般控制使用,即在钢材上切取试片经酸浸蚀后予以评定,并按相应标准和技术要求进行调整。钢锭宏观偏析的改善途径:① 降低钢液中易偏析元素含量,如硫、磷等;② 降低钢液浇注温度;③ 增大钢锭的高径比;④ 对试样进行充分的高温扩散退火。

碳化物液析:钢中含有一定量的碳化物是必然的,通过改变碳化物总量、形态和分布可以调控基体的强度和塑性。在平衡条件下,过共析钢凝固时会在最终的液相中析出碳化物,且碳含量越高,凝固速率越慢,碳化物偏析越严重。生产中发现,严重偏析的碳化物会影响钢材质量,甚至导致废品。对于高碳合金工具钢,碳化物液析是比较常见的显微组织缺陷。某厂对滚珠钢铸锭进行了解剖研究,其发现轴向上碳化物尺寸随着距中心的距离增加而减小,同时,钢锭头部碳化物数量较多且尺寸较小,而中部数量较少但尺寸较大。改善碳化物液析缺陷的措施:① 尽可能减少钢的碳含量;② 提高钢锭凝固冷却速率;③ 对试样进行充分的高温扩散退火。

花纹组织:采用石墨渣保护浇注时,钢锭尾部低倍试样中经常出现白色花纹组织,形状如树木的年轮。硫印检测结果表明,该白色花纹为碳的负偏析。对 10 号和 20 号钢管坯相对应钢锭尾部取样分析发现,花纹组织是由碳的负偏析引起的。避免花纹组织的工艺途径:① 改进锭模结构设计,调整钢锭尾部冷却强度;② 改善钢锭尾部钢液流动状态;③ 优化浇注工艺参数。

滴状偏析:试样侵蚀后出现形状不规则的暗色滴状斑点。滴状偏析产生的原因与钢中存在的大量气体和夹杂物有关。气体聚集形成气泡,其外层被已凝固的金属膜包裹,气泡阻碍其附近区域钢液的热量传递,导致集聚了较多的杂质并可能形成滴状偏析。减少滴状偏析的措施:① 减少钢中气体与夹杂物;② 对试样进行充分的高温扩散退火。

3. 钢锭的形状缺陷

钢锭的形状缺陷一般是指其与设计尺寸产生了较大的偏差。早期使用砂模浇注时会不定期出现具有形状缺陷的废品,现国内外企业大多选用铸铁材质锭模,其强度足够维持钢锭的设计结构,产生的形状缺陷越来越少。

10.6.3　钢锭质量与成材率的影响因素

1. 锥度和高径比

钢锭的锥度是指锭身侧面的斜度,即用百分数表示的钢锭大小头边长差值的一半与钢锭高度之比:

$$\delta = (a_大 - a_小)/(2H_锭) \times 100\%$$

式中:δ——钢锭的锥度,%;

　　$a_大$——钢锭大头边长,mm;

　　$a_小$——钢锭小头边长,mm;

　　$H_锭$——钢锭高度,mm。

锥度的设计与脱模及钢锭凝固质量密切相关。实践证明,当钢锭锥度为 1.5% 时,其脱模就已经不困难了。锥度分为正锥度和倒锥度两种。正锥度是指上小下大的结构,而倒锥度正好相反。为了保证钢锭浇注质量和生产效率,镇静钢一般采用倒锥度锭模,而沸腾钢采用正锥度锭模。镇静钢钢锭锥度的确定主要考虑减少其内部缺陷,如弹簧钢、滚珠轴承钢、合金结构钢及合金工具钢的钢锭锥度应不小于 2.5%,耐热钢、不锈钢的钢锭锥度一般大于 3%;而对内部缺陷十分敏感的钢种,其钢锭锥度可大于 5%。然而,钢锭锥度并非越大越好。锥度过大,切头率增加,且对热加工过程的工艺和操作产生不利影响。通常,钢锭锥度一般控制为 3%~4%。对于沸腾钢钢锭,在脱模允许的条件下其锥度应取最小值以利于气体排出。现在模铸生产中,由于沸腾钢极少,大多钢种均采用倒锥度锭模浇注。钢锭锥度的确定应结合产品用途和工艺条件,其过大或过小均会降低成材率,大型高品质特殊钢模铸时其钢锭锥度一般选用上限。

高径比是描述钢锭几何结构的另一重要参数,是钢锭本体高度与其有效半径的比值,其范围一般为 2.0~3.5。按照高径比的不同,钢锭有"瘦高型"和"矮胖型"之分。当锭重相同时,"矮胖型"钢锭的凝固时间更长,冒口可对锭身进行充分补缩,同时更有利于夹杂物上浮,钢锭的致密度和纯净度更好。此外,由于"矮胖型"钢锭断面尺寸较大,其压缩比一般高于"瘦高型"钢锭,更有利于提高产品心部质量。然而,"矮胖型"钢锭的宏观偏析比"瘦高型"显著,且其较大的截面尺寸对开坯机提出了更高的要求。一般来说,大钢锭的高径比应适当减小,以期同时满足内部质量和成材率的要求。对于切除铸锭中心的产品,如炮管钢和轮毂钢,其高径比可以大些。

2. 钢锭横断面形状

按照横断面形状,钢锭可分为方锭、圆锭、矩形锭(扁锭)和多角锭等。通常,方锭用来轧制型材,圆锭多用于生产钢管,矩形锭多用来轧制板材,多角锭不适于轧制加工,多用于生产大锻件。

现有生产工艺中,方锭、矩形锭和多角锭居多,圆锭相对较少。生产实践表明,圆锭的纵裂倾向大,这与其比表面积较小引起的凝固速率较慢有关。方锭在模铸中使用最多,其又分为直边、凸边、凹边和波浪形边四种。浇注矩形锭时宽面和窄面传热速率不同,凝固壳周向厚度不均,容易形成热裂纹。多角锭是由多个规则凹面组成的上大下小的截锥体,其凹面数量通常为 8、10、12、16、24 等几种,两面的交线为棱。由于棱数与凹面数相等,所以有时称谓钢锭时把棱数冠于钢锭之前,如八棱钢锭或八角钢锭等。钢锭的表面和内部质量以棱多者为优,浇注时钢锭棱部先凝固,起着"加强筋"的作用,"加强筋"越多,钢锭表面产生裂纹的倾向越小。

3. 钢锭模材质和壁厚

钢锭模的材质主要有灰口铸铁、球墨铸铁和蠕墨铸铁。对于相同结构的钢锭模,由于灰口铸铁的导热性能好,其钢锭的凝固时间较短,偏析相对较轻;球墨铸铁的导热性能不及灰口铸铁,其钢锭凝固时间较长,中心偏析和冒下偏析相对比较严重;蠕墨铸铁导热性能介于二者之间,其钢锭质量也处于中间水平。

钢锭模壁厚对钢锭凝固进程具有直接影响。壁厚越大,其冷却能力越强,钢锭凝固越快。因此,为了使钢锭形成自下而上的顺序凝固进而提高其凝固质量和成材率,建议采用具有上薄下厚特征的钢锭模。

4. 保温冒口设计

冒口位置和形状与热节有着密切的关系,其直接影响着钢锭本体的凝固质量乃至成材率。

冒口结构设计包括截面尺寸、高度和锥度等。一般来说，冒口下部尺寸与钢锭上部完全一致，而上部尺寸取决于冒口锥度。冒口一般设计为正锥度结构，其有利于增强保温性能，然而锥度过大会导致钢锭夹持困难。冒口高度与钢种收缩特性有关。冒口的保温性能一定时，增加冒口高度有利于改善钢锭凝固质量和成材率，但过高时成材率反而会下降。此外，模铸生产中往往在冒口表面添加覆盖剂，其一般具有导热系数小、烧结温度低、聚渣性好、结构松散等特点。常见的覆盖剂主要有炭化稻壳、粉煤灰、稻草灰和珍珠岩等。某些覆盖剂能够释放一定热量补充冒口处的热损失，对提高钢锭质量和成材率均有利。

5. 浇注工艺参数

浇注温度和浇注速率对钢锭凝固质量和成材率具有显著影响。通常，浇注温度越高，钢锭的缩孔、疏松、偏析和裂纹等缺陷越严重，且会出现因耐火材料冲蚀而形成大型夹杂物；相反，浇注温度过低时钢液黏度增加，不利于夹杂物上浮且可能引起浇不足（短锭）。钢锭浇注速率越大，钢锭模升温越快且引起冷却能力下降越多，钢锭激冷层厚度减小且凝固时间增加，容易引起偏析和裂纹等缺陷；浇注速率过慢会导致保护渣化渣不良，甚至出现结膜、结壳，降低钢锭表面质量。因此，为了避免钢锭凝固质量下降和成材率减小，制订合理的浇注工艺参数至关重要。

思 考 题

1. 试利用凝固定律推导冶金长度与最大拉速的关系表达式。

2. 浇注温度如何确定？如何控制？

3. 150 mm×150 mm 小方坯结晶器水量为 90 m^3/h，进水温度为 25 ℃，出水温度为 31 ℃，结晶器有效传热面积是 3 900 cm^2，计算结晶器的热流密度。

4. 连铸中间包的作用有哪些？

5. 连铸过程吹氩的目的是什么？吹氩位置有哪些？

6. 铝镇静钢为什么常发生水口堵塞？

7. 结晶器为何要振动？振动的主要方式有哪些？

8. 连铸矫直有哪些方式？

9. 连铸坯表面纵裂产生的原因及其防止方法有哪些？

10. 连铸坯表面横裂产生的原因及其防止方法有哪些？

11. 包晶钢为什么容易出现表面裂纹？

12. 超低碳铝镇静钢连铸坯表面缺陷有哪些？成因及控制措施有哪些？

13. 什么叫连铸坯中心偏析？形成原因是什么？

14. 什么叫轻压下技术？

15. 查阅相关文献，简述薄带连铸的技术难点。

16. 模铸钢锭的浇注方式和主要设备有哪些？

17. 钢锭的常见质量缺陷有哪些？

18. 影响钢锭质量和成材率的因素有哪些？

参 考 文 献

[1] 胡林,李胜利,胡晓东,等.钢锭设计原理[M].北京:冶金工业出版社,2015.

[2] 杜亚伟,文光华,唐萍.模铸在大钢锭及特殊钢生产方面的比较优势[J].金属世界,2009(5):48-52.

[3] 孟凡钦.钢锭浇注与钢锭质量[M].北京:冶金工业出版社,1994.

[4] 卢盛意.钢锭质量[M].北京:冶金工业出版社,1990.

[5] FREDRIKSSON H,ÅKERLIND U.Materials processing during casting[M].Chichester:John Wiley & Sons,Ltd.,2006.

[6] FLEMINGS M C.Solidification processing[J].Metallurgical Transactions,1974,5(10):2121-2134.

[7] TASHIRO K,WATANABE S,KITAGAWA I,et al.Influence of mould design on the solidification and soundness of heavy forging ingots[J].Tetsu-to-Hagane,1981,67(1):103-112.

第 11 章 炼钢环保及固废处理

11.1 炼钢污染物来源特点及源头减量

炼钢过程中因为冶金反应和冶炼工艺需求,不可避免地会产生各类污染物和废弃物,从而对生产生活和生态环境产生潜在危害和影响。实现炼钢生产过程中的污染物减量和治理,是钢铁制造过程和附属生产工序的核心任务之一,也是钢铁工业走向持续发展的基本要求。

按照炼钢过程中污染物和废弃物的产生和存在状态,一般分为大气污染物、污水和冶金炉渣等。大气污染物中的固态颗粒经过治理和捕集后产生炼钢粉尘;氮氧化物、硫氧化物被吸收固定后成为脱硫、脱硝尾渣;污水中的固态颗粒经过沉淀分离后成为冶金污泥,获得水的再利用。下面将按照类型和炼钢工序区别,对污染物和废弃物的产生机理和赋存状态进行介绍。

11.1.1 炼钢气体污染物的产生

炼钢大气污染的产生主要存在于以下炼钢工艺阶段:① 铁水预处理过程中的脱磷、脱硫操作及倒包、出渣;② 转炉运行过程中的装料、吹氧、出钢和出渣;③ 电弧炉运行过程中的装料、吹氧、出钢和出渣;④ 二次精炼运行过程中搅拌、脱气、喂线、出钢等;⑤ 铸锭或连续浇注过程;⑥ 钢包、中间包烘烤等耐火材料预热过程。虽然炼钢各工序、工位均配置有环保设施,但是废气和烟尘仍然存在不可避免的扩散排放,从而在炼钢车间内形成含有一定污染物悬浮的空气。

通常转炉、电弧炉排放的大气污染物和炼钢反应的直接产物一般称为初级废气,并直接进入初级除尘系统。初级废气产生量最大,是炼钢生产中大气污染物防治的关注重点。来自其他相关工序排放的大气污染物通常被认为是二级废气,并通过二级除尘系统进行除尘处理。另外,钢液预处理的排放物被单独分离处理,通常也被视为二级除尘系统的一部分。

(1)转炉烟气的产生

转炉吹炼过程中,转炉烟气会从炉中释放出来,含有 CO、CO_2、大量粉尘(主要包括金属氧化物,尤其是重金属)、相对少量的 SO_2 和 NO_x。此外,也会释放出非常少量的二噁英(PCDD/F)和多环芳烃(PAH)等有害物质。

熔池碳-氧反应生成的 CO 和 CO_2 是转炉烟气的基本来源。其次是炉气从炉口喷出吸入部分空气燃烧所生成的废气,也有少量来自炉料和炉衬中的水分及生烧石灰中分解出来的 CO_2 气体。吹炼过程中 CO、CO_2 的变化规律如图 11.1 所示。

转炉烟气中 CO 体积比可达到 55%~66%,所以也被称为转炉煤气,其热能价值较高,回收利用有利于降低能源消耗。针对转炉煤气处理方法,一般分为未燃烧法、燃烧法两大类,其区别在于:未燃烧法中,控制只吸入少量的空气,尽量保存煤气成分和热值用于回收利用;燃烧法中,混入的大量空气充分燃烧,从而避免残余 CO 的可能性,并回收热量。根据转炉炼钢不同吹炼阶段煤气成分的区别,一般将未燃烧法和燃烧法配合使用。其中,抑制燃烧之后回收转炉烟气是最常

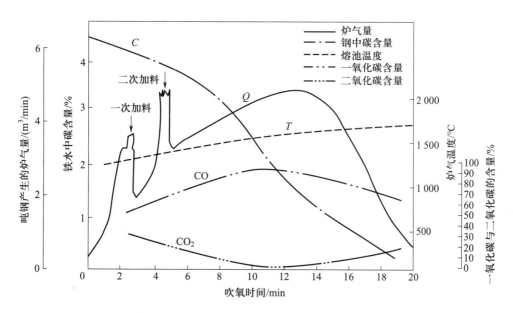

图 11.1　炉气量、炉气成分、熔池温度随吹炼时间变化规律

用的工艺,从转炉炉口直接排出的高温、含有粉尘的煤气需要经过降温冷却、除尘净化后收集到储气柜中,再进行多方面的利用。

　　转炉吹炼过程熔池温度很高,尤其反应区可高达 2 600~2 800 ℃,使得熔池中蒸汽压大的部分铁和杂质蒸发,然后遇冷凝结从较小的颗粒逐步团聚为较大的相对规则的颗粒。同时,随着熔池脱碳反应的进行,大量上浮的 CO 气泡或热气流带走部分熔池元素和炉渣中的氧化物微小颗粒,然后在上升过程中通过碰撞黏附形成小粉尘颗粒。

　　转炉炼钢粉尘产生的过程示意图如图 11.2 所示。

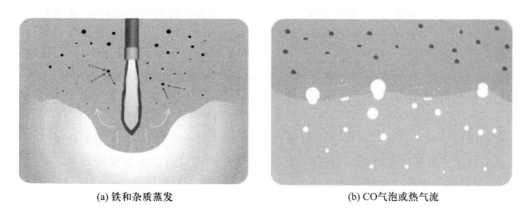

(a) 铁和杂质蒸发　　　　　　　　　　　　(b) CO气泡或热气流

图 11.2　转炉炼钢粉尘产生的过程示意图

　　烟气的温度来源于钢液的原始温度(物理热)和元素氧化反应放出的热量(化学热),钢液温度高,钢液中硅、磷、锰、碳含量高,炉气的温度就高。随着吹炼的进行,熔池温度不断升高,炉气的温度也在不断增高。炉气的温度与炉内反应及工艺操作有关,一般在 1 450 ℃ 与 1 600 ℃ 之间波动,平均温度为 1 520 ℃ 左右。

炉气进入转炉烟罩内时的温度也不同,其变化程度取决于烟气净化处理方式及从炉口与烟罩之间缝隙吸入的空气量。未燃烧法只吸入少量的空气,炉气中大约有 10% 的 CO 燃烧,烟气的温度从 1 520 ℃ 升到 1 700~1 800 ℃。燃烧法中,从炉口喷出的高温可燃气体与大量的空气混合而燃烧,当空气过剩系数 $\alpha=1$ 时,烟气理论燃烧温度可达到 2 500~2 800 ℃。在用余热锅炉回收余热的情况下,按照现有的技术水平,空气过剩系数 α 最少可达 1.2,而一般为 1.5~2.0,这时烟气温度为 1 800~2 400 ℃。不回收余热的情况下,为了避免过高的烟气温度,一般要求较大的空气过剩系数,通常为 3~4,有时更大一些,这时烟气温度为 1 100~1 400 ℃。

转炉炼钢过程中,前期、后期的脱碳速率较小,吹炼中期最大,即此时的炉气量也达到最大。实际烟气量与烟气的净化处理方式密切相关。未燃烧法的烟气量只有燃烧法的 1/3~1/8。在转炉冶炼期间,烟气量及其温度都表现出明显的周期性波动特征。随着转炉容积扩大,转炉煤气和蒸汽的回收与利用水平的提高,2018 年中国钢铁工业协会会员单位转炉煤气回收量为 115.32 m³/t。

转炉煤气中的粉尘通常是用湿法、干式或湿式静电除尘器去除,吨钢捕集产生烟尘量一般为 10~20 kg,烟尘中金属铁约占 13%,FeO 约占 68.49%,Fe₂O₃ 约占 6.8%。一次除尘会产生粗颗粒粉尘,二次除尘会产生细颗粒粉尘。与粗颗粒粉尘相比,细颗粒粉尘拥有更高含量的铅、锌。这些重金属主要源于向转炉中添加的废钢。

（2）电弧炉炉气的产生

电弧炉冶炼过程主要依靠供电电弧的物理放热和熔池脱碳、燃料燃烧的化学放热提供冶炼能量。在此过程中,由电弧炉供氧支持的燃料、碳粉燃烧和熔池碳–氧等的反应生成的混合气体,组成了电弧炉烟气的最初来源。现代电弧炉普及了炉内二次燃烧技术,氧气与炉门吸入空气等一道共同燃烧炉气中的 CO,释放大量热,有效实现电弧炉生产节能降耗的目标,同时增加炉气温度。

电弧炉在冶炼各个阶段所排放的烟气流量、温度、含尘量不断变化,其波动具有周期性。一般来说,氧化期的烟气温度最高,流量最大,含尘量最多;出钢期的烟气温度最低,流量最小,含尘量最小。所以,电弧炉产生的高温烟气具有间歇性的特点。电弧炉的排烟主要可分为炉内第 4 孔（或第 2 孔）排烟与炉外排烟两种方式。良好的排烟装置可以捕获 95% 以上的一次烟气;电弧炉熔炼时从电极孔、加料孔和炉门等不严密处外逸的二次烟气,以及电弧炉在加料、出钢、兑铁水时的二次烟气,易受横向气流的干扰,造成车间内的严重污染,只能依靠炉外排烟装置进行捕集。

电弧炉烟气中 CO 浓度不高,且波动较大,不具有煤气回收价值,一般采用燃烧法予以处理,并尽量回收热量以降低能源消耗。电弧炉烟气的物理余热可以通过废钢预热技术、炉气生产蒸汽技术、熔盐蓄热技术进行回收。

在电弧炉炼钢粉尘的产生有四种形式。

① 冶炼过程加入的物料直接被热气流带出,如补充的造渣剂和喷入的煤粉等,这些粉料通常以固体颗粒状直接进入除尘系统。

② 低沸点金属的挥发,炉料中的铅、锌、锡等金属被还原后在局部高温区或吹氧区挥发进入除尘系统。

③ 因炉内的剧烈搅动,熔池内的熔体被搅起以小液滴进入烟气。

④ 电弧炉冶炼脱碳产生大量的 CO 气泡,气泡表面携带的熔体在气泡于熔池表面破裂时带出炉体而进入除尘系统。

其中,热气流直接带出的粉尘约占 8%(质量分数),低沸点金属的挥发约占 27%,CO 气泡破裂溅出的液滴约占 60%,剧烈搅动带出的液滴约占 5%。

电弧炉烟气中粉尘浓度大、粒径小,属于微细尘。烟尘含量一般为 8~15 g/m³(标态),最大达到 30 g/m³(标态);烟尘粒度小,粒径分布于 0~30 mm 范围内,附着力强,冲刷力大,容易造成管道堵塞和设备的冲刷损坏。

电弧炉粉尘主要由金属氧化物、石灰和二氧化硅组成,另外还含有锌、铅、镉等重金属氧化物。美国环保局(EPA)对电弧炉粉尘进行了毒性浸出试验(TCLP),其中铅、氟和铬含量不能通过环保法规定的标准,因此将电弧炉粉尘分类为有害废物,禁止以传统的方式填埋弃置。现在电弧炉粉尘的处理越来越受到世界各国的关注,尽可能回收或者去除电弧炉产生的粉尘,同时回收其有价金属就非常有意义。

受炼钢原料和冶炼工艺的影响,电弧炉烟气中二氧化硫、氮氧化物和二噁英等有毒有害成分含量相对较高。

电弧炉烟气中二氧化硫主要来源于喷吹碳粉中的硫,其他炼钢原料中一般较少。原料中硫在电弧炉内氧化性气氛下,被氧化成为二氧化硫进入电弧炉烟气,并随着一次烟气、二次烟气以及未捕集烟气无组织排放。从原料上减少硫元素的带入,例如选用低硫煤炭或焦炭粉作为电弧炉炼钢碳料,将能有效降低炼钢过程二氧化硫的产生和排放。

带有电弧或烧嘴的工艺或设备都应被视为 NO_x 的排放源。在电弧炉冶炼生产的过程中,电弧暴露、烧嘴燃料和碳粉燃烧、沉降室高温均具有产生 NO_x 的可能,相对应可以采用的 NO_x 减排工艺如表 11.1 所示。

表 11.1 NO_x 产生机理和减排工艺

原因	NO_x 产生机理	NO_x 减排工艺
电弧暴露在空气中	电弧将空气中的氮电离,并与氧气发生反应	1. 利用泡沫渣覆盖电弧 2. 气密封式电弧炉
烧嘴在高温条件下工作	烧嘴在特定条件下(火焰温度高于 1 550 ℃,火焰十分紊乱,从周围空气中吸收 N)会促进 NO_x 的形成	3. 取消烧嘴
电弧炉炉内喷碳、出钢加碳	煤炭受热释放出气态的氮原子随后被氧化为 NO_x	4. 使用低挥发分的含碳材料 5. 使用高碳原料
沉降室 DOB 温度过高	DOB 的负压环境下空气大量渗入。烟气二次燃烧释放高热量,促进氮形成 NO_x	6. 气密式炉 7. 控制炉内温度 8. 烟道密封

电弧炉生产用废钢一般都含有油脂、塑料、切削废油等,废钢预热以及将含油脂、塑料的废钢

装入电弧炉都会产生含二噁英烟气,烟气中二噁英的含量与废钢的种类、预热温度、工艺技术等密切相关。电弧炉烟气中二噁英的生成主要有以下三种途径:一是前驱体合成。废钢在预热或电弧炉内初期熔化过程中,其中的油脂、油漆涂料、塑料等有机物因受热而先生成前驱体类物质(如各类含氯苯系物),然后通过一系列氯化反应、缩合反应、氧化反应等生成二噁英。二是热分解合成。含有苯环结构的高分子化合物经加热发生分解而大量生成二噁英。三是"从头合成"。在废钢预热的同时,烟气的降温过程为二噁英的从头合成提供了适宜的温度条件。第 4 孔排出的一次烟气温度在 1 000 ℃以上,且含有大量 CO 可燃气体,但在烟气降温过程中,此前已全部分解的二噁英及其他有机物又"从头合成"生成二噁英。由于废钢预热的温度往往和二噁英生成的适宜温度范围相同,生成的二噁英不再经过高温燃烧过程分解掉,废钢预热系统往往造成电弧炉烟气中二噁英排放浓度大大提高。

可采用源头整治和过程治理方式,减少电弧炉生产过程中二噁英的产生。

① 对废钢进行分选,减少含有油脂、油漆、涂料、塑料等有机物废钢的入炉量,并对这类废钢另行加工处理,同时要严格限制进入电弧炉的氯源总量。

② 废钢预热时,使废钢达到较高的氧化程度和较低的氯苯产生量,二噁英的生成量明显减少。预热后的电弧炉烟气温度不宜低于 850 ℃。

③ 废钢预热时加入生石灰随废钢进入电弧炉,可使生成二噁英的氯源减少 60%～80%,抑制二噁英的生成。向炉内喷氨和其他碱性物质也可以达到类似效果。

（3）炼钢二级废气大气污染物的产生

除转炉、电弧炉工序以外,其他工序的冶炼过程中一般不直接产生气体或较少产生气体的排放,其大气污染物主要是因为出钢、搅拌、加料、喂线、出渣以及导包、运输过程引起的机械扰动和热对流,带动环境空气形成大气污染物的主体,钢液、炉渣的喷溅和氧化,炉料的蒸发和燃烧,散料的扬尘和弥散,共同组成了二级废气大气污染物中粉尘的主要来源。

1）铁水预处理中大气污染物的产生

铁水预处理中,因为脱磷预处理和脱硫预处理的工艺原理不同,产生的大气污染物的区别较大。铁水脱磷预处理是基于喷吹和吹氧操作的,其大气污染物中包括一定浓度的 CO、CO_2 气体和微量的 SO_2 气体,粉尘主体是铁的氧化物和 CaO 的混合物,主要来源于吹氧火点区铁的蒸发氧化、石灰和铁矿粉小颗粒的扬尘。

脱硫预处理反应本身基本没有气体产生和排放。颗粒 Mg 喷吹法脱硫时,会有严重的 Mg 蒸气溢出和钢液喷溅,并产生较多的粉尘,大多数喷溅物会沉降,并黏结在脱硫工位周边,镁蒸气氧化物和微细的喷溅物颗粒成为粉尘的主要来源;石灰喷吹法脱硫时,少量石灰粉会随着喷吹气体溢出;KR 搅拌法强烈扰动的空气会将少量石灰粉带出,从而形成较严重的扬尘。在某些情况下,采用碳化钙作为脱硫剂时,需用水冷却降尘,硫与残留碳化物反应形成 H_2S 及有机硫化物,会产生严重的臭味问题。

此外,铁水倒包、脱硫剂出渣过程会产生粉尘排放,在脱硫过程及后续的炉渣分离和称重过程所产生的废气中粉尘浓度高达 10 000 mg/m³ 或 1 000 g/t。

2）LF 炉外精炼,VD、RH 真空精炼中大气污染物的产生

LF 炉外精炼以及 VD、RH 真空精炼系统产生的大气污染物具有相似之处,其在钢液精炼过程中搅动钢液后脱离钢包的 Ar 气,少量熔池碳-氧反应产物,以及热对流吸入的环境气体成为

其大气污染物的主要气体来源。

熔池反应直接产生的粉尘量也较少,除了渣层内增碳剂、脱氧剂的氧化挥发会产生少量粉尘外,在加渣料、合金过程中的扬尘,钢包喂线过程中熔池的剧烈反应等会产生短时间的粉尘增多。

3)AOD、VOD、RH-OB 精炼中大气污染物的产生

AOD、VOD、RH-OB 精炼工序,虽然冶金功能区别较大,但都存在喷吹氧气脱碳的操作,所以其中大气污染物具有相似之处。AOD、VOD、RH-OB 精炼工序的大气污染物的气体来源,包括熔池供氧脱碳的碳-氧反应产物和脱离熔池的 Ar 气,而 AOD 因为在大气环境中操作,还直接卷吸大量的空气。炉气中的 CO 没有回收价值,进而人为混入空气将 CO 燃烧处理。AOD、VOD、RH-OB 精炼的操作过程中,存在较大脱碳速率的阶段,此时对应的炉气燃烧剧烈,温度较高。

因为吹氧操作,AOD、VOD、RH-OB 精炼工序的粉尘量较大,其中铁液挥发、气泡溅出生成的铁氧化物和热气流裹挟的渣料小颗粒成为粉尘主体。另外需要注意的是,AOD、VOD 一般用于不锈钢冶炼,其粉尘中含有较高浓度的铬、锰和镍等重金属元素,从而成为有害废物,不能以传统的方式填埋弃置,且具有较高的资源回收价值。

4)连铸工序中大气污染物的产生

连铸生产的核心过程本身几乎没有大气污染物的产生,仅在二次冷却区,因为喷水冷却生成大量水蒸气需要排放。连铸生产前、后的辅助工序反而存在较多的大气污染物的产生点:燃烧煤气烘烤中间包、水口的操作等将产生一定的 CO_2 气体和少量的氮氧化物排放;钢包下水口开启失败后,采用吹氧疏通操作,将有铁-氧燃烧的红烟尘产生;如果采用火焰切割铸坯,将会有燃料燃烧的尾气和火焰切割烟尘的产生和扩散。除了二冷室水蒸气排放通道以外,连铸一般不配置独立的除尘排烟系统。

11.1.2 炼钢废水的产生

炼钢生产是用水大户。转炉、电弧炉、LF 精炼等的炉体和烟道循环冷却系统,需要定期补充大量新水;余热回收生产蒸汽更是需要源源不断的软水补充。但是现有的炼钢生产工序,大部分水量最终都以蒸汽的形式散放到大气中去,炼钢废水产生量较少,在经过再生后返回利用,几乎没有废水外排。现有炼钢过程中可能产生的废水主要包括转炉炉气处理中的废水、真空生产过程产生的废水、连续浇注产生的废水以及渣处理过程产生的废水等。

1.转炉煤气净化废水的产生

转炉煤气净化废水是以 OG 法为代表的湿法处理煤气净化工艺的产物。湿法煤气净化过程中,在串联使用的文氏管、喷淋塔、环缝洗涤器等装置内,利用大量分散的水滴将煤气中的粉尘颗粒吸附捕获后,再使用弯管脱水器、重力脱水器、水雾分离器、湿旋脱水器等实现气水分离。除少部分蒸发外,大部分水量都与粉尘颗粒混合形成转炉煤气净化废水。因为炼钢粉尘的物质特性,转炉煤气净化废水内含有粗、细的颗粒粉尘和钾、钠、铅、锌等的氧化物和卤化盐,并还会溶入少量的 SO_2 和 NO_x。

湿法净化过程中产生的废水在处理后便可回收,第一步是分离粗颗粒物质(颗粒大于 200 μm);第二步是加入絮凝剂后进行电絮凝沉淀。沉淀物通过旋转式真空过滤器、箱式压滤器或离心机进行脱水,获得的湿固废即为转炉污泥。分离后的废水经处理后返回转炉湿法净化过程循环使用,转炉煤气和炼钢烟尘中的有毒成分在水中溶解富集饱和后,并黏附在转炉污泥中向下游

转移。

2. 真空精炼生产过程废水的产生

蒸汽喷射泵是真空精炼最广泛采用的真空获得设备,其利用高压蒸汽通过喷嘴时产生高速气流,在喷嘴出口处形成低压区,产生吸力带动介质流动。高压蒸汽做功后温度降低,同时喷水冷却,以进一步降低泵后压力,在此过程中蒸汽凝结与喷水汇聚形成废水。真空精炼生产过程的蒸汽、废水与真空精炼过程大气污染物直接接触,不可避免会吸附少量粉尘等污染物,但是一般浓度较低。

真空精炼装置多数采用五级喷射泵(图 11.3)或四级蒸汽喷射泵+末级水环泵串联的组合配置形式,真空处理工序中处理每吨钢液通常需要 5~8 m^3 水量,这些工艺用水基本上都会被回收利用,通常会与其附近的轧钢机排放的废水一同处理。

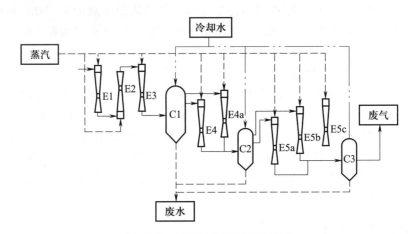

图 11.3　五级蒸汽喷射泵示意图

3. 连续浇注废水的产生

除结晶器以外,连铸生产过程用水主要用于二次冷却系统。该系统喷吹高压水汽混合物,对板坯、大方坯以及浇注机器进行直接冷却,除去部分生成蒸汽以外,大部分水都将成为连铸工艺废水,也称成为连铸浊环水。连铸工艺废水中含有大量铸坯表面氧化层和结晶器保护渣被高速水汽流剥落的碎屑以及浇注机器零件表面涂抹的石油、油脂。

连铸的用水量一般在 5~35 m^3/t,而产生的废水高达 2 m^3/t,通常会与其附近的轧钢机排放的废水一同处理。

4. 炼钢尘泥和连铸水处理渣

炼钢尘泥和连铸水处理渣,都是经由炼钢污水沉淀分离后获得固体废物(简称固废),产量为每吨钢 15~20 kg。转炉炼钢尘泥中铁和碱性物质含量高,SiO_2 较低,有时含较多金属铁,机械脱水后含水量仍可达 20%~50%,一般呈现黑色泥沙或泥浆状,颗粒细,孔隙率大,活性高,易吸附一定的有机有毒物质。

连铸水处理渣为从连铸回水沉淀池(沉淀井)底部提取的堆积物,一般颗粒较粗,含水较少,主要来源于火焰切割渣、铸坯氧化铁皮和结晶器保护渣剥落,并含有一定油脂。

转炉炼钢尘泥和连铸水处理渣在通常情况下都作为冶金原料返回钢铁生产流程,在烧结、炼钢化渣中广泛应用。

11.1.3 炼钢固废的产生

在炼钢的所有生产工序中,炉渣都发挥着重要的冶金功能,但是也不可避免地产生了大量冶金固废和污染物。转炉、电弧炉作为冶炼初炼的主体装备,其氧气炼钢的工艺特点也使其炉渣具有较高的铁氧化物含量,一般被称为氧化渣;LF 精炼、VD 真空精炼炉等,其炉渣铁氧化物含量较低,一般是还原渣;AOD、VOD、RH—OB 等精炼工序,虽然在过程中使用氧气,但在精炼结束前一般都进行脱氧处理,其终渣还是被视为还原渣;铁水预处理炉渣虽然成分与一般还原渣不尽相同,但其铁氧化物含量也不高,可以被视为还原渣。除了钢渣以外,炼钢各工序淘汰的耐火材料也是重要的炼钢固废来源。

1. 转炉炉渣

转炉炉渣是转炉炼钢过程中产生的废渣,主要包括铁水与废钢中所含元素氧化后形成的氧化物,金属炉料带入的杂质,加入的造渣剂(如石灰石、萤石、硅石)、氧化剂、脱硫产物和被侵蚀的炉衬材料等。炉渣的物理化学性质和化学成分、冷却条件等因素存在密切关系,在不同状态下其各组分的比例也不同,一般来说其化学成分包括 CaO、SiO_2、FeO、Al_2O_3、MgO 等,各成分含量大体如表 11.2 所示。从化学组成看,炉渣中含有大量高密度化合物(FeO、MnO 等),因此炉渣密度较高,为 $3.1 \sim 3.9 \ g/cm^3$,又由于钢渣铁质多、硬度大,所以耐磨性较好。同时,炉渣的抗压性能好,压碎值为 $20.4\% \sim 30.8\%$。

表 11.2 钢渣的主要成分 %

CaO	SiO$_2$	Al$_2$O$_3$	FeO	Fe$_2$O$_3$	P$_2$O$_5$	MgO	Fe
45~60	10~15	1~5	7~20	3~9	1~4	3~13	余量

多数碱性氧气转炉炉渣都被用作道路建设中地基层或底层地基、沥青混合料与水路施工中的骨料(在水利工程中,例如加固海堤),或以填埋方式处理,也可以作为石灰材料用于烧结混合料或直接用在高炉或者是碱性氧气转炉内(内部使用)。由于炉渣拥有大量的游离氧化钙成分,所以炉渣还可以用作农业化肥和浸灰剂。

2. 电弧炉炉渣

电弧炉炉渣主要包括金属炉料中各元素被氧化后生成的氧化物、被侵蚀的炉衬、补炉材料、金属炉料带入的杂质和为调整钢渣性质而特意加入的造渣材料,如石灰石、萤石等。因炼钢工艺方法和冶炼钢种不同产生的渣成分也不同,主要分为电弧炉熔化期和氧化精炼期产生的氧化渣以及还原精炼产生的还原渣。随着炉外精炼的普及,一般电弧炉炉渣指的就是电弧炉氧化渣。

电弧炉氧化渣其成分介于高炉渣和转炉渣之间,除存在高炉渣和转炉渣常见的许多矿物外,还有来自电弧炉炉衬的 MgO 成分,形成各种 MgO 系的化合物。电弧炉炉渣与转炉炉渣相比,碱度低,渣中 CaO、MgO、Al_2O_3 含量少,铁氧化物含量高,并可能含有未燃尽的碳粉颗粒。由于冶炼时间较长,渣中 f-CaO 较少。渣缓冷成坨,颜色黑,硬度高,稳定性强,无粉化现象。若水淬冷却,呈黑色颗粒(平均粒径为 0.67 mm),具有较少水硬性。

电弧炉氧化渣的化学组成和矿物组成如表 11.3、表 11.4 所示。

表 11.3　电弧炉氧化渣的化学组成　　　　　　　　　　　　　　　　　　　%

种类	CaO	Fe₂O₃	Al₂O₃	SiO₂	MgO	FeO	P₂O₅	MnO

表 11.3　电弧炉氧化渣的化学组成 %

种类	CaO	Fe_2O_3	Al_2O_3	SiO_2	MgO	FeO	P_2O_5	MnO
含量	30~50	5~6	10~18	11~20	8~13	8~22	2~5	5~10

表 11.4　电弧炉氧化渣的矿物组成

碱度	主要矿物名称	次要矿物名称
1.8	C_2S-C_3MS_2(54:46)固溶体	玻璃质,RO 相,尖晶石固溶体
1.56	C_3MS_2	玻璃质,RO 相
1.12	$(Mg,Fe,Mn)SiO_2$	RO 相,尖晶石固溶体,玻璃质

3. 还原渣

炼钢还原渣是钢液脱氧的产物,主要来自造渣材料(如石灰、合成渣、萤石等),脱氧剂合金烧损产物,钢液脱氧产物以及被侵蚀的炉衬、补炉材料等。一般 LF 精炼渣、VD 真空精炼炉渣、电弧炉还原渣都是典型的还原渣;另外 AOD、VOD、RH-OB 等精炼工序,虽然冶炼过程中使用氧气,但在精炼结束前一般都进行脱氧处理,其终渣中氧化铁含量较低,成分与还原渣基本一致。连铸中间包内浮渣是中间包覆盖剂和钢包内还原渣的混合物,从成分上可以被视为还原渣,但是中间包内浮渣一般都随耐火材料共同冷却,不被视为单独的炉渣。

还原渣的特点是钙、铝含量高,铁含量低,硫含量较多,并因为复合精炼渣、复合脱氧剂的使用含有少量其他成分。由于所含的铁、锰、钛等氧化物很少,渣呈白色,缓冷的渣块有粉化现象。水淬渣呈绿色,若堆放一段时间后就转为白灰或淡灰色的细粒(粒径为 0.2~0.5 mm)。由于它的碱度高,氧化铁含量极少(≤1%),具有含量较高的硅酸盐、铝酸盐矿和氟铝酸钙固溶体,故具有显著的水硬性,是制作炉渣水泥的材料,其中氟铝酸钙使水泥具有迅速凝固的特性。经过水淬处理的还原渣保存了较多的活性高的物质(如 C_3S、β-C_2S 等)。

炼钢还原渣的化学组成和还原渣的化学组成分别如表 11.5 和表 11.6 所示。

表 11.5　炼钢还原渣的化学组成 %

种类	CaO	Fe_2O_3	Al_2O_3	SiO_2	MgO	FeO	P_2O_5	MnO
含量	45~65	—	2~3	10~20	<10	<0.5	2~3	0.1~0.8

表 11.6　炼钢还原渣的矿物组成

碱度	主要矿物名称	次要矿物名称
2.91	γ-C_2S(75%),$C_{11}A_7·CaF_2$	C_3MS_2,MgO(≤5%),CaF_2
2.87	γ-C_2S(75%),$C_{11}A_7·CaF_2$(多)	C_3MS_2,MgO(≤5%),RO 相
2.63	γ-C_2S(75%),$C_{11}A_7·CaF_2$(少)	C_3MS_2,MgO(≤5%),RO 相,CaF_2

4. 铁水预处理渣

铁水预处理渣产生量相对较少,一般在预处理结束后,都需要经由扒渣操作实现渣、铁分离。

因为预处理工艺选择不同,也分为 2 大类。脱硅、脱磷预处理因为供氧和喷吹粉的操作,其炉渣中含有较高浓度的铁氧化物和氧化钙,以及一定浓度的铁水氧化生成的 SiO_2 和 P_2O_5 等,整体成分与转炉炉渣接近,可混合处理。

脱硫预处理中虽然脱硫剂种类繁多、处理工艺区别较大,但其都是在大气内还原性气氛下进行的,所以脱硫渣整体可被视为还原渣的一种。脱硫预处理的操作温度较低,脱硫炉渣一般呈现为部分熔融的多样性炉渣,其他成分取决于脱硫剂的使用。因脱硫剂不同,渣中可能含有脱硫产物 Na_2S、MgS 或 CaS 的一种或几种,并且含有较多的 CaO、MgO、Na_2O 和 Al_2O_3,其主要来源于铁水残留的高炉渣和脱硫剂的氧化产物。脱硫炉渣中高硫含量及无法令人满意的化学性能使脱硫炉渣无法成为理想的回收再利用材料,但是这种炉渣通常都会被回收成为集成炼钢的烧结混合材料,或者部分用于填埋工程中、制作隔声障碍墙,也可以采用垃圾填埋的方式。

5. 废弃耐火材料

炼钢工序使用的耐火材料按照形态分为耐火砖和不定型,并在使用后成为固废。镁碳砖是转炉、电弧炉、钢包砌筑使用最主要的耐火材料,其在使用过程中,随着钢液和炉渣侵蚀逐渐变薄。当炉体砖厚度不足以保温和保障炉体安全时,即需要更换,旧砖拆毁后成为固废。除去少量氧化脱碳以外,废镁碳砖成分基本未发生变化,一般可回收,重新制成低规格的新砖使用。需要注意的是,RH 真空室或钢包渣线等易侵蚀位置,可能会使用铬镁砖或锆镁砖,报废后具有一定环境毒性,需要专门处理。

不定型耐火材料一般包括镁砂或刚玉捣打料。镁砂用于电弧炉炉底铺筑,一般随着侵蚀剥落,进入电弧炉钢渣。刚玉捣打料大量应用于连铸中间包砌筑以及其他各种耐火材料预制件,例如 RH 浸渍管、LF 底吹透气砖、中间包塞棒等。中间包下线后,其与中间包内残钢、残渣一同冷却,形成特大块固废,待机械破拆后,耐材和残渣破碎成小块,一般可与还原渣混合处理。

除此以外,炼钢过程还会使用如水口滑块、大包长水口、侵入式水口等特殊耐火材料,因产生量较少,且容易与其他耐火材料固废混合,一般不做特殊处理。

11.2 炼钢污染物的现场处置

11.2.1 炼钢渣的现场处置及循环利用

炼钢过程主要产生铁水预处理渣、炼钢渣(转炉、电弧炉)、精炼渣三类炉渣废弃物。刚产生的液态高温渣含有物理热,可通过厂内循环实现部分炼钢渣的现场利用,做到对炉渣物理热和化学成分的同时利用,是一种利用效率较高的方式。对炼钢过程产生的炉渣进行再利用前的现场处理或者在热态时对炉渣利用的过程称为炉渣的现场处置。

1. 转炉炉渣的现场处置利用

转炉吹炼完成后进行出钢,随后进行溅渣护炉,最后将炉渣倒出至渣罐或者渣盆中,再运送至炼钢厂附近的渣场进行初步处理,如水冲渣等操作。转炉炉渣的现场处置包括热态和冷态处理两种。转炉炉渣通常为氧化性渣,渣中氧化钙含量高,碱度高,根据其成分特点,现场处置的最优方法是在钢厂内部再利用。

（1）回收炉渣中的铁

炉渣中一般含有12%左右的废钢或渣铁,经破碎、磁选、筛分等分选技术可回收其中90%以上的废钢,可以分选出不同粒级的渣钢和磁选粉。渣钢可以直接加入转炉返回利用,磁选粉返回烧结利用。这是钢铁企业最普遍的利用措施。对炉渣采用磁选工艺进行充分利用,一方面可以减小对环境的污染,另一方面可以更加充分地对资源进行有效利用。同时,还回收了钢渣中的Fe、Ca、Mg、Mn等金属。图11.4是炉渣中回收的铁的流向示意图。

（2）直接作为烧结配加料

钢铁企业一直重视和普遍采用内部循环这种转炉渣利用方式。目前,世界上一些国家一直坚持转炉炉渣返回做熔剂,而且占转炉炉渣资源化综合利用的比例较大,美国把转炉炉渣配入烧结和高炉等再利用,利用率大约为56%,德国约为24%,日本约为19%。炉渣中含有CaO、Fe、MnO、MgO、Fe$_2$O$_3$等成分,可以作为钢铁烧结原料,如少量的铁酸钙能够改善烧结矿强度;镁、钙以固溶体形式存在,适当添加炉渣于烧结原料,可以节省大量的石灰石和白云石的投入,降低原料成本。但由于炉渣质量参差不齐,国内钢铁企业在烧结原料中的配加量相对较低。

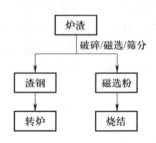

图 11.4　炉渣中回收的铁的流向示意图

（3）炉渣返回炼钢作为造渣剂

转炉炼钢过程中选择低磷高碱度返回炉渣,并向其中加入适量的白云石,促使炼钢成渣时间提前,减轻炉渣对炉衬的影响,减小耐火材料的消耗量,为维护与管理提供便利。双联法操作过程中脱磷负荷主要由脱磷炉分担,这样处理后的炉渣磷含量低,可直接进行回用。通过不断改进和优化后,这种技术目前已经成熟,铸余渣及脱碳炉炉渣的回用比例在不断提高,辅原料的消耗也显著下降,同时回用后钢液质量没有受到显著的影响,表现出较高的适用性。

2. 电弧炉炉渣的现场处置利用

电弧炉炉渣含有较多的CaO、MgO、MnO,一定数量的FeO和金属铁等,回收这些有效成分能降低熔剂和矿石的消耗,节约能耗。作为钢铁厂内部循环使用是一项重要的综合利用途径。

（1）电弧炉炉渣返回烧结

电弧炉炉渣具有软化温度低且物相均匀的特点。将其配入烧结工序使用,可以有效回收其中的有用成分,而且炉渣液相生成早,促进了物质反应并迅速向周围扩散,使黏结相增多而又分布均匀,结构致密,从而改善烧结矿的矿物结构,使返矿减少。炉渣的配入还抑制了硅酸二钙的相变使粉化率降低,显著改善了烧结矿的宏观及微观结构,因而使烧结矿的转鼓系数提高、成品率增加。安阳钢铁集团在烧结工序中使用5%～10%的炉渣代替熔剂,不但提高了生产率,降低了原料成本,还有效降低了固体燃料消耗。

（2）电弧炉炉渣返回高炉

电弧炉炉渣返回高炉可以回收其中的铁,降低生产成本;可以把CaO、MgO等作为助熔剂,从而节省大量石灰石、白云石资源;可以减少碳酸盐分解热,并降低焦比;渣中的MnO、MgO有利于改善高炉渣的流动性;对于含有稀有金属的炉渣还能在高炉炼铁过程中富集V、Nb、Ti等元素。由于磷的富集,炉渣不能无限制地循环使用,另外会增加高炉渣量。

（3）电弧炉炉渣用作炼钢返回渣

电弧炉炉渣作炼钢返回渣不仅可以提前化渣,缩短冶炼时间,减小熔剂消耗量,减少初期渣对炉衬的侵蚀,降低耐火材料的消耗,同时还可回收渣中的金属,而且能减少污染。首钢曾用电弧炉氧化渣返回电弧炉,武钢也已试验用电弧炉氧化渣作转炉的造渣材料,均取得一定效果。在钢产量保持不变以及不影响炼钢工艺和钢材质量的条件下,加 1 t 钢渣可以少用 0.3~0.5 t 铁水,使本来作为废物排出的渣变成了资源;同时还能回收热量,返回炉中渣的热量足够使炉子加热升温 20~150 ℃。

（4）电弧炉炉渣用于铁水预处理

电弧炉炉渣可以用于铁水预处理脱硫,其脱硫速度快,脱硫渣容易排出,铁的损失小,经济效益高。研究表明,电弧炉白渣粉是一种非常经济的喷吹脱硫粉剂,向其中配入少量铝能显著提高白渣粉的脱硫效率。

3. 精炼渣的现场处置利用

精炼渣在连铸后作为注余被倒入渣盆(渣罐),如图 11.5 所示,随后运送至渣场。精炼渣通常为还原性渣,碱度高。有一些钢厂可循环使用一部分精炼渣,提高精炼初期的造渣效率和脱硫效果,加入部分热态渣也可以减少加热时间和能源成本。某厂精炼渣循环利用的流程示意图如图 11.6 所示,连铸浇注完成后,钢包内的剩余精炼渣保留部分,在转炉出钢后补加石灰,确保渣系的硫含量。循环使用精炼渣降低了造渣原料的消耗,利用了渣系剩余物理热,并且有利于 LF 精炼时快速成渣,平稳供电加热,具有显著的能耗、成本及工艺平稳优势。

图 11.5　连铸后钢包内的精炼渣倒入渣盆

4. 炼钢固废的处理

炼钢固废通常指在冶炼过程中或冶炼后排出的所有残渣物,如倒入渣盆的精炼渣、炼钢渣等。在炼钢渣处理的工艺方面,21 世纪以前,我国炼钢渣预处理基本上采用热泼工艺或在此基础上进行的局部改良工艺,其优点是处理量大、投资低、操作简单、安全性好;缺点是占地面积大、污染严重、处理后钢渣粒度大。21 世纪以来,陆续出现了很多预处理技术,经过 10 余年的发展

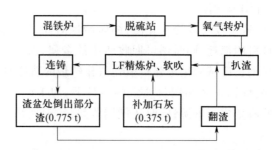

图 11.6 某厂精炼渣循环利用的流程示意图

演变,目前仍有一定应用规模的主要有以下两大类:① 以风淬、水淬以及滚筒法工艺为代表的在线处理技术;② 介于在线处理和传统热泼工艺之间的热焖工艺。

(1) 渣山冷弃法

渣山冷弃法是最为传统的炼钢渣处理工艺,也曾是各钢厂主要的炉渣处理工艺,通过将炼钢渣倒入渣罐,待其缓冷后直接运往渣场堆成渣山,打水淬渣,炼钢渣淬裂后再进行筛分磁选。该工艺非常原始,具有设备少、操作简单的优点。其缺点十分突出,包括占地面积大,环境污染严重,陈化时间长且处理后炼钢渣块度大,尾渣利用不便等,随着绿色生产概念的普及,企业节能降耗,资源利用观念得到增强,该工艺被广泛淘汰。

(2) 渣线热泼法

将炼钢渣倾翻,喷水冷却 3~4 天后使炼钢渣大部分自解破碎,运至磁选线处理。此工艺的优点在于对渣的物理状态无特殊要求、操作简单、处理量大。

其缺点为占地面积大、浇水时间长、耗水量大、处理后渣铁分离不好、回收的渣钢含铁品位低、污染环境、钢渣稳定性不好、不利于尾渣的综合利用。

(3) 渣跨内箱式热泼法

该工艺的翻渣场地为三面砌筑并镶有钢坯的储渣槽,钢渣罐直接从炼钢车间吊运至渣跨内,翻入槽式箱中,然后浇水冷却。此工艺的优点在于占地面积比渣线热泼小、对渣的物理状态无特殊要求、处理量大、操作简单、建设费用比热焖装置少。

其缺点为浇水时间长(24 h 以上)、耗水量大、污染渣跨和炼钢作业区、厂房内蒸汽大、影响作业安全。钢渣稳定性不好,不利于尾渣综合利用。

(4) 风淬法

风淬法的工艺流程如图 11.7 所示,其工艺原理是热熔炼钢渣被压缩空气击碎落入水中急冷、改质、粒化,其目的不仅仅是为了回收处理炼钢渣,同时还要回收炼钢渣中的热量,该工艺要求液态炉渣具有良好的流动性。

该工艺优点是安全可靠、排渣速度快、设备简单、占地面积小、污染少、处理后炼钢渣粒度均匀、回收废钢更彻底;其缺点是处理率低、炼钢渣利用途径窄。

(5) 水淬法

水淬法的工艺流程如图 11.8 所示,其原理是高温液态炼钢渣在流出和下降的过程中被高速水流分割、击碎,高温炼钢渣遇水急冷收缩产生应力集中而破碎、粉化,并进行热交换,使炼钢渣在水幕中粒化。

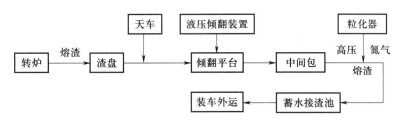

图 11.7　风淬法的工艺流程

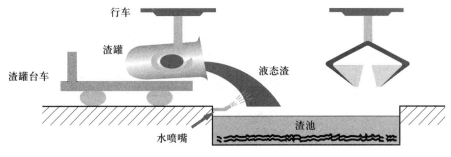

图 11.8　水淬法的工艺流程

此工艺的优点在于流程短、设备体积小、占地少、炼钢渣稳定性好、渣呈颗粒状、渣铁分离好、渣中 f-CaO 含量小于 4%、便于尾渣在建材行业的应用。其缺点为对渣的流动性要求较高,必须是液态稀渣,渣处理率较低,仍有大量的干渣排放,处理时操作不当易产生爆炸现象。

采用水淬法处理炼钢渣,基本上可以实现炼钢渣处理工序的零排放,有效使废弃物资源化,完成回收利用,具有显著的经济效益和环境效益。

（6）滚筒法

国内外有多家钢厂采用了滚筒法炉渣处理技术,其中宝钢经过多年探索,将 1995 年从俄罗斯拉乌尔钢铁公司引进的滚筒技术进行了多项改进,成功应用于宝钢、马钢等企业。除此以外,韩国浦项、印度 JSW、中国台湾中龙、巴西 CSP 都采用了该技术。

该技术的工艺流程:在密封滚筒中处理高温熔态炼钢渣,滚筒不断地向炼钢渣中喷水使其温度急速冷却后变硬变脆,然后在筒内被钢球挤成小块。在多种工艺介质处理条件下,对应的炼钢渣被急速冷却、碎化,而为其后的进一步处理提供有利条件。

由于渣和钢的凝固点不同,在冷却过程中钢率先固化,然后适当的冲击和冷却处理后,可和渣分离开,在经过不断的冷却、破碎处理后,炼钢渣的粒度处于合理范围内,而成为稳定性和粒度都满足要求的成品炼钢渣。热渣在二次浸泡的作用下溶解游离氧化钙,因而进行这些处理后炼钢渣的稳定性明显提高。在此处理中浊水流入沉淀池可不断循环,提高了利用效率。这种模式下蒸汽集中排放,产生的污染也明显降低。滚筒中的炼钢渣中的游离氧化钙含量不高,可高效进行造粒处理,颗粒粒径级配好,同时化学性能也高,在一些条件下可替代天然砂配制砂浆,既可降低钢铁行业炼钢渣对大气、水资源及土资源等环境的影响,还可以提高处理炼钢渣的经济效益和附加值,缺点是炼钢渣粒度大、渣处理效率低、设备投资大,且对渣的流动性要求较高(必须是液态稀渣)。图 11.9 所示为滚筒法处理现场。

图 11.9　滚筒法处理现场

（7）热焖法

热焖法是中冶建筑研究总院于 20 世纪 90 年代研制成功的一种钢渣处理技术,也被称作为焖罐法,已在首钢京唐、重庆钢铁(集团)有限公司等多家钢铁企业推广应用,效果良好。工艺流程如下:炼钢渣在自然环境条件下进行适当冷却,到温度满足要求后,运送至焖罐设施,封上罐盖。罐体附近设置有自动喷淋水枪,不断地向其中喷洒水。在热作用下水会蒸发而产生大量的水蒸气,炼钢渣在喷洒水期间也会产生很复杂的物化反应,这样会不断地膨胀裂解而转变为尺寸较小的颗粒,打开装置盖,用挖掘机将炼钢渣铲出,进行磁选回收等进一步处理。

热焖法工艺优点:① 利用炼钢渣余热产生蒸汽,而将其中的游离氧化钙进行快速处理,这样可不必加入额外的蒸汽,可更好地满足处理性能要求,同时表现出节能的特点,且能够改善炼钢渣稳定性,为实现 100% 利用创造条件;② 适应性强,可满足各类型与各种流动性的炼钢渣的处理要求,在炼钢过程中选择溅渣护炉技术,炼钢渣黏度大,不容易流动的情况下,这种技术可很好地满足应用要求,处理效率可达到很高水平;③ 对高碱度炼钢渣有更好的处理效果,处理后的炼钢渣活性较高、稳定性较好。缺点是处理后炼钢渣粒度均匀性差、破碎加工量大、处理周期较长。炼钢渣热焖法工艺示意图如图 11.10 所示。

11.2.2　炼钢尾气的现场处置

转炉烟气中的粉尘通常是用湿法除尘器去除的,也可以用干式或湿式静电除尘器去除。抑制燃烧法中,湿法除尘能够达到粉尘在煤气管网中的浓度为 $5 \sim 10 \ mg/m^3$,所回收的粉尘中铁含量可达 42% ~ 75%,管网煤气中的粉尘在煤气焚烧之处排放。在鼓风前后,收集到的相对少量的废气会点火燃烧。完全燃烧法中,处理后排向大气的粉尘浓度为 $25 \sim 100 \ mg/m^3$。由于开放式燃烧系统的废气流量相对较高,导致相应的粉尘排放浓度高达 18 g/t。

抑制燃烧和充分燃烧之间存在不同的渐变过程,其中抑制燃烧之后回收转炉废气是最常用的工艺。在采用抑制燃烧时需要一个具备转炉气体质量控制的大容积气罐,便于长期使用,且回

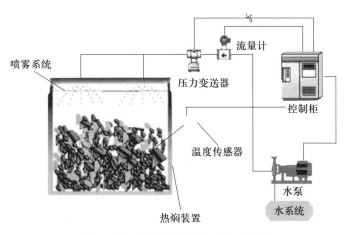

图 11.10　炼钢渣热焖法工艺示意图

收的煤气必须在当地使用。粉尘排放过程中,喷枪至关重要,由于氧枪需要伸缩,废气管道中的粉尘就会通过喷枪溢出而进入建筑物环境中,加保护罩或喷射蒸汽或惰性气体可以预防这些污染排放,采用非沥青类耐火材料可以减少 PAH 排放。

11.2.3　炼钢污水的现场处置

钢铁生产过程中的含铁污水具有较高的再资源化利用价值,其回收利用工艺影响生产效率、资源消耗和产品质量。炼钢污水通常进行的机械分离方法处理可分为沉降和过滤两种方式,这个过程产生副产品,如炼钢污泥,其含有铁、碳、钙等可以利用的成分。含铁污泥主要是炼钢、连铸生产过程中产生的沉淀物,干基占 20% 左右,含有 10%~20% 的金属铁微粒,含水量为 80% 左右,其中主要是含铁物料,主要的处理方式是拉运到露天场地晾晒干后再倒运到烧结、球团工序配料使用,其品位较高,黏度大,易于造球和提高球的强度,提高相应的生产率。有的企业直接利用含泥污水代替烧结生产用水(替代率 85% 左右),做到了污水中化学成分和水资源的同时利用,进一步提高了污水利用率,节水减排效果显著。

11.3　炼钢固废的利用及无害化处置

11.3.1　炼钢渣的利用

1. 转炉、电弧炉炉渣的利用

炼钢渣是炼钢过程中的一种副产品。它由生铁中的硅、锰、磷、硫等杂质在熔炼过程中氧化而成的各种氧化物以及这些氧化物与溶剂反应生成的盐类所组成。炼钢渣含有多种有用成分:金属铁 2%~8%,氧化钙 40%~60%,氧化镁 3%~10%,氧化锰 1%~8%,故可作为钢铁冶金原料使用。炼钢渣的矿物组成以硅酸三钙为主,其次是硅酸二钙、RO 相、铁酸二钙和游离氧化钙。炼钢渣主要有电弧炉炉渣和转炉炉渣两种。转炉炼钢是我国的主要炼钢方式。

炼钢渣的产生量大,每产 1 吨钢坯就会产生约 0.15 吨炼钢渣,仅在 2020 年,我国的炼钢渣产生量就达到了 1.6 亿吨,而我国对炼钢渣的利用率只有 30% 左右。大量的炼钢渣堆存不仅会占用大量土地资源,而且会对堆场附近的环境造成巨大破坏,严重威胁附近居民的身体健康。因此,实现炼钢渣的回收利用迫在眉睫。

使用合适的方法对炼钢渣进行预处理可以为炼钢渣的资源化利用提供基础。随着钢铁冶炼技术的提高,炼钢渣的预处理方法也在不断发展,形成了多种炼钢渣处理工艺技术。合适的处理技术得到的炼钢渣均匀性和粒度较好,达到钢和渣的有效分离,并能降低炼钢渣中的 f-CaO、f-MgO 含量,且使其 C_2S、C_3S 矿物的化学活性不降低,从而为炼钢渣后续加工和高效利用奠定良好的基础。目前我国炼钢渣的预处理方法主要有水淬法、风淬法、热泼法、浅盘法、滚筒法、陈化法和热焖法等。

(1)厂内循环

根据炼钢渣的成分、特性和矿物的结构组成,目前对炼钢渣的利用途径有很多。由于炼钢渣中含有 20% 以上的铁组分,对预处理后的炼钢渣进行提铁具有很高的经济价值。目前常用的提铁方式是将炼钢渣进行破碎和粉磨,之后利用磁选的方法选出炼钢渣中的铁组分。提铁后的炼钢渣中的成分主要为氧化钙和二氧化硅,钢铁厂内可以使用这些炼钢渣作为冶炼熔剂来调控炼铁炼钢时渣的碱度,实现炼钢渣的厂内循环利用。

(2)炼钢渣在水泥混凝土中的应用

炼钢渣中的硅酸钙矿物相主要以 C_2S、C_3S 等形式存在,与水泥的矿物相组成相似。将炼钢渣用作水泥生料生产的炼钢渣水泥具有水化热低、耐磨、抗冻、耐腐蚀、后期强度高等优点。将炼钢渣用作水泥生料和水泥混凝土掺和料是目前的研究热点。将炼钢渣应用于水泥混凝土中,具有改善水泥浆体的流动性,延缓水泥的凝结时间,减少早期水化放热,改善混凝土后期的耐久性等特点。

(3)炼钢渣在道路工程中的应用

炼钢渣碎石具有比重大、强度高(一般大于 180 MPa)、磨损率小(均小于 25%)、耐腐蚀、与沥青结合率高等特点,可用于铁路、公路、工程回填。炼钢渣的耐磨性好,将其用于混凝土路面的集料可以使路面具有高抗滑性能。炼钢渣属于粗粒土,级配良好,易于压实,其强度满足要求。将稳定化处理后的炼钢渣与水泥土拌合后,可用于道路的基层,炼钢渣的掺入可以提高水泥土的密实度和抗裂性。炼钢渣碎石硬度大,表面粗糙,强度高,级配良好,是良好的回填材料。炼钢渣加水拌合后,其铁、铝、钙等氧化物发生水化反应,形成具有较高强度的水化物,使回填材料整体板结,从而使松散颗粒材料之间产生一定的"内聚力",使土体的整体强度得到了提高。废炼钢渣吸水率较大,且具有一定的膨胀性。软土地层的含水率较高,废炼钢渣应用于软土地层,不但可以起到置换、加强筋的作用,还可以起到固结、挤密等作用,从而改善地基土的性质。

(4)炼钢渣在工业废水处理中的应用

从炼钢渣的化学成分分析可知,炼钢渣中含有大量的碱性氧化物而显碱性,同时炼钢渣经过粉磨后比表面积较大,决定了炼钢渣可以通过化学反应和吸附作用处理废水中的污染物。炼钢渣的密度大,在水中的沉降速度快,固液分离处理周期短。因此,炼钢渣可以作为废水处理的吸附剂和滤料。另外,炼钢渣同时含有相当含量的铁和硅元素,在一定条件下进行处理可以聚合成为很好的絮凝材料,因此炼钢渣可以作为废水处理的絮凝剂原料。炼钢渣作为吸附剂处理废水,主要是用于处理含重金属离子废水和含磷、砷、氟等离子的废水。炼钢渣的吸附作用又分为物理吸附和化学吸附。物理吸附由炼钢渣的多孔性和比表面积决定,比表面积越大吸附效果越好,这种吸附作用是炼钢渣吸附剂的主要作用。炼钢渣吸附剂还有一种化学吸附作用。这种吸附作用又分为静电吸附、表面配合作用和阳离子交换。炼钢渣吸附剂还具有一种沉淀作用。炼钢渣溶液有强的碱性,可使金属离子部分形成氢氧化物和砷酸盐的沉淀。炼钢渣作为滤料使用时,可用于有机废水的脱色、降低 COD 以及富氧化磷的去除。

(5) 炼钢渣在农业方面的应用

经高温煅烧后的炼钢渣溶解度有着很大的改变,使得炼钢渣中含有的 P、Ca、Si 等成分容易被植物吸收利用,因此可作为肥料。一般情况下炼钢渣均呈碱性,正是利用这一点,炼钢渣常被用来改良酸性土壤。随着时间的推移,渣中的 CaO 可慢慢改良土壤的土质,进而改善农作物的生长环境。国外较早将此方法应用于农业生产,欧美等发达国家的应用范围较广,如德国已达18%。经过处理后的炼钢渣也不会引起土壤中重金属离子的增加。

虽然炼钢渣的利用途径很多,但实现炼钢渣大规模的利用方法仍需探索。图 11.11 是我国炼钢渣的全产业链途径。

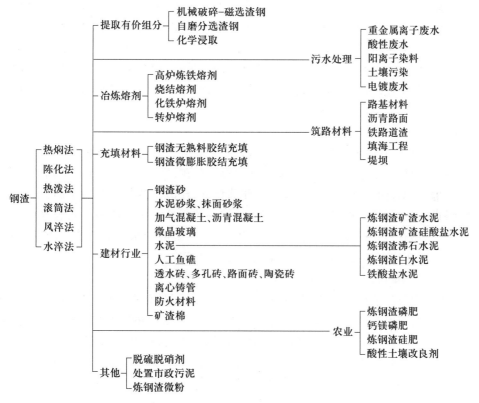

图 11.11　炼钢渣的全产业链途径

2. 精炼渣的利用

精炼渣是钢液精炼后排出的废渣。为了满足市场对洁净钢生产的需求,国内钢厂普遍重视二次精炼工艺,到目前为止,我国钢铁工业精炼比已超过 70%。炉外精炼工艺方法种类繁多,基本上分为真空和非真空精炼两大类。常见的精炼渣按其化学成分可分为 $CaO-CaF_2$ 基、

CaO-Al$_2$O$_3$ 基、CaO-Al$_2$O$_3$-SiO$_2$ 基等精炼渣；按制作形态又可分为预熔型精炼渣、烧结型精炼渣、混合型精炼渣三大类。预熔型精炼渣是指将原料按一定比例和粒度混合后，在专用设备中，在高于渣系熔点的温度下将原料熔化成液态，冷却破碎后再用于炼钢过程的精炼渣；烧结型精炼渣是指将原料按一定比例和粒度混合后，在低于原料熔点的情况下加热，使原料烧结在一起，然后破碎成需要的粒度颗粒再进行使用的精炼渣；混合型精炼渣是指直接将一定比例和粒度原材料进行人工或机械混合或直接将原材料按比例加入炼钢炉内。

钢厂每生产 1 t 钢，就会产生 20~50 kg 的精炼渣，且利用率仅占 55% 左右，则每年至少有 900 余万吨的精炼废渣未被利用。随着钢铁品位的不断提高，精炼渣排放量越来越大，采取输送堆场、筑坝干法堆存等方法处理精炼渣，不仅占用了大量土地，而且使得大量的废碱液渗透到土壤，造成土壤碱化，污染地表、地下水源等环境问题愈加严峻，必须对精炼渣再处理以便利用，才能变废为宝，减少污染，因此精炼渣的回收利用及其综合治理已经成为重点问题之一。

（1）钢铁行业回收利用

精炼废渣的高碱度、低氧化性、低熔点等特性在钢铁行业中的回收利用环节表现出了优秀的性能，使用精炼废渣二次精炼减少了原材料及化渣剂的添加，节约了成本，通过调整渣系配比和补添 CaO 和 Al$_2$O$_3$ 来降低整个渣系的熔点，还能做到减少钢包内衬的消耗提高了钢包使用率。目前精炼渣的回收利用（简称回用）主要为热态回用和冷态回用。热态回用有效利用了渣的余热，能耗较低。且热态回用不仅减少了石灰和化渣剂的消耗，而且缩短了加热时间，加快了炼钢速率。冷态回用是指冷态渣经过冷却、破碎和筛分后，使用喷吹系统将精炼渣喷入，通过控制冷态渣的加入可以保证合适的出钢渣量。

（2）精炼渣中有价金属的提取

精炼渣中含有金属铁和铝等有价组分。通过对精炼渣的破碎、粉磨和磁选，可以磁选出炼钢渣中的部分铁。但精炼渣中的铁主要以氧化铁的形式存在，磁性较弱，直接破碎后磁选的铁的收得率低。有研究表明，向精炼渣中加入还原剂和催化剂，使渣中的铁转变为金属铁和碳化铁，之后对炼钢渣粉碎进行磁选可以显著提高精炼渣中铁的收得率。精炼渣中含有较高含量的铝，提取精炼渣中的铝具有一定的经济效益。有研究表明，利用硫酸和水玻璃对精炼渣进行酸解或碱化，从中提取铝元素的方法是可行的，且浸出率高达 75% 以上。

（3）精炼渣在建筑行业中的利用

精炼渣中含有较多的硅酸钙相，主要物质 C$_2$S、C$_3$S、CS$_5$ 具有水硬性，具有潜在的胶凝性能，可将其替代部分水泥熟料来生产炼钢渣水泥，实现其在建材领域的资源化利用。有研究表明，将精炼渣作为混凝土或砂浆砌块的添加料的性能比原材料要高，且以精炼渣作为添加料能带来很大环境效益。精炼渣颗粒具有较好的胶凝颗粒弥散性和表面特性，由于其光滑和致密性，从而在混合渣中吸收少量水分，提高了其施工性能。实验室用钢纤维作为加固材料，以精炼渣作为填料，在实验室测定了不同组分的自密实混凝土的流动性、抗压强度、耐冻性、韧性、氯化物的渗透性，结果表明，精炼渣作为添加料具有很好的相容性和可加工性，并提高了混凝土的抗压强度、韧性、耐久性。

（4）精炼渣在污染治理上的应用

精炼渣的主要化学物质为 CaO，渣中多含游离的 CaO，并具有高碱度的特性，利用精炼渣可以改良酸性土壤的，通过精炼渣可以将酸性土壤 pH 值从 5 提升到 8。这种碱性改良具有稳定性,可以使土壤的酸碱度长期保持在一定范围内,从而实现土壤的改良。精炼渣由于其表面粗糙多孔,经过粉磨后能具有较大的比表面积。有研究表明,将精炼渣磨粉可以吸附水中的重金属离子,且其吸附效率较高,可用于工业吸附过程。图 11.12 是精炼渣的主要利用途径。

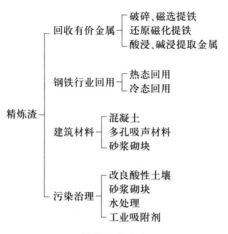

图 11.12　精炼渣的主要利用途径

3. 铁水预处理渣的利用

将铁水兑入炼钢炉进行炼钢之前,往往需要脱除杂质元素或回收有价值元素,称为铁水预处理,包括铁水脱硅、脱硫、脱磷(俗称"三脱")以及铁水提钒、提铌、提钨等。其中,铁水脱硫预处理是最主要也是最重要的环节,既有利于稳定高炉造渣制度,又能保证炼钢吃精料。

脱硫渣处理主要采用热焖技术,分为脱硫渣带罐打水焖渣系统和脱硫渣磁选筛分系统。KR脱硫渣的主要成分为 CaO,在打水焖渣过程中形成较黏稠的 $Ca(OH)_2$ 和 CaO 混合物,这会使得水的渗透深度受限,造成热态的 KR 脱硫渣难以被彻底冷却而出现"结红块""结大块""黏罐底"等现象,对其处理造成困难。为解决这一问题,可以采用控制渣罐的处理渣量,使用喷淋打水以及泼渣池二次焖渣等方式。处理好的脱硫渣送到生产线上进行破碎、筛分、磁选,筛选出 Fe总的质量分数达到 90% 以上的渣铁,可加入铁包和供高炉使用。

(1) 厂内循环

为了提高经济效益,降低环保压力,钢铁厂一直致力于研究对预处理脱硫渣的回收利用。目前钢铁厂内主要的利用方式有脱硫渣冷态循环利用和脱硫渣热态循环利用。由于脱硫渣中磷、硫的质量分数高,磁选后的尾渣无法大批量返回转炉炼钢使用,但电弧炉炼钢对硫的质量分数要求较低。国内有钢厂将脱硫渣经磁选选出脱硫渣钢和脱硫磁选粉,将脱硫磁选粉造球后变成高密度球体,并和脱硫渣钢一起直接用于电弧炉炼钢,用以调节冶炼温度及充分利用脱硫渣中的铁元素。脱硫渣热循环法是将脱硫渣在高温状态下直接再利用的方法。脱硫过程中,脱硫剂的脱硫能力并未完全发挥出来。刚刚处理的脱硫渣为凝结粒的状态,随后温度下降造成其凝结粒崩散,形成新的未反应面,因此可以反复使用、有效利用未反应面,最大限度地发挥渣脱硫能力。同时,还可以回收排渣时释放的热量,有利于节约资源。

(2) 铁水脱硫渣用于环境治理

铁水预处理脱硫渣(KR 脱硫渣)具有颗粒小、孔径小和比表面积大等特点,近年来被广泛用作废水处理的吸附剂。有研究表明,脱硫渣对 Cu^{2+} 具有较好的吸附性能,在合适的吸附条件下,Cu^{2+} 的吸附率可以达到 90% 以上。有学者研究,利用铁水预处理脱硫渣吸附稀土铈离子,结果表明脱硫渣对 Ce^{3+} 的吸附在常温下效果显著,无须改性和高温加热,便可以达到以废治废的目的。还有学者进行了利用铁水脱硫渣中的金属铁还原水溶液中六价铬的研究,结果表明在酸性环境中,增加渣铁的投加量都有利于渣铁对六价铬的还原,而温度对整体还原效果的影响不大,渣铁的还原效果要比铁粉和铁屑的效果差,一方面是因为渣铁的粒径较大,另一方面是因为渣铁表面在反应过程中容易形成沉淀物而阻碍了反应进行,但渣铁的优势在于其成本低,不用清洗,使用方便。

(3) 铁水脱硫渣的其他利用方式

有学者研究了将铁水脱硫渣作为添加料对橡胶材料力学性能的影响,结果表明,在合适的配比下用铁水脱硫渣作为橡胶添加料可以起到加速橡胶硫化的作用,降低生产成本,同时对其力学性能影响较小。铁水脱硫渣中含有 C_2S 和 C_3S 等矿物相,具有潜在的胶凝活性。因此,使用矿渣粉与脱硫渣粉制备复合粉用于水泥和混凝土也是一个重要的脱硫渣处理途径。

11.3.2 炼钢除尘灰的利用和无害化处理

1. 转炉、电弧炉除尘灰的利用和无害化处理

转炉除尘灰是转炉炼钢工艺中产生的 CO 和 CO_2 气体从烟道排出时带出的大量烟尘灰,经过干法除尘方式净化回收后形成的一种钢铁粉尘。其主要成分为铁、钙、硅、铝和镁,另外还含有 SiO_2、Al_2O_3、MgO 等熔剂成分,由于使用废钢种类的不同,还可能含有 ZnO、PbO 等。电弧炉冶炼过程中烟气除尘得到的产物为电弧炉除尘灰,粒度很细,除含 Fe 外,还含有 Zn、Pb、Cr 等金属,具体化学成分及含量与冶炼钢种有关,通常冶炼碳钢和低合金钢产生的烟气粉尘含较多的 Zn 和 Pb,冶炼不锈钢和特种钢产生的烟气粉尘含 Cr、Ni、Mo 等。

(1) 厂内循环

对于转炉除尘灰中锌含量低的部分,可以将其返回到炼铁、炼钢流程。可以将除尘灰返回烧结工序重新配料,或者将固废尘灰压制成球或块投进转炉炼钢,也可以将钢铁粉尘同煤粉以适当比例喷入高炉进行循环利用,这三种方式大都利用了固废尘灰中的 Fe、C 等有价元素。但这些方法反复循环后,钢铁粉尘中的铅、锌浓度越来越高,将逐渐引起高炉炉瘤、炉结,高炉利用系数降低,焦比升高,影响高炉的顺利运行及炉寿。因此,循环到一定程度后,必须对粉尘中的铅、锌进行外排。

(2) 有价金属提取

转炉除尘灰和电弧炉除尘灰中含有含量较高的锌和铁等有价元素,对除尘灰中的有价金属提取具有较高的经济价值。目前,从炼钢除尘灰中提取有价金属的方法可分为物理法、湿法、火法、火法和湿法联合处理。

物理法处理工艺主要有磁性分离和水力漩流器分离两种。磁性分离工艺的原理:利用锌一般富集在粒度较小和磁性较弱粒子上的特性,采用离心或磁选的方式富集锌元素。磁性方法用于高炉粉尘时,要增加浮选除碳工艺以提高磁性分离的效率。水力漩流器分离工艺的原理:锌主要存在于 20 pm 以下的细尘中,利用漩流器使 $<15\ \mu m$ 的较细粉尘溢流,而 $>15\ \mu m$ 的较粗粉尘底流,从而实现分离。

湿法主要用于中、高锌炼钢除尘灰的除锌。用酸或碱性溶液将氧化锌和其他金属氧化物从炼钢除尘灰中溶解出来。在此基础上,采用洗渣、分离、提纯、电解、结晶等方法,可制得锌粉和富

铁的固体渣。酸法提取炼钢除尘灰中的锌可以分为三种情况:稀强酸和弱酸浸出、浓强酸浸出、$FeCl_3$ 溶液浸出。稀强酸和弱酸只能浸出含锌电弧炉除尘灰中以氧化锌状态存在的锌,以 $ZnFe_2O_4$ 状态存在的锌留在渣中,导致锌的提取率较低。而浓强酸和 $FeCl_3$ 溶液可以破坏 $ZnFe_2O_4$ 结构,从而提取其中的锌。尽管浓强酸能以较高的提取率实现含锌电弧炉除尘灰中锌的提取,甚至可以到达 100%,但是同时也会有大量的铁进入浸出液,不能实现锌铁的分离。为了实现浸出液中铁的有效分离必然需要对浸出液进行净化除铁工艺。目前比较成熟的除铁方法主要包括黄钾铁矾法、针铁矿法、赤铁矿法、溶剂萃取法。炼钢除尘灰的碱法浸出使用的提取剂主要包括 NaOH 和氨水。这种方法首先是将含锌粉尘在碱溶液中浸出,经稀释后进行液固分离,滤渣经水洗后得到赤泥,水洗液再用于碱浸后的稀释,滤液经 CaO 脱硅后得到硅渣,脱硅后经种分、过滤后得到 $Zn(OH)_2$,$Zn(OH)_2$ 脱水后得到 ZnO 产品。碱浸结果和稀强酸以及弱酸的锌提取结果相似,即只能浸出以 ZnO 状态存在的锌,不能提取 $ZnFe_2O_4$ 中的锌,所以锌的提取率较低。并且碱浸过程需要较高的碱液浓度和较大的液固比,对两性金属氧化物(如 PbO 等)浸出率较高。

火法处理主要分为直接还原法和熔融还原法。这两种方法的反应区温度不同,使得原料在炉内的反应不同,导致产物不同。直接还原法是高温还原条件下,含锌粉尘中的氧化锌或铁酸锌被还原汽化,与固相渣分离,在烟道中被氧化后富集于除尘器中。根据处理装置的不同,分为回转窑、转底炉和循环流化床等工艺,还有竖炉法和电热炉法。熔融还原法与直接还原不同的是,熔融还原法是在熔融的条件下将含锌粉尘中的有价金属进行还原、分离、富集的一种火法工艺。常用的熔融还原方法有 OxyCup 法、DK 法和焦炭填充法。火法冶金的总体特点是生产效率较高,生产设备的占地面积较小;多数工艺中 Zn 等重金属去除彻底,可充分满足环境保护的要求;共生的铁、碳资源能得到充分回收;操作步骤简单,对原料成分的要求较宽松,工艺稳定,易于优化。尽管火法冶金具有设备投资较大的缺点,但钢厂在火法冶金方面占有优势,在钢厂内部处理粉尘,还原剂、能源、动力消耗较少,对除尘灰处理的综合效益较高。

火法和湿法联合处理工艺是利用火法和湿法各自的优点,分步对除尘灰进行处理的方法。火法和湿法联合处理工艺可以先火法后湿法,也可先湿法后火法,火法通过高温还原反应去除锌、铅等,湿法通过水或者添加添加剂(酸、碱、化合物等)浸出或者通过化学反应等方法过滤、结晶蒸发分离所需回收的物质。常用的火法和湿法联合处理工艺可以先进行火法还原焙烧,锌及其他金属挥发收集后对其进行湿法浸取;也可以先对除尘灰进行湿法浸取,分离其中的一些成分,然后对过滤后的浸渣进行高温处理,回收除尘灰中有价值的物质。中国辽宁葫芦岛炼钢厂、广东省韶关钢铁集团有限公司、广西柳州钢铁集团有限公司都有应用,并且取得较好的经济效益和环保效益。火法和湿法联合处理工艺能耗和原料消耗较少,处理方式灵活,所获产品质量高,除尘灰利用率高,但是流程长,设备投资大。

(3) 其他方法

除了传统的利用方法,还有一些对炼钢除尘灰进行高附加值利用的方法,如制备氧化铁红、制备光催化材料、制备载氧体和絮凝剂等。氧化铁红是一种耐光耐热、性能好的红色颜料。炼钢除尘灰中具有较高的铁含量,可以用于制备氧化铁红。也有学者利用部分种类的除尘灰成功制取了复合磁性材料行业要求的氧化铁红,并广泛应用于磁性材料预煅烧企业。有学者采用酸解的工艺方法将含锌高炉除尘灰和轧钢污泥的复配尘泥中的有价元素(Zn、Fe、Al、Mn、Mg)转移到酸解液中,经过沉淀法和焙烧步骤得到掺杂型 $ZnFe_2O_4/\alpha-Fe_2O_3$ 复合光催化材料,具有良好的催化特性。炼钢除尘灰也可以用来制备聚合硫酸铁或者聚合硫酸铁铝等。有学者以粉煤灰和氧化铁皮为原料制备了聚硅酸铝铁混凝剂,获得的混凝剂具有网状结构并具有较好的稳定性。

(4) 无害化处理

含锌电弧炉除尘灰的无害化处理是为满足环保要求,实现除尘灰的填埋所开发的工艺技术,主要包括固化和玻璃化。固化是通过改变除尘灰的物理形态,使其形成一种束缚重金属污染物的固化结构。玻璃化是通过改变除尘灰中重金属的化学形态,使有毒有害物的可溶性、流动性和毒性降低。上述方法操作简便,易于实现除尘灰的无害化处理,处理后的除尘灰可保持长期的稳定性,符合环保部门的填埋标准。无害化后的除尘灰可就地填埋或可用于修路等。常见的处理技术有 Super Detox 技术和 Oregon 工艺。

Super Detox 技术为固化技术的一种,1995 年美国环保局称电弧炉除尘灰经 Super Detox 方法处理后可安全排放或填埋弃置。该处理过程是将除尘灰与铝硅氧化物、石灰以及其他添加剂混合,使重金属离子氧化还原且沉积于铝、硅氧化物之中,处理后的除尘灰可以满足环保要求。Oregon 工艺是 1991 年美国玻璃化国际有限公司开发的废弃物玻璃化工艺。其工艺流程是将电弧炉除尘灰与硅酸盐(如硅砂、黏土和碎玻璃等)按产品要求进行混料后加到熔化炉熔化,其中挥发性金属被收集到冷却套管中,熔融态物质可进入干、湿系统处理,干系统是流入模型冷却,湿系统则是水淬成固体颗粒。该方法操作连续,可在现场进行处理,节约了运输费用,并可与回收氧化锌的装置联用以回收锌。

固化/玻璃化工艺设备比较简单,运行费用不高,但是除尘灰中有价金属元素(如锌、铁、铬等)没有得到回收,浪费金属资源,仅适合处理无回收价值的有毒有害炼钢除尘灰。通过无害化技术,尽管解决了含锌电弧炉除尘灰对环境的污染问题,但是忽视了除尘灰中 Zn、Fe、Pb 等元素的利用,另外还增加了堆存所占用的土地,导致该方法目前很少被应用。

2. 其他工序及车间环境除尘灰的产生

转炉车间的其他设备在操作过程中也会产生大量的烟尘和粉尘。如往混铁炉兑铁水或从混铁炉往外倒铁水时都要产生大量氧化铁烟尘,铁水炉外脱硫、铁水倒罐和撇渣过程中也要产生烟尘,转炉副原料(如石灰、萤石等)在运输过程中或加入转炉内时会产生大量粉尘等。

11.3.3 炼钢污泥的利用

炼钢烟气进入湿式除尘系统,在湿式清洗系统的处理下,这些粉尘分散在水中,形成悬浮污水,固体与液体分离后,污水形成水含量为 30% ~ 40% 的高浓度炼钢污泥。每生产 1 t 钢可产生多达 15 ~ 20 kg 炼钢粉尘。炼钢污泥含有多种金属氧化物,如 Fe_2O、Fe_3O_4、MgO、Al_2O_3 和 MnO,这可能是一种潜在的二次资源。但炼钢污泥中也含有大量的有害物质,如 ZnO、PbO、K_2O、Na_2O 等。Zn、Pb、K、Na 的挥发温度较低,易挥发形成粉尘,破坏生态环境。

1. 厂内循环利用

炼钢污泥可以替代烧结过程中的部分铁矿石和助熔剂,有利于烧结过程的节能降耗。由于使用烧结的产量较多,将炼钢污泥用于烧结炼铁是目前最为有效的回收方法。将炼钢污泥的利用根据添加方法的不同可分为三种形式:直接作为原料使用、液压填充管道技术、小颗粒烧结。将石灰和炼钢污泥混合在一起,吸收炼钢污泥中的水分,生成氢氧化钙。产生的热量导致了水的蒸发和炼钢污泥颗粒的破碎。然后,将该混合物作为一种原料进行烧结。但 CaO 和水的波动给烧结生产带来了困难,使烧结成分波动较大。液压填充管道技术是将炼钢污泥用水稀释成浓度为 15%~20% 的浆料,浆料经泵加压后,被输送到烧结混合物中,以提供所需的水分。结果表明:添加炼钢污泥后,烧结矿中 Fe 质量增加,SiO_2 质量降低。小颗粒烧结法先将炼钢污泥制成尺寸为 3~10 mm 的球团,然后将球团均匀地分散到混合物中。结果表明,混合料的水分波动减小。此外,该技术消除了搅拌缸内的黏滞问题,提高了整个系统的稳定性,提高了层渗透性、垂直烧结速率和生产效率。通过水力充填管道和微球化烧结技术,可以提高烧结矿质量,降低能耗。

炼钢污泥因其良好的黏接性能和较大的比表面积而被公认为氧化球团的优良原料,将炼钢污泥稀释成泥浆,然后将泥浆通过输送管道输送到造粒机。使用炼钢污泥制备的氧化球团可显著降低膨润土用量,改善了球团的粒度均匀性和产率,提高球团铁含量和球团性能。但由于球团制备过程是在氧化气氛下进行的,炼钢污泥中的有害元素无法去除,存在于球团中。直接用炼钢污泥作为炼铁原料而不脱锌,锌会在高炉内循环积累,不利于高炉顺行。

2. 有价元素回收

炼钢污泥中铁和锌的含量较高,且其中的铁以金属铁的形式存在,可以不经过冶炼和还原就可以从炼钢污泥中分离出铁粉。有研究表明,通过干燥、球磨和磁选的方法可以提取炼钢污泥中的金属铁粉,这种铁粉可以作为铸铁等传统金属铁还原剂的理想替代品。尾矿分离后可用于铁矿石烧结或制粒,充分利用炼钢污泥,避免二次污染。

利用湿法冶金的方法可以从炼钢污泥中富集和回收其中的锌。炼钢污泥中的锌主要以锌石(ZnO)和锌铁矿($ZnO \cdot Fe_2O_3$)的形式存在。使用碱法和酸法可以浸出污泥中的锌。使用粒径分级的方法将富集于细颗粒的粉尘中的锌选择性地分离出来,之后使用 NaOH 或硫酸溶液浸出粉尘中的锌。湿法冶金可在低温条件下从炼钢污泥中回收锌,减少化石能源消耗和粉尘排放。

3. 环境治理

由于炼钢污泥含有含量较高的铁,其可用于制备具有对金属离子有良好捕获和释放作用的合成螯合物,用于处理植物的缺铁褪绿症。高昂的材料成本限制了螯合剂的广泛使用,寻找一种经济有效的螯合剂替代品成为研究的热点。有研究通过炼钢渣和炼钢污泥来丰富有机改良剂,通过一系列的试验研究了培养时间、炉渣添加量和炼钢污泥添加量对有机改性的影响。结果表明,硫酸铁、炼钢污泥和炉渣的相互作用可有效提高铁、锰的提取率。炼钢污泥中的金属铁是植物营养最有效的增肥剂,能增加植物对铁、锰、锌、铜等微量元素的吸收。

使用工业固体废物或副产品制备重金属的吸附剂具有极好的潜力。干燥后的转炉污泥在粉磨后具有较大的比表面积,这使其具有良好的吸附性能。有研究表明,使用转炉污泥作为吸附剂发现其对水体中的 P、Ni、Co、Mn 等污染物具有很好的去除效果。炼钢污泥有望成为一种低价高效的吸附剂。

思 考 题

1. 铁水预处理—初炼—精炼—连铸环节会产生哪些废渣? 它们在产生机理上区别是什么?

2. 转炉、电弧炉炼钢过程大气污染物有哪些？为什么它们需要有自己独立的除尘系统？

3. 通常对炼钢渣现场处置有哪些要求？现场处置的方法有哪些？

4. 铁水预处理—初炼—精炼—连铸环节会产生哪些废渣？通常是如何现场处置的？

5. 炼钢废渣能够现场循环利用的原理是什么？能够通过现场循环利用回收哪些物质与能量？

6. 钢渣的分类及其分别的利用途径有哪些？

7. 炼钢除尘灰的分类及其分别的利用途径有哪些？

参考文献

[1] 徐景炎,杨文静,王荣.冶金固废资源化利用技术现状及发展建议[J].山西冶金,2017(2):43-44,68.

[2] 李军,张玉龙,刘鸣达,等.钢渣对辽宁省水稻的增产作用[J].沈阳农业大学学报,2005(1):45-48.

[3] 刘智伟.电弧炉钢渣铁组分回收及尾泥制备水泥材料的技术基础研究[D].北京:北京科技大学,2015.

[4] 黄亚鹤,刘承军.电炉渣的综合利用分析[J].工业加热,2008,5(37):4-7.

[5] 朱桂林,孙树彬.冶金渣资源化利用的现状和发展趋势[J].中国资源综合利用,2002(3):29-32.

[6] 李安东,葛新锋,徐安军,等.不锈钢除尘灰及其综合利用[J].世界钢铁,2011,11(6):32-37.

[7] 史宗耀,赵承铭.电弧炉白渣粉在铁水脱硫中的应用[J].炼铁,1984(4):33-36.

[8] 黄亚鹤,刘承军.电炉渣的综合利用分析[J].工业加热,2008(5):4-7.

[9] 杨杨,许四法,方诚.电弧炉钢渣胶凝材料的研究[J].浙江工业大学学报,1995,23(4):348-353.

[10] 程金树.钢渣微晶玻璃的研究[J].武汉工业大学学报,1995,17(4):1-3.

[11] 秦君英.利用电弧炉还原渣生产钢渣白水泥及其制品[J].贵州环保科技,1990(4):25-29.

[12] 陈森.电弧炉钢渣的处理与利用[J].钢铁,1987,22(1):58-63.

[13] 邹伟斌,赵慰慈,张焕福.水淬电弧炉钢渣制备高强复合水泥的试验研究[J].四川水泥,2007(1):8-11.

[14] 周佑民.电弧炉钢渣返回高炉冶炼[J].钢铁,1981,22(1):74-75.

[15] 曹亚东,韩勇强.电弧炉钢渣在沥青路面中的应用研究[J].中国市政工程,2001(1):18-21.

[16] 张明,曹明礼,陈吉春,等.掺膨胀珍珠岩电弧炉钢渣制小型空心砌块[J].非金属矿,2004,24(4):21-22.

[17] 许亚华.电弧炉粉尘的处理和综合利用.钢铁,1996,31(6):66-69,42.

[18] 李明阳.电弧炉粉尘综合利用的研究[D].重庆:重庆大学,2009.

[19] 李光强,朱诚意.钢铁冶金的环保与节能[M].北京:冶金工业出版社,2006:142.

[20] 李丽,郝雅琼.含铁量高的电弧炉烟尘固体废物综合表征[J].冶金分析,2018,38(1):24-28.

[21] 王涛,夏幸明,沙高原.宝钢含锌尘泥的循环利用工艺简介[J].中国冶金,2004(3):11-16.

[22] 王涛,朱立新,陈伟庆,等.含锌粉尘造泡沫渣过程中锌挥发动力学研究[J].安徽工业大学

学报(自然科学版),2003,20(1):22-24.

[23] 于先坤.冶金固废资源化利用现状及发展[J].金属矿山,2015,44(2):177-180.

[24] 李生忠.钢铁厂含锌尘泥处理直接还原转底炉的设计与应用[J].工业炉,2015,37(1):24-28.

[25] 肖英龙.NKK 开发成功的电弧炉粉尘处理工艺[J].特殊钢,1999(6):55-56.

[26] 秦斌.八钢炼钢污水的资源化再利用[J].科学时代,2012(16):1-3.

第12章　炼钢生产过程的工序功能解析

炼钢的生产过程由铁水预处理、转炉或电弧炉、炉外精炼和连铸工序组成,但这些工序不是孤立的,而是彼此之间具有密切的联系,共同完成冶金功能。以往教材主要介绍各个工序本身的基本原理、工艺过程和设备组成,由于缺少流程整体优化的概念和思想,在实际生产过程中,存在将生产过程分割为单体工序分别进行工艺优化操作的现象。冶金流程工程学以钢铁生产过程物质流、能量流和信息流以及流程动态有序运行为目的,研究流程的描述、模拟、仿真、设计、优化、控制和管理。其核心是引入流程的概念,旨在通过研究钢铁生产流程的物理本质和运行规律,进一步改善流程运行效率和装备水平,优化或革新生产流程,改善产品质量,提高其信息化、智能化水平,实现钢铁生产流程绿色化。这一新领域的研究为冶金工作者提供了从整体优化的角度对钢铁生产流程进行设计、调控的理论和方法体系,将其应用于炼钢生产流程,对于钢铁生产整体优化具有十分重要的意义。

12.1　冶金工程学科的层次及流程工程学

12.1.1　冶金工程学科的层次

归纳冶金工程学科的组成体系,可将其分为基础科学层次、技术科学层次、工程科学层次三个层次。

(1)基础科学层次

本层次主要解决原子、分子尺度上的问题,包括以下内容:

1)冶金化学反应过程中氧化-还原的基本规律;

2)凝固过程中晶体形核的热力学;

3)金属固态相变热力学;

4)金属再结晶过程热力学;

5)冶金化学反应动力学。

(2)技术科学层次

本层次主要解决工序、装置、场域尺度上的问题,包括以下内容:

1)两相(或多相)界面上的宏观反应动力学;

2)反应器内流动、传热和传质的定性、定量分析计算;

3)反应器优化设计和装置制作;

4)各类冶金反应器内操作参数的优化控制。

(3)工程科学层次

本层次主要解决生产流程系统尺度上的工序功能解析、工序与装置之间的关系协调和流程组成优化问题,包括以下内容:

1）冶金生产过程的结构调整和优化；

2）冶金生产过程设计的工程理论和钢厂模式优化；

3）冶金生产过程的解析-集成；

4）冶金生产过程的多因子物质流控制；

5）冶金生产过程多种功能的耦合优化。

不同研究对象的时间尺度、空间尺度与学科层次见表12.1和表12.2。除了研究铁水预处理、转炉（或电弧炉）、炉外精炼和连铸等单体工序，从工厂（流程）的层面研究钢铁生产流程也是必要的。

表 12.1　钢铁生产过程的时空尺度范围

过程层次	时间尺度/s	空间尺度/m
原子/分子	$<10^{-5}$	$<10^{-10}$
流体力学与传递	$10^{-3} \sim 10^{1}$	$10^{-9} \sim 10^{1}$
反应工程	$10^{-5} \sim 10^{3}$	$10^{-11} \sim 10^{-2}$
反应器	$10^{-4} \sim 10^{4}$	$10^{-3} \sim 10^{2}$
工厂（流程）	$>10^{4}$	$>10^{1}$

表 12.2　钢铁生产流程在科学认识上的层次性分析

科学层次	研究尺度	研究方法		层次	系统特征
		白箱	黑箱		
基础科学	原子/分子	原子/分子	系统背景	微观	封闭系统
技术科学	场域/装置	场域/装置	分子/流程	中（介）观	开放系统
工程科学	流程/复杂系统	流程/工序关系	分子/场域	整体/系统	开放系统

12.1.2　钢铁生产流程

将钢铁生产流程作为研究与调控对象，首先应建立起流程的概念。

流程的定义：特指在工业生产条件下由不同工序、不同装备所组成的制造过程的整体集成系统。从时间-空间角度上看，流程一般是大尺度或者较大尺度的集成系统。典型的钢铁生产流程示意图如图12.1所示。

根据企业规模、最终产品和炼钢方法等，钢铁流程可分为不同的类型。

按照企业规模的不同，钢铁流程可以分为大型联合企业流程，中、小高炉联合企业流程，短流程企业流程。

按照最终产品的不同，钢铁流程可以分为全板带产品流程、扁平材产品流程、专业长材产品流程、异型材产品流程。

按照主要炼钢方法的不同，钢铁流程可以分为高炉-转炉长流程、电弧炉短流程。

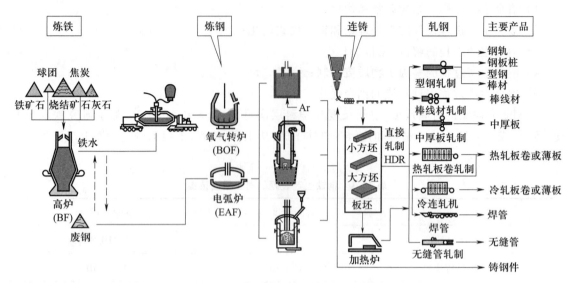

图 12.1　典型的钢铁生产流程示意图

在钢铁生产流程中,若采用转炉炼钢,铁水从高炉中生产出来,经过铁水预处理、转炉、炉外精炼和连铸,生产出连铸坯,称为高炉—铁水预处理—转炉—炉外精炼—连铸流程(简称长流程),金属原料以高温铁水为主,加入少量废钢或直接还原铁等固体料。若采用电弧炉炼钢,则是另一种流程区段,即废钢(或铁水)—(铁水预处理)—电弧炉—炉外精炼—连铸流程(简称短流程),金属原料以废钢或直接还原铁等固体料为主,个别情况下,使用少量高温铁水。

12.1.3　开放系统和耗散结构

研究钢铁生产流程,需要重新认识和界定研究对象,并引入新的理论。其中最重要的是将研究对象由孤立或封闭系统扩展到开放系统,引入耗散结构理论。

在热力学中,系统与环境的概念如下。

系统:为了研究的方便,我们经常人为地把一部分物质与其余的分开来作为研究的对象,把被研究的对象称为系统。

环境:与系统密切相关的部分称为环境。

系统与环境之间可以用实际存在的界面来分隔,也可以用想象的界面来分隔。人们为了研究的方便,常常根据系统与环境之间有无物质和能量交换,将系统分成隔离系统、封闭系统和敞开系统三类。

1)隔离系统:系统和环境之间无能量和物质的交换,也叫孤立系统。

2)封闭系统:系统和环境之间有能量的交换而无物质的交换,也叫闭合系统。(今后无特别指明,一般是指封闭系统)

3)敞开系统:系统和环境之间有能量和物质的交换,也叫开放系统。

热力学系统按其所处的状态不同,又可以分为平衡态系统和非平衡态系统。一个孤立系统,初始时在各个部位的热力学参量可能具有不同的值,这些参量会随时间变化,最终将达到一种不变的状态(或叫定态),即平衡态(或定态),此时系统内部不存在物理量的宏观流动,如热流、粒子流等。凡是不具备以上任一条件的态,都叫做非平衡态。与孤立系统不同,开放系统的演化强烈地依赖于系统的外部条件。一个开放系统(不管是力学的、物理的、化学的还是生物的)在达到远离平衡态的非线性区,系统的某个参量的变化到达一定阈值时,通过"涨落"和非线性相互作用,系统可能发生突变,即非平衡相变,由原来的混沌状态转变到一种时间、空间或功能有序的新状态,形成新的系统结构。

耗散结构理论是普利高津在研究远离平衡的开放系统时,于 20 世纪 60 年代提出的一种系统不可逆过程有序演化的理论,是研究开放系统怎样从混沌的初态向有序的结构组织演化的过程和规律。

耗散结构的概念是相对于平衡结构而产生的。平衡结构是一种静态有序的结构,例如晶体等。但这类有序结构与耗散结构的有序性存在着诸多本质性的差别。耗散结构的特征就体现在这两类"有序"的本质差别之中。其差别有以下三点:

1)两类有序的空间尺度范围不同。平衡结构的有序大多是指微观有序。其有序的表征尺度是微观单元结构的尺度,与原子、分子处于同一数量级。而耗散结构中的有序,其有序的表征尺度则是宏观的数量级,在长程的空间关联和大量级的时间周期中表现出有序。

2)稳定有序的平衡结构是一种"死"的结构,而稳定有序的耗散结构是一种"活"的结构。

所谓"死"的结构,是指此类稳定有序的平衡结构一旦形成,就不会随时间或空间的变化而变化。晶体内部的热运动只能使其分子、原子在平衡位置附近振动。条件变化只能使平衡结构破坏,使其走向无序状态。

所谓"活"的结构,是指此类稳定有序的耗散结构是一种动态变化着的有序,它随着时间或空间的变化呈现出有规律的周期性变化。当获得新的突变条件时,系统可以走向另一个新的有序结构。

3)两类有序结构持续存在和维持的条件不同。在平衡结构中,一旦形成稳定有序,就可以在孤立的环境中维持,而不需要和外界有物质或能量交换。平衡结构是一种不耗散能量的有序结构。耗散结构则必须在开放系统中才能形成,也必须在开放系统中才能维持。它必须和外界环境持续地发生能量、物质、信息的交换,必须耗散外界流入的负熵,才能维持有序状态,故名"耗散结构"。

系统在远离平衡状态下可以形成动态有序运行的耗散结构。然而,耗散结构的形成是有条件的,即系统必须开放并远离平衡状态,而且系统内有"涨落"现象和非线性相互作用机制。

12.1.4 流程工程学

从 20 世纪初开始,流程工业领域的研究工作从微观尺度和基本层次上开始,主要包括对单元操作的原子、分子层次(或尺度)的理论研究。20 世纪 50 年代开始的传输原理研究,即所谓的"三传一反"——传热、传质、传动量和反应器工程研究,是要在理解了单元操作原理的基础上,进一步考虑更多物理因素的影响,促进单元工序、单元装置的功能优化和设计合理化。为了能在整体上解决流程制造业中各类制造流程(生产工艺流程)的有效性、有序性、协调性、连续性、紧凑性等问题,解决制造流程中的量化设计、放大、调控,以及简洁、有效地为信息技术进入这类复杂工艺流程开辟一条理论上的通道,有必要开展在制造流程层次上的、大尺度的、总体结构上的研究,即流程工程学研究。流程工程学研究的对象是以物质和能量转换为基础的流程制造业中关于制造流程的工程科学和工程技术方面的学问。

钢铁冶金生产流程中各个工序高效运行所要求的运行技术条件是各不相同的,表面看来,似乎各个工序或装置环节之间不存在内部的有机联系。为了在相当长的时间范围内在宏观尺度上使组成流程整体的小单元表现出一致的运行,引用普利高津的耗散结构理论是必要的前提之一。流程整体上连续-准连续运行的技术与非平衡态热力学理论相结合,形成了冶金流程工程学。

12.2 炼钢生产流程工序功能的解析与集成

12.2.1 炼钢生产流程工序与工序功能的定义

工序是指制造、生产某种东西或达到某一特定结果的先后次序和特定步骤。一个或一组工人,在一个工作地(设备)上,对同一个或同时对几个对象所连续完成的那一部分工艺过程称为工序。同一工序的操作者、工作地和劳动对象是固定不变的,如果有一个要素发生变化,就构成另一道新工序。例如在同一设备上,由一工人完成某对象的粗加工和精加工,称为一道工序;如果这个对象在一台设备上完成粗加工而在另一台设备上精加工,就构成两道工序。一个生产流程中所有工序构成流程工序集。如钢铁生产流程的主要工序包括烧结、焦化、高炉、铁水预处理、转炉、电弧炉、炉外精炼、连铸、热轧和冷轧等,此外还有能源系统和废弃物处理系统的若干工序。

工序功能的定义:某个工序在实施对某个对象的加工时能够完成的所有任务。某个工序所完成的所有功能构成工序功能集。如钢铁生产过程中的高炉工序功能包括铁矿石高效还原、适度脱硫、渗碳、高炉煤气发生和塑料等废弃物消纳等;转炉工序的功能包括脱硅、脱磷、脱碳、去气、去夹杂物和钢液升温等。铁水预处理、电弧炉、炉外精炼和连铸工序分别具有自身的工序功能和工序功能集。

从不同层次分析工序应具有的功能,结论是不一样的。从单体工序层次看,传统的思维定式往往要求工序具有尽可能全面的功能。比如转炉炼钢工序的功能曾经非常全面,包括"四脱"(脱硅、脱磷、脱硫、脱碳)、"二去"(去除气体、去除夹杂物)、"一提温"(钢液升温);传统电弧炉炼钢工序的功能包括废钢的熔化、氧化期(脱硅、脱磷、脱碳、去除气体、去除夹杂物、钢液升温)、还原期(脱氧、脱硫、去夹杂物、钢液成分调整)、出钢过程炼钢渣的脱氧脱硫。对某个工序而言,似乎其功能越全面越好。但从流程层次看,传统思维方式不一定是最好的。在某些条件下,将某一工序的功能,按照物理化学和反应工程原理,在流程层面上重新解析工序功能,在解析的基础上重新优化分配工序功能,将会达到流程整体优化的目的。例如,脱磷的热力学条件是高碱度、氧化性气氛和适当低温,脱硫的热力学条件是高碱度、还原性气氛和高温,因此脱磷和脱硫两种功能的热力学条件是相互矛盾的,将脱硫功能从转炉中分解出来,形成新的工序,赋予新工序以相应的功能,即铁水预处理脱硫;再例如,电弧炉原有的熔化、氧化和还原期"老三段式"工艺虽然功能全面,但冶炼周期最短也要 2~3 h,而浇注周期一般为 1 h 甚至更少的连铸工序无法匹配,影响了流程的连续运行,而将还原期的功能从电弧炉中分离出来,就形成了钢包炉精炼工序(即 LF)。

12.2.2 炼钢-连铸流程区段工序功能的解析与集成优化

对钢铁生产流程中炼钢-连铸流程区段的工序功能进行解析和集成优化,得到表 12.3。

表 12.3　炼钢−连铸流程区段工序功能解析与集成优化

	铁水预处理		脱碳转炉	电弧炉	炉外精炼			连铸	
	脱硫	脱硅、脱磷			LF	RH	钢包吹氩	中间包	结晶器
脱硫	很好	一般	没有	一般	很好	一般	一般	没有	没有
脱硅	没有	很好	没有	很好	一般	没有	没有	没有	没有
脱磷	没有	很好	一般	很好	一般	一般	一般	没有	没有
脱碳	没有	一般	很好	很好	一般	很好	没有	没有	没有
升温	没有	一般	很好	很好	很好	一般	没有	一般	没有
脱氧	没有	没有	没有	一般	很好	很好	一般	没有	没有
脱气	没有	没有	一般	一般	一般	很好	一般	一般	没有
去除夹杂物	没有	没有	没有	没有	很好	很好	很好	很好	很好
合金化	没有	没有	没有	一般	很好	很好	很好	没有	没有
成分均匀	没有	没有	没有	没有	很好	很好	很好	很好	一般

　　表 12.3 提供了钢铁生产流程工序功能重新集成优化的基础和依据。选择每一个工序所具有的最佳功能,即构成了流程集成优化后的工序功能集。同时,传统炼钢生产流程中某些工序的功能实现方式、程度的优化选择、分配或取代,形成经过解析和优化的流程系统工序功能集,见表 12.4。

表 12.4　炼钢过程工序功能分解

炼钢过程工序功能	铁水预处理	转炉	二次精炼
脱硅	⊙	○	
脱硫	⊙	○	◎
脱磷	⊙	◎	
脱碳	◎	⊙	⊙(＊)
升温		⊙	◎
脱气		◎	⊙
夹杂物形态控制		○	⊙
脱氧		○	⊙
合金化		◎	⊙
洁净化	⊙	◎	⊙

　　注:⊙—完成该功能的主要工序;◎—完成该功能的次要工序;○—在该工序退化的功能。＊—超低碳情况下,真空脱碳更重要。

　　纵观钢铁生产过程发展历史,也可观察到工序功能解析和优化,最终达到流程整体优化的事实,见图 12.2。

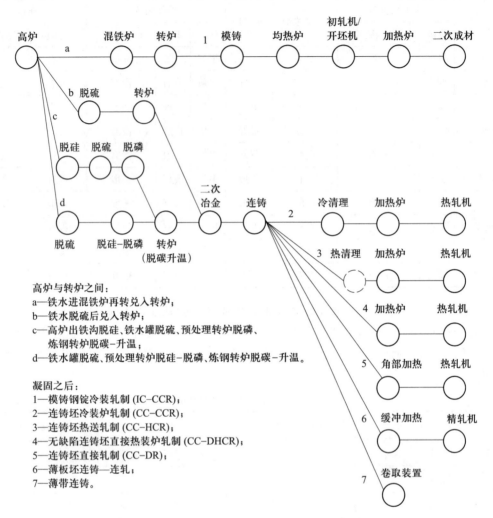

图 12.2 高炉—转炉—连铸—轧钢生产流程的演进

由于工序功能的分解,在高炉—连铸区段,炼钢生产过程中的工序有所增加,由原来的高炉—转炉—模铸区段变为高炉—脱硫—脱硅、脱磷—脱碳转炉—二次精炼—连铸,但连铸之后的生产过程更加连续紧凑,导致整个生产过程的缩短,运行成本和能耗也随之降低。

12.3 炼钢生产流程工序关系集和界面技术

对于钢铁生产流程的整体而言,在工序功能优化的基础上,还需要考虑工序之间的关系和衔接。长期生产实践证明,工序、装置的性质和功能的演进往往是整个流程的演进的基础,即引起了制造流程系统内工序功能集合的优化。某一工序功能集合的优化往往会影响它的上、下游工序的功能变化,这样就逐步产生了工序功能集合的解析和优化。同时,也必然会引起相邻工序之间关系的变化,甚至会引起更大范围内的工序关系的变化,进一步导致整个流程系统内工序之间关系集合的协调和优化。所谓工序关系集，即所有工序之间各种形式的"长程"或"短程"关系的总和。"长程"涉及两个以上的工序，"短程"体现在两个相邻工序之间。

从高炉—转炉—连铸—轧钢生产流程的演进(图 12.2)可以看出，现代化的钢铁制造流程不应是各组元的简单堆砌，它应以合理的、动态有序的流程系统结构来实现特定的功能。因此，流程系统内各单元工序或装置应在流程整体优化的原则指导下进行解析-集成，即

1）选择、分配、协调好诸多工序或装置各自的优化功能和建立起解析—优化的工序功能的集合；

2）建立、分配、协调好诸多工序或装置间的相互关系和构筑起协调—优化的工序关系的集合；

3）在工序功能集的解析—优化和工序关系集的协调—优化的基础上重新组合成新一代的流程工序集，即实现流程系统内工序组成的重构—优化。

12.3.1　炼钢生产流程的各工序运行特征

建立工序间合理的"长程"和"短程"关系集，必须首先分析不同工序的运行特征。

炼钢—连铸及其相关工序区段主要生产工序的运行特征总结如下：

1）高炉。其运行特征是竖炉逆流移动床热交换—还原—渗碳的连续化作业过程，然而其出铁方式(或是铁水罐的输出方式)则是间歇式的，因此是连续化的生产运行本质和间歇出铁(或是铁水罐的间歇输出方式)的作业形式。

2）铁水预处理。其运行特征是柔性-间歇式的熔池反应和控温-控时过程，其产出方式是柔性协调性的间歇操作。

3）转炉(电弧炉)。其运行特征是快速、间歇振频式的熔池反应和升温过程，其出钢方式是间歇式的，因此其运行本质是快速-间歇重复循环式的过程。

4）二次冶金。其运行特征是柔性-间歇振频式的熔池反应和控温-控时过程，其出钢方式也是柔性协调性的间歇操作。

5）连铸。其运行特征是准连续或连续的热交换—凝固—冷却过程，而其成品铸坯的输出作业方式——出坯方式则是间歇或准连续的。

同时，对于钢铁生产流程而言，上述工序的生产能力还表现出不同的可调节程度。其中，高炉、转炉(电弧炉)、连铸一旦运行，其生产参数具有刚性，可调的范围较小。例如连铸生产追求高拉速、恒拉速生产，其中间包钢液温度和拉坯速度要尽可能保持稳定，减少波动；而铁水预处理和二次冶金则表现出较大的柔性调节范围，或者说，这两个工序较大程度的间歇式运行方式，对整个流程的运行效率影响不大，二者可作为生产能力调节范围较小的工序之间的缓冲环节，如图 12.3 所示。

图 12.3 中的"刚性工序""柔性工序"只是在其不同功能和相对意义上的抽象。在实际运行过程中，"刚性工序"在基本参数上可带有一定的"弹性"(即该组元的基本参数可在一定范围内波动)；"柔性工序"也不是无限可柔的，即在柔性运行过程中带有极限限制。

12.3.2　炼钢生产流程的界面技术

钢铁生产流程的界面技术实际是基于对"刚性工序"和"柔性工序"的认识提出来的。

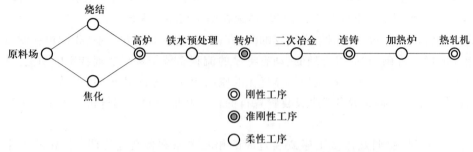

图 12.3　钢铁生产流程"刚性工序"与"柔性工序"示意图

"界面"是相对于钢铁生产流程中炼铁、炼钢、连铸、初轧、热轧等原有主体刚性工序而言的。而"界面技术"是指这些主体刚性工序之间的衔接—匹配、协调—缓冲技术及相应的装置(装备),不仅包括相应的工艺、装置,而且包括时-空配置、数量(容量)匹配等一系列的工程技术。从工程科学的角度看,界面技术主要体现在要实现生产过程物质量(包括流量、成分、组织、形状等)、温度、时间等基本参数的衔接、匹配、协调、稳定等方面。研究和开发界面技术,可促进生产流程整体运行的稳定、协调和高效化、连续化。

钢铁生产流程中的界面技术包括高炉—转炉界面技术、转炉(电弧炉)—连铸界面技术、连铸—热连轧机界面技术。

1. 高炉—转炉区段的界面技术

高炉—转炉流程,由于其有效容积(或公称容量)不同,大体可分为大高炉—大转炉流程(用于生产平材)和小高炉—小转炉流程(主要用于生产长材)。不同类型产品的生产流程不同,构成了高炉—转炉流程区段界面技术的多样性。

高炉—转炉区段的界面技术主要包括以下内容:

1) 中、小高炉铁水注入受铁罐后,将铁水运至混铁炉前并兑入混铁炉储存,中、小转炉需铁水时,铁水再由混铁炉倒入兑铁包后兑入转炉(图 12.4)。此过程中的铁水经过两次转兑散热,一次倒包吸热,三次在大气中暴露冷却,而且混铁炉还需要投入能量以保持铁水温度,导致能量消耗多,在所有转兑、暴露过程中产生石墨、烟尘,引起环境污染问题。

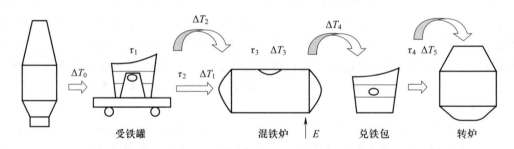

ΔT—铁水温度的升降,℃;τ—铁水输送、储存、转兑等过程的时间,min;E—外加能源,GJ

图 12.4　中、小高炉铁水经由受铁罐—混铁炉—兑铁包后兑入中小转炉的过程示意图

2) 中、小高炉铁水注入受铁罐后,当受铁罐容量与转炉容量一一对应时,可直接将铁水兑入转炉,铁水只发生一次大气暴露冷却过程,没有其他散热和转兑包衬吸热;当铁水罐(受铁罐)容

量与转炉容量不一一对应时,将增添或留存若干铁水后转入兑铁包,再经由兑铁包后兑入中、小转炉(图 12.5)。铁水将经过两次大气暴露冷却,一次倒包吸热。

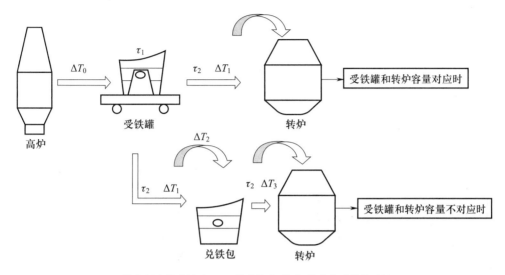

ΔT—铁水温度的降低,℃;τ—铁水输送、储存、转兑等过程的时间,min

图 12.5 中、小高炉铁水经由受铁罐兑入中、小转炉的不同过程示意图

3)随着连铸技术的进步和钢铁产品质量要求的日益严格,高炉—转炉流程逐步发展了带有铁水脱硫预处理的界面技术。当受铁罐容量与中、小转炉容量相同时,中、小高炉铁水注入受铁罐后,运至脱硫站,扒渣后进行脱硫处理,再扒除脱硫渣,直接兑入转炉冶炼(图 12.6)。这一类型的高炉—转炉界面技术,没有铁水转兑散热和其他包衬吸热,只在兑入转炉的过程中发生一次大气暴露冷却。

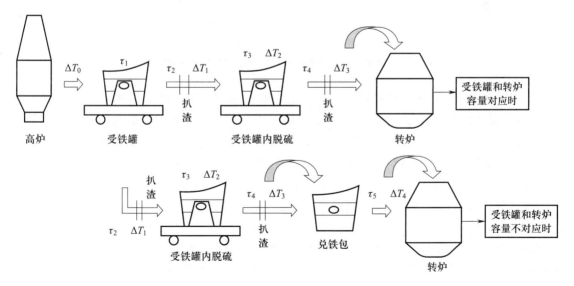

ΔT—铁水温度降低,℃;τ—铁水输送、储存、预处理、转兑等过程的时间,min

图 12.6 中、小高炉—中、小转炉间经过铁水脱硫处理的过程示意图

当受铁罐容量不等于转炉容量时,将在完成上述处理后,需增添或留存若干铁水,转兑入另一兑铁包,增加一次兑铁包的衬砖吸热和一次空气暴露冷却。

4) 出现鱼雷罐车后,铁水经出铁槽注入鱼雷罐车,再由鱼雷罐车运至受铁坑,铁水由鱼雷罐车倒入兑铁包后不经处理直接兑入转炉(图 12.7),发生一次转兑散热、倒包包衬吸热和两次大气暴露冷却过程。另一种情况则是经脱硫站,在鱼雷罐内脱硫并扒渣后,运至受铁坑,再倒入兑铁包,然后兑入转炉冶炼,也是一次转兑散热、倒包包衬吸热、两次大气暴露的冷却过程,但增加了脱硫—扒渣过程,吸热多、时间长、温降大,而且鱼雷罐容量、兑铁包容量与转炉容量匹配较好。

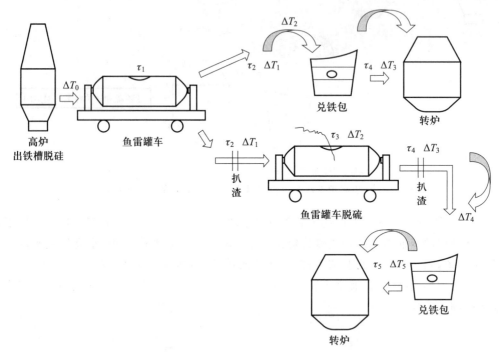

ΔT—铁水温度降低,℃ ;τ —铁水输送、储存、预处理、扒渣、转兑等过程时间,min

图 12.7　大高炉—大转炉间铁水经鱼雷罐车转运过程的示意图

5) 大高炉铁水经由出铁槽脱硅后进入鱼雷罐车,鱼雷罐车运至铁水预处理站,扒除脱硅渣后再在鱼雷罐车内进行脱硫、脱磷处理,扒渣后倒入兑铁包中,再兑入转炉冶炼(图 12.8)。铁水经历一次转兑过程、两次大气暴露的冷却过程,但由于“三脱”处理过程复杂,时间长,温降很大,主要适合于大高炉—大转炉流程,供生产高级钢材(主要为平材)用。一般也要求鱼雷罐容量、兑铁包容量与转炉容量匹配,最好不要出现剩余铁水或铁水量不够的现象。

6) 大高炉铁水经由出铁槽脱硅进入鱼雷罐车,由鱼雷罐车运至铁水预处理站,扒除脱硅渣后,倒入兑铁包中进行脱硫,再次扒除脱硫渣后,兑入脱磷转炉中进行脱磷,经脱磷转炉的出钢口(分渣后)倒入兑铁包,再兑入炼钢转炉冶炼(快速脱碳、升温),见图 12.9。采用这种处理方式,反应器内的化学热力学条件好,动力学条件与在鱼雷罐内处理相比也明显改善,但过程温降大。

7) 大高炉铁水在出铁槽脱硅处理后,流入容量与转炉容量匹配的受铁罐内。加盖保温,由受铁罐运至铁水预处理站。扒除脱硅渣后再进行脱硫处理及扒渣。然后,倒入脱磷转炉进行脱

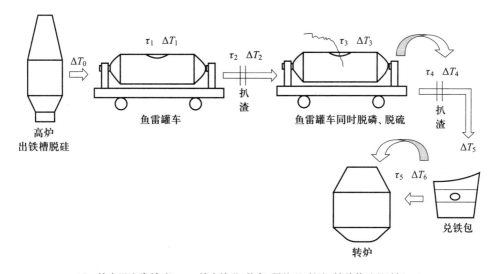

ΔT—铁水温度降低,℃;τ—铁水输送、储存、预处理、扒渣、转兑等过程时间,min

图 12.8 大高炉—大转炉间铁水在鱼雷罐内进行"三脱"处理的转运过程示意图

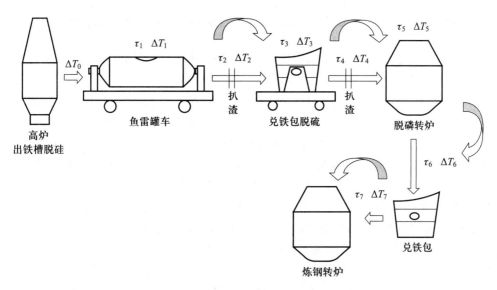

ΔT—铁水温度降低,℃;τ—铁水输送、储存、预处理、扒渣、转兑等过程时间,min

图 12.9 大高炉—大转炉之间铁水分步"三脱"处理的转运过程示意图

磷处理,再由出钢口倒入兑铁包(脱磷转炉出铁分渣效果良好,不须扒渣)。经"三脱"处理后的铁水由兑铁包兑入转炉冶炼(转炉的功能已简化为快速脱碳、快速升温)(图 12.10)。由于在不同的反应器内分别进行脱硅、脱硫、脱磷、脱碳(和升温)的热力学和动力学条件明显改善,造渣剂消耗量大幅下降,不同反应器的处理过程时间明显缩短,化学冶金的效果明显提高。但这类铁水"三脱"处理过程有两次转兑过程、三次大气暴露冷却,而且还有"三脱"处理和扒渣过程,温降相对大些。将加快生产节奏、提高生产效率和生产高质量平材作为主要目的时,很显然"三脱"

处理主要适用于大高炉—大转炉—高质量平材的生产流程。

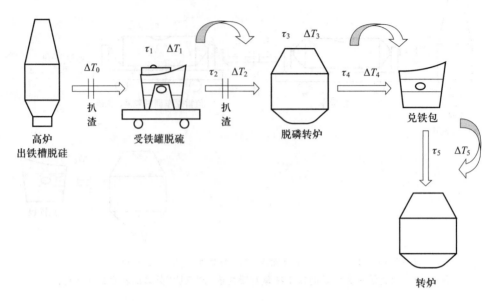

ΔT—铁水温度降低,℃;τ—铁水输送、储存、预处理、扒渣、转兑等过程时间,min

图 12.10 大高炉—大转炉不经鱼雷罐车的分工序铁水"三脱"处理转运过程示意图

由于预处理前铁水中硅含量较高,温度较高,有利于铁水预脱硫处理。因此,还有另外一种有待探讨和研究的高炉—转炉界面技术形式。

8）高炉铁水经出铁槽进入受铁罐（容量与转炉相匹配）,加盖保温后,再运至脱硫站。扒渣后在受铁罐内先进行脱硫处理,扒除脱硫渣后立即再进行脱硅,使铁水中硅含量（质量分数）低于0.18%。再次扒渣后倒入脱磷转炉中进行脱磷,然后倒入兑铁包。经过"三脱"处理后,铁水由兑铁包兑入转炉进行冶炼（快速脱碳、快速升温）,见图12.11。当高炉铁水中硅含量低于0.25%时,甚至也可以不在受铁罐内专门进行脱硅处理,而直接兑入脱磷转炉进行脱硅脱磷处理。

这一界面技术省去了鱼雷罐车和混铁炉,脱硫的热力学条件最好,并有加盖保温。由于时间节奏快,受铁罐、兑铁包的周期短,温降小,有利于节能和环境条件的改善。

高炉—转炉区段界面技术的内涵不仅包括相应的工艺与装置,而且还包括时空合理配置、前后工序衔接—匹配等一系列工程技术。从其定义来看,界面技术主要包括以下内容:总图布置形式（平面布置及运输方式）、界面衔接模式（不同界面模式及主体工序匹配）、生产调度（铁水、钢液、铸坯等的输送,生产计划制订及其调整）、物质流承载容器运行控制（铁水包、钢包、运输辊道等）、温度控制（铁水温度、钢液温度、铸坯温度）等。

高炉—转炉区段界面技术的主要内容如下:

1）总图布置形式,由于钢铸界面与铸轧界面改变不大,其布置呈现固定化和程式化,而高炉—转炉区段界面模式变化较大,其时空关系研究显得较为重要,特别是"一包到底"模式已经在实践中推行的大背景下;

2）界面衔接模式方面,与"钢铸界面"以及"铸轧界面"相比,"铁钢界面"衔接模式呈现出多样性的特点,且趋向于连续化或准连续化,"一包到底"模式使得界面之间的刚性更好,对调度以

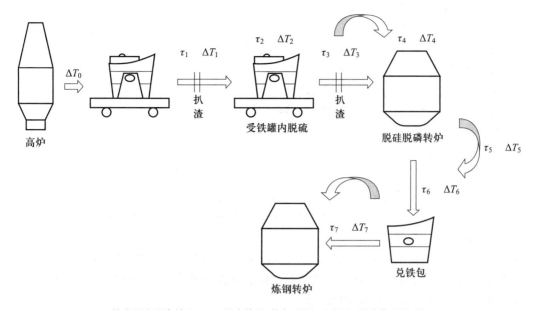

ΔT—铁水温度的降低,℃;τ—铁水输送、储存、预处理、扒渣、转兑等过程时间,min

图 12.11　大高炉—大转炉不经鱼雷罐车的铁水分步、分工序"三脱"处理转运过程示意图

及管理方面的要求也更高;

3)生产调度,与"钢铸界面"相比,高炉—转炉区段不存在批处理计划调度问题,加之"一包到底"模式使得铁钢对应更为简单,在"铁钢界面",其调度问题主要是指机车调度或者天车调度等问题;

4)铁水供需平衡,由于高炉—转炉区段不稳定性因素较多,存在各类扰动,如何做到铁水供需平衡,如何进行生产组织工作便成为重中之重;

5)物质流装载容器运行控制,"钢铸界面"中,钢包仅需要考虑炼钢生产计划,"铸轧界面"中,只需要做好加热炉调度及铸坯输送即可,而"铁钢界面"中,铁水包周转不仅要考虑炼铁—炼钢生产计划的衔接,还要考虑如高炉尾包等因素造成的生产波动,其管理难度更大;

6)温度控制方面,"钢铸界面"和"铸轧界面"布置一般比较紧凑,而一般情况下,高炉—转炉区段距离较长,铁水温度受到转运系统和生产调度的影响更大,且由于高炉尾包的存在,温度波动不可避免,高炉—转炉区段的温度管理难度更大。

2. 炼钢炉—连铸机区段的界面技术

炼钢炉—连铸机区段基本上可以分为两类,即转炉—钢包—二次冶金—钢包—连铸中间包—连铸机,电弧炉—钢包—二次冶金—钢包—连铸中间包—连铸机。

炼钢炉—连铸机之间的界面技术包括了二次冶金工序和装置、钢包、连铸中间包、炼钢车间的平面布置和输送能力配置,各工序和装置的数量(能力)以及对应匹配等。

二次冶金工序和装置的功能如下:

1)保证(提高)产品质量,特别是钢液洁净度和钢液温度调控;

2)分担炼钢炉的若干冶金功能,缩短炼钢炉的冶炼时间,加快冶炼作业周期的频率;

3)作为炼钢炉—连铸机之间的缓冲协调手段,定时、定温、定品质地向连铸机提供钢液,延长连铸机多炉连浇的作业时间。

二次冶金工艺包括以下几类:

1）吹入惰性气体进行气泡处理（各类吹 Ar 包括 N_2 切换装置）；

2）真空处理（各类不同的真空脱气处理装置）；

3）喷粉处理（各类喷吹粉剂处理装置）；

4）钢包处理炉（以电加热及重新造渣为特征的处理装置）；

5）特种吹氧精炼炉（氩氧炉、真空吹氧炉）；

6）电渣重熔处理等。

中间包的功能如下:

1）稳定中间包内钢液的静压力,稳定结晶器内钢液面；

2）中间包的冶金功能——防止钢液的再氧化,去除钢液中大部分大型夹杂物；

3）调控钢液的过热度；

4）在时间和流量尺度上形成炼钢炉—二次冶金—连铸机之间的缓冲"活套"。

按照流程最终产品的大类,转炉—连铸机之间的界面技术分为扁平材流程与长材流程两类。

（1）转炉—连铸—扁平材流程界面技术

扁平材主要是指热轧薄板卷和宽度为 2 500 mm 以上的热轧中（厚）板。一般采用 120~300 t 转炉冶炼,连铸机为 210~300 mm 坯厚的传统板坯连铸机,或是铸坯厚度分别为 50 mm、70 mm、90~135 mm 的薄板坯、中薄板坯连铸机。单流能力为年产 1×10^6 t 以上,产品质量高,具有高效率、快节奏、高质量的运行特征。

生产热轧薄板的转炉—板坯连铸机之间的界面技术如下:

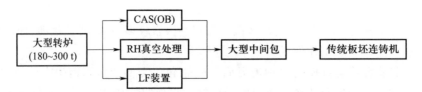

钢液主要通过 CAS 吹氩（升温）、RH 真空处理等快速精炼装置,它们是在线设备;设置 LF 炉主要是为了生产超低硫钢和中、高碳钢种而设立的,在线生产的比例很小（例如低于 10%）。为了作业顺行,在炼钢厂平面图上必须合理布置,避免不必要的吊运次数和过长的输送距离。此外,还要考虑炼钢炉、二次冶金装置、连铸机合理地分布在不同的跨度内,以避免不同装置的运行和吊运钢包时相互干扰。

转炉—连铸—平材的另一类流程是采用薄板坯、中薄板坯连铸。这类生产流程一般应选用 120~150 t 转炉,转炉—连铸机以一一对应配置为佳,而连铸机单流能力可按年产 $1 \times 10^6 \sim 1.5 \times 10^6$ t 考虑。其代表性的流程如下:

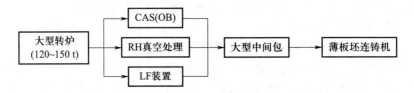

应指出,这类界面匹配有明显的一一对应性,而且其合理的运行时间为 40~45 min。当转炉的冶炼周期时间缩短为 36 min 时,LF 炉的时间周期可能成为制约环节。为了充分发挥薄板坯连铸—连轧流程中热轧机的生产能力,这是必须解决的"瓶颈"之一。如果要改进薄板坯(中薄板坯)的连铸—连轧工艺流程,进一步提高作业线的效率,而且提高产品的档次,采用 RH、CAS 等快速精炼装置以实现在线处理,是应该考虑的主要措施。

（2）中（小）转炉—小方坯连铸机—普通棒（线）材流程

中国的中（小）转炉—小方坯连铸机—普通棒（线）材流程是多年历史形成的、具有自主特色的钢生产流程,所生产的产品有较强的市场竞争力。其主要特点如下:

1）（120 mm×120 mm）~（150 mm×150 mm）的小方坯连铸机,高速高效化生产,达到单流年产量 $1.4 \times 10^5 \sim 2 \times 10^5$ t 的水平,并与全连铸生产技术相结合,组成成套技术。

2）60~80 t 转炉在强化冶炼和溅渣护炉等方面构成有自主特色的成熟技术,达到了单位炉座每年生产 12 000~15 000 炉的水平。

3）与此同时,小型棒材连轧机、高速线材轧机也取得重大进展。以 150 mm×150 mm 或 160 mm×160 mm 铸坯为原料的棒材轧机,可分别达到年产 $7 \times 10^5 \sim 8 \times 10^5$ t 或 $9 \times 10^5 \sim 1.2 \times 10^6$ t 的水平;而以 135 mm×135 mm 或 150 mm×150 mm 铸坯为原料的高速线材轧机,可分别达到年产 $4 \times 10^5 \sim 5 \times 10^5$ t 或 $6 \times 10^5 \sim 7 \times 10^5$ t 的水平。

60~80 t 转炉每炉次的出钢周期一般为 30 min 左右,按照这一节奏运行,配以 4~6 流高速高效连铸机,应该以吹氩和喂丝工艺作为主要的界面技术而衔接匹配起来。其代表性流程如下:

有的钢铁企业为了生产 45 钢等优质碳素结构钢,采用 80 t 转炉并以 LF 炉精炼作为界面技术,这样,一炉钢的冶炼周期运行节奏往往要放慢到 38~45 min。

（3）中型转炉—方坯连铸机—合金钢棒（线）材流程

国际上（例如住友金属的小仓制铁所）也有用 80 t 左右的转炉,配以方坯连铸机生产合金钢棒（线）材的流程;其连接转炉—方坯连铸机的界面技术为 RH 和 LF（VD）。当然,这种流程运行周期的时间节奏往往不少于 45 min,但与电弧炉流程相比,运行周期还是快些。其代表性流程如下:

应该指出,对于与 RH 真空脱气装置相匹配的转炉,至少应有 80 t 钢液容量,才能经受真空循环过程引起的钢液温降。如果炼钢炉吨位太小,例如 50 t 左右,为了克服真空处理过程的温降,往往要过多地提高转炉出钢温度,这不仅得不到良好的技术经济指标,而且会恶化钢液质量。国内外的实践经验表明,与 RH 装置对应的炼钢炉吨位一般应在 80 t 以上,否则,RH 很难在线

运行。

3. 电弧炉—连铸机之间的界面技术

电弧炉—连铸机之间的界面技术大体上分为普通钢长材、合金钢长材,还有电弧炉—平材等类型。

（1）电弧炉—小方坯连铸机—普通钢长材

生产普通钢长材往往选用 80~100 t 左右的电弧炉,为了保证冶炼周期可与连铸机多炉连浇相适应,这类电弧炉一般应配置 30 m³/t 以上的吹氧（标准态）能力;与之对应的往往是断面为 150 mm×150 mm 左右的小方坯连铸机;其相互连接的界面技术一般都采用 LF 炉,一般以 50~60 min 的节奏运行。LF 炉也可以配备底吹氩的功能。其代表性的流程如下:

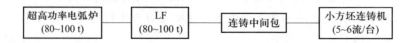

（2）电弧炉—方坯连铸机—合金钢长材

生产合金钢长材往往选用 60~100 t 的超高功率电弧炉,并配以 30 m³/t 以上的吹氧（标准态）能力。由于合金钢长材主要用于机械制造、汽车制造等用途,钢材断面一般为 ϕ16 mm 至 ϕ75~90 mm。因此,常选用（220 mm×220 mm）~（300 mm×300 mm）断面的方坯连铸机。其互相连接的界面技术可以是 LF（VD）或 RH 真空脱气装置（如果采用 RH 作为界面技术,电弧炉出钢量应为 80 t 以上）,以 55~65 min 的周期节奏实现多炉连浇。其代表性流程如下:

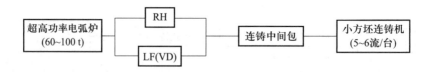

（3）电弧炉—板坯连铸机（薄板坯连铸机）—中板（薄板）

电弧炉用于生产平材时可以分为两类:一类是生产中板;另一类是生产薄板。用于生产平材的电弧炉一般吨位较大,例如 150~180 t,并配以 30 m³/t 以上的吹氧（标准态）能力,分别通过板坯连铸机或薄板坯连铸机生产中板或薄板。其间相互衔接的界面技术一般为 LF（VD）,以 55~65 min 的周期节奏运行,实现多炉连浇。其代表性流程如下:

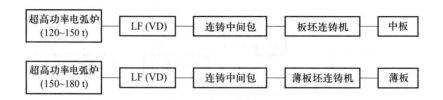

（4）电弧炉—板坯连铸机—不锈钢薄板（中板）

从技术经济角度看,用于生产不锈钢的电弧炉的吨位应不小于 80 t。这样,一方面有利于产品质量的稳定,另一方面有利于保持合理的经济规模和生产效率。过去一般认为不锈钢平材生产厂的合理经济规模应年产在 $5×10^5$ t 以上。但是随着近些年技术进步和市场的发育,对不锈钢平材厂生产规模的认识有所发展,合理的经济规模应达到年产 8×10^5 t 乃至 1×10^6 t 以上。

冶炼不锈钢的电弧炉大体分为两类:一类是要大量利用不锈钢返回料的;另一类是要利用铁水(包括含铬铁水)热装的。其吨位都应不小于 80 t,甚至可达 150 t。目前生产不锈钢平材的连铸机大多应用传统的板坯连铸机,但也有的开始试用薄板坯连铸机生产某些用途的不锈钢薄板(例如意大利 Terni 厂)。在日本、德国和法国等国家,有些工厂在探索用薄带连铸机生产不锈钢薄板。

作为生产不锈钢的电弧炉(或转炉)和连铸机,其间衔接匹配的界面技术一般是采用 AOD 炉或 AOD+VOD。其代表性的流程如下:

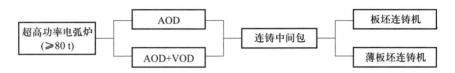

12.3.3 高炉—转炉过程"一罐到底"技术及其应用

高炉—转炉之间的"一罐到底"技术是典型的界面技术之一。在现代化长流程钢铁厂内,铁水罐及其输送系统应包括如下功能:

——及时、可靠地承接高炉铁水的功能;

——稳定、可靠并快捷地输送铁水的功能;

——在一定时间范围内储存(缓冲)铁水的功能;

——具有良好的扒渣和铁水脱硫的功能;

——具有良好的保温功能;

——具有准确、可靠的铁水称量功能;

——具有铁水罐位置精确定位和空罐快速周转的功能。

"一罐到底"技术的定义:把高炉出铁场的铁水罐与到炼钢转炉兑铁水的铁水罐合二为一,使铁水罐具有铁水承载、重量对应、成分对应、铁水运输、物质流缓冲等多项功能。"一罐到底"技术取消了鱼雷罐和混铁炉,没有二次倒罐环节,减少了倒罐作业,避免因倒罐引起的铁水温降和环境污染。

可以清楚地看出,高炉—转炉区段界面技术与"一罐到底"技术有着密切的关系。在工程应用上应解决铁水罐多功能化的集成技术包,包括如下技术:

1)大容量铁水罐的合理结构与重心计算;

2)输送装备、输送系统与大型铁水罐输送过程的稳定、安全性研究;

3)高炉出铁槽的标高与铁水罐的高度之间相容性设计;

4)高炉与铁水脱硫站之间合理的平面布置图设计;

5)铁水罐、热铁水质量的准确称量技术与控制技术;

6)铁水罐周转频率[次/(天·个)]和铁水罐使用个数的合理化研究;

7)罐内铁水的温降过程测试、研究;

8)空罐返回过程中热量损失的测试、研究;

9）高温、高硅含量下铁水高效脱硫的研究；

10）铁水罐的耐火材料及其寿命研究；

11）节能、烟尘排放等清洁生产的比较；

12）投资、运行成本和经济分析等。

其中，直接与炼钢—连铸工艺直接相关的技术为4）~9）。

目前典型的"一罐到底"平面布置为如图12.12~图12.14所示的三种方式。

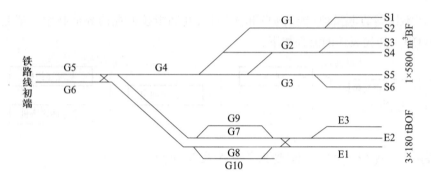

图12.12　沙钢"一罐到底"平面布置示意图

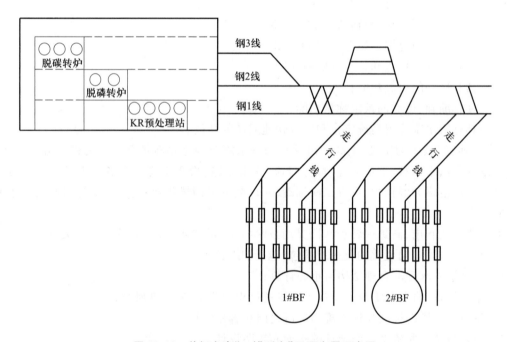

图12.13　首钢京唐"一罐到底"平面布置示意图

为了实现转炉兑铁量的稳定，铁水罐准确称重是"一罐到底"技术的基本保证，图12.15所示为首钢京唐的高炉铁水出铁出准率和转炉装准率情况。

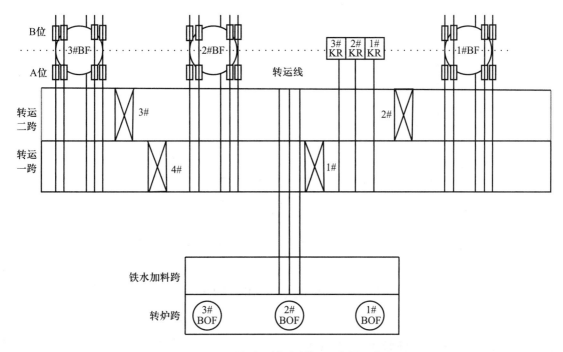

图 12.14　重钢"一罐到底"平面布置示意图

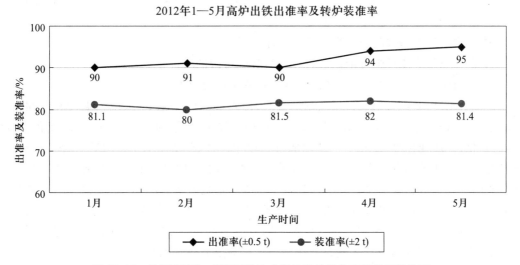

图 12.15　首钢京唐"一罐到底"技术高炉出铁出准率及转炉装准率

由于"一罐到底"技术的运用,减小了高炉-转炉界面的铁水温降,到达 KR 脱硫站的温度可达到 1 380 ℃以上,与常规鱼雷罐运输相比,铁水温降减少 50 ℃以上。铁水温度提高优化了铁水预脱硫的热力学条件。如图 12.16 所示,由于处理前铁水温度的提高,铁水预处理脱硫率大大提高,终点硫含量显著降低。

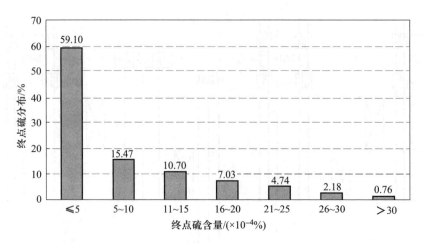

图 12.16 "一罐到底"技术条件下铁水脱硫终点硫含量及其分布

12.4 炼钢生产流程调控的基本参数及其调控

12.4.1 炼钢生产流程调控的基本参数

钢铁制造流程包含了化学冶金过程—凝固过程—冶金的物理过程等方面的变化过程,为使不同功能的前后工序贯通、协调起来,需要寻求更为基本的参数来描述、调控整个制造流程。

这些基本参数必须满足如下条件:

1) 能够贯通整个钢铁制造流程的各个工序、装置;

2) 要在整个制造流程中可量化,而且呈现连续、可微的特征;

3) 可以用同一形式、同一单位贯穿于整个制造流程的始末。

分析各个工序的行为过程,可以清楚地看出,物质量(重量、流量、浓度)、温度和时间这三个参数属于基本参数,影响着整个钢铁制造流程中的一系列变化,如反应变化、状态变化、形状变化、组成变化、性质变化等,实际上钢铁制造过程中生产体(铁素物质流)的质量、品种、规格、物质状态等是受上述基本参数影响(控制)的派生参数。由图 12.17 可以看出钢铁制造流程系统内物质流的基本参数和派生参数之间的关系。而流程系统内所有组元(工序、装置)的集合以及组元之间关系的集合最终将对钢厂的产量、消耗、成本、效率等生产经营、投资效益以及对环境负荷产生影响,这些影响的关系和最终结果可以抽象地表示在图 12.17 的"倒三角锥"的底点位置上。"倒三角锥"底点位置上多项指标是企业生产经营和管理的目标和方向。

钢铁生产过程的多因子(多维)物质流控制工程,就是要通过综合调控物质流的基本参数(物质量、时间、温度)来实现整个流程物质流的衔接、匹配、连续和稳定。

12.4.2 钢铁生产流程时间因素调控

当生产某一(类)产品时,一般应该有一个理论过程时间。这个理论过程时间是在制造流程设计是正确、完善的,而且制造工序、装置和工艺软件是最优的情况下所消耗的过程时间。也可

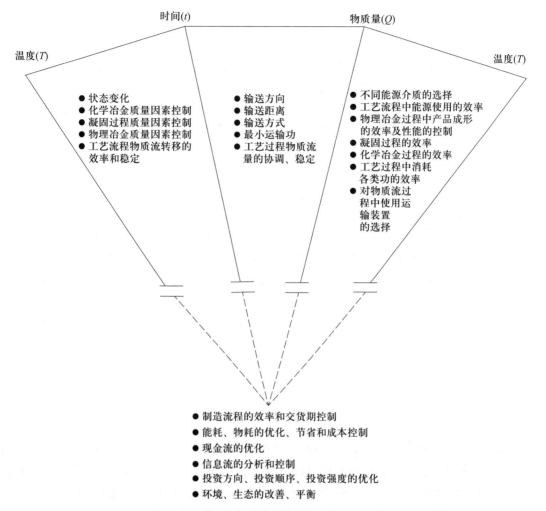

图 12.17　钢铁制造流程系统内物质流的基本参数与派生参数之间的关系

以看成是在"理想设定边界条件"下制造(生产)某一(类)产品所消耗的最小过程时间(t_0)。t_0 可以用下式表示:

$$t_0 = \sum t_1 + \sum t_2 + \sum t_3 + \sum t_4$$

式中:t_0——在生产某一(类)产品时,生产物质流在整个制造流程网络中运行所消耗的理论过程时间,min;

$\sum t_1$——生产物质流在流程各工序、装置中通过所消耗的理论运行时间的总和,min;

$\sum t_2$——生产物质流在流程网络中运行所需的各种设定的运输(输送)时间的总和,min;

$\sum t_3$——生产物质流在流程网络中运行所需的各种设定的等待(缓冲)时间的总和,min;

$\sum t_4$——影响流程整体运行的各类检修时间总和,min。

可以看出,该生产流程在生产某一(类)产品时,其理论连续化程度 $C_{理}$ 为

$$C_{理} = \frac{\sum t_1}{t_0} \times 100\%$$

$$0 < C_{理} < 1$$

必须指出,在实际设计过程当中,要提高流程的连续化因子 $C_{理}$ 值,应该是通过缩短 t_0 值,而不是以增加 $\sum t_1$ 值为手段。

在生产流程的实际生产运行过程中,生产物质流在通过制造流程网络所消耗的运行过程时间与设计的"理想设定边界条件"是有所区别的(这也是正常的,因为每一单元操作的过程时间,每一工序、装置的运行过程时间都会有涨落现象),由于实际生产运行过程不可能在最优的设定边界条件下运行,因此一般而言,生产物质流在制造流程网络中运行所消耗的实际运行时间,往往大于理论运行时间。可以用下式表示:

$$t_0^{实} = \sum t_1^{实} + \sum t_2^{实} + \sum t_3^{实} + \sum t_4^{实} + \sum t_5$$

式中:$t_0^{实}$——生产某一(类)产品时,生产物质流在制造流程网络中运行所消耗的实际过程时间,min;

$\sum t_1^{实}$——生产物质流在流程各工序、装置中通过所消耗的实际运行时间的总和,min;

$\sum t_2^{实}$——生产物质流在流程网络中运行所消耗的各种实际运输(输送)时间的总和,min;

$\sum t_3^{实}$——生产物质流在流程网络中运行所消耗的各种实际等待(缓冲)时间总和,min;

$\sum t_4^{实}$——影响流程整体运行的各类实际检修时间总和,min;

$\sum t_5$——生产物质流在流程网络中运行时出现的影响流程整体运行的各类故障时间总和,min。

因此,在生产某一(类)产品时,流程实际生产运行的实际连续化程度 $C_{实}$ 为

$$C_{实} = \frac{\sum t_1^{实}}{t_0^{实}} \times 100\%$$

$$0 < C_{实} < 1$$

在实际生产运行中,通过采用一系列的技术进步措施和管理措施后,可以使 $t_0^{实}$ 明显缩短时,例如近终形连铸机取代常规连铸机连铸,隧道式加热炉取代步进式加热炉时,$\sum t_1^{实}$ 明显缩短;同时,$\sum t_2^{实}$、$\sum t_3^{实}$ 等也随之缩短时,将会出现另一种新的、更高的连续化程度的制造流程。表 12.5 为几种典型钢铁制造流程的连续化程度的计算结果。

表 12.5 几种典型钢铁制造流程的连续化程度的计算结果

制造流程	$t_0^{实}$/min	$\sum t_1^{实}$/min	$C_{实}$
高炉—转炉—模铸—钢锭冷装—热轧流程	6 340	857	13.5%
高炉—转炉—模铸—钢锭红送—热轧流程	4 900	857	17.5%
高炉—铁水预处理—转炉—二次冶金—连铸冷装—热轧流程	2 456	653	26.6%
高炉—铁水预处理—转炉—二次冶金—连铸热装—热轧流程	1 506	653	43.4%
高炉—铁水预处理—转炉—二次冶金—薄板坯连铸—连轧流程	917	603	65.8%

【例 12.1】 某钢铁制造流程各工序的实际过程时间见表 12.6,计算该流程的实际连续化程度。

表 12.6 某钢铁制造流程各工序的实际过程时间

工序	工序实际时间消耗/min	累计时间消耗/min
原料堆取料	10	10
原料运输	30	40
烧结过程	32	72
烧结矿运输+矿槽储存	120	192
高炉上料+冶炼过程	390	582
高炉出铁	30	612
铁水输送	15	627
铁水预处理过程	40	667
扒渣+铁水输送	30	697
转炉冶炼过程	36	733
钢包输送	8	741
炉外精炼过程	25	766
钢包输送与等待	10	776
连铸过程	60	836
板坯运输与等待	540	1 376
加热炉过程	60	1 436
热轧过程+卷取	10	1 446
钢材输送到成品库	60	1 506
流程检修时间	60	1 566
故障停工时间	30	1 596

【解】

在该流程中,属于 $\sum t_1$(生产物流在流程各工序、装置中通过所消耗的理论运行时间的总和)各项的工序包括烧结过程、高炉上料+冶炼过程、铁水预处理过程、转炉冶炼过程、炉外精炼过程、连铸过程、加热炉过程、热轧过程+卷取。

$$\sum t_1^{实} = (32+390+40+36+25+60+60+10)\ \text{min} = 653\ \text{min}$$

$$t_0^{实} = 1\ 596\ \text{min}$$

$$C_{实} = \frac{\sum t_1^{实}}{t_0^{实}} \times 100\% = \frac{653}{1\ 596} \times 100\% = 40.9\%$$

答:该流程的实际连续化程度为 40.9%。

12.4.3　转炉—连铸过程高温钢液温度调控

在转炉—精炼—连铸生产过程中,铁素物质流的时间因素直接影响温度因素和生产效率,而温度因素除了受时间因素影响之外,还与各个阶段铁素物质流的温降速率有关,所以温度因素是能够全面反映转炉—连铸区段液态铁素物质流运行状态的显著指标。液态铁素物质流温度因素在转炉—精炼—连铸过程中的变化过程如图 12.18 所示,在转炉工序确定出钢温度后,为了达到中间包的目标温度,当出钢温度过高时,在精炼工序中必须对钢液进行降温处理,当出钢温度偏低时,在精炼工序(乃至中间包)中必须对钢液进行升温处理。所以,液态铁素物质流温度因素管控对生产过程稳定性和生产成本有重大影响,其合理性主要体现在转炉出钢温度上。当缺乏转炉—精炼—连铸过程温降定量模型支持时,会导致过高的转炉出钢温度。

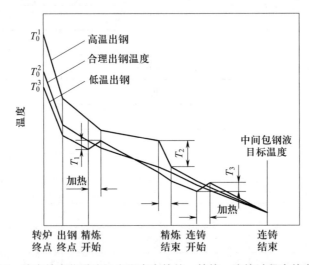

图 12.18　液态铁素物质流温度因素在转炉—精炼—连铸过程中的变化过程

在炼钢厂动态运行中,钢液温度的管控是过程控制和质量控制的重要一环,是通过各工序的节点控制,以达到相应的工艺要求,实际过程表现为转炉终点、精炼进站和出站、大包到台(连铸回转台)、连铸中间包等节点控制。这种控制方式,既需要预定合理的节点温度,又需要调整影响钢液温度的各因素,以使各工序节点的钢液温度在合理的范围内,这就需要对钢液温度的准确预报,钢液温度管控示意图如图 12.19 所示。

钢液温度的预报是指以转炉终点钢液温度为起点,基于每个阶段影响钢液温度的相关参数,如时间、物料等,依次预报精炼进站温度、精炼出站温度和连铸浇注(中间包浇注)温度。精确的钢液温度预报可以及时地掌握钢液温度的变化情况,不但可以减少测温次数,而且可以提前采取措施,实现钢液温度的精准控制。

基于钢液温度的预定和预报,结合炼钢厂的制造执行系统,就可以构建钢液温度管控系统,该系统可以实现钢液温度的有效管理,避免工序不必要的升温和降温操作,减少炼钢厂的能源消耗。

钢液温度的管控取决于转炉—精炼—连铸过程的时间因素(某种程度上体现了空间因素)和各个阶段的温降速率。其中,时间因素主要受生产计划、工序产能匹配、输送路径、生产调度、

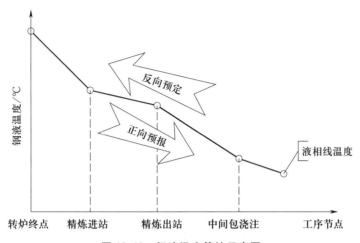

图 12.19　钢液温度管控示意图

运输设备等因素影响。在一定的生产条件下,时间因素主要取决于转炉—精炼—连铸传搁过程的生产调度。在该传搁过程中,液态铁素物质流的承载容器是钢包,钢包作为液态铁素物质流的示踪器,其重包阶段的周转过程可以完整地描述传搁过程的生产调度。对钢包重包阶段周转过程的有效管控,可以实现液态铁素物质流时间因素的管控。

影响钢液温度预定的主要因素如图 12.20 所示。

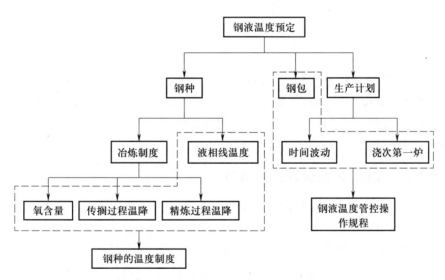

图 12.20　影响钢液温度预定的主要因素

在各个阶段的温降速率中,除了转炉出钢过程温降速率外,其他阶段的温降主要受到钢包热状态、保温措施和钢包底吹的影响。在一定的生产条件下,保温措施比较固定,钢包底吹由钢种的操作规程所决定,对液态铁素物质流温降速率的管控主要受钢包热状态影响。钢包热状态主要由其空包阶段周转过程的时间长短所决定,一般而言,空包时间越短、烘烤时间越长、烘烤效率越高,钢包热状态越好,各阶段的液态铁素物质流的温降速率越小。钢包对钢液温度的影响因素如图 12.21 所示。

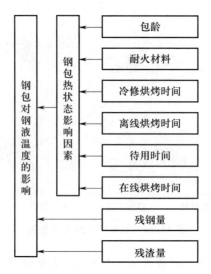

图 12.21 钢包对钢液温度的影响因素

在一定的生产条件下,转炉—精炼—连铸过程中液态铁素物质流温度因素和时间因素的管控集中体现在钢包的运行周转过程中。为了获得稳定合理的出钢温度,并实现钢液温度的管控,必须对钢包的运行周转过程和热状态变化规律进行调查和建模,进而实现对其有效管控。

12.5 炼钢厂动态精准设计

现代钢铁工业面临自然、社会、经济、市场、工艺技术等多方面的挑战,应该思考钢铁生产流程的组成要素、总体结构、功能和效率等问题。实际就是新时代条件下的钢铁企业设计,包括工艺流程设计、工序功能设计、工序装置设计、生产工艺过程动态设计、生产流程动态运行规则设计等一系列工程设计问题。

12.5.1 炼钢厂(车间)传统设计方法概述

传统的炼钢厂设计以静态的、局部的单体技术设计为主,即将钢铁生产系统分割成若干单体技术单元,分别孤立地进行单元技术的设计,对单体装备的能力进行独立的静态估算,再利用工序之间的简单连接,形成一种堆砌起来的、粗放的生产流程。因为没有从整体和动态(实际生产过程中体现的波动性,例如转炉冶炼周期的波动等)的角度进行分析,用这种设计方法构建出来的生产流程和工艺装备,在实际运行过程中往往出现前后工序的能力不能动态匹配,工序/装置功能不优化、不协调,物质收得率低,能源消耗大,产品质量不稳定,信息难以顺畅等问题。为避免此类问题的发生,设计者又会从保证各工序、装置顺利生产的角度出发,分别留出不同的富裕能力,即停留在本工序范围内提出静态要求,更加恶化了上、下游工序之间动态、有序、协调、集成运行条件。

炼钢厂(车间)传统设计方法示意图如图 12.22 所示。

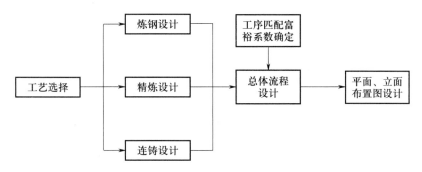

图 12.22　炼钢厂(车间)传统设计方法示意图

12.5.2　动态-精准设计方法

动态-精准设计方法由殷瑞钰院士在《冶金流程工程学》(冶金工业出版社 2009 年出版)首次提出,并在《冶金流程集成理论与方法》(冶金工业出版社 2013 年出版)中进行了系统描述。

1. 动态-精准设计方法的核心思想

1) 建立时间-空间的协调关系。对于动态精准设计而言,时间反映的是流程的连续性、工序间的协调性、工序/装置中工艺因子在时间轴上的耦合性,以及运输过程、等待过程中因温降而损失的能量等。然而,当工艺主体设备选型、装置数量、工艺平面布置图、总图确定后,意味着炼钢厂的静态空间结构已经"固化",也就是说,规定了炼钢厂的时-空边界。因此,要确立"流""流程网络"和"运行程序"的基本概念,在工艺平面布置图、总图设计中要充分考虑并优化工序/装置的"节点数目"(例如高炉的座数等)、"节点位置"(例如工序的布置位置)和"节点"之间线/弧连接距离和连接路径(工序之间的运输线路),仔细计算上、下游工序/装置之间协调、匹配运行的时间过程和时间因子的各类表现方式。

2) 注重流程网络的构建。从"流"的动态运行概念出发,构建流程网络是从传统的静态能力设计转向动态-有序精准设计的根本区别。流程网络是时空协同概念的载体之一,是时空协同的框架。从钢铁制造流程的动态精准设计、动态运行和信息化调控的角度分析,必须建立起流程网络的概念,务必从工艺平面布置图、总图等向简洁化、紧凑化、顺畅化方向发展,以此为物理框架,对"流"的行为进行动态-有序、连续-紧凑地规范运行,以实现运行过程中的物质、能量耗散的最小化。需要指出的是:流程网络首先体现在铁素物质流的流程网络,同时还要重视能量流网络和信息流网络的研究和开发。

3) 突出顶层设计中的集成创新。炼钢厂设计是以工序/装置为基础的多专业协同创新行为和过程,实质是解决设计中的多目标优化问题。每个工程设计项目都会因地点、资源、环境、气象、地形、运输条件和产品市场的千差万别而不同,同时设计者又会根据相关技术的进步,在设计中适当地引入新技术,这样新技术和已有先进技术的结合(或称有效"嵌入")就体现为集成创新。集成创新是自主创新的一个重要内容、重要方式。它不仅要求对单元技术进行优化创新,而且要求把各个优化了的单元技术有机、有序地组合起来,凸显为流程整体层次上顶层设计的集成优化,形成动态-有序、协同、连续、高效的顶层设计指导思想。同时需要指出的是,个别探索中的前沿技术属于局部性试探(有可能不成熟),并不一定要体现在顶层设计中,必须分析研究其成熟程度以及是否能有序、有效地嵌入流程网络,才能决定取舍。流程集成创新绝不意味着将各种个别的前沿探索性技术简单地凑在一起。

4)注重工序之间的关系和界面技术开发和应用。动态精准设计方法的重要思想之一,就是不仅注重各相关工序本体的优化,而且更重要的是注重工序之间的关系与界面技术的开发和应用,并运用动态甘特图等工具手段,对钢铁生产流程的各项配置及其运行进行预先的周密设计。

5)注重流程整体动态运行的稳定性、可靠性和高效性。动态-精准设计方法要确立动态-有序、协同-连续/准连续运行的规则和程序,不仅注重各工序自身的动态运行,而且更注重流程整体动态运行的效果,特别是注重动态运行的稳定性、可靠性和高效性。这是动态-精准设计方法追求的目标。

2. 动态-精准设计的具体步骤

在产品大纲和生产规模已论证、确定的条件下,炼钢厂工程设计应遵循以下几个步骤:

1)概念研究、顶层设计。概念研究、顶层设计阶段要树立起动态-精准的观念,要有集成动态运行的工程设计观。确立制造流程中"流"的动态概念,强调以动态-有序、协同-连续/准连续作为流程运行的基本概念,并且在顶层设计中突出整体性、层次性、动态性、关联性和环境适应性,强调以要素选择、结构优化、功能拓展和效率卓越为顶层设计的原则;在方法上强调从顶层决定底层,从上层观察下层的思维逻辑。在概念研究、顶层设计时,要特别强调流程系统的集成优化:

① 先研究、确定功能序与工序(装置)功能集合的解析和优化;

② 继而研究、确定不同工序(装置)的所有优化功能在流程运行过程的时间上有效耦合;

③ 研究、确定以总平面图为主的时-空序,使"流"固定在合理的"网络"时-空边界内,以保证物质流、能量流动态-有序地"连续""层流式"运行。

2)构建产品制造流程的静态结构。根据已确定的产品大纲和生产规模,结合各工序的金属收得率,利用物质流率匹配倒推法,初步计算轧线、连铸、转炉(电弧炉)、高炉、铁前系统工序(装置)的能力、装置数量及合理位置,完成炼钢厂总体流程设计的框架性任务。

3)利用工序(装置)功能集合的解析和优化,确立制造流程的合理功能定位和装置能力选择。动态-有序是钢铁制造流程中工序(装置)功能划分的前提,对于工序中的多个装置而言,工序功能划分是指各装置的工作任务划分,例如采用两套轧机时,要综合考虑两套轧机的产品品种、规格、市场划分。上、下游工序(装置)的功能划分,是指为实现某一或某些功能而对在流程中的合理空间序和时间过程进行安排,例如连铸机板坯调宽和热轧机调宽功能的合理选择和安排,铁水预处理脱硫、脱硅-脱磷工序的选择和合理安排等。

4)利用工序间关系集合的协调-优化,体现工序之间的协同、互补,并设计流程中的界面技术。从工程科学的角度看,在钢铁制造流程中界面技术主要在实现生产过程物质流、能量流、温度、时间等基本参数的衔接、匹配、协调、稳定等,因此动态精准设计必须解决好界面技术。这些界面技术包括焦化、烧结(球团)至炼铁、炼铁至铁水预处理、铁水预处理至炼钢炉、炼钢炉至二次精炼、二次精炼至连铸、连铸至加热炉、热轧等方面。设计出好的界面技术是实现流程动态运行稳定性、连续性、紧凑性必不可少的重要环节。

5)利用流程中工序集合的重构和优化,构建流程网络和运行程序。本步骤的主要任务是完成铁素资源流网络图、能量流网络图、信息流网络图的构建,解决好资源、能源的合理转换/转变、高效利用和回收再利用二次能源,并使信息流有效地贯通在整个铁素资源流网络、能源流网络之中,调控好物质流、能量流的动态优化运行。某钢铁流程的物质流、能量流网络如图 12.23 所示。

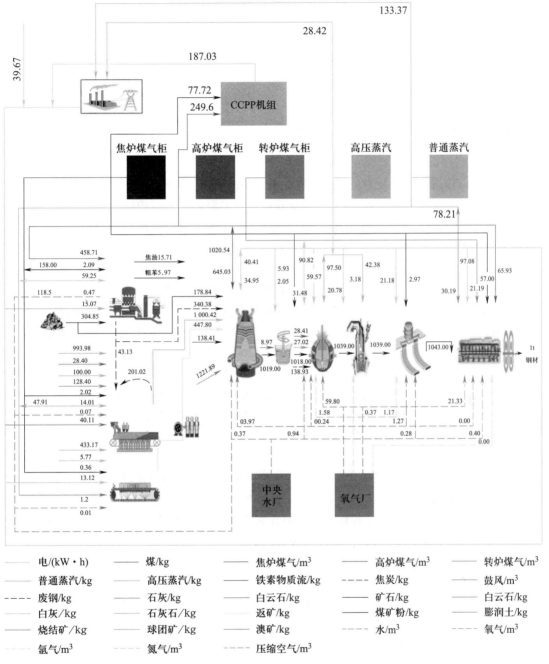

图 12.23 某钢铁流程的物质流、能量流网络

6）进行产量、设备作业率的核算。核算单元工序、装置的产能,是技术文件和图样中有效运行时间问题的集中体现。解决这一问题,需根据产品大纲、设备工艺参数、工艺平面布置图、总图等完成原料-铁水动态产出图、铁水运输时序图、炼钢车间的生产运行甘特图、轧钢车间的轧钢计划生成图和轧制计划表等。单元工序/装置产量、设备作业率核算都是在流程整体动态-有序、协同-连续/准连续运行条件下得到的,还需根据生产组织模式验证整个产品制造流程分钟级的流通量匹配情况。

7)流程动态运行效率的评估。动态精准的工程设计方法就是要从动态-协同运行的总体目标出发,对流程所需的技术单元进行判断、权衡、选择,再进行动态整合,研究其互动、协同的关系,形成一个动态-有序、协同-连续/准连续的工程整体集成效应,以此来评估流程动态运行过程中的物质流效率、能量流效率和信息流的控制效率等。

12.5.3 甘特图及其应用

1. 甘特图简介

甘特图是由美国人亨利·劳伦斯·甘特发明的,并以他的名字命名。甘特是泰勒创立和推广科学管理制度的亲密的合作者,也是科学管理运动的先驱者之一。1917年第一次世界大战期间,为实现对生产计划直观便利的管理,甘特发明了甘特图。在图中,项目的每一步在被执行的时间段中用线条标出,以时间顺序显示所要进行的活动,可便利地弄清一项任务(项目)剩下的工作。

在20世纪末期,由于全连铸技术的出现,钢铁生产流程的连续化程度和钢液处理质量要求大大提高,增加了炼钢与连铸之间衔接的复杂性和紧凑性。同时,以计算机为代表的信息技术快速发展,为精确安排炼钢与连铸之间各项生产任务提供了可能性。据可查文献,德国 Huckingen钢厂于1994年首先使用甘特图调控转炉—连铸过程的各项顺序操作,以此直观地了解针对钢液的各项操作在什么时候进行,进行实际进展与计划的对比,弄清转炉炼钢—连铸过程的后续生产任务并根据实际生产条件进行调整。随着钢铁生产技术的发展,近年来在钢铁厂的设计过程中,转炉—连铸生产系统动态甘特图也应用于炼钢—连铸过程产能的计算。迄今为止,形成了一批以转炉—连铸生产系统动态甘特图为核心的软件和系统方法,是钢铁生产流程精准设计和动态运行调控的有效工具之一。

"转炉—连铸生产系统动态甘特图"定义:一种表现转炉炼钢到连铸过程中针对处理钢液的各项顺序操作与时间的对应关系的图示方法。以横轴表示时间,纵轴表示各项顺序操作,线条表示各项顺序操作在转炉—连铸过程整个期间的计划。由于实际生产条件会发生变化,操作与时间的对应关系需要随时调整,甘特图表现出较大的动态性。

典型的转炉—连铸生产系统动态甘特图示例如图12.24所示。

2. 应用甘特图进行动态—精准设计的实例

以年产900万吨冷轧薄板生产流程对应的炼钢—连铸生产流程设计为例。

背景:

1)年产量为900万吨;

2)产品为冷轧薄板;

3)工艺路线为高炉—铁水全三脱—转炉—RH 炉外精炼—连铸;

4)采用三台板坯连铸机,分别对应两条传统热连轧生产线。

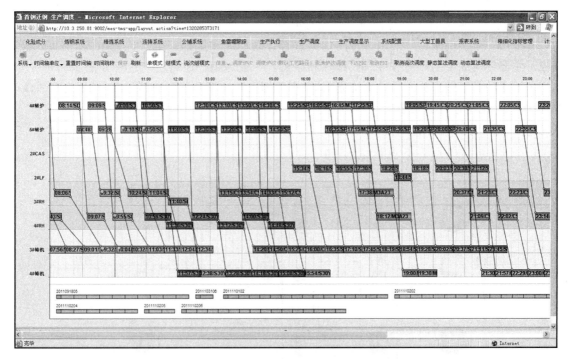

图 12.24　典型的转炉—连铸生产系统动态甘特图示例

设计原则:

1)三台连铸机有明确的产品分工和产量分工;

2)三台连轧机保持层流式运行,分别与各自对应的 KR—BOF(脱磷转炉)—BOF(脱碳转炉)—精炼装置—连铸机保持"层流式"运行;

3)三台连铸机在连浇过程中不采取结晶器调宽,并保持高拉速、恒拉速,保证质量并保持流程动态运行的时间节奏(以连铸运行节奏为中心),三台连铸机分别有一个主要铸坯宽度;

4)每台连铸机在连浇结束后可按照订货要求,进行结晶器调宽;

5)要充分发挥薄板轧机的调宽功能,保持连铸机恒拉速,保证热装工艺的时间程序;

6)为了保证多炉连浇和"层流式"运行,必须高度重视天车、台车等转运、等待时间;

7)要在甘特图的基础上,分析两个浇次之间的间隔关系,以便安排维修;

8)三部连铸机的铸坯产量应与两部轧机对应,并充分考虑热装热送。

设计步骤:

1)确定转炉座数,按静态设计方法计算转炉公称容量;

2)根据连铸机规格,确定连铸机的拉坯速度,计算连铸浇注周期;

3)确定各工序处理时间;

4)确定工序之间的传搁时间;

5)画出甘特图;

6)利用甘特图计算各工序有效作业率;

7)计算各工序有效作业时间;

8）计算各工序年设计处理量。

3. 应用甘特图进行生产过程动态调控的实例

本节用一个实例来讲解采用甘特图如何进行计划调度和炼钢厂生产流程中的"时间"参数调控。主要针对3个生产环节:炼钢、精炼和连铸。一般炼钢—连铸生产过程如图 12.25 所示:从高炉运来的高温铁水兑入转炉冶炼成钢液,钢液倒入转炉下台车上的钢包内,通过天车和台车的运输作业,把钢包运送至精炼环节,根据生产工艺要求依次在不同的精炼设备上精炼钢液,精炼完成后,再通过天车和台车,把钢包运送至连铸并实施浇注,形成铸坯。

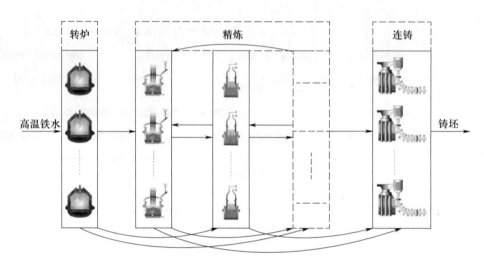

图 12.25　一般炼钢—连铸生产过程

生产流程网络图的建立是构建作业计划编制对象模型的基础。炼钢厂生产流程中涉及的主要设备和活动是工位、工位间的运输线以及任务在工位和运输路线上的作业。虽然作业任务的性质不同而存在工艺路径的变化、加工路径的选择以及时间的不确定性,但流程中工序和工位的相对位置的逻辑关系是确定的。因此,可用一种只表达出工序和工位之间相对位置与拓扑结构逻辑关系的简化钢铁生产流程网络图。如图 12.26 所示,图中以节点表示加工工位,节点间的有向线仅表示作业任务在工位间的运输作业,有向线的方向表示任务的运输方向。

（1）炼钢厂调度问题描述与建模

炼钢厂生产作业计划编制是指在已编制的炉次计划和浇次计划的基础上,进一步结合钢厂各环节的生产能力而编制的各炉次的作业计划,即安排各炉次在炼钢厂各工序上的加工设备、加工时间和加工顺序。

1）先决条件

炼钢—连铸生产作业计划编制前需要满足的先决条件:

① 浇次计划和炉次计划已知;炉次计划中冶炼钢种的生产工艺路径已知;浇次中各炉次的冶炼顺序已知且不变。

② 建立生产工艺的网络结构模型。

③ 炉次在各工序的各工位上的冶炼时间和各工位之间运输路径的时间分布已知。

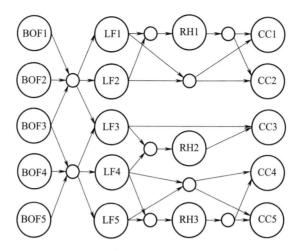

图 12.26 某炼钢厂的生产流程网络图

④ 各运输线上的吊车、台车等的运输能力不予考虑,认为其能力足够。

⑤ 各工位的最早可用时间已知。

2) 符号说明

为更好地描述炼钢厂生产作业计划模型,现给出一些符号的定义:

i:炉次的编号,总共有 N 个炉次,$1 \leqslant i \leqslant N$;

j:生产流程中工序的编号,总共有 M 道生产工序,$1 \leqslant j \leqslant M$;

k:在工序 j 上的工位编号,对应的工序 j 共有 K_j 个工位,$1 \leqslant k \leqslant K_j$;

i':炉次 i 在工序 j 上的工位 k 上加工的紧前炉次;

j':某炉次 i 加工工艺路径上工序 j 的紧后工序;

Ω:全部炉次集合 $\Omega = \{1, 2, \cdots, N\}$,$i \in \Omega$;

Φ:全部工序集合 $\Phi = \{1, 2, \cdots, M\}$,$j \in \Phi$;

Φ_i:炉次 i 的加工工艺路径,由加工经过的工序编号组成,$\Phi_i \in \Phi$;

Π_j:工序 j 上的加工工位集合,由 K_j 个工位的编号组成,$\Pi_j = \{1, 2, \cdots, K_j\}$;

Ω_L:为第 L 个浇次的炉次合集,$L \in \{1, 2, \cdots, n\}$,对于任何 $L \neq L'$,$L, L' \in \{1, 2, \cdots, m\}$,$\Omega_L \cap \Omega_{L'} = \Phi$,且 $\Omega_1 \cup \Omega_2 \cdots \cup \Omega_m = \Omega$;

$T_{i,j,k}$:炉次 i 在工序 j 的工位 k 上的开始时间;

$Q_{i,j,k}$:炉次 i 在工序 j 的工位 k 上的结束时间;

$P_{i,j,k}$:炉次 i 在工序 j 的工位 k 上的加工时间,由于每道工序上的加工时间都有上、下限,可根据实际生产数据分析得出,即 $P_{i,j,k} \in [P_j^{\min}, P_j^{\max}]$;

$D(j_k, j'_{k'})$:某炉次 i 从工序 j 的工位 k 到紧邻工序 j' 的工位 k' 的运输时间,由于每段路径的加工时间都有上、下限,可根据实际生产数据分析得出,即 $D(j_k, j'_{k'}) \in [D(j_k, j'_{k'})^{\min}, D(j_k, j'_{k'})^{\max}]$;

$E(j_k)$:工序 j 的工位 k 上设备的最早可用时间,连铸机的最早可用时间来自生产批量计划,其他设备的最早可用时间根据实际生产数据得到;

$C_{i,j,k}$:表示炉次 i 是否被分配到工序 j 的工位 k 上加工,$C_{i,j,k} = 1$ 表示炉次 i 分配给工序 j 的

工位 k 加工;$C_{i,j,k}=0$ 表示炉次 i 不分配给工序 j 的工位 k 加工。

3）生产作业计划模型

以最小化所有炉次的全流程物流时间为目标建立数学模型,其目标函数为

$$f(t) = \min\left\{ \sum_{i=1}^{N} \left[\sum_{k=1}^{K_M} C_{i,M,k}(T_{i,M,k} + P_{i,M,k}) - \sum_{k=1}^{K_1} C_{i,1,k}T_{i,1,k} \right] \right\}$$

该函数表示一个浇次内的所有炉次在经历整个炼钢—连铸过程的时间总和最小化。其中每个炉次所经历的时间包括其在各个工序的加工时间和在工位间的运输时间,将所有炉次经历的时间求和最小化,即为目标函数。约束条件如下:

① $T_{i,M,k} = T_{i',M,k} + P_{i',M,k}$,其中 $i,i' \in \Omega_L, k \in \Pi_M$

该式表示为满足同一浇次内的连铸机连浇约束,同一浇次计划中炉次 i 在连铸工序 M 中连铸机 k 上的开始浇注时间必须等于该连铸机上紧前炉次 i' 的作业结束时间。

② $T_{i,j',k'} \geq T_{i,j,k} + P_{i,j,k} + D(j_k, j'_{k'})$,其中 $i \in \Omega_L, j,j' \in \Phi_i, k \in \Pi_j, k' \in \Pi_{j'}$

该式表示在同一炉次相邻工序上加工,要等前一工序 j 处理结束后,才能开始下一工序 j' 的加工。

③ $T_{i,j,k} \geq T_{i',j,k} + P_{i',j,k}$,其中 $i,i' \in \Omega_L, j \in \Phi, k \in \Pi_j$

该式表示对于同一工位上处理的相邻炉次,要等前一炉次 i' 处理结束后,才能开始下一炉次 i。

④ $T_{i,M,k} > T_{i',M,k} + P_{i',M,k}$,其中 $i \in \Omega_L, i' \notin \Omega_L, k \in \Pi_M$

该式表示同一连铸机不同浇次之间需要调整间隔时间。

⑤ $T_{i,j,k} > E(j_k)$,其中 $i \in \Omega, j \in \Phi, k \in \Pi_j$

该式表示任意工序 j 中任意工位 k 上的所有开始时间均晚于该工位上设备的最早可用时间,$E(j_k)$ 由实际生产数据得到。

⑥ $\sum_{k=1}^{K_j} C_{i,j,k} \leq 1$,其中 $i \in \Omega, j \in \Phi$

该式表示任意炉次 i 在任意工序 j 中最多被安排到该工序的某一个工位上进行加工。

⑦ $P_j^{\min} \leq P_{i,j,k} \leq P_j^{\max}, D(j_k, j'_{k'})^{\min} \leq D(j_k, j'_{k'}) \leq D(j_k, j'_{k'})^{\max}$,其中 $i \in \Omega, j,j' \in \Phi, k \in \Pi_j, k' \in \Pi_{j'}$

该式表示炉次加工时间和炉次在工位间的运输时间均在相应时间的波动范围内。这两组时间上、下限均是根据实际生产数据分析得出。

至此为止,炼钢厂的生产作业计划模型已经建立,下一步便是构造求解算法。虽然该问题能被描述为一个数学模型,但并不意味着有标准求解方法来得到满意结果。炼钢厂的生产作业计划编制问题已被证明是一个非确定性多项式难题,其特点是没有一个有效的算法能在多项式时间内求出其最优解。关于该问题的求解,以优化算法和仿真技术居多,此处不再赘述。

（2）炼钢厂调度问题的应用实例

以图 12.26 描述的生产流程为应用对象,本节利用实际生产数据,采用基于时间递推和遗传算法的求解算法,对炼钢厂的生产作业计划编制问题进行求解。统计实际生产数据得出设备加工时间和工位间运输时间,见表 12.7、表 12.8。以表 12.9 中的浇次计划为基础,编制的生产作业计划如图 12.27 所示。

表 12.7　设备加工时间

设备	转炉+炉后处理	LF	RH	连铸机
加工时间/min	[40,42,45]	[35,40,45]	[20,26,30]	[30,43,56]

注:[ ]内第 1 个数为最小值,第 2 个数为平均值,第 3 个数为最大值。

表 12.8　工位间运输时间

	LF1	LF2	LF3	LF4	LF5	RH1	RH2	RH3	CC1	CC2	CC3	CC4	CC5
BOF1	30_{36}^{24}	31_{37}^{24}	27_{34}^{23}	28_{38}^{22}	30_{36}^{26}								
BOF2	30_{35}^{23}	30_{36}^{24}	29_{36}^{24}	29_{38}^{22}	31_{37}^{26}								
BOF3	29_{35}^{23}	30_{37}^{25}	28_{38}^{22}	29_{36}^{24}	32_{38}^{27}								
BOF4	43_{50}^{35}	46_{55}^{36}	30_{35}^{24}	25_{33}^{20}	27_{35}^{21}								
BOF5	40_{48}^{34}	43_{50}^{37}	29_{36}^{22}	23_{34}^{17}	27_{34}^{21}								
LF1						8_{11}^{3}	27_{50}^{15}	30_{52}^{17}	5_{15}^{3}	6_{16}^{3}	28_{46}^{12}	30_{50}^{15}	31_{50}^{15}
LF2						7_{12}^{3}	28_{50}^{16}	30_{55}^{18}	7_{17}^{5}	5_{15}^{3}	28_{49}^{13}	31_{50}^{16}	32_{51}^{16}
LF3						27_{48}^{17}	6_{9}^{5}	15_{30}^{10}	27_{41}^{20}	28_{42}^{24}	7_{13}^{5}	18_{25}^{8}	19_{28}^{10}
LF4						30_{49}^{16}	18_{22}^{6}	7_{9}^{5}	29_{45}^{15}	30_{45}^{15}	16_{19}^{9}	9_{11}^{6}	8_{13}^{5}
LF5						31_{51}^{18}	19_{25}^{9}	7_{10}^{6}	30_{50}^{15}	31_{50}^{17}	17_{26}^{10}	9_{12}^{8}	8_{11}^{7}
RH1									8_{11}^{7}	9_{12}^{7}	27_{45}^{10}	30_{48}^{15}	31_{49}^{14}
RH2									27_{40}^{19}	28_{40}^{23}	7_{13}^{5}	19_{26}^{10}	19_{27}^{11}
RH3									28_{44}^{14}	28_{46}^{15}	15_{22}^{5}	7_{13}^{5}	7_{13}^{4}

注:a_b^c 中,a 表示平均值,b 表示最小值,c 表示最大值。

表 12.9　浇次计划

浇次号	浇次内炉数	钢种	工艺路径	目标连铸机
1	6	A	BOF—LF—CC	1#
2	5	B	BOF—LF—CC	1#
3	5	C	BOF—LF—RH—CC	2#
4	5	D	BOF—LF—CC	3#
5	4	E	BOF—LF—CC	3#
6	7	F	BOF—LF—RH—CC	4#
7	8	G	BOF—LF—CC	5#

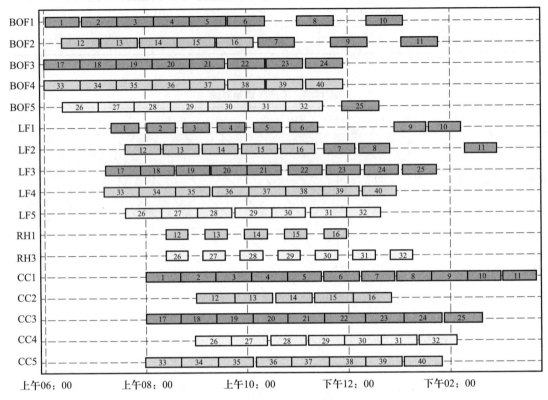

图 12.27　生产作业计划（不包括 RH2）

习　　题

1. 铁水预处理—转炉—二次冶金—连铸过程时间如下表，计算其连续化程度。

工序	工序实际时间消耗/min
铁水预处理过程	40
扒渣+铁水输送	30
转炉冶炼过程	36
钢包输送与等待	8
炉外精炼过程	25
钢包输送与等待	10
连铸过程	40

2. 假设转炉冶炼周期为 36 min、精炼处理周期为 25 min、连铸机大包浇注时间为 40 min，画

出转炉—精炼—连铸流程的运行甘特图。

3. 转炉至精炼工序运输过程钢液温降、精炼过程钢液温降(温升)、精炼至连铸回转台钢液温降、连铸钢包至中间包钢液温降数值,计算确定转炉炼钢终点出钢温度。

思 考 题

1. 冶金工程学科的三个科学层次以及各自的研究内容和研究手段是什么?

2. 炼钢生产流程的定义是什么?为什么要研究炼钢生产流程优化?

3. 钢铁生产流程调控的基本参数有哪些?典型派生参数有哪些?举例说明。

4. 炼钢过程钢液温度控制与流程优化的关系是什么?

5. 典型的高炉—转炉衔接界面关键技术有哪些?举例说明。

6. 炼钢厂传统设计方法与动态精准设计方法的区别是什么?

参 考 文 献

[1] 殷瑞钰.冶金流程工程学[M].2版.北京:冶金工业出版社,2009.

[2] 殷瑞钰.冶金流程集成理论与方法[M].北京:冶金工业出版社,2013.

[3] 徐安军,贺东风,邓忠.冶金流程工程学基础教程[M].北京:冶金工业出版社,2019.

[4] 谷宗喜.高炉—转炉区段"界面技术"优化及仿真研究[D].北京:北京科技大学,2018.

[5] 冯凯.迁钢二炼钢动态运行过程中若干工序基本参数分析与精准控制方法研究[D].北京:北京科技大学,2016.

第 13 章　炼钢厂智能化

近年来,随着国内外装备制造技术与自动化、信息化水平的不断提高,以信息物理系统(cyber physical systems,CPS)为核心的智能制造应运而生,被誉为"第四次工业革命"。2006 年底,美国国家科学基金会(NSF)宣布信息物理系统为国家科研核心课题,具体定义为基于计算机算法与物理组件无缝集成的一套工程系统[1]。随着智能制造浪潮的兴起,为了在新一轮工业革命中占得先机,一些发达国家或联盟组织根据自身发展特点及技术优势纷纷制定并提出了"智能制造"发展战略及规划,如英国于 2013 年提出的"英国工业 2050",德国于 2013 年提出的"工业 4.0"和 2019 年提出的"国家工业战略 2030",韩国于 2014 年提出的"未来增长动力计划",中国于 2015 年提出的"中国制造 2025"、于 2017 年提出的"新一代人工智能发展规划"和"高端智能再制造行动计划",等等。

13.1　炼钢—连铸过程智能化架构

钢铁工业作为我国国民经济的支柱产业,经历近三十余年的高速发展,目前尚处于"高产量、高成本、高排放"的发展阶段。为促使钢铁行业可持续性发展,"中国制造 2025"提出当前需着力推动大数据、云计算、人工智能等技术在钢铁工业中的应用,实现企业生产与经营的深度感知、智能决策和精准协调控制。2016 年工业和信息化部印发《钢铁工业调整升级规划(2016—2020 年)》,重点明确了坚持结构调整、坚持创新驱动、坚持绿色发展等几项基本原则,并提出要以智能制造为重点,以企业为创新主体,完善产学研用协同创新体系,破解钢铁材料研发难题,推进产业转型升级[2]。

炼钢—连铸区段作为钢铁生产流程的关键区段,是包含多种物理化学反应的气-液-固多相共存的间歇/准连续化的复杂制造过程。因而,开展炼钢—连铸过程的智能化探索显得极为迫切,具有重要的现实意义。目前,国内外一些知名钢铁企业和科研院所,从生产状态监测[3]、设备维护管理[4]、过程实时控制[5]、生产计划调度[6]、产品质量管控[7]、能源优化调配[8]以及生产全周期管控[9]等角度进行了炼钢—连铸过程智能制造关键技术的研发。综合分析当前炼钢—连铸过程智能化的探索,多数研究集中于某一局部层面,或是关键工序工艺的智能化,或是生产计划与调度的智能化。然而,在实际生产过程中,不同工序工艺的调整会影响生产作业计划的执行节奏;反之,生产作业计划执行节奏的变化也会影响生产工序/装置的运行效果,若仅追求单一目标或是某一局部的智能化,所达到并不是真正意义上的智能制造。因此,从炼钢—连铸过程全局角度出发,实现全流程关键工序工艺、生产计划与调度的动态协同,是智能化探索的必经之路。

基于炼钢—连铸过程模拟与流程优化领域多年的研究与实践成果,瞄准关键工序工艺、质量管控、运行模式解析、生产计划与调度协同优化等切入点,提出了炼钢—连铸过程智能化的架构,如图 13.1 所示。

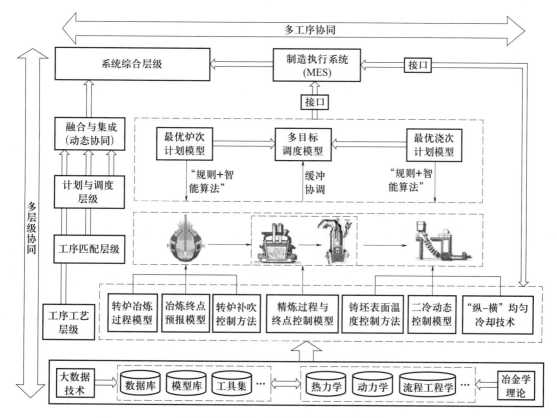

图 13.1 炼钢—连铸过程智能化的架构

图 13.1 将炼钢—连铸过程智能化的架构划分为五个层级。

第一层级为基础理论与大数据层级,主要包括大数据技术与冶金学理论两部分。大数据技术主要包含各类数据库、模型库、工具集及算法库等。随着各类传感技术、检测技术的快速发展,炼钢—连铸过程中越来越多的设备状态参数、工艺操作参数、产品质量参数能够被监测并采集到,并逐渐积累成大量的多源异构数据。应用大数据技术对炼钢—连铸过程采集到的大量多源异构数据进行分析,剖析各类参数间的相关关系,挖掘数据中蕴含的潜在价值。此外,探索炼钢—连铸过程的智能化离不开基础理论的支撑,热力学、动力学、工艺学、流程工程学等作为冶金学的基础理论,分别从微观、介观与宏观尺度阐述了钢铁冶金学研究过程中的各类科学、技术与工程问题。大数据技术与冶金学理论相辅相成,共同构成了炼钢—连铸过程智能化研究的基石。综上所述,该层级的核心内容可总结为"数据精准获取"与"价值深入挖掘"。

第二层级为工序工艺层级,即为炼钢—连铸过程中关键工序层面,主要包括转炉炼钢工序、钢液精炼工序和连续铸钢工序等。按照智能制造的观点,要实现上述关键工序的智能化,就要对每个工序的工艺过程建立相应的控制模型,在已有的静态模型基础上,开发动态模型系统,实现各类工艺参数的在线实时控制。目前,已有的各类静态模型,如转炉吹氧模型,一般是根据入炉铁水、废钢和造渣料的初始成分与冶炼终点钢液温度及成分要求,建立基于物料平衡、热量平衡的机理模型,但由于实际生产过程中物料成分波动较大并且转炉内化学反应的复杂性,导致机理模型计算出的结果与实际需求存在较大误差,模型的适用性具有很大的局限性,冶炼后期往往需要对副枪模型进行校正。在对冶金机理深入分析的基础上,应用大数据分析手段,考虑众多的影响因素,构建基于冶金机理与过程数据混合驱动的工艺过程模型,实时监测生产过程,构成闭环控制系统。通过工序工艺的在线控制,能够进一步提高钢液温度与成分的命中率和连铸坯质量的合格率。综上所述,该层级的核心内容可总结为"机理数据融合"与"协同驱动建模"。

第三层级为工序匹配层级。该层级智能化的实现需以炼钢—连铸过程物质流的时间、温度和物质量三个基本参数解析为基础,厘清不同钢种生产过程的运行规律,确定各个工序/装置的最佳作业周期及关键时间节点的温度。在此基础上,探究设备/工序/系统产能与生产节奏、产品结构之间的定量化关系,构建炼钢厂产能决策模型。此外,根据运输时间最短与过程能耗最少等炼钢厂系统运行优化原则[10],确定每条生产线的最佳工艺路径,并为每类钢种匹配最佳生产线,实现专线化生产,构建多钢种混合生产过程车间作业模式优化模型,并根据冶金流程工程学理论与方法,提出炉-机匹配度、工序当量周期等流程运行的定量化评价指标。在以往的研究过程中,该层级往往被忽视,结果导致工序工艺层级和计划与调度层级的运行不协调,协同性较差,致使实际生产中工序/装置的对应关系不佳,炼钢炉与连铸机之间"交叉作业"频繁,不仅影响整体生产效率,产品质量也很难得到保障。因此,在炼钢厂智能化的探索工作中,关键工序匹配的研究是极为重要的一部分。综上所述,该层级的核心内容可总结为"物流参数解析"与"生产模式优化"。

第四层级为计划与调度层级。生产计划与调度作为钢铁制造流程协调运行控制的关键功能,是整个先进生产制造系统实现运筹技术、优化技术、自动化与计算机技术、管理技术发展的核心。优化的生产计划与调度方案可以提高生产效益和资源利用率,进而增强钢铁企业的竞争能力。钢铁制造流程的生产计划调度问题大多为复杂的组合优化问题,是典型的非确定性多项式(non-deterministic polynomial, NP)难题。Tang 等[11]针对钢铁企业的计划调度问题进行了综述,将计划调度方法归结于运筹学方法(operations research)、人工智能(artificial intelligence, AI)、人机协作(human-machine)和多智能体(multi-agent)四类。钢铁企业生产计划与调度方法虽然已取得很多研究成果,但面对实际生产过程的复杂调度问题,在方法和应用效果方面还存在局限,主要体现:① 运筹学方法虽然能够求得问题的最优解,但是对于大规模问题,该方法求解效率较低,很难在要求的时间内得到最优解;② 智能算法(如遗传算法、粒子群算法等)一般采用迭代优化机制进行解的寻优,针对复杂的钢铁制造流程,该类方法常存在调度性能差、寻优效率低的缺陷,往往难以适应工业现场复杂多变的生产环境。针对上述问题,笔者提出了"规则"+"算法"的研究策略与求解方法[12],兼顾解的质量和求解效率,能够在较短的时间内获得多个满意解。在未来炼钢厂智能化建设中,需要结合工序衔接/关系层级的研究,实现计划与调度层级和工序工艺层级的协同优化。综上所述,该层级的核心内容可总结为"冶金规则建模"与"智能算法求解"。

第五层级为系统综合层级,是炼钢—连铸过程智能化技术路线的最高层级,也是最核心的部分。该层级实现的具体功能是基于基础理论与大数据层级和工序匹配层级,将工序工艺层级和计划与调度层级进行融合与集成。具体方法为构建制造执行系统(MES)分别与工序工艺控制模型和计划调度模型的数据接口连接。实际生产过程中,各类实时信息通过数据接口实现在线实时传递,解决各类系统之间的信息孤岛问题。工艺模型与调度模型通过对实时数据的即时分析与处理,实现工艺与调度的"闭环"协同控制。综上所述,该层级的核心内容可总结为"多层级纵向协同"与"多工序横向协同"。

虽然炼钢—连铸过程自动化控制水平在近些年取得了长足的进步,但是要真正实现炼钢—连铸过程智能化运行与控制,还需要在先进在线检测技术开发、数据挖掘与处理、冶金机理模型精度与效率、设备控制精准度等方面深入研究。更为先进的在线检测手段和可靠的整体优化控制方案的有机结合将成为推进炼钢—连铸过程智能化的发展趋势。

13.2　工序装置的智能化

近年来,我国炼钢—连铸区段工序装置的自动化水平得到了显著提高。以转炉炼钢为例,21世纪以来,基于副枪检测的计算机全自动转炉炼钢技术首先在宝钢[13]、武钢获得成功,终点命中率达到 92%~96%。目前,国内绝大多数 100 t 以上转炉已采用副枪动态控制技术。安赛乐·米塔尔(加拿大)Dofasco 公司[5]、意大利 ILVA Taranto 公司[14]等在烟气分析技术应用方面取得了很好的结果,相比副枪检测具有成本和控制准确性等优势。此外,Simense VAI 公司[15]成功开发了转炉全自动无人出钢技术。上述工序/装置技术的进步推动了工序/装置自动化的发展,但要真正实现工序/装置的智能化,还需要在先进在线检测技术开发、数据挖掘与处理、冶金机理模型精度与效率、设备控制精准度等多方面深入研究。随着信息、网络、大数据、人工智能等技术快速发展,愈来愈多的工序生产数据信息,例如炉气成分、流量、冶/精炼过程音频等,通过智能建模将其用于工序工艺的控制,为工序/装置的智能化提供了技术支持[16]。

基于钢冶金机理和机器学习方法,从工序工艺模型化角度,进行了工序/装置智能化的探索。针对转炉炼钢工序,构建了转炉冶炼钢液脱碳和温度变化模型、冶炼终点磷和锰含量预报模型以及冶炼末期补吹等模型;针对炉外精炼工序,构建了 LF 精炼终点钢液温度和成分预报、造渣等模型;针对连铸工序,构建了连铸凝固冷却控制模型、连铸坯凝固组织控制模型、连铸坯偏析与裂纹预报模型。本节选择了炼钢—连铸实际生产中较为关注的转炉冶炼终点磷/锰含量控制、LF 精炼终点温度/成分控制和连铸坯质量控制三个方面的内容,重点介绍转炉冶炼终点钢液磷/锰含量预报模型、LF 精炼终点钢液温度和成分预报模型、连铸凝固冷却控制模型和中心偏析预报模型。

13.2.1　转炉冶炼终点钢液磷/锰含量预报模型

转炉冶炼接近吹炼终点阶段钢液的锰、磷和硫含量均会发生不同程度的变化。由于一般磷是钢中的有害元素,转炉冶炼终点对钢液的磷含量需进行严格控制;而冶炼终点钢液锰含量的准确预报可为后续合金化操作提供指导。

（1）转炉冶炼终点钢液磷含量预报模型

在明晰转炉冶炼过程脱磷反应的热力学的基础上,本节基于温度、炉渣 FeO 含量、炉渣碱度等因素对转炉脱磷反应的影响,构建了基于多层递阶回归分析的转炉冶炼后期钢液磷含量预报模型[17],通过准确预报冶炼后期(主吹结束时)钢液的磷含量,可为冶炼终点钢液磷含量控制提供参考。

作为一种实用性较强的模型,多元线性回归模型的数学表达式如下:

$$Y(k) = a_0 + \sum_{i=1}^{m} a_i(k) x_i(k) \qquad (13.1)$$

式中:$Y(k)$ 为研究对象的预测值;$x_i(k)$ 为模型的影响因子;$a_i(k)$ 为影响因子的回归系数;a_0 为模型的常数项;m 为模型影响因子的个数。

对于多元线性回归模型,一旦确定了模型的预测目标,并得到了多元线性回归方程,那么模型中的回归系数 $a_i(k)$ 是一个不随时间变化的常量。这也是导致多元线性回归模型预测效果不理想的主要原因。基于上述考虑,本节将多层递阶模型和多元线性回归模型相互融合,得到了多层递阶回归模型,其模型表达式如下:

$$Y(k) = a_0 + \sum_{i=1}^{m} \beta_i(k) a_i(k) x_i(k) \qquad (13.2)$$

与一般多元线性回归模型不同,多层递阶回归模型考虑了模型系数的时变性,将时变因子 $\beta_i(k)$ 添加到模型中,使得模型可以根据现场工艺参数或者原料条件的变化而改变其模型的系数,从而使多层递阶回归模型更具实用性。

根据转炉冶炼过程脱磷反应的热力学影响因素确定的模型自变量如表 13.1 所示。通过多元线性回归分析确定回归系数 $a_i(k)$。运用 SPSS 统计分析软件对某炼钢厂 1350 炉建模数据进行分析处理,得到转炉冶炼后期钢液磷含量的多元线性回归模型:

$$Y(k)_P = -0.151 + 3.687 \times 10^{-4} x_1 + 1.817 \times 10^{-4} x_2 + 4.503 \times 10^{-5} x_3 + 7.388 \times 10^{-5} x_4 + \qquad (13.3)$$
$$1.954 \times 10^{-5} x_5 - 1.056 \times 10^{-7} x_6 + 3.271 \times 10^{-6} x_7 - 4.345 \times 10^{-6} x_8$$

表 13.1　脱磷多层递阶回归模型的自变量

自变量名称	符号	单位	自变量名称	符号	单位
铁水装入量	x_1	t	废钢装入量	x_2	t
铁水温度	x_3	℃	铁水 P 含量	x_4	1%
氧耗量	x_5	Nm^3	石灰加入量	x_6	kg
轻烧白云石量	x_7	kg	护炉剂加入量	x_8	kg

将式(13.3)中 $Y(k)_P + 0.151$ 与 $a_i(k) x_i(k)$ 分别用 $Y'(k)_P$ 和 $x'_i(k)$ 进行替换,然后化简该式。

将时变参数 $\beta_i(k)$ 引入式(13.3),则式(13.3)可以表述为

$$Y'(k)_P = \sum_{i=1}^{8} \beta_i(k) x'_i(k) \qquad (13.4)$$

求解时变参数 $\beta_i(k)$。利用如式(13.5)所示的递推算法可以计算 $\beta_i(k)$ 的值,在计算过程中,为了简化计算而将 $\beta_i(0)$ 的值假设为 0。

$$\beta_i(k) = \beta_i(k-1) + \frac{x'_i(k)}{\sum\limits_{i=1}^{8} [x'_i(k)]^2} \left[Y'(k)_P - \sum\limits_{i=1}^{8} x'_i(k) \beta_i(k-1) \right] \qquad (13.5)$$

对计算得到的时变参数 $\beta_i(k)$ 进行分析,根据不同的变化特点,采用适当的数学方法,如均值近似法、定常增量法、分段周期变量法、多层 AR 模型递阶法等建立时变参数 $\beta_i(k)$ 的预报模型,得出 $\beta_i(k)$ 的预报值 $\beta_i^*(k)$。

利用 $\beta_i(k)$ 的预报值 $\beta_i^*(k)$ 建立钢液磷含量的预报模型:

$$
\begin{aligned}
Y(k)_\mathrm{P} = {}& -0.151 + 3.687 \times 10^{-4} x_1(k) \beta_1^*(k) + 1.817 \times 10^{-4} x_2(k) \beta_2^*(k) + \\
& 4.503 \times 10^{-5} x_3(k) \beta_3^*(k) + 7.388 \times 10^{-5} x_4(k) \beta_4^*(k) + \\
& 1.954 \times 10^{-5} x_5(k) \beta_5^*(k) - 1.056 \times 10^{-7} x_6(k) \beta_6^*(k) + \\
& 3.271 \times 10^{-6} x_7(k) \beta_7^*(k) - 4.345 \times 10^{-6} x_8(k) \beta_8^*(k)
\end{aligned}
\tag{13.6}
$$

为了提高多层递阶回归模型的预测精度,利用 100 炉的测试数据对该模型进行验证。多层递阶回归模型的预测值与实测值的比较如图 13.2 所示。由该图可知,多层递阶回归模型的预测值与实测值接近。除少数炉次的预测误差偏大外,绝大部分炉次的预测误差分布在 ±0.005% 范围之内。图 13.3 所示为多层递阶回归模型的预测误差分布,从该图中可以看出,当模型预测误差分布在 ±0.004% 范围内时,共有 73 炉,占总数据量的 73%。基于上述分析,可以认为基于多层递阶回归分析的冶炼后期钢液磷含量预报模型的预报精度基本满足现场生产控制要求,可为现场操作人员冶炼中高碳钢转炉终点钢液磷含量控制提供参考。

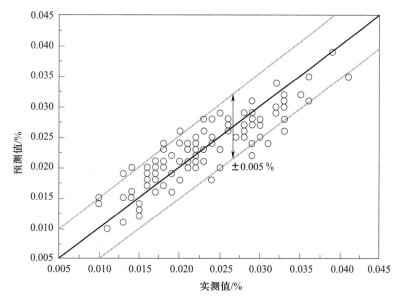

图 13.2 转炉冶炼后期钢液磷含量(多层递阶回归模型)预测值与实测值的比较

(2)转炉冶炼终点钢液锰含量预报模型

极限学习机(extreme learning machine,ELM)模型是一种基于广义逆矩阵理论提出的一种单隐层前馈神经网络,如图 13.4 所示。该算法拥有极快的学习速度,同时可避免传统神经网络算法存在的问题。然而,ELM 模型也存在泛化能力较差、预测不稳定等问题。为提高 ELM 模型的泛化性能,可以通过引入结构风险最小化理论以及正则化项,提高 ELM 模型的泛化能力,即正则化极限学习机(RELM)。但 RELM 模型采用随机给定的输入层权值和隐含层偏差,这会影响

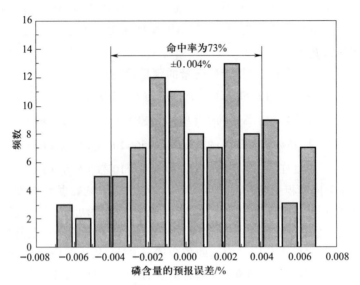

图 13.3　转炉冶炼后期钢液磷含量(多层递阶回归模型)的预测误差分布

RELM 模型的稳定性和预测精度,通过引入粒子群算法(PSO)对输入层权值和隐含层偏差进行寻优,代替手动训练模型的过程,建立了基于改进粒子群算法(IPSO)-RELM 的转炉冶炼终点锰含量预报模型[18]。

　　如图 13.4 所示,对于一个单隐层神经网络,假设任意 N 个不同样本$(x_j,y_j) \in R_n \times R_m$,隐含层节点个数为 L,设隐含层神经元的激活函数为 $G(x)$、连接权值为 ω、神经元隐含层偏差为 b,则 ELM 模型数学表达式:

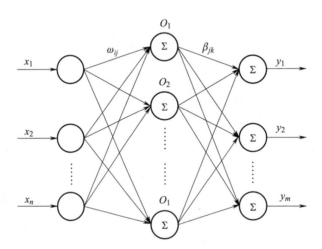

图 13.4　典型的单隐层前馈神经网络模型

$$Y_m = \sum_{i=1}^{L} \beta_i G(\omega_i, b_i, x_j)(j = 1, 2, \cdots, n) \qquad (13.7)$$

式中:Y_m 为网络的第 m 个输出层神经元的输出;$G(\omega_i, b_i, x_j)$ 为第 i 个隐含层神经元的输出。

该模型在对样本训练前随机产生 ω、b，从而只需选择合适的隐含层神经元个数和激活函数，求出隐含层与输出层的连接权值 β 即可。

RELM 数学模型表述如下式：

$$\min E = \min_{\beta}(\lambda \|\beta^2\| + \|\varepsilon^2\|) \tag{13.8}$$

$$s.t. \sum_{i=1}^{N} \beta_i f(\omega_i x_j + b_i) - t_j = \varepsilon_j \quad (j = 1,2,\cdots,N) \tag{13.9}$$

式中：$\lambda \|\beta^2\|$ 代表结构风险；$\|\varepsilon^2\|$ 代表经验风险；λ 为正则化系数，表示在实际风险中结构风险占的权衡比重；ε_j 为训练误差和。

将 RELM 模型的输入层权值和隐含层偏差作为改进粒子群算法的粒子，用改进粒子群优化算法对其进行寻优，以提高 RELM 算法的预测准确率与效率，改善 RELM 的性能。IPSO-RELM 训练过程主要包括以下四个步骤：① 初始化种群；② 计算粒子适应度；③ 寻找群体极值；④ 模型训练与测试。

对某炼钢厂采集到的 80 t 转炉生产数据进行预处理后进行建模。首先，随机选取其中的 281 组样本数据对预测模型进行训练；其次，利用训练好的模型对其余的 50 组测试数据进行预测，并将 IPSO-RELM 模型的预测值与实测值进行对比分析。由图 13.5 可知，IPSO-RELM 模型对转炉冶炼终点锰含量进行预测后所得的预测值与实测值很接近，说明该模型的预测精确度较高。关于该模型的预测误差分布情况如图 13.6 所示，当预测误差分布在 ±0.025% 范围内时，模型的命中率为 94%，拟合优度 R^2 为 0.72。可以认为，IPSO-RELM 模型的预报精准度最高，可满足实际生产控制要求。

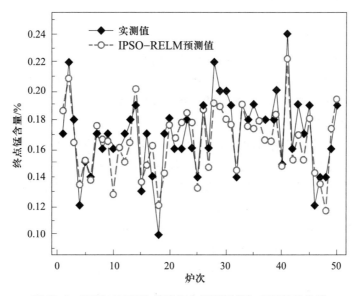

图 13.5　IPSO-RELM 模型锰含量预测值与实测值的比较

13.2.2　LF 精炼终点钢液温度和成分预报模型

生产高洁净度钢材是当代钢铁工业重要的任务。近年来，汽车、石油、国防和微电子等行业，对材料特性提出了更加严格的要求。汽车用超深冲钢板 IF 钢（无间隙原子钢），要求 [C]+[N] <

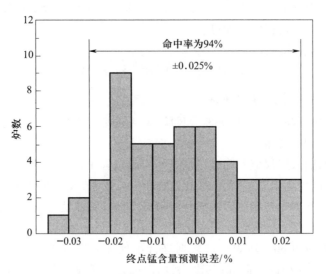

图 13.6　IPSO-RELM 模型锰含量预测误差分布情况

0.003%。炉外精炼技术在提高钢的质量和扩大品种方面起着关键的作用,是生产超洁净钢(ultra clean steel)必不可少的重要手段。

随着高附加值钢种的不断开发以及客户要求的不断提高,控制钢液成分、温度的波动范围,确保连铸过程的连续性和稳定性,最终实现产品性能的稳定,使得精炼过程中钢液成分与温度的精准控制显得日益重要。

1. LF 精炼终点钢液温度预报模型

为了充分反映 LF 精炼各操作因素对钢液温度的影响,以传热机理数学模型的建立为主体,对于机理模型无法预测影响温降的因素,采用 BP 神经网络预测模型的方法进行处理,构建了 LF 精炼终点钢液温度预报灰箱模型[19],其结构图如图 13.7 所示。

(1) 传热机理模型建立

根据热力学第二定律,LF 精炼的能量变化可分为热收入与热支出两大项,其中,热收入项包括电极加热、碳元素氧化反应放热等;热支出项包括钢包传热、合金料加入吸热、造渣剂熔化吸热、烟气带走的热量、喂线吸热等。基于能量的收支平衡,可建立 LF 精炼传热机理模型:

$$T_f = T_{steel} + \Delta T_1 + \Delta T_2 - \Delta T_3 - \Delta T_4 - \Delta T_5 - \Delta T_6 - \Delta T_7 - \Delta T_8 - \Delta T_9 \qquad (13.10)$$

式中:T_f 表示精炼终点钢液温度,℃;T_{steel} 表示初始钢液温度,℃;ΔT_1 表示电极加热产生的温度变化,℃;ΔT_2 表示碳元素反应热引起的钢液温升,℃;ΔT_3 表示钢包散热引起的钢液温降,℃;ΔT_4 表示钢包传热温度,℃;ΔT_5 表示合金吸热引起的钢液温降,℃;ΔT_6 表示造渣料吸热引起的钢液温降,℃;ΔT_7 表示吹氩所引起的钢液温降,℃;ΔT_8 表示烟气造成的温降,℃;ΔT_9 表示喂丝导致的温降,℃。

由于电极加热与造渣剂的加入所引起的温度变化 ΔT_1 和 ΔT_6 无法通过传热数学模型获得,所以本节通过建立 BP 神经网络模型来预测以上两个因素对钢液温度影响的模型。

(2) BP 神经网络模型的建立

BP 神经网络是一种多层前反馈神经网络,主要应用于对应关系为未知函数的复杂分析[20],

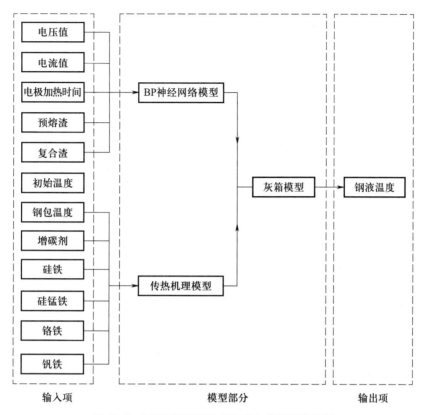

图 13.7　LF 精炼钢液温度预报灰箱模型结构图

其示意图如图 13.8 所示,相对于其他神经网络,BP 神经网络有操作简单、具有联想记忆和预测能力等优点。

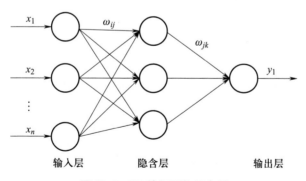

图 13.8　BP 神经网络示意图

设定电能输入与造渣剂的加入所引起的温降为 $\Delta T_{\rm b}$。在神经网络模拟过程中,设定 $\Delta T_{\rm b}$ 为输出变量,输入变量为电能、氧化钙加入量、复合精炼渣加入量、预熔精炼渣加入量、萤石加入量以及钢液量。通过训练原始 $\Delta T_{\rm b}$ 值可获得下式:

$$\Delta T_{\rm b} = T_{\rm f} - (T_{\rm steel} + \Delta T_2 - \Delta T_3 - \Delta T_4 - \Delta T_5 - \Delta T_7 - \Delta T_8) \tag{13.11}$$

输入项共有六项,为了获得较小的输出误差,考虑隐节点的个数设置为 35 个[21],隐含层数设置为 2。采用 MATLAB 软件的神经网络工具箱进行编程,建立 BP 神经网络预测 ΔT_b,选取样本容量为 1 100 组,去除不合格的样本数据,选取训练样本数据为 900 组,预测样本数据为 100 组,预测结果如图 13.9 所示,预测误差如图 13.10 所示。

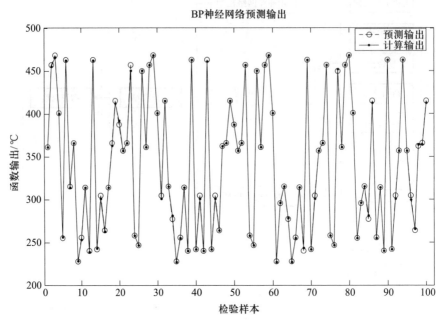

图 13.9　BP 神经网络预测的 ΔT_b 值

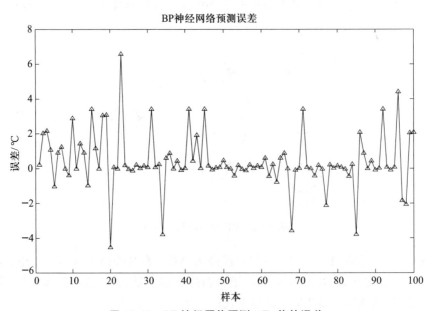

图 13.10　BP 神经网络预测 ΔT_b 值的误差

将 BP 神经网络预测结果与传热机理模型相结合建立灰箱预报模型进行预测终点钢液温度。运用某炼钢厂 532 炉生产数据验证预测结果,误差在 ±5 ℃ 以内的炉数达到 95% 以上。

2. LF 精炼终点钢液成分预报模型

LF 精炼不但需要能够精准地预报终点钢液温度,还需要能够使精炼终点钢液成分命中目标。LF 精炼终点钢液成分一般直接影响最终产品的质量,能够通过 LF 精炼控制生产出成分合格的钢液,是生产合格钢制品的重要前提保障。在 LF 精炼过程中,一般是通过向钢液中加入合金料,从而提高钢液中合金元素的含量。合金元素在钢液中的收得率计算一直是相关冶金科研工作者关注的重要内容之一。

以某炼钢厂现场调研数据为研究对象,首先,应用线性回归的方法研究合金料的加入量与合金元素在钢液中收得质量的关系,并根据线性回归分析的结果,建立合金元素在钢液精炼的终点成分。其次,当线性回归结果效果不佳时,采用多层递阶回归分析的方法研究精炼终点钢液合金元素的成分预报。最后,根据研究结果,建立精炼终点钢液成分预报模型,并对模型进行检验。成分预报涉及的化学元素包括碳、硅、锰、铬、钒和硼六种元素,由于篇幅所限,本小节简要介绍碳、硅两种元素的预测。

(1)碳含量预报

碳含量的高低对钢产品性能有一定的影响,尤其是对疲劳极限影响表现尤为突出[22]。某炼钢厂在 LF 精炼过程中,采用在钢包炉里加石油焦的方法来提高钢液中的碳含量。根据现场调研数据分析,钢液中碳元素的增加量与石油焦加入量的关系如图 13.11 所示。

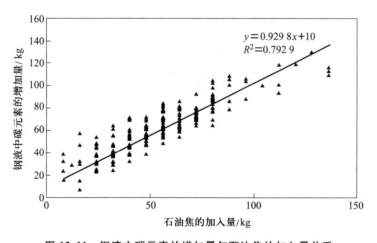

图 13.11 钢液中碳元素的增加量与石油焦的加入量关系

对其对应的关系进行线性回归,如式(13.12)所示。由此可见,钢液中碳元素的增加量与石油焦的加入量存在较明显的线性关系。由此,可以利用石油焦的加入量与钢液量计算钢液中碳元素的增加量。

$$y = 0.929\ 8x + 10 \tag{13.12}$$

式中:y 表示钢液汇总碳元素的增加量,kg;x 表示石油焦的加入量,kg。

在得到钢液中碳元素的增加量的同时,累加到钢液初始碳含量,即为钢液终点碳的成分含

量。结合式(13.12)建立的终点碳含量预报的数学模型如下:

$$[C]_f = \frac{0.929\ 8x_1 + 10}{10G} + [C]_s \qquad (13.13)$$

式中,$[C]_f$ 为钢液终点的碳含量,%;x_1 为石油焦的加入量,kg;G 为钢液质量,t;$[C]_s$ 为钢液中初始碳含量,%。

利用某炼钢厂的实际生产数据对该模型进行验证,对验证结果分析可知,该模型预测的最大误差为 0.03%,误差小于 ±0.02% 的命中率为 97%,由此认为,该模型可以应用于预报终点钢液中碳元素的成分。根据石油焦中的碳含量为 96%,经计算碳元素的平均收得率为 97%。

(2)硅含量预报

硅元素在弹簧钢生产过程中起着提高碳扩散系数的作用[23],硅含量能够符合终点成分要求是提高碳扩散,保证碳成分均匀的重要条件之一。所以,准确预报精炼终点钢液硅含量对指导现场实际生产有着重要意义。本节运用多层递阶回归分析的方法建立终点钢液硅含量的动态预报模型。

在精炼过程中,硅锰铁的加入能够有效地提高钢液中硅含量。对实际生产数据进行线性回归分析,得到硅锰铁的加入量与钢液中硅元素的增加量之间的关系,如图 13.12 所示。

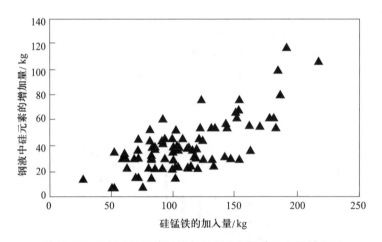

图 13.12 钢液中硅元素的增加量与硅锰铁的加入量的关系

从图 13.12 中可以看出,硅锰铁的加入量与钢液中硅的增加量的线性关系不明显,故硅锰铁中的硅回收率是一个动态变化值,该值会随着生产条件的不同而有所差别。因此,需要寻求其他方法来寻找其变化规律。

多层递阶回归分析的方法主要是在线性回归分析的基础上,进行回归系数的动态处理。该方法适用于解决非静态的参数预报精度不高的问题。其分析过程一般分为以下步骤:

1)按照回归分析的方法,获得回归系数 α_0、α_1、$\cdots$。

2)将回归系数 α_0、α_1、$\cdots$ 乘以其影响因子 x_1、x_2、$\cdots$,获得新的影响因子 x_1'、x_2'、$\cdots$。此时,获得的新影响因子不会因为输入因子的数量级过大而无法体现系统的高相关因子:

$$x_i' = \alpha_i x_i \quad (i = 1, 2, \cdots) \qquad (13.14)$$

3)预报对象减去回归分析获得的常数项作为新的预报对象,此时的线性关系式如下:

$$H'(x_i) = \sum x'_i \alpha'_i + e(x_i) \tag{13.15}$$

其中,$e(x_i)$为随机误差,α'_i为新的回归系数。

4）应用多层递阶方法对式(13.14)求解,时变递推公式如下:

$$\alpha'_i(\tau) = \alpha'_i(\tau - 1) + \frac{x'_i(\tau)}{\sum\limits_1^m \left[x'_i(\tau) \right]^2} \left[H'(\tau) - \sum\limits_1^m x'_i(\tau) \alpha'(\tau - 1) \right] \tag{13.16}$$

其中,$\alpha'_i(\tau)$为 τ 时刻的回归系数。

5）对多层递阶方法获得的回归系数队列进行处理,采用均值分析法或者周期循环法等,重新建立动态的预报模型。

在预报硅元素终点含量时采用的是均值分析法,其预报钢液终点硅含量的结果如图 13.13 所示。

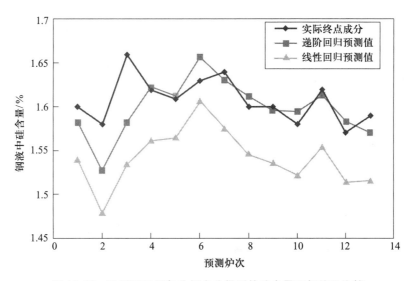

图 13.13　采用不同回归分析方法得到的硅含量预报结果比较

由图 13.13 可以看出,经过多元递阶回归分析预报的终点钢液硅含量比线性回归分析的预报结果更为接近实际值,多元递阶回归分析建立的终点钢液硅含量预报模型能够更好地表征精炼终点钢液硅含量的变化行为。

由此,可以在获得线性回归分析结果后,利用多层递阶回归方法进行处理,建立精炼终点钢液硅含量动态预报模型。利用某炼钢厂 2009 年 6 月份的 300 炉生产数据对动态模型进行检验,由验证结果可知,其预测结果的误差在±0.02%之间的命中率可以达到 90%以上,能够比较准确地预报钢液精炼终点硅含量。

13.2.3　连铸凝固冷却控制和中心偏析预报模型

1. 连铸凝固冷却过程控制

对连铸凝固冷却过程研究已经开展了多年,这里介绍一种新的进展。凝固末端强冷是改善铸坯内部质量的有效方法,该方法通过喷水强冷,促进铸坯表面的热收缩补偿中心区域的凝固收缩,从而抑制富集溶质元素的钢液流动,改善铸坯内部质量[24-28]。然而,由于凝固末端强冷的作用位置靠近矫直区,喷水强冷降低了铸坯凝固冷却的均匀性,容易导致铸坯产生角部裂纹和内部裂纹。因此,需要严格控制凝固末端强冷位置和水量,从而避免裂纹的产生。本节针对断面尺寸为 1 800 mm×250 mm 的 Q345D 钢连铸板坯,提出了"凝固前段弱冷+凝固末端强冷"的铸坯凝固冷却技术改善铸坯质量[29]。

　　"凝固前段弱冷+凝固末端强冷"的连铸冷却技术,能够对连铸机结晶器和二冷区的配水量进行系统优化。为了解决结晶器冷却过强和足辊区的铸坯回温过大的问题,将中厚板坯结晶器宽面冷却水量降低 17%,结晶器窄面冷却水量减少 14%;同时,足辊区冷却水量增加 20%;并且,为使铸坯凝固末端位置后移,将弯曲段下部水量、二冷 1~3 段冷却水量减少 10%;对连铸坯凝固末端二冷第 4 段到第 7 段的冷却水量增加 50%。水量配置优化前、后各冷却区水量如表 13.2 所示。

表 13.2 　"凝固前段弱冷+凝固末端强冷"的连铸冷却配水方案

冷却区	冷却区各段		初始水量/(L/min)	优化水量/(L/min)
结晶器区	结晶器宽面		4 100	3 500
	结晶器窄面		570	500
二冷区	1 区	足辊窄面	51	51
		足辊宽面	116	139
	2 区	0 段上部	246	246
	3 区	0 段下部	268	241
	4 区	1 段内弧	94	85
		1 段外弧	106	95
	5 区	2~3 段内弧	83	75
		2~3 段外弧	110	99
	6 区	4~5 段内弧	94	141
		4~5 段外弧	149	224
	7 区	6~7 段内弧	65	98
		6~7 段外弧	115	173
	8 区	8~10 段内弧	22	22
	9 区	11~13 段内弧	22	22
二冷区总水量/(L/min)			1 541	1 710
二冷区比水量/(L/kg)			0.62	0.69

　　采用凝固传热模型计算配水优化铸坯凝固冷却过程,并分析连铸坯宽面中心温度变化,结果如图 13.14 所示。由该图可知,凝固冷却配水优化后,结晶器区冷却强度降低:距结晶器弯月面 0.8 m 和 2.2 m 位置处,铸坯宽面中心温度分别为 795 ℃、1 023 ℃,较实际工况分别升高了 192 ℃、

38 ℃;铸坯在足辊段和弯曲段上部温度变化趋于平缓:铸坯宽面中心回温为 162 ℃/m,较实际工况降低了 110 ℃/m。二冷区第 3 扇形段之前铸坯宽面中心温度降低变得更加平缓,改善了板坯纵向冷却的不均匀性,有利于改善铸坯内部质量;铸坯凝固终点位置延后,由现有工况的距离结晶器弯月面 13.02 m 延长为 13.72 m,有利于发挥板坯动态轻压下对减轻中心偏析的作用。采用凝固末端强冷措施后,二冷区第 4~7 扇形段的冷却强度加大,板坯温降增大,由优化前的 10 ℃/m 升至 18 ℃/m,有利于发挥凝固末端强冷工艺对铸坯中心偏析的抑制作用,改善了板坯中心偏析缺陷。

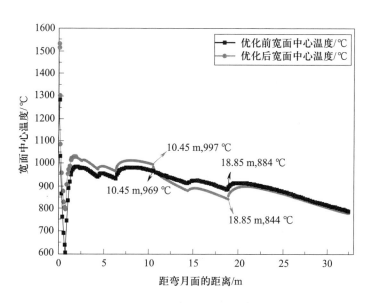

图 13.14　凝固冷却配水优化前、后连铸坯宽面中心温度情况

"凝固前段弱冷+凝固末端强冷"的连铸冷却技术应用于 Q345D 钢的实际生产后,铸坯裂纹和中心偏析得到了明显改善。铸坯中心偏析的曼标评级在 2.6 级以内的比例由 46.20% 提高至82.33%,曼标评级在 2.4 级以内的比例由 35.80% 提高至 61.76%;铸坯表面裂纹由 2.20% 降低至 0.54%;中厚板探伤不合格率由 1.48% 降低至 0.43%;中厚板边裂率由 1.20% 降低至 0.32%。铸坯整体质量得到大幅提高。

2. 铸坯中心偏析预报模型

随着连铸生产一体化的实现,事后质量分析、追溯的做法存在很大滞后性,制约着连铸生产水平的提高。因此,现代连铸生产对铸坯的质量分析、诊断也提出了更高的要求。随着信息技术快速发展,基于大数据的铸坯质量诊断模型的开发成为研究的热点,该类模型可协助工艺技术人员从多维度探寻质量缺陷的成因,从而辅助实现铸坯质量的有效控制。在铸坯的典型缺陷中,偏析行为对成品钢材性能的均匀性造成不良影响,其一直是连铸过程的关键控制因素。因此,实现铸坯中心碳偏析的精准预测,对于提高钢产品品质具有重要意义。

从某炼钢厂制造执行系统(MES)采集了两年的 2 396 组 82B 帘线钢连铸生产数据。每组数据包括中间包成分、结晶器冷却参数、二次冷却参数、拉速、过热度、比水量以及相应的中心碳偏析指数等 15 个工艺参数,具体见表 13.3。

表 13.3　研究用到的连铸生产参数

编号	参数	单位
X_1	钢中碳含量	%
X_2	钢中硅含量	%
X_3	钢中锰含量	%
X_4	钢中磷含量	%
X_5	钢中硫含量	%
X_6	二冷一区水量	L/min
X_7	二冷二区水量	L/min
X_8	二冷三区水量	L/min
X_9	比水量	L/kg
X_{10}	浇注温度	℃
X_{11}	拉速	m/min
X_{12}	过热度	℃
X_{13}	结晶器水流量	L/min
X_{14}	结晶器水温差	℃
X_{15}	中心碳偏析指数	—

在连铸生产过程中,由于检测设备的不稳定性和工艺人员操作等因素,不可避免地会出现一些异常数据。而异常数据的存在会严重影响机器学习预测模型的计算效率和泛化能力。因此,数据预处理成为机器学习建模前不可或缺的步骤,即将噪声数据、弱相关变量剔除,使数据满足预测所需。

特征选择是数据预处理的一项重要任务,其主要目的是选择与目标变量相关性强的特征变量作为机器学习的输入项。针对上述数据集,首先采用 Pearson 相关系数法来统计变量之间的相关性,以削弱多重共线性问题。在此基础上,再运用灰色关联分析(GRA)法剔除与中心碳偏析指数相关性弱的变量,以达到降维的目的。

由于连铸过程的复杂性,工艺参数之间必然存在着一定的关联性。各种变量所反映的信息在一定程度上存在重叠,这将导致多重共线性问题,进而增加机器学习算法的复杂度。因此,采用 Pearson 相关系数法来评估变量之间的相关性,并借助热图工具对结果进行可视化展示。连铸生产参数之间相关系数如图 13.15 所示。一般情况下,两变量间相关系数大于 0.6 表明二者相关性较强。从图 13.15 可以看出,二冷二区水量(X_7)和比水量(X_9)之间、浇注温度(X_{10})和过热度(X_{12})之间存在强相关性,因此为了消除多重共线性问题,本节剔除了二冷二区水量和浇注温度两个变量。

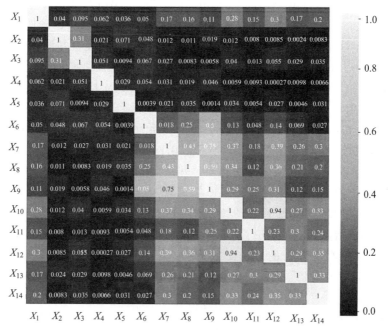

图 13.15　变量间相关性分析

此外,数据集中冗余或弱相关变量的存在不仅会增加机器学习计算负担,还会使其网络结构更加复杂,降低其泛化能力。因此,运用灰色关联分析法进一步对变量进行降维处理。灰色关联分析法是一种度量目标变量与特征变量相似程度的方法,关联度 $r_m(0 < r_m < 1)$ 越大,表明变量间的相似度越高。运用灰色关联分析法对机器学习输入变量与输出变量间的相似程度进行评估。关联度计算公式如下:

$$r_m = \frac{1}{n} \sum_{j=1}^{n} \varepsilon_{oj}(k) \tag{13.17}$$

式中: r_m 为关联度; n 为输入变量数; $\varepsilon_{oj}(k)$ 为相关系数。

通过计算得出,数据集中 12 个变量的相关性排序为 $X_{11} > X_9 > X_{14} > X_{12} > X_8 > X_6 > X_{13} > X_3 > X_2 > X_1 > X_4 > X_5$。由此可见,钢的化学成分 $(X_1 \sim X_5)$ 与中心碳偏析指数的相关性较弱,予以剔除。

在 13.2.1 节建立的 RELM 模型的基础上,对中心碳偏析进行预测,此外,还分别建立了多元线性回归预测模型和 ELM 预测模型用于对比。

运用 MATLAB 软件构建基于 RELM 铸坯中心碳偏析预测模型,经过大量的参数调整试验,发现预测模型的基本参数如表 13.4 所示,所建模型的预测精度最为理想。

表 13.4　RELM 中心碳偏析预测模型的基本参数

参数名称	设置值	参数名称	设置值
输入层节点	7	输出层节点	1
隐含层节点	50	激活函数	sigmoid
正则化系数 λ	0.1	—	—

运用数据预处理后的2 396组连铸生产数据建立和验证RELM预测模型。其中,2 000组数据用于构建模型,剩余396组数据用于验证模型。仿真结果表明,当中心碳偏析预测误差分别为±0.03和±0.025时,RELM预测模型命中率分别为94%和89%,模型预测值与实际值的相关系数为0.871,仿真运算用时0.1 s。而对比经典的多元线性回归预测模型和ELM预测模型,在预测误差为±0.025时的命中率分别为62%和84%,均低于RELM模型。由此可见,RELM预测模型的预测精度最高,可满足现场生产要求。

此外,为了厘清工艺参数与铸坯中心碳偏析的关系,应用响应面分析法对RELM模型的预测结果进行统计分析,具体结果如图13.16所示。由图13.16a可知,过热度是导致82B帘线钢铸坯中心碳偏析指数升高的主要因素,尤其当过热度大于35 ℃时,中心碳偏析指数急剧增大。结合响应面分析可知,当过热度控制为25~30 ℃时较为合理。中心碳偏析指数随着拉速的增大而增大,当拉速控制为2.5 m/min时,可较好地控制铸坯中心碳偏析。如图13.16b所示,随着比水量增大,中心碳偏析指数先降低后升高,适合于82B帘线钢铸坯的最佳比水量为2.3 L/kg。由此,提出了改善铸坯中心碳偏析的最佳工艺方案,具体控制值:拉速为2.5 m/min,过热度为25~30 ℃,比水量为2.3 L/kg。

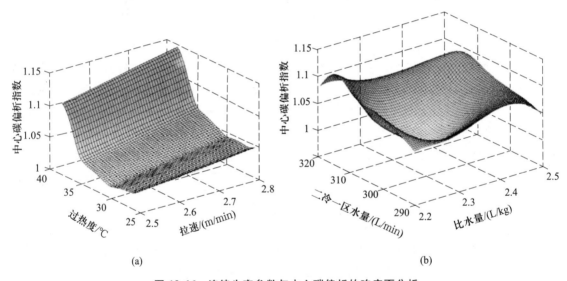

(a)   (b)

图13.16 连铸生产参数与中心碳偏析的响应面分析

13.3 生产计划与调度的智能化

炼钢—连铸过程的生产计划,是以市场需求预测或客户实际订单为基础、以炼钢厂设备和资源为依据,制订包括产品品种、规格、产量和执行期限在内的生产规划和决策。炼钢—连铸过程生产调度,是指根据生产计划要求,在满足生产约束条件的前提下,通过合理安排作业任务、工艺路线以及其他资源,实现炼钢厂制造系统的效益最佳化。生产调度包括两方面的内容:① 安排具体工序的具体设备接受某些合同计划中的生产任务,发布执行生产任务的初始指令,一般称为静态调度;② 因生产任务提前完成或滞后拖延,使得原始调度被迫根据发生的变化及异常做出修改、更新、协调控制,称为动态调度、重调度或再调度。炼钢—连铸过程的生产计划与调度智能化的内涵可概括为应用计算机来获得生产订单多样化下、以提高炼钢厂的产量及生产效率为目标的生产计划与调度方案。

13.3.1　生产计划的智能化

1. 生产计划编制规则库

生产计划的制订,应当有前提,没有规矩,不成方圆,生产计划编制规则的建立是制订生产计划的前提。本节结合炼钢厂生产计划编制模型以及现场生产计划编制人员的经验,构建包括炼钢炉次计划模型与连铸浇次计划模型的生产计划编制规则库,如表 13.5 和表 13.6 所示。

表 13.5　炼钢炉次生产计划编制规则

编制规则	规则描述
规则 1	每个合同只能分配到一个炉次中
规则 2	每个炉次的合同总重量不超过炉容量
规则 3	每个炉次内相邻合同钢级差异尽量小
规则 4	每个炉次内相邻合同宽度差异尽量小(宽板带材) 每个炉次内相邻合同宽度相同(型棒线材)
规则 5	每个炉次内合同总重量尽量不小于炉容量下限
规则 6	每个炉次内生产的余材尽量少
规则 7	每个炉次内交货日期差异尽量小

表 13.6　连铸浇次生产计划编制规则

编制规则	规则描述
规则 1	各炉次板坯宽度变化在一定范围内,且应按宽度非增顺序排列
规则 2	各炉次的交货期相近
规则 3	在所有组成浇次的生产时间范围内,连铸机平均作业率最大
规则 4	一个炉次只属于一个浇次
规则 5	同一浇次中总炉次数在对应的中间包寿命要求范围内
规则 6	同一浇次各炉次钢种一致
规则 7	同一浇次各炉次浇注规格一致

2. 最优炉次计划模型的构建与求解

（1）模型构建

炉次是炼钢的最小基本单位,一个炉次是指同时在一个转炉或电弧炉内冶炼的一炉钢液,从开始冶炼到浇注或模注为止的整个过程[30]。炼钢炉次计划的编制是在对生产订单进行分解、组坯(坯料设计)的基础上,考虑钢种、铸坯规格尺寸、交货期等约束条件,进而将钢坯组成炉次的过程。所以,炉次计划问题是一种限制条件较多、复杂组合优化的问题。

建立炉次计划模型规则库,进行以下模型假设:

1) 由一定数目合同组成的炉次数未知;

2) 允许有剩余合同;

3) 每个炉次内的合同总重量可在95%~100%炉容量 V_m 之间自由浮动;

4) 合同的钢种、宽度、厚度已知。

进而,构建如下炉次计划模型:

$$\min z_1 = \sum_{j=1}^{n} \sum_{p=1}^{o} \sum_{q=1}^{o} (P_{pq}^1 + P_{pq}^2) x_{pj} x_{qj} + \sum_{j=1}^{n} (P_j^3 + P_j^4) + \sum_{j=1}^{n} \sum_{p=1}^{o} P_{pj}^5 x_{pj} \quad (13.18)$$

式中:

$$\sum_{j=1}^{n} x_{pj} \leqslant 1 \quad p = 1, 2, \cdots, o \quad (13.19)$$

$$\sum_{p=1}^{o} w_{pj} \leqslant V_{\max} \quad j = 1, 2, \cdots, n; x_{pj} = 1 \quad (13.20)$$

$$x_{pj} = \begin{cases} 1 & \text{炉次 } j \text{ 内有合同 } p \\ 0 & \text{其他} \end{cases} \quad p = 1, \cdots, o; j = 1, \cdots, n \quad (13.21)$$

$$P_{pq}^1 = \begin{cases} c_1 (G_p - G_q) & \text{合同 } p \text{、} q \text{ 属于同一钢级} \\ +\infty & \text{其他} \end{cases} \quad (13.22)$$

$$P_{pq}^2 = \begin{cases} c_2 (W_p - W_q) & \text{合同 } p \text{、} q \text{ 宽度在某一范围内} \\ +\infty & \text{其他} \end{cases} \quad (13.23)$$

$$P_j^3 = \begin{cases} c_3 \sum_{p=1}^{o} w_{pj} x_{pj} & \sum_{p=1}^{o} w_{pj} < V_{\min} \\ 0 & \text{其他} \end{cases} \quad (13.24)$$

$$P_j^4 = \begin{cases} c_4 \left(95\% V_{\max} - \sum_{p=1}^{o} w_{pj} x_{pj}\right) & V_{\min} \leqslant \sum_{p=1}^{o} w_{pj} x_{pj} \leqslant 95\% V_{\max} \\ 0 & 95\% V_{\max} \leqslant \sum_{p=1}^{o} w_{pj} x_{pj} \leqslant V_{\max} \\ +\infty & V_{\max} < \sum_{p=1}^{o} w_{pj} x_{pj} \end{cases} \quad (13.25)$$

$$P_{pj}^5 = c_5 (d_{pj} - d_{ej}) w_i \quad (13.26)$$

式(13.18)为基于组炉结果总惩罚值最低建立的目标函数,包括三项:第一项是所在组炉次里的相邻合同因钢级、宽度差异所引起的惩罚,第二项是余材量惩罚或合同未被选中所引起的惩罚,第三项为交货日期差异所引起的惩罚,n 为重组炉次总数,o 为重组合同总数。式(13.19)~式(13.26)为目标函数对应的约束条件,其中式(13.19)表示每个合同只能分配到一个炉次中;式(13.20)表示每个炉次的合同总重量不超过炉容量;式(13.21)为合同是否属于某一炉次的判断函数,只能取集合{0,1}中的值;式(13.22)为炉次 j 中相邻合同的钢级差异所引起的惩罚费用的计算方法;式(13.23)表示炉次 j 中相邻合同的宽度差异所引起的惩罚费用;式(13.24)表示炉次内合同总重量小于炉容量下限而不能生产所引起的惩罚费用;式(13.25)表示炉次内生产的余材所引起的惩罚费用;式(13.26)表示炉次 j 中由于交货日期差异所引起的惩罚费用。

对于方坯连铸,在合同组炉之前,通常先将合同按钢种和断面进行分类,模型中宽度差异和钢级差异的惩罚可做简化处理,得到简化的炉次计划模型:

$$\min z_2 = \sum_{j=1}^{n} (P_j^3 + P_j^4) + \sum_{j=1}^{n} \sum_{p=1}^{o} P_{pj}^5 x_{pj} \tag{13.27}$$

（2）模型求解

本节以某炼钢厂最大炉容量为80 t的转炉为研究对象。采用单亲遗传算法求解炉次计划模型,进化代数、搜索方式、种群规模、惩罚系数等基本参数的设置如表13.7所示。

表 13.7 单亲遗传算法基本参数

算法参数	进化代数	搜索方式	种群规模	c_3/(元/吨)	c_4/(元/吨)	c_5/[元/(天·吨)]
结果数值	100	单点搜索	40	130	100	1

同经典遗传算法一样,单亲遗传算法也通过构造个体的适应度函数来评价个体的优劣,然后通过计算各个体的适应度,根据适应度大小进行复制、基因换位等操作而进化至下一代。试验发现,对于规模为40的种群,选择最优(惩罚值最低)的5个个体,足够保证种群多样性。适应度函数通常由目标函数变换而来,适应度函数如下式:

$$f(x_i) = \frac{\dfrac{1}{z(x_i)}}{\displaystyle\sum_{i=1}^{5} \dfrac{1}{z(x_i)}} \tag{13.28}$$

适应度函数满足:

$$\sum_{i=1}^{5} f(x_i) = 1 \tag{13.29}$$

式中:x_i 为某一代种群中第 i 个个体;$z(x_i)$ 为第 i 个个体的惩罚值。

单亲遗传算法流程图如图13.17所示。

在以上算法基本参数分析的基础上,得到采用单亲遗传算法求解炉次计划模型的步骤:① 编码;② 确定适应度函数;③ 设定种群规模、进化代数等基本参数;④ 计算种群中各个体惩罚值;⑤ 计算适应度;⑥ 按适应度大小进行复制操作;⑦ 基因换位;⑧ 循环操作,直至进化结束;⑨ 输出最优解。

根据以上分析得出的单亲遗传算法参数及求解步骤,采用某炼钢厂80 t转炉一组含有240个合同数据进行组炉求解,验证炉次计划模型。采用 Microsoft Visual C 语言进行仿真,试验环境为 Pentium(R) Dual-Core CPU/3.20 Hz/2.00 GB/Windows 7。当算法进化至第100代时,得到进化过程中的最优解,合同组炉结果如表13.8所示,所有合同全部排入炉次,共组成17个炉次,余材量为0.687 t,惩罚值为5 293.22 元。

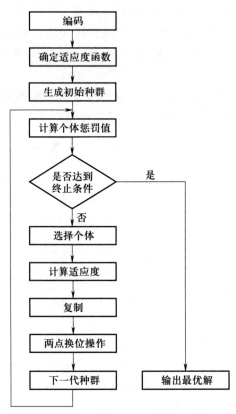

图 13.17　单亲遗传算法运算流程图

表 13.8　合同组炉结果

炉次号	合同数	合同质量/t	实际质量/t	余材量/t	惩罚值/元
1	31	76.244	76.25	0.006	728.66
2	14	77.492	77.492	0	0
3	8	78.117	78.117	0	140.615
4	17	75.62	76.25	0.63	659.84
5	18	76.242	76.25	0.008	275.78
6	4	78.74	78.74	0	315.585
7	8	78.742	78.742	0	240.6
8	23	76.244	76.25	0.006	772.405
9	17	76.243	76.25	0.007	575.655
10	25	76.245	76.25	0.005	162.99
11	10	76.867	76.867	0	618.68

炉次号	合同数	合同质量/t	实际质量/t	余材量/t	惩罚值/元
12	14	76.243	76.25	0.007	485.03
13	11	77.492	77.492	0	0
14	12	76.241	76.25	0.009	316.48
15	10	77.492	77.492	0	0
16	8	76.866	76.866	0	0
17	10	76.241	76.25	0.009	0.9

3. 最优浇次计划模型的构建与求解

（1）模型构建

在炼钢—连铸生产过程中,浇次是指在同一台连铸机上使用同一个中间包或同一个结晶器进行连续浇注钢液所有炉次的集合。对于连铸机而言,每开启一次都需要更换结晶器、中间包等,需要一定的设备调整时间,且造成极大的电力浪费,消耗成本较大。这就促使钢铁企业在编制生产计划时,在满足中间包寿命（指一个中间包能够连续进行生产的最多炉次数）的前提下,尽可能安排一个浇次内较多的炉次在连铸机上进行连续浇注,即炉次组浇问题。同样,由于每台连铸机的性能有所不同,各连铸机所生产的钢种也有所差异,再加上每个浇次包含的炉次数取决于订单合同,使得每个浇次的生产周期不固定。因此,在完成炉次组浇以后,需要解决的是浇次排序问题。为此,需要合理安排每台连铸机的生产浇次,充分利用各连铸机的性能,使效益达到最大化。

基于浇次计划模型规则库,进行以下模型假设:

1）每台连铸机能够生产的钢种不同;

2）必要时,每台连铸机可以生产多种断面;

3）每台连铸机生产一炉钢液时,若钢种不同或铸坯断面不同,生产周期可能不同;

4）假设一个浇次内各炉次的生产周期 T 相同。

进而,建立如下模型:

$$\min z_3 = \sum_{i=1}^{m} \sum_{j=1}^{n} \sum_{s=1}^{n} (C_{js}^1 + C_{js}^2 + C_{js}^3) X_{ij} X_{is} \tag{13.30}$$

$$\min z_4 = \frac{\sum_{i=1}^{m} n_i t_{i,\text{CCM}}}{t^E - t^S} \tag{13.31}$$

式中:

$$\sum_{i=1}^{m} X_{ij} = 1 \tag{13.32}$$

$$TL_{i,\min} \leqslant \sum_{j=1}^{n} X_{ij} \leqslant TL_{i,\max} \tag{13.33}$$

$$X_{ij} = \begin{cases} 1 & \text{炉次 } j \text{ 属于浇次 } i \\ 0 & \text{炉次 } j \text{ 不属于浇次 } i \end{cases} \qquad (13.34)$$

$$C_{js}^1 = \begin{cases} 0 & \text{炉次 } j \text{ 与炉次 } s \text{ 钢种相同} \\ +\infty & \text{炉次 } j \text{ 与炉次 } s \text{ 钢种不同} \end{cases} \qquad (13.35)$$

$$C_{js}^2 = \begin{cases} 0 & \text{炉次 } j \text{ 与炉次 } s \text{ 断面相同} \\ +\infty & \text{炉次 } j \text{ 与炉次 } s \text{ 断面不同} \end{cases} \qquad (13.36)$$

式(13.30)为针对组浇问题建立的目标函数,即由 n 个炉次组成的所有浇次惩罚费用最低。其中:i 为浇次数,$i=1,2,\cdots,m$;j、s 为炉次数,$j,s=1,2,\cdots,n$;C_{js}^i 是指同一浇次各炉次由生产周期差异引起的惩罚费用,为 0 时,即炉次 j 与炉次 s 生产周期相同,为 $+\infty$ 时,炉次 j 与炉次 s 的生产周期不同。式(13.31)为针对浇次排序问题建立的目标函数,即在所有组成浇次的生产时间范围内,连铸机平均作业率最大。其中:n_i 为浇次 i 中所含炉次数;$t_{i,\text{CCM}}$ 为浇次 i 在对应连铸机上的作业周期;t^S、t^E 分别为作业开始时间和作业结束时间。式(13.32)~式(13.36)为目标函数对应的约束条件,其中,式(13.32)是指一个炉次只属于一个浇次;式(13.33)是指同一浇次中总炉次数在对应的中间包寿命要求范围内,$TL_{i,\text{min}}$、$TL_{i,\text{max}}$ 分别为浇次 i 中总炉次数在对应的中间包寿命最小值和最大值;式(13.34)为炉次与浇次的对应关系式;式(13.35)为同一浇次各炉次由钢种差异引起的惩罚费用计算表达式;式(13.36)为同一浇次各炉次由断面差异引起的惩罚费用计算表达式。

(2)模型求解

针对浇次计划问题中的组浇问题和浇次排序问题,本节尝试采用两阶段启发式算法对浇次计划模型进行求解。针对炉次组浇问题,根据钢种、铸坯断面与中间包寿命,对炉次计划进行分组,进而得出各炉次计划对应的浇次,判断每个浇次所包含炉次数是否在允许浇注炉数范围内,不在此范围内的炉次作为剩余炉次。针对浇次排序问题,采用以下启发式规则来进行排序。

规则1:为提高炼钢厂产量,应提高所有连铸机的平均生产能力,合理安排各连铸机的生产浇次;

规则2:根据组浇结果,确定各连铸机生产钢种;

规则3:为减少设备调整时间及费用,各连铸机生产的相邻浇次铸坯断面规格尽可能一致;

规则4:各台连铸机生产前、后浇次的钢种尽可能一致;

规则5:各台连铸机生产浇次的顺序按交货期先后顺序排列。

本节采用某特钢厂的一个含有 5 个钢种(分别为 60Si2Mn、SUP9、HRB335、50CrVA、ML08Al)、3 种铸坯断面(150 mm×150 mm、160 mm×160 mm、180 mm×180 mm)、1 000 个炉次计划进行仿真计算。根据实际生产状况,设定每个浇次能够安排生产的最少炉次数为 8 炉,采用启发式规则进行组浇计算,得到合格浇次 63 个,剩余炉次 23 炉。部分炉次组浇结果如表 13.9 所示。并按照前文所述启发式规则及求解步骤,得到了生产浇次表,部分生产浇次如表 13.10 所示。

表 13.9 部分炉次组浇结果

炉次序号	钢种	质量/t	交货日期/天	铸坯断面/(mm×mm)	浇次号	炉次号
217	60Si2Mn	72	1	150×150	1	1
809	60Si2Mn	72	1	150×150	1	2

炉次序号	钢种	质量/t	交货日期/天	铸坯断面/(mm×mm)	浇次号	炉次号
174	60Si2Mn	72	2	150×150	1	3
428	60Si2Mn	73	3	150×150	1	4
484	60Si2Mn	74	3	150×150	1	5
557	60Si2Mn	72	3	150×150	1	6
948	60Si2Mn	73	3	150×150	1	7
596	60Si2Mn	74	4	150×150	1	8
701	60Si2Mn	74	4	150×150	1	9
778	60Si2Mn	74	4	150×150	1	10
666	60Si2Mn	73	5	150×150	1	11
931	60Si2Mn	71	5	150×150	1	12
949	60Si2Mn	71	5	150×150	1	13
58	60Si2Mn	73	6	150×150	1	14
81	60Si2Mn	74	6	150×150	1	15
835	60Si2Mn	74	7	150×150	2	1
94	60Si2Mn	74	8	150×150	2	2
126	60Si2Mn	72	8	150×150	2	3
395	60Si2Mn	71	9	150×150	2	4
487	60Si2Mn	71	9	150×150	2	5
22	60Si2Mn	71	10	150×150	2	6
84	60Si2Mn	72	10	150×150	2	7
⋯	⋯	⋯	⋯	⋯	⋯	⋯

表 13.10　部分生产浇次表

浇次号	炉次数/炉	钢种	铸坯断面/(mm×mm)	连铸机	浇注顺序	生产周期/min
1	15	60Si2Mn	150×150	1	1	795
2	15	60Si2Mn	150×150	1	2	795
3	15	60Si2Mn	150×150	1	3	795
4	15	60Si2Mn	150×150	1	4	795

浇次号	炉次数/炉	钢种	铸坯断面/(mm×mm)	连铸机	浇注顺序	生产周期/min
5	13	60Si2Mn	150×150	1	5	689
6	15	60Si2Mn	160×160	3	1	750
7	15	60Si2Mn	160×160	3	2	750
8	15	60Si2Mn	160×160	3	3	750
9	15	60Si2Mn	160×160	3	4	750
10	11	60Si2Mn	160×160	3	5	550
11	15	60Si2Mn	180×180	1	20	705
12	15	60Si2Mn	180×180	1	21	705
13	15	60Si2Mn	180×180	1	22	705
...	...	...	...	...	...	...

经检验,共 977 个炉次组成 63 个浇次,在各浇次内钢种、铸坯断面一致,每个浇次内的炉次数符合中间包寿命要求。各浇次在对应连铸机上按排序规则进行了合理排序,无冲突情况。剩余 23 个炉次计划采用其他方法进行安排或调整。至此,炼钢、连铸工序生产作业计划的编排得以完成。

13.3.2 生产调度的智能化

1. 生产调度问题特点与研究方法

炼钢—连铸过程的生产调度作为钢铁制造流程运行控制的关键问题之一,关系着生产工艺的顺行、生产成本的控制和生产效益的提高,已成为钢铁冶金领域关注的热点之一,其具有以下特点:

1）冶金过程包含复杂的物理变化和化学变化,甚至存在气、液、固多相共存,生产过程复杂,并且要实现多个目标优化。

2）物质流在工序、设备上的运行路线多,时间节奏上既衔接紧凑,还要保持一定的柔性范围。

3）区别于传统模铸,连铸阶段必须实现多炉连浇,极大地增加了炼钢—连铸过程生产调度的难度。

4）生产过程伴随能量耗散,在保证等待时间约束上限的条件下,应尽可能缩短生产任务在诸工序的等待时间。

5）实际生产的随机性与不确定性较大,生产扰动频发。正是基于这些特点,致使炼钢—连铸过程的生产调度极为复杂,理论研究成果往往难以应用于实际生产。

炼钢—连铸过程的生产调度问题是复杂的组合优化问题,是典型的 NP（多项式复杂程度的非确定性问题)难题。随着调度模型从简单到复杂,调度研究方法也从经典的运筹学方法发展到如今的人工智能优化方法。表 13.11 是钢铁生产调度研究方法的总结[12]。

表 13.11　钢铁生产调度研究方法的总结

算法			特点	案例
运筹学方法			1) 计算结果准确,使用有效性高,在理论上能获得问题的全局最优解; 2) 适用于产品品种单一、脉络较为清晰的生产流程,对较为简单的调度问题,能快速得到最优调度方案; 3) 随着生产规模或者约束条件的复杂化,计算时间将呈指数化增长; 4) 不能涵盖所有的影响因素,实际应用范围较小,且计算难度较大	数学规划[31-32]、拉格朗日松弛法[33-34]、分支定界法[35-36]
启发式算法			1) 操作简单、求解速度快,解的质量较高; 2) 求解规模较大的问题时搜索效率低,评估解的质量的手段较少; 3) 在性能上并不要求精确解,只希望尽可能接近"最优解"	多种规则的启发式算法[37-39]
人工智能方法	基于仿生学算法	遗传算法[40]	1) 计算时间短,具有很好的收敛性、鲁棒性强。 2) 个体数量较多时,搜索空间大且搜索时间较长。 3) 算法对新空间的探索能力有限,往往会出现早熟,收敛于局部最优解的情况;由于该算法的进化过程存在随机性,解的可靠性及稳定性较差。 4) 对初始种群很敏感,初始种群选择不好会影响解的质量和算法效率	混合遗传算法[41-42]、改进遗传算法[43-44]
		蚁群算法[45]	1) 具有较强的鲁棒性和搜索较好解的能力; 2) 对初始路线要求不高,求解结果不依赖于初始路线的选择,而且在搜索过程中不需要进行人工调整; 3) 在解决大型优化问题时,存在搜索空间和时间性能上的矛盾,易出现过早收敛于非全局最优解以及计算时间过长等问题	其他算法与蚁群算法结合[46-47]
		粒子群算法	1) 算法结构简单、需要调节的参数少、实现方式容易; 2) 对于离散的优化问题处理不佳,容易陷入局部最优; 3) 广泛应用于函数优化、多目标优化、求解整数约束和混合整数约束优化问题、神经网络训练、信号处理等实际问题中	离散粒子群算法[48-49]、其他算法与粒子群算法结合[50]
		人工蜂群算法	1) 控制参数少、收敛速度快、稳定性好和效率高; 2) 后期收敛速度慢、易陷入局部最优、搜索精度不高	改进人工蜂群算法[51-52]

算法		特点	案例
人工智能方法	禁忌搜索[53]	1）收敛性好,快速而高概率地向好的方向移动; 2）需要调整不同的参数,参数的选取对最后得到的解有着直接的影响,没有很好的鲁棒性; 3）禁忌长度和禁忌表不宜太大,禁忌长度太小容易循环搜索,禁忌表太长容易陷入"局部解"	求解最优炉次计划[54]、与其他算法结合[55]
	模拟退火[56]	1）它的解是随机近似解,所求解的质量有赖于大量试验; 2）突破局域搜索的限制,因此其全局搜索性较强; 3）各个参数选择比较困难,如果选择不得当,就会使得计算时间很长,而且可能得不到好的结果	模拟退火与遗传算法结合[57]、混合排序免疫模拟退火[58]
	系统仿真	1）通过建立仿真模型来模拟实际生产情况,对实际系统全局性进行分析; 2）设计、建立和运行仿真模型进行生产调度在时间、费用上成本很高; 3）仿真的准确性受操作人员的判断技巧的限制,甚至很高精度的仿真模型也无法保证能找到最优或次优的调度	仿真优化[59]、Petri 网模型[60]、eM-Plant 建模[61]
	专家系统	1）应用大量的专家知识和推理方法求解复杂问题; 2）专家系统能解决特定领域的一些具体问题,在炼钢—连铸过程中多用于建立生产调度系统	专家系统[62-63]
	多智能体系统	1）特别适用于解决具有大量交互作用的复杂问题; 2）将复杂大系统分解成结构简单、且彼此相互通信及相互协调的、易于管理的多个简单 Agent 组成的复杂系统	与其他算法结合[64-65]

2. 生产调度规则库建立

结合炼钢厂的实际生产状况和现场调度人员的经验,构建了包括基本调度规则、时间控制规则、设备匹配规则、工艺约束规则以及动态调整规则等的生产调度规则库[66],如表 13.12 所示。

表 13.12　生产调度规则库

序号	规则	主要内容
1	基本调度规则	根据生产过程的特点总结出来具有普适性的基本法则,基本适用于大多数炼钢厂,在生产过程中应当遵守的规矩,其他调度规则均建立在基本调度规则之下
2	时间控制规则	各工序对时间参数控制所要求的法则,优化、合理的时间控制是保证多工序运行的重要前提

序号	规则	主要内容
3	设备匹配规则	所谓设备匹配规则,是指炼钢—连铸过程用来指导生产模式、工艺路径选择及设备选择的法则。由于炼钢厂对不同钢种的生产要求不同,对应的工艺路径及生产模式不同,不同工序作业周期的大小关系,也决定了不同的炉-机匹配模式
4	工艺约束规则	各工序或者设备按照冶金工艺要求来指导生产运行的法则
5	动态调整规则	由于设备生产故障或者出现突发情况,指导生产计划进行实时调整的法则,以保证整个工序运行稳定

3. 基于"定炉对定机"模式的调度模型构建与求解

(1) 模型构建

n:浇次号,N 为浇次数;

i:炉次号,由 I 个炉次组成;

j:工序号,共有 J 道工序;

k:工序 j 的设备号,由 M_j 台设备组成;

l:浇次序号,Ω_l 为浇次 l 包含的炉次集合,$\Omega_l = \{Z_l+1, Z_l+2, \cdots, Z_l+N, Z_{l+1}+1, \cdots\}$;

Z_l^S:浇次 l 第 1 个炉次的开始时间;

Z_l^E:浇次 l 最末炉次的结束时间;

$t_{i,j,k}^E$、$t_{i,j,k}^S$、$t_{i,j,k}^{SE}$:炉次 i 在工序 j 上设备 k 上的完成时间、开始时间、作业周期;

$t_{i,j,k}^{min}$、$t_{i,j,k}^{max}$:炉次 i 在工序 j 上设备 k 上的最小和最大作业周期;

$t_{i,(j,j')}^T$、$t_{i,(j,j')}$、$t_{i,(j,j')}^W$:炉次 i 从工序 j 到工序 j' 的运输时间、传搁时间、最大传搁时间;

t_{RT}:相邻浇次间的平均准备时间;

TL:中间包寿命;

I^M:一台连铸机上最大连浇炉数;

I:连铸机的连浇炉数;

$$x_{i,j,k} = \begin{cases} 1 & \text{炉次 } i \text{ 被指派到工序 } j \text{ 的机器 } k \text{ 上} \\ 0 & \text{炉次 } i \text{ 未被指派到工序 } j \text{ 的机器 } k \text{ 上} \end{cases} \qquad \sum_{k \in M_j} x_{i,j,k} = 1 \quad \forall i \in I, \forall j \in J$$

优化目标为最小化炉次等待时间:

$$\min \sum_{i=1}^{l} \sum_{j,j' \in J; k,k' \in M_j} \left[t_{i,j',k'}^S - \left(t_{i,j,k}^S + t_{i,j,k}^{SE} \right) - t_{i,(j,j')}^T \right] \tag{13.37}$$

调度约束如下。

1) 每个浇次准时开浇:

$$t_{l,1,J,k} = Z_l^S \quad (l \in \Omega_l) \tag{13.38}$$

2) 每个工序每台设备只能处理一个炉次:

$$\sum_{i \in I} \sum_{j \in J} x_{i,j,k} = 1 \tag{13.39}$$

3) 同一浇次内的相邻炉次必须进行连续浇注:

$$t_{l,i',J,k}^{S}=t_{l,i,j,k}^{S}+t_{l,i,j,k}^{SE} \quad (i,i'\in I;k\in M_j) \tag{13.40}$$

4）同一个炉次的下一个工序的操作必须在上一个工序结束后进行：

$$t_{i,j',k'}^{S}\geqslant t_{i,j,k}^{S}+t_{i,j,k}^{SE}+t_{i,(j,j')}^{T} \quad (i\in I;j,j'\in J_i;k,k'\in M_j) \tag{13.41}$$

5）同一设备的下一个炉次的操作必须在上一炉次处理完后进行：

$$t_{i',j,k}^{S}\geqslant t_{i,j,k}^{S}+t_{i,j,k}^{SE}(i,i'\in I;j,j'\in J_i;k\in M_j) \tag{13.42}$$

6）浇次间调整和准备时间约束：

$$t_{Z_{l+1},1,J,k}^{S}=t_{Z_l,N,J,k}^{S}+t_{Z_l,N,J,k}^{SE}+t_{RT}(Z_{l+1}\in \Omega_{l+1},Z_l\in \Omega_l,k\in M_j) \tag{13.43}$$

（2）模型求解

针对炼钢—连铸生产过程,由于不同工序、不同设备运行交叉衔接频繁造成钢液等待时间过长、天车调度困难等问题,设计遗传算法求解,求解流程如图 13.18 所示,主要遗传操作的设置如下。

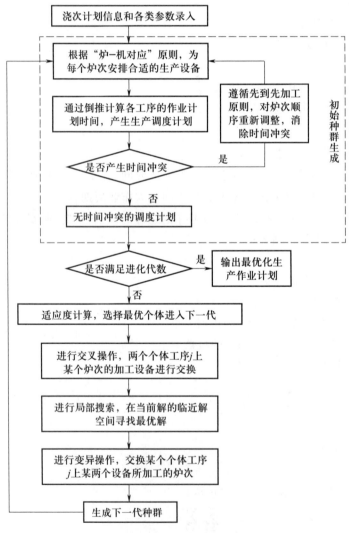

图 13.18　基于"定炉对定机"原则的遗传算法求解流程

选择:基于排序适应度选择方法进行选择。

交叉:随机选择两个个体,交换两个个体上同一炉次 i 在工序 j 的加工设备(不包含连铸工序)。交叉操作引入局部搜索策略,交换相邻工序的设备指派,选取最优解。

变异:随机选择某个体工序 j 上的两台设备,从两台设备上随机选择炉次 i'、i'' 进行交换。

本算法在种群生成过程引入炼钢—连铸过程生产运行的"定炉对定机"模式以改进种群质量,并根据转炉(精炼)与连铸作业周期的比较,来确定是否对个体进行遗传操作。基于定炉对定机模式,设计了"定炉对定机"调控规则,通过平衡工序节奏与产能关系,为炉次选择最佳的工艺路径及设备匹配,建立炼钢(精炼)工序和连铸工序中设备之间明确的对应关系,减少由于设备随机指派造成的工序设备之间对应关系不明确、工序/设备衔接对应交叉混乱的情况;同时,减少由于设备随机指派造成个别炉次在上、下工序/设备间相距较远的情况。

针对炼钢厂生产调度问题,设计以下三种算法进行对比试验,以检验设计的"定炉对定机"调控规则的有效性。

算法 A1:经典遗传算法。

算法 A2:改进遗传算法,在种群生成过程中引入了"定炉对定机"调控规则。

算法 A3:炼钢—连铸调度研究常用的启发式算法。

选取国内某炼钢厂 8 个实际生产计划为算例,考虑了 4 炉 - 3 机、4 炉 - 4 机、3 炉 - 3 机等主要的生产模式,具体结果见表 13.13。由表 13.13 可以看出,A1、A2 算法在目标函数、工序间最长等待时间、工序间等待时间 >30 min 占比和开浇时间最大偏离量四个评价指标上的性能均优于 A3 算法。A2 算法引入定炉对定机原则,减少了个别炉次等待时间的不合理现象,在目标函数及多工序之间最长等待时间两方面均上优于 A1 算法。综上所述,A2 算法效果最优。

表 13.13 不同算法模型的结果

算例	炉次数	生产模式	目标函数/min			工序间最长等待时间/min			工序间等待时间 >30 min 占比/%			开浇时间最大偏离量/min		
			A1	A2	A3	A1	A2	A3	A1	A2	A3	A1	A2	A3
1	90	4BOF-3CCM	1 952	2 036	5 735	65	34	103	6%	16%	57%	0	0	105
2	93	3BOF-3CCM	4 302	3 944	4 932	94	76	100	30%	29%	39%	0	0	59
3	65	4BOF-3CCM	1 371	1 272	2 926	45	43	97	9%	7%	40%	0	0	94
4	77	4BOF-3CCM	2 456	2 014	4 658	78	60	92	27%	12%	54%	0	0	78
5	84	4BOF-3CCM	2 932	2 811	5 518	106	88	110	22%	18%	60%	0	0	110
6	77	4BOF-4CCM	2 878	3 055	6 052	84	78	114	28%	30%	67%	0	0	108
7	80	4BOF-4CCM	2 968	2 280	2 532	116	84	88	27%	15%	23%	0	0	52
8	67	4BOF-3CCM	2 286	2 091	4 046	75	72	102	25%	18%	52%	0	0	44

13.4 炼钢—连铸过程动态协同运行

炼钢—连铸过程的整体协同优化是实现炼钢厂智能化和绿色化生产的系统要求。目前,国内各钢铁企业的生产管控系统[制造执行系统(MES)、先进生产调度系统(APS)等]主要发挥其计划与调度、物流跟踪、库存管理和绩效考核等管控功能,而对与之密切相关的冶金工艺过程却涉及不多,未能实时参与工艺过程的调控,致使生产管控系统的工艺性不足,工艺与流程运行控制的"精准率"不高,制约了钢铁生产智能化的进程[67]。对此,开发了 MES 与炼钢、精炼、连铸工序工艺过程控制系统、计划与调度系统之间的数据接口技术,实现了工艺精准控制与生产调度的动态协同。

13.4.1 工序控制与生产调度的动态协同

炼钢厂调度过程是通过对各工序/装置不间断地进行动态交互,实现不同工序/装置的高效运行。其中,生产调度模型与工艺控制模型具有不同的功能并不断生成不同的数据,模型之间需要互通数据、互传指令,这对协同调度系统的动态性和智能性提出较高的要求。多智能体系统(multi-agent system)简称 MAS,是当今智能控制与人工智能优化领域的热门技术之一,对分布式、多模块、动态交互的复杂问题求解具有独特优势。本节基于多智能体系统技术对协同调度进行架构分析,发挥多智能体系统技术的分步求解优势,将复杂的生产调度任务逐个分解成相对简单的个体单元模块,在生产调度模型与工艺优化模型的协调和交互中共同完成调度任务。

基于工艺模型的多智能体系统技术设计的炼钢—连铸过程协同调度系统架构如图 13.19 所示,该系统中炉次作业计划执行智能体(Agent)与浇次作业计划执行 Agent 完成生产计划的执行,调度优化模型 Agent 根据计划执行情况进行后续作业计划的修改与生产任务的分配。各作业计划执行 Agent 根据生产设备的实际运行状况和生产能力实施相应的生产工序/装置的作业计划,并传送至相应工序的工艺模型 Agent 集;工艺模型 Agent 集完成作业计划的调度任务,其中炼钢作业 Agent 集包括转炉炼钢工艺模型 Agent 或电弧炉炼钢工艺模型 Agent,精炼工艺模型 Agent 集包括 LF、VD、RH 或其他精炼装备的工艺模型 Agent(根据炼钢厂具体生产设备情况而定),连铸工艺模型 Agent 集根据连铸机生产铸坯规格、尺寸分为相应的 Agent;在各工艺模型 Agent 执行调度过程中遇到生产异常问题,交由异常冲突处理 Agent 通过内部协调机制解决,调度执行的所有情况均由生产作业记录 Agent 进行记录。各 Agent 具体功能描述见表 13.14。

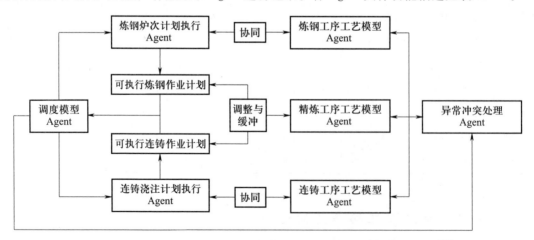

图 13.19 基于多智能体系统技术的炼钢—连铸过程协同调度系统架构[68]

表 13.14　炼钢—连铸过程协同调度系统各智能体(Agent)的功能

智能体名称	智能体的功能
炉次作业计划执行 Agent	将调度优化模型 Agent 生成的炉次计划传至炼钢工艺模型 Agent,并不断与炼钢工艺模型 Agent 进行协同调度
浇次作业计划执行 Agent	将调度优化模型 Agent 生成的浇次计划传至连铸工艺模型 Agent,并不断与连铸工艺模型 Agent 进行协同调度
调度优化模型 Agent	实时分析动态调度情况,显示当前生产状态,绘制动态甘特图,根据计划执行情况进行后续作业计划的修改与生产任务的分配
异常冲突处理 Agent	当工艺模型 Agent 集遇到无法解决的调度问题或冲突时,对问题进行描述,传至调度优化模型寻求解决方案,将解决方案通过相应的作业计划执行 Agent 传至工艺模型 Agent
炼钢工艺模型 Agent 集	接受炉次作业计划执行 Agent 分配的炉次计划,控制炼钢过程工艺,保证计划的正常实施;炼钢过程如果遇到异常,提供解决方案,将计划更改情况传至处理异常冲突 Agent
精炼工艺模型 Agent 集	精炼过程是炼钢过程与连铸过程的缓冲环节,精炼工艺模型 Agent 通过精炼工艺控制与 LF 缓冲策略对炼钢工艺模型 Agent 和连铸工艺模型 Agent 进行协调
连铸工艺模型 Agent 集	接受浇次作业计划执行 Agent 分配的浇次计划,控制连铸过程工艺,保证计划的正常实施;连铸过程如果遇到异常,提供解决方案,将计划更改情况传至处理异常冲突 Agent
生产作业记录 Agent	将生产调度过程的生产任务分配、生产时间等做详细记录,形成生产记录表

13.4.2　工序控制与生产调度同 MES 的数据接口

上节介绍了运用多智能体技术对工艺控制模型与生产调度模型相融合的协同调度系统进行架构。而协同调度系统如何与制造执行系统(MES)相融合,如何更充分、有效地利用 MES 运行过程中采集到的大量生产数据,是炼钢厂过程控制与运行优化同 MES 相融合的关键。针对炼钢厂 MES 与工艺控制、流程协同运行、生产计划与调度系统之间存在的信息"脱节"问题,开发钢铁生产工序工艺控制与 MES 之间的数据接口,使 MES 与生产工艺控制、流程运行控制、生产计划与调度系统实现有机融合。

1. 数据接口的定义与功能

生产调度模型与工艺控制模型同 MES 的数据接口,是指在生产调度模型、工艺控制模型和 MES 之间,以数据视图或者数据表的形式采集与传输数据,并将模型计算数据向 MES 反馈更新的联系枢纽与连接组件。

在炼钢厂一般的自动化系统架构中,该数据接口是持续运行于二级(工艺优化系统层)与三级(制造执行系统层)之间的系统服务程序,炼钢—连铸过程工艺控制模型、生产计划与调度模型同炼钢厂 MES 接口关系图如图 13.20 所示。在工艺控制模型与生产调度模型协同的基础上,形成对生产过程海量数据采集的需求,数据接口将海量数据采集需求以数据视图或者数据表的形式向 MES 数据库查询,数据接口获取运行数据后,迅速将数据传输至相应的工艺控制模型或者生产调度模型,工艺控制模型或者生产调度模型接收到数据后,完成相应的计算与调优操作,数据接口再将计算结果以插件输出的形式返回至 MES。数据接口实时响应工艺模型与生产调度模型的数据采集需求,并通过连续的数据调用、数据传输、数据更新、数据反馈等操作,实现工艺控制模型与生产调度模型同 MES 数据的实时更新与动态传递。

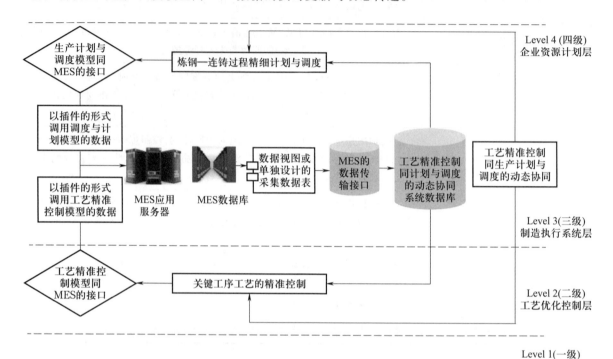

图 13.20　炼钢—连铸过程工艺控制模型、生产计划与调度模型同炼钢厂 MES 接口关系图

　　生产调度模型与工艺控制模型同 MES 的数据接口的功能主要有以下三个方面:

　　1)通过接口模块(程序)的系统集成,使生产调度模型、工艺控制模型以及 MES"连接"起来,成为一个数据传输通道畅行的整体系统;

　　2)对生产计划与调度模型以及工艺控制模型的数据库进行实时同步数据更新(更新频率为 1 次/s)。

　　3)生产计划与调度模型以及工艺控制模型的计算数据内容和数据状态发生改变时,数据接口对 MES 中相对应的数据实施同步更新。

　　2. 炼钢—连铸过程物质流参数解析子系统同 MES 的子数据接口

　　MES 通过数据接口将生产过程大量的工艺控制数据和过程运行信息动态连续地向炼钢—连铸过程物质流参数解析子系统输送,在生产流程时间参数运行规律、温度参数运行规律以及炼钢—连铸生产模式解析的基础上,炼钢—连铸过程物质流参数解析子系统对 MES 采集的大量数据执行聚类分析、分类预测、关联规则发现等一系列数据挖掘任务,充分挖掘物质流运行规律,实现对炼钢—连铸过程物质流参数数据的动态解析,运用数据库对重要数据进行针对性的筛分、遴选与存储,并以图与表的形式动态直观地显示物质流运行数据分析结果。

3. 转炉炼钢过程钢液成分与温度控制模型同 MES 的子数据接口

MES 通过数据接口为转炉炼钢过程钢液成分与温度的控制模型提供入炉主/辅原料初始信息、钢种目标成分和温度等数据,转炉炼钢过程钢液成分与温度的控制模型对转炉冶炼过程的辅原料加入量进行精准预测;MES 通过数据接口为转炉炼钢过程钢液成分与温度的控制模型提供冶炼过程氧枪枪位实时变化数据和氧流量等信息,转炉炼钢过程钢液成分与温度的控制模型实时进行熔池碳含量和温度的计算;转炉炼钢过程钢液成分与温度的控制模型根据 MES 提供的过程加料信息进行冶炼终点成分和温度的预测,根据 MES 提供的取样成分和温度信息提供补吹方案;进而实现对出钢过程合金加入量进行预测以及本炉次冶炼成本的计算。

4. LF 钢包精炼工艺控制模型同 MES 的子数据接口

LF 钢包精炼工艺控制模型通过 MES 提供的温度取样数据以及电极加热数据等对 LF 终点钢液温度进行精确预测;LF 根据 MES 提供的合金加料情况与初始钢液成分,进行包括碳、硅、锰、硼、铬、钒等终点钢液化学成分的精确预测,并根据生产实际需求,LF 钢包精炼工艺控制模型根据 MES 提供的初始钢液成分与终点钢液成分,进行合金加入量的精确预测。通过 MES 数据接口对生产工序过程数据进行高效传输,使 LF 钢包精炼工艺控制模型在转炉炼钢过程钢液成分和温度的控制模型与连铸凝固冷却过程控制模型之间起到了缓冲调节的作用,从而能够有效地抵消异常变化事件对 MES 系统正常运作的影响,进而保持整个生产过程系统的稳定。

5. 连铸凝固冷却控制模型同 MES 的子数据接口

MES 通过数据接口,将钢液供应情况、过热度、成分等信息、设备状况与工艺参数等连铸生产过程数据向连铸凝固冷却模型进行动态连续地传输,连铸凝固冷却模型结合作业计划中的产品钢种信息以及质量要求,综合拉速与冷却水量等调节技术,在保证前、后浇次连浇的前提下,通过 MES 动态、实时地反馈相应工况条件下所生产铸坯的特征温度分布、铸坯坯壳厚度和液芯长度等重要参数,定量掌握铸坯整个凝固过程的温度变化,依据计算获得的凝固参数计算数据,预计浇注过程时间,实施铸坯"纵-横"冷却控制技术,进而实现连铸凝固冷却过程的精准控制。

6. 生产计划与调度模型同 MES 的子数据接口

生产计划与调度模型根据浇次计划,通过 MES 数据接口得到各设备生产周期及各设备间距离,实现生产计划与调度模型的数据初始化,MES 通过数据接口,将人工编制的生产计划传输至生产计划与调度模型,生产计划与调度模型基于生产规则库以及智能算法(如遗传算法等)对模型进行求解,进而实现对炉次计划与浇次计划进行优化,使 MES 生成的生产计划更为合理。在此基础上,基于多智能体的动态调度模型对生产过程各工序、设备的运行状况进行动态、有序地协调,根据 MES 反馈的调度计划执行信息,在出现生产扰动时,快速提出实时调度方案。生产计划与调度模型通过 MES 数据接口的数据传输作用,与转炉炼钢过程钢液成分与温度的控制、LF 钢包精炼过程钢液成分与温度的控制、连铸凝固冷却控制等模型实现数据的互联互通,将工艺调优与运行控制深度融合,实现炼钢—连铸过程的运行控制与协同调度。

13.4.3　炼钢—连铸过程集成制造技术的应用

在炼钢—连铸过程解析与运行优化、转炉炼钢、LF 钢包精炼、方坯连铸过程控制与工艺优化以及生产计划与调度优化研究的基础上,总结形成了炼钢—连铸过程集成制造技术[69],即以工序工艺调优、流程运行调控以及生产计划与调度动态协同为支撑的炼钢—连铸过程协同制造技术。目前，该技术已成功应用于某炼钢厂，解决了炼钢厂 MES 与生产工艺"脱节"、工序工艺控制的精准率不高等问题。下面对该技术框架与实际应用情况进行概要介绍。

该技术在工序层面，研发转炉炼钢和方坯连铸工序的工艺控制技术，解决了关键工序工艺控制的精准率不高的问题；在工序关系层面，提出工序的协调运行与优化技术，解决了弹簧钢/普碳钢混合型炼钢厂多工序运行的协调匹配的问题；从全流程层面，开发"运行规则+智能算法"的生产计划与动态调度技术，解决弹簧钢/普碳钢混合型炼钢厂面对多品种、小批量订单排产与调度困难的问题；最后，通过研制 MES 与各工序工艺过程精准控制系统、计划与调度系统间的数据接口模块，构建协同工艺精准控制、流程协调运行、"规则+算法"生产计划与调度的炼钢—连铸过程集成制造技术系统，实现了工艺精准控制与生产调度的动态协同，最终实现高品质钢稳定、优质、高效、低耗的准连续/连续化生产。技术路线如图 13.21 所示。

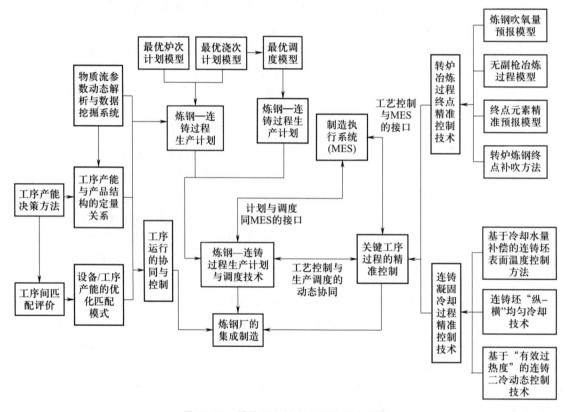

图 13.21　某炼钢厂的集成制造技术路线

炼钢—连铸过程集成制造技术在某炼钢厂上线运行，现场的部分实施情况见图 13.22。应用于实际生产后，取得了显著的经济效益：炼钢—连铸生产流程炉次总时间缩短了 14.27 min，连续三年产量累计提高 2 528 017.37 t；转炉冶炼钢种的临时改判、铸坯的质量改判现象大幅度降低，废品和质量改判降低 3 326.624 t；转炉平均冶炼周期缩短 2 min；吨钢合金料消耗成本降低 5.32 元，吨钢辅料成本降低 4.2 元，转炉吨钢耗氧量降低 1.82 Nm³；连铸坯平均合格率由 99.877%提升至 99.928%。

3号转炉主控室

炼钢厂调度主控室

1号LF主控室

0号连铸机主控室

图 13.22　炼钢厂集成制造技术在某钢厂的实施

思　考　题

1. 炼钢厂智能化建设应包括哪些内容?

2. 转炉冶炼过程除了对磷、锰元素含量进行预报及控制以外,还需要对哪些关键参数进行预报与控制?

3. LF 钢包炉精炼的主要作用是什么? 在大数据环境下,人工智能的方法为 LF 精炼智能化发展带来了哪些机遇和挑战?

4. 基于数据驱动的连铸坯质量预测模型如何指导连铸坯质量的在线控制? 未来的发展趋势如何?

5. 求解炼钢—连铸过程生产计划与调度问题的难点在哪里? 有哪些研究方法?

6. 如何实现生产调度与工序/装置运行的协同? 其协同机制是什么?

7. 制造执行系统 MES 在炼钢厂运行过程中发挥什么作用? 针对不同工序与 MES 的数据接口应包含哪些数据信息?

参 考 文 献

[1] 言十.美国 21 世纪 CPS 教育报告简介[J].计算机教育,2018(1):2-9.

[2] 钢铁工业调整升级规划(2016—2020 年)[J].中国钢铁业,2016(12):5-13.

［3］ LACHMUND H,XIE Y.Application of direct optical temperature measurement in the steelmaking process(DOT-Application)［R］.Luxembourg,European Communities,2009.

［4］ LEE S,LEE C W.Smart & intelligent maintenance system in POSCO:Proceedings of 2013 International Conference on Quality,Reliability,Risk,Maintenance,and Safety Engineering(QR2MSE), July 15-18,2013［C］.New York:IEEE,2013:595-598.

［5］ SUN S,LIAO D,PYKE N,et al.Development of an offgas model technology to replace sublance operation for KOBM endpoint carbon control at Arcelor Mittal Dofasco［J］.Iron and Steel Technology,2008,5(11):36-42.

［6］ SUZUKI M,KATSUKI K,IMURA J,et al.Simultaneous optimization of slab permutation scheduling and heat controlling for a reheating furnace［J］.Journal of Process Control,2014,24(1):225-238.

［7］ HOLZKNECHT N,FRAGA C,FERRO F,et al.Supporting process and quality engineers by automatic diagnosis of cause-and-effect relationships between process variables and quality deficiencies using data mining technologies(AutoDiag)［R］.Luxembourg,European Communities,2013.

［8］ ROSEMANN H,COLLA V,CHIAPPELLI L,et al.Development of tools for reductionof energy demand and CO_2-emissions within the iron and steel industry based on energy register,CO_2-monitoring and waste heat power generation［R］.Luxembourg,European Communities,2015.

［9］ 宝钢股份智慧制造在全程供应链协同中的探索与实践［N］.世界金属导报,2018-04-10.

［10］ 刘青,田乃媛,殷瑞钰.炼钢厂系统的运行原则与调控策略［J］.过程工程学报,2003,3(2): 171-176.

［11］ TANG L X,LIU J Y,RONG A Y,et al.A review of planning and scheduling systems and methods for integrated steel production［J］.European Journal of Operational Research,2001,133(1):1-20.

［12］ 刘青,刘倩,杨建平,等.炼钢-连铸生产调度的研究进展［J］.工程科学学报,2020,42(2): 144-153.

［13］ 郭亚芬,杜斌.宝钢有副枪转炉吹炼终点控制模型研究与应用［J］.冶金自动化,2003(S1): 45-48.

［14］ CERIANI A,APRILE G,SCIPOLO D V,et al.Modeling of the BOF for endpoint prediction using EFSOP® technology results and implementation at Riva Taranto:AIST ech 2010-Proceedings of the Iron and Steel Technology Conference,May,2010［C］.Pittsburgh:AIST,2010:997-1003.

［15］ HUMBER R R,HERZOG K.VAI-CON tap-the missing link in converter steelmaking:AISTech Proceedings［C］.Indianapolis:AIST,2007.

［16］ 王新华,李金柱,刘凤刚.转型发展形势下的转炉炼钢科技进步［J］.炼钢,2016,33(1):1-11.

［17］ WANG Z,XIE F,WANG B,et al.The control and prediction of end-point phosphorus content during BOF steelmaking process［J］.Steel Research International,2014,85(4):599-606.

［18］ 张壮,曹玲玲,林文辉,等.基于IPSO-RELM转炉冶炼终点锰含量预测模型［J］.工程科学学报,2019,41(08):1052-1060.

［19］ 付国庆,刘青,汪宙,等.LF精炼终点钢水温度灰箱预报模型［J］.北京科技大学学报,2013, 35(7):948-954.

［20］ SHI M H,ZHOU C L,WU Q F.Uncertain inference based on certainty degree and its implementation by artificial neural network[J].Application Research of Computers,2007(1):241-243.

[21] TRENN S.Multilayer perceptrons:Approximation order and necessary number of hidden units [J].IEEE Transactions on neural networks,2008,19(5):836-844.

[22] 温宏全,向顺华,张永杰,等.60Si2Mn 弹簧钢加热温度对表面脱碳的影响[J].宝钢技术, 2008(3):44-47.

[23] 石如星,姚春发,惠卫军,等.Si 对中碳弹簧钢氧化脱碳行为的影响[J].特殊钢,2008,29 (3):19-20.

[24] SIVESSON P,RAIHLE C M,KONTTINEN J.Thermal soft reduction in continuously cast slabs [J].Materials Science and Engineering:A,1993,173(1-2):299-304.

[25] ENGSTROM G,FREDRIKSSON H,ROGBERG B.On the mechanism of macrosegregation formation in continuously cast steels[J].Scandinavian Journal of Metallurgy,1983,12(1):3-12.

[26] RAIHLE C M,FREDRIKSSON H.On the formation of pipes and centerline segregates in continuously cast billets[J].Metallurgical & Materials Transactions B,1994,25(1):123-133.

[27] HAN Y S,YAN W,ZHANG J S,et al.Optimization of thermal soft reduction on continuous-casting billet[J].ISIJ International,2020,60(1):106-113.

[28] HAN Y S,YAN W,ZHANG J S,et al.Comparison and integration of final electromagnetic stirring and thermal soft reduction on continuous casting billet[J].Journal of Iron and Steel Research International,2020,28(6):160-167.

[29] 刘青,韩延申,张江山.一种改善包晶钢连铸中厚板坯中心偏析与表面裂纹的方法: 202010554045.9[P].2021-03-30.

[30] 唐立新,杨自厚,王梦光.炼钢-连铸最优炉次计划模型与算法[J].东北大学学报,1996(4): 440-445.

[31] ACHRAF T,ABDELWAHED E,ADIL B,et al.A hybrid metaheuristic method to optimize the order of the sequences in continuous-casting[J].International Journal of Industrial Engineering Computations,2016,7(3):385-398.

[32] TANG L,LIU J,RONG A,et al.A mathematical programming model for scheduling steelmaking-continuous casting production[J].European Journal of Operational Research,2000,120(2):423-435.

[33] PANG X F,GAO L,PAN Q K,et al.A novel Lagrangian relaxation level approach for scheduling steelmaking-refining-continuous casting production[J].Journal of Central South University, 2017,24(2):467-477.

[34] CUI H J,LUO X C.An improved Lagrangian relaxation approach to scheduling steelmaking-continuous casting process[J].Computers & Chemical Engineering,2017,106(5):133-146.

[35] XU W J,TANG L X,PISTIKOPOULOS E N.Modeling and solution for steelmaking scheduling with batching decisions and energy constraints[J].Computers and Chemical Engineering,2018, 116(3):368-384.

[36] 安玉伟,严洪森.一类两阶段生产系统生产计划与调度的集成优化[J].计算机集成制造系统,2012,18(4):796-806.

[37] YU S P,CHAI T Y.Heuristic scheduling method for steelmaking and continuous casting produc-

tion process[J].Control Theory and Applications,2016,83(11):1413-1421.

[38] 冯振军,杨根科,杜斌,等.炼钢连铸调度的启发式和线性规划两步优化算法[J].冶金自动化,2005,29(4):18-22.

[39] LIU G H,LI T K.A Steelmaking-continuous casting production scheduling model and its heuristic algorithm[J].Systems Engineering,2002,20(6):44-48.

[40] HOLLAND J H.Adaptation in natural and artificial system[M].Michigan:University of Michigan Press,1992.

[41] 徐兆俊,郑忠,高小强.炼钢连铸生产调度的优先级策略混合遗传算法[J].控制与决策,2016,31(8):1394-1400.

[42] FUJII S,TANIMOTO S,TOMIYAMA S,et al.Genetic algorithm with reduction of search space using operational constraints and its application to scheduling system for steelmaking process[J]. Journal of the Iron and Steel Institute of Japan,2003,89(12):1220-1226.

[43] 袁帅鹏,李铁克,王柏琳.多目标炼钢—连铸生产调度的改进带精英策略的快速非支配排序遗传算法[J].计算机集成制造系统,2019,25(1):115-124.

[44] 李铁克,苏志雄.炼钢连铸生产调度问题的两阶段遗传算法[J].中国管理科学,2009,17(5):68-74.

[45] DORIGO M,MANIEZZO V,COLORNI A.Ant system:optimization by a colony of cooperating agents[J].IEEE Transactions on Systems Man & Cybernetics Part B Cybernetics A Publication of the IEEE Systems Man & Cybernetics Society,1996,26(1):29.

[46] ZHU D F,ZHENG Z.Hybrid genetic algorithm optimization-based production planning and simulation analysis for steelmaking and continuous casting[J].Computer Engineering & Applications, 2010,17(9):19-24.

[47] FANG Y D,WANG F,WANG H.Research of multi-objective optimization study for job shop scheduling problem based on grey ant colony algorithm[J].Advanced Materials Research,2011, 308-310:1033-1036.

[48] XUE Y C,ZHENG D L,YANG Q W.Optimum charge plan of steelmaking continuous casting based on the modified discrete particle swarm optimization algorithm[J].Computer Integrated Manufacturing Systems,2011,17(7):1509-1517.

[49] 郑鹏,唐秋华,张启敏,等.基于离散粒子群算法的炼钢连铸生产调度[J].机械设计与制造,2016(7):49-51,56.

[50] ZARANDI M H F,DORRY F.A hybrid fuzzy PSO algorithm for solving steelmaking-continuous casting scheduling problem[J].International Journal of Fuzzy Systems,2018,20(15):1-17.

[51] PAN Q K.An effective co-evolutionary artificial bee colony algorithm for steelmaking-continuous casting scheduling[J].European Journal of Operational Research,2015,250(3):702-714.

[52] PENG K K,PAN Q K,ZHANG B.An improved artificial bee colony algorithm for steelmaking-refining-continuous casting scheduling problem[J].Chinese Journal of Chemical Engineering, 2018,26(8):135-143.

[53] FRED G,GREENBERG H J.New approaches for heuristic search:A bilateral linkage with artifi-

cial intelligence[J].European Journal of Operational Research,1989,39(2):119-130.

[54] 于港,田乃媛,徐安军.炼钢-连铸区段生产调度与计算机仿真[J].北京科技大学学报, 2009,31(9):1183-1188.

[55] ZHANG Q,MANIER H,MANIER M A.A genetic algorithm with tabu search procedure for flexible job shop scheduling with transportation constraints and bounded processing times[J].Computers and Operations Research,2012,39(7):1713-1723.

[56] KIRKPATRICK S,GELLATT C D,VECCHI M P.Optimisation by simulated annealing[J].Science,1983,220(4598):671-680.

[57] 赵卫.模拟退火遗传算法在车间作业调度中的应用[J].计算机仿真,2011,28(7):361-364.

[58] SHIVASANKARAN N,KUMAR P S,RAJA K V.Hybrid sorting immune simulated annealing algorithm for flexible job shop scheduling[J].International Journal of Computational Intelligence Systems,2015,8(3):455-466.

[59] YANG Z,QIU H L,LUO X W,et al.Simulating schedule optimization problem in steelmaking continuous casting process[J].International Journal of Simulation Modelling,2015,14(4):710-718.

[60] WU Y,JIANCHAO Z,WEI J,et al.Dynamic scheduling algorithm for batch process systems based on hybrid petri nets[J].Journal of Xian Jiaotong University,2002,36(2):147-151.

[61] 单多,徐安军,汪红兵,等.基于 eM-Plant 的加热炉群调度的仿真与优化[J].冶金自动化, 2013,37(2):9-14.

[62] LIAO S H.Expert system methodologies and applications—a decade review from 1995 to 2004 [J].Expert Systems with Applications,2005,28(1):93-103.

[63] 孙福权,唐立新.炼钢—连铸生产调度专家系统[J].冶金自动化,1998(6):31-33.

[64] 马长波.基于多智能体的炼钢厂车间天车调度仿真方法研究[D].昆明:昆明理工大学,2011.

[65] GU X J,ZHU Z Y,ZHANG J,et al.Multi agent ant colony optimization for dynamic scheduling of steelmaking and continuous casting[J].Science Technology & Engineering,2016,16(27):50-57.

[66] 邵鑫,杨建平,王柏琳,等.炼钢-连铸区段多工序运行协同控制[J].钢铁,2021,56(8): 101-112.

[67] 殷瑞钰.冶金流程集成理论与方法[M].北京:冶金工业出版社,2013.

[68] 王彬.长材型特殊钢厂炼钢—连铸过程生产计划优化与协同调度[D].北京:北京科技大学,2015.

[69] 刘青,王彬,汪宙,等.高品质钢炼钢—连铸过程的集成制造[J].连铸,2016,41(3):1-8.